# 近世産物語彙解読辞典 VIII

〔植物・動物・鉱物名彙 - 索引篇・第二分冊 分類別索引〕

Complete Deciphered Dictionary of Plants', Animals' and Minerals' in Yedo Era

{The Second Fascicule in Eighth Volume: Index according to the Classification}

JN253110

近世歴史資料研究会　編

株式会社 科学書院

(Kagaku Shoin Intelligence Industry Inc.)

# 目　次


穀　物　類 …… 1

魚　類 …… 123

貝　類 …… 173

金・石・土・水類 …… 327

竹・笹類 …… 332

菌・茸類 …… 336

菜　類 …… 346

果　類 …… 380

樹　木　類 …… 401

救荒動植物類 …… 458

# 凡　例

(1) この分類別索引は「近世産物語彙解読辞典[I-VII]」 に記載されている植物・動物・鉱物の名称を網羅し、分類したうえで五十音順に配列してある。

例： あははだ… VII-26

「あははだ」は名称、「VII-26」は巻数とページ数をそれぞれ示している。

(2) 各巻の構成は以下のとおりである。

＊第 I 巻： 穀物篇 I
＊第 II 巻： 穀物篇 II
＊第 III 巻： 魚類、貝類
＊第 IV 巻： 野生植物篇 I
＊第 V 巻： 野生植物篇 II
＊第 VI 巻： 金・石・土・水類、竹・笹類、菌・茸類、菜類、果類
＊第 VII 巻： 樹木類、救荒動植物類

(3) 読み方に関しては、慣例に従った。促音、濁音、半濁音などの表記に関しては恣意的な呼称も見受けられるが、読者諸氏の判断に委ねる次第である。

## 穀物類

### あ


あいかひえ……………………Ⅰ - 3
あいだもち……………………Ⅰ - 3
あいづ……………………Ⅰ - 3
あいとあわ……………………Ⅰ - 3
あいのこ……………………Ⅰ - 3
あいらぎなかて……………………Ⅰ - 3
あうしう……………………Ⅰ - 3
あうしうささけ……………………Ⅰ - 4
あうしうやろく……………………Ⅰ - 4
あおな……………………Ⅰ - 4
あか……………………Ⅰ - 4
あかあせこし……………………Ⅰ - 4
あかあつき……………………Ⅰ - 4
あかあつき……………………Ⅰ - 5
あかあづき……………………Ⅰ - 5
あかあは……………………Ⅰ - 5
あかあわ……………………Ⅰ - 5
あかあわ……………………Ⅰ - 6
あかいしたて……………………Ⅰ - 6
あかいしだて……………………Ⅰ - 6
あかいね……………………Ⅰ - 6
あかいね……………………Ⅰ - 7
あかいねいしたて……………………Ⅰ - 7
あかいらく……………………Ⅰ - 7
あがいらく……………………Ⅰ - 7
あかうしのを……………………Ⅰ - 7
あかうつら……………………Ⅰ - 7
あかうつらまめ……………………Ⅰ - 8
あかうな……………………Ⅰ - 8
あかえ……………………Ⅰ - 8
あかえいらく……………………Ⅰ - 8
あかえび……………………Ⅰ - 8
あかおくて……………………Ⅰ - 8
あかおに……………………Ⅰ - 8
あかおふけあけ……………………Ⅰ - 9
あかおほけあわ……………………Ⅰ - 9
あかおんぼ……………………Ⅰ - 9
あかかいせい……………………Ⅰ - 9
あかかいちゆう……………………Ⅰ - 9
あかかきさい……………………Ⅰ - 9
あかさぶ……………………Ⅰ - 9
あかかし……………………Ⅰ - 10
あかかじか……………………Ⅰ - 10
あかかは……………………Ⅰ - 10
あかかはち……………………Ⅰ - 10
あかかや……………………Ⅰ - 10
あかから……………………Ⅰ - 10
あかから……………………Ⅰ - 11
あかがら……………………Ⅰ - 11
あかかるこ……………………Ⅰ - 11
あかかわ……………………Ⅰ - 11
あかかわこむぎ……………………Ⅰ - 11
あかかをりわせ……………………Ⅰ - 11
あかきし……………………Ⅰ - 12
あかきじ……………………Ⅰ - 12
あかきひ……………………Ⅰ - 12
あかきび……………………Ⅰ - 12
あかきび……………………Ⅰ - 13
あかきやうはやり……………………Ⅰ - 13
あかきやうばやり……………………Ⅰ - 13
あかきやうゑひ……………………Ⅰ - 13
あかきんかい……………………Ⅰ - 13
あかきんひら……………………Ⅰ - 13
あかくき……………………Ⅰ - 13
あかくまこ……………………Ⅰ - 14
あかくら……………………Ⅰ - 14
あかくりこ……………………Ⅰ - 14
あかげか……………………Ⅰ - 14
あかけし……………………Ⅰ - 14
あかけしろ……………………Ⅰ - 14
あかけみじか……………………Ⅰ - 14
あかげんろく……………………Ⅰ - 15

あかこ……………………………Ⅰ - 15
あかご……………………………Ⅰ - 15
あかこう…………………………Ⅰ - 15
あかこうらいね…………………Ⅰ - 15
あかこざら………………………Ⅰ - 15
あかことり………………………Ⅰ - 16
あかこなり………………………Ⅰ - 16
あかごま…………………………Ⅰ - 16
あかこむき………………………Ⅰ - 16
あかこむぎ………………………Ⅰ - 16
あかこむぎ………………………Ⅰ - 17
あかごめ…………………………Ⅰ - 17
あかこめむき……………………Ⅰ - 17
あかごめむき……………………Ⅰ - 17
あかごらう………………………Ⅰ - 17
あかこわせ………………………Ⅰ - 17
あかさい…………………………Ⅰ - 17
あかさいごく……………………Ⅰ - 18
あかさいまめ……………………Ⅰ - 18
あかさか…………………………Ⅰ - 18
あかさかい………………………Ⅰ - 18
あかさかおくて…………………Ⅰ - 18
あかさき…………………………Ⅰ - 19
あかさこ…………………………Ⅰ - 19
あかささぎ………………………Ⅰ - 19
あかささけ………………………Ⅰ - 19
あかささけ………………………Ⅰ - 20
あかささげ………………………Ⅰ - 20
あかささげ………………………Ⅰ - 21
あかさへしろまめ………………Ⅰ - 21
あかさや…………………………Ⅰ - 21
あかざや…………………………Ⅰ - 22
あかさやまめ……………………Ⅰ - 22
あかさやまめ……………………Ⅰ - 23
あかざやまめ……………………Ⅰ - 23
あかざらこむぎ…………………Ⅰ - 23
あかさるて………………………Ⅰ - 23
あかさるてあは…………………Ⅰ - 24
あかされ…………………………Ⅰ - 24
あかさわあは……………………Ⅰ - 24
あかさんしちらうもち…………Ⅰ - 24
あかさんすけ……………………Ⅰ - 24
あかし……………………………Ⅰ - 24
あかしかけ………………………Ⅰ - 25
あかしけ…………………………Ⅰ - 25
あかしこ…………………………Ⅰ - 25
あかしちがふ……………………Ⅰ - 25
あかしちり………………………Ⅰ - 25
あかしなへ………………………Ⅰ - 25
あかしね…………………………Ⅰ - 25
あかしはだか……………………Ⅰ - 26
あかじふろく……………………Ⅰ - 26
あかじふろくささけ……………Ⅰ - 26
あかしむぎ………………………Ⅰ - 26
あかしもち………………………Ⅰ - 26
あかじやうしろ…………………Ⅰ - 26
あかじゆうろく…………………Ⅰ - 26
あかしろ…………………………Ⅰ - 27
あかじんば………………………Ⅰ - 27
あかしんぽ………………………Ⅰ - 27
あかすぎ…………………………Ⅰ - 27
あかすぬけ………………………Ⅰ - 27
あかせんぼ………………………Ⅰ - 27
あかそより………………………Ⅰ - 27
あかた……………………………Ⅰ - 28
あかたいたう……………………Ⅰ - 28
あかだいたう……………………Ⅰ - 28
あかだいづ………………………Ⅰ - 28
あかたいとう……………………Ⅰ - 28
あかたうきひ……………………Ⅰ - 28
あかたうきび……………………Ⅰ - 28
あかたうぼし……………………Ⅰ - 29
あかたのかみ……………………Ⅰ - 29
あかだま…………………………Ⅰ - 29
あかたら…………………………Ⅰ - 29
あかたらう………………………Ⅰ - 29

あかたらり……………………………Ⅰ - 29
あかたんご……………………………Ⅰ - 29
あかちこ………………………………Ⅰ - 30
あかつき………………………………Ⅰ - 30
あかつのくに…………………………Ⅰ - 30
あかつはくら…………………………Ⅰ - 30
あかつるこ……………………………Ⅰ - 30
あかつるのこ…………………………Ⅰ - 30
あかつるぼそ…………………………Ⅰ - 30
あかでぬけ……………………………Ⅰ - 31
あかでは………………………………Ⅰ - 31
あかてんこ……………………………Ⅰ - 31
あかてんぢく…………………………Ⅰ - 31
あかとう………………………………Ⅰ - 31
あかどう………………………………Ⅰ - 31
あかとうきみ…………………………Ⅰ - 31
あかとうぎみ…………………………Ⅰ - 32
あかとうしらう………………………Ⅰ - 32
あかとうのこ…………………………Ⅰ - 32
あかどうのこ…………………………Ⅰ - 32
あかとうぼうし………………………Ⅰ - 32
あかとうもろこし……………………Ⅰ - 32
あかとくより…………………………Ⅰ - 32
あかとふきび…………………………Ⅰ - 33
あかとんほう…………………………Ⅰ - 33
あかな…………………………………Ⅰ - 33
あかなかて……………………………Ⅰ - 33
あかなきて……………………………Ⅰ - 33
あかなたまめ…………………………Ⅰ - 33
あかなりこ……………………………Ⅰ - 34
あかなんばん…………………………Ⅰ - 34
あかにうとう…………………………Ⅰ - 34
あかにし………………………………Ⅰ - 34
あかにようぼう………………………Ⅰ - 34
あかねこ………………………………Ⅰ - 34
あかねち………………………………Ⅰ - 34
あかねぢれ……………………………Ⅰ - 35
あかのかし……………………………Ⅰ - 35
あかのくち……………………………Ⅰ - 35
あかばうし……………………………Ⅰ - 35
あかばうずこむぎ……………………Ⅰ - 35
あかばうづ……………………………Ⅰ - 35
あかばうづいね………………………Ⅰ - 36
あかはきのこ…………………………Ⅰ - 36
あかはせ………………………………Ⅰ - 36
あかはぜこ……………………………Ⅰ - 36
あかはたか……………………………Ⅰ - 36
あかはだか……………………………Ⅰ - 36
あかはだか……………………………Ⅰ - 37
あかはだかり…………………………Ⅰ - 37
あかはち………………………………Ⅰ - 37
あかはちぐわつ………………………Ⅰ - 37
あかはちぐわつまめ…………………Ⅰ - 37
あかはちこく…………………………Ⅰ - 37
あかはつこく…………………………Ⅰ - 37
あかはな………………………………Ⅰ - 37
あかはなおち…………………………Ⅰ - 38
あかはなまめ…………………………Ⅰ - 38
あかはふし……………………………Ⅰ - 38
あかはまもち…………………………Ⅰ - 38
あかばやり……………………………Ⅰ - 38
あかはりま……………………………Ⅰ - 38
あかひえ………………………………Ⅰ - 38
あかひえ………………………………Ⅰ - 39
あかひけ………………………………Ⅰ - 39
あかひげ………………………………Ⅰ - 39
あかひげもち…………………………Ⅰ - 39
あかひこ………………………………Ⅰ - 39
あかびつちゆう………………………Ⅰ - 39
あかひへ………………………………Ⅰ - 40
あかひやうたれ………………………Ⅰ - 40
あかびやうたれ………………………Ⅰ - 40
あかひゑ………………………………Ⅰ - 40
あかふく………………………………Ⅰ - 40
あかふし………………………………Ⅰ - 40
あかふちしろ…………………………Ⅰ - 41

あかぶとう……………………………Ⅰ - 41
あかふらう……………………………Ⅰ - 41
あかへりささげ………………………Ⅰ - 41
あかほあかぼ…………………………Ⅰ - 41
あかほいね……………………………Ⅰ - 41
あかほう………………………………Ⅰ - 41
あかぼう………………………………Ⅰ - 42
あかほうえい…………………………Ⅰ - 42
あかほうし……………………………Ⅰ - 42
あかほうす……………………………Ⅰ - 42
あかぼうず……………………………Ⅰ - 42
あかほくこく…………………………Ⅰ - 43
あかほし………………………………Ⅰ - 43
あかぼし………………………………Ⅰ - 43
あかほしあわ…………………………Ⅰ - 43
あかほしこむぎ………………………Ⅰ - 43
あかほしほう…………………………Ⅰ - 43
あかほせ………………………………Ⅰ - 44
あかほそつる…………………………Ⅰ - 44
あかほち………………………………Ⅰ - 44
あかほふし……………………………Ⅰ - 44
あかほりだし…………………………Ⅰ - 44
あかほろ………………………………Ⅰ - 44
あかぼろ………………………………Ⅰ - 44
あかぼろささげ………………………Ⅰ - 45
あかほんたい…………………………Ⅰ - 45
あかほんもち…………………………Ⅰ - 45
あかぼんもち…………………………Ⅰ - 45
あかまきやま…………………………Ⅰ - 45
あかまさめ……………………………Ⅰ - 45
あかまつ………………………………Ⅰ - 46
あかまて………………………………Ⅰ - 46
あかまていね…………………………Ⅰ - 46
あかまへ………………………………Ⅰ - 46
あかまめ………………………………Ⅰ - 46
あかまんさい…………………………Ⅰ - 47
あかみの………………………………Ⅰ - 47
あかみのかさ…………………………Ⅰ - 47
あかむき………………………………Ⅰ - 47
あかむぎ………………………………Ⅰ - 47
あかもち………………………………Ⅰ - 48
あかもちあは…………………………Ⅰ - 49
あかもちきひ…………………………Ⅰ - 49
あかもと………………………………Ⅰ - 49
あかもみ………………………………Ⅰ - 49
あかもろこし…………………………Ⅰ - 49
あかやつこ……………………………Ⅰ - 49
あかやはづ……………………………Ⅰ - 49
あかやろく……………………………Ⅰ - 50
あかよしあわ…………………………Ⅰ - 50
あからうそく…………………………Ⅰ - 50
あかろくかく…………………………Ⅰ - 50
あかわせ………………………………Ⅰ - 50
あかわせ………………………………Ⅰ - 51
あかゑい………………………………Ⅰ - 51
あかゑび………………………………Ⅰ - 51
あかゑみ………………………………Ⅰ - 51
あかゑりだし…………………………Ⅰ - 51
あかゑんどう…………………………Ⅰ - 52
あき……………………………………Ⅰ - 52
あきあつき……………………………Ⅰ - 52
あきあづき……………………………Ⅰ - 52
あきあは………………………………Ⅰ - 52
あきあわ………………………………Ⅰ - 52
あききひ………………………………Ⅰ - 53
あきくろ………………………………Ⅰ - 53
あきくろまめ…………………………Ⅰ - 53
あきささけ……………………………Ⅰ - 53
あきささげ……………………………Ⅰ - 53
あきしろ………………………………Ⅰ - 53
あきそば………………………………Ⅰ - 54
あきひえ………………………………Ⅰ - 54
あきひへ………………………………Ⅰ - 54
あきべた………………………………Ⅰ - 54
あきまめ………………………………Ⅰ - 54
あきまめ………………………………Ⅰ - 55

あきよし……………………………Ⅰ - 55
あくたひ……………………………Ⅰ - 55
あぐの………………………………Ⅰ - 55
あけけ………………………………Ⅰ - 55
あけち………………………………Ⅰ - 55
あこあは……………………………Ⅰ - 56
あこさま……………………………Ⅰ - 56
あさ…………………………………Ⅰ - 56
あさいな……………………………Ⅰ - 56
あさうじまめ………………………Ⅰ - 56
あさかもち…………………………Ⅰ - 56
あさから……………………………Ⅰ - 56
あさかわせ…………………………Ⅰ - 57
あさくらあづき……………………Ⅰ - 57
あさささげ…………………………Ⅰ - 57
あさし………………………………Ⅰ - 57
あさぢ………………………………Ⅰ - 57
あさの………………………………Ⅰ - 57
あさのみ……………………………Ⅰ - 57
あさはたあづき……………………Ⅰ - 58
あさひ………………………………Ⅰ - 58
あさひてり…………………………Ⅰ - 58
あさひでり…………………………Ⅰ - 58
あさひもち…………………………Ⅰ - 58
あさひら……………………………Ⅰ - 58
あさひわせ…………………………Ⅰ - 59
あさまちこ…………………………Ⅰ - 59
あさみ………………………………Ⅰ - 59
あさよし……………………………Ⅰ - 59
あしかりほぎれ……………………Ⅰ - 59
あしけ………………………………Ⅰ - 59
あしげ………………………………Ⅰ - 59
あしげむま…………………………Ⅰ - 60
あしざはあわ………………………Ⅰ - 60
あしな………………………………Ⅰ - 60
あしひき……………………………Ⅰ - 60
あしふて……………………………Ⅰ - 60
あしぶと……………………………Ⅰ - 60
あじま………………………………Ⅰ - 60
あしまきわせ………………………Ⅰ - 61
あじめはち…………………………Ⅰ - 61
あすかい……………………………Ⅰ - 61
あせ…………………………………Ⅰ - 61
あせこさす…………………………Ⅰ - 61
あせこし……………………………Ⅰ - 61
あせこし……………………………Ⅰ - 62
あぜこし……………………………Ⅰ - 62
あせこしもち………………………Ⅰ - 62
あせひえ……………………………Ⅰ - 62
あせびへ……………………………Ⅰ - 63
あぜひへ……………………………Ⅰ - 63
あぜひゑ……………………………Ⅰ - 63
あせまめ……………………………Ⅰ - 63
あぜまめ……………………………Ⅰ - 63
あぜもち……………………………Ⅰ - 63
あそうしまめ………………………Ⅰ - 63
あそもち……………………………Ⅰ - 64
あたまはげあづき…………………Ⅰ - 64
あたれあは…………………………Ⅰ - 64
あだれこむぎ………………………Ⅰ - 64
あちまめ……………………………Ⅰ - 64
あつ…………………………………Ⅰ - 64
あづき………………………………Ⅰ - 64
あづき………………………………Ⅰ - 65
あづきこなり………………………Ⅰ - 65
あつきささぎ………………………Ⅰ - 65
あつきささけ………………………Ⅰ - 65
あつきもどき………………………Ⅰ - 66
あづま………………………………Ⅰ - 66
あてすかり…………………………Ⅰ - 66
あなこまめ…………………………Ⅰ - 66
あにまめ……………………………Ⅰ - 66
あにやまめ…………………………Ⅰ - 66
あにわ………………………………Ⅰ - 67
あにわせ……………………………Ⅰ - 67
あは…………………………………Ⅰ - 67

あはいね……………………………… I - 67
あはうるし…………………………… I - 68
あはうるち…………………………… I - 68
あはおくて…………………………… I - 68
あはぢいね…………………………… I - 68
あはひえ……………………………… I - 68
あはもち……………………………… I - 68
あはもどき…………………………… I - 68
あひさ………………………………… I - 69
あひずり……………………………… I - 69
あひずりもち………………………… I - 69
あふさか……………………………… I - 69
あふしよろこび……………………… I - 69
あふほ………………………………… I - 69
あふみ………………………………… I - 69
あふみあは…………………………… I - 70
あふみぐろ…………………………… I - 70
あふみこ……………………………… I - 70
あふみこぼれ………………………… I - 70
あふみさいごく……………………… I - 70
あふみしらば………………………… I - 70
あふみなかて………………………… I - 71
あふみやろく………………………… I - 71
あふみよりだし……………………… I - 71
あふみわせ…………………………… I - 71
あふら………………………………… I - 71
あぶらえ……………………………… I - 71
あぶらや……………………………… I - 71
あぶらまめ…………………………… I - 72
あふらむぎ…………………………… I - 72
あぶらむき…………………………… I - 72
あぶらむぎ…………………………… I - 72
あぶろこ……………………………… I - 72
あべからす…………………………… I - 72
あへこさい…………………………… I - 72
あへつる……………………………… I - 73
あへぼ………………………………… I - 73
あへものささげ……………………… I - 73
あへらき……………………………… I - 73
あまかさい…………………………… I - 73
あまかた……………………………… I - 73
あまくさ……………………………… I - 73
あまた………………………………… I - 74
あまたひへ…………………………… I - 74
あまのかは…………………………… I - 74
あまのかわ…………………………… I - 74
あまよけざらり……………………… I - 74
あまり………………………………… I - 74
あみあし……………………………… I - 74
あみだあは…………………………… I - 75
あみだわせ…………………………… I - 75
あみのこ……………………………… I - 75
あみまめ……………………………… I - 75
あめうし……………………………… I - 75
あめこま……………………………… I - 75
あめささけ…………………………… I - 75
あめさや……………………………… I - 76
あめしわ……………………………… I - 76
あめよけ……………………………… I - 76
あやめ………………………………… I - 76
あらい………………………………… I - 76
あらかは……………………………… I - 76
あらき………………………………… I - 76
あらき………………………………… I - 77
あらきいね…………………………… I - 77
あらきう……………………………… I - 77
あらきじ……………………………… I - 77
あらきじろ…………………………… I - 77
あらきじろう………………………… I - 78
あらきちこ…………………………… I - 78
あらさ………………………………… I - 78
あらさあわ…………………………… I - 78
あらさは……………………………… I - 78
あらさわ……………………………… I - 78
あらすな……………………………… I - 78
あらすな……………………………… I - 79

あらち……………………………Ⅰ - 79
あらむぎ…………………………Ⅰ - 79
あらわせ…………………………Ⅰ - 79
ありき……………………………Ⅰ - 79
ありま……………………………Ⅰ - 79
ありまいね………………………Ⅰ - 80
ありまつ…………………………Ⅰ - 80
ありまもち………………………Ⅰ - 80
ありまゑひ………………………Ⅰ - 80
ありまゑりだし…………………Ⅰ - 80
あわきひ…………………………Ⅰ - 80
あわきひ…………………………Ⅰ - 81
あわきび…………………………Ⅰ - 81
あわくた…………………………Ⅰ - 81
あわぢ……………………………Ⅰ - 81
あわぢむぎ………………………Ⅰ - 81
あわひへ…………………………Ⅰ - 81
あゑんどう………………………Ⅰ - 81
あを………………………………Ⅰ - 82
あをあかひゑ……………………Ⅰ - 82
あをあつき………………………Ⅰ - 82
あをあづき………………………Ⅰ - 82
あをあは…………………………Ⅰ - 82
あをあわ…………………………Ⅰ - 82
あをいしとう……………………Ⅰ - 83
あをいね…………………………Ⅰ - 83
あをいらく………………………Ⅰ - 83
あをうら…………………………Ⅰ - 83
あをかうゑんさい………………Ⅰ - 83
あをがし…………………………Ⅰ - 83
あをかはち………………………Ⅰ - 84
あをかはまめ……………………Ⅰ - 84
あをかみふさ……………………Ⅰ - 84
あをから…………………………Ⅰ - 84
あをがら…………………………Ⅰ - 84
あをからかいちう………………Ⅰ - 85
あをがらせんぼ…………………Ⅰ - 85
あをからもち……………………Ⅰ - 85
あをからゑんさい………………Ⅰ - 85
あをかわち………………………Ⅰ - 85
あをきやうゑひ…………………Ⅰ - 85
あをくき…………………………Ⅰ - 85
あをげか…………………………Ⅰ - 86
あをげんろく……………………Ⅰ - 86
あをこ……………………………Ⅰ - 86
あをご……………………………Ⅰ - 86
あをこづる………………………Ⅰ - 86
あをささけ………………………Ⅰ - 86
あをささげ………………………Ⅰ - 87
あをさて…………………………Ⅰ - 87
あをさや…………………………Ⅰ - 87
あをさやささげ…………………Ⅰ - 87
あをさんぐわつ…………………Ⅰ - 87
あをさんしやうまめ……………Ⅰ - 87
あをしね…………………………Ⅰ - 88
あをじふはち……………………Ⅰ - 88
あをじふろく……………………Ⅰ - 88
あをしやうらく…………………Ⅰ - 88
あをしろ…………………………Ⅰ - 88
あをしろまめ……………………Ⅰ - 88
あをすみ…………………………Ⅰ - 88
あをせんごく……………………Ⅰ - 89
あをた……………………………Ⅰ - 89
あをだいづ………………………Ⅰ - 89
あをたちかるこ…………………Ⅰ - 89
あをだら…………………………Ⅰ - 89
あをたらり………………………Ⅰ - 89
あをたんきりまめ………………Ⅰ - 90
あをち……………………………Ⅰ - 90
あをぢ……………………………Ⅰ - 90
あをちこ…………………………Ⅰ - 90
あをぢはたか……………………Ⅰ - 90
あをぢもち………………………Ⅰ - 90
あをつのべ………………………Ⅰ - 90
あをつるあをづる………………Ⅰ - 91
あをつるまめ……………………Ⅰ - 91

あをどう……………………………… I - 91
あをな……………………………… I - 92
あをなげ……………………………… I - 92
あをなもち……………………………… I - 92
あをなもちあわ……………………………… I - 92
あをぬい……………………………… I - 92
あをぬき……………………………… I - 92
あをねぢ……………………………… I - 92
あをねぶ……………………………… I - 93
あをねり……………………………… I - 93
あをはご……………………………… I - 93
あをばこく……………………………… I - 93
あをはこまめ……………………………… I - 93
あをはす……………………………… I - 93
あをはた……………………………… I - 93
あをはだ……………………………… I - 94
あをばた……………………………… I - 94
あをはたか……………………………… I - 95
あをはだか……………………………… I - 95
あをはだかむぎ……………………………… I - 95
あをはたまめ……………………………… I - 95
あをはだまめ……………………………… I - 95
あをはたむぎ……………………………… I - 95
あをはちぐわつ……………………………… I - 95
あをばつと……………………………… I - 96
あをはと……………………………… I - 96
あをはとまめ……………………………… I - 96
あをはやわせ……………………………… I - 96
あをひえ……………………………… I - 96
あをひきまめ……………………………… I - 96
あをびじやう……………………………… I - 97
あをびへ……………………………… I - 97
あをひらまめ……………………………… I - 97
あをひらもち……………………………… I - 97
あをぶつきり……………………………… I - 97
あをぶらう……………………………… I - 97
あをへりささげ……………………………… I - 97
あをぼ……………………………… I - 98
あをほささげ……………………………… I - 98
あをほふし……………………………… I - 98
あをまめ……………………………… I - 98
あをまめ……………………………… I - 99
あをみだ……………………………… I - 99
あをむき……………………………… I - 99
あをむぎ……………………………… I - 99
あをもく……………………………… I - 99
あをやき……………………………… I - 99
あをやぎ……………………………… I - 100
あをやしろ……………………………… I - 100
あをやじろう……………………………… I - 100
あをやろう……………………………… I - 100
あをやろく……………………………… I - 100
あをりょくづ……………………………… I - 100
あをわせ……………………………… I - 101
あをゑんどう……………………………… I - 101
あんあつき……………………………… I - 101
あんかうわせ……………………………… I - 101
あんご……………………………… I - 101
あんし……………………………… I - 101
あんじやう……………………………… I - 101
あんたもちあわ……………………………… I - 102
あんとあは……………………………… I - 102
あんどあは……………………………… I - 102
あんのひへ……………………………… I - 102
あんみやうじ……………………………… I - 102
あんみやうじごま……………………………… I - 102
あんめいし……………………………… I - 102
あんめうじ……………………………… I - 103
あんめし……………………………… I - 103
あんらく……………………………… I - 103

い

いいあつき……………………………… I - 104
いいしろ……………………………… I - 104
いいだ……………………………… I - 104
いいたち……………………………… I - 104

いいだもち…………………………… Ⅰ - 104
いいよし…………………………… Ⅰ - 104
いうろう…………………………… Ⅰ - 104
いが…………………………… Ⅰ - 105
いがあらき…………………………… Ⅰ - 105
いかいね…………………………… Ⅰ - 105
いがこほれ…………………………… Ⅰ - 105
いかこむぎ…………………………… Ⅰ - 105
いがこむぎ…………………………… Ⅰ - 105
いがすへり…………………………… Ⅰ - 105
いかち…………………………… Ⅰ - 106
いかちもち…………………………… Ⅰ - 106
いかつ…………………………… Ⅰ - 106
いかる…………………………… Ⅰ - 106
いきあひ…………………………… Ⅰ - 106
いくたもち…………………………… Ⅰ - 106
いくのほくこく…………………………… Ⅰ - 106
いくひ…………………………… Ⅰ - 107
いくび…………………………… Ⅰ - 107
いげこむぎ…………………………… Ⅰ - 107
いげしろこむぎ…………………………… Ⅰ - 107
いけだ…………………………… Ⅰ - 107
いけだむぎ…………………………… Ⅰ - 107
いけんまめ…………………………… Ⅰ - 107
いさり…………………………… Ⅰ - 108
いざり…………………………… Ⅰ - 108
いさりきひ…………………………… Ⅰ - 108
いさりこめ…………………………… Ⅰ - 108
いさりむぎ…………………………… Ⅰ - 108
いさりもち…………………………… Ⅰ - 108
いし…………………………… Ⅰ - 108
いしあは…………………………… Ⅰ - 109
いしあぶら…………………………… Ⅰ - 109
いしあわ…………………………… Ⅰ - 109
いしうち…………………………… Ⅰ - 109
いしうちあは…………………………… Ⅰ - 109
いしうちあわ…………………………… Ⅰ - 109
いしえ…………………………… Ⅰ - 109
いしがい…………………………… Ⅰ - 110
いしがうら…………………………… Ⅰ - 110
いしがき…………………………… Ⅰ - 110
いしかは…………………………… Ⅰ - 110
いしかはもち…………………………… Ⅰ - 110
いしがも…………………………… Ⅰ - 110
いしかわ…………………………… Ⅰ - 110
いしき…………………………… Ⅰ - 111
いしきざみ…………………………… Ⅰ - 111
いしこ…………………………… Ⅰ - 111
いしこあわ…………………………… Ⅰ - 111
いしざき…………………………… Ⅰ - 111
いしざきあわ…………………………… Ⅰ - 111
いしさはもち…………………………… Ⅰ - 111
いしされ…………………………… Ⅰ - 112
いしたてかいさい…………………………… Ⅰ - 112
いしたてもち…………………………… Ⅰ - 112
いしたてやろく…………………………… Ⅰ - 112
いしたにまめ…………………………… Ⅰ - 112
いしだひえ…………………………… Ⅰ - 112
いしつきあわ…………………………… Ⅰ - 112
いしつふり…………………………… Ⅰ - 113
いしと…………………………… Ⅰ - 113
いしど…………………………… Ⅰ - 113
いしとう…………………………… Ⅰ - 113
いしどう…………………………… Ⅰ - 113
いしどう…………………………… Ⅰ - 114
いしとうそは…………………………… Ⅰ - 114
いしとうそば…………………………… Ⅰ - 114
いしとうもち…………………………… Ⅰ - 114
いしどうもち…………………………… Ⅰ - 114
いしどふ…………………………… Ⅰ - 114
いしなり…………………………… Ⅰ - 114
いしのこ…………………………… Ⅰ - 115
いしのこあわ…………………………… Ⅰ - 115
いしのこきやうじよろう…………………………… Ⅰ - 115
いしのこほきれ…………………………… Ⅰ - 115
いしはちこく…………………………… Ⅰ - 115

いしはら…………………………… Ⅰ - 116
いしはり…………………………… Ⅰ - 116
いしはりま………………………… Ⅰ - 116
いしひえ…………………………… Ⅰ - 116
いしぶきわせ……………………… Ⅰ - 116
いしわり…………………………… Ⅰ - 116
いしほ……………………………… Ⅰ - 117
いしぼ……………………………… Ⅰ - 117
いしまめ…………………………… Ⅰ - 117
いしみち…………………………… Ⅰ - 117
いしみちこむぎ…………………… Ⅰ - 117
いしみちもち……………………… Ⅰ - 117
いしめつき………………………… Ⅰ - 117
いしもち…………………………… Ⅰ - 118
いじらしんとく…………………… Ⅰ - 118
いしわらこむぎ…………………… Ⅰ - 118
いしわり…………………………… Ⅰ - 118
いしわりこむぎ…………………… Ⅰ - 118
いしんと…………………………… Ⅰ - 119
いすみ……………………………… Ⅰ - 119
いせ………………………………… Ⅰ - 119
いせあづき………………………… Ⅰ - 119
いせあは…………………………… Ⅰ - 119
いせいね…………………………… Ⅰ - 119
いせいね…………………………… Ⅰ - 120
いせおく…………………………… Ⅰ - 120
いせおくて………………………… Ⅰ - 120
いせかるこ………………………… Ⅰ - 120
いせかわち………………………… Ⅰ - 120
いせきひ…………………………… Ⅰ - 120
いせきび…………………………… Ⅰ - 120
いせきやうはやり………………… Ⅰ - 120
いせくろ…………………………… Ⅰ - 121
いせぐろ…………………………… Ⅰ - 121
いせけしろ………………………… Ⅰ - 121
いせこぼうし……………………… Ⅰ - 121
いせこほれ………………………… Ⅰ - 121
いせこぼれ………………………… Ⅰ - 121
いせこむぎ………………………… Ⅰ - 122
いせささけ………………………… Ⅰ - 122
いせさぶらう……………………… Ⅰ - 122
いせさんぐわつ…………………… Ⅰ - 122
いせしろ…………………………… Ⅰ - 122
いせしろいね……………………… Ⅰ - 122
いせそば…………………………… Ⅰ - 122
いせちこ…………………………… Ⅰ - 123
いせなかて………………………… Ⅰ - 123
いせばうづ………………………… Ⅰ - 123
いせはたか………………………… Ⅰ - 123
いせはやり………………………… Ⅰ - 123
いせばやり………………………… Ⅰ - 123
いせひえ…………………………… Ⅰ - 123
いせひえ…………………………… Ⅰ - 124
いせひへ…………………………… Ⅰ - 124
いせほ……………………………… Ⅰ - 124
いせほくこく……………………… Ⅰ - 124
いせまめ…………………………… Ⅰ - 124
いせまる…………………………… Ⅰ - 125
いせみやげ………………………… Ⅰ - 125
いせむぎ…………………………… Ⅰ - 125
いせもち…………………………… Ⅰ - 125
いせもち…………………………… Ⅰ - 126
いせやろく………………………… Ⅰ - 126
いせろくかく……………………… Ⅰ - 126
いせろくぐわつ…………………… Ⅰ - 126
いせわせ…………………………… Ⅰ - 127
いそたけ…………………………… Ⅰ - 127
いそほあわ………………………… Ⅰ - 127
いたたき…………………………… Ⅰ - 127
いたちかは………………………… Ⅰ - 127
いたちけ…………………………… Ⅰ - 127
いたちのを………………………… Ⅰ - 128
いたちまめ………………………… Ⅰ - 128
いたむき…………………………… Ⅰ - 128
いたむぎ…………………………… Ⅰ - 128
いたやひへ………………………… Ⅰ - 128

いたら…… Ⅰ-128
いちかは…… Ⅰ-128
いちかはわせ…… Ⅰ-129
いちこ…… Ⅰ-129
いちごあわ…… Ⅰ-129
いちさんあづき…… Ⅰ-129
いちじらう…… Ⅰ-129
いちすけこむぎ…… Ⅰ-129
いちのせき…… Ⅰ-129
いちのたに…… Ⅰ-130
いちび…… Ⅰ-130
いちべゑ…… Ⅰ-130
いちみくら…… Ⅰ-130
いちらうべゑ…… Ⅰ-130
いちりひき…… Ⅰ-130
いちりひきもち…… Ⅰ-130
いつこく…… Ⅰ-131
いつすん…… Ⅰ-131
いつそうかいせい…… Ⅰ-131
いつそく…… Ⅰ-131
いつちくまこ…… Ⅰ-131
いつつは…… Ⅰ-131
いつつば…… Ⅰ-131
いつつはまめ…… Ⅰ-132
いつつばまめ…… Ⅰ-132
いつてつわせ…… Ⅰ-132
いつふし…… Ⅰ-132
いつほう…… Ⅰ-132
いつほうし…… Ⅰ-132
いつほうず…… Ⅰ-132
いつぼうせんなかて…… Ⅰ-133
いつほし…… Ⅰ-133
いつぼし…… Ⅰ-133
いつほせん…… Ⅰ-133
いつほん…… Ⅰ-133
いつぽん…… Ⅰ-133
いつほんさき…… Ⅰ-133
いつほんせい…… Ⅰ-133
いつほんすぎ…… Ⅰ-134
いつほんせん…… Ⅰ-134
いつほんなえ…… Ⅰ-134
いつほんもち…… Ⅰ-134
いづまめ…… Ⅰ-134
いつみ…… Ⅰ-134
いづみ…… Ⅰ-135
いづみいね…… Ⅰ-135
いづみおくて…… Ⅰ-135
いづみなかて…… Ⅰ-135
いつみばやり…… Ⅰ-135
いづみむぎ…… Ⅰ-135
いづみわせ…… Ⅰ-135
いつも…… Ⅰ-136
いづも…… Ⅰ-136
いづもわせ…… Ⅰ-136
いでう…… Ⅰ-136
いと…… Ⅰ-136
いとむき…… Ⅰ-136
いとむぎ…… Ⅰ-136
いないすみ…… Ⅰ-137
いないつみ…… Ⅰ-137
いないづみ…… Ⅰ-137
いなかかし…… Ⅰ-137
いなかもち…… Ⅰ-137
いなさはもち…… Ⅰ-137
いなづま…… Ⅰ-137
いなづまわせ…… Ⅰ-138
いなは…… Ⅰ-138
いなば…… Ⅰ-138
いなばこうぼふ…… Ⅰ-138
いなばもち…… Ⅰ-138
いなばやろく…… Ⅰ-139
いなほあは…… Ⅰ-139
いなほあわ…… Ⅰ-139
いなむぎ…… Ⅰ-139
いなり…… Ⅰ-139
いなをかし…… Ⅰ-139

いぬこく…………………………… Ⅰ - 139
いぬぢ……………………………… Ⅰ - 140
いぬのくそひへ…………………… Ⅰ - 140
いぬのこ…………………………… Ⅰ - 140
いぬので…………………………… Ⅰ - 140
いぬのてあわ……………………… Ⅰ - 140
いぬのはら………………………… Ⅰ - 140
いぬのはら………………………… Ⅰ - 141
いぬのはらなかて………………… Ⅰ - 141
いぬのを…………………………… Ⅰ - 141
いぬはら…………………………… Ⅰ - 141
いぬひへ…………………………… Ⅰ - 141
いぬびへ…………………………… Ⅰ - 141
いぬぶつ…………………………… Ⅰ - 141
いね………………………………… Ⅰ - 142
いねうるち………………………… Ⅰ - 142
いねきひ…………………………… Ⅰ - 142
いねきび…………………………… Ⅰ - 142
いねむぎ…………………………… Ⅰ - 142
いのくち…………………………… Ⅰ - 142
いのこまめ………………………… Ⅰ - 142
いのししあは……………………… Ⅰ - 143
いのししころし…………………… Ⅰ - 143
いのししひへ……………………… Ⅰ - 143
いのふ……………………………… Ⅰ - 143
いのへ……………………………… Ⅰ - 143
いのむぎ…………………………… Ⅰ - 143
いのや……………………………… Ⅰ - 143
いのやもち………………………… Ⅰ - 144
いはあは…………………………… Ⅰ - 144
いはうち…………………………… Ⅰ - 144
いはうちひへ……………………… Ⅰ - 144
いはおとし………………………… Ⅰ - 144
いはおり…………………………… Ⅰ - 144
いはかは…………………………… Ⅰ - 144
いはき……………………………… Ⅰ - 145
いはきわせ………………………… Ⅰ - 145
いはくたき………………………… Ⅰ - 145
いはくに…………………………… Ⅰ - 145
いはくにささけ…………………… Ⅰ - 145
いはこ……………………………… Ⅰ - 145
いはこすり………………………… Ⅰ - 145
いはこつき………………………… Ⅰ - 146
いはころはし……………………… Ⅰ - 146
いはころばし……………………… Ⅰ - 146
いはころび………………………… Ⅰ - 146
いはこをり………………………… Ⅰ - 146
いはすか…………………………… Ⅰ - 146
いはすり…………………………… Ⅰ - 147
いはずり…………………………… Ⅰ - 147
いはたひえ………………………… Ⅰ - 147
いはつり…………………………… Ⅰ - 147
いはつる…………………………… Ⅰ - 147
いはてあわ………………………… Ⅰ - 147
いはなわ…………………………… Ⅰ - 147
いはばうし………………………… Ⅰ - 148
いはまめ…………………………… Ⅰ - 148
いはみ……………………………… Ⅰ - 148
いはみかし………………………… Ⅰ - 148
いはもと…………………………… Ⅰ - 148
いはもとやろく…………………… Ⅰ - 148
いばらまめ………………………… Ⅰ - 148
いび………………………………… Ⅰ - 149
いひあつき………………………… Ⅰ - 149
いひあづき………………………… Ⅰ - 149
いひしま…………………………… Ⅰ - 149
いひじま…………………………… Ⅰ - 149
いひじまさいごく………………… Ⅰ - 149
いひだもち………………………… Ⅰ - 149
いひつま…………………………… Ⅰ - 150
いひづま…………………………… Ⅰ - 150
いひで……………………………… Ⅰ - 150
いひぬま…………………………… Ⅰ - 150
いひのやまひゑ…………………… Ⅰ - 150
いぶか……………………………… Ⅰ - 150
いぶき……………………………… Ⅰ - 150

いまいわか……………………… Ⅰ-151
いまかは……………………… Ⅰ-151
いまさか……………………… Ⅰ-151
いまむら……………………… Ⅰ-151
いまむらおきて……………………… Ⅰ-151
いまむろ……………………… Ⅰ-151
いもささげ……………………… Ⅰ-151
いやくろ……………………… Ⅰ-152
いよ……………………… Ⅰ-152
いよあわ……………………… Ⅰ-152
いよいね……………………… Ⅰ-152
いよこうぼふ……………………… Ⅰ-152
いよこむぎ……………………… Ⅰ-152
いよささげ……………………… Ⅰ-152
いよてうせん……………………… Ⅰ-153
いよはたか……………………… Ⅰ-153
いよはだか……………………… Ⅰ-153
いよひへ……………………… Ⅰ-153
いよむぎ……………………… Ⅰ-153
いよもち……………………… Ⅰ-154
いよわせ……………………… Ⅰ-154
いらいこ……………………… Ⅰ-154
いらいら……………………… Ⅰ-154
いらくり……………………… Ⅰ-154
いらくりひえ……………………… Ⅰ-154
いらこむぎ……………………… Ⅰ-155
いらささげ……………………… Ⅰ-155
いらたか……………………… Ⅰ-155
いらとう……………………… Ⅰ-155
いららこ……………………… Ⅰ-155
いらりこ……………………… Ⅰ-155
いられこ……………………… Ⅰ-156
いれわり……………………… Ⅰ-156
いろけし……………………… Ⅰ-156
いろつけ……………………… Ⅰ-156
いろよし……………………… Ⅰ-156
いろよしあわ……………………… Ⅰ-156
いわいね……………………… Ⅰ-156
いわかせ……………………… Ⅰ-157
いわかわ……………………… Ⅰ-157
いわきあは……………………… Ⅰ-157
いわくに……………………… Ⅰ-157
いわけら……………………… Ⅰ-157
いわごう……………………… Ⅰ-157
いわこうし……………………… Ⅰ-157
いわし……………………… Ⅰ-158
いわしこむぎ……………………… Ⅰ-158
いわしねわせ……………………… Ⅰ-158
いわしむき……………………… Ⅰ-158
いわしりあわ……………………… Ⅰ-158
いわすり……………………… Ⅰ-158
いわつり……………………… Ⅰ-158
いわてさん……………………… Ⅰ-159
いわなわ……………………… Ⅰ-159
いわまめ……………………… Ⅰ-159
いわもと……………………… Ⅰ-159
いゐよしあわ……………………… Ⅰ-159
いんけん……………………… Ⅰ-159
いんこんわせ……………………… Ⅰ-159
いんげんかし……………………… Ⅰ-160
いんけんささけ……………………… Ⅰ-160
いんけんささげ……………………… Ⅰ-160
いんげんささけ……………………… Ⅰ-160
いんげんささげ……………………… Ⅰ-160
いんけんまめ……………………… Ⅰ-160
いんげんまめ……………………… Ⅰ-160
いんけんまめ……………………… Ⅰ-161
いんげんまめ……………………… Ⅰ-161
いんとう……………………… Ⅰ-162
いんのはら……………………… Ⅰ-162
いんのはらもち……………………… Ⅰ-162
いんろうささげ……………………… Ⅰ-162

## う

ういろう……………………… Ⅰ-163
ういろうまめ……………………… Ⅰ-163

うえなり…………………………… Ⅰ - 163
うかいし…………………………… Ⅰ - 163
うきはかままめ…………………… Ⅰ - 163
うきまめ…………………………… Ⅰ - 163
うく………………………………… Ⅰ - 163
うくあか…………………………… Ⅰ - 164
うくあわ…………………………… Ⅰ - 164
うくひへ…………………………… Ⅰ - 164
うくろもち………………………… Ⅰ - 164
うぐろもち………………………… Ⅰ - 164
うさむぎ…………………………… Ⅰ - 164
うしあは…………………………… Ⅰ - 164
うしきび…………………………… Ⅰ - 165
うしくび…………………………… Ⅰ - 165
うしころし………………………… Ⅰ - 165
うしたれを………………………… Ⅰ - 165
うしのかしら……………………… Ⅰ - 165
うしのたれを……………………… Ⅰ - 165
うしのを…………………………… Ⅰ - 166
うしぶとう………………………… Ⅰ - 166
うしぶんとう……………………… Ⅰ - 166
うす………………………………… Ⅰ - 166
うすあを…………………………… Ⅰ - 166
うすあをご………………………… Ⅰ - 166
うすいろ…………………………… Ⅰ - 167
うすくろ…………………………… Ⅰ - 167
うすころも………………………… Ⅰ - 167
うすごろも………………………… Ⅰ - 167
うすころもあづき………………… Ⅰ - 168
うすらこささけ…………………… Ⅰ - 168
うそのを…………………………… Ⅰ - 168
うぞまめ…………………………… Ⅰ - 168
うたれ……………………………… Ⅰ - 168
うぢかは…………………………… Ⅰ - 168
うちかはしこ……………………… Ⅰ - 169
うちきり…………………………… Ⅰ - 169
うちきりあわ……………………… Ⅰ - 169
うちきりひゑ……………………… Ⅰ - 169
うちくつし………………………… Ⅰ - 169
うちくら…………………………… Ⅰ - 169
うちぐら…………………………… Ⅰ - 169
うちくろ…………………………… Ⅰ - 170
うちげんろく……………………… Ⅰ - 170
うちこ……………………………… Ⅰ - 170
うちこむぎ………………………… Ⅰ - 170
うちは……………………………… Ⅰ - 170
うちひへ…………………………… Ⅰ - 170
うちひゑ…………………………… Ⅰ - 170
うちやろく………………………… Ⅰ - 171
うちわ……………………………… Ⅰ - 171
うつきり…………………………… Ⅰ - 171
うつつ……………………………… Ⅰ - 171
うつぼ……………………………… Ⅰ - 171
うつら……………………………… Ⅰ - 171
うづら……………………………… Ⅰ - 171
うづら……………………………… Ⅰ - 172
うつらあづき……………………… Ⅰ - 172
うづらあづき……………………… Ⅰ - 172
うつらきひ………………………… Ⅰ - 172
うつらこ…………………………… Ⅰ - 172
うつらご…………………………… Ⅰ - 172
うづらこ…………………………… Ⅰ - 172
うつらこあづき…………………… Ⅰ - 173
うづらこあづき…………………… Ⅰ - 173
うづらこささげ…………………… Ⅰ - 173
うつらこまめ……………………… Ⅰ - 173
うづらひへ………………………… Ⅰ - 173
うつらまなこ……………………… Ⅰ - 173
うつらまめ………………………… Ⅰ - 174
うづらまめ………………………… Ⅰ - 174
うつらもち………………………… Ⅰ - 174
うつらもち………………………… Ⅰ - 175
うづらもち………………………… Ⅰ - 175
うてこき…………………………… Ⅰ - 175
うてこぎ…………………………… Ⅰ - 175
うでこくり………………………… Ⅰ - 175

うでまくり…………………………Ⅰ-176
うどいね…………………………Ⅰ-176
うどまめ…………………………Ⅰ-176
うなき…………………………Ⅰ-176
うなたれ…………………………Ⅰ-176
うなたれひへ…………………………Ⅰ-176
うなたれわせ…………………………Ⅰ-177
うぬげきひ…………………………Ⅰ-177
うねだ…………………………Ⅰ-177
うねたいね…………………………Ⅰ-177
うねたはやり…………………………Ⅰ-177
うねたをし…………………………Ⅰ-177
うねまめ…………………………Ⅰ-177
うねわり…………………………Ⅰ-178
うのこ…………………………Ⅰ-178
うのこまめ…………………………Ⅰ-178
うのめ…………………………Ⅰ-178
うのめまめ…………………………Ⅰ-178
うば…………………………Ⅰ-178
うはあは…………………………Ⅰ-178
うばあわ…………………………Ⅰ-179
うばいね…………………………Ⅰ-179
うばこ…………………………Ⅰ-179
うはころし…………………………Ⅰ-179
うばころし…………………………Ⅰ-179
うばささけ…………………………Ⅰ-179
うばささげ…………………………Ⅰ-179
うはなかせ…………………………Ⅰ-179
うばなかせ…………………………Ⅰ-180
うばひばな…………………………Ⅰ-180
うばぼうし…………………………Ⅰ-180
うはめつかう…………………………Ⅰ-180
うばわせ…………………………Ⅰ-180
うぶさりこ…………………………Ⅰ-180
うぶないひへ…………………………Ⅰ-180
うぶや…………………………Ⅰ-181
うへだ…………………………Ⅰ-181
うへだもち…………………………Ⅰ-181
うへぶし…………………………Ⅰ-181
うらぎれ…………………………Ⅰ-181
うらとわせ…………………………Ⅰ-181
うりうり…………………………Ⅰ-181
うりきび…………………………Ⅰ-182
うりやまめ…………………………Ⅰ-182
うる…………………………Ⅰ-182
うるあは…………………………Ⅰ-182
うるあわ…………………………Ⅰ-182
うるいね…………………………Ⅰ-183
うるきひ…………………………Ⅰ-183
うるきび…………………………Ⅰ-183
うるしあは…………………………Ⅰ-183
うるしあわ…………………………Ⅰ-183
うるしいね…………………………Ⅰ-183
うるしきひ…………………………Ⅰ-184
うるしきび…………………………Ⅰ-184
うるしね…………………………Ⅰ-184
うるしねあわ…………………………Ⅰ-184
うるしの…………………………Ⅰ-184
うるちいね…………………………Ⅰ-184
うるちきひ…………………………Ⅰ-185
うるちきび…………………………Ⅰ-185
うるちごめ…………………………Ⅰ-185
うるちまい…………………………Ⅰ-185
うるちをかぼ…………………………Ⅰ-185
うるね…………………………Ⅰ-185
うるま…………………………Ⅰ-185
うるみ…………………………Ⅰ-185
うわがわわせ…………………………Ⅰ-186
うわし…………………………Ⅰ-186
うわもち…………………………Ⅰ-186
うゐろうまめ…………………………Ⅰ-186
うゑた…………………………Ⅰ-186
うをのこ…………………………Ⅰ-186

## え

え…………………………Ⅰ-187

えいらく…… Ⅰ - 187
えかき…… Ⅰ - 187
えごま…… Ⅰ - 187
えじま…… Ⅰ - 187
えじまはたか…… Ⅰ - 187
えじりぼうず…… Ⅰ - 188
えちご…… Ⅰ - 188
えちごかるこ…… Ⅰ - 188
えちごじようう…… Ⅰ - 188
えちごそより…… Ⅰ - 188
えちごまめ…… Ⅰ - 188
えちごむぎ…… Ⅰ - 188
えちごやろく…… Ⅰ - 189
えちごわせ…… Ⅰ - 189
えちぜん…… Ⅰ - 189
えちぜんあは…… Ⅰ - 189
えちぜんわせ…… Ⅰ - 189
えつちゅう…… Ⅰ - 189
えつちゆうばうず…… Ⅰ - 189
えつちゆうわせ…… Ⅰ - 190
えど…… Ⅰ - 190
えどあづき…… Ⅰ - 190
えどあは…… Ⅰ - 190
えどいね…… Ⅰ - 190
えどおほささけ…… Ⅰ - 191
えどきひ…… Ⅰ - 191
えどくま…… Ⅰ - 191
えどこむき…… Ⅰ - 191
えどこむぎ…… Ⅰ - 191
えとささけ…… Ⅰ - 191
えどささけ…… Ⅰ - 191
えどささけ…… Ⅰ - 192
えどささげ…… Ⅰ - 192
えどさら…… Ⅰ - 192
えどじゆうろく…… Ⅰ - 192
えどしろう…… Ⅰ - 192
えどはだか…… Ⅰ - 193
えどはちこく…… Ⅰ - 193
えどひえ…… Ⅰ - 193
えどひくあわ…… Ⅰ - 193
えどひへ…… Ⅰ - 193
えどひゑ…… Ⅰ - 193
えどふろう…… Ⅰ - 193
えどほそば…… Ⅰ - 194
えどまめ…… Ⅰ - 194
えどむき…… Ⅰ - 194
えどむぎ…… Ⅰ - 194
えどめなが…… Ⅰ - 194
えどもち…… Ⅰ - 194
えどもち…… Ⅰ - 195
えどやはせ…… Ⅰ - 195
えどやばせ…… Ⅰ - 195
えどやようか…… Ⅰ - 195
えとろく…… Ⅰ - 195
えどろくかく…… Ⅰ - 195
えどろっぽう…… Ⅰ - 195
えどえんとう…… Ⅰ - 196
えどわせ…… Ⅰ - 196
えのきごじふし…… Ⅰ - 196
えのきのみ…… Ⅰ - 196
えのきまめ…… Ⅰ - 196
えのこあは…… Ⅰ - 196
えひのこ…… Ⅰ - 196
えりさいこく…… Ⅰ - 197
えりだし…… Ⅰ - 197
えりたねこうほう…… Ⅰ - 197
えんこ…… Ⅰ - 197
えんしょうじ…… Ⅰ - 197
えんとう…… Ⅰ - 197
えんどう…… Ⅰ - 197


## お


おいて…… Ⅰ - 198
おいのけ…… Ⅰ - 198
おいろみ…… Ⅰ - 198
おいわわせ…… Ⅰ - 198

おうしう……………………………… Ⅰ - 198
おうしろ……………………………… Ⅰ - 198
おうたそうり………………………… Ⅰ - 199
おうばしろいね……………………… Ⅰ - 199
おうほ………………………………… Ⅰ - 199
おうほくこく………………………… Ⅰ - 199
おうみ………………………………… Ⅰ - 199
おおあかいね………………………… Ⅰ - 199
おかめあつき………………………… Ⅰ - 199
おおかめばやり……………………… Ⅰ - 200
おおめさし…………………………… Ⅰ - 200
おか…………………………………… Ⅰ - 200
おかきひ……………………………… Ⅰ - 200
おかくら……………………………… Ⅰ - 200
おかぐろ……………………………… Ⅰ - 200
おがしら……………………………… Ⅰ - 200
おかたあづき………………………… Ⅰ - 201
おかたおし…………………………… Ⅰ - 201
おかのくち…………………………… Ⅰ - 201
おかまめ……………………………… Ⅰ - 201
おからささげ………………………… Ⅰ - 201
おきおくて…………………………… Ⅰ - 201
おぎおくて…………………………… Ⅰ - 202
おきて………………………………… Ⅰ - 202
おきでわせ…………………………… Ⅰ - 202
おく…………………………………… Ⅰ - 202
おくあづき…………………………… Ⅰ - 202
おくあぶらえ………………………… Ⅰ - 202
おくあをまめ………………………… Ⅰ - 203
おくいせむぎ………………………… Ⅰ - 203
おくいね……………………………… Ⅰ - 203
おくいひじま………………………… Ⅰ - 203
おくかぢか…………………………… Ⅰ - 203
おくかみなかて……………………… Ⅰ - 204
おくきひ……………………………… Ⅰ - 204
おくきゆうがふ……………………… Ⅰ - 204
おくくろ……………………………… Ⅰ - 204
おくけひへ…………………………… Ⅰ - 204
おくこむぎ…………………………… Ⅰ - 204
おくさんぐわつ……………………… Ⅰ - 204
おくし………………………………… Ⅰ - 205
おくしな……………………………… Ⅰ - 205
おくしなば…………………………… Ⅰ - 205
おくしやうじ………………………… Ⅰ - 205
おくじょらう………………………… Ⅰ - 205
おくしらは…………………………… Ⅰ - 205
おくしろもち………………………… Ⅰ - 205
おくすすめ…………………………… Ⅰ - 206
おくすべり…………………………… Ⅰ - 206
おくそうじ…………………………… Ⅰ - 206
おくそは……………………………… Ⅰ - 206
おくそば……………………………… Ⅰ - 206
おくた………………………………… Ⅰ - 206
おくだいこく………………………… Ⅰ - 206
おくだいなごん……………………… Ⅰ - 207
おくたますり………………………… Ⅰ - 207
おくちこ……………………………… Ⅰ - 207
おくて………………………………… Ⅰ - 207
おくて………………………………… Ⅰ - 208
おくてあつき………………………… Ⅰ - 208
おくてあづき………………………… Ⅰ - 208
おくてあは…………………………… Ⅰ - 209
おくてあをまめ……………………… Ⅰ - 209
おくていね…………………………… Ⅰ - 209
おくておほむぎ……………………… Ⅰ - 209
おくてくろ…………………………… Ⅰ - 209
おくてくろまめ……………………… Ⅰ - 209
おくてけしろ………………………… Ⅰ - 209
おくてこむぎ………………………… Ⅰ - 210
おくてしろまめ……………………… Ⅰ - 210
おくてそは…………………………… Ⅰ - 210
おくてぬき…………………………… Ⅰ - 210
おくてひえ…………………………… Ⅰ - 210
おくてびへ…………………………… Ⅰ - 210
おくてひゑ…………………………… Ⅰ - 210
おくてふちまめ……………………… Ⅰ - 211

おくてぼつこり…………………… Ⅰ - 211
おくてまめ…………………… Ⅰ - 211
おくてむぎ…………………… Ⅰ - 211
おくてもち…………………… Ⅰ - 211
おくてもちあは…………………… Ⅰ - 211
おくてもちいね…………………… Ⅰ - 211
おくてゑびのこ…………………… Ⅰ - 212
おくひへ…………………… Ⅰ - 212
おくぶんと…………………… Ⅰ - 212
おくぼろ…………………… Ⅰ - 212
おくみくろ…………………… Ⅰ - 212
おくみの…………………… Ⅰ - 212
おくむき…………………… Ⅰ - 212
おくむぎ…………………… Ⅰ - 213
おくめさし…………………… Ⅰ - 213
おくやろく…………………… Ⅰ - 213
おくり…………………… Ⅰ - 213
おくろ…………………… Ⅰ - 213
おくろくかく…………………… Ⅰ - 213
おくわせ…………………… Ⅰ - 213
おごさいこく…………………… Ⅰ - 214
おごさいごく…………………… Ⅰ - 214
おこわ…………………… Ⅰ - 214
おさ…………………… Ⅰ - 214
おさいもちあわ…………………… Ⅰ - 214
おさぬき…………………… Ⅰ - 214
おしうまめ…………………… Ⅰ - 214
おしき…………………… Ⅰ - 214
おじこ…………………… Ⅰ - 215
おじころし…………………… Ⅰ - 215
おしね…………………… Ⅰ - 215
おしよろひへ…………………… Ⅰ - 215
おしろ…………………… Ⅰ - 215
おそ…………………… Ⅰ - 215
おそあづき…………………… Ⅰ - 215
おそあふみこ…………………… Ⅰ - 216
おそあわ…………………… Ⅰ - 216
おそいしみち…………………… Ⅰ - 216
おそかいせ…………………… Ⅰ - 216
おそかいせい…………………… Ⅰ - 216
おそがいせい…………………… Ⅰ - 216
おそきやうはやり…………………… Ⅰ - 216
おそくろほ…………………… Ⅰ - 217
おそこ…………………… Ⅰ - 217
おそこほれず…………………… Ⅰ - 217
おそこむぎ…………………… Ⅰ - 217
おそさんぐわつ…………………… Ⅰ - 217
おそじょらう…………………… Ⅰ - 217
おそしらがまて…………………… Ⅰ - 217
おそしらは…………………… Ⅰ - 218
おそしらば…………………… Ⅰ - 218
おそしろば…………………… Ⅰ - 218
おそじんは…………………… Ⅰ - 218
おそじんば…………………… Ⅰ - 218
おそたいたう…………………… Ⅰ - 218
おそたいたう…………………… Ⅰ - 219
おそたいとう…………………… Ⅰ - 219
おそたうほし…………………… Ⅰ - 219
おそちくら…………………… Ⅰ - 219
おそなながふ…………………… Ⅰ - 219
おそのべ…………………… Ⅰ - 219
おそのを…………………… Ⅰ - 219
おそはちぐわつ…………………… Ⅰ - 220
おそはちこく…………………… Ⅰ - 220
おそはらひゑ…………………… Ⅰ - 220
おそひき…………………… Ⅰ - 220
おそひへ…………………… Ⅰ - 220
おそひゑ…………………… Ⅰ - 221
おそぼ…………………… Ⅰ - 221
おそほくこく…………………… Ⅰ - 221
おそまございもん…………………… Ⅰ - 221
おそまめ…………………… Ⅰ - 221
おそむぎ…………………… Ⅰ - 221
おそもち…………………… Ⅰ - 222
おそやろう…………………… Ⅰ - 222
おそやろく…………………… Ⅰ - 222

おそろくぐわつ…………………… Ⅰ - 222
おそわせ………………………… Ⅰ - 222
おた……………………………… Ⅰ - 222
おだ……………………………… Ⅰ - 222
おたい…………………………… Ⅰ - 223
おたかもち……………………… Ⅰ - 223
おたがもち……………………… Ⅰ - 223
おたきあは……………………… Ⅰ - 223
おたきり………………………… Ⅰ - 223
おたぐち………………………… Ⅰ - 223
おたぐろ………………………… Ⅰ - 223
おだぐろ………………………… Ⅰ - 223
おたけはやり…………………… Ⅰ - 224
おたけばやり…………………… Ⅰ - 224
おだけわせ……………………… Ⅰ - 224
おたそり………………………… Ⅰ - 224
おたち…………………………… Ⅰ - 224
おたに…………………………… Ⅰ - 224
おたね…………………………… Ⅰ - 224
おちあわ………………………… Ⅰ - 225
おちこひゑ……………………… Ⅰ - 225
おちこわせ……………………… Ⅰ - 225
おちすみもち…………………… Ⅰ - 225
おちやらく……………………… Ⅰ - 225
おちやらくささけ……………… Ⅰ - 225
おちよほうもち………………… Ⅰ - 225
おぢょろう……………………… Ⅰ - 226
おつとせ………………………… Ⅰ - 226
おつとせい……………………… Ⅰ - 226
おつとせう……………………… Ⅰ - 226
おつともしよ…………………… Ⅰ - 226
おてんと………………………… Ⅰ - 226
おとこだて……………………… Ⅰ - 226
おともせ………………………… Ⅰ - 227
おなつ…………………………… Ⅰ - 227
おに……………………………… Ⅰ - 227
おにあは………………………… Ⅰ - 227
おにうちまめ…………………… Ⅰ - 227
おにおくて……………………… Ⅰ - 227
おにかけ………………………… Ⅰ - 227
おにかげ………………………… Ⅰ - 228
おにかしら……………………… Ⅰ - 228
おにがしら……………………… Ⅰ - 228
おにくろ………………………… Ⅰ - 228
おにこぶし……………………… Ⅰ - 228
おにこほし……………………… Ⅰ - 228
おにこむぎ……………………… Ⅰ - 229
おにころし……………………… Ⅰ - 229
おにさはだ……………………… Ⅰ - 229
おにさむすけ…………………… Ⅰ - 229
おにしこ………………………… Ⅰ - 229
おにすすたま…………………… Ⅰ - 229
おにすすだま…………………… Ⅰ - 229
おにそは………………………… Ⅰ - 230
おにそば………………………… Ⅰ - 230
おにちこ………………………… Ⅰ - 230
おにつらまめ…………………… Ⅰ - 230
おにのて………………………… Ⅰ - 230
おにはたか……………………… Ⅰ - 230
おにはだか……………………… Ⅰ - 230
おにはだか……………………… Ⅰ - 231
おにひえ………………………… Ⅰ - 231
おにひきつか…………………… Ⅰ - 231
おにひへ………………………… Ⅰ - 231
おにびへ………………………… Ⅰ - 231
おにひゑ………………………… Ⅰ - 231
おにむき………………………… Ⅰ - 231
おにむぎ………………………… Ⅰ - 231
おにむき………………………… Ⅰ - 232
おにむぎ………………………… Ⅰ - 232
おにろくかく…………………… Ⅰ - 232
おにわか………………………… Ⅰ - 232
おのがは………………………… Ⅰ - 232
おのみそは……………………… Ⅰ - 232
おのみそば……………………… Ⅰ - 232
おのもち………………………… Ⅰ - 233

おはり…………………………… Ⅰ - 233
おはりさいごく………………… Ⅰ - 233
おはりさんぐわつ……………… Ⅰ - 233
おふあつき……………………… Ⅰ - 233
おふがいせい…………………… Ⅰ - 233
おふかしらむぎ………………… Ⅰ - 233
おふきひら……………………… Ⅰ - 234
おふぎやうばやり……………… Ⅰ - 234
おふさいこく…………………… Ⅰ - 234
おふざいこく…………………… Ⅰ - 234
おふさかあわ…………………… Ⅰ - 234
おふさり………………………… Ⅰ - 234
おふしうささけ………………… Ⅰ - 234
おふしよろこび………………… Ⅰ - 235
おふじよろこび………………… Ⅰ - 235
おふしろ………………………… Ⅰ - 235
おふしろびへ…………………… Ⅰ - 235
おふそは………………………… Ⅰ - 235
おふたき………………………… Ⅰ - 235
おふたわせ……………………… Ⅰ - 235
おふぢこひへ…………………… Ⅰ - 236
おふつち………………………… Ⅰ - 236
おふとふにんもち……………… Ⅰ - 236
おふなこし……………………… Ⅰ - 236
おふにた………………………… Ⅰ - 236
おふねかし……………………… Ⅰ - 236
おふひけ………………………… Ⅰ - 236
おふほうず……………………… Ⅰ - 237
おふます………………………… Ⅰ - 237
おふまたころ…………………… Ⅰ - 237
おふまたひへ…………………… Ⅰ - 237
おふまめ………………………… Ⅰ - 237
おふみ…………………………… Ⅰ - 237
おふみだし……………………… Ⅰ - 237
おふみもち……………………… Ⅰ - 238
おふむらさき…………………… Ⅰ - 238
おふもち………………………… Ⅰ - 238
おふゆわか……………………… Ⅰ - 238
おほあかあづき………………… Ⅰ - 238
おほあかまめ…………………… Ⅰ - 238
おほあし………………………… Ⅰ - 238
おほあしくまこ………………… Ⅰ - 239
おほあつき……………………… Ⅰ - 239
おほあづき……………………… Ⅰ - 239
おほあにわ……………………… Ⅰ - 239
おほあらき……………………… Ⅰ - 239
おほあを………………………… Ⅰ - 239
おほあをちこ…………………… Ⅰ - 240
おほあをはた…………………… Ⅰ - 240
おほあをばとまめ……………… Ⅰ - 240
おほあをまめ…………………… Ⅰ - 240
おほいしわり…………………… Ⅰ - 240
おほいちろうべゑいね………… Ⅰ - 240
おほいね………………………… Ⅰ - 240
おほいひ………………………… Ⅰ - 241
おほうち………………………… Ⅰ - 241
おほうづらもち………………… Ⅰ - 241
おほえつちう…………………… Ⅰ - 241
おほえむぎ……………………… Ⅰ - 241
おほえんこ……………………… Ⅰ - 241
おほかいせい…………………… Ⅰ - 241
おほがいせい…………………… Ⅰ - 241
おほかうじん…………………… Ⅰ - 242
おほかうち……………………… Ⅰ - 242
おほかき………………………… Ⅰ - 242
おほがき………………………… Ⅰ - 242
おほかきちこ…………………… Ⅰ - 242
おほかきちこ…………………… Ⅰ - 243
おほがきやろく………………… Ⅰ - 243
おほがく………………………… Ⅰ - 243
おほかこ………………………… Ⅰ - 243
おほかしら……………………… Ⅰ - 243
おほがしら……………………… Ⅰ - 243
おほかしらこむき……………… Ⅰ - 243
おほかしらむぎ………………… Ⅰ - 244
おほかぜ………………………… Ⅰ - 244

おほかぜしらず…………………… Ⅰ - 244
おほかと…………………………… Ⅰ - 244
おほかど…………………………… Ⅰ - 244
おほかとそば……………………… Ⅰ - 244
おほかどそば……………………… Ⅰ - 244
おほかは…………………………… Ⅰ - 245
おほかめ…………………………… Ⅰ - 245
おほかやり………………………… Ⅰ - 245
おほから…………………………… Ⅰ - 245
おほからこぼれす………………… Ⅰ - 245
おほきひ…………………………… Ⅰ - 245
おほきび…………………………… Ⅰ - 246
おほきら…………………………… Ⅰ - 246
おほぎり…………………………… Ⅰ - 246
おほくき…………………………… Ⅰ - 246
おほくち…………………………… Ⅰ - 246
おほくぼわせ……………………… Ⅰ - 246
おほくましちがふ………………… Ⅰ - 246
おほくら…………………………… Ⅰ - 247
おほくろ…………………………… Ⅰ - 247
おほぐろ…………………………… Ⅰ - 247
おほくろまめ……………………… Ⅰ - 247
おほくろめ………………………… Ⅰ - 247
おほくろわせ……………………… Ⅰ - 248
おぼけ……………………………… Ⅰ - 248
おほけしろ………………………… Ⅰ - 248
おほけつき………………………… Ⅰ - 248
おほこむき………………………… Ⅰ - 248
おほこむぎ………………………… Ⅰ - 248
おほさいこく……………………… Ⅰ - 248
おほさいごく……………………… Ⅰ - 249
おほさいわい……………………… Ⅰ - 249
おほさか…………………………… Ⅰ - 249
おほさかいね……………………… Ⅰ - 249
おほさかこむぎ…………………… Ⅰ - 249
おほさかこめむき………………… Ⅰ - 249
おほさかはたか…………………… Ⅰ - 249
おほさかはだか…………………… Ⅰ - 250
おほさかひえ……………………… Ⅰ - 250
おほさかひへ……………………… Ⅰ - 250
おほさかみの……………………… Ⅰ - 250
おほさかむき……………………… Ⅰ - 250
おほさかむぎ……………………… Ⅰ - 250
おほさかもち……………………… Ⅰ - 251
おほさかもちあは………………… Ⅰ - 251
おほさき…………………………… Ⅰ - 251
おほささけ………………………… Ⅰ - 251
おほさしのを……………………… Ⅰ - 251
おほさや…………………………… Ⅰ - 251
おほさやあづき…………………… Ⅰ - 251
おほさら…………………………… Ⅰ - 252
おほさんぐわつ…………………… Ⅰ - 252
おほさんすけ……………………… Ⅰ - 252
おほしちがふ……………………… Ⅰ - 252
おほしちぐわつ…………………… Ⅰ - 252
おほじふろく……………………… Ⅰ - 252
おほしまなかて…………………… Ⅰ - 253
おほしまむぎ……………………… Ⅰ - 253
おほしまわせ……………………… Ⅰ - 253
おほしも…………………………… Ⅰ - 253
おほじやうとく…………………… Ⅰ - 253
おほじゆ…………………………… Ⅰ - 253
おほしらば………………………… Ⅰ - 253
おほしらば………………………… Ⅰ - 254
おほしろ…………………………… Ⅰ - 254
おほじろ…………………………… Ⅰ - 254
おほしろあわ……………………… Ⅰ - 254
おほしろきやう…………………… Ⅰ - 254
おほしろけ………………………… Ⅰ - 255
おほしろごま……………………… Ⅰ - 255
おほしろさや……………………… Ⅰ - 255
おほしろまめ……………………… Ⅰ - 255
おほしろめ………………………… Ⅰ - 255
おほしろわせ……………………… Ⅰ - 255
おほすけ…………………………… Ⅰ - 256
おほすずめ………………………… Ⅰ - 256

おほすね……………………………Ⅰ-256
おほすねふと………………………Ⅰ-256
おほすみ……………………………Ⅰ-256
おほせやろく………………………Ⅰ-256
おほせんふく………………………Ⅰ-256
おほせんほく………………………Ⅰ-257
おほそは……………………………Ⅰ-257
おほそば……………………………Ⅰ-257
おほそら……………………………Ⅰ-257
おほぞら……………………………Ⅰ-257
おほた………………………………Ⅰ-257
おほた………………………………Ⅰ-258
おほたか……………………………Ⅰ-258
おほたき……………………………Ⅰ-258
おほたけ……………………………Ⅰ-258
おほたじま…………………………Ⅰ-258
おほたたらあづき…………………Ⅰ-258
おほだま……………………………Ⅰ-258
おほたらあづき……………………Ⅰ-259
おほちこ……………………………Ⅰ-259
おほぢだま…………………………Ⅰ-259
おほづくし…………………………Ⅰ-259
おほつふ……………………………Ⅰ-259
おほつぶ……………………………Ⅰ-259
おほつぶあつき……………………Ⅰ-259
おほつぶそば………………………Ⅰ-260
おほつほ……………………………Ⅰ-260
おほつぼ……………………………Ⅰ-260
おほつぼくろ………………………Ⅰ-260
おほつやろう………………………Ⅰ-260
おほでき……………………………Ⅰ-260
おほとくひと………………………Ⅰ-261
おぼないひへ………………………Ⅰ-261
おほなが……………………………Ⅰ-261
おほなご……………………………Ⅰ-261
おほなみもち………………………Ⅰ-261
おほにはだまり……………………Ⅰ-261
おほにようぼう……………………Ⅰ-261
おほねじり…………………………Ⅰ-262
おほねちれ…………………………Ⅰ-262
おほの………………………………Ⅰ-262
おほのさんぐわつ…………………Ⅰ-262
おほのひんかい……………………Ⅰ-262
おほのぼり…………………………Ⅰ-262
おほのまめ…………………………Ⅰ-262
おほばうづ…………………………Ⅰ-263
おほばうづいね……………………Ⅰ-263
おほばおち…………………………Ⅰ-263
おほばおれ…………………………Ⅰ-263
おほばささけ………………………Ⅰ-263
おほばすり…………………………Ⅰ-263
おほはだか…………………………Ⅰ-263
おほはちかり………………………Ⅰ-264
おほはちぐわつ……………………Ⅰ-264
おほはちろう………………………Ⅰ-264
おほはつこく………………………Ⅰ-264
おほはやにえ………………………Ⅰ-264
おほはやり…………………………Ⅰ-264
おほはら……………………………Ⅰ-265
おほはらあづき……………………Ⅰ-265
おほはらあは………………………Ⅰ-265
おほはらもち………………………Ⅰ-265
おほはんが…………………………Ⅰ-265
おほはんにや………………………Ⅰ-265
おほひえ……………………………Ⅰ-265
おほひきつか………………………Ⅰ-266
おほひけ……………………………Ⅰ-266
おほひけひへ………………………Ⅰ-266
おほびじやう………………………Ⅰ-266
おほびじょ…………………………Ⅰ-266
おほひだ……………………………Ⅰ-266
おほひへ……………………………Ⅰ-266
おほひら……………………………Ⅰ-267
おほひゑ……………………………Ⅰ-267
おほぶから…………………………Ⅰ-267
おほぶな……………………………Ⅰ-267

おほぶんこ…………………………Ⅰ - 267
おほぶんご…………………………Ⅰ - 267
おほほ………………………………Ⅰ - 267
おほぼ………………………………Ⅰ - 267
おほぼあわ…………………………Ⅰ - 268
おほほうす…………………………Ⅰ - 268
おほほうず…………………………Ⅰ - 268
おほほうち…………………………Ⅰ - 268
おほほくこく………………………Ⅰ - 268
おほほし……………………………Ⅰ - 268
おほほそば…………………………Ⅰ - 268
おほほそばもち……………………Ⅰ - 268
おほほもち…………………………Ⅰ - 269
おほほら……………………………Ⅰ - 269
おほぼろささげ……………………Ⅰ - 269
おほぼんまめ………………………Ⅰ - 269
おほまへ……………………………Ⅰ - 269
おほまめ……………………………Ⅰ - 269
おほみだし…………………………Ⅰ - 269
おほみたれ…………………………Ⅰ - 270
おほみだれ…………………………Ⅰ - 270
おほみだれひえ……………………Ⅰ - 270
おほみの……………………………Ⅰ - 270
おほみのげ…………………………Ⅰ - 270
おほむかう…………………………Ⅰ - 270
おほむき……………………………Ⅰ - 270
おほむぎ……………………………Ⅰ - 270
おほむき……………………………Ⅰ - 271
おほむぎ……………………………Ⅰ - 271
おほむこそろへ……………………Ⅰ - 271
おほむらさき………………………Ⅰ - 271
おほむらさきまめ…………………Ⅰ - 272
おほむらまめ………………………Ⅰ - 272
おほめぐろ…………………………Ⅰ - 272
おほめさし…………………………Ⅰ - 272
おほめじろ…………………………Ⅰ - 272
おほめなし…………………………Ⅰ - 272
おほもち……………………………Ⅰ - 272
おほもり……………………………Ⅰ - 273
おほもろこし………………………Ⅰ - 273
おほやきまめ………………………Ⅰ - 273
おほやなぎ…………………………Ⅰ - 273
おほやふくろ………………………Ⅰ - 273
おほやま……………………………Ⅰ - 273
おほやろう…………………………Ⅰ - 273
おほやろく…………………………Ⅰ - 274
おほゆきのした……………………Ⅰ - 274
おほゆわか…………………………Ⅰ - 274
おほろくかく………………………Ⅰ - 274
おほろくかくむぎ…………………Ⅰ - 274
おほろくぐわつ……………………Ⅰ - 274
おほわせ……………………………Ⅰ - 275
おほわせむぎ………………………Ⅰ - 275
おほゑひ……………………………Ⅰ - 275
おほゑんとう………………………Ⅰ - 275
おほゑんどう………………………Ⅰ - 275
おみぐろ……………………………Ⅰ - 275
おみつめもち………………………Ⅰ - 275
おむまはたか………………………Ⅰ - 276
おもてやろく………………………Ⅰ - 276
おやこしらす………………………Ⅰ - 276
おやま………………………………Ⅰ - 276
おやまた……………………………Ⅰ - 276
おやまやろく………………………Ⅰ - 276
おやりやろく………………………Ⅰ - 276
おらんた……………………………Ⅰ - 277
おらんだ……………………………Ⅰ - 277
おりきはやり………………………Ⅰ - 277
おりきばやり………………………Ⅰ - 277
おりぶたまめ………………………Ⅰ - 277
おりむぎ……………………………Ⅰ - 278
おろ…………………………………Ⅰ - 278
おろし………………………………Ⅰ - 278
おわし………………………………Ⅰ - 278
おわらはたか………………………Ⅰ - 278
おんどわせ…………………………Ⅰ - 278

おんなさし…………………………Ⅰ - 278
おんぼ………………………………Ⅰ - 279
おんぼあわ…………………………Ⅰ - 279


## か


かいさい……………………………Ⅰ - 280
かいじやう…………………………Ⅰ - 280
かいせい……………………………Ⅰ - 280
かいせいみたし……………………Ⅰ - 280
かいせいやろく……………………Ⅰ - 280
かいせみだし………………………Ⅰ - 280
かいせん……………………………Ⅰ - 281
かいたう……………………………Ⅰ - 281
かいだうくたり……………………Ⅰ - 281
かいだうわせ………………………Ⅰ - 281
かいち………………………………Ⅰ - 281
かいちう……………………………Ⅰ - 281
かいちゆう…………………………Ⅰ - 281
かいぢよ……………………………Ⅰ - 282
かいとう……………………………Ⅰ - 282
かいとうこむぎ……………………Ⅰ - 282
かいどうもち………………………Ⅰ - 282
かいは………………………………Ⅰ - 282
かいば………………………………Ⅰ - 282
かいふき……………………………Ⅰ - 282
かいり………………………………Ⅰ - 283
かいろうのこ………………………Ⅰ - 283
かう…………………………………Ⅰ - 283
かういろまめ………………………Ⅰ - 283
かうかわせ…………………………Ⅰ - 283
かうくび……………………………Ⅰ - 283
かうけ………………………………Ⅰ - 283
かうげぼこり………………………Ⅰ - 284
かうさぎむぎ………………………Ⅰ - 284
かうじ………………………………Ⅰ - 284
かうしあわ…………………………Ⅰ - 284
かうしうわせ………………………Ⅰ - 284
かうしのつの………………………Ⅰ - 284
かうしゆう…………………………Ⅰ - 284
かうじろあは………………………Ⅰ - 285
かうた………………………………Ⅰ - 285
かうぢのつの………………………Ⅰ - 285
かうとうもち………………………Ⅰ - 285
かうのこ……………………………Ⅰ - 285
かうばい……………………………Ⅰ - 285
かうはしわせ………………………Ⅰ - 285
かうばしわせ………………………Ⅰ - 286
かうほう……………………………Ⅰ - 286
かうほうし…………………………Ⅰ - 286
かうみつ……………………………Ⅰ - 286
かうや………………………………Ⅰ - 286
かうやかし…………………………Ⅰ - 286
かうやひえ…………………………Ⅰ - 287
かうやひへ…………………………Ⅰ - 287
かうやまめ…………………………Ⅰ - 287
かうらい……………………………Ⅰ - 287
かうらいあづき……………………Ⅰ - 287
かうらいかし………………………Ⅰ - 287
かうらいきひ………………………Ⅰ - 288
かうらいきび………………………Ⅰ - 288
かうらいこしらうと………………Ⅰ - 288
かうらいそう………………………Ⅰ - 288
かうらいむぎ………………………Ⅰ - 289
かうらいもち………………………Ⅰ - 289
かうらいわせ………………………Ⅰ - 289
かが…………………………………Ⅰ - 289
かかあわ……………………………Ⅰ - 289
かがかいせい………………………Ⅰ - 289
かがし………………………………Ⅰ - 289
かがそより…………………………Ⅰ - 290
かかばやり…………………………Ⅰ - 290
かがはやり…………………………Ⅰ - 290
かがばやり…………………………Ⅰ - 290
かがひへ……………………………Ⅰ - 290
かかみ………………………………Ⅰ - 290
かかみひへ…………………………Ⅰ - 290

かがめぐろ…………………………… Ⅰ - 291
かかもち…………………………… Ⅰ - 291
かがもち…………………………… Ⅰ - 291
かがやろく…………………………… Ⅰ - 291
かがらくろつみ…………………………… Ⅰ - 292
かかわせ…………………………… Ⅰ - 292
かがわせ…………………………… Ⅰ - 292
かき…………………………… Ⅰ - 292
かきあかささけ…………………………… Ⅰ - 292
かきあづき…………………………… Ⅰ - 292
かきいろ…………………………… Ⅰ - 293
かきうちは…………………………… Ⅰ - 293
かきうちわ…………………………… Ⅰ - 293
かきうつらまめ…………………………… Ⅰ - 293
かきうづらまめ…………………………… Ⅰ - 293
かきおほくろ…………………………… Ⅰ - 293
かききひ…………………………… Ⅰ - 293
かきさい…………………………… Ⅰ - 294
かきさいて…………………………… Ⅰ - 294
かきさいで…………………………… Ⅰ - 294
かきささけ…………………………… Ⅰ - 294
かきささげ…………………………… Ⅰ - 294
かきさて…………………………… Ⅰ - 295
かきさひ…………………………… Ⅰ - 295
かきさや…………………………… Ⅰ - 295
かきずり…………………………… Ⅰ - 295
かきつかあわ…………………………… Ⅰ - 295
かきて…………………………… Ⅰ - 296
かきね…………………………… Ⅰ - 296
かきのかたびら…………………………… Ⅰ - 296
かきはかま…………………………… Ⅰ - 296
かきはかままめ…………………………… Ⅰ - 296
かきませ…………………………… Ⅰ - 296
かきまめ…………………………… Ⅰ - 297
かきもち…………………………… Ⅰ - 297
かきもろこし…………………………… Ⅰ - 297
かきやろく…………………………… Ⅰ - 297
かくうもち…………………………… Ⅰ - 298
かくそは…………………………… Ⅰ - 298
かくそば…………………………… Ⅰ - 298
かくちあわ…………………………… Ⅰ - 298
かくてん…………………………… Ⅰ - 298
かくふつ…………………………… Ⅰ - 298
かくわせ…………………………… Ⅰ - 299
かけ…………………………… Ⅰ - 299
かげうら…………………………… Ⅰ - 299
かけきよ…………………………… Ⅰ - 299
かげきよ…………………………… Ⅰ - 299
かげだばやり…………………………… Ⅰ - 299
かげもち…………………………… Ⅰ - 299
かけわせ…………………………… Ⅰ - 300
かげわせ…………………………… Ⅰ - 300
かこ…………………………… Ⅰ - 300
かこあは…………………………… Ⅰ - 300
かこうきひ…………………………… Ⅰ - 300
かこはら…………………………… Ⅰ - 300
かこもち…………………………… Ⅰ - 300
かさ…………………………… Ⅰ - 301
かさい…………………………… Ⅰ - 301
かさいもち…………………………… Ⅰ - 301
かざかち…………………………… Ⅰ - 301
かさかぶり…………………………… Ⅰ - 301
かさなり…………………………… Ⅰ - 301
かさなりこ…………………………… Ⅰ - 301
かさねやろく…………………………… Ⅰ - 302
かさま…………………………… Ⅰ - 302
かさもち…………………………… Ⅰ - 302
かさやろく…………………………… Ⅰ - 302
かじか…………………………… Ⅰ - 302
かしかこむぎ…………………………… Ⅰ - 302
かじかこむぎ…………………………… Ⅰ - 302
かしのき…………………………… Ⅰ - 303
かしのきもち…………………………… Ⅰ - 303
かしはこむぎ…………………………… Ⅰ - 303
かしはのまめ…………………………… Ⅰ - 303
かじふろうあわ…………………………… Ⅰ - 303

かしま…………………………… Ⅰ - 303
かしまかいちう………………… Ⅰ - 303
かしましろ……………………… Ⅰ - 304
かしまばうず…………………… Ⅰ - 304
かしまばやり…………………… Ⅰ - 304
かしまめ………………………… Ⅰ - 304
かしまもち……………………… Ⅰ - 304
かしも…………………………… Ⅰ - 304
かしらふと……………………… Ⅰ - 304
かしらぶと……………………… Ⅰ - 305
かすかあわ……………………… Ⅰ - 305
かすげもち……………………… Ⅰ - 305
かすなし………………………… Ⅰ - 305
かずなし………………………… Ⅰ - 305
かずなり………………………… Ⅰ - 305
かずのこあは…………………… Ⅰ - 305
かすやざゑもん………………… Ⅰ - 306
かぜしらす……………………… Ⅰ - 306
かぜのこ………………………… Ⅰ - 306
かたあは………………………… Ⅰ - 306
かたあわ………………………… Ⅰ - 306
かたいかり……………………… Ⅰ - 306
かたいろ………………………… Ⅰ - 306
かたかり………………………… Ⅰ - 307
かたきび………………………… Ⅰ - 307
かたしろ………………………… Ⅰ - 307
かただ…………………………… Ⅰ - 307
かただあへつる………………… Ⅰ - 307
かたつけ………………………… Ⅰ - 307
かたはらひへ…………………… Ⅰ - 307
かたひけ………………………… Ⅰ - 308
かたひげ………………………… Ⅰ - 308
かたひけむき…………………… Ⅰ - 308
かたひけむぎ…………………… Ⅰ - 308
かたひら………………………… Ⅰ - 308
かたほむぎ……………………… Ⅰ - 308
かたまくら……………………… Ⅰ - 309
かたむぎ………………………… Ⅰ - 309
かぢ……………………………… Ⅰ - 309
かちか…………………………… Ⅰ - 309
かちかくろあは………………… Ⅰ - 309
かちかくろあわ………………… Ⅰ - 309
かちかた………………………… Ⅰ - 309
かぢかた………………………… Ⅰ - 310
かちかたこむぎ………………… Ⅰ - 310
かちくろ………………………… Ⅰ - 310
かちくろあは…………………… Ⅰ - 310
かちこ…………………………… Ⅰ - 310
かぢこ…………………………… Ⅰ - 310
かぢづか………………………… Ⅰ - 310
かぢはし………………………… Ⅰ - 311
かちまめ………………………… Ⅰ - 311
かちめ…………………………… Ⅰ - 311
かぢやまたうぼし……………… Ⅰ - 311
かづか…………………………… Ⅰ - 311
かつぎ…………………………… Ⅰ - 311
かつこそば……………………… Ⅰ - 311
かづさ…………………………… Ⅰ - 312
がつさんもち…………………… Ⅰ - 312
かづのあは……………………… Ⅰ - 312
かづのわせ……………………… Ⅰ - 312
かつは…………………………… Ⅰ - 312
かつもり………………………… Ⅰ - 312
かつらまめ……………………… Ⅰ - 312
かつらゑんとう………………… Ⅰ - 313
かつらゑんどう………………… Ⅰ - 313
かとう…………………………… Ⅰ - 313
かどう…………………………… Ⅰ - 313
かとそは………………………… Ⅰ - 313
かとそば………………………… Ⅰ - 313
かどそは………………………… Ⅰ - 313
かどそば………………………… Ⅰ - 314
かとたか………………………… Ⅰ - 314
かとのにうだう………………… Ⅰ - 314
かとり…………………………… Ⅰ - 314
かとをか………………………… Ⅰ - 314

かどをか…………………………… Ⅰ-314
かなかしら………………………… Ⅰ-315
かながしら………………………… Ⅰ-315
かなかしらあつき………………… Ⅰ-315
かなくび…………………………… Ⅰ-315
かなくり…………………………… Ⅰ-315
かなご……………………………… Ⅰ-315
かなざき…………………………… Ⅰ-316
かなさは…………………………… Ⅰ-316
かなざは…………………………… Ⅰ-316
かなしき…………………………… Ⅰ-316
かなしつかう……………………… Ⅰ-316
かなじんと………………………… Ⅰ-316
かなしんどう……………………… Ⅰ-316
かなじんどう……………………… Ⅰ-317
かなすぢ…………………………… Ⅰ-317
かなたこほせ……………………… Ⅰ-317
かなづ……………………………… Ⅰ-317
かなつち…………………………… Ⅰ-317
かなづち…………………………… Ⅰ-318
かなづちありま…………………… Ⅰ-318
かなつちうるあは………………… Ⅰ-318
かなづちもちあは………………… Ⅰ-318
かなつつずんとう………………… Ⅰ-318
かなつら…………………………… Ⅰ-319
かなつらわせ……………………… Ⅰ-319
かなのみ…………………………… Ⅰ-319
かなほり…………………………… Ⅰ-319
かなめ……………………………… Ⅰ-319
かなもち…………………………… Ⅰ-319
かなもり…………………………… Ⅰ-319
かなや……………………………… Ⅰ-320
かなやま…………………………… Ⅰ-320
かなゐしらば……………………… Ⅰ-320
かにこ……………………………… Ⅰ-320
かにこもち………………………… Ⅰ-320
かにのかうら……………………… Ⅰ-320
かにのこ…………………………… Ⅰ-320
かにのめ…………………………… Ⅰ-321
かにのを…………………………… Ⅰ-321
かにめ……………………………… Ⅰ-321
かにゑ……………………………… Ⅰ-322
かねこ……………………………… Ⅰ-322
かねさはあは……………………… Ⅰ-322
かねすすし………………………… Ⅰ-322
かねつら…………………………… Ⅰ-322
かねのみ…………………………… Ⅰ-322
かねひえ…………………………… Ⅰ-323
かのそば…………………………… Ⅰ-323
かのつの…………………………… Ⅰ-323
かのはら…………………………… Ⅰ-323
かのめ……………………………… Ⅰ-323
かはい……………………………… Ⅰ-323
かはいもち………………………… Ⅰ-323
かばうち…………………………… Ⅰ-324
かはきたあは……………………… Ⅰ-324
かはくろ…………………………… Ⅰ-324
かはごえあは……………………… Ⅰ-324
かはさきかし……………………… Ⅰ-324
かはさはあつき…………………… Ⅰ-324
かはしげもち……………………… Ⅰ-324
かはしこ…………………………… Ⅰ-325
かばしこ…………………………… Ⅰ-325
かはしこまめ……………………… Ⅰ-325
かばしこもち……………………… Ⅰ-325
かばしこやろく…………………… Ⅰ-325
かばしこわせ……………………… Ⅰ-325
かはしま…………………………… Ⅰ-326
かはしも…………………………… Ⅰ-326
かはしもろくかく………………… Ⅰ-326
かはち……………………………… Ⅰ-326
かはちおくて……………………… Ⅰ-326
かはちかし………………………… Ⅰ-326
かはちささげ……………………… Ⅰ-327
かはちさんぐわつ………………… Ⅰ-327
かはちちこ………………………… Ⅰ-327

かはちなかて…………………………Ⅰ - 327
かはちはやり…………………………Ⅰ - 327
かはちまめ……………………………Ⅰ - 327
かはちむぎ……………………………Ⅰ - 327
かはちもち……………………………Ⅰ - 328
かはちわせ……………………………Ⅰ - 328
かはつ…………………………………Ⅰ - 328
かはて…………………………………Ⅰ - 328
かはてさんぐわつ……………………Ⅰ - 328
かはなかれ……………………………Ⅰ - 328
かははた………………………………Ⅰ - 329
かははたし……………………………Ⅰ - 329
かはほり………………………………Ⅰ - 329
かはまたもち…………………………Ⅰ - 329
かはむき………………………………Ⅰ - 329
かはら…………………………………Ⅰ - 329
かはらあは……………………………Ⅰ - 329
かはらきひ……………………………Ⅰ - 330
かはらきび……………………………Ⅰ - 330
かはらけまめ…………………………Ⅰ - 330
かふしふしろ…………………………Ⅰ - 330
かふしふなかて………………………Ⅰ - 330
かふた…………………………………Ⅰ - 330
かぶちろ………………………………Ⅰ - 330
かぶとあは……………………………Ⅰ - 331
かぶときび……………………………Ⅰ - 331
かぶとひへ……………………………Ⅰ - 331
かふろこ………………………………Ⅰ - 331
かふろささげ…………………………Ⅰ - 331
かへり…………………………………Ⅰ - 331
かほくありま…………………………Ⅰ - 331
かまかり………………………………Ⅰ - 332
かまがり………………………………Ⅰ - 332
かまきり………………………………Ⅰ - 332
かまくらささけ………………………Ⅰ - 332
かまくろ………………………………Ⅰ - 332
かまささけ……………………………Ⅰ - 332
かまだあは……………………………Ⅰ - 332
かまとしらは…………………………Ⅰ - 333
かまとやろく…………………………Ⅰ - 333
かまのたう……………………………Ⅰ - 333
かまのたつ……………………………Ⅰ - 333
がまのたつ……………………………Ⅰ - 333
がまのとう……………………………Ⅰ - 333
かまのとうあわ………………………Ⅰ - 333
かまのほ………………………………Ⅰ - 334
がまのほ………………………………Ⅰ - 334
がまのを………………………………Ⅰ - 334
かまひへ………………………………Ⅰ - 334
かまやぶり……………………………Ⅰ - 334
かまり…………………………………Ⅰ - 334
かまりかるこ…………………………Ⅰ - 334
かまりもち……………………………Ⅰ - 335
かまわり………………………………Ⅰ - 335
かみあはせ……………………………Ⅰ - 335
かみかたあは…………………………Ⅰ - 335
かみがたはたか………………………Ⅰ - 335
かみこ…………………………………Ⅰ - 335
かみしらば……………………………Ⅰ - 335
かみたね………………………………Ⅰ - 336
かみなり………………………………Ⅰ - 336
かみのこ………………………………Ⅰ - 336
かみむき………………………………Ⅰ - 336
かみむぎ………………………………Ⅰ - 336
かみもち………………………………Ⅰ - 336
かみや…………………………………Ⅰ - 337
かみやもち……………………………Ⅰ - 337
かみわせ………………………………Ⅰ - 337
かむき…………………………………Ⅰ - 337
かめいかし……………………………Ⅰ - 337
かも……………………………………Ⅰ - 337
かもこ…………………………………Ⅰ - 337
かもせ…………………………………Ⅰ - 338
かもちこ………………………………Ⅰ - 338
かもまめ………………………………Ⅰ - 338
かもむきかもむぎ……………………Ⅰ - 338

かもりくだ…………………… Ⅰ-338
かもわせ…………………… Ⅰ-338
かやり…………………… Ⅰ-339
かゆ…………………… Ⅰ-339
から…………………… Ⅰ-339
からかうし…………………… Ⅰ-339
からかは…………………… Ⅰ-339
からかへし…………………… Ⅰ-339
からくそ…………………… Ⅰ-339
からくは…………………… Ⅰ-340
からくらへ…………………… Ⅰ-340
からくらべ…………………… Ⅰ-340
からくわ…………………… Ⅰ-340
からこわ…………………… Ⅰ-341
からさき…………………… Ⅰ-341
からささけ…………………… Ⅰ-341
からしあは…………………… Ⅰ-341
からしゆく…………………… Ⅰ-341
からしろ…………………… Ⅰ-341
からしろあつき…………………… Ⅰ-342
からしろあは…………………… Ⅰ-342
からしろまめ…………………… Ⅰ-342
からす…………………… Ⅰ-342
からすあつき…………………… Ⅰ-342
からすあづき…………………… Ⅰ-342
からすあわ…………………… Ⅰ-342
からすいね…………………… Ⅰ-343
からすのこ…………………… Ⅰ-343
からすのめ…………………… Ⅰ-343
からすひえ…………………… Ⅰ-343
からすまめ…………………… Ⅰ-343
からすもち…………………… Ⅰ-343
からすもち…………………… Ⅰ-344
からすわせ…………………… Ⅰ-344
からつ…………………… Ⅰ-344
からはし…………………… Ⅰ-344
からはたか…………………… Ⅰ-344
からはちそく…………………… Ⅰ-344
からひへ…………………… Ⅰ-344
からふと…………………… Ⅰ-345
からぶと…………………… Ⅰ-345
からふとむぎ…………………… Ⅰ-345
からほう…………………… Ⅰ-345
からぼう…………………… Ⅰ-345
からほそ…………………… Ⅰ-345
からぼそ…………………… Ⅰ-345
からむぎ…………………… Ⅰ-345
からもち…………………… Ⅰ-346
からをけ…………………… Ⅰ-346
かりうだんばうづ…………………… Ⅰ-346
かりかやし…………………… Ⅰ-346
がりがり…………………… Ⅰ-346
かりそく…………………… Ⅰ-346
かりそこ…………………… Ⅰ-346
かりにた…………………… Ⅰ-347
かりまめ…………………… Ⅰ-347
かるこ…………………… Ⅰ-347
かるご…………………… Ⅰ-347
かるこもち…………………… Ⅰ-347
かれき…………………… Ⅰ-347
かろしろ…………………… Ⅰ-347
かわうめ…………………… Ⅰ-348
かわかぶり…………………… Ⅰ-348
かわこし…………………… Ⅰ-348
かわささけ…………………… Ⅰ-348
がわさぶ…………………… Ⅰ-348
かわしも…………………… Ⅰ-348
かわしろ…………………… Ⅰ-348
かわち…………………… Ⅰ-349
かわちちこ…………………… Ⅰ-349
かわちはやり…………………… Ⅰ-349
かわちばやり…………………… Ⅰ-349
かわて…………………… Ⅰ-349
かわなかれ…………………… Ⅰ-349
かわながれ…………………… Ⅰ-349
かわのとう…………………… Ⅰ-349

かわばさみ…………………………… I - 350
かわひけ…………………………… I - 350
かわむぎ…………………………… I - 350
かわめあわ…………………………… I - 350
かわらわせ…………………………… I - 350
かわんだ…………………………… I - 350
かんくい…………………………… I - 350
がんくい…………………………… I - 351
がんくひ…………………………… I - 351
がんこ…………………………… I - 351
かんこかす…………………………… I - 351
がんこかず…………………………… I - 351
がんこず…………………………… I - 351
がんさいもち…………………………… I - 351
かんしち…………………………… I - 352
かんしやう…………………………… I - 352
かんじやう…………………………… I - 352
かんしやうひへ…………………………… I - 352
かんじんだい…………………………… I - 352
がんせきあわ…………………………… I - 352
かんそうし…………………………… I - 352
かんぞうし…………………………… I - 352
かんぞふし…………………………… I - 353
かんだ…………………………… I - 353
かんたあは…………………………… I - 353
かんたけ…………………………… I - 353
かんたしろいね…………………………… I - 353
かんだら…………………………… I - 353
かんたらあわ…………………………… I - 353
かんと…………………………… I - 354
がんど…………………………… I - 354
かんとう…………………………… I - 354
がんとう…………………………… I - 354
がんとうそば…………………………… I - 354
かんとうはせ…………………………… I - 354
かんどく…………………………… I - 354
かんとそば…………………………… I - 355
がんとそは…………………………… I - 355
かんとちこ…………………………… I - 355
かんのかう…………………………… I - 355
がんのくちはし…………………………… I - 355
がんのめ…………………………… I - 355
かんのめささけ…………………………… I - 355
かんばら…………………………… I - 355
がんひ…………………………… I - 356
かんぶくあわ…………………………… I - 356
かんべ…………………………… I - 356
がんへい…………………………… I - 356
かんまわせ…………………………… I - 356
かんもち…………………………… I - 356

## き

き…………………………… I - 357
きあいらき…………………………… I - 357
きあづき…………………………… I - 357
きあは…………………………… I - 357
きあひらぎわせ…………………………… I - 357
きあゑらぎ…………………………… I - 357
きいかは…………………………… I - 357
きいろ…………………………… I - 358
きうけん…………………………… I - 358
きうこく…………………………… I - 358
きうざゑもんはやり…………………………… I - 358
きうしち…………………………… I - 358
きふがふむぎ…………………………… I - 358
きふがふろくかく…………………………… I - 358
ぎおん…………………………… I - 359
きかさなり…………………………… I - 359
きかね…………………………… I - 359
きがね…………………………… I - 359
きかひわせ…………………………… I - 359
ききじ…………………………… I - 359
ききひ…………………………… I - 359
ききび…………………………… I - 359
きくた…………………………… I - 360
きくたいね…………………………… I - 360

きくたわせ………………………… Ⅰ - 360
きくはらひ………………………… Ⅰ - 360
きくまもち………………………… Ⅰ - 360
きくもち…………………………… Ⅰ - 360
きささげ…………………………… Ⅰ - 360
きざゑもんあは…………………… Ⅰ - 361
きし………………………………… Ⅰ - 361
きじ………………………………… Ⅰ - 361
きしあは…………………………… Ⅰ - 361
きしうやろく……………………… Ⅰ - 361
きじころし………………………… Ⅰ - 361
きしのこ…………………………… Ⅰ - 361
きじのこ…………………………… Ⅰ - 362
きじのひきを……………………… Ⅰ - 362
きしのわせ………………………… Ⅰ - 362
きしのを…………………………… Ⅰ - 362
きじのを…………………………… Ⅰ - 362
きじのを…………………………… Ⅰ - 363
ぎじふざし………………………… Ⅰ - 363
きじまひえ………………………… Ⅰ - 363
きしまめ…………………………… Ⅰ - 363
きじまめ…………………………… Ⅰ - 363
きしやろく………………………… Ⅰ - 364
きしらう…………………………… Ⅰ - 364
きしらみ…………………………… Ⅰ - 364
きじらみ…………………………… Ⅰ - 364
きしろ……………………………… Ⅰ - 364
きじろ……………………………… Ⅰ - 364
きしわせ…………………………… Ⅰ - 364
きじわせ…………………………… Ⅰ - 365
きじんまい………………………… Ⅰ - 365
きすけあわ………………………… Ⅰ - 365
きせんまめ………………………… Ⅰ - 365
きそ………………………………… Ⅰ - 365
きそこづる………………………… Ⅰ - 365
きそそば…………………………… Ⅰ - 365
きそはたか………………………… Ⅰ - 366
きそびへ…………………………… Ⅰ - 366
きそゑりだし……………………… Ⅰ - 366
きたかた…………………………… Ⅰ - 366
きたの……………………………… Ⅰ - 366
きたのしらは……………………… Ⅰ - 366
きたむき…………………………… Ⅰ - 366
きためかし………………………… Ⅰ - 367
きたやまやろく…………………… Ⅰ - 367
きぢ………………………………… Ⅰ - 367
きぢかしら………………………… Ⅰ - 367
きぢのを…………………………… Ⅰ - 367
きちべえ…………………………… Ⅰ - 367
きづきもち………………………… Ⅰ - 367
きつねあし………………………… Ⅰ - 368
きつねあづき……………………… Ⅰ - 368
きつねあは………………………… Ⅰ - 368
きつねかくし……………………… Ⅰ - 368
きつねかを………………………… Ⅰ - 368
きつねこあは……………………… Ⅰ - 368
きつねこもち……………………… Ⅰ - 368
きつねのかわ……………………… Ⅰ - 369
きつねのを………………………… Ⅰ - 369
きつねばやり……………………… Ⅰ - 369
きとうばう………………………… Ⅰ - 369
きどおし…………………………… Ⅰ - 369
きどひへ…………………………… Ⅰ - 369
きなあわ…………………………… Ⅰ - 370
きなこ……………………………… Ⅰ - 370
きなもち…………………………… Ⅰ - 370
きなもちあわ……………………… Ⅰ - 370
きにやままめ……………………… Ⅰ - 370
きぬあづき………………………… Ⅰ - 370
きぬかい…………………………… Ⅰ - 370
きぬつる…………………………… Ⅰ - 371
きぬばり…………………………… Ⅰ - 371
きねうり…………………………… Ⅰ - 371
きねざきあわ……………………… Ⅰ - 371
きねふり…………………………… Ⅰ - 371
きねまわし………………………… Ⅰ - 371

きのくに…………………………… Ⅰ - 371
きのくに…………………………… Ⅰ - 372
きのくにもち……………………… Ⅰ - 372
きのした…………………………… Ⅰ - 372
きのしたとくじん………………… Ⅰ - 372
きのふり…………………………… Ⅰ - 372
きのほくこく……………………… Ⅰ - 373
きのぼりもち……………………… Ⅰ - 373
きば………………………………… Ⅰ - 373
きばかいせい……………………… Ⅰ - 373
きばささけ………………………… Ⅰ - 373
きはら……………………………… Ⅰ - 373
きひ………………………………… Ⅰ - 373
きび………………………………… Ⅰ - 373
きひ………………………………… Ⅰ - 374
きび………………………………… Ⅰ - 374
きびほ……………………………… Ⅰ - 374
きびもとき………………………… Ⅰ - 374
きびもどき………………………… Ⅰ - 374
きふぎふ…………………………… Ⅰ - 374
ぎふしらかは……………………… Ⅰ - 375
きふりはな………………………… Ⅰ - 375
きまち……………………………… Ⅰ - 375
きまめ……………………………… Ⅰ - 375
きみかわ…………………………… Ⅰ - 375
きむき……………………………… Ⅰ - 375
きやう……………………………… Ⅰ - 375
きやうあは………………………… Ⅰ - 376
きやういせ………………………… Ⅰ - 376
きやういね………………………… Ⅰ - 376
きやうがく………………………… Ⅰ - 376
きやうきひ………………………… Ⅰ - 376
きやうこつ………………………… Ⅰ - 376
きやうこつ………………………… Ⅰ - 377
きやうこつささけ………………… Ⅰ - 377
きやうごん………………………… Ⅰ - 377
きやうささけ……………………… Ⅰ - 377
きやうさら………………………… Ⅰ - 377
きやうされ………………………… Ⅰ - 377
きやうしやうろう………………… Ⅰ - 377
きやうじやうろう………………… Ⅰ - 378
きやうじよろう…………………… Ⅰ - 378
きやうじよろうわせ……………… Ⅰ - 378
きやうしらう……………………… Ⅰ - 378
きやうしん………………………… Ⅰ - 378
きやうせん………………………… Ⅰ - 378
きやうせんこく…………………… Ⅰ - 379
きやうちありま…………………… Ⅰ - 379
きやうてんきやうでん…………… Ⅰ - 379
きやうでんはやり………………… Ⅰ - 379
きやうでんばやり………………… Ⅰ - 379
きやうでんほうず………………… Ⅰ - 379
きやうとぼうづ…………………… Ⅰ - 379
きやうのじやうらう……………… Ⅰ - 380
きやうはたか……………………… Ⅰ - 380
きやうはだか……………………… Ⅰ - 380
きやうはたかむぎ………………… Ⅰ - 380
きやうはだかむぎ………………… Ⅰ - 380
きやうはやり……………………… Ⅰ - 380
きやうばやり……………………… Ⅰ - 381
ぎやうぼうち……………………… Ⅰ - 381
きやうみやげ……………………… Ⅰ - 381
きやうむき………………………… Ⅰ - 381
きやうむぎ………………………… Ⅰ - 381
きやうもち………………………… Ⅰ - 381
きやうやろく……………………… Ⅰ - 382
ぎやうれつ………………………… Ⅰ - 382
きやうろくかく…………………… Ⅰ - 382
きやうわせ………………………… Ⅰ - 382
きやうゑひ………………………… Ⅰ - 382
きやくしんあは…………………… Ⅰ - 382
きやくだまし……………………… Ⅰ - 383
きゆうしちあは…………………… Ⅰ - 383
きゆうしやうばう………………… Ⅰ - 383
きゆうべゑまめ…………………… Ⅰ - 383
きようこむぎ……………………… Ⅰ - 383

きようじふらう……………………… I - 383
きようじふろく……………………… I - 383
きやうしらう………………………… I - 384
きようじよろう……………………… I - 384
きようしろ…………………………… I - 384
きようはたか………………………… I - 384
きようもち…………………………… I - 384
きよかね……………………………… I - 384
きよかねやろく……………………… I - 384
きよきよそう………………………… I - 385
きよす………………………………… I - 385
きよすさんぐわつ…………………… I - 385
きり…………………………………… I - 385
きりあは……………………………… I - 385
きりい………………………………… I - 385
きりかね……………………………… I - 385
きりさき……………………………… I - 386
きりしま……………………………… I - 386
きりしらす…………………………… I - 386
きりちよ……………………………… I - 386
きりどういね………………………… I - 386
きりのさき…………………………… I - 386
きりのさきあは……………………… I - 386
きりのさきひゑ……………………… I - 387
きりはらい…………………………… I - 387
きりひへ……………………………… I - 387
きりびへ……………………………… I - 387
きりふ………………………………… I - 387
きりよけ……………………………… I - 387
きりわら……………………………… I - 387
きわた………………………………… I - 388
きわり………………………………… I - 388
きんかい……………………………… I - 388
きんこ………………………………… I - 388
きんこまめ…………………………… I - 388
ぎんささけ…………………………… I - 388
ぎんすあわ…………………………… I - 388
きんぞう……………………………… I - 389
きんだいちひえ……………………… I - 389
きんちやう…………………………… I - 389
きんちやくもち……………………… I - 389
きんちやくわせ……………………… I - 389
きんとき……………………………… I - 389
きんのう……………………………… I - 389
ぎんばこ……………………………… I - 390
ぎんばじり…………………………… I - 390
きんひら……………………………… I - 390
きんひらはたか……………………… I - 390
きんひらはだか……………………… I - 390
きんひらむぎ………………………… I - 391
きんひらわせ………………………… I - 391
ぎんふろう…………………………… I - 391
きんまめ……………………………… I - 391

## く

くうかい……………………………… I - 392
くくおろし…………………………… I - 392
くくり………………………………… I - 392
くくりさや…………………………… I - 392
くくりばんと………………………… I - 392
くこく………………………………… I - 392
くさし………………………………… I - 393
くさのけ……………………………… I - 393
くさひへ……………………………… I - 393
くさびへ……………………………… I - 393
くさり………………………………… I - 393
くじふらうあは……………………… I - 393
ぐじやう……………………………… I - 393
くしやうほ…………………………… I - 394
くじゆうそば………………………… I - 394
くじらもち…………………………… I - 394
くすまめ……………………………… I - 394
くずまめ……………………………… I - 394
くすり………………………………… I - 394
くすりもち…………………………… I - 395
くせうほう…………………………… I - 395

くぞあつき……Ⅰ-395
ぐぞまめ……Ⅰ-395
くだ……Ⅰ-395
くたのこ……Ⅰ-395
くだのこ……Ⅰ-395
くちさや……Ⅰ-396
くちのつ……Ⅰ-396
くちひるささげ……Ⅰ-396
くちべに……Ⅰ-396
くちべにささけ……Ⅰ-396
くちべにささげ……Ⅰ-396
くぢまめ……Ⅰ-397
くつこ……Ⅰ-397
くつささけ……Ⅰ-397
くてひえ……Ⅰ-397
くにいち……Ⅰ-397
くにつぐ……Ⅰ-397
くのへいもち……Ⅰ-397
くはしきび……Ⅰ-398
くはなこくさ……Ⅰ-398
くはなはだか……Ⅰ-398
くはなふくそう……Ⅰ-398
くはのさんぐわつ……Ⅰ-398
くはんささげ……Ⅰ-398
くひあは……Ⅰ-398
くびかたげ……Ⅰ-399
くひかたけむぎ……Ⅰ-399
くひこわ……Ⅰ-399
くひちか……Ⅰ-399
くびちか……Ⅰ-399
くびなかくびなが……Ⅰ-399
くひなかさいこく……Ⅰ-400
くびながさいこく……Ⅰ-400
くびながみだし……Ⅰ-400
くびまさり……Ⅰ-400
くひれもち……Ⅰ-400
くびれもち……Ⅰ-400
くぼかわ……Ⅰ-400
くま……Ⅰ-401
くまあは……Ⅰ-401
くまかい……Ⅰ-401
くまかへ……Ⅰ-401
くまがへ……Ⅰ-401
くまかへかるこ……Ⅰ-401
くまかへたいたう……Ⅰ-401
くまかへわせ……Ⅰ-402
くまがや……Ⅰ-402
くまがやはつこく……Ⅰ-402
くまきひ……Ⅰ-402
くまこ……Ⅰ-402
くまこあわ……Ⅰ-402
くまされ……Ⅰ-402
くまだら……Ⅰ-403
くまで……Ⅰ-403
くまの……Ⅰ-403
くまのかいちう……Ⅰ-403
くまのけ……Ⅰ-403
くまのこ……Ⅰ-403
くまのそば……Ⅰ-404
くまのつめ……Ⅰ-404
くまのはだか……Ⅰ-404
くまのひへ……Ⅰ-404
くまのひゑあわ……Ⅰ-404
くまのむぎ……Ⅰ-404
くまのもち……Ⅰ-404
くまのやろく……Ⅰ-405
くまのわせ……Ⅰ-405
くまみのげ……Ⅰ-405
くまもち……Ⅰ-405
くまや……Ⅰ-406
くまるわせ……Ⅰ-406
くまわせ……Ⅰ-406
ぐみし……Ⅰ-406
くみのこ……Ⅰ-406
ぐみのこ……Ⅰ-406
ぐみわせ……Ⅰ-406

くもつ…………………………… Ⅰ - 407
くもつあは…………………………… Ⅰ - 407
くもつわさむき…………………………… Ⅰ - 407
くもほがし…………………………… Ⅰ - 407
くら…………………………… Ⅰ - 407
くらあわ…………………………… Ⅰ - 407
くらうすけ…………………………… Ⅰ - 407
くらおきまめ…………………………… Ⅰ - 408
くらかけ…………………………… Ⅰ - 408
くらかけささげ…………………………… Ⅰ - 409
くらかけまめ…………………………… Ⅰ - 409
くらかけまめ…………………………… Ⅰ - 410
くらしき…………………………… Ⅰ - 410
くらしきまめ…………………………… Ⅰ - 410
くらしゆく…………………………… Ⅰ - 410
くらずみ…………………………… Ⅰ - 411
くらそは…………………………… Ⅰ - 411
くらそば…………………………… Ⅰ - 411
くらちこ…………………………… Ⅰ - 411
くらつくり…………………………… Ⅰ - 411
くらのすけ…………………………… Ⅰ - 411
くらはし…………………………… Ⅰ - 411
くらはしむぎ…………………………… Ⅰ - 411
くらふさき…………………………… Ⅰ - 412
くらふさぎ…………………………… Ⅰ - 412
くらまき…………………………… Ⅰ - 412
くらみせんぼ…………………………… Ⅰ - 412
くらみつわせ…………………………… Ⅰ - 412
くらもとわせ…………………………… Ⅰ - 412
くりいろ…………………………… Ⅰ - 412
くりけ…………………………… Ⅰ - 412
くりこ…………………………… Ⅰ - 413
くりこくま…………………………… Ⅰ - 413
くりつこ…………………………… Ⅰ - 413
くりのこ…………………………… Ⅰ - 413
くりのてね…………………………… Ⅰ - 413
くりのては…………………………… Ⅰ - 413
くりのはな…………………………… Ⅰ - 413
くりのはな…………………………… Ⅰ - 414
くりふ…………………………… Ⅰ - 414
くりまめ…………………………… Ⅰ - 414
くると…………………………… Ⅰ - 414
くるまごま…………………………… Ⅰ - 414
くるまささげ…………………………… Ⅰ - 415
くるみ…………………………… Ⅰ - 415
くるみやろく…………………………… Ⅰ - 415
くるめ…………………………… Ⅰ - 415
くろ…………………………… Ⅰ - 415
くろあつき…………………………… Ⅰ - 416
くろあづき…………………………… Ⅰ - 416
くろあは…………………………… Ⅰ - 416
くろあは…………………………… Ⅰ - 417
くろあわ…………………………… Ⅰ - 417
くろいせ…………………………… Ⅰ - 417
くろいそ…………………………… Ⅰ - 417
くろいちべゑいね…………………………… Ⅰ - 418
くろいちろうべゑいね…………………………… Ⅰ - 418
くろいつつば…………………………… Ⅰ - 418
くろいつほん…………………………… Ⅰ - 418
くろいね…………………………… Ⅰ - 418
くろいね…………………………… Ⅰ - 419
くろいはころはし…………………………… Ⅰ - 419
くろうじ…………………………… Ⅰ - 419
くろうつら…………………………… Ⅰ - 419
くろうつらまめ…………………………… Ⅰ - 419
くろえ…………………………… Ⅰ - 419
くろおおこり…………………………… Ⅰ - 419
くろおかの…………………………… Ⅰ - 420
くろおく…………………………… Ⅰ - 420
くろおくて…………………………… Ⅰ - 420
くろおほくら…………………………… Ⅰ - 420
くろかいせい…………………………… Ⅰ - 420
くろかうぼふ…………………………… Ⅰ - 420
くろかきまめ…………………………… Ⅰ - 420
くろかねひえ…………………………… Ⅰ - 421
くろかねもち…………………………… Ⅰ - 421

くろから………………………… Ⅰ - 421
くろかわ………………………… Ⅰ - 421
くろかんそうし………………… Ⅰ - 421
くろきし………………………… Ⅰ - 421
くろきひ………………………… Ⅰ - 422
くろきび………………………… Ⅰ - 422
くろきやう……………………… Ⅰ - 422
くろきんこ……………………… Ⅰ - 422
くろげしやう…………………… Ⅰ - 423
くろけせう……………………… Ⅰ - 423
くろげせう……………………… Ⅰ - 423
くろけぬき……………………… Ⅰ - 423
くろこ…………………………… Ⅰ - 423
くろご…………………………… Ⅰ - 423
くろこあつき…………………… Ⅰ - 423
くろごいしまめ………………… Ⅰ - 423
くろこうぼう…………………… Ⅰ - 424
くろこきひ……………………… Ⅰ - 424
くろこさか……………………… Ⅰ - 424
くろこなり……………………… Ⅰ - 424
くろごぼうもち………………… Ⅰ - 424
くろこま………………………… Ⅰ - 424
くろこま………………………… Ⅰ - 425
くろごま………………………… Ⅰ - 425
くろこみつ……………………… Ⅰ - 425
くろこもち……………………… Ⅰ - 425
くろさい………………………… Ⅰ - 425
くろさいこく…………………… Ⅰ - 426
くろさか………………………… Ⅰ - 426
くろさご………………………… Ⅰ - 426
くろさこあわ…………………… Ⅰ - 426
くろささぎ……………………… Ⅰ - 426
くろさへしろまめ……………… Ⅰ - 426
くろささけ……………………… Ⅰ - 427
くろささげ……………………… Ⅰ - 427
くろさはわたり………………… Ⅰ - 427
くろさや………………………… Ⅰ - 428
くろざや………………………… Ⅰ - 428
くろさやあづき………………… Ⅰ - 428
くろさやまめ…………………… Ⅰ - 428
くろさやまめ…………………… Ⅰ - 429
くろさる………………………… Ⅰ - 429
くろさわあづき………………… Ⅰ - 429
くろさんぐわつ………………… Ⅰ - 429
くろさんすけ…………………… Ⅰ - 429
くろさんすけいね……………… Ⅰ - 429
くろじ…………………………… Ⅰ - 429
くろしね………………………… Ⅰ - 430
くろしみ………………………… Ⅰ - 430
くろじみ………………………… Ⅰ - 430
くろじめ………………………… Ⅰ - 430
くろしめあは…………………… Ⅰ - 430
くろじめあわ…………………… Ⅰ - 430
くろしやく……………………… Ⅰ - 430
くろじやく……………………… Ⅰ - 431
くろしろ………………………… Ⅰ - 431
くろじわせ……………………… Ⅰ - 431
くろじんとく…………………… Ⅰ - 431
くろしんば……………………… Ⅰ - 431
くろじんば……………………… Ⅰ - 431
くろず…………………………… Ⅰ - 431
くろすずめ……………………… Ⅰ - 432
くろすみ………………………… Ⅰ - 432
くろずみ………………………… Ⅰ - 432
くろすみあは…………………… Ⅰ - 433
くろすみあわ…………………… Ⅰ - 433
くろずる………………………… Ⅰ - 433
くろぜ…………………………… Ⅰ - 433
くろせんごくまめ……………… Ⅰ - 433
くろせんぼ……………………… Ⅰ - 433
くろぞう………………………… Ⅰ - 433
くろそは………………………… Ⅰ - 434
くろそば………………………… Ⅰ - 434
くろだ…………………………… Ⅰ - 434
くろだいなこん………………… Ⅰ - 434
くろたかの……………………… Ⅰ - 434

くろたこや…………………………Ⅰ - 434
くろたじま…………………………Ⅰ - 434
くろたにあわ………………………Ⅰ - 435
くろたんきりまめ…………………Ⅰ - 435
くろたんは…………………………Ⅰ - 435
くろちあは…………………………Ⅰ - 435
くろちこ……………………………Ⅰ - 435
くろつ………………………………Ⅰ - 435
くろつつきれ………………………Ⅰ - 435
くろつのべ…………………………Ⅰ - 436
くろつま……………………………Ⅰ - 436
くろつみ……………………………Ⅰ - 436
くろづみ……………………………Ⅰ - 436
くろつる……………………………Ⅰ - 436
くろつるこ…………………………Ⅰ - 436
くろつるのこ………………………Ⅰ - 436
くろつるのこ………………………Ⅰ - 437
くろてんちく………………………Ⅰ - 437
くろど………………………………Ⅰ - 437
くろどあわ…………………………Ⅰ - 437
くろとう……………………………Ⅰ - 437
くろどうあは………………………Ⅰ - 437
くろとうしらう……………………Ⅰ - 438
くろな………………………………Ⅰ - 438
くろながさや………………………Ⅰ - 438
くろなかて…………………………Ⅰ - 438
くろなりこ…………………………Ⅰ - 438
くろぬめ……………………………Ⅰ - 438
くろねつみ…………………………Ⅰ - 438
くろのまめ…………………………Ⅰ - 439
くろばうづ…………………………Ⅰ - 439
くろばうづいね……………………Ⅰ - 439
くろはだか…………………………Ⅰ - 439
くろはちがう………………………Ⅰ - 439
くろはちがうおくて………………Ⅰ - 439
くろはちぐわつ……………………Ⅰ - 439
くろはちこく………………………Ⅰ - 440
くろばやり…………………………Ⅰ - 440
くろひえ……………………………Ⅰ - 440
くろひげ……………………………Ⅰ - 440
くろひこ……………………………Ⅰ - 440
くろひへ……………………………Ⅰ - 441
くろびへ……………………………Ⅰ - 441
くろびわ……………………………Ⅰ - 441
くろひゑ……………………………Ⅰ - 441
くろひゑ……………………………Ⅰ - 442
くろびゑ……………………………Ⅰ - 442
くろふし……………………………Ⅰ - 442
くろぶとう…………………………Ⅰ - 442
くろべ………………………………Ⅰ - 442
くろほ………………………………Ⅰ - 442
くろぼ………………………………Ⅰ - 442
くろほう……………………………Ⅰ - 443
くろぼう……………………………Ⅰ - 443
くろほうし…………………………Ⅰ - 443
くろぼうし…………………………Ⅰ - 443
くろぼうず…………………………Ⅰ - 443
くろぼうずもち……………………Ⅰ - 443
くろほくこく………………………Ⅰ - 443
くろほくこく………………………Ⅰ - 444
くろほこ……………………………Ⅰ - 444
くろほし……………………………Ⅰ - 444
くろぼし……………………………Ⅰ - 444
くろほつこく………………………Ⅰ - 444
くろぼふあは………………………Ⅰ - 444
くろぼんもち………………………Ⅰ - 444
くろまさめ…………………………Ⅰ - 445
くろまて……………………………Ⅰ - 445
くろまていね………………………Ⅰ - 445
くろまめ……………………………Ⅰ - 445
くろまめ……………………………Ⅰ - 446
くろまんはい………………………Ⅰ - 446
くろまんばい………………………Ⅰ - 446
くろみ………………………………Ⅰ - 446
くろみづくくり……………………Ⅰ - 446
くろみとり…………………………Ⅰ - 447

くろみほ………………………… Ⅰ - 447
くろみほう……………………… Ⅰ - 447
くろむきくろむぎ……………… Ⅰ - 447
くろめ…………………………… Ⅰ - 447
くろめささけ…………………… Ⅰ - 447
くろめじろ……………………… Ⅰ - 447
くろもち………………………… Ⅰ - 448
くろもちあは…………………… Ⅰ - 448
くろもちきひ…………………… Ⅰ - 448
くろもみ………………………… Ⅰ - 449
くろよきちびへ………………… Ⅰ - 449
くろよふし……………………… Ⅰ - 449
くろろくかく…………………… Ⅰ - 449
くろろくぐわつ………………… Ⅰ - 449
くろわさひへ…………………… Ⅰ - 449
くろわせ………………………… Ⅰ - 449
くろわせ………………………… Ⅰ - 450
くろゑんとう…………………… Ⅰ - 450
くろゑんどう…………………… Ⅰ - 450
くろをふみ……………………… Ⅰ - 450
くろををくら…………………… Ⅰ - 450
くろんぼ………………………… Ⅰ - 451
くわしきひ……………………… Ⅰ - 451
くわしまめ……………………… Ⅰ - 451
くわしや………………………… Ⅰ - 451
くわしやかし…………………… Ⅰ - 451
くわなもち……………………… Ⅰ - 451
くわのこ………………………… Ⅰ - 452
くわんささけ…………………… Ⅰ - 452
くわんとう……………………… Ⅰ - 452
くわんとうあづき……………… Ⅰ - 452
くわんとうあひずり…………… Ⅰ - 452
くわんとうこうぼふ…………… Ⅰ - 452
くわんとうこほれす…………… Ⅰ - 453
くわんとうこむぎ……………… Ⅰ - 453
くわんとうはたか……………… Ⅰ - 453
くわんとうひへ………………… Ⅰ - 453
くわんとうまめ………………… Ⅰ - 453
くわんとうもち………………… Ⅰ - 453
くわんとうやろく……………… Ⅰ - 453
くわんとうわせ………………… Ⅰ - 454
くわんとうゑひ………………… Ⅰ - 454
くわんとふむぎ………………… Ⅰ - 454
くわんのんやろく……………… Ⅰ - 454
くんたいまめ…………………… Ⅰ - 454
くんだれ………………………… Ⅰ - 454
ぐんやり………………………… Ⅰ - 454


## け


け………………………………… Ⅰ - 455
けあか…………………………… Ⅰ - 455
けあしむぎ……………………… Ⅰ - 455
けあは…………………………… Ⅰ - 455
けあはこ………………………… Ⅰ - 455
けあらさは……………………… Ⅰ - 455
けあらさわ……………………… Ⅰ - 455
けあり…………………………… Ⅰ - 456
けありいかる…………………… Ⅰ - 456
けありかるこ…………………… Ⅰ - 456
けあわ…………………………… Ⅰ - 456
けいしどう……………………… Ⅰ - 456
けいしみち……………………… Ⅰ - 456
けいしろ………………………… Ⅰ - 456
けいせい………………………… Ⅰ - 457
けいせいささけ………………… Ⅰ - 457
けいつほん……………………… Ⅰ - 457
けいつぽん……………………… Ⅰ - 457
けいふく………………………… Ⅰ - 457
けいほうあわ…………………… Ⅰ - 457
けいほうさう…………………… Ⅰ - 457
けいほうそう…………………… Ⅰ - 458
けうわせ………………………… Ⅰ - 458
けおほきび……………………… Ⅰ - 458
げか……………………………… Ⅰ - 458
けかいせい……………………… Ⅰ - 458
けかこほれ……………………… Ⅰ - 458

けくろ…………………………… Ⅰ-458
けくろすみ………………………… Ⅰ-459
けくろずみあわ…………………… Ⅰ-459
けぐろぼうす……………………… Ⅰ-459
けくろもち………………………… Ⅰ-459
けげんろく………………………… Ⅰ-459
けごじふし………………………… Ⅰ-459
けこむき…………………………… Ⅰ-459
けこむぎ…………………………… Ⅰ-460
けささげ…………………………… Ⅰ-460
けし………………………………… Ⅰ-460
けしけた…………………………… Ⅰ-460
けしやうあつき…………………… Ⅰ-460
けしやうばやり…………………… Ⅰ-461
けしやうまめ……………………… Ⅰ-461
けしら……………………………… Ⅰ-461
けしらは…………………………… Ⅰ-461
けしらば…………………………… Ⅰ-461
けしろ……………………………… Ⅰ-461
けしろ……………………………… Ⅰ-462
けじろ……………………………… Ⅰ-462
けしろあわ………………………… Ⅰ-462
けしろかはち……………………… Ⅰ-462
けじろかわ………………………… Ⅰ-462
けしろばうし……………………… Ⅰ-462
けずりむぎ………………………… Ⅰ-463
けせんこむぎ……………………… Ⅰ-463
けせんしけた……………………… Ⅰ-463
けそぼ……………………………… Ⅰ-463
けだこや…………………………… Ⅰ-463
けたんば…………………………… Ⅰ-463
けちしみ…………………………… Ⅰ-463
けちちみ…………………………… Ⅰ-464
けちぢみ…………………………… Ⅰ-464
けちやう…………………………… Ⅰ-464
けちやうらく……………………… Ⅰ-464
けちよなし………………………… Ⅰ-464
けちりん…………………………… Ⅰ-464
けつき……………………………… Ⅰ-464
けつけ……………………………… Ⅰ-465
けてう……………………………… Ⅰ-465
げどく……………………………… Ⅰ-465
けなが……………………………… Ⅰ-465
けなかあは………………………… Ⅰ-465
けなかこむぎ……………………… Ⅰ-465
けなかてあは……………………… Ⅰ-465
けなかむき………………………… Ⅰ-466
けながむぎ………………………… Ⅰ-466
けながもち………………………… Ⅰ-466
けなし……………………………… Ⅰ-466
けなしけひへ……………………… Ⅰ-466
けなしはつこく…………………… Ⅰ-466
けなしみのげ……………………… Ⅰ-466
けなしもち………………………… Ⅰ-467
けぬぼ……………………………… Ⅰ-467
げのこ……………………………… Ⅰ-467
けのみ……………………………… Ⅰ-467
けば………………………………… Ⅰ-467
けはい……………………………… Ⅰ-467
けはひ……………………………… Ⅰ-467
けばな……………………………… Ⅰ-468
けはら……………………………… Ⅰ-468
けひく……………………………… Ⅰ-468
けひへ……………………………… Ⅰ-468
けびへ……………………………… Ⅰ-468
けひろ……………………………… Ⅰ-468
けひゑ……………………………… Ⅰ-468
けふかかし………………………… Ⅰ-469
けふこ……………………………… Ⅰ-469
けぶつ……………………………… Ⅰ-469
けぶと……………………………… Ⅰ-469
けふわせ…………………………… Ⅰ-469
けほう……………………………… Ⅰ-469
けぼう……………………………… Ⅰ-469
けほうあわ………………………… Ⅰ-470
けぼこ……………………………… Ⅰ-470

けぼもち…………………………… Ⅰ - 470
けまないもち……………………… Ⅰ - 470
けみしか…………………………… Ⅰ - 470
けみしかろくかく………………… Ⅰ - 470
けむき……………………………… Ⅰ - 470
けむぎ……………………………… Ⅰ - 471
けむくじあわ……………………… Ⅰ - 471
けむし……………………………… Ⅰ - 471
けむしあは………………………… Ⅰ - 471
けむら……………………………… Ⅰ - 471
けめぐろ…………………………… Ⅰ - 471
けめくろもち……………………… Ⅰ - 471
けめぐろもち……………………… Ⅰ - 472
けもくざう………………………… Ⅰ - 472
けもくそう………………………… Ⅰ - 472
けもちあは………………………… Ⅰ - 472
けもろこしもち…………………… Ⅰ - 472
けやまめ…………………………… Ⅰ - 472
けややろく………………………… Ⅰ - 472
けやり……………………………… Ⅰ - 473
けやろく…………………………… Ⅰ - 473
げろ………………………………… Ⅰ - 473
げろうさいこく…………………… Ⅰ - 473
けろくかく………………………… Ⅰ - 473
けろくかくむぎ…………………… Ⅰ - 473
げろさいこく……………………… Ⅰ - 473
けわせ……………………………… Ⅰ - 474
げんうゑもんやろく……………… Ⅰ - 474
けんぎやうかし…………………… Ⅰ - 474
げんごらう………………………… Ⅰ - 474
けんざ……………………………… Ⅰ - 474
けんさいもち……………………… Ⅰ - 474
げんざうしらは…………………… Ⅰ - 474
けんさき…………………………… Ⅰ - 475
けんさきもち……………………… Ⅰ - 475
げんざしらは……………………… Ⅰ - 475
げんざぶらう……………………… Ⅰ - 475
げんざゑもんもち………………… Ⅰ - 475
げんじらうあわ…………………… Ⅰ - 475
げんしろ…………………………… Ⅰ - 475
けんぞく…………………………… Ⅰ - 476
けんだい…………………………… Ⅰ - 476
けんどしひゑ……………………… Ⅰ - 476
けんとしろ………………………… Ⅰ - 476
けんのあわ………………………… Ⅰ - 476
けんのしろ………………………… Ⅰ - 476
げんのふもち……………………… Ⅰ - 476
けんはい…………………………… Ⅰ - 477
げんはち…………………………… Ⅰ - 477
げんべ……………………………… Ⅰ - 477
げんへい…………………………… Ⅰ - 477
げんぺいかやり…………………… Ⅰ - 477
げんぺいかるこ…………………… Ⅰ - 477
げんべゑ…………………………… Ⅰ - 477
けんほう…………………………… Ⅰ - 478
けんほうあは……………………… Ⅰ - 478
けんろく…………………………… Ⅰ - 478
げんろく…………………………… Ⅰ - 478
げんろくおくて…………………… Ⅰ - 478
げんゑもんあづき………………… Ⅰ - 478


## こ


こあか……………………………… Ⅰ - 479
こあかあづき……………………… Ⅰ - 479
こあかさや………………………… Ⅰ - 479
こあくび…………………………… Ⅰ - 479
こあさ……………………………… Ⅰ - 479
こあつき…………………………… Ⅰ - 479
こあづき…………………………… Ⅰ - 480
こあにわ…………………………… Ⅰ - 480
こあねき…………………………… Ⅰ - 480
こあらき…………………………… Ⅰ - 480
こあらさわ………………………… Ⅰ - 480
こあり……………………………… Ⅰ - 480
こあを……………………………… Ⅰ - 480
こあをぢこ………………………… Ⅰ - 481

こあをまめ…………………… Ⅰ - 481
こいけ…………………… Ⅰ - 481
こいし…………………… Ⅰ - 481
ごいし…………………… Ⅰ - 481
こいしたてやろく…………………… Ⅰ - 481
こいしと…………………… Ⅰ - 481
こいしまめ…………………… Ⅰ - 482
ごいしまめ…………………… Ⅰ - 482
こいしろわせ…………………… Ⅰ - 482
こいしわり…………………… Ⅰ - 482
こいせもち…………………… Ⅰ - 483
こいでぼ…………………… Ⅰ - 483
ごいど…………………… Ⅰ - 483
こいもち…………………… Ⅰ - 483
ごいもち…………………… Ⅰ - 483
こいろまめ…………………… Ⅰ - 483
こうくろ…………………… Ⅰ - 483
ごうくろ…………………… Ⅰ - 484
こうしあづき…………………… Ⅰ - 484
こうしのつの…………………… Ⅰ - 484
こうづらもち…………………… Ⅰ - 484
ごうどわせ…………………… Ⅰ - 484
こうのしん…………………… Ⅰ - 484
こうのはし…………………… Ⅰ - 484
こうはい…………………… Ⅰ - 485
こうばい…………………… Ⅰ - 485
こうへいはだかむぎ…………………… Ⅰ - 485
こうほう…………………… Ⅰ - 485
こうぼうもち…………………… Ⅰ - 485
こうほうわせ…………………… Ⅰ - 485
こうぼふ…………………… Ⅰ - 486
こうやまめ…………………… Ⅰ - 486
こうらい…………………… Ⅰ - 486
こうらいきひ…………………… Ⅰ - 486
こうらいむぎ…………………… Ⅰ - 486
こうゑもん…………………… Ⅰ - 486
こえんこ…………………… Ⅰ - 486
こえんとう…………………… Ⅰ - 487
こえんどう…………………… Ⅰ - 487
こおくて…………………… Ⅰ - 487
こおにひえ…………………… Ⅰ - 487
こおまめ…………………… Ⅰ - 487
こおりはたか…………………… Ⅰ - 487
こが…………………… Ⅰ - 487
こかいせい…………………… Ⅰ - 488
こがいせい…………………… Ⅰ - 488
こかいちゆう…………………… Ⅰ - 488
こかうち…………………… Ⅰ - 488
ごがうはちしやう…………………… Ⅰ - 488
こかく…………………… Ⅰ - 488
こがく…………………… Ⅰ - 488
こかしもち…………………… Ⅰ - 489
こがしら…………………… Ⅰ - 489
ごがつ…………………… Ⅰ - 489
ごがつささげ…………………… Ⅰ - 489
こかと…………………… Ⅰ - 489
こかど…………………… Ⅰ - 489
こかどそば…………………… Ⅰ - 490
こかね…………………… Ⅰ - 490
こがね…………………… Ⅰ - 490
こがねあわ…………………… Ⅰ - 490
こかねのみ…………………… Ⅰ - 490
こかねひえ…………………… Ⅰ - 490
ごがふはちしやう…………………… Ⅰ - 490
こかやり…………………… Ⅰ - 490
こから…………………… Ⅰ - 491
こからあは…………………… Ⅰ - 491
こからあわ…………………… Ⅰ - 491
こがらさや…………………… Ⅰ - 491
こからさんぐわつ…………………… Ⅰ - 491
こからす…………………… Ⅰ - 491
こからやまと…………………… Ⅰ - 491
こかり…………………… Ⅰ - 492
こがり…………………… Ⅰ - 492
こぎし…………………… Ⅰ - 492
こきち…………………… Ⅰ - 492

こきちいね…………………………Ⅰ-492
こきひ……………………………Ⅰ-492
こきび……………………………Ⅰ-493
こきやうえひ……………………Ⅰ-493
ごきやろう………………………Ⅰ-493
こきよう…………………………Ⅰ-493
こきり……………………………Ⅰ-493
こぎりほ…………………………Ⅰ-493
ごく………………………………Ⅰ-494
こくあは…………………………Ⅰ-494
こくさ……………………………Ⅰ-494
ごくじやう………………………Ⅰ-494
ごくじやうもみ…………………Ⅰ-494
こくせんや………………………Ⅰ-494
こくに……………………………Ⅰ-494
こくにかし………………………Ⅰ-495
こくふかし………………………Ⅰ-495
こくま……………………………Ⅰ-495
こくまこ…………………………Ⅰ-495
ごくみだ…………………………Ⅰ-495
こくみたし………………………Ⅰ-495
こくみたしあづき………………Ⅰ-495
ごくもどき………………………Ⅰ-496
こくもとなかて…………………Ⅰ-496
こくもとわせ……………………Ⅰ-496
こくら……………………………Ⅰ-496
こくりやう………………………Ⅰ-496
こくろ……………………………Ⅰ-496
こぐろ……………………………Ⅰ-497
こくろまめ………………………Ⅰ-497
こくろわせ………………………Ⅰ-497
ごくろわせ………………………Ⅰ-497
ごぐわつ…………………………Ⅰ-497
ごぐわつこ………………………Ⅰ-497
ごぐわつささけ…………………Ⅰ-498
ごぐわつまめ……………………Ⅰ-498
ごぐわつむぎ……………………Ⅰ-498
ごけあは…………………………Ⅰ-498
こけあわ…………………………Ⅰ-498
こげか……………………………Ⅰ-498
こけかいね………………………Ⅰ-498
こけこむぎ………………………Ⅰ-499
こけしろ…………………………Ⅰ-499
こけつき…………………………Ⅰ-499
ごけひへ…………………………Ⅰ-499
ごけやろく………………………Ⅰ-499
こげんろく………………………Ⅰ-499
ここのつは………………………Ⅰ-499
ここのつは………………………Ⅰ-500
ここのへあは……………………Ⅰ-500
こごひやく………………………Ⅰ-500
ごごひやく………………………Ⅰ-500
ごごひやくもち…………………Ⅰ-500
こごまわせ………………………Ⅰ-500
ここめそば………………………Ⅰ-500
こさあづき………………………Ⅰ-501
こさあは…………………………Ⅰ-501
こさいこく………………………Ⅰ-501
こざいこく………………………Ⅰ-501
こさうす…………………………Ⅰ-501
こさかい…………………………Ⅰ-501
こさき……………………………Ⅰ-501
こさぎ……………………………Ⅰ-502
こざき……………………………Ⅰ-502
こざきいね………………………Ⅰ-502
こざきやろく……………………Ⅰ-502
こさく……………………………Ⅰ-502
こささけ…………………………Ⅰ-502
こささげ…………………………Ⅰ-503
こさし……………………………Ⅰ-503
こざし……………………………Ⅰ-503
こざしあは………………………Ⅰ-503
こざしなは………………………Ⅰ-503
こさしのを………………………Ⅰ-503
こさつま…………………………Ⅰ-504
こさぶらう………………………Ⅰ-504

こさぶらうあは…………………… Ⅰ - 504
こさぶらうあわ…………………… Ⅰ - 504
こさぶらうもち…………………… Ⅰ - 504
こさや…………………… Ⅰ - 504
こさら…………………… Ⅰ - 504
こざら…………………… Ⅰ - 505
こざらいね…………………… Ⅰ - 505
こさる…………………… Ⅰ - 505
こざる…………………… Ⅰ - 505
こさるふり…………………… Ⅰ - 505
こさるまめ…………………… Ⅰ - 505
こされ…………………… Ⅰ - 505
こざれ…………………… Ⅰ - 506
ござれ…………………… Ⅰ - 506
こされもち…………………… Ⅰ - 506
ごされもち…………………… Ⅰ - 506
こざれもち…………………… Ⅰ - 507
ござれもち…………………… Ⅰ - 507
こさわあづき…………………… Ⅰ - 507
こさんぐわつ…………………… Ⅰ - 507
こさんすけ…………………… Ⅰ - 507
こさんゑりだし…………………… Ⅰ - 507
ごじうひへ…………………… Ⅰ - 508
こしおせ…………………… Ⅰ - 508
こしおれ…………………… Ⅰ - 508
ごしきとうぎみ…………………… Ⅰ - 508
こじきり…………………… Ⅰ - 508
こしきわり…………………… Ⅰ - 508
こしく…………………… Ⅰ - 508
こしけ…………………… Ⅰ - 509
こしげ…………………… Ⅰ - 509
こじこ…………………… Ⅰ - 509
こしちぐわつ…………………… Ⅰ - 509
ごじっせん…………………… Ⅰ - 509
こじのもち…………………… Ⅰ - 509
ごじふきり…………………… Ⅰ - 510
ごじふきりもち…………………… Ⅰ - 510
ごじふきれ…………………… Ⅰ - 510
ごじふく…………………… Ⅰ - 510
ごじふごにち…………………… Ⅰ - 510
ごじふごにちあは…………………… Ⅰ - 510
ごじふたけ…………………… Ⅰ - 511
ごじふたけあわ…………………… Ⅰ - 511
ごじふにち…………………… Ⅰ - 511
ごじふにちひへ…………………… Ⅰ - 511
ごじふにちびゑ…………………… Ⅰ - 511
ごじふひえ…………………… Ⅰ - 511
ごじふひへ…………………… Ⅰ - 511
ごじふほ…………………… Ⅰ - 512
ごじふほあわ…………………… Ⅰ - 512
こじふろく…………………… Ⅰ - 512
ごじふわせ…………………… Ⅰ - 512
こじま…………………… Ⅰ - 512
こじまあへつる…………………… Ⅰ - 512
こしみづ…………………… Ⅰ - 512
こしみづわせ…………………… Ⅰ - 513
こしやう…………………… Ⅰ - 513
ごしやう…………………… Ⅰ - 513
こじやうこく…………………… Ⅰ - 513
こじやうたけあわ…………………… Ⅰ - 513
こじやうとく…………………… Ⅰ - 513
こしやうらく…………………… Ⅰ - 513
ごしやく…………………… Ⅰ - 514
ごしやくきび…………………… Ⅰ - 514
こじやむせん…………………… Ⅰ - 514
ごじゅうきり…………………… Ⅰ - 514
ごじゅつせん…………………… Ⅰ - 514
こじょうろう…………………… Ⅰ - 514
こしよせ…………………… Ⅰ - 514
こじようらうもち…………………… Ⅰ - 515
ごしよのわたほらし…………………… Ⅰ - 515
こじよらう…………………… Ⅰ - 515
こじよらうささけ…………………… Ⅰ - 515
こじよらうひへ…………………… Ⅰ - 515
こじよろあは…………………… Ⅰ - 515
こじよろあわ…………………… Ⅰ - 516

こじらうた…………………………Ⅰ - 516
こしらうと…………………………Ⅰ - 516
こしらうべゑ………………………Ⅰ - 516
こしらかは…………………………Ⅰ - 516
こしらは……………………………Ⅰ - 516
こしらば……………………………Ⅰ - 516
こじらべい…………………………Ⅰ - 517
こしらみ……………………………Ⅰ - 517
こしろ………………………………Ⅰ - 517
こしろいね…………………………Ⅰ - 517
こじろうた…………………………Ⅰ - 517
こしろかいちう……………………Ⅰ - 518
こしろけ……………………………Ⅰ - 518
こしろひへ…………………………Ⅰ - 518
こしろまめ…………………………Ⅰ - 518
こしろみつ…………………………Ⅰ - 518
こしろめ……………………………Ⅰ - 519
こしろわせ…………………………Ⅰ - 519
こじんば……………………………Ⅰ - 519
こしんぼ……………………………Ⅰ - 519
こすけ………………………………Ⅰ - 519
こすずめ……………………………Ⅰ - 519
こすね………………………………Ⅰ - 519
こせ…………………………………Ⅰ - 520
こせいたか…………………………Ⅰ - 520
こせうす……………………………Ⅰ - 520
こせうふ……………………………Ⅰ - 520
ごぜばやり…………………………Ⅰ - 520
こせん………………………………Ⅰ - 520
こぜん………………………………Ⅰ - 520
ごぜん………………………………Ⅰ - 521
ごぜんあづき………………………Ⅰ - 521
ごせんあは…………………………Ⅰ - 521
ごぜんあは…………………………Ⅰ - 521
ごぜんありま………………………Ⅰ - 521
こせんごくまめ……………………Ⅰ - 521
こせんこむぎ………………………Ⅰ - 522
こせんそは…………………………Ⅰ - 522
ごぜんたいたう……………………Ⅰ - 522
ごぜんはだか………………………Ⅰ - 522
こせんふく…………………………Ⅰ - 522
こせんほく…………………………Ⅰ - 522
ごせんまめ…………………………Ⅰ - 522
ごせんもち…………………………Ⅰ - 523
ごぜんもち…………………………Ⅰ - 523
こそう………………………………Ⅰ - 523
こぞうこむぎ………………………Ⅰ - 523
こぞうやろく………………………Ⅰ - 523
こそくびへ…………………………Ⅰ - 523
こそは………………………………Ⅰ - 524
こそば………………………………Ⅰ - 524
こそより……………………………Ⅰ - 525
こそら………………………………Ⅰ - 525
こぞろ………………………………Ⅰ - 525
ごたうはだか………………………Ⅰ - 525
こたけもち…………………………Ⅰ - 525
こたす………………………………Ⅰ - 525
こだま………………………………Ⅰ - 525
こたれわせ…………………………Ⅰ - 526
ごたんだ……………………………Ⅰ - 526
こちいね……………………………Ⅰ - 526
こちかひえ…………………………Ⅰ - 526
こちこ………………………………Ⅰ - 526
こぢこ………………………………Ⅰ - 526
こちほう……………………………Ⅰ - 526
こちみの……………………………Ⅰ - 527
こぢやら……………………………Ⅰ - 527
こつか………………………………Ⅰ - 527
こづくし……………………………Ⅰ - 527
こつさ………………………………Ⅰ - 527
こつち………………………………Ⅰ - 527
こづち………………………………Ⅰ - 527
こつのくに…………………………Ⅰ - 528
こつふ………………………………Ⅰ - 528
こつぶ………………………………Ⅰ - 528
こつぶあづき………………………Ⅰ - 528

こつぶそば…………………………… Ⅰ - 528
こつふまめ…………………………… Ⅰ - 528
こつほ………………………………… Ⅰ - 529
こつぼ………………………………… Ⅰ - 529
こつぼわせ…………………………… Ⅰ - 529
こつる………………………………… Ⅰ - 530
こづる………………………………… Ⅰ - 530
こて…………………………………… Ⅰ - 530
こてい………………………………… Ⅰ - 530
こていかう…………………………… Ⅰ - 530
こてうな……………………………… Ⅰ - 530
こでき………………………………… Ⅰ - 530
こてなわしろ………………………… Ⅰ - 530
こてほうし…………………………… Ⅰ - 531
こてり………………………………… Ⅰ - 531
こでり………………………………… Ⅰ - 531
こてんじやう………………………… Ⅰ - 531
ことう………………………………… Ⅰ - 531
ごとう………………………………… Ⅰ - 531
ごとうあわ…………………………… Ⅰ - 531
ことうべい…………………………… Ⅰ - 531
ごとうろつかく……………………… Ⅰ - 531
ことく………………………………… Ⅰ - 532
ごとく………………………………… Ⅰ - 532
こどくにん…………………………… Ⅰ - 532
ことくにんもち……………………… Ⅰ - 532
ことくひと…………………………… Ⅰ - 532
ことりころし………………………… Ⅰ - 532
こなが………………………………… Ⅰ - 532
こなかあひ…………………………… Ⅰ - 533
こなかて……………………………… Ⅰ - 533
こなご………………………………… Ⅰ - 533
こなこやつこ………………………… Ⅰ - 533
こなほこり…………………………… Ⅰ - 533
こなぼこり…………………………… Ⅰ - 533
こなほこりあわ……………………… Ⅰ - 533
こなまめ……………………………… Ⅰ - 534
こなみ………………………………… Ⅰ - 534
こなみもち…………………………… Ⅰ - 534
こなり………………………………… Ⅰ - 534
こなりこ……………………………… Ⅰ - 534
こなりささけ………………………… Ⅰ - 534
こなりささけ………………………… Ⅰ - 535
こなりささげ………………………… Ⅰ - 535
こなれ………………………………… Ⅰ - 535
こなれもち…………………………… Ⅰ - 535
こにはだまり………………………… Ⅰ - 535
こにふだう…………………………… Ⅰ - 535
こにようばう………………………… Ⅰ - 535
こにようばう………………………… Ⅰ - 536
こにら………………………………… Ⅰ - 536
こねじり……………………………… Ⅰ - 536
こねち………………………………… Ⅰ - 536
こねちれ……………………………… Ⅰ - 536
こねら………………………………… Ⅰ - 536
こねらのめ…………………………… Ⅰ - 536
こねりきん…………………………… Ⅰ - 537
このこぶしひえ……………………… Ⅰ - 537
このつぼやまと……………………… Ⅰ - 537
このぶ………………………………… Ⅰ - 537
このめりぶんこ……………………… Ⅰ - 537
こばうち……………………………… Ⅰ - 537
こばうづ……………………………… Ⅰ - 537
ごばうもち…………………………… Ⅰ - 538
こはごひ……………………………… Ⅰ - 538
こはしまて…………………………… Ⅰ - 538
こはたかむぎ………………………… Ⅰ - 538
こはたけ……………………………… Ⅰ - 538
こはちかり…………………………… Ⅰ - 538
こばちかり…………………………… Ⅰ - 538
こはちぐわつ………………………… Ⅰ - 539
こはちぐわつまめ…………………… Ⅰ - 539
こはつこく…………………………… Ⅰ - 539
こはなおち…………………………… Ⅰ - 539
こはなそ……………………………… Ⅰ - 539
こはびろ……………………………… Ⅰ - 539

こはふし…………………………… Ⅰ - 540
こはまかし………………………… Ⅰ - 540
こはまつるさき…………………… Ⅰ - 540
ごはまめ…………………………… Ⅰ - 540
こばむぎ…………………………… Ⅰ - 540
こはやしひえ……………………… Ⅰ - 540
こばやしひゑ……………………… Ⅰ - 540
こはやにえ………………………… Ⅰ - 541
こはやり…………………………… Ⅰ - 541
こはら……………………………… Ⅰ - 541
こはらこむぎ……………………… Ⅰ - 541
こはらもち………………………… Ⅰ - 541
こはる……………………………… Ⅰ - 541
こばんひえ………………………… Ⅰ - 541
こび………………………………… Ⅰ - 542
こひえ……………………………… Ⅰ - 542
こひきつか………………………… Ⅰ - 542
こひけ……………………………… Ⅰ - 542
こひけひえ………………………… Ⅰ - 542
こびじよ…………………………… Ⅰ - 542
こひへ……………………………… Ⅰ - 542
こびへ……………………………… Ⅰ - 543
こひめ……………………………… Ⅰ - 543
こひめそば………………………… Ⅰ - 543
こびんご…………………………… Ⅰ - 543
こふき……………………………… Ⅰ - 543
こふく……………………………… Ⅰ - 543
こふくのわた……………………… Ⅰ - 543
こふくのわたもち………………… Ⅰ - 544
こふし……………………………… Ⅰ - 544
こぶし……………………………… Ⅰ - 544
こぶしひえ………………………… Ⅰ - 544
こふしひへ………………………… Ⅰ - 544
こふしまめ………………………… Ⅰ - 544
こふな……………………………… Ⅰ - 544
こふな……………………………… Ⅰ - 545
こぶな……………………………… Ⅰ - 545
こぶんご…………………………… Ⅰ - 545
こぼ………………………………… Ⅰ - 545
こほうし…………………………… Ⅰ - 545
こぼうし…………………………… Ⅰ - 546
こぼし……………………………… Ⅰ - 546
こほせ……………………………… Ⅰ - 546
こほもち…………………………… Ⅰ - 546
こほれ……………………………… Ⅰ - 546
こぼれ……………………………… Ⅰ - 547
こぼれいしだう…………………… Ⅰ - 547
こほれかいちゆう………………… Ⅰ - 547
こほれこむぎ……………………… Ⅰ - 547
こぼれしらもち…………………… Ⅰ - 547
こほれす…………………………… Ⅰ - 548
こほれず…………………………… Ⅰ - 548
こぼれす…………………………… Ⅰ - 548
こぼれず…………………………… Ⅰ - 548
こぼれもち………………………… Ⅰ - 549
こほれわせ………………………… Ⅰ - 549
こぼんまめ………………………… Ⅰ - 549
こまあづき………………………… Ⅰ - 549
こまごま…………………………… Ⅰ - 549
こまがたばうず…………………… Ⅰ - 550
こまき……………………………… Ⅰ - 550
こまぐろ…………………………… Ⅰ - 550
こまた……………………………… Ⅰ - 550
こまたごろ………………………… Ⅰ - 550
こまつ……………………………… Ⅰ - 550
こまつかは………………………… Ⅰ - 551
こまつはやり……………………… Ⅰ - 551
こまつばやり……………………… Ⅰ - 551
こまつまめ………………………… Ⅰ - 551
こまつわせ………………………… Ⅰ - 551
こまて……………………………… Ⅰ - 551
こまのせ…………………………… Ⅰ - 551
こまのを…………………………… Ⅰ - 552
こまめ……………………………… Ⅰ - 552
ごみあつき………………………… Ⅰ - 552
ごみかつき………………………… Ⅰ - 552

こみさ…………………………… Ⅰ - 552
こみしろ…………………………… Ⅰ - 553
こみしろあづき…………………… Ⅰ - 553
ごみしろあつき…………………… Ⅰ - 553
こみたし…………………………… Ⅰ - 553
こみだし…………………………… Ⅰ - 553
こみつ……………………………… Ⅰ - 553
こみづ……………………………… Ⅰ - 553
こみつあは………………………… Ⅰ - 554
こみの……………………………… Ⅰ - 554
こみのげ…………………………… Ⅰ - 554
こみのしろ………………………… Ⅰ - 554
こみのふ…………………………… Ⅰ - 554
こみのやろく……………………… Ⅰ - 555
こみりわせ………………………… Ⅰ - 555
こむき……………………………… Ⅰ - 555
こむぎ……………………………… Ⅰ - 555
こむき……………………………… Ⅰ - 556
こむぎ……………………………… Ⅰ - 556
こむこそろひ……………………… Ⅰ - 556
ごむさう…………………………… Ⅰ - 556
ごむそう…………………………… Ⅰ - 556
ごむそふ…………………………… Ⅰ - 557
こむつた…………………………… Ⅰ - 557
こむらさき………………………… Ⅰ - 557
こめ………………………………… Ⅰ - 557
こめあつき………………………… Ⅰ - 557
こめあづき………………………… Ⅰ - 557
こめあは…………………………… Ⅰ - 557
こめきひ…………………………… Ⅰ - 558
こめきび…………………………… Ⅰ - 558
こめこあつき……………………… Ⅰ - 558
こめこあづき……………………… Ⅰ - 558
こめさし…………………………… Ⅰ - 558
こめじろ…………………………… Ⅰ - 558
こめそは…………………………… Ⅰ - 558
こめそば…………………………… Ⅰ - 559
こめつき…………………………… Ⅰ - 559
こめのまこ………………………… Ⅰ - 559
こめのまご………………………… Ⅰ - 559
こめはだか………………………… Ⅰ - 559
こめひえ…………………………… Ⅰ - 560
こめひへ…………………………… Ⅰ - 560
こめむき…………………………… Ⅰ - 560
こめむぎ…………………………… Ⅰ - 560
こめもとき………………………… Ⅰ - 560
こもくくり………………………… Ⅰ - 560
こもち……………………………… Ⅰ - 561
こもちあわ………………………… Ⅰ - 561
こもづら…………………………… Ⅰ - 561
こやなぎ…………………………… Ⅰ - 561
こやなぎさんぐわつむぎ………… Ⅰ - 561
こやなぎむぎ……………………… Ⅰ - 561
こやま……………………………… Ⅰ - 561
こやまかし………………………… Ⅰ - 562
こやました………………………… Ⅰ - 562
こやろう…………………………… Ⅰ - 562
こやろく…………………………… Ⅰ - 562
こやろくいね……………………… Ⅰ - 562
こゆきのした……………………… Ⅰ - 563
こゆわか…………………………… Ⅰ - 563
こよし……………………………… Ⅰ - 563
こよもち…………………………… Ⅰ - 563
ごらうざえもんあは……………… Ⅰ - 563
ごらうさぶらう…………………… Ⅰ - 563
ごらうしらう……………………… Ⅰ - 563
ごらうはだか……………………… Ⅰ - 564
ごらうまる………………………… Ⅰ - 564
ごらうゑもんもちあは…………… Ⅰ - 564
これは……………………………… Ⅰ - 564
ころぎ……………………………… Ⅰ - 564
ころく……………………………… Ⅰ - 564
ころくかく………………………… Ⅰ - 565
ころくぐわつ……………………… Ⅰ - 565
ごろさぶらう……………………… Ⅰ - 565
ころしみづ………………………… Ⅰ - 565

ごろびへ…………………………… Ⅰ - 565
ころも…………………………… Ⅰ - 565
ころもあつき…………………… Ⅰ - 566
ころもあづき…………………… Ⅰ - 566
こわくび………………………… Ⅰ - 566
こわくひひえ…………………… Ⅰ - 566
こわくひひへ…………………… Ⅰ - 566
こわせ…………………………… Ⅰ - 566
こわせもち……………………… Ⅰ - 567
こわひげ………………………… Ⅰ - 567
こわみづ………………………… Ⅰ - 567
こわみづわせ…………………… Ⅰ - 567
ごわり…………………………… Ⅰ - 567
こゑひこゑび…………………… Ⅰ - 567
こゑんどう……………………… Ⅰ - 568
ごんく…………………………… Ⅰ - 568
ごんくらう……………………… Ⅰ - 568
ごんげはだか…………………… Ⅰ - 568
こんさむぎ……………………… Ⅰ - 568
ごんざむぎ……………………… Ⅰ - 568
こんさむぎ……………………… Ⅰ - 569
ごんざむぎ……………………… Ⅰ - 569
こんじふろく…………………… Ⅰ - 569
ごんしらうわせ………………… Ⅰ - 569
こんじんざい…………………… Ⅰ - 569
こんしんさや…………………… Ⅰ - 569
ごんすけ………………………… Ⅰ - 569
ごんだやろく…………………… Ⅰ - 570
こんちんさい…………………… Ⅰ - 570
こんぢんざい…………………… Ⅰ - 570
こんてうな……………………… Ⅰ - 570
こんとう………………………… Ⅰ - 570
こんとうもちあは……………… Ⅰ - 570
こんにやうぼう………………… Ⅰ - 570
こんひら………………………… Ⅰ - 571
こんぺいむぎ…………………… Ⅰ - 571
ごんべゑもち…………………… Ⅰ - 571
ごんべゑわせ…………………… Ⅰ - 571
こんりんさい…………………… Ⅰ - 571
こんりんざい…………………… Ⅰ - 572
ごんろくごめ…………………… Ⅰ - 572


## さ


さいか…………………………… Ⅰ - 573
さいかいね……………………… Ⅰ - 573
さいかいもち…………………… Ⅰ - 573
さいかち………………………… Ⅰ - 573
さいかちあは…………………… Ⅰ - 573
さいかちささけ………………… Ⅰ - 573
さいかちまめ…………………… Ⅰ - 573
さいかちまめ…………………… Ⅰ - 574
さいき…………………………… Ⅰ - 574
さいくはこ……………………… Ⅰ - 574
さいくばこ……………………… Ⅰ - 574
さいくばこもち………………… Ⅰ - 574
さいくろ………………………… Ⅰ - 574
さいこく………………………… Ⅰ - 575
さいこくひえ…………………… Ⅰ - 575
さいこくむぎ…………………… Ⅰ - 575
さいごくもち…………………… Ⅰ - 576
さいこくわせ…………………… Ⅰ - 576
さいごくわせ…………………… Ⅰ - 576
さいしろ………………………… Ⅰ - 576
さいぞうあわ…………………… Ⅰ - 576
さいたいじ……………………… Ⅰ - 576
さいだいじ……………………… Ⅰ - 576
さいだいし……………………… Ⅰ - 577
さいだいじあは………………… Ⅰ - 577
さいたひし……………………… Ⅰ - 577
さいたまて……………………… Ⅰ - 577
さいて…………………………… Ⅰ - 577
さいはいきひ…………………… Ⅰ - 577
さいふ…………………………… Ⅰ - 577
さいふもち……………………… Ⅰ - 578
さいれんほう…………………… Ⅰ - 578
さいろく………………………… Ⅰ - 578

さいわひ…………………………… Ⅰ - 578
ざいわりささけ…………………… Ⅰ - 578
さうすけわせ……………………… Ⅰ - 578
ざうねんわせ……………………… Ⅰ - 578
さうまもちわせ…………………… Ⅰ - 579
さうめん…………………………… Ⅰ - 579
さうゑもん………………………… Ⅰ - 579
さか………………………………… Ⅰ - 579
さかあは…………………………… Ⅰ - 579
さかい……………………………… Ⅰ - 579
さかう……………………………… Ⅰ - 579
さかきひ…………………………… Ⅰ - 580
さがさふらひ……………………… Ⅰ - 580
さかの……………………………… Ⅰ - 580
さかのした………………………… Ⅰ - 580
さかのみだし……………………… Ⅰ - 580
さがのもちあは…………………… Ⅰ - 580
さかは……………………………… Ⅰ - 580
さかみ……………………………… Ⅰ - 581
さかめ……………………………… Ⅰ - 581
さかもち…………………………… Ⅰ - 581
さかもとわせ……………………… Ⅰ - 581
さかりこ…………………………… Ⅰ - 581
さかりささけ……………………… Ⅰ - 581
さかゑ……………………………… Ⅰ - 581
さかゑだ…………………………… Ⅰ - 582
さぎあは…………………………… Ⅰ - 582
さきち……………………………… Ⅰ - 582
さきちいね………………………… Ⅰ - 582
さきもり…………………………… Ⅰ - 582
さきやうぶんこ…………………… Ⅰ - 582
さく………………………………… Ⅰ - 583
さくあは…………………………… Ⅰ - 583
さくごえあわ……………………… Ⅰ - 583
さくざうもち……………………… Ⅰ - 583
さくすけ…………………………… Ⅰ - 583
さくすけわせ……………………… Ⅰ - 583
さくたれ…………………………… Ⅰ - 583
さくたれささげ…………………… Ⅰ - 584
さくぢやう………………………… Ⅰ - 584
さくないにはだまり……………… Ⅰ - 584
さくのしま………………………… Ⅰ - 584
さくふさかり……………………… Ⅰ - 584
さくみたれ………………………… Ⅰ - 584
さくみの…………………………… Ⅰ - 584
さくら……………………………… Ⅰ - 585
さくらこ…………………………… Ⅰ - 585
さくらすけしらう………………… Ⅰ - 585
さくらほふし……………………… Ⅰ - 585
さくらもち………………………… Ⅰ - 585
さくらわせ………………………… Ⅰ - 585
さけのこ…………………………… Ⅰ - 585
さこ………………………………… Ⅰ - 586
ざこ………………………………… Ⅰ - 586
さこかどきば……………………… Ⅰ - 586
さこささけ………………………… Ⅰ - 586
さごし……………………………… Ⅰ - 586
さごしらう………………………… Ⅰ - 586
ささ………………………………… Ⅰ - 586
ささあは…………………………… Ⅰ - 587
ささあわ…………………………… Ⅰ - 587
さざかいせい……………………… Ⅰ - 587
さざかいせいばうづ……………… Ⅰ - 587
ささがは…………………………… Ⅰ - 587
ささきび…………………………… Ⅰ - 587
ささきまめ………………………… Ⅰ - 587
ささけ……………………………… Ⅰ - 588
ささげ……………………………… Ⅰ - 588
ささけ……………………………… Ⅰ - 589
ささげ……………………………… Ⅰ - 589
ささのこ…………………………… Ⅰ - 589
ささひえ…………………………… Ⅰ - 589
ささびへ…………………………… Ⅰ - 590
ささまめ…………………………… Ⅰ - 590
ささもち…………………………… Ⅰ - 590
ささやままめ……………………… Ⅰ - 590

ささやろく……………………… Ⅰ - 590
ささら………………………… Ⅰ - 590
ささらあわ……………………… Ⅰ - 590
ささらきび……………………… Ⅰ - 591
ささらひへ……………………… Ⅰ - 591
ざざらひへ……………………… Ⅰ - 591
さしなわ………………………… Ⅰ - 591
さしひきわせ…………………… Ⅰ - 591
さしま…………………………… Ⅰ - 591
さすけ…………………………… Ⅰ - 591
さすけいね……………………… Ⅰ - 592
さだいう………………………… Ⅰ - 592
さたなし………………………… Ⅰ - 592
さぢやうまめ…………………… Ⅰ - 592
さつこく………………………… Ⅰ - 592
さつころ………………………… Ⅰ - 592
さつま…………………………… Ⅰ - 592
さつま…………………………… Ⅰ - 593
さつまあへつる………………… Ⅰ - 593
さつまいね……………………… Ⅰ - 593
さつまかし……………………… Ⅰ - 593
さつまこむぎ…………………… Ⅰ - 593
さつまひへ……………………… Ⅰ - 594
さつままめ……………………… Ⅰ - 594
さつまもち……………………… Ⅰ - 594
さつまやろく…………………… Ⅰ - 594
さつまわせ……………………… Ⅰ - 594
さづら…………………………… Ⅰ - 594
さでんち………………………… Ⅰ - 594
さでんちあは…………………… Ⅰ - 595
さど……………………………… Ⅰ - 595
さといね………………………… Ⅰ - 595
さとうあは……………………… Ⅰ - 595
さとうあわ……………………… Ⅰ - 595
ざとうしらず…………………… Ⅰ - 595
ざとうだまし…………………… Ⅰ - 595
さとうまめ……………………… Ⅰ - 596
さとこや………………………… Ⅰ - 596
さどこや………………………… Ⅰ - 596
さとしらは……………………… Ⅰ - 596
さとたにわたし………………… Ⅰ - 596
さとひへ………………………… Ⅰ - 596
さとほう………………………… Ⅰ - 597
さどもち………………………… Ⅰ - 597
さとわせ………………………… Ⅰ - 597
さどわせ………………………… Ⅰ - 597
さとんほう……………………… Ⅰ - 597
さなふり………………………… Ⅰ - 597
さなり…………………………… Ⅰ - 597
さぬき…………………………… Ⅰ - 598
さぬきこうほう………………… Ⅰ - 598
さぬきこうぼふ………………… Ⅰ - 598
さぬきむぎ……………………… Ⅰ - 598
さぬきわせ……………………… Ⅰ - 598
さぬけ…………………………… Ⅰ - 598
さの……………………………… Ⅰ - 598
さのかいちゆう………………… Ⅰ - 599
さはうちあは…………………… Ⅰ - 599
さはかるこ……………………… Ⅰ - 599
さはこほせ……………………… Ⅰ - 599
さはだ…………………………… Ⅰ - 599
さはだもち……………………… Ⅰ - 599
さはだわせ……………………… Ⅰ - 599
さはら…………………………… Ⅰ - 600
さはわたり……………………… Ⅰ - 600
さひわせ………………………… Ⅰ - 600
さぶらうべゑ…………………… Ⅰ - 600
さへき…………………………… Ⅰ - 600
さへきむぎ……………………… Ⅰ - 600
さへらす………………………… Ⅰ - 600
さまさす………………………… Ⅰ - 601
さまた…………………………… Ⅰ - 601
さみ……………………………… Ⅰ - 601
さむころも……………………… Ⅰ - 601
さむすけ………………………… Ⅰ - 601
さむちり………………………… Ⅰ - 601

さやあか………………………… Ⅰ - 601
さやくろ………………………… Ⅰ - 602
さやぐろ………………………… Ⅰ - 602
さやしろ………………………… Ⅰ - 602
さやしろあづき………………… Ⅰ - 602
さやしろまめ…………………… Ⅰ - 602
さらざら………………………… Ⅰ - 602
さらこ…………………………… Ⅰ - 603
さらこひえ……………………… Ⅰ - 603
さらこひへ……………………… Ⅰ - 603
さらこむき……………………… Ⅰ - 603
さらこむぎ……………………… Ⅰ - 603
ざらこむぎ……………………… Ⅰ - 603
さらすへり……………………… Ⅰ - 603
さらすべり……………………… Ⅰ - 603
さらのこ………………………… Ⅰ - 604
さらのこわせ…………………… Ⅰ - 604
ざらもち………………………… Ⅰ - 604
さらり…………………………… Ⅰ - 604
ざらり…………………………… Ⅰ - 604
ざらりこうぼう………………… Ⅰ - 604
さらりはうし…………………… Ⅰ - 605
さるかわ………………………… Ⅰ - 605
さるかわひへ…………………… Ⅰ - 605
さるきづな……………………… Ⅰ - 605
さるきひ………………………… Ⅰ - 605
さるきび………………………… Ⅰ - 605
さるくわずひへ………………… Ⅰ - 605
さるくわずまめ………………… Ⅰ - 606
さるけ…………………………… Ⅰ - 606
さるげ…………………………… Ⅰ - 606
さるけあわ……………………… Ⅰ - 606
さるげあわ……………………… Ⅰ - 606
さるけひゑ……………………… Ⅰ - 606
さるこま………………………… Ⅰ - 606
さるしらず……………………… Ⅰ - 607
さるつら………………………… Ⅰ - 607
さるて…………………………… Ⅰ - 607
さるて…………………………… Ⅰ - 608
さるで…………………………… Ⅰ - 608
さるてあは……………………… Ⅰ - 608
さるであは……………………… Ⅰ - 608
さるてまめ……………………… Ⅰ - 608
さるてもち……………………… Ⅰ - 608
さるとう………………………… Ⅰ - 609
さるともち……………………… Ⅰ - 609
さるなかせ……………………… Ⅰ - 609
さるのて………………………… Ⅰ - 609
さるのぼり……………………… Ⅰ - 609
さるばうわせ…………………… Ⅰ - 610
さるひげ………………………… Ⅰ - 610
さるひけひへ…………………… Ⅰ - 610
さるひへ………………………… Ⅰ - 610
さるひゑ………………………… Ⅰ - 610
さるふり………………………… Ⅰ - 610
ざるふり………………………… Ⅰ - 610
さるべ…………………………… Ⅰ - 610
さるぼうまめ…………………… Ⅰ - 611
さるむくり……………………… Ⅰ - 611
さるめん………………………… Ⅰ - 611
さるもち………………………… Ⅰ - 611
されまめ………………………… Ⅰ - 611
さろく…………………………… Ⅰ - 611
さろくもち……………………… Ⅰ - 611
ざろん…………………………… Ⅰ - 612
さわいね………………………… Ⅰ - 612
ざわうこむぎ…………………… Ⅰ - 612
さわうちあは…………………… Ⅰ - 612
さわたしろ……………………… Ⅰ - 612
さわたしろあは………………… Ⅰ - 612
さわだわせ……………………… Ⅰ - 612
さゑんじらうひえ……………… Ⅰ - 613
さんか…………………………… Ⅰ - 613
さんかく………………………… Ⅰ - 613
さんかくひえ…………………… Ⅰ - 613
ざんかくひへ…………………… Ⅰ - 613

さんかち…………………………… Ⅰ - 613
さんぎ…………………………… Ⅰ - 613
さんきちあは…………………………… Ⅰ - 614
さんきちあわ…………………………… Ⅰ - 614
ざんきり…………………………… Ⅰ - 614
ざんきりむぎ…………………………… Ⅰ - 614
さんぐひへ…………………………… Ⅰ - 614
さんくひゑ…………………………… Ⅰ - 614
さんくらう…………………………… Ⅰ - 614
さんくらう…………………………… Ⅰ - 615
さんくらういね…………………………… Ⅰ - 615
さんくらうみだし…………………………… Ⅰ - 615
さんぐわつ…………………………… Ⅰ - 615
さんぐわつこ…………………………… Ⅰ - 615
さんぐわつしらば…………………………… Ⅰ - 615
さんぐわつほなか…………………………… Ⅰ - 616
さんぐわつほろ…………………………… Ⅰ - 616
さんぐわつむぎ…………………………… Ⅰ - 616
さんぐわつわせ…………………………… Ⅰ - 616
さんけしよあづき…………………………… Ⅰ - 616
さんごじゆまめ…………………………… Ⅰ - 617
さんごらう…………………………… Ⅰ - 617
ざんざらひへ…………………………… Ⅰ - 617
さんしうめしろ…………………………… Ⅰ - 617
さんしち…………………………… Ⅰ - 617
さんしちもち…………………………… Ⅰ - 617
さんしちらうもち…………………………… Ⅰ - 617
さんじふごにち…………………………… Ⅰ - 618
さんじふごにちかし…………………………… Ⅰ - 618
さんじふにち…………………………… Ⅰ - 618
さんじふひへ…………………………… Ⅰ - 618
さんじふひゑ…………………………… Ⅰ - 618
さんしやう…………………………… Ⅰ - 618
さんしやうしまめ…………………………… Ⅰ - 618
さんしやうまめ…………………………… Ⅰ - 619
さんしやうもち…………………………… Ⅰ - 619
さんしやく…………………………… Ⅰ - 619
さんじやく…………………………… Ⅰ - 619
さんじやくあは…………………………… Ⅰ - 619
さんしやくあわ…………………………… Ⅰ - 619
さんじやくえつちゆう…………………………… Ⅰ - 619
さんしやくきひ…………………………… Ⅰ - 620
さんじやくきび…………………………… Ⅰ - 620
さんじやくきみ…………………………… Ⅰ - 620
さんじやくさがり…………………………… Ⅰ - 620
さんじやくとうきみ…………………………… Ⅰ - 620
さんじやくひゑ…………………………… Ⅰ - 621
さんじやくもろこし…………………………… Ⅰ - 621
さんじやくわせ…………………………… Ⅰ - 621
さんしゆうやろく…………………………… Ⅰ - 621
さんしらう…………………………… Ⅰ - 621
さんすけ…………………………… Ⅰ - 621
さんすけあは…………………………… Ⅰ - 622
さんすけもち…………………………… Ⅰ - 622
さんすけゆわか…………………………… Ⅰ - 622
さんすけわせ…………………………… Ⅰ - 622
さんせう…………………………… Ⅰ - 622
さんせうもち…………………………… Ⅰ - 622
さんぞう…………………………… Ⅰ - 622
さんだいう…………………………… Ⅰ - 623
さんだいふまめ…………………………… Ⅰ - 623
さんたら…………………………… Ⅰ - 623
さんたんいつたん…………………………… Ⅰ - 623
さんちやうし…………………………… Ⅰ - 623
さんてうし…………………………… Ⅰ - 623
さんとく…………………………… Ⅰ - 623
さんとく…………………………… Ⅰ - 624
さんどまめ…………………………… Ⅰ - 624
さんのせき…………………………… Ⅰ - 624
さんのへあは…………………………… Ⅰ - 624
さんは…………………………… Ⅰ - 624
さんばく…………………………… Ⅰ - 624
さんひちもち…………………………… Ⅰ - 624
さんひちろう…………………………… Ⅰ - 625
さんびやく…………………………… Ⅰ - 625
さんへい…………………………… Ⅰ - 625

さんぺい……………………………… I - 625
さんわうじ…………………………… I - 625

## し

しいせん……………………………… I - 626
しいなか……………………………… I - 626
しいのこわせ………………………… I - 626
しいは………………………………… I - 626
しいば………………………………… I - 626
じいもち……………………………… I - 626
しうか………………………………… I - 626
じうしち……………………………… I - 626
しうち………………………………… I - 627
しうはちささけ……………………… I - 627
しうぼうし…………………………… I - 627
しが…………………………………… I - 627
しかく………………………………… I - 627
しかくむぎ…………………………… I - 627
しかくらはす………………………… I - 627
しかくわす…………………………… I - 628
しかくわず…………………………… I - 628
しかこくそ…………………………… I - 628
しかころし…………………………… I - 628
しかたらう…………………………… I - 628
しかのごらう………………………… I - 628
しかのを……………………………… I - 628
しかひゑ……………………………… I - 629
しがみ………………………………… I - 629
しかもち……………………………… I - 629
しがらきもち………………………… I - 629
しがわりささけ……………………… I - 629
しかをとし…………………………… I - 629
しかをどし…………………………… I - 629
しきしやう…………………………… I - 629
しきわせ……………………………… I - 630
じくなが……………………………… I - 630
じくわうばう………………………… I - 630
しぐわつ……………………………… I - 630
しぐわつこ…………………………… I - 630
しぐわつむぎ………………………… I - 630
しけ…………………………………… I - 630
しけた………………………………… I - 631
しけたあわ…………………………… I - 631
しけとうもち………………………… I - 631
しけひへ……………………………… I - 631
しこく………………………………… I - 631
しごく………………………………… I - 631
しこくあは…………………………… I - 632
しこくあわ…………………………… I - 632
しこくこほれ………………………… I - 632
しこくさら…………………………… I - 632
しこくだい…………………………… I - 632
しこくはだか………………………… I - 632
しこくひえ…………………………… I - 632
しこくひへ…………………………… I - 633
しこくまめ…………………………… I - 633
しこくむぎ…………………………… I - 633
しこくめつき………………………… I - 633
しこくもち…………………………… I - 633
しこくやろく………………………… I - 633
しこくわせ…………………………… I - 633
しこみせ……………………………… I - 634
しごろくはい………………………… I - 634
しし…………………………………… I - 634
ししおかふ…………………………… I - 634
ししおかぼ…………………………… I - 634
ししきらい…………………………… I - 634
ししくはず…………………………… I - 634
ししくらい…………………………… I - 635
ししくわす…………………………… I - 635
ししくわず…………………………… I - 635
ししくわすひえ……………………… I - 635
ししころし…………………………… I - 635
ししのを……………………………… I - 635
ししひへ……………………………… I - 635
ししひへ……………………………… I - 636

ししびへ…………………………… Ⅰ - 636
しじふこむき……………………… Ⅰ - 636
しじふこむぎ……………………… Ⅰ - 636
しじふしにちひえ………………… Ⅰ - 636
しじふだいたう…………………… Ⅰ - 636
しじふにち………………………… Ⅰ - 636
しじふにちあつき………………… Ⅰ - 636
しじふにちかし…………………… Ⅰ - 637
しじふにちささげ………………… Ⅰ - 637
しじふにちひえ…………………… Ⅰ - 637
しじふにちひへ…………………… Ⅰ - 637
しじふにちまめ…………………… Ⅰ - 637
しじふにちわせ…………………… Ⅰ - 638
しじふひえ………………………… Ⅰ - 638
しじふひへ………………………… Ⅰ - 638
しじふまんもち…………………… Ⅰ - 638
しじふわせ………………………… Ⅰ - 638
ししもち…………………………… Ⅰ - 638
ししもどし………………………… Ⅰ - 639
しじら……………………………… Ⅰ - 639
ししをどし………………………… Ⅰ - 639
しずくいししろ…………………… Ⅰ - 639
しずくいしむぎ…………………… Ⅰ - 639
じすけ……………………………… Ⅰ - 639
しせん……………………………… Ⅰ - 639
しそ………………………………… Ⅰ - 640
しそう……………………………… Ⅰ - 640
したしらは………………………… Ⅰ - 640
じたま……………………………… Ⅰ - 640
したむぎ…………………………… Ⅰ - 640
しだり……………………………… Ⅰ - 640
したれきひ………………………… Ⅰ - 640
したれきび………………………… Ⅰ - 640
したらひ…………………………… Ⅰ - 641
したれひえ………………………… Ⅰ - 641
したをじろ………………………… Ⅰ - 641
しちかう…………………………… Ⅰ - 641
しちかうおくて…………………… Ⅰ - 641
しちがふ…………………………… Ⅰ - 641
しちがふもち……………………… Ⅰ - 641
しちぐわつあづき………………… Ⅰ - 642
しちぐわつまめ…………………… Ⅰ - 642
しちぐわつもち…………………… Ⅰ - 642
しちぐわつもちあは……………… Ⅰ - 642
しちごう…………………………… Ⅰ - 642
しちこくあづき…………………… Ⅰ - 642
しちこくあわ……………………… Ⅰ - 643
しちじふごかし…………………… Ⅰ - 643
しちじふにち……………………… Ⅰ - 643
しちとく…………………………… Ⅰ - 643
しちとくむき……………………… Ⅰ - 643
しちとくむぎ……………………… Ⅰ - 643
しちふく…………………………… Ⅰ - 643
しちへん…………………………… Ⅰ - 643
しちへんげ………………………… Ⅰ - 644
しちみそ…………………………… Ⅰ - 644
しちらうざ………………………… Ⅰ - 644
しちり……………………………… Ⅰ - 644
しちりかうばい…………………… Ⅰ - 644
しちりかうばし…………………… Ⅰ - 644
しちりかうばし…………………… Ⅰ - 645
しちりこうばい…………………… Ⅰ - 645
しちりこうばし…………………… Ⅰ - 645
しちりひかり……………………… Ⅰ - 645
しちりひき………………………… Ⅰ - 645
しちりまめ………………………… Ⅰ - 646
しつか……………………………… Ⅰ - 646
じつか……………………………… Ⅰ - 646
しつくし…………………………… Ⅰ - 646
じつこくかし……………………… Ⅰ - 646
しととかしら……………………… Ⅰ - 646
しない……………………………… Ⅰ - 646
しないこぼれ……………………… Ⅰ - 646
しないやろく……………………… Ⅰ - 647
しないよし………………………… Ⅰ - 647
しなこむぎ………………………… Ⅰ - 647

しなそは……………………………… Ⅰ-647
しなの…………………………………… Ⅰ-647
しなのあは……………………………… Ⅰ-647
しなのかいちゆう……………………… Ⅰ-648
しなのこむぎ…………………………… Ⅰ-648
しなのささげ…………………………… Ⅰ-648
しなのそは……………………………… Ⅰ-648
しなのたね……………………………… Ⅰ-648
しなのなかて…………………………… Ⅰ-648
しなのほくこく………………………… Ⅰ-648
しなのもち……………………………… Ⅰ-649
しなのやろく…………………………… Ⅰ-649
しなのわせ……………………………… Ⅰ-649
しなは…………………………………… Ⅰ-649
しなば…………………………………… Ⅰ-649
しなひ…………………………………… Ⅰ-649
しなへ…………………………………… Ⅰ-650
しなへきひ……………………………… Ⅰ-650
しなへむぎ……………………………… Ⅰ-650
しなよし………………………………… Ⅰ-650
しなよしささげ………………………… Ⅰ-650
しのきやろく…………………………… Ⅰ-650
しのはら………………………………… Ⅰ-651
しのぶわせ……………………………… Ⅰ-651
しはうち………………………………… Ⅰ-651
しばかりあわ…………………………… Ⅰ-651
しばかりささげ………………………… Ⅰ-651
しばきりささけ………………………… Ⅰ-651
しばささけ……………………………… Ⅰ-651
しばた…………………………………… Ⅰ-652
しばひへ………………………………… Ⅰ-652
しばむくり……………………………… Ⅰ-652
しばむぐり……………………………… Ⅰ-652
しはむり………………………………… Ⅰ-652
しばやま………………………………… Ⅰ-652
しひあは………………………………… Ⅰ-652
しびきあわ……………………………… Ⅰ-652
しひなが………………………………… Ⅰ-653
しびなが………………………………… Ⅰ-653
しひなかもち…………………………… Ⅰ-653
しひのこ………………………………… Ⅰ-653
しびへ…………………………………… Ⅰ-653
じふいちこく…………………………… Ⅰ-653
しぶかくし……………………………… Ⅰ-653
じふしち………………………………… Ⅰ-653
じふしちびへ…………………………… Ⅰ-654
じふしちや……………………………… Ⅰ-654
じふたあは……………………………… Ⅰ-654
じふたあわ……………………………… Ⅰ-654
じふとく………………………………… Ⅰ-654
じふはち………………………………… Ⅰ-654
じふはちささぎ………………………… Ⅰ-654
じふはちささけ………………………… Ⅰ-655
じふはちささげ………………………… Ⅰ-655
じふべゑわせ…………………………… Ⅰ-655
じふぼうし……………………………… Ⅰ-655
じふらう………………………………… Ⅰ-655
じふらうみつけ………………………… Ⅰ-656
じふろく………………………………… Ⅰ-656
じふろくささけ………………………… Ⅰ-656
じふろくささげ………………………… Ⅰ-656
じふろくすんまめ……………………… Ⅰ-656
しべいるこ……………………………… Ⅰ-657
しべなが………………………………… Ⅰ-657
しべぬけ………………………………… Ⅰ-657
しべもち………………………………… Ⅰ-657
しほた…………………………………… Ⅰ-657
しほち…………………………………… Ⅰ-657
しほちかまり…………………………… Ⅰ-657
しほやき………………………………… Ⅰ-658
しま……………………………………… Ⅰ-658
しまあわ………………………………… Ⅰ-658
しまいしとう…………………………… Ⅰ-658
しまいしどう…………………………… Ⅰ-658
しまいしみち…………………………… Ⅰ-658
しまかいせい…………………………… Ⅰ-658

しまこう……………………………… Ⅰ - 659
しまこほれ…………………………… Ⅰ - 659
しまされ……………………………… Ⅰ - 659
しましろ……………………………… Ⅰ - 659
しまそ………………………………… Ⅰ - 659
しまた………………………………… Ⅰ - 659
しまとくじん………………………… Ⅰ - 659
しまねくまこ………………………… Ⅰ - 660
しまねこむぎ………………………… Ⅰ - 660
しまのこ……………………………… Ⅰ - 660
しまは………………………………… Ⅰ - 660
しまば………………………………… Ⅰ - 660
しまばらかし………………………… Ⅰ - 660
しまばらもち………………………… Ⅰ - 660
しまひゑ……………………………… Ⅰ - 661
しまひんかい………………………… Ⅰ - 661
しまほきれ…………………………… Ⅰ - 661
しまむぎ……………………………… Ⅰ - 661
しまもち……………………………… Ⅰ - 661
しまわ………………………………… Ⅰ - 661
しまわせ……………………………… Ⅰ - 661
しみずわせ…………………………… Ⅰ - 662
しみづ………………………………… Ⅰ - 662
しみづかはあは……………………… Ⅰ - 662
しみづもち…………………………… Ⅰ - 662
しみづわせ…………………………… Ⅰ - 662
しも…………………………………… Ⅰ - 663
しもあは……………………………… Ⅰ - 663
しもあへつる………………………… Ⅰ - 663
しもいね……………………………… Ⅰ - 663
しもおい……………………………… Ⅰ - 663
しもかつき…………………………… Ⅰ - 664
しもかづき…………………………… Ⅰ - 664
しもかは……………………………… Ⅰ - 664
しもかぶり…………………………… Ⅰ - 664
しもくひ……………………………… Ⅰ - 664
しもくまこ…………………………… Ⅰ - 664
しもくもち…………………………… Ⅰ - 665
しもささけ…………………………… Ⅰ - 665
しもささげ…………………………… Ⅰ - 665
しもしらず…………………………… Ⅰ - 665
しもち………………………………… Ⅰ - 665
しもちこ……………………………… Ⅰ - 665
しもつま……………………………… Ⅰ - 665
しもとまいひへ……………………… Ⅰ - 665
しものこ……………………………… Ⅰ - 666
しもひえ……………………………… Ⅰ - 666
しもひへ……………………………… Ⅰ - 666
しもひゑ……………………………… Ⅰ - 666
しもふりささげ……………………… Ⅰ - 666
しもまめ……………………………… Ⅰ - 666
しもむぎ……………………………… Ⅰ - 667
しももち……………………………… Ⅰ - 667
しもやろく…………………………… Ⅰ - 667
しもわせ……………………………… Ⅰ - 667
しもをひ……………………………… Ⅰ - 667
じやうかうじ………………………… Ⅰ - 667
しやうかはつこく…………………… Ⅰ - 667
じやうきち…………………………… Ⅰ - 668
しやうけ……………………………… Ⅰ - 668
じやうこく…………………………… Ⅰ - 668
しやうざうもち……………………… Ⅰ - 668
じやうしう…………………………… Ⅰ - 668
じやうしうこしろ…………………… Ⅰ - 668
じやうしうしろ……………………… Ⅰ - 668
じやうしうまめ……………………… Ⅰ - 669
じやうしうみの……………………… Ⅰ - 669
しやうじやういね…………………… Ⅰ - 669
しやうしろ…………………………… Ⅰ - 669
じやうしろ…………………………… Ⅰ - 669
じやうしろいね……………………… Ⅰ - 670
しやうじん…………………………… Ⅰ - 670
しやうすみ…………………………… Ⅰ - 670
じやうせん…………………………… Ⅰ - 670
しやうたい…………………………… Ⅰ - 670
しやうたいあづき…………………… Ⅰ - 670

しやうたいもち…………………… Ⅰ-670
しやうたれ………………………… Ⅰ-671
しやうないかるこ………………… Ⅰ-671
しやうないしろきやう…………… Ⅰ-671
しやうないもち…………………… Ⅰ-671
しやうにう………………………… Ⅰ-671
しやうねん………………………… Ⅰ-671
しやうばく………………………… Ⅰ-671
しやうばん………………………… Ⅰ-672
しやうばんもち…………………… Ⅰ-672
しやうひへ………………………… Ⅰ-672
しやうびゑんとう………………… Ⅰ-672
しやうめうし……………………… Ⅰ-672
じやうもち………………………… Ⅰ-672
じやうらうささけ………………… Ⅰ-672
じやうらうはたか………………… Ⅰ-673
しやうらく………………………… Ⅰ-673
しやうらくあは…………………… Ⅰ-673
しやうろ…………………………… Ⅰ-673
じやうわせ………………………… Ⅰ-673
じやかう…………………………… Ⅰ-673
じやかたら………………………… Ⅰ-673
しやかどうかし…………………… Ⅰ-674
しやく……………………………… Ⅰ-674
しやくあは………………………… Ⅰ-674
しやくあはうすやなぎ…………… Ⅰ-674
しやくあわ………………………… Ⅰ-674
しやくきんなし…………………… Ⅰ-674
しやくきんなしわせ……………… Ⅰ-674
しやくしこ………………………… Ⅰ-675
しやくしもち……………………… Ⅰ-675
しやくじやう……………………… Ⅰ-675
しやくじやうささけ……………… Ⅰ-675
しやくしやうまめ………………… Ⅰ-675
しやくじやうまめ………………… Ⅰ-676
しやくぜう………………………… Ⅰ-676
しやくせんなし…………………… Ⅰ-676
しやくぢやう……………………… Ⅰ-676
しやくはち………………………… Ⅰ-676
しやぐま…………………………… Ⅰ-677
じやくま…………………………… Ⅰ-677
しやくまきひ……………………… Ⅰ-677
しやくまきび……………………… Ⅰ-677
しやすしりあわ…………………… Ⅰ-677
しやつあは………………………… Ⅰ-677
しやみ……………………………… Ⅰ-677
しやみせんきひ…………………… Ⅰ-678
じゆうおしらすあは……………… Ⅰ-678
しゆくあは………………………… Ⅰ-678
じゆずあは………………………… Ⅰ-678
じゆすくくり……………………… Ⅰ-678
じゆずくり………………………… Ⅰ-678
しゆすこ…………………………… Ⅰ-678
しゆすこ…………………………… Ⅰ-679
じゆすこ…………………………… Ⅰ-679
じゆずこ…………………………… Ⅰ-679
じゆずご…………………………… Ⅰ-679
しゆすこもち……………………… Ⅰ-679
じゆずこもち……………………… Ⅰ-679
じゆずのこ………………………… Ⅰ-679
じゆずのこもち…………………… Ⅰ-680
しゆせん…………………………… Ⅰ-680
しゆつくり………………………… Ⅰ-680
じゆつこ…………………………… Ⅰ-680
じゆつこく………………………… Ⅰ-680
しゆびながもち…………………… Ⅰ-680
じゆめうらい……………………… Ⅰ-680
しゆろうどはだか………………… Ⅰ-681
じゆんれい………………………… Ⅰ-681
しゆんれいまめ…………………… Ⅰ-681
じゆんれいまめ…………………… Ⅰ-681
しようざ…………………………… Ⅰ-681
しようさいこく…………………… Ⅰ-681
しよけん…………………………… Ⅰ-681
しよげん…………………………… Ⅰ-681
しよはらくまこ…………………… Ⅰ-682

しよはん…………………………… Ⅰ - 682
しよめんもち………………………… Ⅰ - 682
しよらい……………………………… Ⅰ - 682
じよらうあわ………………………… Ⅰ - 682
じよらうこ…………………………… Ⅰ - 682
じよらうはたか……………………… Ⅰ - 682
じよらうはなおち…………………… Ⅰ - 683
じよらふ……………………………… Ⅰ - 683
しら…………………………………… Ⅰ - 683
しらあわ……………………………… Ⅰ - 683
しらいね……………………………… Ⅰ - 683
しらう………………………………… Ⅰ - 683
じらういち…………………………… Ⅰ - 683
じらういちむぎ……………………… Ⅰ - 684
じらうざ……………………………… Ⅰ - 684
じらうささけ………………………… Ⅰ - 684
しらうさぶらうもち………………… Ⅰ - 684
じらうさもち………………………… Ⅰ - 684
しらうざゑもんもち………………… Ⅰ - 684
じらうすけ…………………………… Ⅰ - 684
じらうた……………………………… Ⅰ - 685
じらうたらう………………………… Ⅰ - 685
じらうはち…………………………… Ⅰ - 685
じらうはちさいこく………………… Ⅰ - 685
じらうはちさいごく………………… Ⅰ - 685
しらうべい…………………………… Ⅰ - 685
しらうべゑ…………………………… Ⅰ - 686
しらうべゑいね……………………… Ⅰ - 686
じらうべゑささけ…………………… Ⅰ - 686
じらうまる…………………………… Ⅰ - 686
しらおく……………………………… Ⅰ - 686
しらが………………………………… Ⅰ - 686
しらかいね…………………………… Ⅰ - 686
しらがいね…………………………… Ⅰ - 686
しらかは……………………………… Ⅰ - 687
しらかはいね………………………… Ⅰ - 687
しらかはこむぎ……………………… Ⅰ - 687
しらかはひへ………………………… Ⅰ - 687
しらかはもち………………………… Ⅰ - 687
しらかはわせ………………………… Ⅰ - 687
しらがまて…………………………… Ⅰ - 688
しらがまていね……………………… Ⅰ - 688
しらかもち…………………………… Ⅰ - 688
しらがもち…………………………… Ⅰ - 688
しらかわ……………………………… Ⅰ - 688
しらかわこむぎ……………………… Ⅰ - 689
しらかわせ…………………………… Ⅰ - 689
しらかわまめ………………………… Ⅰ - 689
しらき………………………………… Ⅰ - 689
しらきび……………………………… Ⅰ - 689
しらけ………………………………… Ⅰ - 689
しらけもち…………………………… Ⅰ - 689
しらこうじ…………………………… Ⅰ - 690
しらこつぼ…………………………… Ⅰ - 690
しらこほれ…………………………… Ⅰ - 690
しらさか……………………………… Ⅰ - 690
しらすべり…………………………… Ⅰ - 690
しらせんぼ…………………………… Ⅰ - 690
しらたけ……………………………… Ⅰ - 690
しらちこ……………………………… Ⅰ - 691
しらなひゑ…………………………… Ⅰ - 691
しらなみ……………………………… Ⅰ - 691
しらは………………………………… Ⅰ - 691
しらば………………………………… Ⅰ - 691
しらば………………………………… Ⅰ - 692
しらはむぎ…………………………… Ⅰ - 692
しらはもち…………………………… Ⅰ - 692
しらばもち…………………………… Ⅰ - 692
しらばやろく………………………… Ⅰ - 692
しらばわせ…………………………… Ⅰ - 692
しらひげ……………………………… Ⅰ - 692
しらひげさかい……………………… Ⅰ - 693
しらひへ……………………………… Ⅰ - 693
しらびへ……………………………… Ⅰ - 693
しらほ………………………………… Ⅰ - 693
しらぼ………………………………… Ⅰ - 693

しらぼうし…………………………… Ⅰ - 693
しらほささげ………………………… Ⅰ - 693
しらほり……………………………… Ⅰ - 693
しらま………………………………… Ⅰ - 693
しらまち……………………………… Ⅰ - 694
しらめ………………………………… Ⅰ - 694
しらもち……………………………… Ⅰ - 694
しらもちあわ………………………… Ⅰ - 694
しらやまと…………………………… Ⅰ - 694
しらわせ……………………………… Ⅰ - 694
しらゑび……………………………… Ⅰ - 695
しらをふみ…………………………… Ⅰ - 695
しりきれ……………………………… Ⅰ - 695
しるたゑひ…………………………… Ⅰ - 695
しろ…………………………………… Ⅰ - 695
しろあし……………………………… Ⅰ - 695
しろあせこし………………………… Ⅰ - 695
しろあつき…………………………… Ⅰ - 696
しろあづき…………………………… Ⅰ - 696
しろあづき…………………………… Ⅰ - 697
しろあは……………………………… Ⅰ - 697
しろあひずり………………………… Ⅰ - 697
しろあわ……………………………… Ⅰ - 697
しろあゑらぎ………………………… Ⅰ - 697
しろいしたて………………………… Ⅰ - 698
しろいせむぎ………………………… Ⅰ - 698
しろいちべゑいね…………………… Ⅰ - 698
しろいちらうべゑいね……………… Ⅰ - 698
しろいつつば………………………… Ⅰ - 698
しろいつつばまめ…………………… Ⅰ - 698
しろいね……………………………… Ⅰ - 698
しろいね……………………………… Ⅰ - 699
しろいまむら………………………… Ⅰ - 699
しろいんげんまめ…………………… Ⅰ - 699
しろうじ……………………………… Ⅰ - 699
しろえいらく………………………… Ⅰ - 700
しろおかの…………………………… Ⅰ - 700
しろおに……………………………… Ⅰ - 700
しろおにひえ………………………… Ⅰ - 700
しろおにむき………………………… Ⅰ - 700
しろおにむぎ………………………… Ⅰ - 700
しろおんぼ…………………………… Ⅰ - 700
しろかいじやう……………………… Ⅰ - 700
しろかいせい………………………… Ⅰ - 701
しろかいちゆう……………………… Ⅰ - 701
しろかうばい………………………… Ⅰ - 701
しろかうら…………………………… Ⅰ - 701
しろかきさい………………………… Ⅰ - 701
しろかし……………………………… Ⅰ - 701
しろかぢか…………………………… Ⅰ - 701
しろかね……………………………… Ⅰ - 702
しろから……………………………… Ⅰ - 702
しろがら……………………………… Ⅰ - 702
しろかるこ…………………………… Ⅰ - 702
しろかわち…………………………… Ⅰ - 702
しろかをりわせ……………………… Ⅰ - 702
しろかんそうし……………………… Ⅰ - 703
しろきし……………………………… Ⅰ - 703
しろきじ……………………………… Ⅰ - 703
しろきひ……………………………… Ⅰ - 703
しろきび……………………………… Ⅰ - 703
しろきやう…………………………… Ⅰ - 703
しろぎやう…………………………… Ⅰ - 703
しろきやうあづき…………………… Ⅰ - 703
しろきやうばやり…………………… Ⅰ - 703
しろきやうゑひ……………………… Ⅰ - 704
しろきんひら………………………… Ⅰ - 704
しろくつ……………………………… Ⅰ - 704
しろくび……………………………… Ⅰ - 704
しろくまこ…………………………… Ⅰ - 704
しろくらつくり……………………… Ⅰ - 704
しろけ………………………………… Ⅰ - 704
しろげか……………………………… Ⅰ - 705
しろけし……………………………… Ⅰ - 705
しろけしやう………………………… Ⅰ - 705
しろげしやう………………………… Ⅰ - 705

しろけしろ…… I - 705
しろけせう…… I - 705
しろげせう…… I - 705
しろけぬき…… I - 705
しろこ…… I - 706
しろごいし…… I - 706
しろごいしまめ…… I - 706
しろこう…… I - 706
しろこうばう…… I - 706
しろこうぼふ…… I - 706
しろこきち…… I - 707
しろこきひ…… I - 707
しろこさか…… I - 707
しろこざら…… I - 707
しろこしけ…… I - 707
しろこしげ…… I - 707
しろこしみづ…… I - 707
しろことう…… I - 707
しろこにようぼう…… I - 708
しろこねら…… I - 708
しろごひし…… I - 708
しろこふし…… I - 708
しろこぼ…… I - 708
しろこぼう…… I - 708
しろごぼうもち…… I - 708
しろこぼし…… I - 709
しろこま…… I - 709
しろごま…… I - 709
しろこみず…… I - 709
しろこみつ…… I - 710
しろこむき…… I - 710
しろこむぎ…… I - 710
しろごらう…… I - 710
しろこわせ…… I - 710
しろさい…… I - 710
しろさいこく…… I - 711
しろざいこく…… I - 711
しろさいまめ…… I - 711
しろさかい…… I - 711
しろささぎ…… I - 711
しろささけ…… I - 711
しろささけ…… I - 712
しろささげ…… I - 712
しろさは…… I - 712
しろさはひへ…… I - 712
しろさぶ…… I - 712
しろさふらい…… I - 713
しろさや…… I - 713
しろざや…… I - 713
しろさやあづき…… I - 713
しろさやまめ…… I - 714
しろさら…… I - 714
しろさらいね…… I - 714
しろざらり…… I - 714
しろざり…… I - 714
しろさるて…… I - 714
しろされ…… I - 715
しろさんぐわつ…… I - 715
しろさんしちらうもち…… I - 715
しろじふはち…… I - 715
しろじふろく…… I - 715
しろじふろくささけ…… I - 715
しろしみつ…… I - 715
しろしみづ…… I - 716
しろしんとく…… I - 716
しろしんは…… I - 716
しろじんば…… I - 716
しろしんぽ…… I - 716
しろすすき…… I - 716
しろすすきれ…… I - 716
しろずすきれ…… I - 716
しろすぬけ…… I - 717
しろたいたう…… I - 717
しろだいたう…… I - 717
しろたいとう…… I - 717
しろだう…… I - 717

しろたうきひ…… I - 718
しろたうぼし…… I - 718
しろたこ…… I - 718
しろだこや…… I - 718
しろたのかみ…… I - 718
しろたらり…… I - 718
しろたんご…… I - 718
しろちくだ…… I - 719
しろちくりん…… I - 719
しろちこ…… I - 719
しろちゆうごく…… I - 719
しろつね…… I - 719
しろつのくに…… I - 719
しろつはくらまめ…… I - 719
しろつほね…… I - 720
しろつる…… I - 720
しろつるこ…… I - 720
しろつるさき…… I - 720
しろつるのこ…… I - 720
しろつるほそ…… I - 720
しろてき…… I - 720
しろでは…… I - 721
しろとう…… I - 721
しろどう…… I - 721
しろとうきみ…… I - 721
しろとうぎみ…… I - 721
しろとうしらう…… I - 721
しろとうぼうし…… I - 721
しろとうもろこし…… I - 721
しろとくより…… I - 722
しろとふきび…… I - 722
しろとんへ…… I - 722
しろな…… I - 722
しろなかて…… I - 722
しろなたまめ…… I - 722
しろなりこ…… I - 723
しろなんき…… I - 723
しろなんばん…… I - 723
しろにし…… I - 723
しろぬいとう…… I - 723
しろねこあし…… I - 723
しろねち…… I - 723
しろねぢれ…… I - 724
しろのたり…… I - 724
しろのばうづ…… I - 724
しろのまめ…… I - 724
しろばうし…… I - 724
しろばうづ…… I - 724
しろはきのこ…… I - 724
しろはぜこ…… I - 725
しろはぜわせ…… I - 725
しろはたか…… I - 725
しろはだか…… I - 725
しろはだかり…… I - 725
しろはちぐわつ…… I - 725
しろはちこく…… I - 726
しろはな…… I - 726
しろはなばんとう…… I - 726
しろはなまめ…… I - 726
しろはふし…… I - 726
しろはやいね…… I - 726
しろはやり…… I - 726
しろばやり…… I - 726
しろひえ…… I - 727
しろひき…… I - 727
しろひきつか…… I - 727
しろひきわせ…… I - 727
しろひけ…… I - 727
しろひげ…… I - 727
しろひこ…… I - 728
しろびし…… I - 728
しろびじよ…… I - 728
しろびぜう…… I - 728
しろびつちう…… I - 728
しろひへ…… I - 728
しろびへ…… I - 728

しろひめこ…………………………　Ⅰ - 729
しろびやうたれ……………………　Ⅰ - 729
しろびわ……………………………　Ⅰ - 729
しろひゑ……………………………　Ⅰ - 729
しろふけ……………………………　Ⅰ - 729
しろふさ……………………………　Ⅰ - 729
しろふし……………………………　Ⅰ - 730
しろふちしろ………………………　Ⅰ - 730
しろふらう…………………………　Ⅰ - 730
しろふろふ…………………………　Ⅰ - 730
しろへ………………………………　Ⅰ - 730
しろべ………………………………　Ⅰ - 730
しろへい……………………………　Ⅰ - 730
しろべい……………………………　Ⅰ - 730
しろべちこ…………………………　Ⅰ - 731
しろへんづ…………………………　Ⅰ - 731
しろほ………………………………　Ⅰ - 731
しろぼ………………………………　Ⅰ - 731
しろほうえい………………………　Ⅰ - 731
しろほうし…………………………　Ⅰ - 731
しろぼうし…………………………　Ⅰ - 731
しろほうす…………………………　Ⅰ - 732
しろぼうす…………………………　Ⅰ - 732
しろぼうず…………………………　Ⅰ - 732
しろほくこく………………………　Ⅰ - 732
しろほこ……………………………　Ⅰ - 732
しろほし……………………………　Ⅰ - 732
しろほしぼう………………………　Ⅰ - 733
しろほそつる………………………　Ⅰ - 733
しろほなか…………………………　Ⅰ - 733
しろほなが…………………………　Ⅰ - 733
しろほり……………………………　Ⅰ - 733
しろほりだし………………………　Ⅰ - 733
しろぼろ……………………………　Ⅰ - 733
しろほんもち………………………　Ⅰ - 734
しろぼんもち………………………　Ⅰ - 734
しろまさめ…………………………　Ⅰ - 734
しろまて……………………………　Ⅰ - 734
しろまはりはせ……………………　Ⅰ - 734
しろまめ……………………………　Ⅰ - 734
しろまめ……………………………　Ⅰ - 735
しろまんさい………………………　Ⅰ - 735
しろみと……………………………　Ⅰ - 735
しろみど……………………………　Ⅰ - 735
しろみとり…………………………　Ⅰ - 735
しろみなり…………………………　Ⅰ - 735
しろみのかさ………………………　Ⅰ - 735
しろみほ……………………………　Ⅰ - 736
しろむき……………………………　Ⅰ - 736
しろむぎ……………………………　Ⅰ - 736
しろむく……………………………　Ⅰ - 736
しろめ………………………………　Ⅰ - 736
しろめあわ…………………………　Ⅰ - 737
しろめはじき………………………　Ⅰ - 737
しろめむき…………………………　Ⅰ - 737
しろめむぎ…………………………　Ⅰ - 737
しろめわせ…………………………　Ⅰ - 737
しろもち……………………………　Ⅰ - 737
しろもち……………………………　Ⅰ - 738
しろもちあわ………………………　Ⅰ - 738
しろもちわせ………………………　Ⅰ - 738
しろもと……………………………　Ⅰ - 738
しろもりこしろ……………………　Ⅰ - 739
しろやつこ…………………………　Ⅰ - 739
しろやはづ…………………………　Ⅰ - 739
しろやぶした………………………　Ⅰ - 739
しろやまと…………………………　Ⅰ - 739
しろやむぎ…………………………　Ⅰ - 739
しろやろう…………………………　Ⅰ - 739
しろやろく…………………………　Ⅰ - 740
しろやろくいね……………………　Ⅰ - 740
しろよしあわ………………………　Ⅰ - 740
しろらうそく………………………　Ⅰ - 740
しろろくかく………………………　Ⅰ - 740
しろろくぐわつ……………………　Ⅰ - 740
しろわさひへ………………………　Ⅰ - 741

しろわせ……………………………… Ⅰ - 741
しろわせなかて…………………… Ⅰ - 741
しろゑひ………………………………Ⅰ - 742
しろゑび………………………………Ⅰ - 742
しろゑみ………………………………Ⅰ - 742
しろゑんとう…………………………Ⅰ - 742
しろゑんどう…………………………Ⅰ - 742
しろをかほ……………………………Ⅰ - 742
しわくまこ……………………………Ⅰ - 742
じんうゑもんこぼし…………………Ⅰ - 743
しんき…………………………………Ⅰ - 743
しんきやうあは………………………Ⅰ - 743
しんくらうひゑ………………………Ⅰ - 743
しんくるま……………………………Ⅰ - 743
しんこ…………………………………Ⅰ - 743
しんころくかく………………………Ⅰ - 743
じんざぶらうあかあは………………Ⅰ - 744
しんしうまめ…………………………Ⅰ - 744
しんじようさらし……………………Ⅰ - 744
しんすいかし…………………………Ⅰ - 744
しんそう………………………………Ⅰ - 744
しんぞうあわ…………………………Ⅰ - 744
しんそこ………………………………Ⅰ - 744
しんたひ………………………………Ⅰ - 745
しんたび………………………………Ⅰ - 745
じんちむぎ……………………………Ⅰ - 745
しんでん………………………………Ⅰ - 745
しんとう………………………………Ⅰ - 745
しんとく………………………………Ⅰ - 745
じんとく………………………………Ⅰ - 745
しんね…………………………………Ⅰ - 746
しんねもんわせ………………………Ⅰ - 746
しんば…………………………………Ⅰ - 746
じんば…………………………………Ⅰ - 746
しんはばうづ…………………………Ⅰ - 746
しんばもち……………………………Ⅰ - 746
じんばもち……………………………Ⅰ - 746
じんべえくまこ………………………Ⅰ - 746
じんべゑ………………………………Ⅰ - 747
じんべゑまめ…………………………Ⅰ - 747
しんぼ…………………………………Ⅰ - 747
しんほう………………………………Ⅰ - 747
しんぼう………………………………Ⅰ - 747
しんぼうわせ…………………………Ⅰ - 747
しんほひゑ……………………………Ⅰ - 747
しんぼわせ……………………………Ⅰ - 748
しんみぎ………………………………Ⅰ - 748
しんむら………………………………Ⅰ - 748

## す

すあご…………………………………Ⅱ - 751
すあは…………………………………Ⅱ - 751
すあり…………………………………Ⅱ - 751
ずいあを………………………………Ⅱ - 751
すいくび………………………………Ⅱ - 751
ずいなん………………………………Ⅱ - 751
すえかはひゑ…………………………Ⅱ - 751
すおふきんひら………………………Ⅱ - 752
すおふびやうたれ……………………Ⅱ - 752
すおろし………………………………Ⅱ - 752
すかう…………………………………Ⅱ - 752
すき……………………………………Ⅱ - 752
すぎ……………………………………Ⅱ - 752
すきしろ………………………………Ⅱ - 752
すぎしろ………………………………Ⅱ - 752
ずぐ……………………………………Ⅱ - 752
すくばり………………………………Ⅱ - 753
すくみ…………………………………Ⅱ - 753
すけいち………………………………Ⅱ - 753
すけくらう……………………………Ⅱ - 753
すけくろふ……………………………Ⅱ - 753
すけご…………………………………Ⅱ - 754
すけごらう……………………………Ⅱ - 754
すけごろう……………………………Ⅱ - 754
すけべ…………………………………Ⅱ - 754
すけろく………………………………Ⅱ - 754

すじ…………………………… Ⅱ - 754
すしこ…………………………… Ⅱ - 754
すしもち…………………………… Ⅱ - 755
すすきれ…………………………… Ⅱ - 755
すすくくり…………………………… Ⅱ - 755
ずずくぐり…………………………… Ⅱ - 755
すずくり…………………………… Ⅱ - 755
すずぐり…………………………… Ⅱ - 755
ずずくり…………………………… Ⅱ - 755
すすくりあわ…………………………… Ⅱ - 755
ずずくりあわ…………………………… Ⅱ - 755
すずくりもちあわ…………………………… Ⅱ - 755
すすけ…………………………… Ⅱ - 756
すすこ…………………………… Ⅱ - 756
すすたけ…………………………… Ⅱ - 756
すすたま…………………………… Ⅱ - 756
すすだま…………………………… Ⅱ - 756
すすのこ…………………………… Ⅱ - 756
すずのこ…………………………… Ⅱ - 756
すすのこあわ…………………………… Ⅱ - 756
すすぼ…………………………… Ⅱ - 757
すすまめ…………………………… Ⅱ - 757
すずまめ…………………………… Ⅱ - 757
すずめいしどう…………………………… Ⅱ - 757
すずめかしら…………………………… Ⅱ - 757
すすめこあは…………………………… Ⅱ - 757
すすめころし…………………………… Ⅱ - 757
すずめささげ…………………………… Ⅱ - 757
すすめしらす…………………………… Ⅱ - 758
すすめしらず…………………………… Ⅱ - 758
すずめしらす…………………………… Ⅱ - 758
すずめしらず…………………………… Ⅱ - 759
すずめしらすわせ…………………………… Ⅱ - 759
すすめしらは…………………………… Ⅱ - 759
すすめすい…………………………… Ⅱ - 759
すすめすわず…………………………… Ⅱ - 759
すすめのはなさし…………………………… Ⅱ - 759
すすめつき…………………………… Ⅱ - 760
すずめふく…………………………… Ⅱ - 760
すずめむぎ…………………………… Ⅱ - 760
すすめもち…………………………… Ⅱ - 760
すすめわせ…………………………… Ⅱ - 760
すすもち…………………………… Ⅱ - 760
すずもちあは…………………………… Ⅱ - 760
すだれ…………………………… Ⅱ - 761
すぢかねささけ…………………………… Ⅱ - 761
すぢはりもち…………………………… Ⅱ - 761
すぢもち…………………………… Ⅱ - 761
すぬけ…………………………… Ⅱ - 761
すねあか…………………………… Ⅱ - 761
すねかくし…………………………… Ⅱ - 762
すねくろ…………………………… Ⅱ - 762
すねくろあづき…………………………… Ⅱ - 762
すねこくり…………………………… Ⅱ - 762
すねしろ…………………………… Ⅱ - 762
すねふと…………………………… Ⅱ - 762
すねぶと…………………………… Ⅱ - 763
すのたに…………………………… Ⅱ - 763
すはらぼうず…………………………… Ⅱ - 763
すはらもち…………………………… Ⅱ - 763
すはらろくかく…………………………… Ⅱ - 763
すはり…………………………… Ⅱ - 764
すばり…………………………… Ⅱ - 764
すはりこむぎ…………………………… Ⅱ - 764
すびへ…………………………… Ⅱ - 764
すぶろ…………………………… Ⅱ - 764
すへうるあは…………………………… Ⅱ - 764
すへながもち…………………………… Ⅱ - 764
すへべり…………………………… Ⅱ - 765
すべり…………………………… Ⅱ - 765
すほうきんひら…………………………… Ⅱ - 765
すほとりもち…………………………… Ⅱ - 765
すみかし…………………………… Ⅱ - 765
すみよし…………………………… Ⅱ - 765
すみよしおくて…………………………… Ⅱ - 765
すみよしかし…………………………… Ⅱ - 766

すみよしわせ…………………… II - 766
ずらかいせい…………………… II - 766
すりこうはし…………………… II - 766
すりまい…………………… II - 766
ずりまい…………………… II - 766
すりまひ…………………… II - 766
すりん…………………… II - 766
するか…………………… II - 767
するが…………………… II - 767
するかあは…………………… II - 767
するがいね…………………… II - 767
するがささげ…………………… II - 767
するかしろう…………………… II - 767
するかむぎ…………………… II - 767
するかもち…………………… II - 768
するがもち…………………… II - 768
するがわせ…………………… II - 768
するすみ…………………… II - 768
すわこ…………………… II - 768
すをろし…………………… II - 768
ずんあみ…………………… II - 769
すんきれ…………………… II - 769
すんさい…………………… II - 769
ずんざり…………………… II - 769
ずんとう…………………… II - 769
ずんぼう…………………… II - 769

## せ

せいくらうあは…………………… II - 770
せいくろう…………………… II - 770
せいこあは…………………… II - 770
せいごろう…………………… II - 770
せいじふらう…………………… II - 770
せいじふろうこむぎ…………………… II - 770
せいそう…………………… II - 770
せいぞろい…………………… II - 771
せいたか…………………… II - 771
せいたかあわ…………………… II - 771
せいたかきび…………………… II - 771
せいたかひへ…………………… II - 771
せいたかひゑ…………………… II - 771
せいたかまめ…………………… II - 772
せいたかもろこし…………………… II - 772
せいちく…………………… II - 772
せいちこ…………………… II - 772
せいとう…………………… II - 772
せいとうきひ…………………… II - 772
せいはん…………………… II - 772
ぜうこく…………………… II - 773
せうしまんばい…………………… II - 773
せうぜう…………………… II - 773
せうなこん…………………… II - 773
せうなごん…………………… II - 773
せうなごん…………………… II - 774
せうなこんわせ…………………… II - 774
せうふ…………………… II - 774
せおくて…………………… II - 774
せおれもち…………………… II - 774
せき…………………… II - 774
せきあは…………………… II - 775
せきいね…………………… II - 775
せきこ…………………… II - 775
せきされ…………………… II - 775
せきさんぐわつ…………………… II - 775
せきしうくまこ…………………… II - 775
せきどう…………………… II - 775
せきひゑ…………………… II - 776
せきみつ…………………… II - 776
せきみづ…………………… II - 776
せきもち…………………… II - 776
せきれい…………………… II - 776
せくなぎ…………………… II - 776
せぐろ…………………… II - 776
せせなきもち…………………… II - 777
せせひへ…………………… II - 777
せぞろい…………………… II - 777

せたか……………………………… Ⅱ - 777
せたかかし………………………… Ⅱ - 777
せつき……………………………… Ⅱ - 777
せつはせ…………………………… Ⅱ - 777
せひく……………………………… Ⅱ - 778
せびく……………………………… Ⅱ - 778
せべ………………………………… Ⅱ - 778
せみ………………………………… Ⅱ - 778
せみかしら………………………… Ⅱ - 778
せみしるあは……………………… Ⅱ - 778
せもち……………………………… Ⅱ - 778
せよし……………………………… Ⅱ - 778
せらせあわ………………………… Ⅱ - 779
せりかは…………………………… Ⅱ - 779
せりかわ…………………………… Ⅱ - 779
せりかわまめ……………………… Ⅱ - 779
せんかう…………………………… Ⅱ - 779
せんかうじ………………………… Ⅱ - 779
ぜんかうじ………………………… Ⅱ - 779
ぜんかうもち……………………… Ⅱ - 780
せんきち…………………………… Ⅱ - 780
ぜんきち…………………………… Ⅱ - 780
せんく……………………………… Ⅱ - 780
ぜんく……………………………… Ⅱ - 780
せんくまる………………………… Ⅱ - 780
ぜんくらう………………………… Ⅱ - 780
ぜんくわうじ……………………… Ⅱ - 780
ぜんくわうじわせ………………… Ⅱ - 781
せんくわん………………………… Ⅱ - 781
せんげんあわ……………………… Ⅱ - 781
せんご……………………………… Ⅱ - 781
ぜんこうじ………………………… Ⅱ - 781
せんこく…………………………… Ⅱ - 781
せんごく…………………………… Ⅱ - 781
せんごく…………………………… Ⅱ - 782
せんごくあつき…………………… Ⅱ - 782
せんごくあわ……………………… Ⅱ - 782
せんごくいね……………………… Ⅱ - 782
せんごくささけ…………………… Ⅱ - 782
せんこくじ………………………… Ⅱ - 782
せんごくそば……………………… Ⅱ - 782
せんこくまめ……………………… Ⅱ - 783
せんごくまめ……………………… Ⅱ - 783
せんごくやろく…………………… Ⅱ - 783
ぜんごらう………………………… Ⅱ - 783
ぜんざいはちこく………………… Ⅱ - 783
ぜんざら…………………………… Ⅱ - 784
せんじまめ………………………… Ⅱ - 784
せんじゆ…………………………… Ⅱ - 784
せんしゆうまめ…………………… Ⅱ - 784
ぜんしらう………………………… Ⅱ - 784
ぜんしらうむぎ…………………… Ⅱ - 784
せんじろう………………………… Ⅱ - 784
せんしろふ………………………… Ⅱ - 785
せんすじ…………………………… Ⅱ - 785
せんたい…………………………… Ⅱ - 785
せんだい…………………………… Ⅱ - 785
せんだいかるご…………………… Ⅱ - 785
せんたいこむぎ…………………… Ⅱ - 785
せんだいこわせ…………………… Ⅱ - 785
せんたいじふろく………………… Ⅱ - 786
せんたいばうづ…………………… Ⅱ - 786
ぜんたいふもち…………………… Ⅱ - 786
せんだいほうず…………………… Ⅱ - 786
せんたいまめ……………………… Ⅱ - 786
せんだいまめ……………………… Ⅱ - 786
せんだいむき……………………… Ⅱ - 786
せんだいわせ……………………… Ⅱ - 787
ぜんたらう………………………… Ⅱ - 787
せんたろうまめ…………………… Ⅱ - 787
せんちやう………………………… Ⅱ - 787
せんつち…………………………… Ⅱ - 787
せんなり…………………………… Ⅱ - 787
せんにんひき……………………… Ⅱ - 787
せんばうづ………………………… Ⅱ - 788
ぜんはち…………………………… Ⅱ - 788

せんばん…………………………… Ⅱ - 788
ぜんべい…………………………… Ⅱ - 788
せんほ……………………………… Ⅱ - 788
せんぼ……………………………… Ⅱ - 788
ぜんほ……………………………… Ⅱ - 789
せんほう…………………………… Ⅱ - 789
せんぼう…………………………… Ⅱ - 789
せんぼうず………………………… Ⅱ - 789
ぜんぼうず………………………… Ⅱ - 789
せんほく…………………………… Ⅱ - 789
せんぼく…………………………… Ⅱ - 789
せんほくまめ……………………… Ⅱ - 789
せんほくもち……………………… Ⅱ - 790
せんぼん…………………………… Ⅱ - 790
せんぼんはだか…………………… Ⅱ - 790
せんぼんむぎ……………………… Ⅱ - 790
せんます…………………………… Ⅱ - 790
せんやうやろく…………………… Ⅱ - 790
せんよう…………………………… Ⅱ - 790
せんろく…………………………… Ⅱ - 791
ぜんろく…………………………… Ⅱ - 791
ぜんろくきひ……………………… Ⅱ - 791
せんろくもち……………………… Ⅱ - 791
ぜんろくもち……………………… Ⅱ - 791

## そ

そうかくれ………………………… Ⅱ - 792
そうくろ…………………………… Ⅱ - 792
そうけもち………………………… Ⅱ - 792
そうけもちあは…………………… Ⅱ - 792
そうごらう………………………… Ⅱ - 792
ぞうさく…………………………… Ⅱ - 792
そうしきび………………………… Ⅱ - 792
そうしちもち……………………… Ⅱ - 793
そうじまめ………………………… Ⅱ - 793
そうすけ…………………………… Ⅱ - 793
そうそささけ……………………… Ⅱ - 793
そうたくまめ……………………… Ⅱ - 793
そうのころも……………………… Ⅱ - 793
そうのそで………………………… Ⅱ - 793
そうべゑくまこ…………………… Ⅱ - 794
そうめん…………………………… Ⅱ - 794
そうめんむき……………………… Ⅱ - 794
そうらそささげ…………………… Ⅱ - 794
ぞうりかたち……………………… Ⅱ - 794
そうゑん…………………………… Ⅱ - 794
そかて……………………………… Ⅱ - 794
ぞがて……………………………… Ⅱ - 794
そき………………………………… Ⅱ - 795
そぎ………………………………… Ⅱ - 795
そぎもち…………………………… Ⅱ - 795
そくこく…………………………… Ⅱ - 795
そくづ……………………………… Ⅱ - 795
そこせい…………………………… Ⅱ - 795
そそやき…………………………… Ⅱ - 795
そたつむぎ………………………… Ⅱ - 795
そつこん…………………………… Ⅱ - 796
ぞつこん…………………………… Ⅱ - 796
そつこんまめ……………………… Ⅱ - 796
ぞつこんまめ……………………… Ⅱ - 796
そでしたわせ……………………… Ⅱ - 796
そでぬかう………………………… Ⅱ - 796
そでのこ…………………………… Ⅱ - 796
そてのした………………………… Ⅱ - 797
そのだもち………………………… Ⅱ - 797
そは………………………………… Ⅱ - 797
そば………………………………… Ⅱ - 797
そは………………………………… Ⅱ - 798
そば………………………………… Ⅱ - 798
そはさき…………………………… Ⅱ - 799
そばさき…………………………… Ⅱ - 799
そはむぎ…………………………… Ⅱ - 799
そばむぎ…………………………… Ⅱ - 799
そばむぎやす……………………… Ⅱ - 799
そぶしらず………………………… Ⅱ - 799
そふもち…………………………… Ⅱ - 800

そも…………………………… II - 800
そやほう……………………… II - 800
そやむぎ……………………… II - 800
そより………………………… II - 800
そらだいづ…………………… II - 800
そらのほし…………………… II - 800
そらのほし…………………… II - 801
そらふき……………………… II - 801
そらほ………………………… II - 801
そらまふり…………………… II - 801
そらまめ……………………… II - 801
そらまめ……………………… II - 802
そらみささげ………………… II - 802
そらみの……………………… II - 802
そらむきささげ……………… II - 803
そりこ………………………… II - 803
そりもち……………………… II - 803
ぞろ…………………………… II - 803
そろひかし…………………… II - 803
ぞろもち……………………… II - 803
ぞろり………………………… II - 803
そろりこむぎ………………… II - 804
ぞろりもち…………………… II - 804

## た

たあかり……………………… II - 805
たあがり……………………… II - 805
たあかりあは………………… II - 805
だいくわんかし……………… II - 805
だいくわんたまし…………… II - 805
たいこうもち………………… II - 805
たいこく……………………… II - 805
だいこく……………………… II - 805
だいだい……………………… II - 805
だいこくかるこ……………… II - 806
だいこくしろへい…………… II - 806
だいこくなかて……………… II - 806
だいこくはたか……………… II - 806
だいこくまめ………………… II - 806
だいこくもち………………… II - 806
だいこくやろく……………… II - 806
だいこくわせ………………… II - 807
だいこんさき………………… II - 807
だいさいじ…………………… II - 807
たいさひじ…………………… II - 807
たいさんじ…………………… II - 807
だいし………………………… II - 807
だいしこう…………………… II - 807
だいしやうじひへ…………… II - 808
だいしやうらく……………… II - 808
たいしようくわん…………… II - 808
だいしよくわん……………… II - 808
だいじんまい………………… II - 808
だいすけ……………………… II - 808
たいたう……………………… II - 808
たいたうあづき……………… II - 809
たいたういね………………… II - 809
たいたうまい………………… II - 809
たいたうもち………………… II - 809
たいたうもちいね…………… II - 809
たいたうわせ………………… II - 809
たいと………………………… II - 809
たいとう……………………… II - 810
たいとういね………………… II - 810
たいとうはだか……………… II - 810
たいどうほう………………… II - 810
たいとうほり………………… II - 810
だいどうほり………………… II - 810
たいとうもち………………… II - 811
たいとく……………………… II - 811
たいともち…………………… II - 811
だいなこ……………………… II - 811
だいなご……………………… II - 811
たいなこん…………………… II - 811
だいなこん…………………… II - 812
だいなごん…………………… II - 812

だいなごんあつき…………………… II - 812
だいなごんあづき…………………… II - 812
だいなごんあづき…………………… II - 813
たいのうら………………………… II - 813
だいはく…………………………… II - 813
たいばまごはやり…………………… II - 813
たいはやり………………………… II - 813
だいぶつ…………………………… II - 813
だいぶつもち……………………… II - 813
たいへいみの……………………… II - 814
たいほう…………………………… II - 814
だいほう…………………………… II - 814
だいほくこく……………………… II - 814
だいみやう………………………… II - 814
だいみやうあは…………………… II - 814
だいみやうもち…………………… II - 814
だいめう…………………………… II - 815
だいりあづき……………………… II - 815
だいりき…………………………… II - 815
たいろう…………………………… II - 815
たうえ……………………………… II - 815
たうかし…………………………… II - 815
たうきささけ……………………… II - 815
たうきひ…………………………… II - 816
たうきび…………………………… II - 816
たうご……………………………… II - 817
たうこはふし……………………… II - 817
たうささけ………………………… II - 817
たうたうきひ……………………… II - 817
たうたか…………………………… II - 817
だうたかそは……………………… II - 817
だうちうあは……………………… II - 817
だうちゆうあは…………………… II - 818
だうちゆうひゑ…………………… II - 818
だうちゆうほくこく……………… II - 818
だうちゆうもち…………………… II - 818
たうのきび………………………… II - 818
たうのまめ………………………… II - 818
だうふく…………………………… II - 818
たうほし…………………………… II - 819
たうぼし…………………………… II - 819
たうほしあづき…………………… II - 819
たうほしもち……………………… II - 819
たうぼしもち……………………… II - 819
たうまめ…………………………… II - 819
たうもろこし……………………… II - 820
たうろくすん……………………… II - 820
たか………………………………… II - 820
たが………………………………… II - 820
たかあは…………………………… II - 820
たかあわ…………………………… II - 820
たかいさり………………………… II - 820
たかきつる………………………… II - 820
たかきひ…………………………… II - 821
たかきび…………………………… II - 821
たかきみ…………………………… II - 821
たかぎやろく……………………… II - 821
たかくはばんとう………………… II - 821
たかくま…………………………… II - 822
たかくら…………………………… II - 822
たかくらひゑ……………………… II - 822
たかくろ…………………………… II - 822
たかさきやろく…………………… II - 822
たかさごおくて…………………… II - 822
たかさごなかて…………………… II - 822
たかさぶ…………………………… II - 823
たかさふらひ……………………… II - 823
たかさら…………………………… II - 823
たかしまやろう…………………… II - 823
たかしらう………………………… II - 823
たかしろ…………………………… II - 823
たかせ……………………………… II - 823
たかせむぎ………………………… II - 824
たかそ……………………………… II - 824
たかそう…………………………… II - 824
たかそや…………………………… II - 824

たかだ…… Ⅱ - 824
たかつちよ…… Ⅱ - 824
たかとほわせ…… Ⅱ - 824
たかの…… Ⅱ - 825
たかのばへ…… Ⅱ - 825
たかばうづ…… Ⅱ - 825
たかばへまめ…… Ⅱ - 825
たかばやり…… Ⅱ - 825
たかびつちゆう…… Ⅱ - 825
たかぼうし…… Ⅱ - 825
たかほうはやり…… Ⅱ - 826
たかほふし…… Ⅱ - 826
たかまつ…… Ⅱ - 826
たかもち…… Ⅱ - 826
たがもち…… Ⅱ - 826
たかやなぎ…… Ⅱ - 826
たかやなぎもち…… Ⅱ - 826
たかやはづ…… Ⅱ - 827
たかやま…… Ⅱ - 827
たかわせ…… Ⅱ - 827
たかんぼ…… Ⅱ - 827
たきあは…… Ⅱ - 827
たきくら…… Ⅱ - 827
たきざはあかいらく…… Ⅱ - 827
たきたか…… Ⅱ - 828
たぎたね…… Ⅱ - 828
たきまたもち…… Ⅱ - 828
たくの…… Ⅱ - 828
たくのひゑ…… Ⅱ - 828
たくらた…… Ⅱ - 828
だくろ…… Ⅱ - 828
たくわ…… Ⅱ - 829
たくわほくこく…… Ⅱ - 829
たけあは…… Ⅱ - 829
たけあわ…… Ⅱ - 829
たけきび…… Ⅱ - 829
たけくらべ…… Ⅱ - 829
たけだ…… Ⅱ - 829
たけたらう…… Ⅱ - 830
たけだわせ…… Ⅱ - 830
たけのはしはやり…… Ⅱ - 830
たけはら…… Ⅱ - 830
だけわせ…… Ⅱ - 830
たごあは…… Ⅱ - 830
たこはやり…… Ⅱ - 830
だごひゑ…… Ⅱ - 831
たこむぎ…… Ⅱ - 831
たこや…… Ⅱ - 831
たこやわせ…… Ⅱ - 831
たさもち…… Ⅱ - 831
たしま…… Ⅱ - 831
たじま…… Ⅱ - 831
たじまあは…… Ⅱ - 832
たじまわせ…… Ⅱ - 832
たしろむぎ…… Ⅱ - 832
たたあは…… Ⅱ - 832
ただあは…… Ⅱ - 832
ただなは…… Ⅱ - 832
ただなはやろく…… Ⅱ - 832
たち…… Ⅱ - 832
たちあふひ…… Ⅱ - 833
たちあを…… Ⅱ - 833
たちかたむき…… Ⅱ - 833
たちくろさや…… Ⅱ - 833
たちくろつる…… Ⅱ - 833
たちこほせ…… Ⅱ - 833
たちこぼれ…… Ⅱ - 833
たちはき…… Ⅱ - 834
たちはきまめ…… Ⅱ - 834
たちまち…… Ⅱ - 834
たつかしら…… Ⅱ - 834
たつかぶろうきひ…… Ⅱ - 834
たつこ…… Ⅱ - 834
たつこひへ…… Ⅱ - 834
たつこのき…… Ⅱ - 835
たつそべしけた…… Ⅱ - 835

たつたかし…… Ⅱ - 835
たつのくち…… Ⅱ - 835
だて…… Ⅱ - 835
たていしわせ…… Ⅱ - 835
たてのこ…… Ⅱ - 835
たてのほ…… Ⅱ - 836
だてひへ…… Ⅱ - 836
だてわせ…… Ⅱ - 836
たなかさぶらう…… Ⅱ - 836
たなかぶもち…… Ⅱ - 836
たなくら…… Ⅱ - 836
たなぶり…… Ⅱ - 836
たなべあは…… Ⅱ - 837
たなゑあは…… Ⅱ - 837
たなゑありま…… Ⅱ - 837
たにこし…… Ⅱ - 837
たにさは…… Ⅱ - 837
たにしらす…… Ⅱ - 837
たにひかり…… Ⅱ - 837
たにびかり…… Ⅱ - 838
たにわたし…… Ⅱ - 838
たにわたしもち…… Ⅱ - 838
たにわたり…… Ⅱ - 838
たねかはり…… Ⅱ - 838
たねがゑり…… Ⅱ - 838
たねたらし…… Ⅱ - 839
たねてらし…… Ⅱ - 839
たねとり…… Ⅱ - 839
たねわせ…… Ⅱ - 839
たはら…… Ⅱ - 840
たはらがへし…… Ⅱ - 840
たはらたらす…… Ⅱ - 840
たはらばうづ…… Ⅱ - 840
たはらやま…… Ⅱ - 840
たび…… Ⅱ - 840
たびいね…… Ⅱ - 840
たひえ…… Ⅱ - 841
たびかるこ…… Ⅱ - 841
たひと…… Ⅱ - 841
たひとう…… Ⅱ - 841
たひへ…… Ⅱ - 841
たびへ…… Ⅱ - 841
たひわせ…… Ⅱ - 841
たびわせ…… Ⅱ - 842
たひゑ…… Ⅱ - 842
たぶまめ…… Ⅱ - 842
たへい…… Ⅱ - 842
たまさり…… Ⅱ - 842
たましま…… Ⅱ - 842
たまや…… Ⅱ - 842
たまり…… Ⅱ - 843
たまりもち…… Ⅱ - 843
だまりもち…… Ⅱ - 843
たまる…… Ⅱ - 843
たむらばやり…… Ⅱ - 843
たもす…… Ⅱ - 843
たもひへ…… Ⅱ - 843
たやまひへ…… Ⅱ - 843
だゆふかし…… Ⅱ - 844
たらうじらうもち…… Ⅱ - 844
たらうだいふ…… Ⅱ - 844
たらくだらく…… Ⅱ - 844
たらし…… Ⅱ - 844
たらね…… Ⅱ - 844
だるま…… Ⅱ - 844
たれきび…… Ⅱ - 845
たれささけ…… Ⅱ - 845
たれを…… Ⅱ - 845
たわせ…… Ⅱ - 845
たん…… Ⅱ - 845
たんから…… Ⅱ - 845
たんきり…… Ⅱ - 845
たんきり…… Ⅱ - 846
たんきりまめ…… Ⅱ - 846
たんくろ…… Ⅱ - 846
たんこ…… Ⅱ - 847

たんご……………………………… II - 847
たんごさかい……………………… II - 847
だんこひへ………………………… II - 847
たんごまめ………………………… II - 847
たんごわせ………………………… II - 847
たんごわせ………………………… II - 848
たんてらし………………………… II - 848
たんは……………………………… II - 848
たんば……………………………… II - 848
たんばかるこ……………………… II - 848
たんばなかて……………………… II - 848
たんはまめ………………………… II - 849
たんばむぎ………………………… II - 849
たんはもち………………………… II - 849
たんばやろく……………………… II - 849
たんはわせ………………………… II - 849
たんばわせ………………………… II - 849
たんほわせ………………………… II - 849


## ち


ぢ…………………………………… II - 850
ぢあかささけ……………………… II - 850
ぢあを……………………………… II - 850
ちうささけ………………………… II - 850
ちうせんごく……………………… II - 850
ちうな……………………………… II - 850
ちうなこん………………………… II - 850
ぢうね……………………………… II - 851
ちうまめ…………………………… II - 851
ちかいひゑ………………………… II - 851
ちかう……………………………… II - 851
ちかから…………………………… II - 851
ちきしやう………………………… II - 851
ぢきらはす………………………… II - 851
ちく………………………………… II - 852
ちくあづき………………………… II - 852
ちくくろはたか…………………… II - 852
ちくご……………………………… II - 852
ちくこむぎ………………………… II - 852
ちくごもち………………………… II - 852
ちくさんぐわつ…………………… II - 852
ちくじり…………………………… II - 853
ちくぜん…………………………… II - 853
ちくぜんかし……………………… II - 853
ちくぜんきひ……………………… II - 853
ちくせんほ………………………… II - 853
ちくせんぼ………………………… II - 853
ちくぜんまめ……………………… II - 853
ちくた……………………………… II - 854
ちくだ……………………………… II - 854
ちくたさんぐわつ………………… II - 854
ちくへいじ………………………… II - 854
ちくぼろ…………………………… II - 854
ちくら……………………………… II - 854
ちくりん…………………………… II - 854
ぢくるま…………………………… II - 855
ぢくろ……………………………… II - 855
ちくろく…………………………… II - 855
ちこ………………………………… II - 855
ちごいね…………………………… II - 855
ちこう……………………………… II - 855
ぢこう……………………………… II - 855
ぢこうばう………………………… II - 855
ちこきひ…………………………… II - 856
ちこきび…………………………… II - 856
ぢこすり…………………………… II - 856
ちこぼう…………………………… II - 856
ぢごほう…………………………… II - 856
ちこりや…………………………… II - 856
ちころく…………………………… II - 856
ちこわせ…………………………… II - 856
ちこゑりだし……………………… II - 856
ぢざう……………………………… II - 857
ぢざうあは………………………… II - 857
ぢざうかしら……………………… II - 857
ぢざうつふり……………………… II - 857

ぢざうつむり……………………… Ⅱ - 857
ぢざうひへ………………………… Ⅱ - 857
ぢざうむぎ………………………… Ⅱ - 858
ぢささけ…………………………… Ⅱ - 858
ぢささげ…………………………… Ⅱ - 858
ぢしけた…………………………… Ⅱ - 858
ぢしらず…………………………… Ⅱ - 858
ぢしらすまめ……………………… Ⅱ - 858
ぢしろかいちゆう………………… Ⅱ - 859
ぢしろささげ……………………… Ⅱ - 859
ちずり……………………………… Ⅱ - 859
ぢすり……………………………… Ⅱ - 859
ぢすりもち………………………… Ⅱ - 859
ちせもち…………………………… Ⅱ - 859
ぢぞう……………………………… Ⅱ - 859
ちぞうむぎ………………………… Ⅱ - 860
ぢそば……………………………… Ⅱ - 860
ちた………………………………… Ⅱ - 860
ぢだま……………………………… Ⅱ - 860
ちちこ……………………………… Ⅱ - 860
ちちこう…………………………… Ⅱ - 860
ちちふ……………………………… Ⅱ - 861
ちちぶ……………………………… Ⅱ - 861
ちちふまめ………………………… Ⅱ - 861
ちぢみ……………………………… Ⅱ - 861
ちぢらむき………………………… Ⅱ - 861
ぢつくり…………………………… Ⅱ - 861
ちつこ……………………………… Ⅱ - 861
ちつこおそやろく………………… Ⅱ - 862
ちつこまめ………………………… Ⅱ - 862
ぢつこまめ………………………… Ⅱ - 862
ちつこわせ………………………… Ⅱ - 862
ぢとく……………………………… Ⅱ - 862
ちとせもち………………………… Ⅱ - 862
ちとねかね………………………… Ⅱ - 862
ぢどり……………………………… Ⅱ - 862
ぢなり……………………………… Ⅱ - 863
ぢねぶり…………………………… Ⅱ - 863
ぢねぶりあは……………………… Ⅱ - 863
ぢはいささけ……………………… Ⅱ - 863
ぢはき……………………………… Ⅱ - 863
ぢはだか…………………………… Ⅱ - 863
ぢひきつりあわ…………………… Ⅱ - 863
ぢびやうたれ……………………… Ⅱ - 864
ぢひゑ……………………………… Ⅱ - 864
ぢふくこむぎ……………………… Ⅱ - 864
ぢふろうささげ…………………… Ⅱ - 864
ちぼう……………………………… Ⅱ - 864
ぢほり……………………………… Ⅱ - 864
ちめ………………………………… Ⅱ - 864
ちめわせ…………………………… Ⅱ - 865
ぢもたず…………………………… Ⅱ - 865
ぢもたずあづき…………………… Ⅱ - 865
ちもとこ…………………………… Ⅱ - 865
ちもともち………………………… Ⅱ - 865
ちやうしま………………………… Ⅱ - 865
ちやうじやあは…………………… Ⅱ - 865
ちやうじやいね…………………… Ⅱ - 866
ちやうじやはたか………………… Ⅱ - 866
ちやうじやひえ…………………… Ⅱ - 866
ちやうじやひゑ…………………… Ⅱ - 866
ちやうじやほ……………………… Ⅱ - 866
ちやうじやわせ…………………… Ⅱ - 866
ぢやうしろ………………………… Ⅱ - 866
ちやうせん………………………… Ⅱ - 867
ぢやうせん………………………… Ⅱ - 867
ちやうせんいね…………………… Ⅱ - 867
ちやうせんこく…………………… Ⅱ - 867
ちやうせんはたか………………… Ⅱ - 867
ちやうせんむぎ…………………… Ⅱ - 867
ちやうせんもち…………………… Ⅱ - 868
ちやうふ…………………………… Ⅱ - 868
ちやうふさつま…………………… Ⅱ - 868
ちやうべゑあは…………………… Ⅱ - 868
ちやうべゑありま………………… Ⅱ - 868
ちやうべゑあわ…………………… Ⅱ - 868

ちやすこ…………………………… Ⅱ - 868
ちやせん…………………………… Ⅱ - 869
ちやせんはだか…………………… Ⅱ - 869
ちやせんむぎ……………………… Ⅱ - 869
ちやせんもちあは………………… Ⅱ - 869
ちやのこ…………………………… Ⅱ - 869
ちやのみまめ……………………… Ⅱ - 869
ちやのみわせ……………………… Ⅱ - 869
ちやひきさう……………………… Ⅱ - 870
ちやふくろ………………………… Ⅱ - 870
ちやぶくろ………………………… Ⅱ - 870
ちやほ……………………………… Ⅱ - 870
ちやほきひ………………………… Ⅱ - 870
ちやほもち………………………… Ⅱ - 870
ちやまめ…………………………… Ⅱ - 871
ちややまこむぎ…………………… Ⅱ - 871
ぢやろく…………………………… Ⅱ - 871
ちゆうから………………………… Ⅱ - 871
ちゆうごく………………………… Ⅱ - 871
ちゆうごくやろく………………… Ⅱ - 871
ちゆうすけさんぐわつ…………… Ⅱ - 872
ちようめい………………………… Ⅱ - 872
ちよつと…………………………… Ⅱ - 872
ちよなときび……………………… Ⅱ - 872
ぢよなら…………………………… Ⅱ - 872
ちよのうち………………………… Ⅱ - 872
ぢよのうち………………………… Ⅱ - 872
ちよふきやう……………………… Ⅱ - 873
ぢよろう…………………………… Ⅱ - 873
ちよろきひ………………………… Ⅱ - 873
ちよろささけ……………………… Ⅱ - 873
ぢらうばう………………………… Ⅱ - 873
ちらしひえ………………………… Ⅱ - 873
ちりめんまめ……………………… Ⅱ - 873
ちん………………………………… Ⅱ - 874
ちんこ……………………………… Ⅱ - 874
ちんこわせ………………………… Ⅱ - 874
ちんせんろくかく………………… Ⅱ - 874
ちんちろ…………………………… Ⅱ - 874
ちんちろむき……………………… Ⅱ - 874
ちんちろむぎ……………………… Ⅱ - 874
ちんちん…………………………… Ⅱ - 874
ちんちんむき……………………… Ⅱ - 875
ちんちんむぎ……………………… Ⅱ - 875
ぢんどう…………………………… Ⅱ - 875
ぢんとく…………………………… Ⅱ - 875
ちんぽ……………………………… Ⅱ - 875
ちんろう…………………………… Ⅱ - 875

## つ

ついなびきわせ…………………… Ⅱ - 876
つかず……………………………… Ⅱ - 876
つがのこし………………………… Ⅱ - 876
つかは……………………………… Ⅱ - 876
つかはる…………………………… Ⅱ - 876
つかひへ…………………………… Ⅱ - 876
つがり……………………………… Ⅱ - 876
つかる……………………………… Ⅱ - 877
つがる……………………………… Ⅱ - 877
つかるもち………………………… Ⅱ - 877
つかるわせ………………………… Ⅱ - 877
つがるわせ………………………… Ⅱ - 877
つぎ………………………………… Ⅱ - 877
つきいね…………………………… Ⅱ - 878
つぎいね…………………………… Ⅱ - 878
つきこむぎ………………………… Ⅱ - 878
つぎさへ…………………………… Ⅱ - 878
つきちありま……………………… Ⅱ - 878
つきつめ…………………………… Ⅱ - 878
つきね……………………………… Ⅱ - 878
つきのわ…………………………… Ⅱ - 879
つきむき…………………………… Ⅱ - 879
つきやす…………………………… Ⅱ - 879
つぎわさびへ……………………… Ⅱ - 879
つぎわせ…………………………… Ⅱ - 879
つく………………………………… Ⅱ - 879

つぐ…………………………… Ⅱ - 879
つくし………………………… Ⅱ - 879
つくしもち…………………… Ⅱ - 880
つくなりまめ………………… Ⅱ - 880
つくね………………………… Ⅱ - 880
づくね………………………… Ⅱ - 880
つくねあわ…………………… Ⅱ - 880
つくねきひ…………………… Ⅱ - 880
つくねきび…………………… Ⅱ - 881
つくねほ……………………… Ⅱ - 881
つくねもち…………………… Ⅱ - 881
つくはみ……………………… Ⅱ - 881
つくほ………………………… Ⅱ - 881
つくまり……………………… Ⅱ - 881
づくもち……………………… Ⅱ - 881
つけず………………………… Ⅱ - 882
つけち………………………… Ⅱ - 882
つしたま……………………… Ⅱ - 882
つしま………………………… Ⅱ - 882
つじやまと…………………… Ⅱ - 882
づだれ………………………… Ⅱ - 882
つち…………………………… Ⅱ - 882
つちあは……………………… Ⅱ - 883
つちいづみ…………………… Ⅱ - 883
つちう………………………… Ⅱ - 883
つちくい……………………… Ⅱ - 883
つちくちり…………………… Ⅱ - 883
つちくひ……………………… Ⅱ - 883
つちくひまめ………………… Ⅱ - 884
つちくらひ…………………… Ⅱ - 884
つちくれ……………………… Ⅱ - 884
つちだ………………………… Ⅱ - 884
つちのこ……………………… Ⅱ - 884
つちひへ……………………… Ⅱ - 884
つちほせり…………………… Ⅱ - 884
つつあは……………………… Ⅱ - 885
つつかうひえ………………… Ⅱ - 885
つづきもち…………………… Ⅱ - 885
つつきれ……………………… Ⅱ - 885
つづきれ……………………… Ⅱ - 885
つづきれあわ………………… Ⅱ - 885
つつくら……………………… Ⅱ - 885
つつこ………………………… Ⅱ - 886
つつこあは…………………… Ⅱ - 886
つつこうひへ………………… Ⅱ - 886
つなきあわ…………………… Ⅱ - 886
つのくに……………………… Ⅱ - 886
つのくにもち………………… Ⅱ - 886
つのべい……………………… Ⅱ - 887
つのめ………………………… Ⅱ - 887
つはくら……………………… Ⅱ - 887
つばくら……………………… Ⅱ - 887
つはくらささけ……………… Ⅱ - 887
つばくらひへ………………… Ⅱ - 887
つはくらまめ………………… Ⅱ - 888
つばくらまめ………………… Ⅱ - 888
つはくらむき………………… Ⅱ - 888
つばくらもち………………… Ⅱ - 888
つばくろまめ………………… Ⅱ - 888
つはのあわ…………………… Ⅱ - 888
つばめぐち…………………… Ⅱ - 888
つばめまめ…………………… Ⅱ - 889
つはらかいちゆう…………… Ⅱ - 889
つひのわせ…………………… Ⅱ - 889
つぶら………………………… Ⅱ - 889
つへされ……………………… Ⅱ - 889
つまこ………………………… Ⅱ - 889
つまわせ……………………… Ⅱ - 889
つみありま…………………… Ⅱ - 890
つやまほくこく……………… Ⅱ - 890
つゆさや……………………… Ⅱ - 890
つゆなひき…………………… Ⅱ - 890
つゆなびき…………………… Ⅱ - 890
つゆはり……………………… Ⅱ - 890
つゆひへ……………………… Ⅱ - 890
つよくびもち………………… Ⅱ - 890

つらあつき…………………………… Ⅱ - 891
つらこ………………………………… Ⅱ - 891
つらはれ……………………………… Ⅱ - 891
つり…………………………………… Ⅱ - 891
つるあつき…………………………… Ⅱ - 891
つるあづき…………………………… Ⅱ - 891
つるがいね…………………………… Ⅱ - 891
つるがひへ…………………………… Ⅱ - 892
つるがわせ…………………………… Ⅱ - 892
つるぎはやり………………………… Ⅱ - 892
つるくひ……………………………… Ⅱ - 892
つるくび……………………………… Ⅱ - 892
つるくら……………………………… Ⅱ - 892
つるさきかし………………………… Ⅱ - 892
つるじふろくささげ………………… Ⅱ - 893
つるた………………………………… Ⅱ - 893
つるなたまめ………………………… Ⅱ - 893
つるなんきんささけ………………… Ⅱ - 893
つるのこ……………………………… Ⅱ - 893
つるばんと…………………………… Ⅱ - 893
つるひき……………………………… Ⅱ - 894
つるひも……………………………… Ⅱ - 894
つるふじまめ………………………… Ⅱ - 894
つるほそ……………………………… Ⅱ - 894
つるぼそ……………………………… Ⅱ - 894
つるほそはもち……………………… Ⅱ - 894
つるほそわせ………………………… Ⅱ - 894
つるまめ……………………………… Ⅱ - 895
つるもち……………………………… Ⅱ - 895
つわのあわ…………………………… Ⅱ - 895
つんきり……………………………… Ⅱ - 895
つんほう……………………………… Ⅱ - 895

## て

でいつかふ…………………………… Ⅱ - 896
でいつかふあは……………………… Ⅱ - 896
でいろ………………………………… Ⅱ - 896
ていろみ……………………………… Ⅱ - 896
でいろみ……………………………… Ⅱ - 896
てうがく……………………………… Ⅱ - 896
てうしろ……………………………… Ⅱ - 896
てうせん……………………………… Ⅱ - 897
てうせんあかあは…………………… Ⅱ - 897
てうせんありま……………………… Ⅱ - 897
てうせんおほしろ…………………… Ⅱ - 897
てうせんくろすみ…………………… Ⅱ - 897
てうせんくろずみあわ……………… Ⅱ - 898
てうせんこく………………………… Ⅱ - 898
てうせんこしらうと………………… Ⅱ - 898
てうせんこむぎ……………………… Ⅱ - 898
てうせんささげ……………………… Ⅱ - 898
てうせんぢぞう……………………… Ⅱ - 898
てうせんはだか……………………… Ⅱ - 898
てうせんはるむぎ…………………… Ⅱ - 899
てうせんひゑ………………………… Ⅱ - 899
てうせんむき………………………… Ⅱ - 899
てうせんむぎ………………………… Ⅱ - 899
てうな………………………………… Ⅱ - 899
てうなくひ…………………………… Ⅱ - 899
てうなくび…………………………… Ⅱ - 900
てうなひへ…………………………… Ⅱ - 900
でうぼうじ…………………………… Ⅱ - 900
てうもんとうきび…………………… Ⅱ - 900
てうらく……………………………… Ⅱ - 900
でかは………………………………… Ⅱ - 900
てかもち……………………………… Ⅱ - 900
てき…………………………………… Ⅱ - 901
でき…………………………………… Ⅱ - 901
できあは……………………………… Ⅱ - 901
てぎいね……………………………… Ⅱ - 901
できいね……………………………… Ⅱ - 901
できそ………………………………… Ⅱ - 901
できぞ………………………………… Ⅱ - 901
できたろ……………………………… Ⅱ - 902
できぼ………………………………… Ⅱ - 902
できまる……………………………… Ⅱ - 902

てきやす………………………… Ⅱ - 902
てくろ…………………………… Ⅱ - 902
てぐろ…………………………… Ⅱ - 902
でくろ…………………………… Ⅱ - 902
でこ……………………………… Ⅱ - 903
てごし…………………………… Ⅱ - 903
でこじやうらく………………… Ⅱ - 903
てこもち………………………… Ⅱ - 903
てじのこ………………………… Ⅱ - 903
でしろ…………………………… Ⅱ - 903
でじろ…………………………… Ⅱ - 903
てしろこ………………………… Ⅱ - 903
でじろこ………………………… Ⅱ - 904
でち……………………………… Ⅱ - 904
てちか…………………………… Ⅱ - 904
てつかう………………………… Ⅱ - 904
でつかう………………………… Ⅱ - 904
でつかふ………………………… Ⅱ - 904
でつかふあわ…………………… Ⅱ - 904
でつかふもち…………………… Ⅱ - 905
てつきり………………………… Ⅱ - 905
てつこう………………………… Ⅱ - 905
てつちあづき…………………… Ⅱ - 905
でつちささけ…………………… Ⅱ - 905
てつぱう………………………… Ⅱ - 905
てつぱうまめ…………………… Ⅱ - 905
てつほう………………………… Ⅱ - 906
てつぽうかし…………………… Ⅱ - 906
てつほうくろ…………………… Ⅱ - 906
てつほうまめ…………………… Ⅱ - 906
ててあは………………………… Ⅱ - 906
ててあわ………………………… Ⅱ - 907
ててりあわ……………………… Ⅱ - 907
てところ………………………… Ⅱ - 907
てぬけ…………………………… Ⅱ - 907
でぬけ…………………………… Ⅱ - 907
では……………………………… Ⅱ - 907
てはたかり……………………… Ⅱ - 908
てばら…………………………… Ⅱ - 908
てらくろ………………………… Ⅱ - 908
てらしこ………………………… Ⅱ - 908
てらわせ………………………… Ⅱ - 908
てらゐわせ……………………… Ⅱ - 908
でわわせ………………………… Ⅱ - 908
でんうゑもんいね……………… Ⅱ - 909
てんかふわせ…………………… Ⅱ - 909
てんきひ………………………… Ⅱ - 909
てんこささけ…………………… Ⅱ - 909
てんこもち……………………… Ⅱ - 909
でんざう………………………… Ⅱ - 909
てんじくまめ…………………… Ⅱ - 909
でんしちもち…………………… Ⅱ - 910
てんじやう……………………… Ⅱ - 910
てんじやうあつき……………… Ⅱ - 910
てんせうささけ………………… Ⅱ - 910
てんだうまもり………………… Ⅱ - 910
てんちく………………………… Ⅱ - 910
てんぢく………………………… Ⅱ - 910
てんちくささけ………………… Ⅱ - 911
てんぢくまがり………………… Ⅱ - 911
てんぢくまふり………………… Ⅱ - 911
てんぢくまぶり………………… Ⅱ - 911
てんちくまめ…………………… Ⅱ - 911
てんぢくまめ…………………… Ⅱ - 911
てんちくまもり………………… Ⅱ - 912
てんぢくまもり………………… Ⅱ - 912
てんぢくむぎ…………………… Ⅱ - 912
てんとう………………………… Ⅱ - 912
てんとうささけ………………… Ⅱ - 912
てんとうまもり………………… Ⅱ - 912
てんつつき……………………… Ⅱ - 913
てんてうな……………………… Ⅱ - 913
てんなり………………………… Ⅱ - 913
てんねんし……………………… Ⅱ - 913
てんのけ………………………… Ⅱ - 913
てんのけあわ…………………… Ⅱ - 913

てんのを…………………………… Ⅱ - 913
てんのをあわ………………………… Ⅱ - 914
てんふき…………………………… Ⅱ - 914
てんぼ……………………………… Ⅱ - 914
てんまもり…………………………… Ⅱ - 914
てんまもりささげ…………………… Ⅱ - 914

## と

といふく…………………………… Ⅱ - 915
どいもち…………………………… Ⅱ - 915
とうがうひゑ………………………… Ⅱ - 915
どうき……………………………… Ⅱ - 915
とうきささけ………………………… Ⅱ - 915
とうきひ…………………………… Ⅱ - 915
とうきび…………………………… Ⅱ - 916
とうきみ…………………………… Ⅱ - 916
とうきりあは………………………… Ⅱ - 916
とうくらうもち……………………… Ⅱ - 916
どうけ……………………………… Ⅱ - 916
とうけあわ…………………………… Ⅱ - 916
どうげん…………………………… Ⅱ - 917
とうこほれ…………………………… Ⅱ - 917
とうこま…………………………… Ⅱ - 917
とうさいきひ………………………… Ⅱ - 917
とうささげ…………………………… Ⅱ - 917
とうざちこ…………………………… Ⅱ - 917
とうざぶらうあわ…………………… Ⅱ - 917
とうしやう…………………………… Ⅱ - 918
とうしらういね……………………… Ⅱ - 918
とうしらうばやり…………………… Ⅱ - 918
とうしろばやり……………………… Ⅱ - 918
とうしんこ…………………………… Ⅱ - 918
とうすけ…………………………… Ⅱ - 918
とうすけあわ………………………… Ⅱ - 919
とうせ……………………………… Ⅱ - 919
とうせい…………………………… Ⅱ - 919
どうせい…………………………… Ⅱ - 919
とうせう…………………………… Ⅱ - 919
とうぜう…………………………… Ⅱ - 919
どうせつひゑ………………………… Ⅱ - 919
とうせん…………………………… Ⅱ - 919
とうたか…………………………… Ⅱ - 919
どうたか…………………………… Ⅱ - 920
どうづき…………………………… Ⅱ - 920
とうとく…………………………… Ⅱ - 920
とうとこ…………………………… Ⅱ - 920
とうとめわせ………………………… Ⅱ - 920
とうなわ…………………………… Ⅱ - 920
とうね……………………………… Ⅱ - 920
とうのきひ…………………………… Ⅱ - 921
とうのきび…………………………… Ⅱ - 921
とうのこ…………………………… Ⅱ - 921
どうのこ…………………………… Ⅱ - 921
どうのこはたか……………………… Ⅱ - 921
とうのひへ…………………………… Ⅱ - 921
とうはたか…………………………… Ⅱ - 921
とうはり…………………………… Ⅱ - 921
とうひげ…………………………… Ⅱ - 921
とうひゑ…………………………… Ⅱ - 922
とうべゑ…………………………… Ⅱ - 922
とうほうし…………………………… Ⅱ - 922
とうぼうし…………………………… Ⅱ - 922
とうぼうしわせ……………………… Ⅱ - 922
とうほうもち………………………… Ⅱ - 922
とうほし…………………………… Ⅱ - 922
とうぼし…………………………… Ⅱ - 922
とうほし…………………………… Ⅱ - 923
とうぼし…………………………… Ⅱ - 923
とうまめ…………………………… Ⅱ - 923
とうみづら…………………………… Ⅱ - 923
とうみやう…………………………… Ⅱ - 923
とうもろこし………………………… Ⅱ - 923
とうやま…………………………… Ⅱ - 923
とうらく…………………………… Ⅱ - 924
とうろくすん………………………… Ⅱ - 924
とおかかし…………………………… Ⅱ - 924

とかかあは…………………… II - 924
とかは…………………… II - 924
とがひへ…………………… II - 924
とかり…………………… II - 925
とがり…………………… II - 925
とかりくろ…………………… II - 925
とかりひへ…………………… II - 925
とかりわせ…………………… II - 925
ときがね…………………… II - 925
ときしらす…………………… II - 925
ときしらず…………………… II - 925
ときちこ…………………… II - 926
ときりかし…………………… II - 926
とくうゑもんもち…………………… II - 926
どくかへし…………………… II - 926
とくじんもち…………………… II - 926
とくせん…………………… II - 926
とくぜん…………………… II - 926
とくだ…………………… II - 927
とくだもち…………………… II - 927
とくたわせ…………………… II - 927
とくにん…………………… II - 927
とくにんもち…………………… II - 927
どくにんもち…………………… II - 928
とくひともち…………………… II - 928
とくべゑ…………………… II - 928
とくべゑやろく…………………… II - 928
とくほ…………………… II - 928
とくほう…………………… II - 928
とくやま…………………… II - 928
とくゆう…………………… II - 929
とくり…………………… II - 929
とくりき…………………… II - 929
とくわかてんぢく…………………… II - 929
とくわみあわ…………………… II - 929
どけきぎ…………………… II - 929
どけきね…………………… II - 929
とこ…………………… II - 930
とこいろ…………………… II - 930
とこなつ…………………… II - 930
どこもかし…………………… II - 930
とさ…………………… II - 930
とさあづき…………………… II - 930
とさあは…………………… II - 930
とさおくて…………………… II - 931
とさくろ…………………… II - 931
とざさわせ…………………… II - 931
とさばう…………………… II - 931
とさばうあわ…………………… II - 931
とさむぎ…………………… II - 931
とさもち…………………… II - 931
とさら…………………… II - 932
とさらわせ…………………… II - 932
とざらわせ…………………… II - 932
とししらす…………………… II - 932
とししらず…………………… II - 932
としなをし…………………… II - 932
とじよ…………………… II - 932
としよう…………………… II - 932
とせう…………………… II - 932
とだ…………………… II - 933
とたまめ…………………… II - 933
とちいわか…………………… II - 933
とちかわまめ…………………… II - 933
とちやう…………………… II - 933
とぢやう…………………… II - 933
どちやう…………………… II - 933
どぢやう…………………… II - 933
とちよふ…………………… II - 933
とつか…………………… II - 934
とつかなし…………………… II - 934
とつさ…………………… II - 934
とつさか…………………… II - 934
とつさこむぎ…………………… II - 934
とつさむぎ…………………… II - 935
とつてなし…………………… II - 935

どつとせい…………………………… Ⅱ - 935
とつは………………………………… Ⅱ - 935
どて…………………………………… Ⅱ - 935
とてつなし…………………………… Ⅱ - 935
ととあは……………………………… Ⅱ - 935
ととき………………………………… Ⅱ - 936
ととこ………………………………… Ⅱ - 936
ととさ………………………………… Ⅱ - 936
とどめき……………………………… Ⅱ - 936
とどろき……………………………… Ⅱ - 936
となみ………………………………… Ⅱ - 936
とのこ………………………………… Ⅱ - 936
とのもち……………………………… Ⅱ - 937
とばひへ……………………………… Ⅱ - 937
とびあがり…………………………… Ⅱ - 937
とびいり……………………………… Ⅱ - 937
とひかへり…………………………… Ⅱ - 937
とびかへり…………………………… Ⅱ - 937
とびくま……………………………… Ⅱ - 937
とふきび……………………………… Ⅱ - 937
とふくろ……………………………… Ⅱ - 938
とふし………………………………… Ⅱ - 938
とふせいひけ………………………… Ⅱ - 938
とほうす……………………………… Ⅱ - 938
とほとほみもち……………………… Ⅱ - 938
とぼひ………………………………… Ⅱ - 938
とまべちあは………………………… Ⅱ - 938
とみた………………………………… Ⅱ - 939
とみつ………………………………… Ⅱ - 939
とみつあわ…………………………… Ⅱ - 939
とみなが……………………………… Ⅱ - 939
ともしあは…………………………… Ⅱ - 939
ともしらす…………………………… Ⅱ - 939
とや…………………………………… Ⅱ - 939
とやひえ……………………………… Ⅱ - 940
とやひゑ……………………………… Ⅱ - 940
どよう………………………………… Ⅱ - 940
とようあづき………………………… Ⅱ - 940
どようあづき………………………… Ⅱ - 940
とようあは…………………………… Ⅱ - 940
どようあは…………………………… Ⅱ - 940
どようあわ…………………………… Ⅱ - 940
どようささけ………………………… Ⅱ - 940
どようひえ…………………………… Ⅱ - 941
どようひへ…………………………… Ⅱ - 941
とようまめ…………………………… Ⅱ - 941
とようもち…………………………… Ⅱ - 941
どようもち…………………………… Ⅱ - 941
とよか………………………………… Ⅱ - 941
とらさ………………………………… Ⅱ - 941
とらのを……………………………… Ⅱ - 942
とらのをあわ………………………… Ⅱ - 942
とらのをもち………………………… Ⅱ - 942
とらふまめ…………………………… Ⅱ - 942
とらわか……………………………… Ⅱ - 943
とりうす……………………………… Ⅱ - 943
とりくはず…………………………… Ⅱ - 943
とりけきび…………………………… Ⅱ - 943
とりしらす…………………………… Ⅱ - 943
とりのきもあつき…………………… Ⅱ - 943
とりのめ……………………………… Ⅱ - 943
とりのめつつき……………………… Ⅱ - 944
とりのめつつきあわ………………… Ⅱ - 944
どろ…………………………………… Ⅱ - 944
とろくかいちゆう…………………… Ⅱ - 944
とろくすん…………………………… Ⅱ - 944
とろさく……………………………… Ⅱ - 944
どろどろかし………………………… Ⅱ - 944
どろぼう……………………………… Ⅱ - 945
とろゆわか…………………………… Ⅱ - 945
とをろくすん………………………… Ⅱ - 945
とんかね……………………………… Ⅱ - 945
とんかりくろあは…………………… Ⅱ - 945
どんかりくろあわ…………………… Ⅱ - 945
とんきんまめ………………………… Ⅱ - 945
とんざき……………………………… Ⅱ - 946

とんたあき…………………………Ⅱ-946
とんたか…………………………Ⅱ-946
とんてつ…………………………Ⅱ-946
とんびきび…………………………Ⅱ-946
とんやう…………………………Ⅱ-946

## な

ないこむぎ…………………………Ⅱ-947
ないむき…………………………Ⅱ-947
ないむぎ…………………………Ⅱ-947
なうささけ…………………………Ⅱ-947
なが…………………………Ⅱ-947
なかあつき…………………………Ⅱ-947
なかあづき…………………………Ⅱ-947
なかあを…………………………Ⅱ-947
なかいね…………………………Ⅱ-947
ながかくそは…………………………Ⅱ-948
なかきひ…………………………Ⅱ-948
なかくろ…………………………Ⅱ-948
なかぐろ…………………………Ⅱ-948
なかさき…………………………Ⅱ-948
ながさき…………………………Ⅱ-948
ながさきごじふし…………………………Ⅱ-948
ながさきはたか…………………………Ⅱ-948
ながさきひえ…………………………Ⅱ-949
ながさきむぎ…………………………Ⅱ-949
ながさきもちあは…………………………Ⅱ-949
ながさこ…………………………Ⅱ-949
なかささけ…………………………Ⅱ-949
ながささけ…………………………Ⅱ-949
ながささげ…………………………Ⅱ-949
ながささげ…………………………Ⅱ-950
ながさは…………………………Ⅱ-950
ながさへ…………………………Ⅱ-950
ながじふろく…………………………Ⅱ-950
なかしま…………………………Ⅱ-950
ながしま…………………………Ⅱ-950
なかしみづ…………………………Ⅱ-950
なかしろ…………………………Ⅱ-951
ながせんこく…………………………Ⅱ-951
なかそより…………………………Ⅱ-951
なかそろ…………………………Ⅱ-951
なかだ…………………………Ⅱ-951
ながたに…………………………Ⅱ-951
なかたひえ…………………………Ⅱ-951
なかだひへ…………………………Ⅱ-952
なかたわせ…………………………Ⅱ-952
なかちこ…………………………Ⅱ-952
なかつがは…………………………Ⅱ-952
なかつほ…………………………Ⅱ-952
なかつぼ…………………………Ⅱ-952
なかつほぎれ…………………………Ⅱ-952
なかて…………………………Ⅱ-952
なかて…………………………Ⅱ-953
ながて…………………………Ⅱ-953
なかで…………………………Ⅱ-954
なかてあつき…………………………Ⅱ-954
なかてあづき…………………………Ⅱ-954
なかであつき…………………………Ⅱ-954
なかであづき…………………………Ⅱ-954
なかてあは…………………………Ⅱ-954
なかてあぶらえ…………………………Ⅱ-954
なかてあをまめ…………………………Ⅱ-955
なかていね…………………………Ⅱ-955
なかでいね…………………………Ⅱ-955
なかておほむぎ…………………………Ⅱ-955
なかてきひ…………………………Ⅱ-955
なかてきび…………………………Ⅱ-955
ながてきひ…………………………Ⅱ-955
なかてくまのかいちう…………………………Ⅱ-955
なかでくろあは…………………………Ⅱ-955
なかてくろまめ…………………………Ⅱ-956
なかてけしろ…………………………Ⅱ-956
なかてこむき…………………………Ⅱ-956
なかてこむぎ…………………………Ⅱ-956
なかてしろ…………………………Ⅱ-956

なかてしろまめ…………………… Ⅱ - 956
なかてひえ………………………… Ⅱ - 956
なかてひへ………………………… Ⅱ - 957
なかてびへ………………………… Ⅱ - 957
なかてひゑ………………………… Ⅱ - 957
なかてふちまめ…………………… Ⅱ - 957
なかてふるそ……………………… Ⅱ - 957
なかてぼろ………………………… Ⅱ - 957
なかてまめ………………………… Ⅱ - 957
なかてまめ………………………… Ⅱ - 958
なかでまめ………………………… Ⅱ - 958
ながてまめ………………………… Ⅱ - 958
なかでむぎ………………………… Ⅱ - 958
なかてもち………………………… Ⅱ - 958
なかてもちあは…………………… Ⅱ - 958
なかてもちいね…………………… Ⅱ - 958
なかてもちおかぼ………………… Ⅱ - 959
ながとまめ………………………… Ⅱ - 959
なかのひへ………………………… Ⅱ - 959
ながはだか………………………… Ⅱ - 959
なかはちぐわつ…………………… Ⅱ - 959
なかひえ…………………………… Ⅱ - 959
ながひらささけ…………………… Ⅱ - 959
なかひろあわ……………………… Ⅱ - 960
なかふくら………………………… Ⅱ - 960
なかふぐら………………………… Ⅱ - 960
なかぶくら………………………… Ⅱ - 960
なかふくり………………………… Ⅱ - 960
ながふぐり………………………… Ⅱ - 960
ながふけ…………………………… Ⅱ - 960
なかへ……………………………… Ⅱ - 961
なかほ……………………………… Ⅱ - 961
ながほ……………………………… Ⅱ - 961
ながぼ……………………………… Ⅱ - 961
ながほあわ………………………… Ⅱ - 961
なかほくこく……………………… Ⅱ - 961
ながほし…………………………… Ⅱ - 961
ながほもち………………………… Ⅱ - 962
なかまめ…………………………… Ⅱ - 962
なかみたれ………………………… Ⅱ - 962
なかむき…………………………… Ⅱ - 962
なかむぎ…………………………… Ⅱ - 962
ながむき…………………………… Ⅱ - 962
ながむぎ…………………………… Ⅱ - 962
なかむら…………………………… Ⅱ - 962
なかむらばやり…………………… Ⅱ - 963
なかむらもち……………………… Ⅱ - 963
ながもち…………………………… Ⅱ - 963
ながもろこし……………………… Ⅱ - 963
なから……………………………… Ⅱ - 963
ながら……………………………… Ⅱ - 963
なからすき………………………… Ⅱ - 963
なかれ……………………………… Ⅱ - 963
ながれ……………………………… Ⅱ - 963
なかわせ…………………………… Ⅱ - 964
ながゑ……………………………… Ⅱ - 964
なかを……………………………… Ⅱ - 964
ながを……………………………… Ⅱ - 964
ながをはだか……………………… Ⅱ - 964
なくいもちあは…………………… Ⅱ - 964
なけざや…………………………… Ⅱ - 964
なこや……………………………… Ⅱ - 965
なごや……………………………… Ⅱ - 965
なこやなかて……………………… Ⅱ - 965
なすもち…………………………… Ⅱ - 965
なぞ………………………………… Ⅱ - 965
なたきり…………………………… Ⅱ - 965
なたささけ………………………… Ⅱ - 965
なたささげ………………………… Ⅱ - 966
なだささけ………………………… Ⅱ - 966
なだささげ………………………… Ⅱ - 966
なたほ……………………………… Ⅱ - 966
なたまめ…………………………… Ⅱ - 966
なたまめ…………………………… Ⅱ - 967
なたれ……………………………… Ⅱ - 967
なつ………………………………… Ⅱ - 967

なつあきまめ……………………… Ⅱ - 967
なつあつき……………………… Ⅱ - 968
なつあづき……………………… Ⅱ - 968
なつあは………………………… Ⅱ - 968
なつあわ………………………… Ⅱ - 969
なつくろまめ……………………… Ⅱ - 969
なつささけ……………………… Ⅱ - 969
なつささげ……………………… Ⅱ - 969
なつたかまめ……………………… Ⅱ - 969
なつとうまめ……………………… Ⅱ - 970
なつひえ………………………… Ⅱ - 970
なつひへ………………………… Ⅱ - 970
なつまき………………………… Ⅱ - 970
なつまきあづき…………………… Ⅱ - 970
なつまきしろあづき……………… Ⅱ - 970
なつまめ………………………… Ⅱ - 970
なつまめ………………………… Ⅱ - 971
なつもちあは……………………… Ⅱ - 971
なつやま………………………… Ⅱ - 971
なながふ………………………… Ⅱ - 972
ななこくあつき…………………… Ⅱ - 972
ななこくむぎ……………………… Ⅱ - 972
ななじふにちひえ………………… Ⅱ - 972
ななせがは……………………… Ⅱ - 972
ななちやささげ…………………… Ⅱ - 972
ななつこ………………………… Ⅱ - 972
ななつてら……………………… Ⅱ - 973
ななとく………………………… Ⅱ - 973
ななねしり……………………… Ⅱ - 973
ななねじり……………………… Ⅱ - 973
ななねぢり……………………… Ⅱ - 973
ななほ…………………………… Ⅱ - 973
ななむちり……………………… Ⅱ - 973
ななもじれ……………………… Ⅱ - 973
ななもぢり……………………… Ⅱ - 974
なにわせ………………………… Ⅱ - 974
なのかがう……………………… Ⅱ - 974
なのかひえ……………………… Ⅱ - 974
なのかひゑ……………………… Ⅱ - 974
なのかわせ……………………… Ⅱ - 974
なはしろひゑ……………………… Ⅱ - 974
なはた…………………………… Ⅱ - 975
なはたさき……………………… Ⅱ - 975
なべかうし……………………… Ⅱ - 975
なべかぶり……………………… Ⅱ - 975
なべかぶりもち…………………… Ⅱ - 975
なべから………………………… Ⅱ - 975
なべこすり……………………… Ⅱ - 975
なべさけ………………………… Ⅱ - 976
なべさげ………………………… Ⅱ - 976
なべささげ……………………… Ⅱ - 976
なべつる………………………… Ⅱ - 976
なへとり………………………… Ⅱ - 976
なべとり………………………… Ⅱ - 976
なへひき………………………… Ⅱ - 976
なべひき………………………… Ⅱ - 976
なべびき………………………… Ⅱ - 976
なへよこし……………………… Ⅱ - 976
なべよこし……………………… Ⅱ - 976
なべよごし……………………… Ⅱ - 977
なべり…………………………… Ⅱ - 977
なへわり………………………… Ⅱ - 977
なべわり………………………… Ⅱ - 977
なほありま……………………… Ⅱ - 977
なまき…………………………… Ⅱ - 978
なます…………………………… Ⅱ - 978
なまず…………………………… Ⅱ - 978
なまづ…………………………… Ⅱ - 978
なみかたちのを…………………… Ⅱ - 978
なみくぐり……………………… Ⅱ - 978
なみくろ………………………… Ⅱ - 978
なら……………………………… Ⅱ - 978
ならくろ………………………… Ⅱ - 979
ならす…………………………… Ⅱ - 979
ならもちあわ……………………… Ⅱ - 979
ならわせ………………………… Ⅱ - 979

なりこ……………………………… Ⅱ - 979
なりこきび………………………… Ⅱ - 979
なりこもち………………………… Ⅱ - 979
なりころき………………………… Ⅱ - 980
なるみ……………………………… Ⅱ - 980
なるみさんぐわつ………………… Ⅱ - 980
なるみちこ………………………… Ⅱ - 980
なわご……………………………… Ⅱ - 980
なわしろひえ……………………… Ⅱ - 980
なわしろもち……………………… Ⅱ - 980
なんき……………………………… Ⅱ - 981
なんきん…………………………… Ⅱ - 981
なんきんささけ…………………… Ⅱ - 981
なんきんそば……………………… Ⅱ - 981
なんきんまめ……………………… Ⅱ - 981
なんきんもち……………………… Ⅱ - 981
なんきんやろく…………………… Ⅱ - 982
なんばん…………………………… Ⅱ - 982
なんばんきひ……………………… Ⅱ - 982
なんばんきび……………………… Ⅱ - 982
なんばんたうきひ………………… Ⅱ - 982
なんばんもち……………………… Ⅱ - 983
なんぶ……………………………… Ⅱ - 983
なんぶささげ……………………… Ⅱ - 983
なんめいじ………………………… Ⅱ - 983
なんめいじもち…………………… Ⅱ - 983
なんめうし………………………… Ⅱ - 983
なんめうしわせ…………………… Ⅱ - 983

に

にいだ……………………………… Ⅱ - 984
にうた……………………………… Ⅱ - 984
にうだう…………………………… Ⅱ - 984
にかく……………………………… Ⅱ - 984
にがこ……………………………… Ⅱ - 984
にがつこ…………………………… Ⅱ - 984
にかわせ…………………………… Ⅱ - 984
にがわせ…………………………… Ⅱ - 984
にきり……………………………… Ⅱ - 985
にぎり……………………………… Ⅱ - 985
にきりかう………………………… Ⅱ - 985
にきりきひ………………………… Ⅱ - 985
にきりこ…………………………… Ⅱ - 985
にぎりこ…………………………… Ⅱ - 985
にぎりこひえ……………………… Ⅱ - 986
にきりこひへ……………………… Ⅱ - 986
にきりこびへ……………………… Ⅱ - 986
にきりつき………………………… Ⅱ - 986
にきりつけ………………………… Ⅱ - 986
にきりひへ………………………… Ⅱ - 986
にきりほ…………………………… Ⅱ - 986
にぐわつこ………………………… Ⅱ - 986
にぐわつぼろ……………………… Ⅱ - 987
にごりかはひへ…………………… Ⅱ - 987
にざう……………………………… Ⅱ - 987
にしかうし………………………… Ⅱ - 987
にしこへ…………………………… Ⅱ - 987
にしごり…………………………… Ⅱ - 987
にしこりひゑ……………………… Ⅱ - 987
にしたにあは……………………… Ⅱ - 988
にじふこくかし…………………… Ⅱ - 988
にしみの…………………………… Ⅱ - 988
にしやうもち……………………… Ⅱ - 988
にしやま…………………………… Ⅱ - 988
にしり……………………………… Ⅱ - 988
にじれこむぎ……………………… Ⅱ - 988
にしろまめ………………………… Ⅱ - 989
にせこく…………………………… Ⅱ - 989
にたまめ…………………………… Ⅱ - 989
にたりはつこく…………………… Ⅱ - 989
にちのこ…………………………… Ⅱ - 989
につくわう………………………… Ⅱ - 989
にどかし…………………………… Ⅱ - 989
にどなり…………………………… Ⅱ - 990
にどなりささげ…………………… Ⅱ - 990
にとまめ…………………………… Ⅱ - 990

にどまめ…………………………… II - 990
にどろくぐわつ……………………… II - 990
にねんまめ………………………… II - 990
にのき……………………………… II - 990
にはたまり………………………… II - 991
にはだまり………………………… II - 991
にはん……………………………… II - 991
にばんぐろ………………………… II - 991
にばんささら……………………… II - 991
にばんすぬけ……………………… II - 991
にばんたいたう…………………… II - 992
にばんつるさき…………………… II - 992
にばんはちこく…………………… II - 992
にばんひへ………………………… II - 992
にばんほくこく…………………… II - 992
にばんろくぐわつ………………… II - 992
にはんわせ………………………… II - 992
にぶ………………………………… II - 993
にふし……………………………… II - 993
にふだう…………………………… II - 993
にふだうまめ……………………… II - 993
にへゑ……………………………… II - 993
にへゑむぎ………………………… II - 993
にほいもち………………………… II - 993
にほひこぼれ……………………… II - 994
によらいもち……………………… II - 994
により……………………………… II - 994
にらのもと………………………… II - 994
にわたまり………………………… II - 994
にをいわせ………………………… II - 994
にをひわせ………………………… II - 994
にんぎやうささげ………………… II - 995
にんぎやうたうぼし……………… II - 995
にんげうあづき…………………… II - 995
にんそく…………………………… II - 995

## ぬ

ぬいとう…………………………… II - 996
ぬかなし…………………………… II - 996
ぬかはなおち……………………… II - 996
ぬかをし…………………………… II - 996
ぬきぐろ…………………………… II - 996
ぬぎくろ…………………………… II - 996
ぬぎくろいね……………………… II - 996
ぬぎたらうわせ…………………… II - 997
ぬけやす…………………………… II - 997
ぬすびとしらす…………………… II - 997
ぬすびとしらず…………………… II - 997
ぬすびともち……………………… II - 997
ぬすびともとし…………………… II - 997
ぬすびともどし…………………… II - 997
ぬまくろ…………………………… II - 998
ぬまぐろあは……………………… II - 998
ぬましらは………………………… II - 998
ぬまやろく………………………… II - 998
ぬれからす………………………… II - 998
ぬれねずみ………………………… II - 998

## ね

ねあかもち………………………… II - 999
ねぎたゆふ………………………… II - 999
ねぎたらう………………………… II - 999
ねきたろわせ……………………… II - 999
ねぎまめ…………………………… II - 999
ねぎり……………………………… II - 999
ねきりもち………………………… II - 999
ねこ……………………………… II - 1000
ねこあし………………………… II - 1000
ねこあしあは…………………… II - 1000
ねこあづき……………………… II - 1000
ねこかつき……………………… II - 1000
ねこかつさき…………………… II - 1001
ねこぐ…………………………… II - 1001
ねこて…………………………… II - 1001
ねこで…………………………… II - 1001
ねこてあわ……………………… II - 1001

ねこであわ……………………………Ⅱ - 1001
ねこでもちあは……………………Ⅱ - 1001
ねこのこ……………………………Ⅱ - 1002
ねこのつめ…………………………Ⅱ - 1002
ねこのて……………………………Ⅱ - 1002
ねこのてあわ………………………Ⅱ - 1002
ねこのはら…………………………Ⅱ - 1002
ねこのほ……………………………Ⅱ - 1003
ねこのめ……………………………Ⅱ - 1003
ねこのを……………………………Ⅱ - 1003
ねころすくばり……………………Ⅱ - 1003
ねこを………………………………Ⅱ - 1004
ねじいせ……………………………Ⅱ - 1004
ねしがねもち………………………Ⅱ - 1004
ねじきしんこ………………………Ⅱ - 1004
ねじこらう…………………………Ⅱ - 1004
ねじごらうなかて…………………Ⅱ - 1004
ねじごろう…………………………Ⅱ - 1004
ねじはたか…………………………Ⅱ - 1005
ねしむぎ……………………………Ⅱ - 1005
ねしり………………………………Ⅱ - 1005
ねじり………………………………Ⅱ - 1005
ねしりろくかく……………………Ⅱ - 1005
ねしろ………………………………Ⅱ - 1005
ねすみ………………………………Ⅱ - 1005
ねずみ………………………………Ⅱ - 1006
ねすみあし…………………………Ⅱ - 1006
ねずみあは…………………………Ⅱ - 1006
ねずみあぶら………………………Ⅱ - 1006
ねずみあわ…………………………Ⅱ - 1006
ねずみいろ…………………………Ⅱ - 1006
ねずみこま…………………………Ⅱ - 1006
ねすみさや…………………………Ⅱ - 1007
ねずみさや…………………………Ⅱ - 1007
ねずみぬけこまめ…………………Ⅱ - 1007
ねずみのめ…………………………Ⅱ - 1007
ねずみのを…………………………Ⅱ - 1007
ねずみはたか………………………Ⅱ - 1007
ねずみはだか………………………Ⅱ - 1007
ねすみひきすり……………………Ⅱ - 1007
ねすみほ……………………………Ⅱ - 1008
ねずみまなこ………………………Ⅱ - 1008
ねずみまめ…………………………Ⅱ - 1008
ねすみむき…………………………Ⅱ - 1008
ねずみむぎ…………………………Ⅱ - 1008
ねすみもち…………………………Ⅱ - 1008
ねずみもち…………………………Ⅱ - 1008
ねすみわせ…………………………Ⅱ - 1009
ねずみわせ…………………………Ⅱ - 1009
ねたろ………………………………Ⅱ - 1009
ねち…………………………………Ⅱ - 1009
ねぢ…………………………………Ⅱ - 1009
ねちあらむき………………………Ⅱ - 1009
ねちいざり…………………………Ⅱ - 1009
ねぢか………………………………Ⅱ - 1009
ねちくり……………………………Ⅱ - 1009
ねちごらう…………………………Ⅱ - 1010
ねぢごらう…………………………Ⅱ - 1010
ねちはたか…………………………Ⅱ - 1010
ねちほ………………………………Ⅱ - 1010
ねぢほ………………………………Ⅱ - 1010
ねぢほうし…………………………Ⅱ - 1010
ねちむぎ……………………………Ⅱ - 1010
ねぢむぎ……………………………Ⅱ - 1010
ねちもどき…………………………Ⅱ - 1011
ねちもとし…………………………Ⅱ - 1011
ねちよ………………………………Ⅱ - 1011
ねぢり………………………………Ⅱ - 1011
ねぢりあわ…………………………Ⅱ - 1011
ねちりほ……………………………Ⅱ - 1011
ねちりろくかく……………………Ⅱ - 1011
ねちれ………………………………Ⅱ - 1012
ねぢれ………………………………Ⅱ - 1012
ねぢれはたか………………………Ⅱ - 1012
ねぢれはだか………………………Ⅱ - 1012
ねちれむき…………………………Ⅱ - 1012

ねぢれむき……………………………Ⅱ - 1012
ねぢろくかく…………………………Ⅱ - 1012
ねづみ…………………………………Ⅱ - 1012
ねつみかわ……………………………Ⅱ - 1012
ねつみさまた…………………………Ⅱ - 1012
ねづみさまた…………………………Ⅱ - 1012
ねつみさや……………………………Ⅱ - 1013
ねつみとうきみ………………………Ⅱ - 1013
ねつみばやり…………………………Ⅱ - 1013
ねづみはやり…………………………Ⅱ - 1013
ねづみはらだ…………………………Ⅱ - 1013
ねつみわせ……………………………Ⅱ - 1013
ねのたね………………………………Ⅱ - 1013
ねはま…………………………………Ⅱ - 1014
ねばらずわせ…………………………Ⅱ - 1014
ねはり…………………………………Ⅱ - 1014
ねぶり…………………………………Ⅱ - 1014
ねりきん………………………………Ⅱ - 1014
ねれもち………………………………Ⅱ - 1014
ねんさし………………………………Ⅱ - 1015
ねんぶつむき…………………………Ⅱ - 1015

## の

のあせ…………………………………Ⅱ - 1016
のありま………………………………Ⅱ - 1016
のいね…………………………………Ⅱ - 1016
のうかぼうず…………………………Ⅱ - 1016
のうしゆうひへ………………………Ⅱ - 1016
のうらく………………………………Ⅱ - 1016
のかさなり……………………………Ⅱ - 1016
のかし…………………………………Ⅱ - 1017
のかた…………………………………Ⅱ - 1017
のかばしこ……………………………Ⅱ - 1017
のがみむぎ……………………………Ⅱ - 1017
のきなか………………………………Ⅱ - 1017
のきなが………………………………Ⅱ - 1017
のぎなが………………………………Ⅱ - 1017
のきながむぎ…………………………Ⅱ - 1017
のきなし………………………………Ⅱ - 1018
のぎやう………………………………Ⅱ - 1018
のぎをはり……………………………Ⅱ - 1018
のけきね………………………………Ⅱ - 1018
のけなしもち…………………………Ⅱ - 1018
のけもち………………………………Ⅱ - 1018
のこわせ………………………………Ⅱ - 1018
のさらし………………………………Ⅱ - 1019
のしろもち……………………………Ⅱ - 1019
のぞう…………………………………Ⅱ - 1019
のたいたう……………………………Ⅱ - 1019
のだやろく……………………………Ⅱ - 1019
のたれ…………………………………Ⅱ - 1019
のたろ…………………………………Ⅱ - 1019
のぢ……………………………………Ⅱ - 1020
のぢほきれ……………………………Ⅱ - 1020
のつき…………………………………Ⅱ - 1020
のでん…………………………………Ⅱ - 1020
のと……………………………………Ⅱ - 1020
のど……………………………………Ⅱ - 1020
のとあは………………………………Ⅱ - 1020
のとかいせい…………………………Ⅱ - 1021
のとこむぎ……………………………Ⅱ - 1021
のとしろ………………………………Ⅱ - 1021
のとなかて……………………………Ⅱ - 1021
のとばうづ……………………………Ⅱ - 1021
のとばうづいね………………………Ⅱ - 1021
のとひへ………………………………Ⅱ - 1022
のとひゑ………………………………Ⅱ - 1022
のとぼうす……………………………Ⅱ - 1022
のとぼうず……………………………Ⅱ - 1022
のともち………………………………Ⅱ - 1022
のとろ…………………………………Ⅱ - 1022
のとろさく……………………………Ⅱ - 1022
のなみ…………………………………Ⅱ - 1022
のはな…………………………………Ⅱ - 1023
のはら…………………………………Ⅱ - 1023
のひえ…………………………………Ⅱ - 1023

のひへ……………………………Ⅱ - 1023
のひやす……………………………Ⅱ - 1023
のびやす……………………………Ⅱ - 1023
のふかもち……………………………Ⅱ - 1023
のぶし……………………………Ⅱ - 1023
のぶしろ……………………………Ⅱ - 1024
のぶじろう……………………………Ⅱ - 1024
のふしろまめ……………………………Ⅱ - 1024
のぶたねあわ……………………………Ⅱ - 1024
のぶやす……………………………Ⅱ - 1024
のふろく……………………………Ⅱ - 1024
のべさはいね……………………………Ⅱ - 1024
のへさわ……………………………Ⅱ - 1025
のへざわ……………………………Ⅱ - 1025
のべさわ……………………………Ⅱ - 1025
のへざを……………………………Ⅱ - 1025
のべほ……………………………Ⅱ - 1025
のほしろまめ……………………………Ⅱ - 1025
のぼりさしあわ……………………………Ⅱ - 1025
のほりたま……………………………Ⅱ - 1025
のまち……………………………Ⅱ - 1026
のまちこ……………………………Ⅱ - 1026
のまめ……………………………Ⅱ - 1026
のみきひ……………………………Ⅱ - 1026
のみきび……………………………Ⅱ - 1026
のみのこ……………………………Ⅱ - 1026
のみのこあつき……………………………Ⅱ - 1026
のみのこあづき……………………………Ⅱ - 1027
のみのこあわ……………………………Ⅱ - 1027
のむぎ……………………………Ⅱ - 1027
のむぎしり……………………………Ⅱ - 1027
のむしあは……………………………Ⅱ - 1027
のむらぼうず……………………………Ⅱ - 1027
のめりもち……………………………Ⅱ - 1027
のやろく……………………………Ⅱ - 1028
のら……………………………Ⅱ - 1028
のらこ……………………………Ⅱ - 1028
のんこ……………………………Ⅱ - 1028

## は

はあかきひ……………………………Ⅱ - 1029
ばい……………………………Ⅱ - 1029
はいかぶり……………………………Ⅱ - 1029
はいつる……………………………Ⅱ - 1029
はいのしり……………………………Ⅱ - 1029
はいぼう……………………………Ⅱ - 1029
はいまめ……………………………Ⅱ - 1029
はいやき……………………………Ⅱ - 1030
ばうし……………………………Ⅱ - 1030
ばうしう……………………………Ⅱ - 1030
ばうず……………………………Ⅱ - 1030
ばうずあしむぎ……………………………Ⅱ - 1030
ばうずいが……………………………Ⅱ - 1030
ばうずこむぎ……………………………Ⅱ - 1030
ばうずしらかは……………………………Ⅱ - 1031
ばうずすべり……………………………Ⅱ - 1031
ばうずむぎ……………………………Ⅱ - 1031
ばうずわせ……………………………Ⅱ - 1031
はうち……………………………Ⅱ - 1031
ばうづ……………………………Ⅱ - 1031
ばうづかへり……………………………Ⅱ - 1031
ばうづきんかい……………………………Ⅱ - 1032
ばうづくまこ……………………………Ⅱ - 1032
ばうづこむぎ……………………………Ⅱ - 1032
ばうづしろめ……………………………Ⅱ - 1032
ばうづぢこ……………………………Ⅱ - 1032
ばうづつがる……………………………Ⅱ - 1032
ばうづはだか……………………………Ⅱ - 1032
ばうづひえ……………………………Ⅱ - 1033
ばうづひへ……………………………Ⅱ - 1033
ばうづむぎ……………………………Ⅱ - 1033
ばうづもち……………………………Ⅱ - 1033
ばうづやはづ……………………………Ⅱ - 1033
ばうづわせ……………………………Ⅱ - 1033
ばうまるいしたていね……………………………Ⅱ - 1033
はおち……………………………Ⅱ - 1034

はおちまめ……………………………Ⅱ - 1034
ばかあつき……………………………Ⅱ - 1034
はかい…………………………………Ⅱ - 1034
はかくし………………………………Ⅱ - 1034
はがくし………………………………Ⅱ - 1034
はがくれ………………………………Ⅱ - 1035
はがくれひえあは……………………Ⅱ - 1035
はかたこま……………………………Ⅱ - 1035
はかへし………………………………Ⅱ - 1035
はかま…………………………………Ⅱ - 1035
はかまたれ……………………………Ⅱ - 1035
ばかまめ………………………………Ⅱ - 1035
はからず………………………………Ⅱ - 1036
はがらす………………………………Ⅱ - 1036
はぎ……………………………………Ⅱ - 1036
はぎこむぎ……………………………Ⅱ - 1036
はぎざわ………………………………Ⅱ - 1036
はきため………………………………Ⅱ - 1036
はぎのこ………………………………Ⅱ - 1036
はぎはら………………………………Ⅱ - 1036
はくさ…………………………………Ⅱ - 1037
はくさむくり…………………………Ⅱ - 1037
はくてんもち…………………………Ⅱ - 1037
はくへんづ……………………………Ⅱ - 1037
はぐま…………………………………Ⅱ - 1037
ばくむぎ………………………………Ⅱ - 1037
はぐろやま……………………………Ⅱ - 1037
はけわん………………………………Ⅱ - 1038
はこく…………………………………Ⅱ - 1038
ばこく…………………………………Ⅱ - 1038
はこざきわせ…………………………Ⅱ - 1038
はごだし………………………………Ⅱ - 1038
はこねもち……………………………Ⅱ - 1038
はこま…………………………………Ⅱ - 1038
はざか…………………………………Ⅱ - 1038
はさみ…………………………………Ⅱ - 1039
はさみむぎ……………………………Ⅱ - 1039
はさらひへ……………………………Ⅱ - 1039
はさらもち……………………………Ⅱ - 1039
はした…………………………………Ⅱ - 1039
はしもと………………………………Ⅱ - 1039
はしらくち……………………………Ⅱ - 1039
はしらくち……………………………Ⅱ - 1040
ばしり…………………………………Ⅱ - 1040
はしろ…………………………………Ⅱ - 1040
はじろわせ……………………………Ⅱ - 1040
はせ……………………………………Ⅱ - 1040
はぜ……………………………………Ⅱ - 1040
はせくまこ……………………………Ⅱ - 1040
はせささけ……………………………Ⅱ - 1040
はせまめ………………………………Ⅱ - 1041
はせむぎ………………………………Ⅱ - 1041
はせもち………………………………Ⅱ - 1041
はぜもち………………………………Ⅱ - 1041
はそは…………………………………Ⅱ - 1041
はたいね………………………………Ⅱ - 1041
はたか…………………………………Ⅱ - 1041
はだか…………………………………Ⅱ - 1041
はだか…………………………………Ⅱ - 1042
はたかあは……………………………Ⅱ - 1042
はだかあは……………………………Ⅱ - 1042
はたかきひ……………………………Ⅱ - 1042
はたかきんびら………………………Ⅱ - 1042
はだかきんひら………………………Ⅱ - 1042
はたかこむぎ…………………………Ⅱ - 1042
はたかひゑ……………………………Ⅱ - 1042
はたかふしくろ………………………Ⅱ - 1043
はたかむき……………………………Ⅱ - 1043
はたかむぎ……………………………Ⅱ - 1043
はだかむぎ……………………………Ⅱ - 1043
はだかもろこし………………………Ⅱ - 1043
はたかよりだし………………………Ⅱ - 1043
はたかり………………………………Ⅱ - 1043
はだかり………………………………Ⅱ - 1044
はたかりぶんこ………………………Ⅱ - 1044
はたかりむき…………………………Ⅱ - 1044

はたけいね……………………………Ⅱ - 1044
はたけそば……………………………Ⅱ - 1044
はたけとこ……………………………Ⅱ - 1044
はたけひへ……………………………Ⅱ - 1044
はたけもちいね………………………Ⅱ - 1045
はたご…………………………………Ⅱ - 1045
はたささけ……………………………Ⅱ - 1045
はたじふろく…………………………Ⅱ - 1045
はたひへ………………………………Ⅱ - 1045
はたまめ………………………………Ⅱ - 1045
はだむぎ………………………………Ⅱ - 1045
はたもち………………………………Ⅱ - 1046
はたやけかいね………………………Ⅱ - 1046
はちうゑもん…………………………Ⅱ - 1046
はちうゑもんもち……………………Ⅱ - 1046
はちかく………………………………Ⅱ - 1046
はちかしら……………………………Ⅱ - 1046
はちがしら……………………………Ⅱ - 1046
はちかた………………………………Ⅱ - 1047
はちがつあは…………………………Ⅱ - 1047
はちがつまめ…………………………Ⅱ - 1047
はちがふもち…………………………Ⅱ - 1047
はちかり………………………………Ⅱ - 1047
はちくま………………………………Ⅱ - 1047
はちぐわつ……………………………Ⅱ - 1048
はちぐわつあづき……………………Ⅱ - 1048
はちぐわつあわ………………………Ⅱ - 1048
はちぐわつくまこ……………………Ⅱ - 1048
はちぐわつささげ……………………Ⅱ - 1048
はちぐわつしろまめ…………………Ⅱ - 1048
はちぐわつはおち……………………Ⅱ - 1048
はちぐわつひえ………………………Ⅱ - 1049
はちぐわつひへ………………………Ⅱ - 1049
はちぐわつまめ………………………Ⅱ - 1049
はちけんひかり………………………Ⅱ - 1049
はちけんびかり………………………Ⅱ - 1049
はちごうまる…………………………Ⅱ - 1050
はちこく………………………………Ⅱ - 1050
はちこくあわ…………………………Ⅱ - 1050
はちこくきひ…………………………Ⅱ - 1050
はちこくざり…………………………Ⅱ - 1050
はちこくはだか………………………Ⅱ - 1050
はちこくはだかむぎ…………………Ⅱ - 1051
はちこくひへ…………………………Ⅱ - 1051
はちこくむぎ…………………………Ⅱ - 1051
はちこくもち…………………………Ⅱ - 1051
はちこむき……………………………Ⅱ - 1051
はちしやうまめ………………………Ⅱ - 1051
はちしやうもち………………………Ⅱ - 1051
はちすんあは…………………………Ⅱ - 1052
はちすんはふり………………………Ⅱ - 1052
はちそく………………………………Ⅱ - 1052
はちだう………………………………Ⅱ - 1052
はちのすひえ…………………………Ⅱ - 1052
はちのへあは…………………………Ⅱ - 1052
はちぶまめ……………………………Ⅱ - 1052
はちほろくかく………………………Ⅱ - 1053
はちや…………………………………Ⅱ - 1053
はちやまほうし………………………Ⅱ - 1053
はちらううあは………………………Ⅱ - 1053
はちり…………………………………Ⅱ - 1053
はちりはん……………………………Ⅱ - 1053
はちりはんまめ………………………Ⅱ - 1054
はちわり………………………………Ⅱ - 1054
はちわりこむぎ………………………Ⅱ - 1054
はつあふみこ…………………………Ⅱ - 1054
はついね………………………………Ⅱ - 1054
はつか…………………………………Ⅱ - 1054
はつかひへ……………………………Ⅱ - 1054
はつかわ………………………………Ⅱ - 1055
はつきら………………………………Ⅱ - 1055
はつきり………………………………Ⅱ - 1055
はつさか………………………………Ⅱ - 1055
はつさく………………………………Ⅱ - 1055
はつさくもち…………………………Ⅱ - 1055
はつしやうばう………………………Ⅱ - 1056

はつしようばう……………………Ⅱ - 1056
はつしようまめ……………………Ⅱ - 1056
はつそく……………………Ⅱ - 1056
はつたか……………………Ⅱ - 1056
はつちやうはやり……………………Ⅱ - 1056
はつちやうばやり……………………Ⅱ - 1057
はつとう……………………Ⅱ - 1057
はつともち……………………Ⅱ - 1057
はつとりまめ……………………Ⅱ - 1057
はづはだか……………………Ⅱ - 1057
はつみ……………………Ⅱ - 1057
はつむらさき……………………Ⅱ - 1057
はつやろく……………………Ⅱ - 1058
はづやろく……………………Ⅱ - 1058
はつる……………………Ⅱ - 1058
はつわり……………………Ⅱ - 1058
はづわり……………………Ⅱ - 1058
はところし……………………Ⅱ - 1058
はとらす……………………Ⅱ - 1058
はとり……………………Ⅱ - 1058
はとりあづき……………………Ⅱ - 1058
はないけ……………………Ⅱ - 1059
はなうち……………………Ⅱ - 1059
はなおち……………………Ⅱ - 1059
はなかしら……………………Ⅱ - 1059
はなかやはす……………………Ⅱ - 1059
はなきひ……………………Ⅱ - 1059
はなくり……………………Ⅱ - 1060
はなぐり……………………Ⅱ - 1060
はなくりきひ……………………Ⅱ - 1060
はなぐりきび……………………Ⅱ - 1060
はなけし……………………Ⅱ - 1060
はなさき……………………Ⅱ - 1060
はなさし……………………Ⅱ - 1060
はなしろ……………………Ⅱ - 1061
はなたか……………………Ⅱ - 1061
はなだか……………………Ⅱ - 1061
はなたかそは……………………Ⅱ - 1061
はなたかそま……………………Ⅱ - 1061
はなたれはつこく……………………Ⅱ - 1061
はなつき……………………Ⅱ - 1061
はなつつき……………………Ⅱ - 1062
はなびつちゆう……………………Ⅱ - 1062
はなをち……………………Ⅱ - 1062
はね……………………Ⅱ - 1062
はねまめ……………………Ⅱ - 1062
はのうえ……………………Ⅱ - 1062
はのした……………………Ⅱ - 1062
はのした……………………Ⅱ - 1063
はのしたささげ……………………Ⅱ - 1063
はのち……………………Ⅱ - 1063
はばんどう……………………Ⅱ - 1063
はひねこ……………………Ⅱ - 1063
はひろ……………………Ⅱ - 1063
はびろ……………………Ⅱ - 1064
はびろかし……………………Ⅱ - 1064
はひろもち……………………Ⅱ - 1064
はひろわせ……………………Ⅱ - 1064
はびろわせ……………………Ⅱ - 1064
はふか……………………Ⅱ - 1065
はふしむぎ……………………Ⅱ - 1065
はぼり……………………Ⅱ - 1065
はま……………………Ⅱ - 1065
はまあわ……………………Ⅱ - 1065
はまいつほん……………………Ⅱ - 1065
はまかいちゆう……………………Ⅱ - 1065
はまかるこ……………………Ⅱ - 1066
はまてらし……………………Ⅱ - 1066
はまひき……………………Ⅱ - 1066
はままめ……………………Ⅱ - 1066
はまみち……………………Ⅱ - 1066
はまみづくくり……………………Ⅱ - 1066
はまわせ……………………Ⅱ - 1067
はみかしら……………………Ⅱ - 1067
はや……………………Ⅱ - 1067
はやあぜこし……………………Ⅱ - 1067

はやあづき……………………………Ⅱ - 1067
はやあわ………………………………Ⅱ - 1067
はやいせはやり………………………Ⅱ - 1067
はやえつちゆう………………………Ⅱ - 1068
はやおほむぎ…………………………Ⅱ - 1068
はやかいせ……………………………Ⅱ - 1068
はやかいせい…………………………Ⅱ - 1068
はやがし………………………………Ⅱ - 1068
はやかね………………………………Ⅱ - 1068
はやかは………………………………Ⅱ - 1068
はやからすまめ………………………Ⅱ - 1069
はやかんね……………………………Ⅱ - 1069
はやきひ………………………………Ⅱ - 1069
はやきやうでん………………………Ⅱ - 1069
はやきやうはやり……………………Ⅱ - 1069
はやくまむぎ…………………………Ⅱ - 1069
はやくろ………………………………Ⅱ - 1069
はやこくろ……………………………Ⅱ - 1070
はやこしろ……………………………Ⅱ - 1070
はやこぼうもち………………………Ⅱ - 1070
はやこほれ……………………………Ⅱ - 1070
はやこむぎ……………………………Ⅱ - 1070
はやささけ……………………………Ⅱ - 1070
はやささげ……………………………Ⅱ - 1070
はやさんぐわつ………………………Ⅱ - 1070
はやしもと……………………………Ⅱ - 1071
はやじよろう…………………………Ⅱ - 1071
はやしらは……………………………Ⅱ - 1071
はやしろいね…………………………Ⅱ - 1071
はやしんば……………………………Ⅱ - 1071
はやじんば……………………………Ⅱ - 1071
はやすべり……………………………Ⅱ - 1071
はやせんろく…………………………Ⅱ - 1071
はやぜんろく…………………………Ⅱ - 1071
はやそば………………………………Ⅱ - 1072
はやそより……………………………Ⅱ - 1072
はやたいたう…………………………Ⅱ - 1072
はやだいたう…………………………Ⅱ - 1072
はやたいとう…………………………Ⅱ - 1072
はやちくら……………………………Ⅱ - 1072
はやつね………………………………Ⅱ - 1072
はやてぬき……………………………Ⅱ - 1073
はやなかて……………………………Ⅱ - 1073
はやはちこく…………………………Ⅱ - 1073
はやはなおち…………………………Ⅱ - 1073
はやはやた……………………………Ⅱ - 1073
はやひえ………………………………Ⅱ - 1073
はやひしやう…………………………Ⅱ - 1073
はやひへ………………………………Ⅱ - 1074
はやひゑ………………………………Ⅱ - 1074
はやぶさ………………………………Ⅱ - 1074
はやぶんこ……………………………Ⅱ - 1074
はやほうし……………………………Ⅱ - 1074
はやぼうず……………………………Ⅱ - 1074
はやほくこく…………………………Ⅱ - 1074
はやまござへもん……………………Ⅱ - 1075
はやまたわせ…………………………Ⅱ - 1075
はやまて………………………………Ⅱ - 1075
はやまめ………………………………Ⅱ - 1075
はやみしろ……………………………Ⅱ - 1075
はやみの………………………………Ⅱ - 1075
はやみやのわき………………………Ⅱ - 1075
はやむぎ………………………………Ⅱ - 1076
はやめぐろ……………………………Ⅱ - 1076
はやもち………………………………Ⅱ - 1076
はややろく……………………………Ⅱ - 1076
はやよこくら…………………………Ⅱ - 1076
はやり…………………………………Ⅱ - 1076
はやりいね……………………………Ⅱ - 1076
はやろくぐわつ………………………Ⅱ - 1077
はやろつこく…………………………Ⅱ - 1077
はやわせ………………………………Ⅱ - 1077
ばよも…………………………………Ⅱ - 1077
はら……………………………………Ⅱ - 1077
ばら……………………………………Ⅱ - 1077
はらあわ………………………………Ⅱ - 1077

はらきひ……………………………Ⅱ - 1077
ばらきひ……………………………Ⅱ - 1077
はらこじろ…………………………Ⅱ - 1078
はらこむぎ…………………………Ⅱ - 1078
ばらざ………………………………Ⅱ - 1078
ばらざわ……………………………Ⅱ - 1078
はらは………………………………Ⅱ - 1078
ばらばらきび………………………Ⅱ - 1078
はらやまわせ………………………Ⅱ - 1078
はらり………………………………Ⅱ - 1079
ばらり………………………………Ⅱ - 1079
はりこし……………………………Ⅱ - 1079
はりこしもち………………………Ⅱ - 1079
はりちこ……………………………Ⅱ - 1079
はりま………………………………Ⅱ - 1079
はりまあわ…………………………Ⅱ - 1079
はりまいね…………………………Ⅱ - 1080
はりまごへゑ………………………Ⅱ - 1080
はりまこむぎ………………………Ⅱ - 1080
はりまむぎ…………………………Ⅱ - 1080
はりまもち…………………………Ⅱ - 1080
はりまやつこ………………………Ⅱ - 1080
はりまわせ…………………………Ⅱ - 1081
はるささけ…………………………Ⅱ - 1081
はるひえ……………………………Ⅱ - 1081
はるまた……………………………Ⅱ - 1081
はをち………………………………Ⅱ - 1081
はんが………………………………Ⅱ - 1081
はんかう……………………………Ⅱ - 1081
はんかうささげ……………………Ⅱ - 1082
はんくわん…………………………Ⅱ - 1082
はんげし……………………………Ⅱ - 1082
はんこささげ………………………Ⅱ - 1082
ばんこぼれ…………………………Ⅱ - 1082
はんこむぎ…………………………Ⅱ - 1082
はんじやうもち……………………Ⅱ - 1082
ばんぜんろく………………………Ⅱ - 1083
はんだら……………………………Ⅱ - 1083
ばんとう……………………………Ⅱ - 1083
ばんどう……………………………Ⅱ - 1083
ばんどうくろ………………………Ⅱ - 1083
ばんどうはたか……………………Ⅱ - 1083
ばんとうひゑ………………………Ⅱ - 1083
ばんのめ……………………………Ⅱ - 1084
ばんひへ……………………………Ⅱ - 1084
はんぼうあわ………………………Ⅱ - 1084

## ひ

ひうが………………………………Ⅱ - 1085
ひうがじらう………………………Ⅱ - 1085
ひうがばうづ………………………Ⅱ - 1085
ひうがはちこく……………………Ⅱ - 1085
ひうがわせ…………………………Ⅱ - 1085
ひうわせ……………………………Ⅱ - 1085
ひえ…………………………………Ⅱ - 1085
ひえ…………………………………Ⅱ - 1086
ひえあは……………………………Ⅱ - 1086
ひえあわ……………………………Ⅱ - 1086
ひえがらもち………………………Ⅱ - 1086
ひえきひ……………………………Ⅱ - 1086
ひえきび……………………………Ⅱ - 1086
ひえぼあは…………………………Ⅱ - 1086
ひかげまめ…………………………Ⅱ - 1087
ひかしたなぶり……………………Ⅱ - 1087
ひかしやま…………………………Ⅱ - 1087
ひかしやまづづきり………………Ⅱ - 1087
ひがしやまつつきり………………Ⅱ - 1087
ひかん………………………………Ⅱ - 1087
ひがん………………………………Ⅱ - 1087
ひかんばうづ………………………Ⅱ - 1087
ひがんばうづ………………………Ⅱ - 1087
ひかんばやり………………………Ⅱ - 1088
ひがんばやり………………………Ⅱ - 1088
ひがんひゑ…………………………Ⅱ - 1088
ひかんほうず………………………Ⅱ - 1088
ひかんぼうず………………………Ⅱ - 1088

ひかんもち……………………Ⅱ - 1088
ひがんもち……………………Ⅱ - 1088
ひきしろまめ…………………Ⅱ - 1088
ひきすり………………………Ⅱ - 1088
ひきすりわせ…………………Ⅱ - 1088
ひきずりわせ…………………Ⅱ - 1088
ひきちか………………………Ⅱ - 1089
ひきちや………………………Ⅱ - 1089
ひきつか………………………Ⅱ - 1089
ひきつかむぎ…………………Ⅱ - 1089
ひきつり………………………Ⅱ - 1089
ひきつる………………………Ⅱ - 1089
ひきむぎ………………………Ⅱ - 1090
ひきめ…………………………Ⅱ - 1090
ひきもち………………………Ⅱ - 1090
ひきわせ………………………Ⅱ - 1090
ひくあは………………………Ⅱ - 1090
ひくあわ………………………Ⅱ - 1090
ひくいざり……………………Ⅱ - 1090
ひくきひ………………………Ⅱ - 1091
ひくきび………………………Ⅱ - 1091
ひくさつま……………………Ⅱ - 1091
ひくさんぐわつ………………Ⅱ - 1091
ひくびつちゆう………………Ⅱ - 1091
ひけ……………………………Ⅱ - 1091
ひげ……………………………Ⅱ - 1091
ひげあわ………………………Ⅱ - 1091
ひけいね………………………Ⅱ - 1091
ひけおふみ……………………Ⅱ - 1092
ひけおれ………………………Ⅱ - 1092
ひけきり………………………Ⅱ - 1092
ひけくろ………………………Ⅱ - 1092
ひげくろ………………………Ⅱ - 1092
ひけくろもち…………………Ⅱ - 1092
ひけこむぎ……………………Ⅱ - 1092
ひげこむぎ……………………Ⅱ - 1092
ひけしろ………………………Ⅱ - 1092
ひげしろ………………………Ⅱ - 1092
ひけすり………………………Ⅱ - 1093
ひげどうもち…………………Ⅱ - 1093
ひけとつさ……………………Ⅱ - 1093
ひけなか………………………Ⅱ - 1093
ひげなが………………………Ⅱ - 1093
ひけなかもち…………………Ⅱ - 1093
ひけながもち…………………Ⅱ - 1093
ひげながろくかく……………Ⅱ - 1093
ひけなし………………………Ⅱ - 1093
ひげなしこむぎ………………Ⅱ - 1094
ひけぬき………………………Ⅱ - 1094
ひげはたか……………………Ⅱ - 1094
ひけひえ………………………Ⅱ - 1094
ひけひへ………………………Ⅱ - 1094
ひけひゑ………………………Ⅱ - 1094
ひけまくり……………………Ⅱ - 1094
ひげまくり……………………Ⅱ - 1094
ひけむぎ………………………Ⅱ - 1095
ひけめさし……………………Ⅱ - 1095
ひけもち………………………Ⅱ - 1095
ひげもち………………………Ⅱ - 1095
ひけやす………………………Ⅱ - 1095
ひげよこくら…………………Ⅱ - 1095
ひけろくかく…………………Ⅱ - 1095
ひけわせ………………………Ⅱ - 1095
ひご……………………………Ⅱ - 1096
ひごあかし……………………Ⅱ - 1096
ひこいね………………………Ⅱ - 1096
ひごいね………………………Ⅱ - 1096
ひこうゑもんばうづ…………Ⅱ - 1096
ひごかし………………………Ⅱ - 1096
ひこくろばやり………………Ⅱ - 1096
ひこさひへ……………………Ⅱ - 1096
ひごさら………………………Ⅱ - 1097
ひごさらこむき………………Ⅱ - 1097
ひござらり……………………Ⅱ - 1097
ひこしちもち…………………Ⅱ - 1097
ひこじふらう…………………Ⅱ - 1097

ひこたひへ…………………………Ⅱ - 1097
ひこつる…………………………Ⅱ - 1097
ひこづる…………………………Ⅱ - 1097
ひこつる…………………………Ⅱ - 1098
ひこづる…………………………Ⅱ - 1098
ひごとくじん…………………………Ⅱ - 1098
ひごのぼり…………………………Ⅱ - 1098
ひごはつこく…………………………Ⅱ - 1098
ひごほうし…………………………Ⅱ - 1098
ひごほきれ…………………………Ⅱ - 1098
ひごまめ…………………………Ⅱ - 1098
ひごみつけ…………………………Ⅱ - 1099
ひごむぎ…………………………Ⅱ - 1099
ひこやまかし…………………………Ⅱ - 1099
ひこやまわせ…………………………Ⅱ - 1099
ひころく…………………………Ⅱ - 1099
ひざこくり…………………………Ⅱ - 1099
ひざすり…………………………Ⅱ - 1099
ひざつかう…………………………Ⅱ - 1100
ひさつき…………………………Ⅱ - 1100
ひしそは…………………………Ⅱ - 1100
ひしもち…………………………Ⅱ - 1100
ひしやう…………………………Ⅱ - 1100
びじやう…………………………Ⅱ - 1100
ひしやうろ…………………………Ⅱ - 1100
ひじやうろ…………………………Ⅱ - 1100
びじよ…………………………Ⅱ - 1100
ひせん…………………………Ⅱ - 1101
ひぜん…………………………Ⅱ - 1101
びぜん…………………………Ⅱ - 1101
ひぜんかし…………………………Ⅱ - 1101
ひせんかるこ…………………………Ⅱ - 1101
びせんかるこ…………………………Ⅱ - 1101
ひせんこうら…………………………Ⅱ - 1101
びぜんごうら…………………………Ⅱ - 1101
びせんさんぐわつ…………………………Ⅱ - 1101
ひぜんとうのこ…………………………Ⅱ - 1101
ひせんはたか…………………………Ⅱ - 1102
ひせんむぎ…………………………Ⅱ - 1102
ひぜんむぎ…………………………Ⅱ - 1102
びぜんむぎ…………………………Ⅱ - 1102
ひせんもち…………………………Ⅱ - 1102
ひぜんもち…………………………Ⅱ - 1102
びぜんもち…………………………Ⅱ - 1102
ひぜんやろく…………………………Ⅱ - 1102
ひせんろくかく…………………………Ⅱ - 1103
ひぜんわせ…………………………Ⅱ - 1103
ひだ…………………………Ⅱ - 1103
ひたいわけ…………………………Ⅱ - 1103
ひだばうづ…………………………Ⅱ - 1103
ひだびへ…………………………Ⅱ - 1103
ひだひゑ…………………………Ⅱ - 1103
ひたほす…………………………Ⅱ - 1104
ひだやろく…………………………Ⅱ - 1104
ひたりおり…………………………Ⅱ - 1104
ひだりまき…………………………Ⅱ - 1104
ひたりむしり…………………………Ⅱ - 1104
ひたりむちり…………………………Ⅱ - 1104
ひだりむちり…………………………Ⅱ - 1104
ひたりもち…………………………Ⅱ - 1105
ひだりもちあは…………………………Ⅱ - 1105
ひたりをり…………………………Ⅱ - 1105
ひたろくかく…………………………Ⅱ - 1105
ひだろくかく…………………………Ⅱ - 1105
ひたわせ…………………………Ⅱ - 1105
ひだわせ…………………………Ⅱ - 1105
ひちかう…………………………Ⅱ - 1105
ひちから…………………………Ⅱ - 1105
ひちこく…………………………Ⅱ - 1106
ひちはり…………………………Ⅱ - 1106
びちぶ…………………………Ⅱ - 1106
ひぢもち…………………………Ⅱ - 1106
ひぢよ…………………………Ⅱ - 1106
ひちりかうはし…………………………Ⅱ - 1106
ひちりこぼし…………………………Ⅱ - 1106
ひちりひかり…………………………Ⅱ - 1107

ひつあは……………………………Ⅱ - 1107
ひつかうし…………………………Ⅱ - 1107
ひつからし…………………………Ⅱ - 1107
ひつくわし…………………………Ⅱ - 1107
ひつこうし…………………………Ⅱ - 1107
ひつしり……………………………Ⅱ - 1107
びつちゆう…………………………Ⅱ - 1108
びつちゆうあわ……………………Ⅱ - 1108
びつちゆうむぎ……………………Ⅱ - 1108
ひつむぎ……………………………Ⅱ - 1108
ひつわり……………………………Ⅱ - 1108
ひとつほうし………………………Ⅱ - 1108
ひとなり……………………………Ⅱ - 1108
ひとは………………………………Ⅱ - 1109
ひとはし……………………………Ⅱ - 1109
ひとはなささげ……………………Ⅱ - 1109
ひとふし……………………………Ⅱ - 1109
ひとほ………………………………Ⅱ - 1109
ひとほし……………………………Ⅱ - 1109
ひとぼし……………………………Ⅱ - 1109
ひとほせん…………………………Ⅱ - 1110
ひなが………………………………Ⅱ - 1110
ひなす………………………………Ⅱ - 1110
ひなち………………………………Ⅱ - 1110
ひなつ………………………………Ⅱ - 1110
ひなづ………………………………Ⅱ - 1110
ひなんそ……………………………Ⅱ - 1110
ひねり………………………………Ⅱ - 1110
ひねりくまこ………………………Ⅱ - 1111
ひの…………………………………Ⅱ - 1111
ひのいつみ…………………………Ⅱ - 1111
ひのいて……………………………Ⅱ - 1111
ひのき………………………………Ⅱ - 1111
ひのきかは…………………………Ⅱ - 1111
ひのきわせ…………………………Ⅱ - 1111
ひのさわあは………………………Ⅱ - 1112
ひのした……………………………Ⅱ - 1112
ひのでいね…………………………Ⅱ - 1112
ひのみや……………………………Ⅱ - 1112
ひのもと……………………………Ⅱ - 1112
びはかど……………………………Ⅱ - 1112
びはこあづき………………………Ⅱ - 1112
びはし………………………………Ⅱ - 1113
ひはだ………………………………Ⅱ - 1113
ひはたまめ…………………………Ⅱ - 1113
ひはだまめ…………………………Ⅱ - 1113
ひはのつの…………………………Ⅱ - 1113
ひへ…………………………………Ⅱ - 1113
ひへあは……………………………Ⅱ - 1113
ひへあわ……………………………Ⅱ - 1113
ひへあわ……………………………Ⅱ - 1114
ひへかやり…………………………Ⅱ - 1114
ひへきひ……………………………Ⅱ - 1114
ひへきび……………………………Ⅱ - 1114
ひへきみ……………………………Ⅱ - 1114
ひへしらす…………………………Ⅱ - 1114
ひへしらず…………………………Ⅱ - 1114
ひへほ………………………………Ⅱ - 1114
ひまはり……………………………Ⅱ - 1114
ひめこ………………………………Ⅱ - 1115
ひめこあわ…………………………Ⅱ - 1115
ひめごせ……………………………Ⅱ - 1115
ひめこもち…………………………Ⅱ - 1115
ひめし………………………………Ⅱ - 1115
ひめじま……………………………Ⅱ - 1115
ひめしまささけ……………………Ⅱ - 1115
ひめしまもち………………………Ⅱ - 1116
ひめじやうご………………………Ⅱ - 1116
ひめじやら…………………………Ⅱ - 1116
ひめすすたま………………………Ⅱ - 1116
ひめすすだま………………………Ⅱ - 1116
ひめすり……………………………Ⅱ - 1116
ひめすりわせ………………………Ⅱ - 1116
ひめそは……………………………Ⅱ - 1116
ひめち………………………………Ⅱ - 1117
ひめぢ………………………………Ⅱ - 1117

ひめつる……………………………Ⅱ - 1117
ひめづる……………………………Ⅱ - 1117
ひめつるわせ………………………Ⅱ - 1117
ひめづるわせ………………………Ⅱ - 1117
ひめむき……………………………Ⅱ - 1117
ひめよりだし………………………Ⅱ - 1117
ひやうごもち………………………Ⅱ - 1118
ひやうたれ…………………………Ⅱ - 1118
びやうたれ…………………………Ⅱ - 1118
びやうたれあは……………………Ⅱ - 1118
びやうたれあわ……………………Ⅱ - 1118
ひやうたれささげ…………………Ⅱ - 1118
ひやくこく…………………………Ⅱ - 1118
ひやくこくわせ……………………Ⅱ - 1119
ひやくさいもち……………………Ⅱ - 1119
ひやくまん…………………………Ⅱ - 1119
ひやみず……………………………Ⅱ - 1119
ひやり………………………………Ⅱ - 1119
ひやりしらす………………………Ⅱ - 1119
ひら…………………………………Ⅱ - 1119
ひらいし……………………………Ⅱ - 1120
ひらいは……………………………Ⅱ - 1120
ひらかた……………………………Ⅱ - 1120
ひらかは……………………………Ⅱ - 1120
ひらかまめ…………………………Ⅱ - 1120
ひらぐろ……………………………Ⅱ - 1120
ひらさ………………………………Ⅱ - 1120
ひらしま……………………………Ⅱ - 1121
ひらた………………………………Ⅱ - 1121
ひらたうまめ………………………Ⅱ - 1121
ひらたまめ…………………………Ⅱ - 1121
ひらど………………………………Ⅱ - 1121
ひらとうまめ………………………Ⅱ - 1121
ひらまめ……………………………Ⅱ - 1121
ひらやま……………………………Ⅱ - 1122
ひらゆあづき………………………Ⅱ - 1122
ひるのこ……………………………Ⅱ - 1122
ひるむぎ……………………………Ⅱ - 1122
ひろしま……………………………Ⅱ - 1122
ひろしまいね………………………Ⅱ - 1122
ひろしまやつこ……………………Ⅱ - 1122
ひわた………………………………Ⅱ - 1123
ひわだ………………………………Ⅱ - 1123
ひわたし……………………………Ⅱ - 1123
ひわたまめ…………………………Ⅱ - 1123
びわのこ……………………………Ⅱ - 1123
ひわのつの…………………………Ⅱ - 1123
ひわのつめ…………………………Ⅱ - 1123
ひわり………………………………Ⅱ - 1123
ひゑ…………………………………Ⅱ - 1124
ひゑあは……………………………Ⅱ - 1124
ひゑあわ……………………………Ⅱ - 1124
ひゑほ………………………………Ⅱ - 1124
ひゑほあわ…………………………Ⅱ - 1124
びんご………………………………Ⅱ - 1124
びんごくまこ………………………Ⅱ - 1124
びんごもち…………………………Ⅱ - 1125
びんしよ……………………………Ⅱ - 1125
びんぞり……………………………Ⅱ - 1125
びんぢう……………………………Ⅱ - 1125
びんぢうら…………………………Ⅱ - 1125
びんづち……………………………Ⅱ - 1125
びんづら……………………………Ⅱ - 1125
びんづらむぎ………………………Ⅱ - 1126
びんづらわさむき…………………Ⅱ - 1126
ひんつるむぎ………………………Ⅱ - 1126
ひんむくり…………………………Ⅱ - 1126
ひんむくりこむぎ…………………Ⅱ - 1126

## ふ

ぶうかひ……………………………Ⅱ - 1127
ふかえせきれい……………………Ⅱ - 1127
ふかた………………………………Ⅱ - 1127
ふかだ………………………………Ⅱ - 1127
ふかみかいせい……………………Ⅱ - 1127
ふかみがんこ………………………Ⅱ - 1127

ふきり……………………………Ⅱ - 1127
ぶく………………………………Ⅱ - 1127
ふくあたり………………………Ⅱ - 1128
ふくおかまめ……………………Ⅱ - 1128
ふくおかむき……………………Ⅱ - 1128
ふくしま…………………………Ⅱ - 1128
ふくしまはつこく………………Ⅱ - 1128
ふくじらう………………………Ⅱ - 1128
ふくぞ……………………………Ⅱ - 1129
ふくそう…………………………Ⅱ - 1129
ふくた……………………………Ⅱ - 1129
ふくだ……………………………Ⅱ - 1129
ふくち……………………………Ⅱ - 1129
ふくちありま……………………Ⅱ - 1129
ふくちう…………………………Ⅱ - 1129
ふくつか…………………………Ⅱ - 1129
ふくつち…………………………Ⅱ - 1130
ふくとく…………………………Ⅱ - 1130
ふくとくあは……………………Ⅱ - 1130
ふくとくもち……………………Ⅱ - 1130
ふくまつこ………………………Ⅱ - 1130
ふくもち…………………………Ⅱ - 1130
ふくもりつる……………………Ⅱ - 1130
ふくやま…………………………Ⅱ - 1131
ふくやまなかて…………………Ⅱ - 1131
ふくやまむぎ……………………Ⅱ - 1131
ふくろ……………………………Ⅱ - 1131
ふくろきひ………………………Ⅱ - 1131
ふくわせ…………………………Ⅱ - 1131
ふくゐ……………………………Ⅱ - 1131
ふけ………………………………Ⅱ - 1132
ふしあか…………………………Ⅱ - 1132
ふじかしき………………………Ⅱ - 1132
ふしくろ…………………………Ⅱ - 1132
ふしぐろ…………………………Ⅱ - 1132
ふしくろやはづ…………………Ⅱ - 1132
ふしささげ………………………Ⅱ - 1133
ふじしろまめ……………………Ⅱ - 1133
ふしな……………………………Ⅱ - 1133
ふしなし…………………………Ⅱ - 1133
ふじまめ…………………………Ⅱ - 1133
ふしみ……………………………Ⅱ - 1133
ふせりあづき……………………Ⅱ - 1133
ぶぜん……………………………Ⅱ - 1134
ぶぜんあは………………………Ⅱ - 1134
ぶぜんにはだまり………………Ⅱ - 1134
ぶぜんぼう………………………Ⅱ - 1134
ぶぜんほうし……………………Ⅱ - 1134
ぶぜんやろう……………………Ⅱ - 1134
ぶだう……………………………Ⅱ - 1134
ふたかこ…………………………Ⅱ - 1135
ふたかは…………………………Ⅱ - 1135
ふたかわ…………………………Ⅱ - 1135
ふたくら…………………………Ⅱ - 1135
ふたぐり…………………………Ⅱ - 1135
ふたつなり………………………Ⅱ - 1135
ふたつなりささげ………………Ⅱ - 1135
ふたつなりみの…………………Ⅱ - 1136
ふたなり…………………………Ⅱ - 1136
ふたなりささけ…………………Ⅱ - 1136
ふたふし…………………………Ⅱ - 1136
ふたふしわせ……………………Ⅱ - 1136
ふたへわせ………………………Ⅱ - 1136
ふたほ……………………………Ⅱ - 1137
ふたまた…………………………Ⅱ - 1137
ふたまたやろく…………………Ⅱ - 1137
ふたもといね……………………Ⅱ - 1137
ふたゑかわ………………………Ⅱ - 1137
ふち………………………………Ⅱ - 1137
ぶちあづき………………………Ⅱ - 1137
ふちくぐり………………………Ⅱ - 1138
ふちこあつき……………………Ⅱ - 1138
ふちささげ………………………Ⅱ - 1138
ふちしろ…………………………Ⅱ - 1138
ふちじろ…………………………Ⅱ - 1138
ふぢしろまめ……………………Ⅱ - 1138

ふちたうきひ……………………Ⅱ - 1138
ふぢびへ……………………Ⅱ - 1139
ふぢまめ……………………Ⅱ - 1139
ふつきり……………………Ⅱ - 1139
ぶつきり……………………Ⅱ - 1139
ぶつきりあは……………………Ⅱ - 1139
ぶつきりくろあは……………………Ⅱ - 1139
ぶつきりくろあわ……………………Ⅱ - 1140
ぶつぎれ……………………Ⅱ - 1140
ぶつでん……………………Ⅱ - 1140
ぶつとく……………………Ⅱ - 1140
ぶつとくあは……………………Ⅱ - 1140
ぶつねん……………………Ⅱ - 1140
ふでのさき……………………Ⅱ - 1140
ふてのぢく……………………Ⅱ - 1141
ぶと……………………Ⅱ - 1141
ぶどうあづき……………………Ⅱ - 1141
ぶどうまめ……………………Ⅱ - 1141
ふとかたあは……………………Ⅱ - 1141
ふとひへ……………………Ⅱ - 1141
ふともち……………………Ⅱ - 1141
ふないかばしこ……………………Ⅱ - 1142
ふなくほ……………………Ⅱ - 1142
ふなくぼ……………………Ⅱ - 1142
ふなさか……………………Ⅱ - 1142
ふなさつま……………………Ⅱ - 1142
ふなざつま……………………Ⅱ - 1142
ふなさる……………………Ⅱ - 1142
ふなつ……………………Ⅱ - 1142
ふなついね……………………Ⅱ - 1142
ふなば……………………Ⅱ - 1143
ふなむし……………………Ⅱ - 1143
ふなむしこむぎ……………………Ⅱ - 1143
ふなむしざらり……………………Ⅱ - 1143
ふねん……………………Ⅱ - 1143
ふべんかくし……………………Ⅱ - 1144
ふべんぬき……………………Ⅱ - 1144
ふゆのひへ……………………Ⅱ - 1144
ふらりささけ……………………Ⅱ - 1144
ふりそで……………………Ⅱ - 1144
ふりぞら……………………Ⅱ - 1144
ふるかは……………………Ⅱ - 1144
ふるこもち……………………Ⅱ - 1145
ふるざう……………………Ⅱ - 1145
ふるしやう……………………Ⅱ - 1145
ふるじやう……………………Ⅱ - 1145
ふるそ……………………Ⅱ - 1145
ふるぞ……………………Ⅱ - 1145
ふるそう……………………Ⅱ - 1145
ふるぞう……………………Ⅱ - 1145
ふるそはたか……………………Ⅱ - 1146
ふるそむぎ……………………Ⅱ - 1146
ふろう……………………Ⅱ - 1146
ふろうささけ……………………Ⅱ - 1146
ふろうささげ……………………Ⅱ - 1146
ふんご……………………Ⅱ - 1146
ぶんこ……………………Ⅱ - 1146
ぶんご……………………Ⅱ - 1146
ぶんご……………………Ⅱ - 1147
ぶんごあは……………………Ⅱ - 1147
ふんこいね……………………Ⅱ - 1147
ぶんごいね……………………Ⅱ - 1147
ぶんごごらう……………………Ⅱ - 1147
ふんこさら……………………Ⅱ - 1147
ぶんごさら……………………Ⅱ - 1147
ぶんござらり……………………Ⅱ - 1147
ぶんごにはたまり……………………Ⅱ - 1148
ぶんごひえ……………………Ⅱ - 1148
ぶんごひへ……………………Ⅱ - 1148
ぶんごぼうし……………………Ⅱ - 1148
ぶんごほふし……………………Ⅱ - 1148
ふんこまめ……………………Ⅱ - 1148
ぶんごまめ……………………Ⅱ - 1148
ぶんごもち……………………Ⅱ - 1149
ぶんごわせ……………………Ⅱ - 1149
ぶんすい……………………Ⅱ - 1149

ぶんたう……………………………Ⅱ - 1149
ぶんつう……………………………Ⅱ - 1149
ふんと………………………………Ⅱ - 1149
ぶんど………………………………Ⅱ - 1149
ふんとう……………………………Ⅱ - 1149
ふんどう……………………………Ⅱ - 1150
ぶんどう……………………………Ⅱ - 1150
ふんとうあづき……………………Ⅱ - 1150
ふんとく……………………………Ⅱ - 1150
ぶんとささけ………………………Ⅱ - 1150
ふんとふ……………………………Ⅱ - 1150
ぶんとふ……………………………Ⅱ - 1150
ふんばり……………………………Ⅱ - 1150
ぶんむくり…………………………Ⅱ - 1151

へ

へいうゑもん………………………Ⅱ - 1152
へいざ………………………………Ⅱ - 1152
へいさく……………………………Ⅱ - 1152
へいさくあは………………………Ⅱ - 1152
べうたれ……………………………Ⅱ - 1152
へこもち……………………………Ⅱ - 1152
へちばり……………………………Ⅱ - 1152
へつこ………………………………Ⅱ - 1153
べつしよひへ………………………Ⅱ - 1153
へつそ………………………………Ⅱ - 1153
へつとり……………………………Ⅱ - 1153
べに…………………………………Ⅱ - 1153
べにあは……………………………Ⅱ - 1153
へにあわ……………………………Ⅱ - 1153
べにあわ……………………………Ⅱ - 1153
べにかいぢよ………………………Ⅱ - 1154
へにくちはたか……………………Ⅱ - 1154
へにくろ……………………………Ⅱ - 1154
べにくろ……………………………Ⅱ - 1154
へにさし……………………………Ⅱ - 1154
へにされ……………………………Ⅱ - 1154
へにつけ……………………………Ⅱ - 1154
べになんき…………………………Ⅱ - 1155
へにはたか…………………………Ⅱ - 1155
べにはたか…………………………Ⅱ - 1155
へにはな……………………………Ⅱ - 1155
べにはな……………………………Ⅱ - 1155
べにばな……………………………Ⅱ - 1155
べにひわた…………………………Ⅱ - 1155
べにひゑ……………………………Ⅱ - 1155
へにむぎ……………………………Ⅱ - 1156
へにもちあは………………………Ⅱ - 1156
べにやつこ…………………………Ⅱ - 1156
へにやはつ…………………………Ⅱ - 1156
べにやはづ…………………………Ⅱ - 1156
へにろくかく………………………Ⅱ - 1156
べにろくかく………………………Ⅱ - 1156
へりとり……………………………Ⅱ - 1156
へりとり……………………………Ⅱ - 1157
へりとりささげ……………………Ⅱ - 1157
へりとりじふろく…………………Ⅱ - 1157
へろさいごく………………………Ⅱ - 1157
へんかうむぎ………………………Ⅱ - 1157
へんけい……………………………Ⅱ - 1157
べんけい……………………………Ⅱ - 1157
べんけいはたか……………………Ⅱ - 1158
へんけいもち………………………Ⅱ - 1158
べんじろうはだか…………………Ⅱ - 1158
へんづ………………………………Ⅱ - 1158
へんとう……………………………Ⅱ - 1158
へんむぎ……………………………Ⅱ - 1158
へんろかへ…………………………Ⅱ - 1158

ほ

ほいね………………………………Ⅱ - 1159
ほう…………………………………Ⅱ - 1159
ほうえい……………………………Ⅱ - 1159
ほうえいげんろく…………………Ⅱ - 1159
ほうかい……………………………Ⅱ - 1159
ぼうくらう…………………………Ⅱ - 1159

ぽうくろう……………………………Ⅱ - 1159
ほうざいこ……………………………Ⅱ - 1159
ほうざう………………………………Ⅱ - 1160
ほうさは………………………………Ⅱ - 1160
ほうざり………………………………Ⅱ - 1160
ほうし…………………………………Ⅱ - 1160
ほうしあわ……………………………Ⅱ - 1160
ほうしくろすみ………………………Ⅱ - 1160
ほうしくろずみあわ…………………Ⅱ - 1161
ほうしこむぎ…………………………Ⅱ - 1161
ほうしほくこく………………………Ⅱ - 1161
ほうしむぎ……………………………Ⅱ - 1161
ほうじやうまめ………………………Ⅱ - 1161
ほうしゆうまめ………………………Ⅱ - 1161
ほうじゆむぎ…………………………Ⅱ - 1161
ほうす…………………………………Ⅱ - 1162
ぼうす…………………………………Ⅱ - 1162
ぼうず…………………………………Ⅱ - 1162
ほうすかるこ…………………………Ⅱ - 1162
ほうすこむぎ…………………………Ⅱ - 1162
ぼうずこむぎ…………………………Ⅱ - 1162
ぼうずたこや…………………………Ⅱ - 1162
ぼうずびへ……………………………Ⅱ - 1163
ほうすむぎ……………………………Ⅱ - 1163
ぼうずむぎ……………………………Ⅱ - 1163
ぼうずめぐろ…………………………Ⅱ - 1163
ぼうずもち……………………………Ⅱ - 1163
ぼうすろくかくむぎ…………………Ⅱ - 1163
ぼうずろくかくむぎ…………………Ⅱ - 1163
ほうすわせ……………………………Ⅱ - 1163
ぼうずわせ……………………………Ⅱ - 1163
ほうすん………………………………Ⅱ - 1164
ほうちこ………………………………Ⅱ - 1164
ほうつあは……………………………Ⅱ - 1164
ぼうづあは……………………………Ⅱ - 1164
ぼうづむぎ……………………………Ⅱ - 1164
ほうと…………………………………Ⅱ - 1164
ほうどうじ……………………………Ⅱ - 1164
ほうもち………………………………Ⅱ - 1165
ほうろくすん…………………………Ⅱ - 1165
ほうゑい………………………………Ⅱ - 1165
ほかくし………………………………Ⅱ - 1165
ほきた…………………………………Ⅱ - 1165
ほきれ…………………………………Ⅱ - 1165
ほくこく………………………………Ⅱ - 1165
ほくこく………………………………Ⅱ - 1166
ほくこくかいだう……………………Ⅱ - 1166
ほくこくくまこ………………………Ⅱ - 1166
ほくこくこむぎ………………………Ⅱ - 1166
ほくこくもち…………………………Ⅱ - 1166
ほくこくわせ…………………………Ⅱ - 1166
ほくさ…………………………………Ⅱ - 1167
ほくろ…………………………………Ⅱ - 1167
ほけあは………………………………Ⅱ - 1167
ぼけあは………………………………Ⅱ - 1167
ぼけささけ……………………………Ⅱ - 1167
ほご……………………………………Ⅱ - 1167
ほささけ………………………………Ⅱ - 1167
ほしけ…………………………………Ⅱ - 1167
ほしのこ………………………………Ⅱ - 1168
ほじまめ………………………………Ⅱ - 1168
ほしろ…………………………………Ⅱ - 1168
ほそ……………………………………Ⅱ - 1168
ほそあは………………………………Ⅱ - 1168
ほそあはもち…………………………Ⅱ - 1168
ほそあわ………………………………Ⅱ - 1168
ほそおほむぎ…………………………Ⅱ - 1169
ほそから………………………………Ⅱ - 1169
ほそがら………………………………Ⅱ - 1169
ほそからやろく………………………Ⅱ - 1169
ほそきり………………………………Ⅱ - 1169
ほそくろ………………………………Ⅱ - 1169
ほそごらう……………………………Ⅱ - 1170
ほそしろあは…………………………Ⅱ - 1170
ほそしろあわ…………………………Ⅱ - 1170
ほそたかし……………………………Ⅱ - 1170

ほそは……………………………Ⅱ - 1170
ほそば……………………………Ⅱ - 1170
ほそばいね………………………Ⅱ - 1170
ほそばしろいね…………………Ⅱ - 1170
ほそはもち………………………Ⅱ - 1171
ほそひ……………………………Ⅱ - 1171
ほそひき…………………………Ⅱ - 1171
ほそひきあは……………………Ⅱ - 1171
ほそびきあは……………………Ⅱ - 1171
ほそひきあわ……………………Ⅱ - 1171
ほそひへ…………………………Ⅱ - 1171
ほそほ……………………………Ⅱ - 1171
ほそぼ……………………………Ⅱ - 1172
ほそぼあわ………………………Ⅱ - 1172
ほそぼうるあは…………………Ⅱ - 1172
ほそぼひへ………………………Ⅱ - 1172
ほそほもちあは…………………Ⅱ - 1172
ほそむぎ…………………………Ⅱ - 1172
ほそもち…………………………Ⅱ - 1172
ほそもち…………………………Ⅱ - 1173
ほそろい…………………………Ⅱ - 1173
ほそろひ…………………………Ⅱ - 1173
ほぞろひ…………………………Ⅱ - 1173
ほそろへ…………………………Ⅱ - 1173
ほぞろへ…………………………Ⅱ - 1173
ほた………………………………Ⅱ - 1173
ぼた………………………………Ⅱ - 1173
ほたまめ…………………………Ⅱ - 1173
ほたる……………………………Ⅱ - 1173
ほたんささけ……………………Ⅱ - 1174
ほつきれ…………………………Ⅱ - 1174
ぼつくり…………………………Ⅱ - 1174
ぼつこ……………………………Ⅱ - 1174
ほつこく…………………………Ⅱ - 1174
ほつこくいね……………………Ⅱ - 1174
ほつこくわせ……………………Ⅱ - 1175
ほつこほり………………………Ⅱ - 1175
ほつこり…………………………Ⅱ - 1175
ぼつこり…………………………Ⅱ - 1175
ほつころほり……………………Ⅱ - 1175
ほてい……………………………Ⅱ - 1175
ほていかいちう…………………Ⅱ - 1175
ほでり……………………………Ⅱ - 1175
ほとけのこ………………………Ⅱ - 1176
ほなか……………………………Ⅱ - 1176
ほなが……………………………Ⅱ - 1176
ほなが……………………………Ⅱ - 1177
ほながあは………………………Ⅱ - 1177
ほながかし………………………Ⅱ - 1177
ほながくろ………………………Ⅱ - 1177
ほなかこむぎ……………………Ⅱ - 1177
ほなかはたか……………………Ⅱ - 1177
ほながはたか……………………Ⅱ - 1177
ほなかむぎ………………………Ⅱ - 1178
ほながむぎ………………………Ⅱ - 1178
ほなかもち………………………Ⅱ - 1178
ほながをさか……………………Ⅱ - 1178
ぼぶあわ…………………………Ⅱ - 1178
ほふし……………………………Ⅱ - 1178
ほふしこむぎ……………………Ⅱ - 1179
ほふしでき………………………Ⅱ - 1179
ほふしほくこく…………………Ⅱ - 1179
ほふしむぎ………………………Ⅱ - 1179
ほふと……………………………Ⅱ - 1179
ほぶと……………………………Ⅱ - 1179
ほふとわせ………………………Ⅱ - 1179
ほぶとわせ………………………Ⅱ - 1179
ぼぼけ……………………………Ⅱ - 1179
ほぼそ……………………………Ⅱ - 1180
ほほひへ…………………………Ⅱ - 1180
ぼぼらひへ………………………Ⅱ - 1180
ほみじかむぎ……………………Ⅱ - 1180
ほみたれ…………………………Ⅱ - 1180
ほみたれきび……………………Ⅱ - 1180
ほもつれ…………………………Ⅱ - 1180
ほりきりひゑ……………………Ⅱ - 1181

ぼりこり……………………………Ⅱ - 1181
ほりだし……………………………Ⅱ - 1181
ほりのうち…………………………Ⅱ - 1181
ぼろ…………………………………Ⅱ - 1181
ほろくかくむぎ……………………Ⅱ - 1181
ぼろり………………………………Ⅱ - 1182
ぼん…………………………………Ⅱ - 1182
ほんあつき…………………………Ⅱ - 1182
ぼんあつき…………………………Ⅱ - 1182
ぼんあづき…………………………Ⅱ - 1182
ほんあは……………………………Ⅱ - 1182
ぼんあは……………………………Ⅱ - 1182
ほんあは……………………………Ⅱ - 1183
ぼんあは……………………………Ⅱ - 1183
ぼんきひ……………………………Ⅱ - 1183
ほんくろ……………………………Ⅱ - 1183
ぼんこしろ…………………………Ⅱ - 1183
ほんさいこく………………………Ⅱ - 1183
ほんたあは…………………………Ⅱ - 1184
ほんだあは…………………………Ⅱ - 1184
ほんたいまめ………………………Ⅱ - 1184
ぼんたいまめ………………………Ⅱ - 1184
ほんでう……………………………Ⅱ - 1184
ほんてん……………………………Ⅱ - 1184
ぼんてん……………………………Ⅱ - 1184
ほんとうし…………………………Ⅱ - 1184
ほんどうじ…………………………Ⅱ - 1184
ほんひえ……………………………Ⅱ - 1184
ほんぼ………………………………Ⅱ - 1184
ほんほう……………………………Ⅱ - 1185
ほんまめ……………………………Ⅱ - 1185
ぼんまめ……………………………Ⅱ - 1185
ほんもそより………………………Ⅱ - 1185
ほんもち……………………………Ⅱ - 1185
ぼんもち……………………………Ⅱ - 1185
ぼんもち……………………………Ⅱ - 1186
ぼんもちあは………………………Ⅱ - 1186
ほんわせ……………………………Ⅱ - 1186
ぼんわせ……………………………Ⅱ - 1186

## ま

まあすき……………………………Ⅱ - 1187
まあづき……………………………Ⅱ - 1187
まいたいつみ………………………Ⅱ - 1187
まかずそば…………………………Ⅱ - 1187
まがり………………………………Ⅱ - 1187
まかりきひ…………………………Ⅱ - 1187
まがりきひ…………………………Ⅱ - 1187
まがりきび…………………………Ⅱ - 1188
まかりささけ………………………Ⅱ - 1188
まかりひゑ…………………………Ⅱ - 1188
まきささげ…………………………Ⅱ - 1188
まきさわ……………………………Ⅱ - 1188
まきひ………………………………Ⅱ - 1188
まきやま……………………………Ⅱ - 1188
まくらひへ…………………………Ⅱ - 1189
まくらわせ…………………………Ⅱ - 1189
まくろ………………………………Ⅱ - 1189
まくをろし…………………………Ⅱ - 1189
まこ…………………………………Ⅱ - 1189
まごうよりだし……………………Ⅱ - 1189
まこおろし…………………………Ⅱ - 1189
まごさいこく………………………Ⅱ - 1190
まごさくかたち……………………Ⅱ - 1190
まござへもんばやり………………Ⅱ - 1190
まござゑもん………………………Ⅱ - 1190
まござゑもんいね…………………Ⅱ - 1190
まござゑもんわせ…………………Ⅱ - 1190
まごしち……………………………Ⅱ - 1190
まこしやみ…………………………Ⅱ - 1191
まごじやむ…………………………Ⅱ - 1191
まこしやむあわ……………………Ⅱ - 1191
まこしやも…………………………Ⅱ - 1191
まこばやり…………………………Ⅱ - 1191
まごばやり…………………………Ⅱ - 1191
まこひへ……………………………Ⅱ - 1191

まごべゑささげ……………………Ⅱ - 1191
まこま……………………………Ⅱ - 1192
まごろく…………………………Ⅱ - 1192
まさき……………………………Ⅱ - 1192
まさめ……………………………Ⅱ - 1192
まさら……………………………Ⅱ - 1192
ましこ……………………………Ⅱ - 1192
ましたはたか……………………Ⅱ - 1192
ましまはたか……………………Ⅱ - 1193
ますかへり………………………Ⅱ - 1193
ますのこ…………………………Ⅱ - 1193
ますへ……………………………Ⅱ - 1193
またあは…………………………Ⅱ - 1193
またうゑもん……………………Ⅱ - 1193
まだか……………………………Ⅱ - 1193
またかもち………………………Ⅱ - 1194
またかもちあは…………………Ⅱ - 1194
またくち…………………………Ⅱ - 1194
またくらまめ……………………Ⅱ - 1194
まただと…………………………Ⅱ - 1194
またごらう………………………Ⅱ - 1194
またごらうあわ…………………Ⅱ - 1194
またごらうまめ…………………Ⅱ - 1195
またごろ…………………………Ⅱ - 1195
またしち…………………………Ⅱ - 1195
またじらう………………………Ⅱ - 1195
またじらうこむぎ………………Ⅱ - 1195
またふり…………………………Ⅱ - 1195
まため……………………………Ⅱ - 1195
またもち…………………………Ⅱ - 1196
またやろく………………………Ⅱ - 1196
またらあづき……………………Ⅱ - 1196
まだらあづき……………………Ⅱ - 1196
まだらささげ……………………Ⅱ - 1196
まだらゑんどう…………………Ⅱ - 1196
まつかさ…………………………Ⅱ - 1196
まつかさあは……………………Ⅱ - 1197
まつかつさ………………………Ⅱ - 1197
まつかは…………………………Ⅱ - 1197
まつかわ…………………………Ⅱ - 1197
まつざか…………………………Ⅱ - 1197
まつとう…………………………Ⅱ - 1197
まつとうまめ……………………Ⅱ - 1197
まつのき…………………………Ⅱ - 1198
まつのきあは……………………Ⅱ - 1198
まつのこ…………………………Ⅱ - 1198
まつば……………………………Ⅱ - 1198
まつはろくかく…………………Ⅱ - 1198
まつやま…………………………Ⅱ - 1198
まて………………………………Ⅱ - 1198
まとのした………………………Ⅱ - 1199
まないた…………………………Ⅱ - 1199
まないたこむぎ…………………Ⅱ - 1199
まはりまやろく…………………Ⅱ - 1199
まひゑ……………………………Ⅱ - 1199
まへたいづみ……………………Ⅱ - 1199
まへだいつみ……………………Ⅱ - 1199
まへなながふ……………………Ⅱ - 1200
まめ………………………………Ⅱ - 1200
まめきひ…………………………Ⅱ - 1200
まめきび…………………………Ⅱ - 1201
まめぎひ…………………………Ⅱ - 1201
まめこむぎ………………………Ⅱ - 1201
まめたもち………………………Ⅱ - 1201
まよも……………………………Ⅱ - 1201
まりこ……………………………Ⅱ - 1201
まりこのした……………………Ⅱ - 1201
まるあかさや……………………Ⅱ - 1202
まるまめ…………………………Ⅱ - 1202
まるみさんぐわつ………………Ⅱ - 1202
まるやま…………………………Ⅱ - 1202
まるやまおくて…………………Ⅱ - 1202
まるやまわせ……………………Ⅱ - 1202
まわせ……………………………Ⅱ - 1202
まんくらう………………………Ⅱ - 1203
まんこく…………………………Ⅱ - 1203

まんごく……………………………Ⅱ - 1203
まんごくひへ………………………Ⅱ - 1203
まんこまめ…………………………Ⅱ - 1203
まんさい……………………………Ⅱ - 1203
まんざい……………………………Ⅱ - 1204
まんしん……………………………Ⅱ - 1204
まんそうこ…………………………Ⅱ - 1204
まんそくあわ………………………Ⅱ - 1204
まんとく……………………………Ⅱ - 1204
まんはい……………………………Ⅱ - 1204
まんばい……………………………Ⅱ - 1204
まんぼ………………………………Ⅱ - 1205
まんほう……………………………Ⅱ - 1205
まんぽう……………………………Ⅱ - 1205

## み

みあかし……………………………Ⅱ - 1206
みかさもち…………………………Ⅱ - 1206
みかづきまめ………………………Ⅱ - 1206
みかとかし…………………………Ⅱ - 1206
みかは………………………………Ⅱ - 1206
みかはいね…………………………Ⅱ - 1206
みかははだか………………………Ⅱ - 1206
みかはむぎ…………………………Ⅱ - 1207
みかはもち…………………………Ⅱ - 1207
みかり………………………………Ⅱ - 1207
みかわ………………………………Ⅱ - 1207
みきぬ………………………………Ⅱ - 1207
みきね………………………………Ⅱ - 1207
みくみ………………………………Ⅱ - 1207
みくろ………………………………Ⅱ - 1208
みぐろ………………………………Ⅱ - 1208
みくろあわ…………………………Ⅱ - 1208
みくろからしろ……………………Ⅱ - 1208
みくろもち…………………………Ⅱ - 1208
みこけ………………………………Ⅱ - 1208
みこなか……………………………Ⅱ - 1209
みこなが……………………………Ⅱ - 1209
みごなか……………………………Ⅱ - 1209
みこはしり…………………………Ⅱ - 1209
みごひき……………………………Ⅱ - 1209
みこもち……………………………Ⅱ - 1209
みこわせ……………………………Ⅱ - 1210
みごわせ……………………………Ⅱ - 1210
みこわり……………………………Ⅱ - 1210
みささけ……………………………Ⅱ - 1210
みささげ……………………………Ⅱ - 1210
みさの………………………………Ⅱ - 1210
みしな………………………………Ⅱ - 1210
みしまあは…………………………Ⅱ - 1210
みしまかいちゆう…………………Ⅱ - 1211
みしやう……………………………Ⅱ - 1211
みしらす……………………………Ⅱ - 1211
みしらず……………………………Ⅱ - 1211
みしろぜんろく……………………Ⅱ - 1211
みずのこ……………………………Ⅱ - 1211
みすみ………………………………Ⅱ - 1211
みそくい……………………………Ⅱ - 1211
みぞくひ……………………………Ⅱ - 1212
みぞごし……………………………Ⅱ - 1212
みそなし……………………………Ⅱ - 1212
みそをうち…………………………Ⅱ - 1212
みたおれ……………………………Ⅱ - 1212
みだし………………………………Ⅱ - 1212
みたしかいせい……………………Ⅱ - 1212
みたに………………………………Ⅱ - 1213
みたらい……………………………Ⅱ - 1213
みだりゑちご………………………Ⅱ - 1213
みたれ………………………………Ⅱ - 1213
みだれ………………………………Ⅱ - 1213
みだれあは…………………………Ⅱ - 1214
みたれあわ…………………………Ⅱ - 1214
みだれあわ…………………………Ⅱ - 1214
みたれかし…………………………Ⅱ - 1214
みたれきひ…………………………Ⅱ - 1214
みだれきひ…………………………Ⅱ - 1214

みだれきび……………………………Ⅱ - 1214
みだれこうぼふ………………………Ⅱ - 1214
みたれひえ……………………………Ⅱ - 1215
みだれひえ……………………………Ⅱ - 1215
みたれひへ……………………………Ⅱ - 1215
みだれひへ……………………………Ⅱ - 1215
みたれひゑ……………………………Ⅱ - 1215
みだれひゑ……………………………Ⅱ - 1215
みたれやろく…………………………Ⅱ - 1215
みちか…………………………………Ⅱ - 1215
みちかささけ…………………………Ⅱ - 1215
みちかささげ…………………………Ⅱ - 1215
みちけしろ……………………………Ⅱ - 1215
みちけじろなかて……………………Ⅱ - 1216
みちけやろう…………………………Ⅱ - 1216
みちばた………………………………Ⅱ - 1216
みついし………………………………Ⅱ - 1216
みづいり………………………………Ⅱ - 1216
みつかちがい…………………………Ⅱ - 1216
みつかちかひ…………………………Ⅱ - 1216
みつかちがひ…………………………Ⅱ - 1216
みつかど………………………………Ⅱ - 1217
みつかはや……………………………Ⅱ - 1217
みつかひえ……………………………Ⅱ - 1217
みづくくり……………………………Ⅱ - 1217
みづくぐり……………………………Ⅱ - 1217
みづくくりきやうゑひ………………Ⅱ - 1217
みづくぐりまめ………………………Ⅱ - 1218
みつけ…………………………………Ⅱ - 1218
みつけじらう…………………………Ⅱ - 1218
みつけしろ……………………………Ⅱ - 1218
みつこさや……………………………Ⅱ - 1218
みづこぼれ……………………………Ⅱ - 1218
みづこむぎ……………………………Ⅱ - 1218
みつさやまめ…………………………Ⅱ - 1219
みづすひ………………………………Ⅱ - 1219
みつだいづ……………………………Ⅱ - 1219
みづとしわせ…………………………Ⅱ - 1219
みつなり………………………………Ⅱ - 1219
みづの…………………………………Ⅱ - 1219
みづのこ………………………………Ⅱ - 1219
みつほさや……………………………Ⅱ - 1220
みづむぎ………………………………Ⅱ - 1220
みづよけ………………………………Ⅱ - 1220
みつら…………………………………Ⅱ - 1220
みづゑもん……………………………Ⅱ - 1220
みつを…………………………………Ⅱ - 1220
みてくれい……………………………Ⅱ - 1220
みと……………………………………Ⅱ - 1221
みとあわ………………………………Ⅱ - 1221
みとかし………………………………Ⅱ - 1221
みとり…………………………………Ⅱ - 1221
みどり…………………………………Ⅱ - 1221
みどりまめ……………………………Ⅱ - 1221
みとろ…………………………………Ⅱ - 1222
みどをれ………………………………Ⅱ - 1222
みなかれ………………………………Ⅱ - 1222
みなくち………………………………Ⅱ - 1222
みなくちもち…………………………Ⅱ - 1222
みなくちわせ…………………………Ⅱ - 1222
みなとわせ……………………………Ⅱ - 1222
みなみあは……………………………Ⅱ - 1223
みなみあわ……………………………Ⅱ - 1223
みなみこむき…………………………Ⅱ - 1223
みなみこむぎ…………………………Ⅱ - 1223
みなり…………………………………Ⅱ - 1223
みねくだり……………………………Ⅱ - 1223
みの……………………………………Ⅱ - 1223
みのいね………………………………Ⅱ - 1223
みのおくて……………………………Ⅱ - 1224
みのかいちう…………………………Ⅱ - 1224
みのかけ………………………………Ⅱ - 1224
みのかけもち…………………………Ⅱ - 1224
みのかさ………………………………Ⅱ - 1224
みのかるこ……………………………Ⅱ - 1224
みのきもち……………………………Ⅱ - 1225

みのくろ……II－1225
みのぐろ……II－1225
みのけ……II－1225
みのこむぎ……II－1225
みのごらう……II－1225
みのごらうむぎ……II－1225
みのさいこく……II－1226
みのしやうらく……II－1226
みのぜんろく……II－1226
みのたにむき……II－1226
みのびつちゆう……II－1226
みのひへ……II－1226
みのひゑ……II－1226
みのむぎ……II－1227
みのもち……II－1227
みのやまと……II－1227
みのやろく……II－1227
みのろくかく……II－1227
みのわせ……II－1227
みはる……II－1228
みふし……II－1228
みほうもち……II－1228
みほと……II－1228
みほひへ……II－1228
みほわせ……II－1228
みみしろ……II－1228
みみしろあづき……II－1229
みむろ……II－1229
みめよし……II－1229
みや……II－1229
みやいち……II－1229
みやうあわ……II－1229
みやうき……II－1229
みやうち……II－1230
みやこあわ……II－1230
みやこし……II－1230
みやこほせ……II－1230
みやこほれ……II－1230
みやこぼれ……II－1230
みやこもち……II－1230
みやしけ……II－1230
みやしげ……II－1230
みやちかし……II－1231
みやのした……II－1231
みやのまへ……II－1231
みやのわき……II－1231
みやのわせ……II－1231
みやま……II－1231
みやまめ……II－1232
みややろく……II－1232
みやらとわせ……II－1232
みやわき……II－1232
みよし……II－1232
みより……II－1232
みろく……II－1233
みわりわせ……II－1233
みわれ……II－1233
みわれわせ……II－1233
みんぶ……II－1233

## む

むいかあづき……II－1234
むかいの……II－1234
むかし……II－1234
むかしいわか……II－1234
むかしかいちう……II－1234
むかしかるこ……II－1234
むかて……II－1234
むかで……II－1234
むかてこむぎ……II－1235
むかでこむぎ……II－1235
むかてむぎ……II－1235
むぎ……II－1235
むぎあわ……II－1235
むぎから……II－1235
むぎからさい……II－1235

むぎからざい……………………Ⅱ - 1235
むぎしり……………………Ⅱ - 1236
むぎしりあは……………………Ⅱ - 1236
むきしろあつき……………………Ⅱ - 1236
むぎそへ……………………Ⅱ - 1236
むぎたすけ……………………Ⅱ - 1236
むぎぢ……………………Ⅱ - 1236
むきつき……………………Ⅱ - 1236
むぎつき……………………Ⅱ - 1236
むきつき……………………Ⅱ - 1237
むぎつき……………………Ⅱ - 1237
むぎつぎ……………………Ⅱ - 1237
むきつきあわ……………………Ⅱ - 1237
むぎつぎあわ……………………Ⅱ - 1237
むぎつきくまこ……………………Ⅱ - 1237
むきつきひえ……………………Ⅱ - 1237
むぎはたか……………………Ⅱ - 1237
むぎまめ……………………Ⅱ - 1238
むきやす……………………Ⅱ - 1238
むぎやす……………………Ⅱ - 1238
むきよし……………………Ⅱ - 1238
むぎよし……………………Ⅱ - 1238
むくそう……………………Ⅱ - 1238
むくそふ……………………Ⅱ - 1238
むくだい……………………Ⅱ - 1238
むくだひ……………………Ⅱ - 1238
むくろし……………………Ⅱ - 1239
むくろじ……………………Ⅱ - 1239
むくろしまめ……………………Ⅱ - 1239
むけかた……………………Ⅱ - 1239
むけやす……………………Ⅱ - 1239
むここやし……………………Ⅱ - 1239
むこそろい……………………Ⅱ - 1240
むこそろへ……………………Ⅱ - 1240
むこぬき……………………Ⅱ - 1240
むし……………………Ⅱ - 1240
むしさき……………………Ⅱ - 1240
むしたれ……………………Ⅱ - 1241
むしとり……………………Ⅱ - 1241
むじなあづき……………………Ⅱ - 1241
むしなあわ……………………Ⅱ - 1241
むじなのを……………………Ⅱ - 1241
むせつた……………………Ⅱ - 1241
むそう……………………Ⅱ - 1241
むた……………………Ⅱ - 1242
むつかど……………………Ⅱ - 1242
むつこさや……………………Ⅱ - 1242
むつこざや……………………Ⅱ - 1242
むねきり……………………Ⅱ - 1242
むねこ……………………Ⅱ - 1242
むねん……………………Ⅱ - 1242
むまかしらあづき……………………Ⅱ - 1242
むまくはず……………………Ⅱ - 1243
むまだいづ……………………Ⅱ - 1243
むまのかしら……………………Ⅱ - 1243
むまのかしらあづき……………………Ⅱ - 1243
むまのかね……………………Ⅱ - 1243
むまのつな……………………Ⅱ - 1243
むまのは……………………Ⅱ - 1243
むまのめ……………………Ⅱ - 1244
むまひへ……………………Ⅱ - 1244
むまやきかね……………………Ⅱ - 1244
むめこもち……………………Ⅱ - 1244
むめつか……………………Ⅱ - 1244
むめまめ……………………Ⅱ - 1244
むめもち……………………Ⅱ - 1244
むめもと……………………Ⅱ - 1245
むようか……………………Ⅱ - 1245
むようかわせ……………………Ⅱ - 1245
むよか……………………Ⅱ - 1245
むより……………………Ⅱ - 1245
むらかみ……………………Ⅱ - 1245
むらくに……………………Ⅱ - 1245
むらこ……………………Ⅱ - 1246
むらさき……………………Ⅱ - 1246
むらさきあづき……………………Ⅱ - 1246

むらさきこしろ……………………Ⅱ - 1246
むらさきささげ……………………Ⅱ - 1246
むらさきさや………………………Ⅱ - 1247
むらさきたうきひ…………………Ⅱ - 1247
むらさきはだか……………………Ⅱ - 1247
むらさきひえ………………………Ⅱ - 1247
むらさきひへ………………………Ⅱ - 1247
むらさきむぎ………………………Ⅱ - 1247
むらていしわせ……………………Ⅱ - 1248
むれかし……………………………Ⅱ - 1248
むろ…………………………………Ⅱ - 1248

## め

めあか………………………………Ⅱ - 1249
めあかぼうず………………………Ⅱ - 1249
めいしん……………………………Ⅱ - 1249
めうかく……………………………Ⅱ - 1249
めうがばうず………………………Ⅱ - 1249
めうかん……………………………Ⅱ - 1249
めうしんじ…………………………Ⅱ - 1249
めうとく……………………………Ⅱ - 1250
めうむぎ……………………………Ⅱ - 1250
めうれんじ…………………………Ⅱ - 1250
めかざいこく………………………Ⅱ - 1250
めがね………………………………Ⅱ - 1250
めかねささけ………………………Ⅱ - 1250
めがねささげ………………………Ⅱ - 1250
めきり………………………………Ⅱ - 1251
めくみ………………………………Ⅱ - 1251
めくろ………………………………Ⅱ - 1251
めぐろ………………………………Ⅱ - 1251
めぐろ………………………………Ⅱ - 1252
めぐろあへつる……………………Ⅱ - 1252
めぐろあゑらぎ……………………Ⅱ - 1252
めぐろあをつる……………………Ⅱ - 1252
めぐろいね…………………………Ⅱ - 1252
めくろかいせい……………………Ⅱ - 1253
めくろきひ…………………………Ⅱ - 1253
めくろきび…………………………Ⅱ - 1253
めぐろきび…………………………Ⅱ - 1253
めぐろこぼうし……………………Ⅱ - 1253
めぐろささげ………………………Ⅱ - 1253
めくろだこや………………………Ⅱ - 1253
めぐろだこや………………………Ⅱ - 1253
めぐろつのくに……………………Ⅱ - 1253
めぐろはなうち……………………Ⅱ - 1254
めぐろひとほせん…………………Ⅱ - 1254
めくろまめ…………………………Ⅱ - 1254
めぐろまめ…………………………Ⅱ - 1254
めくろもち…………………………Ⅱ - 1254
めぐろもち…………………………Ⅱ - 1255
めくろわせ…………………………Ⅱ - 1255
めぐろわせ…………………………Ⅱ - 1255
めぐろゑりだし……………………Ⅱ - 1255
めくろゑんとう……………………Ⅱ - 1255
めぐろゑんどう……………………Ⅱ - 1255
めさし………………………………Ⅱ - 1256
めざし………………………………Ⅱ - 1256
めさしあわ…………………………Ⅱ - 1256
めざしあわ…………………………Ⅱ - 1256
めしあつき…………………………Ⅱ - 1256
めしきび……………………………Ⅱ - 1256
めしはりま…………………………Ⅱ - 1256
めしむき……………………………Ⅱ - 1256
めしらず……………………………Ⅱ - 1257
めしろ………………………………Ⅱ - 1257
めじろ………………………………Ⅱ - 1257
めじろささけ………………………Ⅱ - 1257
めじろささげ………………………Ⅱ - 1257
めしろまめ…………………………Ⅱ - 1258
めじろまめ…………………………Ⅱ - 1258
めそ…………………………………Ⅱ - 1258
めたに………………………………Ⅱ - 1258
めつき………………………………Ⅱ - 1258
めつきあわ…………………………Ⅱ - 1258
めつけい……………………………Ⅱ - 1259

めつつき……………………………Ⅱ - 1259
めとくろ……………………………Ⅱ - 1259
めなか………………………………Ⅱ - 1259
めなが………………………………Ⅱ - 1259
めながあづき………………………Ⅱ - 1259
めなし………………………………Ⅱ - 1259
めなしささけ………………………Ⅱ - 1260
めなひえ……………………………Ⅱ - 1260
めなひゑ……………………………Ⅱ - 1260
めのたに……………………………Ⅱ - 1260
めのたね……………………………Ⅱ - 1260
めのとこもち………………………Ⅱ - 1260
めはしき……………………………Ⅱ - 1260
めめよしあわ………………………Ⅱ - 1261
めわりわせ…………………………Ⅱ - 1261

## も

もがみ………………………………Ⅱ - 1262
もがみさんすけ……………………Ⅱ - 1262
もがみでは…………………………Ⅱ - 1262
もかみまめ…………………………Ⅱ - 1262
もがみまめ…………………………Ⅱ - 1262
もがみわせ…………………………Ⅱ - 1262
もくしゆあわ………………………Ⅱ - 1262
もくぞ………………………………Ⅱ - 1263
もくそう……………………………Ⅱ - 1263
もくそうあは………………………Ⅱ - 1263
もくらもち…………………………Ⅱ - 1263
もくれんじ…………………………Ⅱ - 1263
もざ…………………………………Ⅱ - 1263
もしり………………………………Ⅱ - 1263
もじつり……………………………Ⅱ - 1264
もち…………………………………Ⅱ - 1264
もちあしむぎ………………………Ⅱ - 1264
もちあづき…………………………Ⅱ - 1264
もちあは……………………………Ⅱ - 1265
もちあわ……………………………Ⅱ - 1265
もちあはきび………………………Ⅱ - 1266
もちあわ……………………………Ⅱ - 1266
もちいね……………………………Ⅱ - 1266
もちいね……………………………Ⅱ - 1267
もちおくていね……………………Ⅱ - 1268
もちかづさ…………………………Ⅱ - 1268
もちかへり…………………………Ⅱ - 1268
もちかみふさ………………………Ⅱ - 1268
もちきひ……………………………Ⅱ - 1268
もちきひ……………………………Ⅱ - 1269
もちきび……………………………Ⅱ - 1269
もちこきひ…………………………Ⅱ - 1269
もちこしらうと……………………Ⅱ - 1269
もちこほれ…………………………Ⅱ - 1269
もちこむぎ…………………………Ⅱ - 1270
もちこめ……………………………Ⅱ - 1270
もちごめ……………………………Ⅱ - 1270
もちすすだま………………………Ⅱ - 1270
もちそは……………………………Ⅱ - 1270
もちそば……………………………Ⅱ - 1270
もちなかていね……………………Ⅱ - 1270
もちねつみくい……………………Ⅱ - 1271
もちのこ……………………………Ⅱ - 1271
もちはだか…………………………Ⅱ - 1271
もちひえ……………………………Ⅱ - 1271
もちひえあは………………………Ⅱ - 1271
もちひへ……………………………Ⅱ - 1271
もちひゑ……………………………Ⅱ - 1271
もちふくあたり……………………Ⅱ - 1272
もちまめ……………………………Ⅱ - 1272
もちむぎ……………………………Ⅱ - 1272
もちもどり…………………………Ⅱ - 1272
もちやざゑもん……………………Ⅱ - 1272
もちゆきあは………………………Ⅱ - 1273
もちわせ……………………………Ⅱ - 1273
もちをかふ…………………………Ⅱ - 1273
もちをかぼ…………………………Ⅱ - 1273
もつこ………………………………Ⅱ - 1273
もつこけた…………………………Ⅱ - 1273

もとあか……II - 1273
もといちそく……II - 1274
もといつぽん……II - 1274
もとかぶ……II - 1274
もどき……II - 1274
もとしね……II - 1274
もとしろ……II - 1274
もとやま……II - 1274
もとやろく……II - 1275
もとよしやろく……II - 1275
もとをこし……II - 1275
もひら……II - 1275
もみしろ……II - 1275
もみじろ……II - 1275
もみしろいね……II - 1276
もみちかし……II - 1276
もみびへ……II - 1276
もみやすはだか……II - 1276
もよきあは……II - 1276
もりあづき……II - 1276
もりおかあは……II - 1276
もりのまゑ……II - 1277
もりのわき……II - 1277
もりもと……II - 1277
もりやま……II - 1277
もろいね……II - 1277
もろきひ……II - 1277
もろこし……II - 1277
もろこし……II - 1278
もろこしきひ……II - 1278
もろこしきび……II - 1278
もろこしきみ……II - 1278
もろこつなぎ……II - 1278
もろごらう……II - 1279
もろひけ……II - 1279
もろもわせ……II - 1279
もろわせ……II - 1279
もんのまへ……II - 1279
もんのわき……II - 1279
もんわき……II - 1279
もんわせ……II - 1280

## や

やいすり……II - 1281
やいとかね……II - 1281
やうかひえ……II - 1281
やうかひへ……II - 1281
やうかひゑ……II - 1281
やうぎやう……II - 1281
やうろ……II - 1281
やかね……II - 1282
やかは……II - 1282
やから……II - 1282
やかわ……II - 1282
やきかね……II - 1282
やぎさは……II - 1282
やきぞり……II - 1282
やきち……II - 1283
やきむぎ……II - 1283
やくも……II - 1283
やくらえど……II - 1283
やくり……II - 1283
やくりわせ……II - 1283
やくろ……II - 1283
やくろう……II - 1284
やくろみたし……II - 1284
やけこむぎ……II - 1284
やけつら……II - 1284
やけむぎ……II - 1284
やこと……II - 1284
やさいきひ……II - 1284
やさいささけ……II - 1285
やさいまめ……II - 1285
やさいもち……II - 1285
やざう……II - 1285
やさぶらうもち……II - 1285

やざゑもんくろつみ……………… II - 1285
やじふいね………………………… II - 1285
やじふわせ………………………… II - 1286
やしほ……………………………… II - 1286
やしぼあは………………………… II - 1286
やしまほうし……………………… II - 1286
やすぎむぎ………………………… II - 1286
やすだ……………………………… II - 1286
やすだわせ………………………… II - 1286
やすりあは………………………… II - 1287
やせう……………………………… II - 1287
やぜう……………………………… II - 1287
やぞうはたか……………………… II - 1287
やた………………………………… II - 1287
やたらうおくて…………………… II - 1287
やたらうなかて…………………… II - 1287
やたらうむぎ……………………… II - 1287
やたらうわせ……………………… II - 1288
やちあは…………………………… II - 1288
やちあわ…………………………… II - 1288
やちむちり………………………… II - 1288
やちもり…………………………… II - 1288
やぢゑ……………………………… II - 1288
やつかしら………………………… II - 1288
やつかしら………………………… II - 1289
やつがしら………………………… II - 1289
やつこ……………………………… II - 1289
やつこがへり……………………… II - 1289
やつこささけ……………………… II - 1289
やつこはたか……………………… II - 1289
やつこはだか……………………… II - 1289
やつこむぎ………………………… II - 1290
やつさや…………………………… II - 1290
やつて……………………………… II - 1290
やつで……………………………… II - 1290
やつなり…………………………… II - 1290
やつねこ…………………………… II - 1290
やつふさ…………………………… II - 1290
やとく……………………………… II - 1290
やとら……………………………… II - 1291
やないどまめ……………………… II - 1291
やながは…………………………… II - 1291
やなぎ……………………………… II - 1291
やなぎあは………………………… II - 1291
やなぎあわ………………………… II - 1291
やなぎこ…………………………… II - 1291
やなぎごらう……………………… II - 1292
やなきさつま……………………… II - 1292
やなぎひへ………………………… II - 1292
やなぎひゑ………………………… II - 1292
やなぎほむぎ……………………… II - 1292
やなぎむぎ………………………… II - 1292
やなぎもち………………………… II - 1292
やなぎわせ………………………… II - 1293
やなくい…………………………… II - 1293
やなぐい…………………………… II - 1293
やなしちがふ……………………… II - 1293
やなひちこ………………………… II - 1293
やなひら…………………………… II - 1293
やなりあづき……………………… II - 1293
やねしちがふ……………………… II - 1293
やはす……………………………… II - 1294
やはず……………………………… II - 1294
やはずてんぢく…………………… II - 1294
やはすむぎ………………………… II - 1294
やはずやろく……………………… II - 1294
やはせ……………………………… II - 1294
やばせ……………………………… II - 1294
やはせわせ………………………… II - 1294
やはそ……………………………… II - 1294
やはた……………………………… II - 1295
やはたよりだし…………………… II - 1295
やはつ……………………………… II - 1295
やはづ……………………………… II - 1295
やはつあふみこ…………………… II - 1295
やはつかいせい…………………… II - 1295

やはつはたか…………………… II - 1296
やはつむぎ…………………… II - 1296
やはづむぎ…………………… II - 1296
やはつやろく…………………… II - 1296
やはづわきむき…………………… II - 1296
やひあは…………………… II - 1296
やひほ…………………… II - 1296
やぶかは…………………… II - 1297
やぶかはまめ…………………… II - 1297
やふぐすね…………………… II - 1297
やぶくすね…………………… II - 1297
やぶささけ…………………… II - 1297
やぶささげ…………………… II - 1297
やぶした…………………… II - 1297
やふたはら…………………… II - 1297
やぶたはら…………………… II - 1297
やぶたらう…………………… II - 1297
やぶたらうもち…………………… II - 1298
やへなり…………………… II - 1298
やへほろ…………………… II - 1298
やほう…………………… II - 1298
やぼたらう…………………… II - 1298
やま…………………… II - 1298
やまうち…………………… II - 1298
やまおきて…………………… II - 1299
やまおくて…………………… II - 1299
やまおろし…………………… II - 1299
やまが…………………… II - 1299
やまかたやろく…………………… II - 1299
やまがちやうじや…………………… II - 1299
やまかは…………………… II - 1299
やまがはちこく…………………… II - 1300
やまがわせ…………………… II - 1300
やまぐち…………………… II - 1300
やまぐちかいぢよ…………………… II - 1300
やまぐちこうぼふ…………………… II - 1300
やまぐちもち…………………… II - 1300
やまくにわせ…………………… II - 1300
やまくみ…………………… II - 1301
やまくみわせ…………………… II - 1301
やまさき…………………… II - 1301
やまざき…………………… II - 1301
やまざきやろく…………………… II - 1301
やまさび…………………… II - 1301
やました…………………… II - 1301
やましたうるあは…………………… II - 1301
やましらば…………………… II - 1302
やましろ…………………… II - 1302
やまた…………………… II - 1302
やまだ…………………… II - 1302
やまだあは…………………… II - 1302
やまたもち…………………… II - 1302
やまだもち…………………… II - 1302
やまだわせ…………………… II - 1302
やまてら…………………… II - 1302
やまてらし…………………… II - 1303
やまてらしこむぎ…………………… II - 1303
やまてらしわせ…………………… II - 1303
やまと…………………… II - 1303
やまとあは…………………… II - 1303
やまとかるこ…………………… II - 1304
やまとこ…………………… II - 1304
やまとこほれ…………………… II - 1304
やまとはだか…………………… II - 1304
やまとはつこく…………………… II - 1304
やまとひえ…………………… II - 1304
やまとひへ…………………… II - 1304
やまとまめ…………………… II - 1305
やまとむぎ…………………… II - 1305
やまとり…………………… II - 1305
やまどり…………………… II - 1305
やまとわせ…………………… II - 1305
やまなか…………………… II - 1305
やまのた…………………… II - 1305
やまのはな…………………… II - 1305
やまばた…………………… II - 1306

やまはたあづき……………………Ⅱ - 1306
やまはふし……………………………Ⅱ - 1306
やまばやり……………………………Ⅱ - 1306
やまぶし………………………………Ⅱ - 1306
やまぶしもち…………………………Ⅱ - 1306
やままて………………………………Ⅱ - 1306
やまむろわせ…………………………Ⅱ - 1307
やまもち………………………………Ⅱ - 1307
やまもとかし…………………………Ⅱ - 1307
やまもともち…………………………Ⅱ - 1307
やまわせ………………………………Ⅱ - 1307
やみす…………………………………Ⅱ - 1307
やみぞ…………………………………Ⅱ - 1307
やみのよ………………………………Ⅱ - 1308
やみのよささけ………………………Ⅱ - 1308
やむき…………………………………Ⅱ - 1308
やもちあは……………………………Ⅱ - 1308
ややうか………………………………Ⅱ - 1308
ややほうし……………………………Ⅱ - 1308
ややま…………………………………Ⅱ - 1308
ややまむき……………………………Ⅱ - 1309
ややらか………………………………Ⅱ - 1309
ようか…………………………………Ⅱ - 1309
やようかわせ…………………………Ⅱ - 1309
やよか…………………………………Ⅱ - 1309
やよかわせ……………………………Ⅱ - 1309
やよなり………………………………Ⅱ - 1309
やよふか………………………………Ⅱ - 1310
やよふかわせ…………………………Ⅱ - 1310
やらう…………………………………Ⅱ - 1310
やらうささけ…………………………Ⅱ - 1310
やりかたねひえ………………………Ⅱ - 1310
やりかつき……………………………Ⅱ - 1310
やりきひ………………………………Ⅱ - 1310
やりくり………………………………Ⅱ - 1311
やりこひえ……………………………Ⅱ - 1311
やりのさや……………………………Ⅱ - 1311
やりみの………………………………Ⅱ - 1311
やりむき………………………………Ⅱ - 1311
やりもち………………………………Ⅱ - 1311
やりわ…………………………………Ⅱ - 1311
やろう…………………………………Ⅱ - 1312
やろうささけ…………………………Ⅱ - 1312
やろうはたか…………………………Ⅱ - 1312
やろく…………………………………Ⅱ - 1312
やろくいね……………………………Ⅱ - 1312
やろくかいせい………………………Ⅱ - 1313
やろくきひ……………………………Ⅱ - 1313
やろくなかて…………………………Ⅱ - 1313
やろくひへ……………………………Ⅱ - 1313
やろくまし……………………………Ⅱ - 1313
やろくまめ……………………………Ⅱ - 1313
やろくむぎ……………………………Ⅱ - 1313
やろくもち……………………………Ⅱ - 1314
やろくわせ……………………………Ⅱ - 1314
やわせ…………………………………Ⅱ - 1314
やわた…………………………………Ⅱ - 1314
やわら…………………………………Ⅱ - 1314
やゑなり………………………………Ⅱ - 1314
やゑなりあつき………………………Ⅱ - 1314
やゑなりささげ………………………Ⅱ - 1315
やゑふかひへ…………………………Ⅱ - 1315
やをとめ………………………………Ⅱ - 1315
やんけんし……………………………Ⅱ - 1315
やんしやう……………………………Ⅱ - 1315
やんじやう……………………………Ⅱ - 1315

## ゆ

ゆい……………………………………Ⅱ - 1316
ゆうかい………………………………Ⅱ - 1316
ゆうてらし……………………………Ⅱ - 1316
ゆきあいまめ…………………………Ⅱ - 1316
ゆきあは………………………………Ⅱ - 1316
ゆきあひ………………………………Ⅱ - 1316
ゆきあわ………………………………Ⅱ - 1316
ゆきころき……………………………Ⅱ - 1317

ゆきしらず……II - 1317
ゆきのこ……II - 1317
ゆきのした……II - 1317
ゆきのしたあは……II - 1317
ゆきのしたまめ……II - 1318
ゆきはり……II - 1318
ゆきむま……II - 1318
ゆぎやう……II - 1318
ゆきやまめ……II - 1318
ゆきわり……II - 1318
ゆだちまめ……II - 1318
ゆたん……II - 1319
ゆのや……II - 1319
ゆはいあは……II - 1319
ゆひくまこ……II - 1319
ゆふてらし……II - 1319
ゆふひでり……II - 1319
ゆふふく……II - 1319
ゆふろうち……II - 1320
ゆやまそば……II - 1320
ゆら……II - 1320
ゆらか……II - 1320
ゆりかふり……II - 1320
ゆりたて……II - 1320
ゆるま……II - 1320
ゆわか……II - 1321
ゆわき……II - 1321

## よ

よいち……II - 1322
よいちろあづき……II - 1322
よいね……II - 1322
ようきやう……II - 1322
よかはわせ……II - 1322
よきち……II - 1322
よきちびへ……II - 1322
よぎふ……II - 1323
よきやう……II - 1323
よぎやう……II - 1323
よくいにん……II - 1323
よけら……II - 1323
よこがい……II - 1323
よこくら……II - 1323
よこさか……II - 1323
よこしま……II - 1324
よこた……II - 1324
よこたんはやり……II - 1324
よこち……II - 1324
よこて……II - 1324
よこなり……II - 1324
よこばり……II - 1324
よこはりこむぎ……II - 1325
よこやまひゑ……II - 1325
よこやもち……II - 1325
よごれ……II - 1325
よこれあづき……II - 1325
よごれまめ……II - 1325
よこれもち……II - 1325
よさぶらうもち……II - 1326
よさべゑもち……II - 1326
よさや……II - 1326
よざゑもん……II - 1326
よしか……II - 1326
よしかわせ……II - 1326
よしころくかく……II - 1326
よしずみ……II - 1327
よした……II - 1327
よしだ……II - 1327
よしだし……II - 1327
よしだわせ……II - 1327
よしの……II - 1327
よしのあは……II - 1327
よしのこうほう……II - 1328
よしのこうぼふ……II - 1328
よしのささげ……II - 1328
よしのは……II - 1328

よしのはあは……………………………Ⅱ - 1328
よしのはたか……………………………Ⅱ - 1328
よしのひへ………………………………Ⅱ - 1328
よしのぼろ………………………………Ⅱ - 1329
よしのむぎ………………………………Ⅱ - 1329
よしのわせ………………………………Ⅱ - 1329
よしはら…………………………………Ⅱ - 1329
よじふあわ………………………………Ⅱ - 1329
よしみ……………………………………Ⅱ - 1329
よしめつき………………………………Ⅱ - 1329
よしらういね……………………………Ⅱ - 1330
よしらうばうづ…………………………Ⅱ - 1330
よしらうもち……………………………Ⅱ - 1330
よしらす…………………………………Ⅱ - 1330
よしゑばやり……………………………Ⅱ - 1330
よそじろ…………………………………Ⅱ - 1330
よそべゑ…………………………………Ⅱ - 1330
よたかい…………………………………Ⅱ - 1331
よつかど…………………………………Ⅱ - 1331
よつき……………………………………Ⅱ - 1331
よつぎ……………………………………Ⅱ - 1331
よつさや…………………………………Ⅱ - 1331
よつなり…………………………………Ⅱ - 1331
よてろく…………………………………Ⅱ - 1331
よと………………………………………Ⅱ - 1331
よなご……………………………………Ⅱ - 1332
よにんひきつり…………………………Ⅱ - 1332
よねしま…………………………………Ⅱ - 1332
よのみ……………………………………Ⅱ - 1332
よのわせ…………………………………Ⅱ - 1332
よふか……………………………………Ⅱ - 1332
よふかきび………………………………Ⅱ - 1332
よふかもち………………………………Ⅱ - 1333
よふし……………………………………Ⅱ - 1333
よふじ……………………………………Ⅱ - 1333
よへい……………………………………Ⅱ - 1333
よほ………………………………………Ⅱ - 1333
よぼ………………………………………Ⅱ - 1333
よほう……………………………………Ⅱ - 1333
よほしらば………………………………Ⅱ - 1333
よほもち…………………………………Ⅱ - 1333
よほわせ…………………………………Ⅱ - 1334
よも………………………………………Ⅱ - 1334
よもくらうあづき………………………Ⅱ - 1334
よもんぼう………………………………Ⅱ - 1334
よよし……………………………………Ⅱ - 1334
よりいしとう……………………………Ⅱ - 1334
よりいせ…………………………………Ⅱ - 1334
よりき……………………………………Ⅱ - 1335
よりきもち………………………………Ⅱ - 1335
よりきり…………………………………Ⅱ - 1335
よりこ……………………………………Ⅱ - 1335
よりたし…………………………………Ⅱ - 1335
よりだし…………………………………Ⅱ - 1335
よりだしまていね………………………Ⅱ - 1336
よりたねかうぼふ………………………Ⅱ - 1336
よりぼ……………………………………Ⅱ - 1336
よろいかし………………………………Ⅱ - 1336
よろう……………………………………Ⅱ - 1336
よろづよし………………………………Ⅱ - 1336
よろひ……………………………………Ⅱ - 1336
よんじふにち……………………………Ⅱ - 1337
よんじふにちあわ………………………Ⅱ - 1337
よんじふにちひへ………………………Ⅱ - 1337
よんじふにちひゑ………………………Ⅱ - 1337

## ら

らいどいね………………………………Ⅱ - 1338
らいふくもち……………………………Ⅱ - 1338
らうそく…………………………………Ⅱ - 1338
らうそくあは……………………………Ⅱ - 1338
らちひえ…………………………………Ⅱ - 1338
らつそく…………………………………Ⅱ - 1338
らつらこ…………………………………Ⅱ - 1338
らんほうし………………………………Ⅱ - 1339
りうきう…………………………………Ⅱ - 1340

りうきうもち……II - 1340
りうきうわせ……II - 1340
りうさんわせ……II - 1340
りうせんじ……II - 1340
りうむこ……II - 1340
りきみ……II - 1340
りやうせう……II - 1341
りやうひけ……II - 1341
りやうめこ……II - 1341
りよくづ……II - 1341
りよくとう……II - 1341
りんち……II - 1341

## る

るつたり……II - 1342
るんけん……II - 1342

## れ

れいとう……II - 1343
れいらく……II - 1343
れんげもち……II - 1343
れんざ……II - 1343
れんぼ……II - 1343
れんほうし……II - 1343

## ろ

ろあづき……II - 1344
ろうそく……II - 1344
ろくかく……II - 1344
ろくかくあは……II - 1345
ろくかくこま……II - 1345
ろくかくごま……II - 1345
ろくかくこむき……II - 1345
ろくかくこむぎ……II - 1345
ろくかくさんぐわつむぎ……II - 1345
ろくかくはたか……II - 1345
ろくかくひけ……II - 1346
ろくかくひけあは……II - 1346
ろくかくひこ……II - 1346
ろくかくむき……II - 1346
ろくかくむぎ……II - 1346
ろくかくやらう……II - 1346
ろくくはつまめ……II - 1346
ろくぐわつ……II - 1347
ろくぐわつあづき……II - 1347
ろくぐわつあは……II - 1347
ろくぐわつあわ……II - 1347
ろくぐわつささけ……II - 1347
ろくぐわつひえ……II - 1347
ろくぐわつひへ……II - 1347
ろくぐわつひゑ……II - 1348
ろくぐわつふさ……II - 1348
ろくぐわつまめ……II - 1348
ろくぐわつむぎ……II - 1348
ろくぐわつめつき……II - 1348
ろくざい……II - 1348
ろくささけ……II - 1349
ろくざひなかて……II - 1349
ろくざへ……II - 1349
ろくざゑもん……II - 1349
ろくじふにち……II - 1349
ろくじふにちあは……II - 1349
ろくじふにちきひ……II - 1349
ろくじふにちひえ……II - 1350
ろくじふにちひへ……II - 1350
ろくじふにちわせ……II - 1350
ろくじふほ……II - 1350
ろくすけ……II - 1350
ろくすけいね……II - 1350
ろくすけばやり……II - 1350
ろくでう……II - 1351
ろくはち……II - 1351
ろくぶ……II - 1351
ろくぶいね……II - 1351
ろくぶえりたね……II - 1351
ろくぶかし……II - 1352

ろくぶはなおち……………………Ⅱ - 1352
ろくぶゐりだし……………………Ⅱ - 1352
ろくへいもち………………………Ⅱ - 1352
ろくべえもち………………………Ⅱ - 1352
ろくらうべゐ………………………Ⅱ - 1352
ろくろ………………………………Ⅱ - 1352
ろくわせ……………………………Ⅱ - 1353
ろつかく……………………………Ⅱ - 1353
ろつかくあかし……………………Ⅱ - 1353
ろつかくはだか……………………Ⅱ - 1353
ろつかくむぎ………………………Ⅱ - 1353
ろつこく……………………………Ⅱ - 1353
ろつぽんやろく……………………Ⅱ - 1353

## わ

わうたきわせ………………………Ⅱ - 1354
わうやま……………………………Ⅱ - 1354
わかさ………………………………Ⅱ - 1354
わかさあは…………………………Ⅱ - 1354
わかさいね…………………………Ⅱ - 1354
わかまつ……………………………Ⅱ - 1354
わさあつき…………………………Ⅱ - 1354
わさあづき…………………………Ⅱ - 1354
わさあは……………………………Ⅱ - 1355
わさあわ……………………………Ⅱ - 1355
わさかし……………………………Ⅱ - 1355
わさきび……………………………Ⅱ - 1355
わさくさ……………………………Ⅱ - 1355
わさくさまめ………………………Ⅱ - 1355
わさくり……………………………Ⅱ - 1355
わさくるみ…………………………Ⅱ - 1356
わさぐろ……………………………Ⅱ - 1356
わさくろまめ………………………Ⅱ - 1356
わさこう……………………………Ⅱ - 1356
わさこじろうた……………………Ⅱ - 1356
わさこふし…………………………Ⅱ - 1356
わさこむぎ…………………………Ⅱ - 1356
わさこめつき………………………Ⅱ - 1357
わささげ……………………………Ⅱ - 1357
わさたうぼし………………………Ⅱ - 1357
わさひえ……………………………Ⅱ - 1357
わさひへ……………………………Ⅱ - 1357
わさひゑ……………………………Ⅱ - 1357
わさぼ………………………………Ⅱ - 1357
わさまくら…………………………Ⅱ - 1358
わさまめ……………………………Ⅱ - 1358
わさむき……………………………Ⅱ - 1358
わさむぎ……………………………Ⅱ - 1358
わさめぐろ…………………………Ⅱ - 1358
わさもち……………………………Ⅱ - 1358
わさもちあは………………………Ⅱ - 1358
わしのめ……………………………Ⅱ - 1359
わしま………………………………Ⅱ - 1359
わじま………………………………Ⅱ - 1359
わしまむき…………………………Ⅱ - 1359
わせ…………………………………Ⅱ - 1359
わせあかもち………………………Ⅱ - 1360
わせあつき…………………………Ⅱ - 1360
わせあづき…………………………Ⅱ - 1360
わせあは……………………………Ⅱ - 1360
わせあぶらえ………………………Ⅱ - 1360
わせあわ……………………………Ⅱ - 1360
わせあをまめ………………………Ⅱ - 1360
わせいぬのはら……………………Ⅱ - 1361
わせいね……………………………Ⅱ - 1361
わせうるま…………………………Ⅱ - 1361
わせおほむぎ………………………Ⅱ - 1361
わせかへり…………………………Ⅱ - 1361
わせかみ……………………………Ⅱ - 1361
わせかみなかて……………………Ⅱ - 1361
わせきうりはな……………………Ⅱ - 1362
わせきひ……………………………Ⅱ - 1362
わせきやうこつ……………………Ⅱ - 1362
わせくまご…………………………Ⅱ - 1362
わせくろ……………………………Ⅱ - 1362
わせくろあは………………………Ⅱ - 1362

わせくろさんぐわつ……………………Ⅱ - 1362
わせくろど……………………………Ⅱ - 1363
わせくろまめ…………………………Ⅱ - 1363
わせけしろ……………………………Ⅱ - 1363
わせこ…………………………………Ⅱ - 1363
わせこむき……………………………Ⅱ - 1363
わせこむぎ……………………………Ⅱ - 1363
わせささけ……………………………Ⅱ - 1363
わせささげ……………………………Ⅱ - 1363
わせじつか……………………………Ⅱ - 1364
わせしろもち…………………………Ⅱ - 1364
わせしんとく…………………………Ⅱ - 1364
わせすべり……………………………Ⅱ - 1364
わせせいたか…………………………Ⅱ - 1364
わせそば………………………………Ⅱ - 1364
わせたいたう…………………………Ⅱ - 1364
わせたいと……………………………Ⅱ - 1365
わせたまさり…………………………Ⅱ - 1365
わせはつこへ…………………………Ⅱ - 1365
わせはつこべ…………………………Ⅱ - 1365
わせひえ………………………………Ⅱ - 1365
わせひへ………………………………Ⅱ - 1365
わせびへ………………………………Ⅱ - 1365
わせひぼ………………………………Ⅱ - 1365
わせひゑ………………………………Ⅱ - 1366
わせふちまめ…………………………Ⅱ - 1366
わせふるそ……………………………Ⅱ - 1366
わせほなが……………………………Ⅱ - 1366
わせぼろ………………………………Ⅱ - 1366
わせまめ………………………………Ⅱ - 1366
わせまるあづき………………………Ⅱ - 1366
わせむき………………………………Ⅱ - 1367
わせむぎ………………………………Ⅱ - 1367
わせもち………………………………Ⅱ - 1367
わせもちあは…………………………Ⅱ - 1367
わせもちいね…………………………Ⅱ - 1367
わせろくかく…………………………Ⅱ - 1367
わせをさか……………………………Ⅱ - 1368
わせをふみ……………………………Ⅱ - 1368
わた……………………………………Ⅱ - 1368
わだ……………………………………Ⅱ - 1368
わたいね………………………………Ⅱ - 1368
わたささけ……………………………Ⅱ - 1368
わたつ…………………………………Ⅱ - 1368
わたほうし……………………………Ⅱ - 1368
わたぼうし……………………………Ⅱ - 1368
わたぼし………………………………Ⅱ - 1369
わたほしもち…………………………Ⅱ - 1369
わたぼしもち…………………………Ⅱ - 1369
わだまんばい…………………………Ⅱ - 1369
わたむき………………………………Ⅱ - 1369
わたむぎ………………………………Ⅱ - 1369
わたりうらあは………………………Ⅱ - 1369
わつは…………………………………Ⅱ - 1369
わらしろ………………………………Ⅱ - 1369
わらて…………………………………Ⅱ - 1370
わらびのこじり………………………Ⅱ - 1370
わらひゑ………………………………Ⅱ - 1370
わんこく………………………………Ⅱ - 1370
わんじゆ………………………………Ⅱ - 1370
わんわり………………………………Ⅱ - 1370


## ゐ


ゐけた…………………………………Ⅱ - 1371
ゐのししあは…………………………Ⅱ - 1371
ゐのししくまこ………………………Ⅱ - 1371
ゐんげん………………………………Ⅱ - 1371
ゐんけんまめ…………………………Ⅱ - 1371
ゐんげんまめ…………………………Ⅱ - 1371
ゐんでん………………………………Ⅱ - 1371


## ゑ


ゑいらく………………………………Ⅱ - 1372
ゑいわせ………………………………Ⅱ - 1372
ゑかき…………………………………Ⅱ - 1372
ゑかほかるこ…………………………Ⅱ - 1372

ゑこま……Ⅱ - 1372
ゑじりほうず……Ⅱ - 1372
ゑたね……Ⅱ - 1373
ゑたまめ……Ⅱ - 1373
ゑちがわ……Ⅱ - 1373
ゑちこ……Ⅱ - 1373
ゑちご……Ⅱ - 1373
ゑちごわせ……Ⅱ - 1373
ゑちぜん……Ⅱ - 1373
ゑちぜんびへ……Ⅱ - 1373
ゑちぜんもち……Ⅱ - 1374
ゑちぜんわせ……Ⅱ - 1374
ゑつちうしらば……Ⅱ - 1374
ゑつちゆう……Ⅱ - 1374
ゑつちゆうまめ……Ⅱ - 1374
ゑつちゆうもち……Ⅱ - 1374
ゑつほ……Ⅱ - 1374
ゑつほもち……Ⅱ - 1375
ゑとささけ……Ⅱ - 1375
ゑとぶんとう……Ⅱ - 1375
ゑとまめ……Ⅱ - 1375
ゑどむぎ……Ⅱ - 1375
ゑどもち……Ⅱ - 1375
ゑのこあは……Ⅱ - 1375
ゑのころ……Ⅱ - 1376
ゑのみ……Ⅱ - 1376
ゑのみあは……Ⅱ - 1376
ゑのみかし……Ⅱ - 1376
ゑのみまめ……Ⅱ - 1376
ゑのみもち……Ⅱ - 1376
ゑのみわせ……Ⅱ - 1377
ゑひ……Ⅱ - 1377
ゑび……Ⅱ - 1377
ゑひあわ……Ⅱ - 1377
ゑびさいろく……Ⅱ - 1377
ゑひさか……Ⅱ - 1377
ゑびす……Ⅱ - 1377
ゑひたい……Ⅱ - 1377
ゑひて……Ⅱ - 1378
ゑひとう……Ⅱ - 1378
ゑひのこ……Ⅱ - 1378
ゑびのこ……Ⅱ - 1378
ゑびのこおくて……Ⅱ - 1378
ゑひらく……Ⅱ - 1378
ゑひわら……Ⅱ - 1378
ゑほし……Ⅱ - 1379
ゑまし……Ⅱ - 1379
ゑみ……Ⅱ - 1379
ゑみかるこ……Ⅱ - 1379
ゑみて……Ⅱ - 1379
ゑみで……Ⅱ - 1379
ゑもり……Ⅱ - 1379
ゑらあは……Ⅱ - 1379
ゑりきまめ……Ⅱ - 1380
ゑりこ……Ⅱ - 1380
ゑりごろ……Ⅱ - 1380
ゑりたし……Ⅱ - 1380
ゑりだし……Ⅱ - 1380
ゑりだしいね……Ⅱ - 1380
ゑりだしやろく……Ⅱ - 1380
ゑりほ……Ⅱ - 1381
ゑりまき……Ⅱ - 1381
ゑんざ……Ⅱ - 1381
ゑんさい……Ⅱ - 1381
ゑんさもち……Ⅱ - 1381
ゑんしう……Ⅱ - 1381
ゑんしういね……Ⅱ - 1381
ゑんしうおくて……Ⅱ - 1382
ゑんしうけじろ……Ⅱ - 1382
ゑんしうささげ……Ⅱ - 1382
ゑんしうやろく……Ⅱ - 1382
ゑんしゆまめ……Ⅱ - 1382
ゑんず……Ⅱ - 1382
ゑんせう……Ⅱ - 1382
ゑんつう……Ⅱ - 1383
ゑんづう……Ⅱ - 1383

ゑんど……II - 1383
ゑんとう……II - 1383
ゑんどう……II - 1383
ゑんどうあずき……II - 1384
ゑんどうあつき……II - 1384
ゑんとうまめ……II - 1384
ゑんどうまめ……II - 1384
ゑんとふあは……II - 1384
ゑんのこ……II - 1384
ゑんぶり……II - 1385
ゑんへきり……II - 1385
ゑんぼうし……II - 1385
ゑんま……II - 1385
ゑんまめ……II - 1385
ゑんまもち……II - 1385
ゑんめうじ……II - 1385

## を

をあは……II - 1386
をいやとへあわ……II - 1386
をうかめ……II - 1386
をうしゆう……II - 1386
をかいね……II - 1386
をかおとし……II - 1386
をかざき……II - 1386
をかざきかるこ……II - 1387
をかたをし……II - 1387
をかひゑ……II - 1387
をかぶもみ……II - 1387
をかぼ……II - 1387
をかぼうるち……II - 1387
をかまめ……II - 1387
をがら……II - 1388
をからささけ……II - 1388
をかろく……II - 1388
をがわ……II - 1388
をきあづき……II - 1388
をきあは……II - 1388
をきうし……II - 1388
をきささけ……II - 1389
をぎそ……II - 1389
をきち……II - 1389
をきて……II - 1389
をく……II - 1389
をくあづき……II - 1389
をくこじこ……II - 1389
をくささげ……II - 1390
をくじやうしろ……II - 1390
をくそば……II - 1390
をくて……II - 1390
をくてあつき……II - 1390
をくほなが……II - 1390
をくぼろ……II - 1390
をくしろ……II - 1391
をくまめ……II - 1391
をくやま……II - 1391
をくろくかく……II - 1391
をくをふみ……II - 1391
をさいあわ……II - 1391
をさか……II - 1391
をざめひへ……II - 1392
をしなり……II - 1392
をしなりかいちう……II - 1392
をじろ……II - 1392
をじろわせ……II - 1392
をそかし……II - 1392
をそげんろく……II - 1392
をそこじらうた……II - 1393
をそこむぎ……II - 1393
をそさんぐわつ……II - 1393
をそにはだまり……II - 1393
をそひえ……II - 1393
をそひゑ……II - 1393
をぞへ……II - 1393
をそほうし……II - 1394
をそほくこく……II - 1394

をそまめ……………………………Ⅱ - 1394
をそみつけ…………………………Ⅱ - 1394
をそろくこく………………………Ⅱ - 1394
をぞゑ………………………………Ⅱ - 1394
をそゑあわ…………………………Ⅱ - 1394
をだ…………………………………Ⅱ - 1395
をだえつちゆう……………………Ⅱ - 1395
をだかいちう………………………Ⅱ - 1395
をたがもち…………………………Ⅱ - 1395
をだけわせ…………………………Ⅱ - 1395
をだしま……………………………Ⅱ - 1395
をたねそは…………………………Ⅱ - 1395
をだはら……………………………Ⅱ - 1396
をだはらむぎ………………………Ⅱ - 1396
をたわせ……………………………Ⅱ - 1396
をだわせ……………………………Ⅱ - 1396
をつとせ……………………………Ⅱ - 1396
をとめ………………………………Ⅱ - 1396
をとめわせ…………………………Ⅱ - 1396
をなが………………………………Ⅱ - 1396
をなもち……………………………Ⅱ - 1397
をなわせ……………………………Ⅱ - 1397
をにあづき…………………………Ⅱ - 1397
をにかけ……………………………Ⅱ - 1397
をにかげ……………………………Ⅱ - 1397
をにこふし…………………………Ⅱ - 1397
をにこぶし…………………………Ⅱ - 1397
をにすすたま………………………Ⅱ - 1397
をにはたか…………………………Ⅱ - 1397
をにひゑ……………………………Ⅱ - 1398
をのしらば…………………………Ⅱ - 1398
をのみ………………………………Ⅱ - 1398
をのみそは…………………………Ⅱ - 1398
をのみそば…………………………Ⅱ - 1398
をのみなんきん……………………Ⅱ - 1398
をのわせ……………………………Ⅱ - 1398
をはり………………………………Ⅱ - 1398
をはりいね…………………………Ⅱ - 1399
をはりまめ…………………………Ⅱ - 1399
をはりむぎ…………………………Ⅱ - 1399
をはりもち…………………………Ⅱ - 1399
をぶと………………………………Ⅱ - 1399
をふまめ……………………………Ⅱ - 1399
をほの………………………………Ⅱ - 1399
をほむき……………………………Ⅱ - 1400
をまめ………………………………Ⅱ - 1400
をみかは……………………………Ⅱ - 1400
をみこ………………………………Ⅱ - 1400
をやり………………………………Ⅱ - 1400
をらんだむぎ………………………Ⅱ - 1400
をろろひえ…………………………Ⅱ - 1400
をろろびへ…………………………Ⅱ - 1401
をわりむき…………………………Ⅱ - 1401
ををかどそは………………………Ⅱ - 1401
ををさいこく………………………Ⅱ - 1401
ををのかは…………………………Ⅱ - 1401
をんだれもち………………………Ⅱ - 1401
をんないらす………………………Ⅱ - 1401

## 魚類

### あ


あい…… Ⅲ - 3
あいかけ…… Ⅲ - 3
あいかけうを…… Ⅲ - 3
あいから…… Ⅲ - 3
あいこ…… Ⅲ - 3
あいご…… Ⅲ - 4
あいご…… Ⅲ - 4
あいしやう…… Ⅲ - 4
あいしやう…… Ⅲ - 4
あいす…… Ⅲ - 4
あいす…… Ⅲ - 4
あいなめ…… Ⅲ - 4
あいなめ…… Ⅲ - 4
あいのいを…… Ⅲ - 5
あいのうを…… Ⅲ - 5
あいのしは…… Ⅲ - 5
あいのぼりたれ…… Ⅲ - 5
あおやぎはちめ…… Ⅲ - 5
あおんど…… Ⅲ - 5
あか…… Ⅲ - 6
あかあい…… Ⅲ - 6
あかあぢ…… Ⅲ - 6
あかいわし…… Ⅲ - 6
あかいを…… Ⅲ - 6
あかう…… Ⅲ - 6
あかうくろべ…… Ⅲ - 6
あかうほ…… Ⅲ - 7
あかうを…… Ⅲ - 7
あかえい…… Ⅲ - 7
あかえゐ…… Ⅲ - 7
あかおこぜ…… Ⅲ - 8
あかかさご…… Ⅲ - 8
あかかれい…… Ⅲ - 8
あかかれゐ…… Ⅲ - 8
あかき…… Ⅲ - 9
あかぎ…… Ⅲ - 9
あかぎぎ…… Ⅲ - 9
あかくち…… Ⅲ - 9
あかぐち…… Ⅲ - 9
あかさ…… Ⅲ - 9
あかざ…… Ⅲ - 9
あかさこ…… Ⅲ - 10
あかざこ…… Ⅲ - 10
あかさす…… Ⅲ - 10
あかざす…… Ⅲ - 10
あかじだ…… Ⅲ - 10
あかしやう…… Ⅲ - 10
あかすい…… Ⅲ - 11
あかせむろあぢ…… Ⅲ - 11
あかそう…… Ⅲ - 11
あかたはらご…… Ⅲ - 11
あかだひ…… Ⅲ - 11
あかち…… Ⅲ - 11
あかね…… Ⅲ - 12
あかのとくろ…… Ⅲ - 12
あかはい…… Ⅲ - 12
あかはかれい…… Ⅲ - 12
あかはぜ…… Ⅲ - 12
あかばち…… Ⅲ - 12
あかはちめ…… Ⅲ - 12
あかはちめ…… Ⅲ - 13
あかはな…… Ⅲ - 13
あかばな…… Ⅲ - 13
あかはなうを…… Ⅲ - 14
あかはねかれい…… Ⅲ - 14
あかはへ…… Ⅲ - 14
あかばへ…… Ⅲ - 14
あかばら…… Ⅲ - 14
あかはゑ…… Ⅲ - 14
あかひけ…… Ⅲ - 14
あかひげ…… Ⅲ - 15
あかひしやく…… Ⅲ - 15

あかびれ……………………………Ⅲ - 15
あかふ………………………………Ⅲ - 15
あかふう……………………………Ⅲ - 15
あかふく……………………………Ⅲ - 15
あかぶく……………………………Ⅲ - 15
あかべら……………………………Ⅲ - 16
あかほご……………………………Ⅲ - 16
あかぼこ……………………………Ⅲ - 16
あかほしかり………………………Ⅲ - 16
あかほてこう………………………Ⅲ - 16
あかまつ……………………………Ⅲ - 16
あかみつ……………………………Ⅲ - 16
あかみづ……………………………Ⅲ - 17
あかむつ……………………………Ⅲ - 17
あかめ………………………………Ⅲ - 17
あかめいせこひ……………………Ⅲ - 17
あかめはる…………………………Ⅲ - 18
あかめばる…………………………Ⅲ - 18
あかめふぐ…………………………Ⅲ - 18
あかめほら…………………………Ⅲ - 18
あかも………………………………Ⅲ - 18
あかもず……………………………Ⅲ - 18
あかもつ……………………………Ⅲ - 19
あかもと……………………………Ⅲ - 19
あかもをこぜ………………………Ⅲ - 19
あかやがら…………………………Ⅲ - 19
あから………………………………Ⅲ - 19
あがら………………………………Ⅲ - 19
あかり………………………………Ⅲ - 20
あかりこ……………………………Ⅲ - 20
あかゑ………………………………Ⅲ - 20
あかゑい……………………………Ⅲ - 20
あかゑい……………………………Ⅲ - 21
あかゑひ……………………………Ⅲ - 21
あかゑり……………………………Ⅲ - 21
あかゑゐ……………………………Ⅲ - 21
あかを………………………………Ⅲ - 22
あかをこせ…………………………Ⅲ - 22
あかんぼ……………………………Ⅲ - 22
あかんぼう…………………………Ⅲ - 22
あきたつはやぶり…………………Ⅲ - 22
あきたろう…………………………Ⅲ - 22
あきのうを…………………………Ⅲ - 22
あくうを……………………………Ⅲ - 23
あくるゑい…………………………Ⅲ - 23
あぐるゑい…………………………Ⅲ - 23
あくゑい……………………………Ⅲ - 23
あけさやうを………………………Ⅲ - 23
あこ…………………………………Ⅲ - 23
あご…………………………………Ⅲ - 23
あご…………………………………Ⅲ - 24
あこう………………………………Ⅲ - 24
あごのうを…………………………Ⅲ - 24
あさかは……………………………Ⅲ - 24
あさかわ……………………………Ⅲ - 24
あさご………………………………Ⅲ - 24
あさぜばへ…………………………Ⅲ - 24
あさぢ………………………………Ⅲ - 25
あさぢはへ…………………………Ⅲ - 25
あざみ………………………………Ⅲ - 25
あさらひ……………………………Ⅲ - 25
あさらび……………………………Ⅲ - 25
あさりはへ…………………………Ⅲ - 25
あさりばへ…………………………Ⅲ - 25
あさんちう…………………………Ⅲ - 26
あじ…………………………………Ⅲ - 26
あしか………………………………Ⅲ - 27
あしなか……………………………Ⅲ - 27
あしなが……………………………Ⅲ - 27
あしなべ……………………………Ⅲ - 27
あしなめ……………………………Ⅲ - 27
あしめ………………………………Ⅲ - 27
あじめ………………………………Ⅲ - 27
あしやまめ…………………………Ⅲ - 28
あたがし……………………………Ⅲ - 28
あたほ………………………………Ⅲ - 28

あたぼ……III - 28
あたまはり……III - 28
あち……III - 28
あぢ……III - 29
あづきわに……III - 29
あてぶ……III - 29
あと……III - 29
あとはへ……III - 30
あなえそ……III - 30
あなから……III - 30
あなき……III - 30
あなきすご……III - 30
あなこ……III - 31
あなご……III - 31
あななみ……III - 31
あなめ……III - 31
あはくらい……III - 32
あはてかれい……III - 32
あひご……III - 32
あひなめ……III - 32
あひのうを……III - 32
あふがひ……III - 32
あぶくめ……III - 32
あぶらうなき……III - 33
あぶらうなぎ……III - 33
あぶらうを……III - 33
あふらかちか……III - 33
あぶらかちか……III - 33
あふらかれい……III - 33
あぶらかれい……III - 34
あふらこ……III - 34
あぶらこ……III - 34
あぶらこだひ……III - 34
あふらさか……III - 34
あふらはぜ……III - 34
あふらはちめ……III - 35
あぶらはへ……III - 35
あぶらばへ……III - 35
あぶらはゑ……III - 35
あぶらふぐ……III - 35
あぶらへい……III - 35
あぶらへこ……III - 35
あぶらみ……III - 36
あふらめ……III - 36
あぶらめ……III - 36
あふらを……III - 36
あまうを……III - 36
あまえゐ……III - 37
あまかれい……III - 37
あまがれい……III - 37
あまぎ……III - 37
あまこ……III - 37
あまご……III - 37
あまさき……III - 38
あまさぎ……III - 38
あまたい……III - 38
あまだい……III - 38
あまたひ……III - 38
あまたひ……III - 39
あまだひ……III - 39
あまのつりうを……III - 39
あまはぜ……III - 40
あまめ……III - 40
あまわに……III - 40
あまゑそ……III - 40
あまんぼ……III - 40
あみ……III - 40
あみさうを……III - 41
あみのをこぜ……III - 41
あめ……III - 41
あめこり……III - 41
あめたらう……III - 41
あめたろう……III - 41
あめのいを……III - 41
あめのうを……III - 42
あめます……III - 42

あもふず……………………………Ⅲ - 42
あや……………………………………Ⅲ - 42
あやかし………………………………Ⅲ - 42
あゆ……………………………………Ⅲ - 42
あゆ……………………………………Ⅲ - 43
あゆ……………………………………Ⅲ - 44
あゆかけ………………………………Ⅲ - 44
あゆすし………………………………Ⅲ - 44
あゆそ…………………………………Ⅲ - 44
あゆなめ………………………………Ⅲ - 44
あゆもとき……………………………Ⅲ - 44
あゆもどき……………………………Ⅲ - 45
あら……………………………………Ⅲ - 45
あらかふ………………………………Ⅲ - 45
あらすい………………………………Ⅲ - 45
あらと…………………………………Ⅲ - 46
あらとふぐ……………………………Ⅲ - 46
あらとぶく……………………………Ⅲ - 46
あらぬか………………………………Ⅲ - 46
あらのうを……………………………Ⅲ - 46
あらめふく……………………………Ⅲ - 46
ありち…………………………………Ⅲ - 46
あわで…………………………………Ⅲ - 47
あわてかれい…………………………Ⅲ - 47
あを……………………………………Ⅲ - 47
あをあち………………………………Ⅲ - 47
あをあぢ………………………………Ⅲ - 47
あをいなし……………………………Ⅲ - 47
あをうを………………………………Ⅲ - 48
あをかた………………………………Ⅲ - 48
あをがた………………………………Ⅲ - 48
あをがます……………………………Ⅲ - 48
あをきす………………………………Ⅲ - 48
あをぎす………………………………Ⅲ - 48
あをきすご……………………………Ⅲ - 49
あをさぎ………………………………Ⅲ - 49
あをさとり……………………………Ⅲ - 49
あをさめ………………………………Ⅲ - 49
あをしは………………………………Ⅲ - 49
あをそうし……………………………Ⅲ - 49
あをたはらご…………………………Ⅲ - 49
あをとこ………………………………Ⅲ - 50
あをなめり……………………………Ⅲ - 50
あをはなこだひ………………………Ⅲ - 50
あをばなこだひ………………………Ⅲ - 50
あをふか………………………………Ⅲ - 50
あをぶか………………………………Ⅲ - 50
あをふぐ………………………………Ⅲ - 50
あをめさとり…………………………Ⅲ - 51
あをめばる……………………………Ⅲ - 51
あをやきはちめ………………………Ⅲ - 51
あをやぎふく…………………………Ⅲ - 51
あをやず………………………………Ⅲ - 51
あをやなぎ……………………………Ⅲ - 51
あんかう………………………………Ⅲ - 51
あんかう………………………………Ⅲ - 52
あんがう………………………………Ⅲ - 52
あんかふ………………………………Ⅲ - 52
あんこ…………………………………Ⅲ - 52
あんご…………………………………Ⅲ - 52
あんこう………………………………Ⅲ - 53
あんこうざめ…………………………Ⅲ - 53
あんこさめ……………………………Ⅲ - 53
あんさし………………………………Ⅲ - 53
あんだかき……………………………Ⅲ - 53
あんぼう………………………………Ⅲ - 54
あんぽう………………………………Ⅲ - 54

## い

いかけ…………………………………Ⅲ - 55
いかなこ………………………………Ⅲ - 55
いかなご………………………………Ⅲ - 55
いかみ…………………………………Ⅲ - 55
いがみ…………………………………Ⅲ - 55
いから…………………………………Ⅲ - 55
いかりたなご…………………………Ⅲ - 55

いぎす……………………………Ⅲ - 56
いきも……………………………Ⅲ - 56
いぐゐ……………………………Ⅲ - 56
いさき……………………………Ⅲ - 56
いさぎ……………………………Ⅲ - 56
いささ……………………………Ⅲ - 56
いささ……………………………Ⅲ - 57
いさざ……………………………Ⅲ - 57
いさた……………………………Ⅲ - 57
いさり……………………………Ⅲ - 57
いし………………………………Ⅲ - 57
いしうなき………………………Ⅲ - 57
いしうなぎ………………………Ⅲ - 58
いしかなかしら…………………Ⅲ - 58
いしかぶり………………………Ⅲ - 58
いしかふろう……………………Ⅲ - 58
いしかぶろう……………………Ⅲ - 58
いしかれい………………………Ⅲ - 58
いしかれい………………………Ⅲ - 59
いしがれい………………………Ⅲ - 59
いしかれひ………………………Ⅲ - 59
いしこつ…………………………Ⅲ - 59
いしこり…………………………Ⅲ - 59
いした……………………………Ⅲ - 59
いしたい…………………………Ⅲ - 60
いしたひ…………………………Ⅲ - 60
いしたろう………………………Ⅲ - 60
いしつつき………………………Ⅲ - 60
いしつなき………………………Ⅲ - 60
いしなき…………………………Ⅲ - 60
いしなぎ…………………………Ⅲ - 60
いしばへ…………………………Ⅲ - 61
いしふく…………………………Ⅲ - 61
いしぶし…………………………Ⅲ - 61
いしぶち…………………………Ⅲ - 61
いしまうを………………………Ⅲ - 61
いしむぐり………………………Ⅲ - 62
いしむし…………………………Ⅲ - 62
いしむしうを……………………Ⅲ - 62
いしもち…………………………Ⅲ - 62
いしもちかれい…………………Ⅲ - 63
いしもちがれい…………………Ⅲ - 63
いすさき…………………………Ⅲ - 63
いすず……………………………Ⅲ - 63
いすすみ…………………………Ⅲ - 63
いすずみ…………………………Ⅲ - 63
いせこい…………………………Ⅲ - 63
いせごい…………………………Ⅲ - 64
いせふか…………………………Ⅲ - 64
いそうなぎ………………………Ⅲ - 64
いそこ……………………………Ⅲ - 64
いそこい…………………………Ⅲ - 64
いそこひ…………………………Ⅲ - 64
いそごぼう………………………Ⅲ - 64
いそごんじらう…………………Ⅲ - 65
いそてくら………………………Ⅲ - 65
いそめはる………………………Ⅲ - 65
いそめばる………………………Ⅲ - 65
いだ………………………………Ⅲ - 65
いたちいを………………………Ⅲ - 65
いたちうを………………………Ⅲ - 66
いたちのうを……………………Ⅲ - 66
いちちやう………………………Ⅲ - 66
いちひし…………………………Ⅲ - 66
いつさき…………………………Ⅲ - 66
いつさきむし……………………Ⅲ - 66
いっちやうつり…………………Ⅲ - 67
いっちやうつるふか……………Ⅲ - 67
いっちやうふか…………………Ⅲ - 67
いっちやうぶか…………………Ⅲ - 67
いつてう…………………………Ⅲ - 67
いとひき…………………………Ⅲ - 67
いとより…………………………Ⅲ - 67
いとより…………………………Ⅲ - 68
いとよりたい……………………Ⅲ - 68
いとよりだい……………………Ⅲ - 68

いとよりだひ……Ⅲ - 68
いな……Ⅲ - 69
いなきふか……Ⅲ - 69
いなこ……Ⅲ - 69
いなた……Ⅲ - 69
いなだ……Ⅲ - 69
いなほ……Ⅲ - 70
いぬつぶ……Ⅲ - 70
いねつぶ……Ⅲ - 70
いねつぼ……Ⅲ - 70
いはし……Ⅲ - 70
いはし……Ⅲ - 71
いはな……Ⅲ - 71
いはらこち……Ⅲ - 71
いばらこち……Ⅲ - 71
いはゐさめ……Ⅲ - 71
いひぶく……Ⅲ - 71
いぶく……Ⅲ - 72
いぼせ……Ⅲ - 72
いも……Ⅲ - 72
いもうを……Ⅲ - 72
いものうを……Ⅲ - 72
いもほりくさびうを……Ⅲ - 72
いらぎ……Ⅲ - 72
いらさがり……Ⅲ - 73
いりこ……Ⅲ - 73
いるへ……Ⅲ - 73
いるべ……Ⅲ - 73
いれこのみ……Ⅲ - 73
いろこのみ……Ⅲ - 73
いろこのめ……Ⅲ - 73
いわうほ……Ⅲ - 74
いわごい……Ⅲ - 74
いわし……Ⅲ - 74
いわすい……Ⅲ - 74
いわな……Ⅲ - 75
いわふく……Ⅲ - 75
いんば……Ⅲ - 75

## う

うきうを……Ⅲ - 76
うきかちか……Ⅲ - 76
うきかも……Ⅲ - 76
うきき……Ⅲ - 76
うきききさめ……Ⅲ - 76
うきす……Ⅲ - 76
うきす……Ⅲ - 77
うきすはぜ……Ⅲ - 77
うきはぜ……Ⅲ - 77
うきはへ……Ⅲ - 77
うぐ……Ⅲ - 77
うくい……Ⅲ - 77
うぐい……Ⅲ - 78
うくいねすみ……Ⅲ - 78
うぐいはい……Ⅲ - 78
うくひ……Ⅲ - 78
うぐひ……Ⅲ - 78
うくゐ……Ⅲ - 79
うぐゐ……Ⅲ - 79
うけ……Ⅲ - 79
うけざはら……Ⅲ - 79
うころし……Ⅲ - 79
うさうさ……Ⅲ - 79
うしかちか……Ⅲ - 79
うしかちか……Ⅲ - 80
うしがまる……Ⅲ - 80
うしかれひ……Ⅲ - 80
うしこ……Ⅲ - 80
うしこり……Ⅲ - 80
うしごり……Ⅲ - 80
うしさば……Ⅲ - 80
うしした……Ⅲ - 81
うししび……Ⅲ - 81
うしじやこ……Ⅲ - 81
うしぬすひと……Ⅲ - 81
うしぬすびと……Ⅲ - 81

うしのした…………………………Ⅲ - 81
うしのした…………………………Ⅲ - 82
うしのしたかれい…………………Ⅲ - 82
うしのしたがれい…………………Ⅲ - 82
うしのふぐり………………………Ⅲ - 83
うしふか……………………………Ⅲ - 83
うしもろこ…………………………Ⅲ - 83
うしろこち…………………………Ⅲ - 83
うしゑ………………………………Ⅲ - 83
うしゑい……………………………Ⅲ - 83
うしゑひ……………………………Ⅲ - 83
うすのべべ…………………………Ⅲ - 84
うすはかれい………………………Ⅲ - 84
うずわ………………………………Ⅲ - 84
うそかれい…………………………Ⅲ - 84
うそぼつこ…………………………Ⅲ - 84
うそむき……………………………Ⅲ - 84
うた…………………………………Ⅲ - 84
うたうたひ…………………………Ⅲ - 85
うたこ………………………………Ⅲ - 85
うちわゑい…………………………Ⅲ - 85
うづかつを…………………………Ⅲ - 85
うつは………………………………Ⅲ - 85
うづは………………………………Ⅲ - 85
うつぼ………………………………Ⅲ - 85
うつむき……………………………Ⅲ - 86
うつわ………………………………Ⅲ - 86
うでい………………………………Ⅲ - 86
うなき………………………………Ⅲ - 86
うなき………………………………Ⅲ - 87
うなぎ………………………………Ⅲ - 87
うなぎ………………………………Ⅲ - 88
うなしとり…………………………Ⅲ - 88
うなんさう…………………………Ⅲ - 88
うば…………………………………Ⅲ - 88
うばがつび…………………………Ⅲ - 88
うはかれい…………………………Ⅲ - 88
うばかれい…………………………Ⅲ - 88
うばくち……………………………Ⅲ - 89
うばくろうを………………………Ⅲ - 89
うはさめ……………………………Ⅲ - 89
うばさめ……………………………Ⅲ - 89
うばふか……………………………Ⅲ - 89
うはふぐ……………………………Ⅲ - 89
うばふく……………………………Ⅲ - 89
うぼぜ………………………………Ⅲ - 90
うまい………………………………Ⅲ - 90
うまとちやう………………………Ⅲ - 90
うみあい……………………………Ⅲ - 90
うみあなご…………………………Ⅲ - 90
うみあゆ……………………………Ⅲ - 90
うみいな……………………………Ⅲ - 90
うみうぜ……………………………Ⅲ - 91
うみうなき…………………………Ⅲ - 91
うみうなぎ…………………………Ⅲ - 91
うみかいる…………………………Ⅲ - 91
うみがいる…………………………Ⅲ - 92
うみかじか…………………………Ⅲ - 92
うみかちか…………………………Ⅲ - 92
うみきき……………………………Ⅲ - 92
うみきぎ……………………………Ⅲ - 92
うみぎぎ……………………………Ⅲ - 92
うみきす……………………………Ⅲ - 92
うみくちなは………………………Ⅲ - 93
うみぐちなは………………………Ⅲ - 93
うみくちなわ………………………Ⅲ - 93
うみぐちなわ………………………Ⅲ - 93
うみご………………………………Ⅲ - 93
うみごい……………………………Ⅲ - 93
うみごひ……………………………Ⅲ - 93
うみじか……………………………Ⅲ - 94
うみすずき…………………………Ⅲ - 94
うみすずめ…………………………Ⅲ - 94
うみたなこ…………………………Ⅲ - 94
うみたなご…………………………Ⅲ - 94
うみつばめ…………………………Ⅲ - 94

うみどしやう……………………………Ⅲ - 95
うみどじやう……………………………Ⅲ - 95
うみどせう………………………………Ⅲ - 95
うみとちやう……………………………Ⅲ - 95
うみとぢやう……………………………Ⅲ - 95
うみどちやう……………………………Ⅲ - 95
うみどぢやう……………………………Ⅲ - 95
うみなだ…………………………………Ⅲ - 96
うみはくまひ……………………………Ⅲ - 96
うみはせ…………………………………Ⅲ - 96
うみはぜ…………………………………Ⅲ - 96
うみはむ…………………………………Ⅲ - 96
うみひらくち……………………………Ⅲ - 96
うみぶり…………………………………Ⅲ - 96
うみへび…………………………………Ⅲ - 97
うみます…………………………………Ⅲ - 97
うみむま…………………………………Ⅲ - 97
うみをとこ………………………………Ⅲ - 97
うみをんな………………………………Ⅲ - 97
うめいご…………………………………Ⅲ - 98
うめその…………………………………Ⅲ - 98
うらしろ…………………………………Ⅲ - 98
うらしろかれい…………………………Ⅲ - 98
うらじろゑい……………………………Ⅲ - 98
うるのめ…………………………………Ⅲ - 98
うるみ……………………………………Ⅲ - 98
うるめ……………………………………Ⅲ - 99
うるめいはし……………………………Ⅲ - 99
うるめいわし……………………………Ⅲ - 99
うるめふか………………………………Ⅲ - 100
うるり……………………………………Ⅲ - 100
うろみ……………………………………Ⅲ - 100
うわさめ…………………………………Ⅲ - 100
うをふく…………………………………Ⅲ - 100
うんないさん……………………………Ⅲ - 100
うんなんそう……………………………Ⅲ - 101

## え

えい……………………………………Ⅲ - 102
えいのじんさ…………………………Ⅲ - 102
えいのじんざ…………………………Ⅲ - 102
えいらく………………………………Ⅲ - 102
えぎれ…………………………………Ⅲ - 102
えさけ…………………………………Ⅲ - 102
えのは…………………………………Ⅲ - 102
えそ……………………………………Ⅲ - 103
えぶな…………………………………Ⅲ - 103
えらぶうなぎ…………………………Ⅲ - 103
えゐ……………………………………Ⅲ - 103

## お

おいかは………………………………Ⅲ - 104
おいかわ………………………………Ⅲ - 104
おいぬかれい…………………………Ⅲ - 104
おいを…………………………………Ⅲ - 104
おうせ…………………………………Ⅲ - 104
おうな…………………………………Ⅲ - 105
おうを…………………………………Ⅲ - 105
おおいわし……………………………Ⅲ - 105
おおいを………………………………Ⅲ - 105
おかた…………………………………Ⅲ - 105
おかたかれい…………………………Ⅲ - 105
おきあち………………………………Ⅲ - 105
おきあぢ………………………………Ⅲ - 106
おきいわし……………………………Ⅲ - 106
おきくさび……………………………Ⅲ - 106
おきざはら……………………………Ⅲ - 106
おきすずき……………………………Ⅲ - 106
おきたご………………………………Ⅲ - 106
おきな…………………………………Ⅲ - 106
おきなます……………………………Ⅲ - 107
おきのこ………………………………Ⅲ - 107
おきのさはら…………………………Ⅲ - 107
おきのじやう…………………………Ⅲ - 107

おきのじよ…………………………Ⅲ - 107
おきのじょろふ……………………Ⅲ - 107
おきのぜう…………………………Ⅲ - 107
おきのて……………………………Ⅲ - 108
おきのまひ…………………………Ⅲ - 108
おきのむつ…………………………Ⅲ - 108
おきはせ……………………………Ⅲ - 108
おきひらめ…………………………Ⅲ - 108
おきめはり…………………………Ⅲ - 108
おきめはる…………………………Ⅲ - 108
おきゆね……………………………Ⅲ - 109
おくつたひ…………………………Ⅲ - 109
おこし………………………………Ⅲ - 109
おこじ………………………………Ⅲ - 109
おこじょ……………………………Ⅲ - 109
おこず………………………………Ⅲ - 109
おごず………………………………Ⅲ - 109
おこせ………………………………Ⅲ - 110
おこぜ………………………………Ⅲ - 110
おこせはちめ………………………Ⅲ - 110
おこぜはちめ………………………Ⅲ - 110
おこち………………………………Ⅲ - 110
おとがいなし………………………Ⅲ - 110
おとりこ……………………………Ⅲ - 111
おとりふか…………………………Ⅲ - 111
おどりふか…………………………Ⅲ - 111
おにうつ……………………………Ⅲ - 111
おにかさご…………………………Ⅲ - 111
おにはへ……………………………Ⅲ - 111
おふうを……………………………Ⅲ - 112
おふかい……………………………Ⅲ - 112
おふくちかれい……………………Ⅲ - 112
おふくちがれい……………………Ⅲ - 112
おふせ………………………………Ⅲ - 112
おふめさこ…………………………Ⅲ - 112
おふめたい…………………………Ⅲ - 112
おふめたひ…………………………Ⅲ - 113
おほいはし…………………………Ⅲ - 113
おほいわし…………………………Ⅲ - 113
おほいを……………………………Ⅲ - 113
おほうを……………………………Ⅲ - 113
おほおこぜ…………………………Ⅲ - 113
おほかい……………………………Ⅲ - 113
おほがい……………………………Ⅲ - 114
おほかしら…………………………Ⅲ - 114
おほがしら…………………………Ⅲ - 114
おほかつほ…………………………Ⅲ - 114
おほかつを…………………………Ⅲ - 114
おほかれい…………………………Ⅲ - 114
おほがれい…………………………Ⅲ - 114
おほかれゐ…………………………Ⅲ - 115
おほくちうみへび…………………Ⅲ - 115
おほくちかれい……………………Ⅲ - 115
おぼこ………………………………Ⅲ - 115
おほこしなか………………………Ⅲ - 115
おほこたら…………………………Ⅲ - 115
おほさはら…………………………Ⅲ - 116
おほさめ……………………………Ⅲ - 116
おほし………………………………Ⅲ - 116
おほたい……………………………Ⅲ - 116
おほたひ……………………………Ⅲ - 116
おほどうはり………………………Ⅲ - 116
おほとちやう………………………Ⅲ - 116
おほとじやう………………………Ⅲ - 117
おほなきり…………………………Ⅲ - 117
おほばなかれい……………………Ⅲ - 117
おほはや……………………………Ⅲ - 117
おほむきいささ……………………Ⅲ - 117
おほめいわし………………………Ⅲ - 117
おほやきあぢ………………………Ⅲ - 117
おむらさき…………………………Ⅲ - 118
おやしろめ…………………………Ⅲ - 118
おやにらみ…………………………Ⅲ - 118
おやにらみがれい…………………Ⅲ - 118
おやめめりかれい…………………Ⅲ - 118
おろか………………………………Ⅲ - 119

おろかふか…………………………… Ⅲ - 119
おゐかわ……………………………… Ⅲ - 119

## か

かいぎょ……………………………… Ⅲ - 120
かいぐり……………………………… Ⅲ - 120
かいくれ……………………………… Ⅲ - 120
かいぐれ……………………………… Ⅲ - 120
かいた………………………………… Ⅲ - 120
かいは………………………………… Ⅲ - 120
かいば………………………………… Ⅲ - 120
かいめ………………………………… Ⅲ - 121
かいめこち…………………………… Ⅲ - 121
かいめふか…………………………… Ⅲ - 121
かいるはちめ………………………… Ⅲ - 121
かいを………………………………… Ⅲ - 121
かうかい……………………………… Ⅲ - 121
かうかうふく………………………… Ⅲ - 121
かうくりたい………………………… Ⅲ - 122
かうくりだい………………………… Ⅲ - 122
かうぐりたい………………………… Ⅲ - 122
かうこたい…………………………… Ⅲ - 122
かうこたひ…………………………… Ⅲ - 122
がうさ………………………………… Ⅲ - 122
がうざ………………………………… Ⅲ - 122
かうさり……………………………… Ⅲ - 123
かうず………………………………… Ⅲ - 123
かうそ………………………………… Ⅲ - 123
がうち………………………………… Ⅲ - 123
かうづ………………………………… Ⅲ - 123
かうなかれ…………………………… Ⅲ - 123
かうなご……………………………… Ⅲ - 123
がうなひ……………………………… Ⅲ - 124
かうはぎ……………………………… Ⅲ - 124
がうはぎ……………………………… Ⅲ - 124
かうべ………………………………… Ⅲ - 124
がうぼて……………………………… Ⅲ - 124
かうよせ……………………………… Ⅲ - 124
かえる………………………………… Ⅲ - 124
かかみあぢ…………………………… Ⅲ - 125
かがみあぢ…………………………… Ⅲ - 125
かかみいを…………………………… Ⅲ - 125
かかみうを…………………………… Ⅲ - 125
かがみうを…………………………… Ⅲ - 125
かかみたい…………………………… Ⅲ - 126
かかみだい…………………………… Ⅲ - 126
かがみだい…………………………… Ⅲ - 126
かがみたひ…………………………… Ⅲ - 126
ががり………………………………… Ⅲ - 126
かぎ…………………………………… Ⅲ - 126
かきだ………………………………… Ⅲ - 126
かきのころもさめ…………………… Ⅲ - 127
かきはかま…………………………… Ⅲ - 127
かきばかま…………………………… Ⅲ - 127
かきはかまはちめ…………………… Ⅲ - 127
かきはちめ…………………………… Ⅲ - 127
かきやつめ…………………………… Ⅲ - 127
かきりぶ……………………………… Ⅲ - 127
がくどうめはり……………………… Ⅲ - 128
かくふつ……………………………… Ⅲ - 128
かくふづ……………………………… Ⅲ - 128
かくぶつ……………………………… Ⅲ - 128
かくらはぜ…………………………… Ⅲ - 128
かぐるゑい…………………………… Ⅲ - 128
かげやつめ…………………………… Ⅲ - 128
がご…………………………………… Ⅲ - 129
がさ…………………………………… Ⅲ - 129
かさき………………………………… Ⅲ - 129
かさこ………………………………… Ⅲ - 129
かさご………………………………… Ⅲ - 129
かさひ………………………………… Ⅲ - 129
かさび………………………………… Ⅲ - 129
がさび………………………………… Ⅲ - 130
かざみ………………………………… Ⅲ - 130
がざみ………………………………… Ⅲ - 130
かしか………………………………… Ⅲ - 130

かじか…………………………… Ⅲ - 130
かしかはちめ…………………… Ⅲ - 131
かじきどおし…………………… Ⅲ - 131
かじきり………………………… Ⅲ - 131
かしくり………………………… Ⅲ - 131
かじこ…………………………… Ⅲ - 131
かした…………………………… Ⅲ - 131
がしら…………………………… Ⅲ - 131
かしらぶと……………………… Ⅲ - 132
かすぎ…………………………… Ⅲ - 132
かすげ…………………………… Ⅲ - 132
かすこたい……………………… Ⅲ - 132
かすべ…………………………… Ⅲ - 132
かすべゑい……………………… Ⅲ - 132
かすゑい………………………… Ⅲ - 133
かせ……………………………… Ⅲ - 133
かぜ……………………………… Ⅲ - 133
かせさめ………………………… Ⅲ - 133
かせふか………………………… Ⅲ - 133
かせふか………………………… Ⅲ - 134
かせぶか………………………… Ⅲ - 134
かせわに………………………… Ⅲ - 134
かせゑひ………………………… Ⅲ - 134
かた……………………………… Ⅲ - 134
がた……………………………… Ⅲ - 135
かたくち………………………… Ⅲ - 135
かたくちいはし………………… Ⅲ - 135
かたくちいわし………………… Ⅲ - 135
がたくらひ……………………… Ⅲ - 136
かたさし………………………… Ⅲ - 136
かたなうを……………………… Ⅲ - 136
かたなき………………………… Ⅲ - 136
がたなぎ………………………… Ⅲ - 136
かたなきり……………………… Ⅲ - 136
かたなくい……………………… Ⅲ - 137
かたなぐい……………………… Ⅲ - 137
かたにきり……………………… Ⅲ - 137
かたにぎり……………………… Ⅲ - 137
がたにきり……………………… Ⅲ - 137
がたにぎり……………………… Ⅲ - 137
かたはせ………………………… Ⅲ - 138
がたはせ………………………… Ⅲ - 138
かたひらうを…………………… Ⅲ - 138
かたびらうを…………………… Ⅲ - 138
かたひらとせう………………… Ⅲ - 138
かたひらとちやう……………… Ⅲ - 138
かたひらどちやう……………… Ⅲ - 139
かたひらとてう………………… Ⅲ - 139
かたびらどでう………………… Ⅲ - 139
かたふつ………………………… Ⅲ - 139
がたぶつ………………………… Ⅲ - 139
かたます………………………… Ⅲ - 139
かぢ……………………………… Ⅲ - 139
かちか…………………………… Ⅲ - 140
かぢか…………………………… Ⅲ - 140
かぢかみ………………………… Ⅲ - 140
かぢきとをし…………………… Ⅲ - 140
かぢきどをし…………………… Ⅲ - 140
かぢきどをし…………………… Ⅲ - 141
かちきり………………………… Ⅲ - 141
かぢきり………………………… Ⅲ - 141
かぢぐろ………………………… Ⅲ - 141
かつうを………………………… Ⅲ - 141
かつおうを……………………… Ⅲ - 141
かつさつこ……………………… Ⅲ - 141
かつなき………………………… Ⅲ - 142
がつなき………………………… Ⅲ - 142
かつほ…………………………… Ⅲ - 142
かつほふく……………………… Ⅲ - 142
かつほふぐ……………………… Ⅲ - 142
かつを…………………………… Ⅲ - 143
かつをうを……………………… Ⅲ - 143
かつをゑい……………………… Ⅲ - 143
かつをわに……………………… Ⅲ - 144
かと……………………………… Ⅲ - 144
かど……………………………… Ⅲ - 144

かといわし…………………………… Ⅲ - 144
かな…………………………………… Ⅲ - 144
がな…………………………………… Ⅲ - 144
かなうさ……………………………… Ⅲ - 144
かなかしら…………………………… Ⅲ - 145
かながしら…………………………… Ⅲ - 145
かながしら…………………………… Ⅲ - 146
かなき………………………………… Ⅲ - 146
かなぎ………………………………… Ⅲ - 146
かなくし……………………………… Ⅲ - 146
かなくじ……………………………… Ⅲ - 146
かなくじり…………………………… Ⅲ - 146
かなくぢ……………………………… Ⅲ - 147
かなさこ……………………………… Ⅲ - 147
かなとう……………………………… Ⅲ - 147
かなどう……………………………… Ⅲ - 147
かなとうぶく………………………… Ⅲ - 147
かなはへ……………………………… Ⅲ - 147
かなふく……………………………… Ⅲ - 147
かなぶく……………………………… Ⅲ - 148
かなほう……………………………… Ⅲ - 148
かなぼう……………………………… Ⅲ - 148
かなめ………………………………… Ⅲ - 148
かなめどぜう………………………… Ⅲ - 148
かなめとちやう……………………… Ⅲ - 148
かなめどぢやう……………………… Ⅲ - 148
かなやま……………………………… Ⅲ - 149
かなやまいはし……………………… Ⅲ - 149
かなんど……………………………… Ⅲ - 149
かにおこせ…………………………… Ⅲ - 149
かにゑい……………………………… Ⅲ - 149
かねたたき…………………………… Ⅲ - 149
かねたたき…………………………… Ⅲ - 150
かねはせ……………………………… Ⅲ - 150
かのうを……………………………… Ⅲ - 150
かのこさめ…………………………… Ⅲ - 150
かのめり……………………………… Ⅲ - 150
かはあふらめ………………………… Ⅲ - 150
かはあぶらめ………………………… Ⅲ - 150
かはうなき…………………………… Ⅲ - 151
かはうなぎ…………………………… Ⅲ - 151
かはうを……………………………… Ⅲ - 151
かはかしか…………………………… Ⅲ - 151
かはかなめ…………………………… Ⅲ - 151
かはがます…………………………… Ⅲ - 151
かはかれい…………………………… Ⅲ - 151
かはかれい…………………………… Ⅲ - 152
かはきす……………………………… Ⅲ - 152
かはきすご…………………………… Ⅲ - 152
かはくり……………………………… Ⅲ - 152
かはごぶく…………………………… Ⅲ - 152
かはこり……………………………… Ⅲ - 152
かはさい……………………………… Ⅲ - 153
かはざい……………………………… Ⅲ - 153
かはざこ……………………………… Ⅲ - 153
かはしらうを………………………… Ⅲ - 153
かはすずき…………………………… Ⅲ - 153
かはせいご…………………………… Ⅲ - 153
かはたい……………………………… Ⅲ - 154
かはたなこ…………………………… Ⅲ - 154
かはたなご…………………………… Ⅲ - 154
かはたひ……………………………… Ⅲ - 154
かばち………………………………… Ⅲ - 154
かはどぢやう………………………… Ⅲ - 154
かはとちよう………………………… Ⅲ - 154
かはとひいを………………………… Ⅲ - 155
かはなだ……………………………… Ⅲ - 155
かははき……………………………… Ⅲ - 155
かはばくらうを……………………… Ⅲ - 155
かははせ……………………………… Ⅲ - 155
かははぜ……………………………… Ⅲ - 155
かはばち……………………………… Ⅲ - 155
かははへ……………………………… Ⅲ - 156
かははむ……………………………… Ⅲ - 156
かははりうを………………………… Ⅲ - 156
かははんさけ………………………… Ⅲ - 156

かははんざけ…………………………Ⅲ - 156
かはふく…………………………Ⅲ - 156
かはふぐ…………………………Ⅲ - 156
かはぼら…………………………Ⅲ - 157
かはます…………………………Ⅲ - 157
かはめはる…………………………Ⅲ - 157
かはめばる…………………………Ⅲ - 157
かはをこぜ…………………………Ⅲ - 157
かはをごせ…………………………Ⅲ - 157
かひめ…………………………Ⅲ - 158
かふしろ…………………………Ⅲ - 158
がぶつかれい…………………………Ⅲ - 158
かま…………………………Ⅲ - 158
がま…………………………Ⅲ - 158
かまいふく…………………………Ⅲ - 158
かまいふぐ…………………………Ⅲ - 158
かまかち…………………………Ⅲ - 159
かまごち…………………………Ⅲ - 159
かます…………………………Ⅲ - 159
かます…………………………Ⅲ - 160
かまち…………………………Ⅲ - 160
かまつか…………………………Ⅲ - 160
かまづか…………………………Ⅲ - 161
かまつかさはら…………………………Ⅲ - 161
かまとおし…………………………Ⅲ - 161
かまひし…………………………Ⅲ - 161
かまびし…………………………Ⅲ - 161
かまへ…………………………Ⅲ - 161
かまへふく…………………………Ⅲ - 162
かまへふぐ…………………………Ⅲ - 162
がまる…………………………Ⅲ - 162
かみ…………………………Ⅲ - 162
かみすり…………………………Ⅲ - 162
かみすりうを…………………………Ⅲ - 162
かみそり…………………………Ⅲ - 162
かみはかま…………………………Ⅲ - 163
かめかれい…………………………Ⅲ - 163
がめかれい…………………………Ⅲ - 163
かめんどう…………………………Ⅲ - 163
かも…………………………Ⅲ - 163
がも…………………………Ⅲ - 163
かもうちは…………………………Ⅲ - 163
かもうちわ…………………………Ⅲ - 164
かもうちわえゐ…………………………Ⅲ - 164
かよなぎ…………………………Ⅲ - 164
からいさき…………………………Ⅲ - 164
からかい…………………………Ⅲ - 164
からかこ…………………………Ⅲ - 164
からかひ…………………………Ⅲ - 164
からかふ…………………………Ⅲ - 165
からかゑい…………………………Ⅲ - 165
からこき…………………………Ⅲ - 165
からこぎ…………………………Ⅲ - 165
からすえゐ…………………………Ⅲ - 165
からすはちめ…………………………Ⅲ - 165
からすひらめ…………………………Ⅲ - 165
からとうを…………………………Ⅲ - 166
かりはへ…………………………Ⅲ - 166
かりわ…………………………Ⅲ - 166
かれい…………………………Ⅲ - 166
かれい…………………………Ⅲ - 167
かれひ…………………………Ⅲ - 167
かろう…………………………Ⅲ - 168
かわきす…………………………Ⅲ - 168
かわぎす…………………………Ⅲ - 168
かわくり…………………………Ⅲ - 168
かわごふく…………………………Ⅲ - 168
かわたい…………………………Ⅲ - 168
かわはき…………………………Ⅲ - 168
かわはへ…………………………Ⅲ - 169
かわほら…………………………Ⅲ - 169
かわめはる…………………………Ⅲ - 169
かんかうふぐ…………………………Ⅲ - 169
がんがね…………………………Ⅲ - 169
かんこ…………………………Ⅲ - 169
がんこ…………………………Ⅲ - 169

かんごうぶく…………………………… Ⅲ - 170
かんころ………………………………… Ⅲ - 170
かんそうかれい………………………… Ⅲ - 170
がんぞうがれい………………………… Ⅲ - 170
かんそうはちめ………………………… Ⅲ - 170
がんぞうはちめ………………………… Ⅲ - 170
かんそゑい……………………………… Ⅲ - 170
かんなめゑい…………………………… Ⅲ - 171
かんばちぎゑ…………………………… Ⅲ - 171
かんぶつ………………………………… Ⅲ - 171
がんぶつ………………………………… Ⅲ - 171

## き

きいわし………………………………… Ⅲ - 172
きう……………………………………… Ⅲ - 172
ぎうぎう………………………………… Ⅲ - 172
きうほうぃはし………………………… Ⅲ - 172
きぎ……………………………………… Ⅲ - 172
ぎぎ……………………………………… Ⅲ - 172
ききう…………………………………… Ⅲ - 172
きぎう…………………………………… Ⅲ - 173
ぎぎう…………………………………… Ⅲ - 173
ぎぎうを………………………………… Ⅲ - 173
きぎやう………………………………… Ⅲ - 173
ぎぎやう………………………………… Ⅲ - 174
きこし…………………………………… Ⅲ - 174
きこり…………………………………… Ⅲ - 174
きこりうを……………………………… Ⅲ - 174
きこりはた……………………………… Ⅲ - 174
ぎささ…………………………………… Ⅲ - 174
きさば…………………………………… Ⅲ - 175
きさみ…………………………………… Ⅲ - 175
きざみ…………………………………… Ⅲ - 175
ぎさみ…………………………………… Ⅲ - 175
ぎざみ…………………………………… Ⅲ - 175
きざめ…………………………………… Ⅲ - 175
ぎざめ…………………………………… Ⅲ - 175
きさんちう……………………………… Ⅲ - 176
ぎし……………………………………… Ⅲ - 176
きじたら………………………………… Ⅲ - 176
ぎしにらみ……………………………… Ⅲ - 176
きしにらみがれい……………………… Ⅲ - 176
きしのめんどり………………………… Ⅲ - 176
きしやめ………………………………… Ⅲ - 176
きじやめ………………………………… Ⅲ - 177
きじゑひ………………………………… Ⅲ - 177
きじんはちめ…………………………… Ⅲ - 177
きす……………………………………… Ⅲ - 177
ぎす……………………………………… Ⅲ - 177
きすこ…………………………………… Ⅲ - 178
きすご…………………………………… Ⅲ - 178
ぎた……………………………………… Ⅲ - 178
きたか…………………………………… Ⅲ - 178
きたこ…………………………………… Ⅲ - 178
きたなこ………………………………… Ⅲ - 179
きたふく………………………………… Ⅲ - 179
きたまくら……………………………… Ⅲ - 179
きたまくらふく………………………… Ⅲ - 179
きたむき………………………………… Ⅲ - 179
きちじ…………………………………… Ⅲ - 179
きちもち………………………………… Ⅲ - 179
きつかわ………………………………… Ⅲ - 180
きつぎょ………………………………… Ⅲ - 180
ぎつちやう……………………………… Ⅲ - 180
ぎつてう………………………………… Ⅲ - 180
ぎつとう………………………………… Ⅲ - 180
きづなし………………………………… Ⅲ - 180
きつねうを……………………………… Ⅲ - 180
きつねはちめ…………………………… Ⅲ - 181
ぎっぱち………………………………… Ⅲ - 181
きつりゅうぎょ………………………… Ⅲ - 181
きぬはり………………………………… Ⅲ - 181
きのぼりいしぶし……………………… Ⅲ - 181
きはき…………………………………… Ⅲ - 181
ぎはき…………………………………… Ⅲ - 181
ぎはぎ…………………………………… Ⅲ - 182

きはだはちめ…… Ⅲ - 182
きはち…… Ⅲ - 182
きはつそく…… Ⅲ - 182
きばなこたい…… Ⅲ - 182
きひあまてかれい…… Ⅲ - 182
きびがれい…… Ⅲ - 182
きびなご…… Ⅲ - 183
きびなごいはし…… Ⅲ - 183
きべ…… Ⅲ - 183
きま…… Ⅲ - 183
ぎま…… Ⅲ - 183
きみあふらめ…… Ⅲ - 183
きみあぶらめ…… Ⅲ - 183
きみうを…… Ⅲ - 184
きめいゑ…… Ⅲ - 184
きめゑい…… Ⅲ - 184
きやうげんはかま…… Ⅲ - 184
きやうのひぼ…… Ⅲ - 184
ぎやうぶ…… Ⅲ - 184
きやうみす…… Ⅲ - 184
きやうみず…… Ⅲ - 185
きやうもどり…… Ⅲ - 185
きよくれうぎょ…… Ⅲ - 185
きよせ…… Ⅲ - 185
きらきら…… Ⅲ - 185
ぎらぎら…… Ⅲ - 185
きららこ…… Ⅲ - 186
きりさば…… Ⅲ - 186
きりてん…… Ⅲ - 186
きろ…… Ⅲ - 186
ぎろはりろふく…… Ⅲ - 186
きんかい…… Ⅲ - 186
きんかきくくり…… Ⅲ - 186
きんかわ…… Ⅲ - 187
きんき…… Ⅲ - 187
きんきう…… Ⅲ - 187
きんぎう…… Ⅲ - 187
ぎんぎう…… Ⅲ - 187
きんぎよ…… Ⅲ - 187
きんくるまたい…… Ⅲ - 187
きんこ…… Ⅲ - 188
きんたい…… Ⅲ - 188
ぎんたい…… Ⅲ - 188
きんたいうす…… Ⅲ - 188
きんちやくうを…… Ⅲ - 188
きんてい…… Ⅲ - 188
きんていいけ…… Ⅲ - 188
きんちやくうを…… Ⅲ - 189
きんないこ…… Ⅲ - 189
ぎんはぎ…… Ⅲ - 189
きんばり…… Ⅲ - 189
きんめばる…… Ⅲ - 189

## く

くい…… Ⅲ - 190
くいさめ…… Ⅲ - 190
くき…… Ⅲ - 190
くぎ…… Ⅲ - 190
ぐぐ…… Ⅲ - 190
くさい…… Ⅲ - 190
ぐざうかぢか…… Ⅲ - 190
くさひ…… Ⅲ - 191
くさび…… Ⅲ - 191
くさびうを…… Ⅲ - 191
くじ…… Ⅲ - 191
くしがい…… Ⅲ - 191
くしかな…… Ⅲ - 191
くしかな…… Ⅲ - 192
くしこ…… Ⅲ - 192
くしごろう…… Ⅲ - 192
くしたい…… Ⅲ - 192
くじたい…… Ⅲ - 192
くしたひ…… Ⅲ - 192
くじたひ…… Ⅲ - 193
くしちよ…… Ⅲ - 193
くしのめ…… Ⅲ - 193

くじめ…………………………… Ⅲ - 193
くじらとをし…………………… Ⅲ - 193
くしらはちめ…………………… Ⅲ - 193
くす……………………………… Ⅲ - 194
ぐす……………………………… Ⅲ - 194
ぐず……………………………… Ⅲ - 194
くすな…………………………… Ⅲ - 194
くずな…………………………… Ⅲ - 195
くそくうを……………………… Ⅲ - 195
くそのほう……………………… Ⅲ - 195
くそのぼう……………………… Ⅲ - 195
ぐそのぼう……………………… Ⅲ - 195
くそもと………………………… Ⅲ - 195
くたまき………………………… Ⅲ - 196
くち……………………………… Ⅲ - 196
くぢ……………………………… Ⅲ - 196
ぐち……………………………… Ⅲ - 196
くちくろ………………………… Ⅲ - 196
くちぐろ………………………… Ⅲ - 197
くちくろます…………………… Ⅲ - 197
くちけた………………………… Ⅲ - 197
くちぞこ………………………… Ⅲ - 197
くちたひ………………………… Ⅲ - 197
くちなか………………………… Ⅲ - 197
くちなかかれい………………… Ⅲ - 197
くちはぐろふく………………… Ⅲ - 198
くちひ…………………………… Ⅲ - 198
くちび…………………………… Ⅲ - 198
くちびだい……………………… Ⅲ - 198
くちひたひ……………………… Ⅲ - 198
くちびたひ……………………… Ⅲ - 198
くちほそ………………………… Ⅲ - 199
くちぼそ………………………… Ⅲ - 199
くちほそあぢ…………………… Ⅲ - 199
くちほそかれい………………… Ⅲ - 199
くちぼそかれい………………… Ⅲ - 199
くちみたい……………………… Ⅲ - 200
くちみたひ……………………… Ⅲ - 200
くぢらとうし…………………… Ⅲ - 200
くぢらとをし…………………… Ⅲ - 200
くぢらふか……………………… Ⅲ - 200
ぐづ……………………………… Ⅲ - 200
くつあんかう…………………… Ⅲ - 200
くつそこいを…………………… Ⅲ - 201
くつぞこうを…………………… Ⅲ - 201
くつぞこがれい………………… Ⅲ - 201
くつな…………………………… Ⅲ - 201
くづな…………………………… Ⅲ - 201
くづなうを……………………… Ⅲ - 201
くづなたい……………………… Ⅲ - 201
くにたひ………………………… Ⅲ - 202
くにもり………………………… Ⅲ - 202
くひさめ………………………… Ⅲ - 202
くまさか………………………… Ⅲ - 202
くまさかふく…………………… Ⅲ - 202
くまさかふく…………………… Ⅲ - 203
くまとり………………………… Ⅲ - 203
くまはら………………………… Ⅲ - 203
くまひき………………………… Ⅲ - 203
くまびき………………………… Ⅲ - 203
くまびきをねこつら…………… Ⅲ - 203
ぐみぶか………………………… Ⅲ - 203
くもづめ………………………… Ⅲ - 204
くらぐす………………………… Ⅲ - 204
くりうを………………………… Ⅲ - 204
くりかみ………………………… Ⅲ - 204
くりで…………………………… Ⅲ - 204
くるまい………………………… Ⅲ - 204
くるまたい……………………… Ⅲ - 204
くるまたい……………………… Ⅲ - 205
くるまたひ……………………… Ⅲ - 205
ぐるめ…………………………… Ⅲ - 205
ぐれい…………………………… Ⅲ - 205
くろあい………………………… Ⅲ - 205
くろあなこ……………………… Ⅲ - 205
くろいを………………………… Ⅲ - 205

くろうなき…………………………… Ⅲ - 206
くろうを…………………………… Ⅲ - 206
くろえゐ…………………………… Ⅲ - 206
くろかさご…………………………… Ⅲ - 206
くろから…………………………… Ⅲ - 206
くろから…………………………… Ⅲ - 207
くろがら…………………………… Ⅲ - 207
くろからはちめ…………………………… Ⅲ - 207
くろくす…………………………… Ⅲ - 207
くろくち…………………………… Ⅲ - 207
くろこご…………………………… Ⅲ - 207
くろこさめ…………………………… Ⅲ - 208
くろごす…………………………… Ⅲ - 208
くろごず…………………………… Ⅲ - 208
くろこち…………………………… Ⅲ - 208
くろこり…………………………… Ⅲ - 208
くろごり…………………………… Ⅲ - 208
くろさす…………………………… Ⅲ - 209
くろざめ…………………………… Ⅲ - 209
くろすい…………………………… Ⅲ - 209
くろすみ…………………………… Ⅲ - 209
くろそぶ…………………………… Ⅲ - 209
くろたい…………………………… Ⅲ - 209
くろだい…………………………… Ⅲ - 210
くろたはらご…………………………… Ⅲ - 210
くろだひ…………………………… Ⅲ - 210
くろだひ…………………………… Ⅲ - 211
くろたら…………………………… Ⅲ - 211
くろづぼ…………………………… Ⅲ - 211
くろどぢやう…………………………… Ⅲ - 211
くろなこ…………………………… Ⅲ - 212
くろのとくろ…………………………… Ⅲ - 212
ぐろのはなはげ…………………………… Ⅲ - 212
くろはい…………………………… Ⅲ - 212
くろはき…………………………… Ⅲ - 212
くろはぎ…………………………… Ⅲ - 212
くろはぎ…………………………… Ⅲ - 213
くろはけ…………………………… Ⅲ - 213
くろはげ…………………………… Ⅲ - 213
くろはせ…………………………… Ⅲ - 213
くろはぜ…………………………… Ⅲ - 213
くろはちめ…………………………… Ⅲ - 214
くろはへ…………………………… Ⅲ - 214
くろはも…………………………… Ⅲ - 214
くろふく…………………………… Ⅲ - 214
くろぶく…………………………… Ⅲ - 214
くろぶたうを…………………………… Ⅲ - 215
くろべ…………………………… Ⅲ - 215
くろぼう…………………………… Ⅲ - 215
くろほご…………………………… Ⅲ - 215
くろほしかり…………………………… Ⅲ - 215
くろほてこう…………………………… Ⅲ - 215
くろめばり…………………………… Ⅲ - 215
くろめはる…………………………… Ⅲ - 216
くろめばる…………………………… Ⅲ - 216
くろゑ…………………………… Ⅲ - 216
くろゑい…………………………… Ⅲ - 216
くろんぼうはぜ…………………………… Ⅲ - 216
くわはだけ…………………………… Ⅲ - 216
くわんおんだい…………………………… Ⅲ - 217
くゑ…………………………… Ⅲ - 217
ぐゑ…………………………… Ⅲ - 217

## け

けく…………………………… Ⅲ - 218
けた…………………………… Ⅲ - 218
けつけ…………………………… Ⅲ - 218
けつね…………………………… Ⅲ - 218
けなしかれい…………………………… Ⅲ - 218
けのこ…………………………… Ⅲ - 218
けふく…………………………… Ⅲ - 218
けふぐ…………………………… Ⅲ - 219
けぶく…………………………… Ⅲ - 219
けむし…………………………… Ⅲ - 219
けもちなこや…………………………… Ⅲ - 219
げんきう…………………………… Ⅲ - 219

けんきうを…………………………… Ⅲ - 219
げんだうを…………………………… Ⅲ - 219
げんなゑそ…………………………… Ⅲ - 220

こ

こあじ………………………………… Ⅲ - 221
こあぢ………………………………… Ⅲ - 221
ごあみ………………………………… Ⅲ - 221
こあゆ………………………………… Ⅲ - 221
こい…………………………………… Ⅲ - 221
ごいしさめ…………………………… Ⅲ - 221
こいち………………………………… Ⅲ - 221
こいちすい…………………………… Ⅲ - 222
こいな………………………………… Ⅲ - 222
こいはし……………………………… Ⅲ - 222
こいわし……………………………… Ⅲ - 222
こうぐり……………………………… Ⅲ - 222
こうくろ……………………………… Ⅲ - 222
こうご………………………………… Ⅲ - 222
ごうごうふく………………………… Ⅲ - 223
こうごだい…………………………… Ⅲ - 223
こうごたひ…………………………… Ⅲ - 223
こうごぶく…………………………… Ⅲ - 223
こうせうたい………………………… Ⅲ - 223
こうそ………………………………… Ⅲ - 223
こうたい……………………………… Ⅲ - 223
こうたう……………………………… Ⅲ - 224
こうなご……………………………… Ⅲ - 224
こうめ………………………………… Ⅲ - 224
こうめん……………………………… Ⅲ - 224
こうりん……………………………… Ⅲ - 224
こかつほ……………………………… Ⅲ - 224
こかつを……………………………… Ⅲ - 224
こかね………………………………… Ⅲ - 225
こかれい……………………………… Ⅲ - 225
こかれひ……………………………… Ⅲ - 225
こき…………………………………… Ⅲ - 225
こくり………………………………… Ⅲ - 225
こぐり………………………………… Ⅲ - 225
こくろだい…………………………… Ⅲ - 225
こくろたひ…………………………… Ⅲ - 226
こごいを……………………………… Ⅲ - 226
こごうを……………………………… Ⅲ - 226
ここち………………………………… Ⅲ - 226
こざつこ……………………………… Ⅲ - 226
こさめ………………………………… Ⅲ - 226
こさより……………………………… Ⅲ - 226
こしため……………………………… Ⅲ - 227
こしなが……………………………… Ⅲ - 227
こしながいはし……………………… Ⅲ - 227
こしながいわし……………………… Ⅲ - 227
こしば………………………………… Ⅲ - 227
こしび………………………………… Ⅲ - 227
こしやうたい………………………… Ⅲ - 227
こしやうぶか………………………… Ⅲ - 228
こしよたひ…………………………… Ⅲ - 228
ごずい………………………………… Ⅲ - 228
こずくら……………………………… Ⅲ - 228
こすずき……………………………… Ⅲ - 228
こせいこ……………………………… Ⅲ - 228
こせう………………………………… Ⅲ - 228
こせううを…………………………… Ⅲ - 229
こそ…………………………………… Ⅲ - 229
こそがれい…………………………… Ⅲ - 229
ごぞんじ……………………………… Ⅲ - 229
こた…………………………………… Ⅲ - 229
こたい………………………………… Ⅲ - 229
こだい………………………………… Ⅲ - 230
こだいな……………………………… Ⅲ - 230
こたくぎょ…………………………… Ⅲ - 230
こたね………………………………… Ⅲ - 230
こたひ………………………………… Ⅲ - 230
こたひうを…………………………… Ⅲ - 230
こち…………………………………… Ⅲ - 230
こぢ…………………………………… Ⅲ - 231
こちたい……………………………… Ⅲ - 231

こちやう………………………………… Ⅲ - 231
ごちょ………………………………… Ⅲ - 231
こちわ………………………………… Ⅲ - 231
こつおうふか………………………… Ⅲ - 232
こつくら……………………………… Ⅲ - 232
こづくら……………………………… Ⅲ - 232
ごつこ………………………………… Ⅲ - 232
こつたい……………………………… Ⅲ - 232
こつたひ……………………………… Ⅲ - 232
こつなし……………………………… Ⅲ - 233
こづの………………………………… Ⅲ - 233
ごつぱち……………………………… Ⅲ - 233
ごづはち……………………………… Ⅲ - 233
こつふらかれい……………………… Ⅲ - 233
こつへい……………………………… Ⅲ - 233
こつほう……………………………… Ⅲ - 233
ごつほう……………………………… Ⅲ - 234
こてうを……………………………… Ⅲ - 234
こてつほう…………………………… Ⅲ - 234
ことう………………………………… Ⅲ - 234
こどうせん…………………………… Ⅲ - 234
ことち………………………………… Ⅲ - 234
ことと………………………………… Ⅲ - 235
ごとと………………………………… Ⅲ - 235
こなこ………………………………… Ⅲ - 235
こなご………………………………… Ⅲ - 235
このかす……………………………… Ⅲ - 235
このこ………………………………… Ⅲ - 235
このしろ……………………………… Ⅲ - 235
このしろ……………………………… Ⅲ - 236
このしろ……………………………… Ⅲ - 237
このしろいわし……………………… Ⅲ - 237
このはがれ…………………………… Ⅲ - 237
このはかれい………………………… Ⅲ - 237
ごは…………………………………… Ⅲ - 237
こはぐろ……………………………… Ⅲ - 237
ごはせ………………………………… Ⅲ - 238
こはだ………………………………… Ⅲ - 238
こばね………………………………… Ⅲ - 238
こはへ………………………………… Ⅲ - 238
こばんうを…………………………… Ⅲ - 238
こひ…………………………………… Ⅲ - 238
こひ…………………………………… Ⅲ - 239
こひしやく…………………………… Ⅲ - 239
こひしやくはちめ…………………… Ⅲ - 239
こびら………………………………… Ⅲ - 239
こびらご……………………………… Ⅲ - 239
こひらた……………………………… Ⅲ - 239
こひらめ……………………………… Ⅲ - 239
こひるがれい………………………… Ⅲ - 240
こひるの……………………………… Ⅲ - 240
こふい………………………………… Ⅲ - 240
こふいこ……………………………… Ⅲ - 240
こふぐ………………………………… Ⅲ - 240
こふくら……………………………… Ⅲ - 240
こぶしやく…………………………… Ⅲ - 240
こふしめ……………………………… Ⅲ - 241
こふたい……………………………… Ⅲ - 241
こぶたい……………………………… Ⅲ - 241
こふたひ……………………………… Ⅲ - 241
こぶたひ……………………………… Ⅲ - 241
こふな………………………………… Ⅲ - 241
こべ…………………………………… Ⅲ - 241
こべいけ……………………………… Ⅲ - 242
こべら………………………………… Ⅲ - 242
こべらいわし………………………… Ⅲ - 242
こぼうせくろ………………………… Ⅲ - 242
こほたら……………………………… Ⅲ - 242
こぼち………………………………… Ⅲ - 242
こまい………………………………… Ⅲ - 242
ごま…………………………………… Ⅲ - 243
こまいと……………………………… Ⅲ - 243
こまいはし…………………………… Ⅲ - 243
こまうなぎ…………………………… Ⅲ - 243
ごまうなぎ…………………………… Ⅲ - 243
こまかた……………………………… Ⅲ - 243

ごまかた…………………………… Ⅲ - 243
こまぜ……………………………… Ⅲ - 244
こまたざこ………………………… Ⅲ - 244
こまめ……………………………… Ⅲ - 244
ごまめ……………………………… Ⅲ - 244
こまめいわし……………………… Ⅲ - 244
ごまめいわし……………………… Ⅲ - 244
ごまんぜう………………………… Ⅲ - 245
こみうを…………………………… Ⅲ - 245
こみくり…………………………… Ⅲ - 245
ごみゑい…………………………… Ⅲ - 245
こむきいさざ……………………… Ⅲ - 245
こむぎから………………………… Ⅲ - 245
こむきはちめ……………………… Ⅲ - 246
こめじらす………………………… Ⅲ - 246
こめふく…………………………… Ⅲ - 246
こめふぐ…………………………… Ⅲ - 246
こめらく…………………………… Ⅲ - 246
こめゑい…………………………… Ⅲ - 246
ごも………………………………… Ⅲ - 247
こもうを…………………………… Ⅲ - 247
こもち……………………………… Ⅲ - 247
こもちかれい……………………… Ⅲ - 247
こもちかれひ……………………… Ⅲ - 247
こもゑい…………………………… Ⅲ - 247
こもんふく………………………… Ⅲ - 247
こやすうを………………………… Ⅲ - 248
こやつめ…………………………… Ⅲ - 248
こよろつ…………………………… Ⅲ - 248
こよろづ…………………………… Ⅲ - 248
こらしろゑ………………………… Ⅲ - 248
ごり………………………………… Ⅲ - 248
こりかしか………………………… Ⅲ - 248
ごりかちか………………………… Ⅲ - 249
ごりかぢか………………………… Ⅲ - 249
ごりごり…………………………… Ⅲ - 249
ごりどちやう……………………… Ⅲ - 249
ごりん……………………………… Ⅲ - 249
ころ………………………………… Ⅲ - 249
ころこのみ………………………… Ⅲ - 250
ころさめ…………………………… Ⅲ - 250
ころたい…………………………… Ⅲ - 250
ころたひ…………………………… Ⅲ - 250
ごろち……………………………… Ⅲ - 250
ごろめ……………………………… Ⅲ - 250
ころも……………………………… Ⅲ - 251
ころもはぜ………………………… Ⅲ - 251
こわた……………………………… Ⅲ - 251
こゑい……………………………… Ⅲ - 251
こゑんほう………………………… Ⅲ - 251
ごんから…………………………… Ⅲ - 251
こんぐり…………………………… Ⅲ - 251
こんずい…………………………… Ⅲ - 252
こんぜ……………………………… Ⅲ - 252
ごんせ……………………………… Ⅲ - 252
ごんぜ……………………………… Ⅲ - 252
こんのうを………………………… Ⅲ - 252
こんへ……………………………… Ⅲ - 252
こんべ……………………………… Ⅲ - 253
こんへい…………………………… Ⅲ - 253
こんぺい…………………………… Ⅲ - 253


## さ


さい………………………………… Ⅲ - 254
さいさい…………………………… Ⅲ - 254
さいた……………………………… Ⅲ - 254
さいなか…………………………… Ⅲ - 254
さいのうを………………………… Ⅲ - 254
さいら……………………………… Ⅲ - 254
さいれ……………………………… Ⅲ - 254
さいれん…………………………… Ⅲ - 255
ざうご……………………………… Ⅲ - 255
さうさう…………………………… Ⅲ - 255
さうたけ…………………………… Ⅲ - 255
さえゐ……………………………… Ⅲ - 255
さか………………………………… Ⅲ - 255

さが…………………………… Ⅲ - 255
さかた…………………………… Ⅲ - 256
さかたゑ…………………………… Ⅲ - 256
さかとうじ…………………………… Ⅲ - 256
さかなくさらかし…………………………… Ⅲ - 256
さかひしやく…………………………… Ⅲ - 256
さかびしやく…………………………… Ⅲ - 257
さかまた…………………………… Ⅲ - 257
さくらうくひ…………………………… Ⅲ - 257
さくらうを…………………………… Ⅲ - 257
さくらだい…………………………… Ⅲ - 257
さくらたひ…………………………… Ⅲ - 257
さけ…………………………… Ⅲ - 257
さけ…………………………… Ⅲ - 258
さけのうを…………………………… Ⅲ - 258
さけのうをみつかい…………………………… Ⅲ - 258
さけのよい…………………………… Ⅲ - 258
さこ…………………………… Ⅲ - 258
ざこ…………………………… Ⅲ - 259
さこう…………………………… Ⅲ - 259
さこし…………………………… Ⅲ - 259
さごし…………………………… Ⅲ - 259
さこたい…………………………… Ⅲ - 259
さこたひ…………………………… Ⅲ - 260
さこほん…………………………… Ⅲ - 260
ささ…………………………… Ⅲ - 260
ささいくたき…………………………… Ⅲ - 260
さざいくだき…………………………… Ⅲ - 260
ささいだ…………………………… Ⅲ - 260
ささいわに…………………………… Ⅲ - 260
ささいわに…………………………… Ⅲ - 261
ささいわり…………………………… Ⅲ - 261
さざいわり…………………………… Ⅲ - 261
ささうを…………………………… Ⅲ - 261
さざえわり…………………………… Ⅲ - 261
さざえわりうを…………………………… Ⅲ - 262
さざえわりふか…………………………… Ⅲ - 262
ささかれい…………………………… Ⅲ - 262
ささけほ…………………………… Ⅲ - 262
ささのは…………………………… Ⅲ - 262
ささへわり…………………………… Ⅲ - 262
さざへわり…………………………… Ⅲ - 262
さざゑうを…………………………… Ⅲ - 263
さじ…………………………… Ⅲ - 263
さしいわし…………………………… Ⅲ - 263
さす…………………………… Ⅲ - 263
ざす…………………………… Ⅲ - 263
さすり…………………………… Ⅲ - 263
さすり…………………………… Ⅲ - 264
さつこ…………………………… Ⅲ - 264
ざつこ…………………………… Ⅲ - 264
さつは…………………………… Ⅲ - 264
ざつは…………………………… Ⅲ - 264
さつまかうべ…………………………… Ⅲ - 264
さてわに…………………………… Ⅲ - 264
さとうば…………………………… Ⅲ - 265
さとり…………………………… Ⅲ - 265
さとりさめ…………………………… Ⅲ - 265
さとりわに…………………………… Ⅲ - 265
さなが…………………………… Ⅲ - 265
さなだゑそ…………………………… Ⅲ - 265
さなぼり…………………………… Ⅲ - 265
さは…………………………… Ⅲ - 266
さば…………………………… Ⅲ - 266
さば…………………………… Ⅲ - 267
さばがます…………………………… Ⅲ - 267
さばふか…………………………… Ⅲ - 267
さはふく…………………………… Ⅲ - 267
さばふく…………………………… Ⅲ - 267
さばふぐ…………………………… Ⅲ - 267
さはら…………………………… Ⅲ - 268
さびあゆ…………………………… Ⅲ - 268
さびれ…………………………… Ⅲ - 268
さふぐ…………………………… Ⅲ - 268
さぶみや…………………………… Ⅲ - 268
さぶやぶ…………………………… Ⅲ - 269

さまふぐ…………………………… Ⅲ - 269
さめ………………………………… Ⅲ - 269
さめからかい……………………… Ⅲ - 269
さめからかい……………………… Ⅲ - 270
さめかれい………………………… Ⅲ - 270
さめふか…………………………… Ⅲ - 270
さめぶか…………………………… Ⅲ - 270
さめふく…………………………… Ⅲ - 270
さめわに…………………………… Ⅲ - 270
さやこ……………………………… Ⅲ - 271
さより……………………………… Ⅲ - 271
さより……………………………… Ⅲ - 272
さよりすす………………………… Ⅲ - 272
さらゑい…………………………… Ⅲ - 272
さる………………………………… Ⅲ - 272
さるごり…………………………… Ⅲ - 272
さるた……………………………… Ⅲ - 272
さるたかちか……………………… Ⅲ - 272
さるたかちか……………………… Ⅲ - 273
さるたらふ………………………… Ⅲ - 273
さるめ……………………………… Ⅲ - 273
さわふく…………………………… Ⅲ - 273
さわら……………………………… Ⅲ - 273
さわら……………………………… Ⅲ - 274
さゑい……………………………… Ⅲ - 274
さを………………………………… Ⅲ - 274
さんき……………………………… Ⅲ - 274
ざんき……………………………… Ⅲ - 274
さんきゑい………………………… Ⅲ - 274
さんぎゑい………………………… Ⅲ - 274
さんくわん………………………… Ⅲ - 275
さんご……………………………… Ⅲ - 275
さんしやうかれい………………… Ⅲ - 275
さんしらう………………………… Ⅲ - 275
さんすけ…………………………… Ⅲ - 275
さんぜんぼ………………………… Ⅲ - 275
さんどやき………………………… Ⅲ - 275
さんぱ……………………………… Ⅲ - 276
さんばめかれい…………………… Ⅲ - 276
さんま……………………………… Ⅲ - 276
さんる……………………………… Ⅲ - 276


## し


しい………………………………… Ⅲ - 277
しいのはたい……………………… Ⅲ - 277
しいのふた………………………… Ⅲ - 277
しいら……………………………… Ⅲ - 277
しいらき…………………………… Ⅲ - 277
しうび……………………………… Ⅲ - 277
しうりかれい……………………… Ⅲ - 278
しうゑき…………………………… Ⅲ - 278
しお………………………………… Ⅲ - 278
しおう……………………………… Ⅲ - 278
しおたき…………………………… Ⅲ - 278
しおふうを………………………… Ⅲ - 278
しかくてんど……………………… Ⅲ - 278
しかくでんど……………………… Ⅲ - 279
しかみ……………………………… Ⅲ - 279
しきり……………………………… Ⅲ - 279
しくち……………………………… Ⅲ - 279
しじう……………………………… Ⅲ - 279
じじう……………………………… Ⅲ - 279
しじうはちめ……………………… Ⅲ - 280
ししうふく………………………… Ⅲ - 280
しじうふく………………………… Ⅲ - 280
ししくり…………………………… Ⅲ - 280
ししごち…………………………… Ⅲ - 280
ししなき…………………………… Ⅲ - 280
ししぬほ…………………………… Ⅲ - 280
しじふからはちめ………………… Ⅲ - 281
しじふこをあふらめ……………… Ⅲ - 281
しじふふく………………………… Ⅲ - 281
ししぼ……………………………… Ⅲ - 281
ししやだい………………………… Ⅲ - 281
したい……………………………… Ⅲ - 281
したかれひ………………………… Ⅲ - 281

したれ…… Ⅲ - 282
しだれ…… Ⅲ - 282
しつうを…… Ⅲ - 282
しつさいがれい…… Ⅲ - 282
じつぽう…… Ⅲ - 282
じな…… Ⅲ - 282
じないがれい…… Ⅲ - 282
しねんこ…… Ⅲ - 283
しのこたい…… Ⅲ - 283
しは…… Ⅲ - 283
しばくろうを…… Ⅲ - 283
しひ…… Ⅲ - 283
しび…… Ⅲ - 283
しび…… Ⅲ - 284
しひさめ…… Ⅲ - 284
しびな…… Ⅲ - 284
しびのうを…… Ⅲ - 284
しぶうちわゑい…… Ⅲ - 284
しぶくめ…… Ⅲ - 285
しぶな…… Ⅲ - 285
しほ…… Ⅲ - 285
しほこ…… Ⅲ - 285
しほご…… Ⅲ - 285
しほさい…… Ⅲ - 285
しほさいふく…… Ⅲ - 285
しほさいふぐ…… Ⅲ - 286
しほさへふく…… Ⅲ - 286
しほたきめばる…… Ⅲ - 286
しほのこ…… Ⅲ - 286
しほのみ…… Ⅲ - 286
しま…… Ⅲ - 286
しまあじ…… Ⅲ - 286
しまあじ…… Ⅲ - 287
しまあち…… Ⅲ - 287
しまあぢ…… Ⅲ - 287
しまかつ…… Ⅲ - 287
しまごじらう…… Ⅲ - 287
しますずき…… Ⅲ - 287
しまたい…… Ⅲ - 288
しまたひ…… Ⅲ - 288
しまたら…… Ⅲ - 288
しまつ…… Ⅲ - 288
しまとせう…… Ⅲ - 288
しまとちやう…… Ⅲ - 288
しまどぢやう…… Ⅲ - 289
しまとでう…… Ⅲ - 289
しまねすうかれい…… Ⅲ - 289
しまのべんさし…… Ⅲ - 289
しまはせ…… Ⅲ - 289
しまはぜ…… Ⅲ - 289
しまひさご…… Ⅲ - 289
しまめ…… Ⅲ - 290
しまめくり…… Ⅲ - 290
しまめぐり…… Ⅲ - 290
しもあじ…… Ⅲ - 290
しもあち…… Ⅲ - 290
しもく…… Ⅲ - 290
しもはへ…… Ⅲ - 290
しやうじこ…… Ⅲ - 291
しやうしやうはちめ…… Ⅲ - 291
しやうふわに…… Ⅲ - 291
しやうぼん…… Ⅲ - 291
しやうめ…… Ⅲ - 291
じやうめ…… Ⅲ - 291
しやうもんがれい…… Ⅲ - 291
しやかすしこ…… Ⅲ - 292
しやかひしやく…… Ⅲ - 292
しやかふた…… Ⅲ - 292
しやかまこち…… Ⅲ - 292
しやかんほ…… Ⅲ - 292
しやく…… Ⅲ - 292
しやくざん…… Ⅲ - 293
しやくたに…… Ⅲ - 293
しやくだに…… Ⅲ - 293
しやくたね…… Ⅲ - 293
しやくなけ…… Ⅲ - 293

しやくはち…………………………… Ⅲ - 293
しやけ………………………………… Ⅲ - 293
じやこ………………………………… Ⅲ - 294
しやこち……………………………… Ⅲ - 294
しやじ………………………………… Ⅲ - 294
じやしらめ…………………………… Ⅲ - 294
しやたい……………………………… Ⅲ - 294
しやちほこ…………………………… Ⅲ - 294
しやて………………………………… Ⅲ - 295
じやみ………………………………… Ⅲ - 295
しゆぐち……………………………… Ⅲ - 295
しゆぜん……………………………… Ⅲ - 295
しゆとう……………………………… Ⅲ - 295
しゆび………………………………… Ⅲ - 295
しゆもくざめ………………………… Ⅲ - 295
しゆり………………………………… Ⅲ - 296
しよしよこだ………………………… Ⅲ - 296
しらいを……………………………… Ⅲ - 296
しらうを……………………………… Ⅲ - 296
しらえゐ……………………………… Ⅲ - 296
しらけ………………………………… Ⅲ - 296
しらげ………………………………… Ⅲ - 296
しらさ………………………………… Ⅲ - 297
しらさめ……………………………… Ⅲ - 297
しらす………………………………… Ⅲ - 297
しらすこ……………………………… Ⅲ - 297
しらすご……………………………… Ⅲ - 297
しらはへ……………………………… Ⅲ - 298
しらみたら…………………………… Ⅲ - 298
しりたか……………………………… Ⅲ - 298
しりふりこち………………………… Ⅲ - 298
しりまもり…………………………… Ⅲ - 298
しりやけ……………………………… Ⅲ - 298
しれ…………………………………… Ⅲ - 298
しれす………………………………… Ⅲ - 299
しろ…………………………………… Ⅲ - 299
しろあなこ…………………………… Ⅲ - 299
しろあなご…………………………… Ⅲ - 299
しろいさざ…………………………… Ⅲ - 299
しろいを……………………………… Ⅲ - 299
しろうなき…………………………… Ⅲ - 300
しろうを……………………………… Ⅲ - 300
しろうを……………………………… Ⅲ - 301
しろかねうを………………………… Ⅲ - 301
しろきす……………………………… Ⅲ - 301
しろぐち……………………………… Ⅲ - 301
しろこ………………………………… Ⅲ - 301
しろこり……………………………… Ⅲ - 301
しろごり……………………………… Ⅲ - 301
しろさば……………………………… Ⅲ - 302
しろさめ……………………………… Ⅲ - 302
しろたひ……………………………… Ⅲ - 302
しろはい……………………………… Ⅲ - 302
しろはせ……………………………… Ⅲ - 302
しろはぜ……………………………… Ⅲ - 302
しろはへ……………………………… Ⅲ - 302
しろはへ……………………………… Ⅲ - 303
しろはも……………………………… Ⅲ - 303
しろはゑ……………………………… Ⅲ - 303
しろひけ……………………………… Ⅲ - 303
しろふか……………………………… Ⅲ - 303
しろふぐ……………………………… Ⅲ - 303
しろべ………………………………… Ⅲ - 304
しろめ………………………………… Ⅲ - 304
しろめいせごい……………………… Ⅲ - 304
しろめいせこひ……………………… Ⅲ - 304
しろめほら…………………………… Ⅲ - 304
しろめぼら…………………………… Ⅲ - 304
しろをこぜ…………………………… Ⅲ - 304
しを…………………………………… Ⅲ - 305
しをこ………………………………… Ⅲ - 305
しをさきはぜ………………………… Ⅲ - 305
しんこふく…………………………… Ⅲ - 305
しんじゆ……………………………… Ⅲ - 305
しんたんたるみ……………………… Ⅲ - 305
しんぢやう…………………………… Ⅲ - 305

しんまき…………………………… Ⅲ - 306
じんめかれい……………………… Ⅲ - 306

## す

すい………………………………… Ⅲ - 307
すいかし…………………………… Ⅲ - 307
すいきん…………………………… Ⅲ - 307
すいくぐり………………………… Ⅲ - 307
すいなし…………………………… Ⅲ - 307
すいぼたら………………………… Ⅲ - 307
すいめう…………………………… Ⅲ - 307
すかかし…………………………… Ⅲ - 308
すかちか…………………………… Ⅲ - 308
すかれい…………………………… Ⅲ - 308
すきうを…………………………… Ⅲ - 308
すきかうゑい……………………… Ⅲ - 308
すきさき…………………………… Ⅲ - 308
すきざき…………………………… Ⅲ - 308
すきさきゑい……………………… Ⅲ - 309
すきのさき………………………… Ⅲ - 309
すきのへら………………………… Ⅲ - 309
すきふか…………………………… Ⅲ - 309
すきめばる………………………… Ⅲ - 309
すぐしろ…………………………… Ⅲ - 309
すぐちぼら………………………… Ⅲ - 309
すくひ……………………………… Ⅲ - 310
すくめ……………………………… Ⅲ - 310
すぐめ……………………………… Ⅲ - 310
すけこ……………………………… Ⅲ - 310
すけとう…………………………… Ⅲ - 310
すけとうこち……………………… Ⅲ - 310
すけとたら………………………… Ⅲ - 310
すこじ……………………………… Ⅲ - 311
すこため…………………………… Ⅲ - 311
すこんちやう……………………… Ⅲ - 311
すさめ……………………………… Ⅲ - 311
すざめ……………………………… Ⅲ - 311
すじ………………………………… Ⅲ - 311
ずし………………………………… Ⅲ - 311
すじあこ…………………………… Ⅲ - 312
すじかつを………………………… Ⅲ - 312
すしこ……………………………… Ⅲ - 312
すじこ……………………………… Ⅲ - 312
すす………………………………… Ⅲ - 312
すず………………………………… Ⅲ - 312
すずあなご………………………… Ⅲ - 313
すずうを…………………………… Ⅲ - 313
すすき……………………………… Ⅲ - 313
すずき……………………………… Ⅲ - 313
すずき……………………………… Ⅲ - 314
すすきわに………………………… Ⅲ - 314
すすくくり………………………… Ⅲ - 314
すずのうを………………………… Ⅲ - 314
すすめ……………………………… Ⅲ - 314
すずめ……………………………… Ⅲ - 315
すずめうを………………………… Ⅲ - 315
すすめかれい……………………… Ⅲ - 315
すすめふく………………………… Ⅲ - 315
すずめぶく………………………… Ⅲ - 315
すずめふぐ………………………… Ⅲ - 316
すぢうほ…………………………… Ⅲ - 316
すちかつほ………………………… Ⅲ - 316
すちかつを………………………… Ⅲ - 316
すちがれい………………………… Ⅲ - 316
すつかう…………………………… Ⅲ - 316
すつほ……………………………… Ⅲ - 316
すつぼ……………………………… Ⅲ - 317
すつほう…………………………… Ⅲ - 317
すつほうを………………………… Ⅲ - 317
すなかくし………………………… Ⅲ - 317
すなかふり………………………… Ⅲ - 317
すなかぶり………………………… Ⅲ - 318
すながま…………………………… Ⅲ - 318
すなくくり………………………… Ⅲ - 318
すなくぐり………………………… Ⅲ - 318
すなくし…………………………… Ⅲ - 318

すなくじ……………………………… Ⅲ - 318
すなくしり…………………………… Ⅲ - 318
すなくちり…………………………… Ⅲ - 319
すなくらい…………………………… Ⅲ - 319
すなこち……………………………… Ⅲ - 319
すなどじやう………………………… Ⅲ - 319
すなどぢやう………………………… Ⅲ - 319
すなはみ……………………………… Ⅲ - 319
すなふき……………………………… Ⅲ - 320
すなぶく……………………………… Ⅲ - 320
すなほり……………………………… Ⅲ - 320
すなむくり…………………………… Ⅲ - 320
すなむくり…………………………… Ⅲ - 321
すなむぐり…………………………… Ⅲ - 321
すなむし……………………………… Ⅲ - 321
すなめり……………………………… Ⅲ - 321
すはしり……………………………… Ⅲ - 321
すはしり……………………………… Ⅲ - 322
すばしり……………………………… Ⅲ - 322
すびた………………………………… Ⅲ - 322
すふのうを…………………………… Ⅲ - 322
すぶのうを…………………………… Ⅲ - 323
すへり………………………………… Ⅲ - 323
すべり………………………………… Ⅲ - 323
すぼ…………………………………… Ⅲ - 323
すほた………………………………… Ⅲ - 323
すま…………………………………… Ⅲ - 323
すまだち……………………………… Ⅲ - 323
すまたら……………………………… Ⅲ - 324
すまだら……………………………… Ⅲ - 324
すみやき……………………………… Ⅲ - 324
すみやきたひ………………………… Ⅲ - 324
すみやきはちめ……………………… Ⅲ - 324
すむしゑい…………………………… Ⅲ - 324
すりこり……………………………… Ⅲ - 325
するめ………………………………… Ⅲ - 325
すれこ………………………………… Ⅲ - 325
すゑい………………………………… Ⅲ - 325
ずんこ………………………………… Ⅲ - 325

## せ

せい…………………………………… Ⅲ - 326
せいがいはちめ……………………… Ⅲ - 326
せいこ………………………………… Ⅲ - 326
せいご………………………………… Ⅲ - 326
せいこう……………………………… Ⅲ - 326
せいせい……………………………… Ⅲ - 326
せいながふぐ………………………… Ⅲ - 326
せいかんじさめ……………………… Ⅲ - 327
せうじこ……………………………… Ⅲ - 327
せうを………………………………… Ⅲ - 327
せぎぎ………………………………… Ⅲ - 327
せきだ………………………………… Ⅲ - 327
せきだうを…………………………… Ⅲ - 327
せきたかれい………………………… Ⅲ - 327
せきだかれい………………………… Ⅲ - 328
せきだがれい………………………… Ⅲ - 328
せきだがれひ………………………… Ⅲ - 328
せくさい……………………………… Ⅲ - 328
せくろ………………………………… Ⅲ - 328
せぐろ………………………………… Ⅲ - 328
せくろいはし………………………… Ⅲ - 329
せぐろいわし………………………… Ⅲ - 329
せごり………………………………… Ⅲ - 329
せさる………………………………… Ⅲ - 329
せしろ………………………………… Ⅲ - 329
せじろ………………………………… Ⅲ - 329
せすずき……………………………… Ⅲ - 329
せたい………………………………… Ⅲ - 330
せだい………………………………… Ⅲ - 330
せたひ………………………………… Ⅲ - 330
せたれふぐ…………………………… Ⅲ - 330
せちき………………………………… Ⅲ - 330
せつだかれい………………………… Ⅲ - 330
せつは………………………………… Ⅲ - 330
せなが………………………………… Ⅲ - 331

せなかふぐ……………………… Ⅲ - 331
せながふく……………………… Ⅲ - 331
せび……………………………… Ⅲ - 331
せびた…………………………… Ⅲ - 331
せふた…………………………… Ⅲ - 331
せほご…………………………… Ⅲ - 331
せほりこゐ……………………… Ⅲ - 332
せめくり………………………… Ⅲ - 332
せりざこ………………………… Ⅲ - 332
せゐかひはちめ………………… Ⅲ - 332
せゐご…………………………… Ⅲ - 332
せんご…………………………… Ⅲ - 332
ぜんご…………………………… Ⅲ - 332
せんた…………………………… Ⅲ - 333
せんたら………………………… Ⅲ - 333
せんちやう……………………… Ⅲ - 333
せんてうかれい………………… Ⅲ - 333
ぜんとく………………………… Ⅲ - 333
ぜんはい………………………… Ⅲ - 333
せんはら………………………… Ⅲ - 333
せんはら………………………… Ⅲ - 334
せんひら………………………… Ⅲ - 334
せんまい………………………… Ⅲ - 334
ぜんまい………………………… Ⅲ - 334
せんめ…………………………… Ⅲ - 334
ぜんめ…………………………… Ⅲ - 334
せんめい………………………… Ⅲ - 334
ぜんめい………………………… Ⅲ - 335
ぜんめし………………………… Ⅲ - 335
せんを…………………………… Ⅲ - 335


## そ


そい……………………………… Ⅲ - 336
そうけつくり…………………… Ⅲ - 336
そうじ…………………………… Ⅲ - 336
そうずい………………………… Ⅲ - 336
そうたけ………………………… Ⅲ - 336
そうち…………………………… Ⅲ - 336
そうひやう……………………… Ⅲ - 336
そうめんごり…………………… Ⅲ - 337
そこにへ………………………… Ⅲ - 337
そこにべ………………………… Ⅲ - 337
そこはゑ………………………… Ⅲ - 337
そこぶか………………………… Ⅲ - 337
そこぶく………………………… Ⅲ - 337
そしかれい……………………… Ⅲ - 337
ぞしかれい……………………… Ⅲ - 338
そじふか………………………… Ⅲ - 338
そぢ……………………………… Ⅲ - 338
そつむき………………………… Ⅲ - 338
そてわに………………………… Ⅲ - 338
そはかす………………………… Ⅲ - 338
そひ……………………………… Ⅲ - 338
そび……………………………… Ⅲ - 339
ぞふずい………………………… Ⅲ - 339
ぞふりいを……………………… Ⅲ - 339
そへはちめ……………………… Ⅲ - 339


## た


たあ……………………………… Ⅲ - 340
たい……………………………… Ⅲ - 340
たいこほう……………………… Ⅲ - 340
たいこぼう……………………… Ⅲ - 340
だいちやう……………………… Ⅲ - 340
たいてう………………………… Ⅲ - 341
だいなんじゃく………………… Ⅲ - 341
たいのおととのげんぱちらう…… Ⅲ - 341
たいのふさば…………………… Ⅲ - 341
たいはかれい…………………… Ⅲ - 341
たいらき………………………… Ⅲ - 341
たいわし………………………… Ⅲ - 341
たいを…………………………… Ⅲ - 342
たうくろ………………………… Ⅲ - 342
たうこ…………………………… Ⅲ - 342
たうを…………………………… Ⅲ - 342
たかこぢ………………………… Ⅲ - 342

たかのつの…………………………… Ⅲ - 342
たかのは…………………………… Ⅲ - 342
たかのは…………………………… Ⅲ - 343
たかのはうほ……………………… Ⅲ - 343
たかのはかれい…………………… Ⅲ - 343
たかのはこり……………………… Ⅲ - 343
たかのはたい……………………… Ⅲ - 344
たかのはたひ……………………… Ⅲ - 344
たかのはだひ……………………… Ⅲ - 344
たかのはね………………………… Ⅲ - 344
たかば……………………………… Ⅲ - 344
たがは……………………………… Ⅲ - 344
たかはかれい……………………… Ⅲ - 344
たかばん…………………………… Ⅲ - 345
たかへ……………………………… Ⅲ - 345
たかべ……………………………… Ⅲ - 345
たかまつ…………………………… Ⅲ - 345
たかまめ…………………………… Ⅲ - 345
たからあぢ………………………… Ⅲ - 345
たくま……………………………… Ⅲ - 345
だくま……………………………… Ⅲ - 346
たぐりさめ………………………… Ⅲ - 346
たけのこめはり…………………… Ⅲ - 346
たけのこめはる…………………… Ⅲ - 346
たけのこめばる…………………… Ⅲ - 346
たこくらい………………………… Ⅲ - 346
たす………………………………… Ⅲ - 346
だす………………………………… Ⅲ - 347
たちあてぎうを…………………… Ⅲ - 347
たちいを…………………………… Ⅲ - 347
たちうを…………………………… Ⅲ - 347
たちうを…………………………… Ⅲ - 348
たちのうほ………………………… Ⅲ - 348
たつ………………………………… Ⅲ - 348
だつ………………………………… Ⅲ - 348
たつくり…………………………… Ⅲ - 349
たつくりいはし…………………… Ⅲ - 349
たつくりいわし…………………… Ⅲ - 349
たてぎ……………………………… Ⅲ - 349
たてまたら………………………… Ⅲ - 349
たてまんたら……………………… Ⅲ - 350
たてまんだら……………………… Ⅲ - 350
たなこ……………………………… Ⅲ - 350
たなご……………………………… Ⅲ - 350
たなご……………………………… Ⅲ - 351
たなだら…………………………… Ⅲ - 351
たなはうちゃううを……………… Ⅲ - 351
たなばうてう……………………… Ⅲ - 351
たなひら…………………………… Ⅲ - 351
たなびら…………………………… Ⅲ - 351
たなぼうちやう…………………… Ⅲ - 352
たなほうてう……………………… Ⅲ - 352
たなぼうてう……………………… Ⅲ - 352
たにはへ…………………………… Ⅲ - 352
たのこ……………………………… Ⅲ - 352
たのは……………………………… Ⅲ - 352
たばそゑい………………………… Ⅲ - 352
たばへ……………………………… Ⅲ - 353
たはみ……………………………… Ⅲ - 353
たばみ……………………………… Ⅲ - 353
たはめたひ………………………… Ⅲ - 353
たひ………………………………… Ⅲ - 353
たひ………………………………… Ⅲ - 354
たひきり…………………………… Ⅲ - 354
たひのした………………………… Ⅲ - 354
たひのしりさし…………………… Ⅲ - 354
たひのみこ………………………… Ⅲ - 354
たひらこ…………………………… Ⅲ - 355
たびらこ…………………………… Ⅲ - 355
たひらめ…………………………… Ⅲ - 355
たま………………………………… Ⅲ - 355
だま………………………………… Ⅲ - 355
たまめたひ………………………… Ⅲ - 355
ため………………………………… Ⅲ - 355
たもり……………………………… Ⅲ - 356
たら………………………………… Ⅲ - 356

たらうさく…………………………… Ⅲ - 356
たるかわ……………………………… Ⅲ - 356
たるみ………………………………… Ⅲ - 356
たるめ………………………………… Ⅲ - 357
たれくち……………………………… Ⅲ - 357
たろはき……………………………… Ⅲ - 357
たわめたい…………………………… Ⅲ - 357
たわらこ……………………………… Ⅲ - 357
たわらご……………………………… Ⅲ - 357
たんきぼう…………………………… Ⅲ - 358
たんぎぼう…………………………… Ⅲ - 358
だんぎほう…………………………… Ⅲ - 358
だんぎほうず………………………… Ⅲ - 358
たんきりふか………………………… Ⅲ - 358
たんご………………………………… Ⅲ - 358
たんごぶり…………………………… Ⅲ - 358
だんざぼう…………………………… Ⅲ - 359
たんば………………………………… Ⅲ - 359

## ち

ちうじやう…………………………… Ⅲ - 360
ちうじやういわし…………………… Ⅲ - 360
ちうぢやういはし…………………… Ⅲ - 360
ちうば………………………………… Ⅲ - 360
ちうばいはし………………………… Ⅲ - 360
ちうはん……………………………… Ⅲ - 360
ちうもん……………………………… Ⅲ - 360
ちうゑもんとり……………………… Ⅲ - 361
ぢおこ………………………………… Ⅲ - 361
ちか…………………………………… Ⅲ - 361
ちきりかれい………………………… Ⅲ - 361
ぢくろ………………………………… Ⅲ - 361
ちしやたい…………………………… Ⅲ - 361
ちたい………………………………… Ⅲ - 361
ちだい………………………………… Ⅲ - 362
ちだいごふくら……………………… Ⅲ - 362
ちたご………………………………… Ⅲ - 362
ちたひ………………………………… Ⅲ - 362
ちちかう……………………………… Ⅲ - 362
ちちかふ……………………………… Ⅲ - 362
ちちかぶ……………………………… Ⅲ - 362
ちちく………………………………… Ⅲ - 363
ちちこ………………………………… Ⅲ - 363
ちちぶく……………………………… Ⅲ - 363
ちどじやう…………………………… Ⅲ - 363
ちないかれい………………………… Ⅲ - 363
ぢないかれい………………………… Ⅲ - 363
ちぬ…………………………………… Ⅲ - 363
ちぬ…………………………………… Ⅲ - 364
ちぬたい……………………………… Ⅲ - 364
ちぬたひ……………………………… Ⅲ - 364
ちのこ………………………………… Ⅲ - 364
ちのま………………………………… Ⅲ - 364
ちひき………………………………… Ⅲ - 364
ちびき………………………………… Ⅲ - 365
ちびりこ……………………………… Ⅲ - 365
ちへく………………………………… Ⅲ - 365
ぢほり………………………………… Ⅲ - 365
ぢほりきす…………………………… Ⅲ - 365
ぢほりゑい…………………………… Ⅲ - 365
ちやあこ……………………………… Ⅲ - 365
ちやいらかし………………………… Ⅲ - 366
ちやうくらうやず…………………… Ⅲ - 366
ちやうご……………………………… Ⅲ - 366
ちやうゑい…………………………… Ⅲ - 366
ちやがら……………………………… Ⅲ - 366
ちやぶく……………………………… Ⅲ - 366
ちやふくろ…………………………… Ⅲ - 367
ちやぶくろ…………………………… Ⅲ - 367
ちやふろくふか……………………… Ⅲ - 367
ちよつきり…………………………… Ⅲ - 367
ちよほ………………………………… Ⅲ - 367
ぢよらううを………………………… Ⅲ - 367
ちよろへ……………………………… Ⅲ - 367
ちよろべ……………………………… Ⅲ - 368
ぢよろべ……………………………… Ⅲ - 368

ちをり…………………………… Ⅲ - 368
ちん………………………………… Ⅲ - 368
ちんから…………………………… Ⅲ - 368
ちんくは…………………………… Ⅲ - 368
ちんくわ…………………………… Ⅲ - 368
ちんご……………………………… Ⅲ - 369
ちんたい…………………………… Ⅲ - 369
ちんだい…………………………… Ⅲ - 369
ちんたひ…………………………… Ⅲ - 369
ちんみ……………………………… Ⅲ - 369
ぢんみ……………………………… Ⅲ - 369
ぢんめ……………………………… Ⅲ - 369

## つ

ついさひうを……………………… Ⅲ - 370
ついさびうを……………………… Ⅲ - 370
ついしかれい……………………… Ⅲ - 370
つか………………………………… Ⅲ - 370
つかい……………………………… Ⅲ - 370
つきのわ…………………………… Ⅲ - 370
つしばりさめ……………………… Ⅲ - 371
つすのうを………………………… Ⅲ - 371
つずのうを………………………… Ⅲ - 371
つたうし…………………………… Ⅲ - 371
つち………………………………… Ⅲ - 371
つちおこせ………………………… Ⅲ - 371
つちかぶ…………………………… Ⅲ - 371
つちかぶ…………………………… Ⅲ - 372
つちくいはせ……………………… Ⅲ - 372
つちつかう………………………… Ⅲ - 372
つちはい…………………………… Ⅲ - 372
つちはぜ…………………………… Ⅲ - 372
つちばり…………………………… Ⅲ - 372
つつ………………………………… Ⅲ - 372
つついわり………………………… Ⅲ - 373
つづうを…………………………… Ⅲ - 373
つつかう…………………………… Ⅲ - 373
つづのみ…………………………… Ⅲ - 373
つつのみはちめ…………………… Ⅲ - 373
つつのめはちめ…………………… Ⅲ - 373
つつみかくめ……………………… Ⅲ - 373
つつみかん………………………… Ⅲ - 374
つつらはちめ……………………… Ⅲ - 374
つつり……………………………… Ⅲ - 374
つとぶた…………………………… Ⅲ - 374
つないし…………………………… Ⅲ - 374
つなし……………………………… Ⅲ - 374
つなめ……………………………… Ⅲ - 375
つのき……………………………… Ⅲ - 375
つのぎ……………………………… Ⅲ - 375
つのこ……………………………… Ⅲ - 375
つのご……………………………… Ⅲ - 375
つのこうめ………………………… Ⅲ - 375
つのここいを……………………… Ⅲ - 375
つのこふか………………………… Ⅲ - 376
つのごぶか………………………… Ⅲ - 376
つのさか…………………………… Ⅲ - 376
つのさかさめ……………………… Ⅲ - 376
つのさめ…………………………… Ⅲ - 376
つのし……………………………… Ⅲ - 376
つのし……………………………… Ⅲ - 377
つのじ……………………………… Ⅲ - 377
つのしさめ………………………… Ⅲ - 377
つのじさめ………………………… Ⅲ - 377
つのめさめ………………………… Ⅲ - 377
つばくらいを……………………… Ⅲ - 377
つはくらうを……………………… Ⅲ - 377
つばくらうを……………………… Ⅲ - 378
つばくらゑ………………………… Ⅲ - 378
つはくらゑい……………………… Ⅲ - 378
つばくらゑい……………………… Ⅲ - 378
つばくろゑい……………………… Ⅲ - 378
つばさ……………………………… Ⅲ - 378
つはす……………………………… Ⅲ - 379
つばす……………………………… Ⅲ - 379
つまくろ…………………………… Ⅲ - 379

つましろ…………………………… Ⅲ - 379
つまり……………………………… Ⅲ - 379
つまるふか………………………… Ⅲ - 379
つまるぶか………………………… Ⅲ - 380
つらあらすはい…………………… Ⅲ - 380
つらあらずはい…………………… Ⅲ - 380
つらあらはす……………………… Ⅲ - 380
つらなか…………………………… Ⅲ - 380
つりさつこ………………………… Ⅲ - 380
つるぼうか………………………… Ⅲ - 380

## て

てうはんゑい……………………… Ⅲ - 381
てうゑ……………………………… Ⅲ - 381
てうゑい…………………………… Ⅲ - 381
てきりこ…………………………… Ⅲ - 381
てしこ……………………………… Ⅲ - 381
てす………………………………… Ⅲ - 381
てつくい…………………………… Ⅲ - 381
てつほさめ………………………… Ⅲ - 382
てばちこ…………………………… Ⅲ - 382
でぶかつを………………………… Ⅲ - 382
てふきり…………………………… Ⅲ - 382
てふさめ…………………………… Ⅲ - 382
てふり……………………………… Ⅲ - 382
てみさし…………………………… Ⅲ - 382
てんかいさめ……………………… Ⅲ - 383
でんぎり…………………………… Ⅲ - 383
てんこはちめ……………………… Ⅲ - 383
てんずい…………………………… Ⅲ - 383
てんまとぜう……………………… Ⅲ - 383
てんまひ…………………………… Ⅲ - 383

## と

とあけ……………………………… Ⅲ - 384
とあげ……………………………… Ⅲ - 384
とうくちたなこ…………………… Ⅲ - 384
とうくもち………………………… Ⅲ - 384
とうぐるめ………………………… Ⅲ - 384
とうぐわ…………………………… Ⅲ - 384
どうげん…………………………… Ⅲ - 384
とうこいわし……………………… Ⅲ - 385
どうこいわし……………………… Ⅲ - 385
とうこういわし…………………… Ⅲ - 385
どうごまゑい……………………… Ⅲ - 385
とうごらう………………………… Ⅲ - 385
とうごろう………………………… Ⅲ - 385
とうさぶらう……………………… Ⅲ - 385
とうし……………………………… Ⅲ - 386
とうすいてう……………………… Ⅲ - 386
とうせん…………………………… Ⅲ - 386
どうせん…………………………… Ⅲ - 386
どうぜん…………………………… Ⅲ - 386
どうちやぼう……………………… Ⅲ - 386
とうない…………………………… Ⅲ - 386
どうはん…………………………… Ⅲ - 387
とうふく…………………………… Ⅲ - 387
とうぶく…………………………… Ⅲ - 387
とうへい…………………………… Ⅲ - 387
とうへん…………………………… Ⅲ - 387
とうべん…………………………… Ⅲ - 387
とうほう…………………………… Ⅲ - 387
とうほうくち……………………… Ⅲ - 388
どうぼうくち……………………… Ⅲ - 388
どうまる…………………………… Ⅲ - 388
どうまん…………………………… Ⅲ - 388
とうやく…………………………… Ⅲ - 388
とかきうを………………………… Ⅲ - 388
ときうを…………………………… Ⅲ - 388
ときうを…………………………… Ⅲ - 389
ときさこ…………………………… Ⅲ - 389
とぎざこ…………………………… Ⅲ - 389
ときりふか………………………… Ⅲ - 389
とぎりふか………………………… Ⅲ - 389
とくしろ…………………………… Ⅲ - 389
とくひれ…………………………… Ⅲ - 389

とこし…………………………… Ⅲ - 390
とごろ…………………………… Ⅲ - 390
どしう…………………………… Ⅲ - 390
としこはちめ…………………… Ⅲ - 390
としやう………………………… Ⅲ - 390
とじやう………………………… Ⅲ - 390
とじやう………………………… Ⅲ - 391
どしやう………………………… Ⅲ - 391
どじやう………………………… Ⅲ - 391
とすかれい……………………… Ⅲ - 391
どすかれい……………………… Ⅲ - 391
とせう…………………………… Ⅲ - 392
どぜう…………………………… Ⅲ - 392
とち……………………………… Ⅲ - 392
とぢ……………………………… Ⅲ - 392
とちこ…………………………… Ⅲ - 392
とちさめ………………………… Ⅲ - 392
とちふか………………………… Ⅲ - 393
とちやう………………………… Ⅲ - 393
とぢやう………………………… Ⅲ - 393
どちやう………………………… Ⅲ - 394
どぢやう………………………… Ⅲ - 394
どぢやう………………………… Ⅲ - 395
どちよう………………………… Ⅲ - 395
とつかざこ……………………… Ⅲ - 395
とつこ…………………………… Ⅲ - 395
どつこ…………………………… Ⅲ - 395
とつち…………………………… Ⅲ - 396
とてう…………………………… Ⅲ - 396
どでう…………………………… Ⅲ - 396
どでやう………………………… Ⅲ - 396
とと……………………………… Ⅲ - 396
とど……………………………… Ⅲ - 396
どどかはうを…………………… Ⅲ - 396
ととざこ………………………… Ⅲ - 397
ととらこ………………………… Ⅲ - 397
とどらこ………………………… Ⅲ - 397
とば……………………………… Ⅲ - 397
どはぜ…………………………… Ⅲ - 397
とひ……………………………… Ⅲ - 397
とひいを………………………… Ⅲ - 397
とびいを………………………… Ⅲ - 398
とひうを………………………… Ⅲ - 398
とびうを………………………… Ⅲ - 398
とびうを………………………… Ⅲ - 399
とひえい………………………… Ⅲ - 399
とびえゐ………………………… Ⅲ - 399
とひさめ………………………… Ⅲ - 399
とびさめ………………………… Ⅲ - 399
とひす…………………………… Ⅲ - 399
とびす…………………………… Ⅲ - 400
とひたかれい…………………… Ⅲ - 400
とひはぜ………………………… Ⅲ - 400
とびはせ………………………… Ⅲ - 400
とびはぜ………………………… Ⅲ - 400
とびむし………………………… Ⅲ - 400
とひゑい………………………… Ⅲ - 400
とびゑい………………………… Ⅲ - 401
とふくわ………………………… Ⅲ - 401
とほうくぢ……………………… Ⅲ - 401
どぼくち………………………… Ⅲ - 401
どもうを………………………… Ⅲ - 401
とらきす………………………… Ⅲ - 401
とらきすご……………………… Ⅲ - 402
とらくちたなこ………………… Ⅲ - 402
とらこ…………………………… Ⅲ - 402
とらすかうなこ………………… Ⅲ - 402
とらはす………………………… Ⅲ - 402
とらはぜ………………………… Ⅲ - 402
とらふく………………………… Ⅲ - 402
とらふぐ………………………… Ⅲ - 403
とらぶく………………………… Ⅲ - 403
とらほ…………………………… Ⅲ - 403
とりゑい………………………… Ⅲ - 403
とろこし………………………… Ⅲ - 403
とろはへ………………………… Ⅲ - 403

どろはゑ…………………………Ⅲ - 404
とろぼうはぜ……………………Ⅲ - 404
どろめんいはし…………………Ⅲ - 404
どんかう…………………………Ⅲ - 404
とんから…………………………Ⅲ - 404
とんきう…………………………Ⅲ - 404
とんきやう………………………Ⅲ - 404
どんくう…………………………Ⅲ - 405
とんこ……………………………Ⅲ - 405
どんこ……………………………Ⅲ - 405
どんこう…………………………Ⅲ - 405
とんこち…………………………Ⅲ - 405
どんこち…………………………Ⅲ - 405
とんこつ…………………………Ⅲ - 405
とんたら…………………………Ⅲ - 406
どんばく…………………………Ⅲ - 406
どんばへ…………………………Ⅲ - 406
とんほ……………………………Ⅲ - 406
どんほ……………………………Ⅲ - 406
とんほいわし……………………Ⅲ - 406
どんぽう…………………………Ⅲ - 406
どんぼういわし…………………Ⅲ - 407

## な

ないし……………………………Ⅲ - 408
ないらぎ…………………………Ⅲ - 408
ないらきふか……………………Ⅲ - 408
ないらぎぶか……………………Ⅲ - 408
なかいそたい……………………Ⅲ - 408
なかいそたひ……………………Ⅲ - 408
なかいわし………………………Ⅲ - 408
ながさね…………………………Ⅲ - 409
なかさめ…………………………Ⅲ - 409
ながさめ…………………………Ⅲ - 409
なかされ…………………………Ⅲ - 409
なかす……………………………Ⅲ - 409
ながそのめ………………………Ⅲ - 409
ながたち…………………………Ⅲ - 409
ながたないを……………………Ⅲ - 410
ながたなうを……………………Ⅲ - 410
なかつ……………………………Ⅲ - 410
ながて……………………………Ⅲ - 410
なかめ……………………………Ⅲ - 410
ながめ……………………………Ⅲ - 410
なきり……………………………Ⅲ - 410
なきり……………………………Ⅲ - 411
なくり……………………………Ⅲ - 411
なぐり……………………………Ⅲ - 411
なごや……………………………Ⅲ - 411
なごやぎろ………………………Ⅲ - 411
なこやふく………………………Ⅲ - 411
なごやふぐ………………………Ⅲ - 412
なたあてぎうを…………………Ⅲ - 412
なたかしら………………………Ⅲ - 412
なつのほり………………………Ⅲ - 412
ななせごり………………………Ⅲ - 412
ななつめ…………………………Ⅲ - 412
ななほしうを……………………Ⅲ - 412
なのかたらう……………………Ⅲ - 413
なのかたろう……………………Ⅲ - 413
なはさば…………………………Ⅲ - 413
なはもつれ………………………Ⅲ - 413
なふさは…………………………Ⅲ - 413
なべかじか………………………Ⅲ - 413
なべかちか………………………Ⅲ - 413
なべかぢか………………………Ⅲ - 414
なべくさらかし…………………Ⅲ - 414
なべこ……………………………Ⅲ - 414
なべのふた………………………Ⅲ - 414
なへわり…………………………Ⅲ - 414
なべわり…………………………Ⅲ - 414
なます……………………………Ⅲ - 414
なます……………………………Ⅲ - 415
なまず……………………………Ⅲ - 415
なまたれ…………………………Ⅲ - 415
なまだれ…………………………Ⅲ - 415

なまつ…………………………… Ⅲ - 415
なまつ…………………………… Ⅲ - 416
なまづ…………………………… Ⅲ - 416
なまとう………………………… Ⅲ - 416
なみのうを……………………… Ⅲ - 416
なめうを………………………… Ⅲ - 417
なめくれ………………………… Ⅲ - 417
なめたれ………………………… Ⅲ - 417
なめのうを……………………… Ⅲ - 417
なめら…………………………… Ⅲ - 417
なめらいふく…………………… Ⅲ - 417
なめらく………………………… Ⅲ - 417
なめらく………………………… Ⅲ - 418
なめらひがん…………………… Ⅲ - 418
なめらふく……………………… Ⅲ - 418
なめり…………………………… Ⅲ - 418
なめりはぜ……………………… Ⅲ - 418
なめりふぐ……………………… Ⅲ - 418
なめりぶく……………………… Ⅲ - 419
なよし…………………………… Ⅲ - 419
ならさば………………………… Ⅲ - 419
なる……………………………… Ⅲ - 419
なわくり………………………… Ⅲ - 419
なわまき………………………… Ⅲ - 419
なわもつれ……………………… Ⅲ - 420
なんだ…………………………… Ⅲ - 420

## に

にうだう………………………… Ⅲ - 421
にかう…………………………… Ⅲ - 421
にかうす………………………… Ⅲ - 421
にがうず………………………… Ⅲ - 421
にかこう………………………… Ⅲ - 421
にがざこ………………………… Ⅲ - 421
にかた…………………………… Ⅲ - 421
にかはい………………………… Ⅲ - 422
にかはへ………………………… Ⅲ - 422
にかばへ………………………… Ⅲ - 422
にがはへ………………………… Ⅲ - 422
にかひら………………………… Ⅲ - 422
にがふた………………………… Ⅲ - 422
にかふな………………………… Ⅲ - 423
にがふな………………………… Ⅲ - 423
にがぶな………………………… Ⅲ - 423
にく……………………………… Ⅲ - 423
にごい…………………………… Ⅲ - 423
にごひ…………………………… Ⅲ - 423
にうだうはゑ…………………… Ⅲ - 424
にこもりいわし………………… Ⅲ - 424
にさい…………………………… Ⅲ - 424
にさいこ………………………… Ⅲ - 424
にしん…………………………… Ⅲ - 424
になすい………………………… Ⅲ - 424
になすひ………………………… Ⅲ - 424
にべ……………………………… Ⅲ - 425
にまいず………………………… Ⅲ - 425
にらぎ…………………………… Ⅲ - 425
にらきうを……………………… Ⅲ - 425
にらみ…………………………… Ⅲ - 425
にらみをさかき………………… Ⅲ - 425
にわとりうを…………………… Ⅲ - 426

## ぬ

ぬかはへ………………………… Ⅲ - 427
ぬかふう………………………… Ⅲ - 427
ぬけず…………………………… Ⅲ - 427
ぬのいを………………………… Ⅲ - 427
ぬぼ……………………………… Ⅲ - 427
ぬまかれい……………………… Ⅲ - 427
ぬまざつこ……………………… Ⅲ - 428
ぬまぬすびと…………………… Ⅲ - 428
ぬめらし………………………… Ⅲ - 428
ぬめり…………………………… Ⅲ - 428
ぬめりあゆ……………………… Ⅲ - 428
ぬめりごち……………………… Ⅲ - 428
ぬりおけ………………………… Ⅲ - 428

ぬりをけ………… Ⅲ - 429

## ね

ねいしん………… Ⅲ - 430
ねいらかれい………… Ⅲ - 430
ねうを………… Ⅲ - 430
ねかちか………… Ⅲ - 430
ねぎうを………… Ⅲ - 430
ねきかちか………… Ⅲ - 430
ねぎかちか………… Ⅲ - 430
ねきしや………… Ⅲ - 431
ねぎしや………… Ⅲ - 431
ねぎはち………… Ⅲ - 431
ねきり………… Ⅲ - 431
ねぎり………… Ⅲ - 431
ねくさか………… Ⅲ - 431
ねこ………… Ⅲ - 431
ねこくわず………… Ⅲ - 432
ねこさめ………… Ⅲ - 432
ねこつら………… Ⅲ - 432
ねこづら………… Ⅲ - 432
ねこはに………… Ⅲ - 432
ねこふか………… Ⅲ - 432
ねこぶか………… Ⅲ - 433
ねこわに………… Ⅲ - 433
ねずうかれい………… Ⅲ - 433
ねすみ………… Ⅲ - 433
ねずみたひ………… Ⅲ - 433
ねずみふか………… Ⅲ - 433
ねずみわに………… Ⅲ - 434
ねすりかれい………… Ⅲ - 434
ねつほう………… Ⅲ - 434
ねづみこち………… Ⅲ - 434
ねづみふか………… Ⅲ - 434
ねつら………… Ⅲ - 434
ねつり………… Ⅲ - 434
ねづり………… Ⅲ - 435
ねづるかれい………… Ⅲ - 435
ねつわかれい………… Ⅲ - 435
ねばうを………… Ⅲ - 435
ねびしや………… Ⅲ - 435
ねぶりねぶり………… Ⅲ - 435
ねまる………… Ⅲ - 435
ねらい………… Ⅲ - 436
ねりこ………… Ⅲ - 436
ねりご………… Ⅲ - 436
ねりやず………… Ⅲ - 436
ねんふつこ………… Ⅲ - 436
ねんふつご………… Ⅲ - 436
ねんぶつご………… Ⅲ - 436

## の

のうくり………… Ⅲ - 437
のうさは………… Ⅲ - 437
のうそう………… Ⅲ - 437
のうぞう………… Ⅲ - 437
のうそうふか………… Ⅲ - 437
のこぎり………… Ⅲ - 437
のこきりさめ………… Ⅲ - 437
のこきりふか………… Ⅲ - 438
のこくろはちめ………… Ⅲ - 438
のこふか………… Ⅲ - 438
のこぶか………… Ⅲ - 438
のしこはちめ………… Ⅲ - 438
のす………… Ⅲ - 438
のせ………… Ⅲ - 438
のそ………… Ⅲ - 439
のそぶか………… Ⅲ - 439
のたはせ………… Ⅲ - 439
のどくさり………… Ⅲ - 439
のとくろ………… Ⅲ - 439
のどくろ………… Ⅲ - 439
のとばんじゃう………… Ⅲ - 439
のねすみ………… Ⅲ - 440
のぶか………… Ⅲ - 440
のふがた………… Ⅲ - 440

のふくり…………………………… Ⅲ - 440
のふさは…………………………… Ⅲ - 440
のふさば…………………………… Ⅲ - 440
のふす……………………………… Ⅲ - 441
のぶす……………………………… Ⅲ - 441
のふそ……………………………… Ⅲ - 441
のぶそ……………………………… Ⅲ - 441
のぶそたひ………………………… Ⅲ - 441
のふまき…………………………… Ⅲ - 441
のべ………………………………… Ⅲ - 442
のほす……………………………… Ⅲ - 442
のほりたて………………………… Ⅲ - 442
のぼりたて………………………… Ⅲ - 442
のむす……………………………… Ⅲ - 442
のめつとう………………………… Ⅲ - 442
のめとかちか……………………… Ⅲ - 442
のめとかちか……………………… Ⅲ - 443
のゑ………………………………… Ⅲ - 443


## は


はい………………………………… Ⅲ - 444
はいぎょ…………………………… Ⅲ - 444
はいさこ…………………………… Ⅲ - 444
はいたたき………………………… Ⅲ - 444
ばいたひ…………………………… Ⅲ - 444
ばいほこ…………………………… Ⅲ - 444
ばいほご…………………………… Ⅲ - 444
はいりう…………………………… Ⅲ - 445
はいを……………………………… Ⅲ - 445
ばうしし…………………………… Ⅲ - 445
はうを……………………………… Ⅲ - 445
はかかれい………………………… Ⅲ - 445
ばがかれい………………………… Ⅲ - 445
ばかつほ…………………………… Ⅲ - 445
はかつを…………………………… Ⅲ - 446
はがつを…………………………… Ⅲ - 446
はかま……………………………… Ⅲ - 446
はかまご…………………………… Ⅲ - 446
はかれい…………………………… Ⅲ - 446
はがれい…………………………… Ⅲ - 446
ばぎよ……………………………… Ⅲ - 447
ばくちうち………………………… Ⅲ - 447
はくとう…………………………… Ⅲ - 447
ばくとう…………………………… Ⅲ - 447
はくらご…………………………… Ⅲ - 447
はげ………………………………… Ⅲ - 447
はげしろ…………………………… Ⅲ - 447
はげじろ…………………………… Ⅲ - 448
はご………………………………… Ⅲ - 448
はこうを…………………………… Ⅲ - 448
はここぼし………………………… Ⅲ - 448
はこふく…………………………… Ⅲ - 448
はこもち…………………………… Ⅲ - 448
ばさめ……………………………… Ⅲ - 448
はし………………………………… Ⅲ - 449
はじきしやく……………………… Ⅲ - 449
はしくす…………………………… Ⅲ - 449
はしくず…………………………… Ⅲ - 449
はしひ……………………………… Ⅲ - 449
はじろ……………………………… Ⅲ - 449
ばしろ……………………………… Ⅲ - 449
ばじろ……………………………… Ⅲ - 450
はす………………………………… Ⅲ - 450
はすうを…………………………… Ⅲ - 450
はせ………………………………… Ⅲ - 450
はぜ………………………………… Ⅲ - 450
はぜ………………………………… Ⅲ - 451
はせくす…………………………… Ⅲ - 451
はせくず…………………………… Ⅲ - 451
はせろう…………………………… Ⅲ - 451
はた………………………………… Ⅲ - 451
ばたう……………………………… Ⅲ - 451
はたかす…………………………… Ⅲ - 452
はだかす…………………………… Ⅲ - 452
はたかたい………………………… Ⅲ - 452
はたかゑそ………………………… Ⅲ - 452

はたくい…… Ⅲ - 452
はたくらいい…… Ⅲ - 452
はだくろ…… Ⅲ - 452
はたしろ…… Ⅲ - 453
はたじろ…… Ⅲ - 453
はだなし…… Ⅲ - 453
ばたなし…… Ⅲ - 453
はたはた…… Ⅲ - 453
はたはたうを…… Ⅲ - 453
はたもち…… Ⅲ - 453
はだら…… Ⅲ - 454
ばち…… Ⅲ - 454
はちい…… Ⅲ - 454
はちから…… Ⅲ - 454
はちがら…… Ⅲ - 454
はちき…… Ⅲ - 454
はちきつちやう…… Ⅲ - 454
はちのうお…… Ⅲ - 455
はちのうを…… Ⅲ - 455
はちふり…… Ⅲ - 455
はちめ…… Ⅲ - 455
はつ…… Ⅲ - 455
はつかく…… Ⅲ - 455
はつたい…… Ⅲ - 456
ばつちやう…… Ⅲ - 456
はつと…… Ⅲ - 456
ばつと…… Ⅲ - 456
はつほうさめ…… Ⅲ - 456
はて…… Ⅲ - 456
ばと…… Ⅲ - 456
ばとう…… Ⅲ - 457
ばといを…… Ⅲ - 457
ばとううを…… Ⅲ - 457
はとうを…… Ⅲ - 457
はとそうほ…… Ⅲ - 457
はとのぶそ…… Ⅲ - 457
ばとふうを…… Ⅲ - 457
はとゑ…… Ⅲ - 458
はとゑい…… Ⅲ - 458
はなくさり…… Ⅲ - 458
はなぐれたひ…… Ⅲ - 458
はなしろ…… Ⅲ - 458
はなせ…… Ⅲ - 458
はなたか…… Ⅲ - 458
はなたかゑい…… Ⅲ - 459
はなふし…… Ⅲ - 459
はなぶと…… Ⅲ - 459
はなをれこたひ…… Ⅲ - 459
はなをれたい…… Ⅲ - 459
はなをれだい…… Ⅲ - 459
はにべ…… Ⅲ - 460
はね…… Ⅲ - 460
はねうを…… Ⅲ - 460
はねこ…… Ⅲ - 460
はねご…… Ⅲ - 460
はねぜい…… Ⅲ - 460
はねどぢやう…… Ⅲ - 460
はのきだい…… Ⅲ - 461
はのれたい…… Ⅲ - 461
ははかれい…… Ⅲ - 461
ばばかれい…… Ⅲ - 461
ははら…… Ⅲ - 461
はびろ…… Ⅲ - 461
はふ…… Ⅲ - 461
はぶ…… Ⅲ - 462
はふか…… Ⅲ - 462
はへ…… Ⅲ - 462
はへくじ…… Ⅲ - 462
はませんたち…… Ⅲ - 462
はまたび…… Ⅲ - 462
はまだび…… Ⅲ - 463
はまち…… Ⅲ - 463
はまちめしろ…… Ⅲ - 463
はまちるり…… Ⅲ - 463
はまふく…… Ⅲ - 464
はまぶく…… Ⅲ - 464

はまゆき…………………………… Ⅲ - 464
はみたろう………………………… Ⅲ - 464
はむ………………………………… Ⅲ - 464
はも………………………………… Ⅲ - 464
はも………………………………… Ⅲ - 465
はや………………………………… Ⅲ - 465
はやき……………………………… Ⅲ - 465
はやさかれい……………………… Ⅲ - 466
ばら………………………………… Ⅲ - 466
はらあか…………………………… Ⅲ - 466
はらか……………………………… Ⅲ - 466
はらかた…………………………… Ⅲ - 466
はらきれ…………………………… Ⅲ - 466
はらきんていうすぬり…………… Ⅲ - 466
はらじろ…………………………… Ⅲ - 467
はらふくま………………………… Ⅲ - 467
はらぶし…………………………… Ⅲ - 467
はらふと…………………………… Ⅲ - 467
はらぶと…………………………… Ⅲ - 467
はららこ…………………………… Ⅲ - 467
ばり………………………………… Ⅲ - 467
はりうを…………………………… Ⅲ - 468
はりきり…………………………… Ⅲ - 468
はりくはず………………………… Ⅲ - 468
はりくわず………………………… Ⅲ - 468
はりせんぼ………………………… Ⅲ - 468
はりせんぼ………………………… Ⅲ - 469
はりせんほう……………………… Ⅲ - 469
はりせんぼう……………………… Ⅲ - 469
はりせんぼん……………………… Ⅲ - 469
はりふく…………………………… Ⅲ - 469
はりぶく…………………………… Ⅲ - 469
はろう……………………………… Ⅲ - 469
はろおこじ………………………… Ⅲ - 470
はゑ………………………………… Ⅲ - 470
はんかうさめ……………………… Ⅲ - 470
はんこうさめ……………………… Ⅲ - 470
はんこかれい……………………… Ⅲ - 471
ばんこかれい……………………… Ⅲ - 471
ばんごかれい……………………… Ⅲ - 471
はんさけ…………………………… Ⅲ - 471
ばんじふらう……………………… Ⅲ - 471
はんじふらうこだい……………… Ⅲ - 471
ばんじふらうこだい……………… Ⅲ - 471
はんしろたひ……………………… Ⅲ - 472
はんたす…………………………… Ⅲ - 472
はんたらし………………………… Ⅲ - 472
はんだらし………………………… Ⅲ - 472
ばんだらし………………………… Ⅲ - 472
はんちやこ………………………… Ⅲ - 472
はんとう…………………………… Ⅲ - 473
はんとりさめ……………………… Ⅲ - 473
はんふた…………………………… Ⅲ - 473

## ひ

ひいか……………………………… Ⅲ - 474
ひいらき…………………………… Ⅲ - 474
ひいらぎ…………………………… Ⅲ - 474
ひいらきたい……………………… Ⅲ - 474
ひいる……………………………… Ⅲ - 474
ひうかしら………………………… Ⅲ - 474
ひうち……………………………… Ⅲ - 474
ひうちうを………………………… Ⅲ - 475
ひうを……………………………… Ⅲ - 475
ひえだい…………………………… Ⅲ - 475
ひえづなし………………………… Ⅲ - 475
ひかめ……………………………… Ⅲ - 475
ひかんふく………………………… Ⅲ - 475
ひがんぶく………………………… Ⅲ - 475
ひきももし………………………… Ⅲ - 476
ひぐらし…………………………… Ⅲ - 476
ひげうを…………………………… Ⅲ - 476
ひげだい…………………………… Ⅲ - 476
ひけたひ…………………………… Ⅲ - 476
ひげたひ…………………………… Ⅲ - 476
ひけち……………………………… Ⅲ - 476

ひげながゑい…………………………Ⅲ - 477
ひけわり…………………………Ⅲ - 477
ひこじ…………………………Ⅲ - 477
ひこしろう…………………………Ⅲ - 477
ひこじろう…………………………Ⅲ - 477
ひこちや…………………………Ⅲ - 477
ひこぢろう…………………………Ⅲ - 477
ひさ…………………………Ⅲ - 478
ひさだい…………………………Ⅲ - 478
ひさのうを…………………………Ⅲ - 478
ひしけ…………………………Ⅲ - 478
ひしこ…………………………Ⅲ - 478
ひしこいはし…………………………Ⅲ - 478
ひしび…………………………Ⅲ - 479
ひしや…………………………Ⅲ - 479
ひじや…………………………Ⅲ - 479
ひた…………………………Ⅲ - 479
ひたか…………………………Ⅲ - 479
ひだか…………………………Ⅲ - 479
ひだり…………………………Ⅲ - 480
ひだりがれい…………………………Ⅲ - 480
ひたりくち…………………………Ⅲ - 480
ひだりくち…………………………Ⅲ - 480
ひたりまへ…………………………Ⅲ - 480
ひちく…………………………Ⅲ - 480
ひちくそ…………………………Ⅲ - 480
ひちぬ…………………………Ⅲ - 481
ひつかう…………………………Ⅲ - 481
ひつかしら…………………………Ⅲ - 481
ひつかり…………………………Ⅲ - 481
ひつきはちめ…………………………Ⅲ - 481
ひつこ…………………………Ⅲ - 481
びつこ…………………………Ⅲ - 481
ひつこう…………………………Ⅲ - 482
ひつさけ…………………………Ⅲ - 482
ひとこ…………………………Ⅲ - 482
ひとつかざこ…………………………Ⅲ - 482
ひとりね…………………………Ⅲ - 482
ひとりむし…………………………Ⅲ - 482
ひのうを…………………………Ⅲ - 482
ひのこからかい…………………………Ⅲ - 483
ひのした…………………………Ⅲ - 483
ひはり…………………………Ⅲ - 483
ひひいご…………………………Ⅲ - 483
ひびいこ…………………………Ⅲ - 483
ひびいご…………………………Ⅲ - 483
ひへたひ…………………………Ⅲ - 484
ひめいち…………………………Ⅲ - 484
ひめいり…………………………Ⅲ - 484
ひめくさびうを…………………………Ⅲ - 484
ひめたれ…………………………Ⅲ - 484
ひめち…………………………Ⅲ - 484
ひめぢ…………………………Ⅲ - 485
ひめり…………………………Ⅲ - 485
びやうぶさわら…………………………Ⅲ - 485
ひやくくわん…………………………Ⅲ - 485
ひやくわん…………………………Ⅲ - 485
ひよいわし…………………………Ⅲ - 485
ひら…………………………Ⅲ - 486
ひらあじ…………………………Ⅲ - 486
ひらあち…………………………Ⅲ - 486
ひらあぢ…………………………Ⅲ - 486
ひらうを…………………………Ⅲ - 487
ひらかしら…………………………Ⅲ - 487
ひらがしら…………………………Ⅲ - 487
ひらがしらさめ…………………………Ⅲ - 487
ひらかしらふか…………………………Ⅲ - 487
ひらかつほ…………………………Ⅲ - 487
ひらくびふか…………………………Ⅲ - 487
ひらこ…………………………Ⅲ - 488
ひらご…………………………Ⅲ - 488
ひらこはいわし…………………………Ⅲ - 488
ひらさば…………………………Ⅲ - 488
ひらしば…………………………Ⅲ - 488
ひらす…………………………Ⅲ - 488
ひらす…………………………Ⅲ - 489

ひらすずき…………………… Ⅲ - 489
ひらそ…………………… Ⅲ - 489
ひらたひ…………………… Ⅲ - 489
ひらのうを…………………… Ⅲ - 489
ひらはたけ…………………… Ⅲ - 489
ひらはへ…………………… Ⅲ - 489
ひらふか…………………… Ⅲ - 490
ひらぶり…………………… Ⅲ - 490
ひらべ…………………… Ⅲ - 490
ひらまさ…………………… Ⅲ - 490
ひらみ…………………… Ⅲ - 490
ひらめ…………………… Ⅲ - 490
ひらめ…………………… Ⅲ - 491
ひらめいわし…………………… Ⅲ - 491
ひらめかれい…………………… Ⅲ - 491
ひらめがれい…………………… Ⅲ - 491
ひらめじ…………………… Ⅲ - 491
ひらやず…………………… Ⅲ - 492
ひらゐ…………………… Ⅲ - 492
ひりきさ…………………… Ⅲ - 492
ひりきざ…………………… Ⅲ - 492
ひりぎさ…………………… Ⅲ - 492
ひりぎざ…………………… Ⅲ - 492
ひる…………………… Ⅲ - 492
ひれあか…………………… Ⅲ - 493
びれいご…………………… Ⅲ - 493
ひれくろ…………………… Ⅲ - 493
ひれなが…………………… Ⅲ - 493
ひれながしび…………………… Ⅲ - 493
ひれながたい…………………… Ⅲ - 493
ひわずかれい…………………… Ⅲ - 493
ひわづ…………………… Ⅲ - 494
ひわづかれい…………………… Ⅲ - 494
ひゑい…………………… Ⅲ - 494
ひゑたひ…………………… Ⅲ - 494
ひゑつたひ…………………… Ⅲ - 494
ひを…………………… Ⅲ - 494
ひんか…………………… Ⅲ - 494
ひんが…………………… Ⅲ - 495
びんが…………………… Ⅲ - 495
びんくし…………………… Ⅲ - 495
びんくろう…………………… Ⅲ - 495
ひんけ…………………… Ⅲ - 495
びんた…………………… Ⅲ - 495
びんなが…………………… Ⅲ - 496

## ふ

ふうふう…………………… Ⅲ - 497
ふうほう…………………… Ⅲ - 497
ふうぼう…………………… Ⅲ - 497
ふえうを…………………… Ⅲ - 497
ふえふきうを…………………… Ⅲ - 497
ふか…………………… Ⅲ - 497
ふかさめ…………………… Ⅲ - 498
ふかのさめ…………………… Ⅲ - 498
ふく…………………… Ⅲ - 498
ふぐ…………………… Ⅲ - 498
ふぐ…………………… Ⅲ - 499
ふくいかちか…………………… Ⅲ - 499
ふくたう…………………… Ⅲ - 500
ふぐつ…………………… Ⅲ - 500
ふくとう…………………… Ⅲ - 500
ぶくとう…………………… Ⅲ - 500
ふくら…………………… Ⅲ - 500
ふぐら…………………… Ⅲ - 500
ふくらき…………………… Ⅲ - 501
ふくらぎ…………………… Ⅲ - 501
ふくらけ…………………… Ⅲ - 501
ふじこ…………………… Ⅲ - 501
ふしのはなうくい…………………… Ⅲ - 501
ふしや…………………… Ⅲ - 501
ふせり…………………… Ⅲ - 501
ぶだい…………………… Ⅲ - 502
ふち…………………… Ⅲ - 502
ふちこ…………………… Ⅲ - 502
ふぢこ…………………… Ⅲ - 502

ふつこ……………………………… Ⅲ - 502
ふとくち……………………………… Ⅲ - 502
ふな……………………………… Ⅲ - 503
ふな……………………………… Ⅲ - 504
ふないとり……………………………… Ⅲ - 504
ふなくさび……………………………… Ⅲ - 504
ふなした……………………………… Ⅲ - 504
ふなしとぎ……………………………… Ⅲ - 504
ふなしとぎ……………………………… Ⅲ - 505
ふなじとり……………………………… Ⅲ - 505
ふなすい……………………………… Ⅲ - 505
ふなちとり……………………………… Ⅲ - 505
ふなぢとり……………………………… Ⅲ - 505
ふなつき……………………………… Ⅲ - 505
ふなとう……………………………… Ⅲ - 506
ふなはり……………………………… Ⅲ - 506
ふなばり……………………………… Ⅲ - 506
ふなひとり……………………………… Ⅲ - 506
ふなむし……………………………… Ⅲ - 506
ふにいどう……………………………… Ⅲ - 506
ふにうとう……………………………… Ⅲ - 507
ぶにうどう……………………………… Ⅲ - 507
ふねじた……………………………… Ⅲ - 507
ふねしとみ……………………………… Ⅲ - 507
ふねとめうを……………………………… Ⅲ - 507
ふふらげ……………………………… Ⅲ - 507
ふへふき……………………………… Ⅲ - 507
ふゆふりのさね……………………………… Ⅲ - 508
ぶり……………………………… Ⅲ - 508
ふるゑぼし……………………………… Ⅲ - 509
ふゑつかう……………………………… Ⅲ - 509
ふゑつこう……………………………… Ⅲ - 509
ふゑふき……………………………… Ⅲ - 509
ぶんにう……………………………… Ⅲ - 509
へいけ……………………………… Ⅲ - 510
へいけうを……………………………… Ⅲ - 510
へいけのさむらい……………………………… Ⅲ - 510

## へ

べか……………………………… Ⅲ - 510
へぎ……………………………… Ⅲ - 510
べくわ……………………………… Ⅲ - 510
へこ……………………………… Ⅲ - 511
べこ……………………………… Ⅲ - 511
へこふな……………………………… Ⅲ - 511
へし……………………………… Ⅲ - 511
へたい……………………………… Ⅲ - 511
へだい……………………………… Ⅲ - 511
へだだい……………………………… Ⅲ - 512
へたたひ……………………………… Ⅲ - 512
へたひ……………………………… Ⅲ - 512
べにさけ……………………………… Ⅲ - 512
へにつらたい……………………………… Ⅲ - 512
へひたからかい……………………………… Ⅲ - 512
へびたからかい……………………………… Ⅲ - 512
へへりこ……………………………… Ⅲ - 513
べら……………………………… Ⅲ - 513
へんせつ……………………………… Ⅲ - 513
へんたい……………………………… Ⅲ - 513
へんつら……………………………… Ⅲ - 513
へんつらたい……………………………… Ⅲ - 513
べんづらたい……………………………… Ⅲ - 513
べんづらだい……………………………… Ⅲ - 514

## ほ

ほうかう……………………………… Ⅲ - 515
ほうじろのふさは……………………………… Ⅲ - 515
ぼうずいを……………………………… Ⅲ - 515
ほうずうを……………………………… Ⅲ - 515
ぼうずふか……………………………… Ⅲ - 515
ほうぜう……………………………… Ⅲ - 515
ほうせんほう……………………………… Ⅲ - 515
ほうぞうたい……………………………… Ⅲ - 516
ほうぞうたひ……………………………… Ⅲ - 516
ぼうだら……………………………… Ⅲ - 516

ほうなが…… Ⅲ - 516
ほうばう…… Ⅲ - 516
ぼうぶう…… Ⅲ - 516
ほうほ…… Ⅲ - 516
ほうぼ…… Ⅲ - 517
ほうほう…… Ⅲ - 517
ほうぼう…… Ⅲ - 517
ほうぼふ…… Ⅲ - 517
ほうろく…… Ⅲ - 518
ほぐりばつちやう…… Ⅲ - 518
ほこ…… Ⅲ - 518
ほご…… Ⅲ - 518
ほし…… Ⅲ - 518
ほしか…… Ⅲ - 518
ほしかり…… Ⅲ - 518
ほしかり…… Ⅲ - 519
ほしかれ…… Ⅲ - 519
ほしかれい…… Ⅲ - 519
ほしさか…… Ⅲ - 519
ほしふか…… Ⅲ - 519
ほしぶか…… Ⅲ - 519
ほしを…… Ⅲ - 519
ほそうを…… Ⅲ - 520
ほそくち…… Ⅲ - 520
ほたか…… Ⅲ - 520
ぼたま…… Ⅲ - 520
ほつか…… Ⅲ - 520
ほつかう…… Ⅲ - 520
ぼつかう…… Ⅲ - 520
ほつけ…… Ⅲ - 521
ぼつけ…… Ⅲ - 521
ぼつげ…… Ⅲ - 521
ほつけあふらめ…… Ⅲ - 521
ほつけあぶらめ…… Ⅲ - 521
ほつちかせ…… Ⅲ - 521
ほつむ…… Ⅲ - 521
ほて…… Ⅲ - 522
ぼて…… Ⅲ - 522
ほてかう…… Ⅲ - 522
ぼてかう…… Ⅲ - 522
ほてかれい…… Ⅲ - 522
ぼてこう…… Ⅲ - 522
ぼてさこ…… Ⅲ - 522
ほとけいを…… Ⅲ - 523
ほとけごり…… Ⅲ - 523
ほとけじやこ…… Ⅲ - 523
ほとけのはぜ…… Ⅲ - 523
ほなか…… Ⅲ - 523
ほふはう…… Ⅲ - 523
ほふぼう…… Ⅲ - 523
ほほなが…… Ⅲ - 524
ほほら…… Ⅲ - 524
ぼまた…… Ⅲ - 524
ほや…… Ⅲ - 524
ほら…… Ⅲ - 524
ぼら…… Ⅲ - 525
ぼらしやく…… Ⅲ - 525
ほをず…… Ⅲ - 526
ほんかれい…… Ⅲ - 526
ほんきう…… Ⅲ - 526
ほんきやう…… Ⅲ - 526
ほんけん…… Ⅲ - 526
ぼんけん…… Ⅲ - 526
ほんしい…… Ⅲ - 526
ほんたか…… Ⅲ - 527
ほんぶり…… Ⅲ - 527
ほんゑい…… Ⅲ - 527

## ま

まあち…… Ⅲ - 528
まあぢ…… Ⅲ - 528
まあみ…… Ⅲ - 528
まいはし…… Ⅲ - 528
まいわし…… Ⅲ - 528
まうかれ…… Ⅲ - 528
まうなき…… Ⅲ - 528

まうわし…………………………… Ⅲ - 529
まえそ……………………………… Ⅲ - 529
まかしか…………………………… Ⅲ - 529
まかちか…………………………… Ⅲ - 529
まかつを…………………………… Ⅲ - 529
まがます…………………………… Ⅲ - 529
まかれい…………………………… Ⅲ - 529
まかれい…………………………… Ⅲ - 530
まがれい…………………………… Ⅲ - 530
まがれひ…………………………… Ⅲ - 530
まき………………………………… Ⅲ - 530
まきすご…………………………… Ⅲ - 530
まくろ……………………………… Ⅲ - 530
まぐろ……………………………… Ⅲ - 530
まごち……………………………… Ⅲ - 531
まごつ……………………………… Ⅲ - 531
まさき……………………………… Ⅲ - 531
まさはら…………………………… Ⅲ - 531
まさめ……………………………… Ⅲ - 531
ましび……………………………… Ⅲ - 531
ましら……………………………… Ⅲ - 531
ます………………………………… Ⅲ - 532
ますい……………………………… Ⅲ - 532
ますかれい………………………… Ⅲ - 533
ますずき…………………………… Ⅲ - 533
ますのうを………………………… Ⅲ - 533
またい……………………………… Ⅲ - 533
まだい……………………………… Ⅲ - 533
またか……………………………… Ⅲ - 533
またひ……………………………… Ⅲ - 533
またら……………………………… Ⅲ - 534
まだら……………………………… Ⅲ - 534
まつかう…………………………… Ⅲ - 534
まつかさ…………………………… Ⅲ - 534
まつかれい………………………… Ⅲ - 534
まつたい…………………………… Ⅲ - 535
まつたひ…………………………… Ⅲ - 535
まづなし…………………………… Ⅲ - 535
まつのふさめ……………………… Ⅲ - 535
まつはかうなこ…………………… Ⅲ - 535
まつばかれい……………………… Ⅲ - 535
まつばわに………………………… Ⅲ - 535
まつむし…………………………… Ⅲ - 536
まといを…………………………… Ⅲ - 536
まとうを…………………………… Ⅲ - 536
まとちやう………………………… Ⅲ - 536
まなかつお………………………… Ⅲ - 536
まなかつほ………………………… Ⅲ - 537
まながつほ………………………… Ⅲ - 537
まなかつを………………………… Ⅲ - 537
まながつを………………………… Ⅲ - 538
まなかれい………………………… Ⅲ - 538
まなこ……………………………… Ⅲ - 538
まなばし…………………………… Ⅲ - 538
まはちめ…………………………… Ⅲ - 538
まひき……………………………… Ⅲ - 538
まふかれ…………………………… Ⅲ - 538
まふく……………………………… Ⅲ - 539
まふぐ……………………………… Ⅲ - 539
まぶく……………………………… Ⅲ - 539
まぶり……………………………… Ⅲ - 539
ままかい…………………………… Ⅲ - 539
ままかり…………………………… Ⅲ - 539
ままさりふく……………………… Ⅲ - 540
まめいわし………………………… Ⅲ - 540
まめばる…………………………… Ⅲ - 540
まめふく…………………………… Ⅲ - 540
まる………………………………… Ⅲ - 540
まるあし…………………………… Ⅲ - 540
まるあじ…………………………… Ⅲ - 540
まるあち…………………………… Ⅲ - 541
まるあぢ…………………………… Ⅲ - 541
まるた……………………………… Ⅲ - 541
まるたひ…………………………… Ⅲ - 541
まゑ………………………………… Ⅲ - 541
まゑそ……………………………… Ⅲ - 541

まんかはちめ…………………… Ⅲ - 542
まんさい…………………… Ⅲ - 542
まんざい…………………… Ⅲ - 542
まんさく…………………… Ⅲ - 542
まんたら…………………… Ⅲ - 542
まんはふち…………………… Ⅲ - 542
まんびき…………………… Ⅲ - 542
まんぼう…………………… Ⅲ - 543
まんほうさめ…………………… Ⅲ - 543
まんぼうさめ…………………… Ⅲ - 543

## み

みこい…………………… Ⅲ - 544
みごい…………………… Ⅲ - 544
みこうを…………………… Ⅲ - 544
みここたひ…………………… Ⅲ - 544
みこはへ…………………… Ⅲ - 544
みごひ…………………… Ⅲ - 544
みこふな…………………… Ⅲ - 545
みこゐ…………………… Ⅲ - 545
みしまぢよらう…………………… Ⅲ - 545
みせ…………………… Ⅲ - 545
みちのうを…………………… Ⅲ - 545
みつあんこう…………………… Ⅲ - 545
みづうを…………………… Ⅲ - 545
みつがます…………………… Ⅲ - 546
みつかれい…………………… Ⅲ - 546
みつがれい…………………… Ⅲ - 546
みづかれい…………………… Ⅲ - 546
みつくさ…………………… Ⅲ - 546
みづくさ…………………… Ⅲ - 546
みつくり…………………… Ⅲ - 546
みづくり…………………… Ⅲ - 547
みつのうを…………………… Ⅲ - 547
みづます…………………… Ⅲ - 547
みつゑそ…………………… Ⅲ - 547
みなぐちあんかう…………………… Ⅲ - 547
みなくちさこ…………………… Ⅲ - 547
みなくちはへ…………………… Ⅲ - 548
みなすい…………………… Ⅲ - 548
みのうを…………………… Ⅲ - 548
みのさわら…………………… Ⅲ - 548
みののうを…………………… Ⅲ - 548
みのふぐ…………………… Ⅲ - 549
みのをこし…………………… Ⅲ - 549
みみがね…………………… Ⅲ - 549
みみくろうなき…………………… Ⅲ - 549
みみこち…………………… Ⅲ - 549
みみごひ…………………… Ⅲ - 549
みみたかぶか…………………… Ⅲ - 549
みみつく…………………… Ⅲ - 550
みやうきち…………………… Ⅲ - 550
みやうぎち…………………… Ⅲ - 550
みやうぶ…………………… Ⅲ - 550
みやまこり…………………… Ⅲ - 550
みやまごり…………………… Ⅲ - 550
みわはだけ…………………… Ⅲ - 550

## む

むぎえひ…………………… Ⅲ - 551
むぎから…………………… Ⅲ - 551
むぎからとちやう…………………… Ⅲ - 551
むきつき…………………… Ⅲ - 551
むきつぎ…………………… Ⅲ - 551
むぎつき…………………… Ⅲ - 551
むぎつきはへ…………………… Ⅲ - 551
むぎとせう…………………… Ⅲ - 552
むきな…………………… Ⅲ - 552
むきのを…………………… Ⅲ - 552
むきはゑ…………………… Ⅲ - 552
むぎはゑ…………………… Ⅲ - 552
むぎほし…………………… Ⅲ - 552
むぎやき…………………… Ⅲ - 552
むぎやきくさびうを…………………… Ⅲ - 553
むぎわら…………………… Ⅲ - 553
むきわらい…………………… Ⅲ - 553

むぎわらだい…………………………… Ⅲ - 553
むぎわらたひ…………………………… Ⅲ - 553
むくじ……………………………………… Ⅲ - 553
むしきらい……………………………… Ⅲ - 553
むしはへ………………………………… Ⅲ - 554
むしふな………………………………… Ⅲ - 554
むしま…………………………………… Ⅲ - 554
むしまうを……………………………… Ⅲ - 554
むしましょをろを…………………… Ⅲ - 554
むしまぎょらう……………………… Ⅲ - 554
むしろとをし…………………………… Ⅲ - 555
むつ……………………………………… Ⅲ - 555
むつくそもと…………………………… Ⅲ - 555
むつこ…………………………………… Ⅲ - 555
むつご…………………………………… Ⅲ - 555
むつごらう……………………………… Ⅲ - 556
むつころう……………………………… Ⅲ - 556
むつはへ………………………………… Ⅲ - 556
むなき…………………………………… Ⅲ - 556
むばめ…………………………………… Ⅲ - 556
むぼせ…………………………………… Ⅲ - 556
むぼぜ…………………………………… Ⅲ - 556
むまとしやう…………………………… Ⅲ - 557
むまとせう……………………………… Ⅲ - 557
むまどせう……………………………… Ⅲ - 557
むまとちやう…………………………… Ⅲ - 557
むまぬすひと…………………………… Ⅲ - 557
むまのした……………………………… Ⅲ - 557
むまのせうへん……………………… Ⅲ - 557
むまのせうべん……………………… Ⅲ - 558
むまのよはり…………………………… Ⅲ - 558
むまのよばり…………………………… Ⅲ - 558
むまよはり……………………………… Ⅲ - 558
むめそめ………………………………… Ⅲ - 558
むめぞめ………………………………… Ⅲ - 558
むめぞめぶか…………………………… Ⅲ - 558
むる……………………………………… Ⅲ - 559
むろ……………………………………… Ⅲ - 559
むろあじ………………………………… Ⅲ - 559
むろあぢ………………………………… Ⅲ - 559
むろほけ………………………………… Ⅲ - 559
むろぼけ………………………………… Ⅲ - 560

## め

めあか…………………………………… Ⅲ - 561
めあかじらす…………………………… Ⅲ - 561
めあかふく……………………………… Ⅲ - 561
めあかふぐ……………………………… Ⅲ - 561
めあかぶく……………………………… Ⅲ - 562
めあご…………………………………… Ⅲ - 562
めあり…………………………………… Ⅲ - 562
めいた…………………………………… Ⅲ - 562
めいたかれい…………………………… Ⅲ - 562
めいたたき……………………………… Ⅲ - 562
めいたれい……………………………… Ⅲ - 562
めいち…………………………………… Ⅲ - 563
めいとう………………………………… Ⅲ - 563
めいほ…………………………………… Ⅲ - 563
めいほう………………………………… Ⅲ - 563
めいほち………………………………… Ⅲ - 563
めうきち………………………………… Ⅲ - 563
めうけつ………………………………… Ⅲ - 563
めうげつ………………………………… Ⅲ - 564
めうせんこ……………………………… Ⅲ - 564
めうぶ…………………………………… Ⅲ - 564
めから…………………………………… Ⅲ - 564
めきす…………………………………… Ⅲ - 564
めぎす…………………………………… Ⅲ - 564
めきすご………………………………… Ⅲ - 565
めきらいわし…………………………… Ⅲ - 565
めくらいを……………………………… Ⅲ - 565
めくらはぜ……………………………… Ⅲ - 565
めぐろあぢ……………………………… Ⅲ - 566
めくろいわし…………………………… Ⅲ - 566
めこち…………………………………… Ⅲ - 566
めごち…………………………………… Ⅲ - 566

めさし…………………………… Ⅲ - 566
めしか…………………………… Ⅲ - 566
めじか…………………………… Ⅲ - 566
めじな…………………………… Ⅲ - 567
めしろ…………………………… Ⅲ - 567
めじろ…………………………… Ⅲ - 567
めじろうなき…………………… Ⅲ - 567
めしろたひ……………………… Ⅲ - 567
めじろたひ……………………… Ⅲ - 567
めじろぶか……………………… Ⅲ - 568
めしろわに……………………… Ⅲ - 568
めたい…………………………… Ⅲ - 568
めたか…………………………… Ⅲ - 568
めだか…………………………… Ⅲ - 568
めだか…………………………… Ⅲ - 569
めたかかれい…………………… Ⅲ - 569
めだかかれい…………………… Ⅲ - 569
めだかはせ……………………… Ⅲ - 569
めたつくり……………………… Ⅲ - 569
めだつくり……………………… Ⅲ - 569
めだれ…………………………… Ⅲ - 570
めたれいわし…………………… Ⅲ - 570
めぢか…………………………… Ⅲ - 570
めつかう………………………… Ⅲ - 570
めつき…………………………… Ⅲ - 570
めつこ…………………………… Ⅲ - 570
めつこはぜ……………………… Ⅲ - 570
めつとう………………………… Ⅲ - 571
めつとばい……………………… Ⅲ - 571
めつぱうあぢ…………………… Ⅲ - 571
めつはり………………………… Ⅲ - 571
めなづ…………………………… Ⅲ - 571
めぬけ…………………………… Ⅲ - 571
めばち…………………………… Ⅲ - 571
めばちあぢ……………………… Ⅲ - 572
めばり…………………………… Ⅲ - 572
めはりざこ……………………… Ⅲ - 572
めはる…………………………… Ⅲ - 572
めばる…………………………… Ⅲ - 572
めばる…………………………… Ⅲ - 573
めはるこ………………………… Ⅲ - 573
めぶく…………………………… Ⅲ - 573
めふと…………………………… Ⅲ - 573
めぶと…………………………… Ⅲ - 574
めぶとうを……………………… Ⅲ - 574
めぶとざこ……………………… Ⅲ - 574
めぼう…………………………… Ⅲ - 574
めほそわに……………………… Ⅲ - 574
めまちり………………………… Ⅲ - 574
めめこち………………………… Ⅲ - 574
めめさこ………………………… Ⅲ - 575
めめざこ………………………… Ⅲ - 575
めめしやこ……………………… Ⅲ - 575
めめず…………………………… Ⅲ - 575
めんしん………………………… Ⅲ - 575
めんたいかれい………………… Ⅲ - 575
めんだいかれい………………… Ⅲ - 575
めんどり………………………… Ⅲ - 576
めんほち………………………… Ⅲ - 576


## も


も………………………………… Ⅲ - 577
もいを…………………………… Ⅲ - 577
もうすし………………………… Ⅲ - 577
もうふぐ………………………… Ⅲ - 577
もうを…………………………… Ⅲ - 577
もかれい………………………… Ⅲ - 578
もこだい………………………… Ⅲ - 578
もさは…………………………… Ⅲ - 578
もさめ…………………………… Ⅲ - 578
もさを…………………………… Ⅲ - 578
もしやう………………………… Ⅲ - 578
もじろ…………………………… Ⅲ - 579
もすす…………………………… Ⅲ - 579
もすず…………………………… Ⅲ - 579
もすそゑい……………………… Ⅲ - 579

もたま…………………………… Ⅲ - 579
もだま…………………………… Ⅲ - 579
もたまのうさは………………… Ⅲ - 579
もたわに………………………… Ⅲ - 580
もち……………………………… Ⅲ - 580
もちうを………………………… Ⅲ - 580
もちかわはぎ…………………… Ⅲ - 580
もちごめふぐ…………………… Ⅲ - 580
もつ……………………………… Ⅲ - 580
もつれ…………………………… Ⅲ - 580
もとこ…………………………… Ⅲ - 581
もなふり………………………… Ⅲ - 581
もなぶり………………………… Ⅲ - 581
もはせ…………………………… Ⅲ - 581
もはぜ…………………………… Ⅲ - 581
もはふく………………………… Ⅲ - 581
もはみ…………………………… Ⅲ - 581
もひらめ………………………… Ⅲ - 582
もふうを………………………… Ⅲ - 582
もふか…………………………… Ⅲ - 582
もぶか…………………………… Ⅲ - 582
もふく…………………………… Ⅲ - 582
もふぐ…………………………… Ⅲ - 582
もぶく…………………………… Ⅲ - 583
もふさ…………………………… Ⅲ - 583
もふし…………………………… Ⅲ - 583
もぶし…………………………… Ⅲ - 583
もぼう…………………………… Ⅲ - 583
もほへこり……………………… Ⅲ - 583
もみたね………………………… Ⅲ - 584
もみたねうしない……………… Ⅲ - 584
もみだねうしない……………… Ⅲ - 584
もみたねうしなひ……………… Ⅲ - 584
もみだねうしなひ……………… Ⅲ - 584
ももし…………………………… Ⅲ - 584
ももせ…………………………… Ⅲ - 584
もろあち………………………… Ⅲ - 585
もろうごろう…………………… Ⅲ - 585
もろくち………………………… Ⅲ - 585
もろくちいわし………………… Ⅲ - 585
もろけ…………………………… Ⅲ - 585
もろこ…………………………… Ⅲ - 585
もろこ…………………………… Ⅲ - 586
もろこすのばら………………… Ⅲ - 586
もろこはへ……………………… Ⅲ - 586
もわに…………………………… Ⅲ - 586
もんとうたい…………………… Ⅲ - 586
もんどうたい…………………… Ⅲ - 586
もんとたい……………………… Ⅲ - 587
もんどたい……………………… Ⅲ - 587

## や

やいと…………………………… Ⅲ - 588
やかふ…………………………… Ⅲ - 588
やかぶ…………………………… Ⅲ - 588
やから…………………………… Ⅲ - 588
やがら…………………………… Ⅲ - 588
やからうを……………………… Ⅲ - 589
やき……………………………… Ⅲ - 589
やぎ……………………………… Ⅲ - 589
やけばへ………………………… Ⅲ - 589
やしやじ………………………… Ⅲ - 589
やす……………………………… Ⅲ - 589
やず……………………………… Ⅲ - 589
やすおとこ……………………… Ⅲ - 590
やすこ…………………………… Ⅲ - 590
やすだい………………………… Ⅲ - 590
やすみ…………………………… Ⅲ - 590
やちかちか……………………… Ⅲ - 590
やちはい………………………… Ⅲ - 590
やつはら………………………… Ⅲ - 590
やつめ…………………………… Ⅲ - 591
やつめうなき…………………… Ⅲ - 591
やつめうなぎ…………………… Ⅲ - 591
やつめうなぎ…………………… Ⅲ - 592
やなき…………………………… Ⅲ - 592

やなきかれい…………………… Ⅲ - 592
やなぎざこ…………………… Ⅲ - 592
やなきどぢやう…………………… Ⅲ - 592
やなぎどぢょう…………………… Ⅲ - 592
やなきのまへ…………………… Ⅲ - 592
やなぎのまへ…………………… Ⅲ - 593
やなぎはい…………………… Ⅲ - 593
やなきはちめ…………………… Ⅲ - 593
やなぎはへ…………………… Ⅲ - 593
やなぎはへ…………………… Ⅲ - 594
やなぎばへ…………………… Ⅲ - 594
やなぎはや…………………… Ⅲ - 594
やなぎはゑ…………………… Ⅲ - 594
やなぎばゑ…………………… Ⅲ - 594
やなぎひらめ…………………… Ⅲ - 594
やなきもろこ…………………… Ⅲ - 594
やなぎもろこ…………………… Ⅲ - 595
やなせ…………………… Ⅲ - 595
やはぎ…………………… Ⅲ - 595
やはず…………………… Ⅲ - 595
やはせ…………………… Ⅲ - 595
やばたうを…………………… Ⅲ - 595
やはんどう…………………… Ⅲ - 595
やまいぬ…………………… Ⅲ - 596
やまうを…………………… Ⅲ - 596
やまそうばへ…………………… Ⅲ - 596
やまたけ…………………… Ⅲ - 596
やまねすみ…………………… Ⅲ - 596
やまのかみ…………………… Ⅲ - 596
やまはい…………………… Ⅲ - 597
やまはへ…………………… Ⅲ - 597
やまばへ…………………… Ⅲ - 597
やまはゑ…………………… Ⅲ - 597
やまばゑ…………………… Ⅲ - 597
やまぶきうを…………………… Ⅲ - 597
やまぶし…………………… Ⅲ - 597
やまぶしいを…………………… Ⅲ - 598
やまふしかれい…………………… Ⅲ - 598
やまぶしかれい…………………… Ⅲ - 598
やまぶしがれい…………………… Ⅲ - 598
やまぶと…………………… Ⅲ - 598
やまへ…………………… Ⅲ - 598
やまべ…………………… Ⅲ - 599
やまむつ…………………… Ⅲ - 599
やまめ…………………… Ⅲ - 599
やまもとしゆび…………………… Ⅲ - 599
やりかたげ…………………… Ⅲ - 599
やりもちたい…………………… Ⅲ - 600

## ゆ

ゆうし…………………… Ⅲ - 601
ゆうしろう…………………… Ⅲ - 601
ゆしぶか…………………… Ⅲ - 601
ゆだ…………………… Ⅲ - 601
ゆのみかれい…………………… Ⅲ - 601
ゆるか…………………… Ⅲ - 601
ゆわな…………………… Ⅲ - 602

## よ

ようず…………………… Ⅲ - 603
ようつ…………………… Ⅲ - 603
ようはうちやう…………………… Ⅲ - 603
よがう…………………… Ⅲ - 603
よこざう…………………… Ⅲ - 603
よこはり…………………… Ⅲ - 603
よこばり…………………… Ⅲ - 603
よこわ…………………… Ⅲ - 604
よこわかつを…………………… Ⅲ - 604
よしのごち…………………… Ⅲ - 604
よしへ…………………… Ⅲ - 604
よしべ…………………… Ⅲ - 604
よそぎ…………………… Ⅲ - 604
よた…………………… Ⅲ - 604
よつめ…………………… Ⅲ - 605
よと…………………… Ⅲ - 605
よど…………………… Ⅲ - 605

よどかじな…………………… Ⅲ - 605
よどろ…………………… Ⅲ - 605
よな…………………… Ⅲ - 605
よねつ…………………… Ⅲ - 605
よばしまい…………………… Ⅲ - 606
よばしめ…………………… Ⅲ - 606
よふか…………………… Ⅲ - 606
よぶか…………………… Ⅲ - 606
よみのかれひ…………………… Ⅲ - 606
よめそしり…………………… Ⅲ - 606
より…………………… Ⅲ - 606
よりき…………………… Ⅲ - 607
よりと…………………… Ⅲ - 607
よりとふく…………………… Ⅲ - 607
よりふぐ…………………… Ⅲ - 607
よろいうを…………………… Ⅲ - 607
よろず…………………… Ⅲ - 607
よろづ…………………… Ⅲ - 607
よろひうを…………………… Ⅲ - 608

ら

らうじやういわし…………………… Ⅲ - 609
らうそく…………………… Ⅲ - 609
らす…………………… Ⅲ - 609
らちや…………………… Ⅲ - 609

り

りゅうぐうのにわとり…………………… Ⅲ - 610
りゅうぐうのむま…………………… Ⅲ - 610
りゅうぐうのやりもち…………………… Ⅲ - 610
りんしやう…………………… Ⅲ - 610
りんせう…………………… Ⅲ - 611

れ

れいこ…………………… Ⅲ - 612
れいすけ…………………… Ⅲ - 612
れんこ…………………… Ⅲ - 612
れんこだひ…………………… Ⅲ - 612
れんたい…………………… Ⅲ - 612
れんちやう…………………… Ⅲ - 612
れんで…………………… Ⅲ - 612
れんてう…………………… Ⅲ - 613
れんてん…………………… Ⅲ - 613
れんほ…………………… Ⅲ - 613
れんぼ…………………… Ⅲ - 613

ろ

ろくい…………………… Ⅲ - 614
ろぐい…………………… Ⅲ - 614
ろくすんふく…………………… Ⅲ - 614
ろくほう…………………… Ⅲ - 614
ろぐら…………………… Ⅲ - 614
ろし…………………… Ⅲ - 614
ろつはう…………………… Ⅲ - 614
ろつほう…………………… Ⅲ - 615
ろつぼう…………………… Ⅲ - 615
ろつぼふ…………………… Ⅲ - 615

わ

わうこんふく…………………… Ⅲ - 616
わか…………………… Ⅲ - 616
わが…………………… Ⅲ - 616
わかさき…………………… Ⅲ - 616
わかさぎ…………………… Ⅲ - 616
わかな…………………… Ⅲ - 616
わかなこ…………………… Ⅲ - 616
わかなご…………………… Ⅲ - 617
わがなこ…………………… Ⅲ - 617
わがのうを…………………… Ⅲ - 617
わかみつ…………………… Ⅲ - 617
わかみづ…………………… Ⅲ - 617
わかめとり…………………… Ⅲ - 617
わくのて…………………… Ⅲ - 618
わくら…………………… Ⅲ - 618
わくゑ…………………… Ⅲ - 618
わくゑい…………………… Ⅲ - 618

わさなべ……………………………… Ⅲ - 618
わしうを……………………………… Ⅲ - 618
わしかれい…………………………… Ⅲ - 618
わしかれひ…………………………… Ⅲ - 619
わしだい……………………………… Ⅲ - 619
わたか………………………………… Ⅲ - 619
わたがし……………………………… Ⅲ - 619
わたこ………………………………… Ⅲ - 619
わち…………………………………… Ⅲ - 619
わぢ…………………………………… Ⅲ - 619
わなた………………………………… Ⅲ - 620
わに…………………………………… Ⅲ - 620
わにえひ……………………………… Ⅲ - 620
わにさめ……………………………… Ⅲ - 620
わにざめ……………………………… Ⅲ - 620
わにふか……………………………… Ⅲ - 620
わにぶか……………………………… Ⅲ - 621
わらさ………………………………… Ⅲ - 621
わらざ………………………………… Ⅲ - 621
わらすぼ……………………………… Ⅲ - 621
わらびした…………………………… Ⅲ - 621

ゑ

ゑ……………………………………… Ⅲ - 622
ゑい…………………………………… Ⅲ - 622
ゑいご………………………………… Ⅲ - 622
ゑいのうを…………………………… Ⅲ - 622
ゑいらく……………………………… Ⅲ - 623
ゑいらみ……………………………… Ⅲ - 623
ゑくち………………………………… Ⅲ - 623
ゑこたい……………………………… Ⅲ - 623
ゑこたひ……………………………… Ⅲ - 623
ゑごたひ……………………………… Ⅲ - 623
ゑさめ………………………………… Ⅲ - 623
ゑそ…………………………………… Ⅲ - 624
ゑたらし……………………………… Ⅲ - 624
ゑでとり……………………………… Ⅲ - 624
ゑてわに……………………………… Ⅲ - 624
ゑと…………………………………… Ⅲ - 625
ゑど…………………………………… Ⅲ - 625
ゑとう………………………………… Ⅲ - 625
ゑとしろいを………………………… Ⅲ - 625
ゑどじろいを………………………… Ⅲ - 625
ゑとしろうを………………………… Ⅲ - 625
ゑどしろうを………………………… Ⅲ - 625
ゑとりうを…………………………… Ⅲ - 626
ゑな…………………………………… Ⅲ - 626
ゑのは………………………………… Ⅲ - 626
ゑのはじやこ………………………… Ⅲ - 626
ゑのみさこ…………………………… Ⅲ - 626
ゑのわ………………………………… Ⅲ - 626
ゑば…………………………………… Ⅲ - 626
ゑばおこせ…………………………… Ⅲ - 627
ゑひ…………………………………… Ⅲ - 627
ゑびすうを…………………………… Ⅲ - 627
ゑびすたい…………………………… Ⅲ - 627
ゑひな………………………………… Ⅲ - 627
ゑぶた………………………………… Ⅲ - 627
ゑふな………………………………… Ⅲ - 627
ゑふな………………………………… Ⅲ - 628
ゑぶな………………………………… Ⅲ - 628
ゑもしろ……………………………… Ⅲ - 628
ゑらこ………………………………… Ⅲ - 628
ゑらつつき…………………………… Ⅲ - 628
ゑり…………………………………… Ⅲ - 628

を

をあかかれい………………………… Ⅲ - 629
をあご………………………………… Ⅲ - 629
をいかは……………………………… Ⅲ - 629
をいかわ……………………………… Ⅲ - 629
をいを………………………………… Ⅲ - 629
をうせ………………………………… Ⅲ - 629
をうとう……………………………… Ⅲ - 629
をきあち……………………………… Ⅲ - 630
をきあぢ……………………………… Ⅲ - 630

をきさはら…………………………… Ⅲ - 630
をきざはら…………………………… Ⅲ - 630
をきのかんぬし……………………… Ⅲ - 630
をきのぜう…………………………… Ⅲ - 630
をきめはる…………………………… Ⅲ - 630
をきもす……………………………… Ⅲ - 631
をくろばへ…………………………… Ⅲ - 631
をこし………………………………… Ⅲ - 631
をこじ………………………………… Ⅲ - 631
をこせ………………………………… Ⅲ - 631
をこぜ………………………………… Ⅲ - 631
をさかき……………………………… Ⅲ - 632
をしやういを………………………… Ⅲ - 632
をじやういを………………………… Ⅲ - 632
をしやううを………………………… Ⅲ - 632
をじんぎ……………………………… Ⅲ - 632
をた…………………………………… Ⅲ - 632
をつむき……………………………… Ⅲ - 632
をつむぎ……………………………… Ⅲ - 633
をとがいなし………………………… Ⅲ - 633
をとげなし…………………………… Ⅲ - 633
をなが………………………………… Ⅲ - 633
をなかかれい………………………… Ⅲ - 633
をながかれい………………………… Ⅲ - 633
をなかさめ…………………………… Ⅲ - 633
をながふか…………………………… Ⅲ - 634
をねももさめ………………………… Ⅲ - 634
をふせ………………………………… Ⅲ - 634
をほいを……………………………… Ⅲ - 634
をほこ………………………………… Ⅲ - 634
をほせ………………………………… Ⅲ - 634
をやにらみ…………………………… Ⅲ - 634
をろあぢ……………………………… Ⅲ - 635
をろか………………………………… Ⅲ - 635
ををいを……………………………… Ⅲ - 635
ををうを……………………………… Ⅲ - 635
ををかしら…………………………… Ⅲ - 635
ををせ………………………………… Ⅲ - 635
ををとう……………………………… Ⅲ - 636
をんほう……………………………… Ⅲ - 636

## 貝類

### あ

あおかい……………………………… Ⅲ - 639
あかがい……………………………… Ⅲ - 639
あかがひ……………………………… Ⅲ - 639
あかさら……………………………… Ⅲ - 639
あがさら……………………………… Ⅲ - 639
あかにし……………………………… Ⅲ - 640
あかにしがひ………………………… Ⅲ - 640
あかべ………………………………… Ⅲ - 640
あかりご……………………………… Ⅲ - 641
あかゐがひ…………………………… Ⅲ - 641
あかゑひすかひ……………………… Ⅲ - 641
あけまき……………………………… Ⅲ - 641
あげまき……………………………… Ⅲ - 641
あこや………………………………… Ⅲ - 641
あこやかい…………………………… Ⅲ - 642
あこやがい…………………………… Ⅲ - 642
あこやがひ…………………………… Ⅲ - 642
あさがほ……………………………… Ⅲ - 642
あさり………………………………… Ⅲ - 642
あさり………………………………… Ⅲ - 643
あさりかい…………………………… Ⅲ - 643
あさりかひ…………………………… Ⅲ - 643
あさりかひ…………………………… Ⅲ - 644
あしかひ……………………………… Ⅲ - 644
あせり………………………………… Ⅲ - 644
あせりかい…………………………… Ⅲ - 644
あせりがひ…………………………… Ⅲ - 644
あそび………………………………… Ⅲ - 644
あつかい……………………………… Ⅲ - 644
あつきかひ…………………………… Ⅲ - 645
あづきかひ…………………………… Ⅲ - 645
あつふね……………………………… Ⅲ - 645

あなうえむし…………………… Ⅲ - 645
あなこ…………………………… Ⅲ - 645
あなこかい……………………… Ⅲ - 645
あはび…………………………… Ⅲ - 645
あはび…………………………… Ⅲ - 646
あふひがひ……………………… Ⅲ - 646
あふらかひ……………………… Ⅲ - 646
あぶらかひ……………………… Ⅲ - 647
あまかひ………………………… Ⅲ - 647
あまにな………………………… Ⅲ - 647
あみ……………………………… Ⅲ - 647
あみはまぐり…………………… Ⅲ - 647
あめ……………………………… Ⅲ - 647
あめのさら……………………… Ⅲ - 647
あめふらし……………………… Ⅲ - 648
あられかひ……………………… Ⅲ - 648
ありから………………………… Ⅲ - 648
あわかひ………………………… Ⅲ - 648
あわび…………………………… Ⅲ - 648
あわび…………………………… Ⅲ - 649
あをかい………………………… Ⅲ - 649
あをかひ………………………… Ⅲ - 649
あをにな………………………… Ⅲ - 649
あをび…………………………… Ⅲ - 650
あんやき………………………… Ⅲ - 650

## い

いいかひ………………………… Ⅲ - 651
いかい…………………………… Ⅲ - 651
いがい…………………………… Ⅲ - 651
いがかひ………………………… Ⅲ - 651
いかちにし……………………… Ⅲ - 651
いかつとう……………………… Ⅲ - 652
いかにし………………………… Ⅲ - 652
いかひ…………………………… Ⅲ - 652
いがひ…………………………… Ⅲ - 652
いきり…………………………… Ⅲ - 652
いくよかひ……………………… Ⅲ - 653
いさりかい……………………… Ⅲ - 653
いさりかひ……………………… Ⅲ - 653
いしかき………………………… Ⅲ - 653
いしがき………………………… Ⅲ - 653
いしがたがい…………………… Ⅲ - 653
いしかたかひ…………………… Ⅲ - 653
いしこ…………………………… Ⅲ - 654
いしこかい……………………… Ⅲ - 654
いしこぶ………………………… Ⅲ - 654
いしとびかい…………………… Ⅲ - 654
いしはまぐり…………………… Ⅲ - 654
いしひな………………………… Ⅲ - 654
いしびな………………………… Ⅲ - 654
いしふた………………………… Ⅲ - 655
いしぶた………………………… Ⅲ - 655
いしふたかひ…………………… Ⅲ - 655
いしふたにな…………………… Ⅲ - 655
いしぶたみな…………………… Ⅲ - 655
いしみぞかい…………………… Ⅲ - 655
いしもち………………………… Ⅲ - 656
いしわり………………………… Ⅲ - 656
いしわりがひ…………………… Ⅲ - 656
いせり…………………………… Ⅲ - 656
いそうし………………………… Ⅲ - 656
いそかい………………………… Ⅲ - 656
いそかひ………………………… Ⅲ - 656
いそしい………………………… Ⅲ - 657
いそのはな……………………… Ⅲ - 657
いそものかひ…………………… Ⅲ - 657
いそりかひ……………………… Ⅲ - 657
いたぼ…………………………… Ⅲ - 657
いたほかい……………………… Ⅲ - 657
いたらかい……………………… Ⅲ - 657
いたらかひ……………………… Ⅲ - 658
いちかひ………………………… Ⅲ - 658
いとかけかひ…………………… Ⅲ - 658
いとかひ………………………… Ⅲ - 658
いとまきかひ…………………… Ⅲ - 658

いな……………………………… Ⅲ - 659
いぬかき………………………… Ⅲ - 659
いぬのしりさし………………… Ⅲ - 659
いねし…………………………… Ⅲ - 659
いねつぶ………………………… Ⅲ - 659
いのかひ………………………… Ⅲ - 659
いのこ…………………………… Ⅲ - 659
いのべ…………………………… Ⅲ - 660
いのめ…………………………… Ⅲ - 660
いのめかい……………………… Ⅲ - 660
いのめがい……………………… Ⅲ - 660
いのめかき……………………… Ⅲ - 660
いのめかひ……………………… Ⅲ - 660
いば……………………………… Ⅲ - 660
いはかひ………………………… Ⅲ - 661
いはまて………………………… Ⅲ - 661
いぼめ…………………………… Ⅲ - 661
いらこ…………………………… Ⅲ - 661
いらほらかたかひ……………… Ⅲ - 661
いろかひ………………………… Ⅲ - 661
いんかひ………………………… Ⅲ - 661

## う

うきかい………………………… Ⅲ - 662
うけじた………………………… Ⅲ - 662
うしかたかひ…………………… Ⅲ - 662
うしかひ………………………… Ⅲ - 662
うしくずま……………………… Ⅲ - 662
うしくつま……………………… Ⅲ - 662
うしのつめ……………………… Ⅲ - 662
うしぼう………………………… Ⅲ - 663
うすきぬかひ…………………… Ⅲ - 663
うすご…………………………… Ⅲ - 663
うちせ…………………………… Ⅲ - 663
うちほう………………………… Ⅲ - 663
うつせ…………………………… Ⅲ - 663
うつせかひ……………………… Ⅲ - 664
うつらがい……………………… Ⅲ - 664
うつらがひ……………………… Ⅲ - 664
うづらかひ……………………… Ⅲ - 664
うに……………………………… Ⅲ - 664
うに……………………………… Ⅲ - 665
うにかひ………………………… Ⅲ - 665
うねかい………………………… Ⅲ - 665
うねかひ………………………… Ⅲ - 665
うのめかい……………………… Ⅲ - 665
うのめかひ……………………… Ⅲ - 665
うばかい………………………… Ⅲ - 666
うばがぜ………………………… Ⅲ - 666
うはかひ………………………… Ⅲ - 666
うばかひ………………………… Ⅲ - 666
うばのまくら…………………… Ⅲ - 667
うへじ…………………………… Ⅲ - 667
うへぢ…………………………… Ⅲ - 667
うみかき………………………… Ⅲ - 667
うみごとい……………………… Ⅲ - 667
うみししみ……………………… Ⅲ - 667
うみたけ………………………… Ⅲ - 667
うみつぼ………………………… Ⅲ - 668
うみにし………………………… Ⅲ - 668
うみにな………………………… Ⅲ - 668
うみほうつき…………………… Ⅲ - 668
うみほうづき…………………… Ⅲ - 668
うめ……………………………… Ⅲ - 669
うらうちかひ…………………… Ⅲ - 669
うらつふ………………………… Ⅲ - 669
うらつぶ………………………… Ⅲ - 669
うんざら………………………… Ⅲ - 669
うんざらがい…………………… Ⅲ - 669
うんない………………………… Ⅲ - 669
うんない………………………… Ⅲ - 670
うんないかひ…………………… Ⅲ - 670

## え

えてふかひ……………………… Ⅲ - 671
えぼしかひ……………………… Ⅲ - 671

## お


おうしのせなかあて……………… Ⅲ - 672
おうじのせなかあて……………… Ⅲ - 672
おうじのまくらかひ……………… Ⅲ - 672
おうとうかい……………………… Ⅲ - 672
おうどうかひ……………………… Ⅲ - 672
おうのかい………………………… Ⅲ - 672
おうのかひ………………………… Ⅲ - 672
おうのまて………………………… Ⅲ - 673
おがい……………………………… Ⅲ - 673
おがひ……………………………… Ⅲ - 673
おきがき…………………………… Ⅲ - 673
おきそ……………………………… Ⅲ - 673
おきにし…………………………… Ⅲ - 673
おきべべ…………………………… Ⅲ - 673
おこのかひ………………………… Ⅲ - 674
おしきかひ………………………… Ⅲ - 674
おせのせな………………………… Ⅲ - 674
おにがぜ…………………………… Ⅲ - 674
おにかひ…………………………… Ⅲ - 674
おににし…………………………… Ⅲ - 674
おのかひ…………………………… Ⅲ - 675
おびかひ…………………………… Ⅲ - 675
おふ………………………………… Ⅲ - 675
おふかい…………………………… Ⅲ - 675
おふじのせなかあて……………… Ⅲ - 675
おふの……………………………… Ⅲ - 675
おふのかい………………………… Ⅲ - 675
おほあさり………………………… Ⅲ - 676
おほがい…………………………… Ⅲ - 676
おほがき…………………………… Ⅲ - 676
おほかひ…………………………… Ⅲ - 676
おほさざえ………………………… Ⅲ - 676
おほしうり………………………… Ⅲ - 676
おほしをり………………………… Ⅲ - 676
おほつぶ…………………………… Ⅲ - 677
おほなたかひ……………………… Ⅲ - 677
おほにし…………………………… Ⅲ - 677
おほはまぐり……………………… Ⅲ - 677
おもがい…………………………… Ⅲ - 677
おもかひ…………………………… Ⅲ - 677
おもがひ…………………………… Ⅲ - 678
おもた……………………………… Ⅲ - 678
おもとかい………………………… Ⅲ - 678
おものかい………………………… Ⅲ - 678
おものかひ………………………… Ⅲ - 678


## か


かあたかひ………………………… Ⅲ - 679
かいほうつふ……………………… Ⅲ - 679
かいほうつぶ……………………… Ⅲ - 679
かいら……………………………… Ⅲ - 679
かいらぎ…………………………… Ⅲ - 679
かうかい…………………………… Ⅲ - 679
かうかき…………………………… Ⅲ - 679
かうかひ…………………………… Ⅲ - 680
かうす……………………………… Ⅲ - 680
かうず……………………………… Ⅲ - 680
かうそんひ………………………… Ⅲ - 680
かうづ……………………………… Ⅲ - 680
かうな……………………………… Ⅲ - 680
かうな……………………………… Ⅲ - 681
がうな……………………………… Ⅲ - 681
がうなかひ………………………… Ⅲ - 682
かうひな…………………………… Ⅲ - 682
かき………………………………… Ⅲ - 682
かき………………………………… Ⅲ - 683
かきかい…………………………… Ⅲ - 683
かきかひ…………………………… Ⅲ - 683
かきひし…………………………… Ⅲ - 683
かくれかい………………………… Ⅲ - 684
がざい……………………………… Ⅲ - 684
かさかい…………………………… Ⅲ - 684
かさかひ…………………………… Ⅲ - 684
かさにな…………………………… Ⅲ - 684

がさび……………………………… Ⅲ - 684
かざみ……………………………… Ⅲ - 684
がさみ……………………………… Ⅲ - 685
がさめ……………………………… Ⅲ - 685
かさめほう………………………… Ⅲ - 685
かしらあわす……………………… Ⅲ - 685
かしらかひ………………………… Ⅲ - 685
かしわかひ………………………… Ⅲ - 685
かすかい…………………………… Ⅲ - 685
かすかひ…………………………… Ⅲ - 686
かすひ……………………………… Ⅲ - 686
かすび……………………………… Ⅲ - 686
かせ………………………………… Ⅲ - 686
かぜ………………………………… Ⅲ - 686
がせ………………………………… Ⅲ - 686
がぜ………………………………… Ⅲ - 686
がせかひ…………………………… Ⅲ - 687
かせにな…………………………… Ⅲ - 687
かたかい…………………………… Ⅲ - 687
かたがい…………………………… Ⅲ - 687
かたかひ…………………………… Ⅲ - 687
かたきし…………………………… Ⅲ - 688
かたぎし…………………………… Ⅲ - 688
かたぎし…………………………… Ⅲ - 689
かたしかい………………………… Ⅲ - 689
かたしかひ………………………… Ⅲ - 689
かたつかひ………………………… Ⅲ - 689
かたつふり………………………… Ⅲ - 689
かたつめ…………………………… Ⅲ - 689
かたなかい………………………… Ⅲ - 689
かたなかひ………………………… Ⅲ - 690
かたはらつぶ……………………… Ⅲ - 690
かたわれつふ……………………… Ⅲ - 690
かたわれつぶ……………………… Ⅲ - 690
がぢつかい………………………… Ⅲ - 690
かぢほうろく……………………… Ⅲ - 691
かとつふ…………………………… Ⅲ - 691
かとつぶ…………………………… Ⅲ - 691
かなかい…………………………… Ⅲ - 691
かなかひ…………………………… Ⅲ - 691
かにいし…………………………… Ⅲ - 691
がにがら…………………………… Ⅲ - 692
かにつふ…………………………… Ⅲ - 692
かにつぶ…………………………… Ⅲ - 692
かにになゝ………………………… Ⅲ - 692
かはいな…………………………… Ⅲ - 692
かはがうな………………………… Ⅲ - 692
かはかたかい……………………… Ⅲ - 692
かはかにら………………………… Ⅲ - 693
かはかひ…………………………… Ⅲ - 693
かはごうな………………………… Ⅲ - 693
かはたかい………………………… Ⅲ - 693
かはたかひ………………………… Ⅲ - 693
かはにし…………………………… Ⅲ - 693
かはにな…………………………… Ⅲ - 693
かはにな…………………………… Ⅲ - 694
かはにら…………………………… Ⅲ - 694
かははまくり……………………… Ⅲ - 694
かはひな…………………………… Ⅲ - 694
かはびな…………………………… Ⅲ - 694
かはまたかい……………………… Ⅲ - 695
かはまたかひ……………………… Ⅲ - 695
かはみな…………………………… Ⅲ - 695
がひ………………………………… Ⅲ - 695
かふかひ…………………………… Ⅲ - 695
かふづかい………………………… Ⅲ - 695
かぶとかい………………………… Ⅲ - 695
かぶとかひ………………………… Ⅲ - 696
かま………………………………… Ⅲ - 696
がま………………………………… Ⅲ - 696
かまどかい………………………… Ⅲ - 696
かまとかひ………………………… Ⅲ - 696
かまわりかひ……………………… Ⅲ - 696
かみすりかひ……………………… Ⅲ - 696
かみそり…………………………… Ⅲ - 697
かめかひ…………………………… Ⅲ - 697

かめのて…………………………… Ⅲ - 697
かもめかひ………………………… Ⅲ - 697
からかひ…………………………… Ⅲ - 697
からかふとかひ…………………… Ⅲ - 698
からすかい………………………… Ⅲ - 698
からすがせ………………………… Ⅲ - 698
からすかひ………………………… Ⅲ - 698
からすにな………………………… Ⅲ - 699
からすのきせる…………………… Ⅲ - 699
からすのはし……………………… Ⅲ - 699
からつふ…………………………… Ⅲ - 699
からつぶ…………………………… Ⅲ - 699
からにし…………………………… Ⅲ - 699
かわかたかひ……………………… Ⅲ - 700
かわたかひ………………………… Ⅲ - 700
かわにし…………………………… Ⅲ - 700
かわにな…………………………… Ⅲ - 700
かわにやうぶ……………………… Ⅲ - 700
かわにら…………………………… Ⅲ - 700
かわまたかひ……………………… Ⅲ - 700
かわらかい………………………… Ⅲ - 701
がんがら…………………………… Ⅲ - 701
かんさい…………………………… Ⅲ - 701
かんざい…………………………… Ⅲ - 701
かんじやう………………………… Ⅲ - 701
がんじやくり……………………… Ⅲ - 701
かんだ……………………………… Ⅲ - 702
かんない…………………………… Ⅲ - 702
かんによふ………………………… Ⅲ - 702

## き

ききやうがい……………………… Ⅲ - 703
きさあかがい……………………… Ⅲ - 703
きさご……………………………… Ⅲ - 703
ぎしかひ…………………………… Ⅲ - 703
きじがふね………………………… Ⅲ - 703
ぎしや……………………………… Ⅲ - 703
ぎそにな…………………………… Ⅲ - 703
きつねかひ………………………… Ⅲ - 704
きぬほらかひ……………………… Ⅲ - 704
きみがふね………………………… Ⅲ - 704
きやうかひ………………………… Ⅲ - 704
きりうな…………………………… Ⅲ - 704
きりかひ…………………………… Ⅲ - 704
きんちやくかひ…………………… Ⅲ - 704

## く

くくまり…………………………… Ⅲ - 705
くしかい…………………………… Ⅲ - 705
くじやくかひ……………………… Ⅲ - 705
くしらにな………………………… Ⅲ - 705
くすしかひ………………………… Ⅲ - 705
くすぢ……………………………… Ⅲ - 705
くすべかひ………………………… Ⅲ - 705
くすま……………………………… Ⅲ - 706
くずま……………………………… Ⅲ - 706
くずまかい………………………… Ⅲ - 706
くそかきがい……………………… Ⅲ - 706
くちきり…………………………… Ⅲ - 706
くちきりかひ……………………… Ⅲ - 706
くちやう…………………………… Ⅲ - 707
くつしかい………………………… Ⅲ - 707
くつま……………………………… Ⅲ - 707
くづま……………………………… Ⅲ - 707
くまず……………………………… Ⅲ - 707
くままかひ………………………… Ⅲ - 707
くるまかひ………………………… Ⅲ - 707
くろかい…………………………… Ⅲ - 708
くろかせ…………………………… Ⅲ - 708
くろかひ…………………………… Ⅲ - 708
くろくち…………………………… Ⅲ - 708
くろくちかひ……………………… Ⅲ - 708
くろにし…………………………… Ⅲ - 709
くろにな…………………………… Ⅲ - 709
くろべ……………………………… Ⅲ - 709
くろまげ…………………………… Ⅲ - 709

くろみな…………………………… Ⅲ - 709
くろめ……………………………… Ⅲ - 710
くわうし…………………………… Ⅲ - 710
くわくこうかひ…………………… Ⅲ - 710

## け

けいせいにな……………………… Ⅲ - 711
けかひ……………………………… Ⅲ - 711
けしのはなかひ…………………… Ⅲ - 711
けつふ……………………………… Ⅲ - 711
けつぶ……………………………… Ⅲ - 711

## こ

こいな……………………………… Ⅲ - 712
こうかい…………………………… Ⅲ - 712
こうす……………………………… Ⅲ - 712
こうず……………………………… Ⅲ - 712
ごうな……………………………… Ⅲ - 712
ごうなかい………………………… Ⅲ - 712
こかき……………………………… Ⅲ - 712
こかち……………………………… Ⅲ - 713
こかひ……………………………… Ⅲ - 713
こかみ……………………………… Ⅲ - 713
こがみ……………………………… Ⅲ - 713
こから……………………………… Ⅲ - 713
こげ………………………………… Ⅲ - 713
こけさざえ………………………… Ⅲ - 713
ここ………………………………… Ⅲ - 714
こご………………………………… Ⅲ - 714
こごなり…………………………… Ⅲ - 714
こしき……………………………… Ⅲ - 714
こしきかひ………………………… Ⅲ - 714
こじな……………………………… Ⅲ - 714
こつくわい………………………… Ⅲ - 714
ごつとぢ…………………………… Ⅲ - 715
ごとぢ……………………………… Ⅲ - 715
ことちかい………………………… Ⅲ - 715
こにし……………………………… Ⅲ - 715
こにしかい………………………… Ⅲ - 715
こにしかひ………………………… Ⅲ - 716
こはまぐり………………………… Ⅲ - 716
こひなかひ………………………… Ⅲ - 716
こふにな…………………………… Ⅲ - 716
こまがぜ…………………………… Ⅲ - 716
こまにし…………………………… Ⅲ - 716
こまにし…………………………… Ⅲ - 717
こまのつめ………………………… Ⅲ - 717
こまのつめかひ…………………… Ⅲ - 717
ごみかい…………………………… Ⅲ - 717
ごみかひ…………………………… Ⅲ - 717
こめにし…………………………… Ⅲ - 717
ごめのごき………………………… Ⅲ - 717
こもそうかい……………………… Ⅲ - 718
こやすがい………………………… Ⅲ - 718
こやすがひ………………………… Ⅲ - 718
ころびかき………………………… Ⅲ - 718
ころもかひ………………………… Ⅲ - 718
ごんす……………………………… Ⅲ - 718
ごんご……………………………… Ⅲ - 719

## さ

さくらがい………………………… Ⅲ - 720
さくらかひ………………………… Ⅲ - 720
ささい……………………………… Ⅲ - 720
さざい……………………………… Ⅲ - 720
さざえ……………………………… Ⅲ - 720
さざえ……………………………… Ⅲ - 721
さざえみな………………………… Ⅲ - 721
さざなみかひ……………………… Ⅲ - 721
さざひ……………………………… Ⅲ - 721
ささへ……………………………… Ⅲ - 721
さざへ……………………………… Ⅲ - 722
ささへみな………………………… Ⅲ - 722
さざへみな………………………… Ⅲ - 722
ささらかひ………………………… Ⅲ - 722
ささゐ……………………………… Ⅲ - 722

さざゐ…………………………………Ⅲ - 722
ささゑ…………………………………Ⅲ - 722
さしかい………………………………Ⅲ - 723
さたゑ…………………………………Ⅲ - 723
さはかひ………………………………Ⅲ - 723
さべりくちかい………………………Ⅲ - 723
さべりくちかひ………………………Ⅲ - 723
さみせんかひ…………………………Ⅲ - 723
さやまき………………………………Ⅲ - 723
さやまき………………………………Ⅲ - 724
さらかひ………………………………Ⅲ - 724
さるあわひ……………………………Ⅲ - 724
さるあわび……………………………Ⅲ - 724
さるかい………………………………Ⅲ - 724
さるのかしら…………………………Ⅲ - 724
さるのふぐり…………………………Ⅲ - 725
さるぼ…………………………………Ⅲ - 725
さるほう………………………………Ⅲ - 725
さるぼう………………………………Ⅲ - 725
さんせうかい…………………………Ⅲ - 725
さんせうがひ…………………………Ⅲ - 725


## し


しい……………………………………Ⅲ - 726
しいがせがう…………………………Ⅲ - 726
しうとうかひ…………………………Ⅲ - 726
しうり…………………………………Ⅲ - 726
しうりかひ……………………………Ⅲ - 726
しころかひ……………………………Ⅲ - 726
ししかい………………………………Ⅲ - 726
しじかい………………………………Ⅲ - 727
ししかひ………………………………Ⅲ - 727
ししみ…………………………………Ⅲ - 727
しじみ…………………………………Ⅲ - 727
しじみ…………………………………Ⅲ - 728
ししみかい……………………………Ⅲ - 728
しじみかい……………………………Ⅲ - 728
ししめかひ……………………………Ⅲ - 728
しじらがい……………………………Ⅲ - 728
ししらかひ……………………………Ⅲ - 728
しじらかひ……………………………Ⅲ - 728
しただみ………………………………Ⅲ - 729
したため………………………………Ⅲ - 729
しただめ………………………………Ⅲ - 729
したとかひ……………………………Ⅲ - 729
したんだ………………………………Ⅲ - 729
しつたか………………………………Ⅲ - 729
しつとぶ………………………………Ⅲ - 730
しとふ…………………………………Ⅲ - 730
しとぶかい……………………………Ⅲ - 730
じな……………………………………Ⅲ - 730
しほかい………………………………Ⅲ - 730
しほかひ………………………………Ⅲ - 730
しほにな………………………………Ⅲ - 730
しほふき………………………………Ⅲ - 731
しほふきかい…………………………Ⅲ - 731
しほふきがひ…………………………Ⅲ - 731
しほみちかひ…………………………Ⅲ - 731
しまとほら……………………………Ⅲ - 732
しめかひ………………………………Ⅲ - 732
じやうらみな…………………………Ⅲ - 732
しやかひ………………………………Ⅲ - 732
じやかひ………………………………Ⅲ - 732
しやくがは……………………………Ⅲ - 732
しやくしがひ…………………………Ⅲ - 732
しやくしがひ…………………………Ⅲ - 733
しやつばかい…………………………Ⅲ - 733
しやつはかひ…………………………Ⅲ - 733
しゆうりかひ…………………………Ⅲ - 733
しゆり…………………………………Ⅲ - 733
しよため………………………………Ⅲ - 733
じよま…………………………………Ⅲ - 733
しらかい………………………………Ⅲ - 734
しらかひ………………………………Ⅲ - 734
しらつめ………………………………Ⅲ - 734
しらをう………………………………Ⅲ - 734

しりきりにな……………………… Ⅲ - 734
しりたか……………………………… Ⅲ - 734
しりだか……………………………… Ⅲ - 735
しりたかかひ………………………… Ⅲ - 735
しりたかにな………………………… Ⅲ - 735
しりたかみな………………………… Ⅲ - 735
しりたて……………………………… Ⅲ - 735
しろかい……………………………… Ⅲ - 735
しろたつぶ…………………………… Ⅲ - 735
しろうにな…………………………… Ⅲ - 736
しろたろつふ………………………… Ⅲ - 736
しろにし……………………………… Ⅲ - 736
しろにしかひ………………………… Ⅲ - 736
しろまげ……………………………… Ⅲ - 736
しゐ…………………………………… Ⅲ - 736
しをふき……………………………… Ⅲ - 736
しをり………………………………… Ⅲ - 737
しんじゅ……………………………… Ⅲ - 737
じんしろうかひ……………………… Ⅲ - 737
じんどう……………………………… Ⅲ - 737

## す

すがい………………………………… Ⅲ - 738
すがひ………………………………… Ⅲ - 738
ずき…………………………………… Ⅲ - 738
ずく…………………………………… Ⅲ - 738
すこだめ……………………………… Ⅲ - 738
すこべ………………………………… Ⅲ - 738
すすだ………………………………… Ⅲ - 738
すすめかい…………………………… Ⅲ - 739
すずめかひ…………………………… Ⅲ - 739
すたれかひ…………………………… Ⅲ - 739
すだれかひ…………………………… Ⅲ - 739
すつこべ……………………………… Ⅲ - 739
すなくひかひ………………………… Ⅲ - 739
すなめくり…………………………… Ⅲ - 739
すはりかひ…………………………… Ⅲ - 740
すべたばい…………………………… Ⅲ - 740
すほや………………………………… Ⅲ - 740
すみな………………………………… Ⅲ - 740
すり…………………………………… Ⅲ - 740
すりかい……………………………… Ⅲ - 740
すんはり……………………………… Ⅲ - 740
すんはりかい………………………… Ⅲ - 741
すんはるかひ………………………… Ⅲ - 741

## せ

せ……………………………………… Ⅲ - 742
せい…………………………………… Ⅲ - 742
ぜい…………………………………… Ⅲ - 742
せいくり……………………………… Ⅲ - 742
せかひ………………………………… Ⅲ - 742
せきあつかい………………………… Ⅲ - 743
せきあつかひ………………………… Ⅲ - 743
せきうすかい………………………… Ⅲ - 743
せきうすかひ………………………… Ⅲ - 743
せきかい……………………………… Ⅲ - 743
せきかひ……………………………… Ⅲ - 743
せぐら………………………………… Ⅲ - 743
せぐろ………………………………… Ⅲ - 744
せぐろかひ…………………………… Ⅲ - 744
せこつま……………………………… Ⅲ - 744
せせかひ……………………………… Ⅲ - 744
ぜぜかひ……………………………… Ⅲ - 744
せとかい……………………………… Ⅲ - 744
せとがい……………………………… Ⅲ - 744
せとがひ……………………………… Ⅲ - 745
せにかい……………………………… Ⅲ - 745
ぜにかい……………………………… Ⅲ - 745
ぜにかひ……………………………… Ⅲ - 745
ぜにのふた…………………………… Ⅲ - 745
せひ…………………………………… Ⅲ - 745
せみかひ……………………………… Ⅲ - 746
せゑ…………………………………… Ⅲ - 746
せん…………………………………… Ⅲ - 746
せんかい……………………………… Ⅲ - 746

せんふく…………………………… Ⅲ - 746

## そ

そでかひ…………………………… Ⅲ - 747
そはうかひ………………………… Ⅲ - 747
そへた……………………………… Ⅲ - 747

## た

だいくかひ………………………… Ⅲ - 748
たいらき…………………………… Ⅲ - 748
たいらぎ…………………………… Ⅲ - 748
たかい……………………………… Ⅲ - 748
たかしらう………………………… Ⅲ - 748
たかしりみな……………………… Ⅲ - 749
たかにし…………………………… Ⅲ - 749
たかのつめ………………………… Ⅲ - 749
たかのつめかひ…………………… Ⅲ - 749
たかひ……………………………… Ⅲ - 749
たからかい………………………… Ⅲ - 750
たからかひ………………………… Ⅲ - 750
たかれつの………………………… Ⅲ - 750
たけこかひ………………………… Ⅲ - 750
たこかい…………………………… Ⅲ - 750
たこがひ…………………………… Ⅲ - 750
たこのまくら……………………… Ⅲ - 751
たこふね…………………………… Ⅲ - 751
たこへさい………………………… Ⅲ - 751
たこまくら………………………… Ⅲ - 751
たちかい…………………………… Ⅲ - 751
たちかひ…………………………… Ⅲ - 752
たちよほし………………………… Ⅲ - 752
たつかひ…………………………… Ⅲ - 752
たつぼ……………………………… Ⅲ - 752
たてがひ…………………………… Ⅲ - 752
たてにし…………………………… Ⅲ - 752
たでにし…………………………… Ⅲ - 753
たてゑぼし………………………… Ⅲ - 753
たなかささい……………………… Ⅲ - 753
たなかになな……………………… Ⅲ - 753
たにし……………………………… Ⅲ - 753
たにし……………………………… Ⅲ - 754
たにし……………………………… Ⅲ - 755
たにな……………………………… Ⅲ - 755
たのし……………………………… Ⅲ - 755
たぶかい…………………………… Ⅲ - 755
たぶかひ…………………………… Ⅲ - 755
たまがひ…………………………… Ⅲ - 755
たまがひ…………………………… Ⅲ - 756
たまつばきかひ…………………… Ⅲ - 756
たまむしかひ……………………… Ⅲ - 756
たみな……………………………… Ⅲ - 756
たわらこ…………………………… Ⅲ - 756
たんかい…………………………… Ⅲ - 756
たんがい…………………………… Ⅲ - 756
たんがひ…………………………… Ⅲ - 757
たんべん…………………………… Ⅲ - 757
たんぼ……………………………… Ⅲ - 757

## ち

ち…………………………………… Ⅲ - 758
ぢいがせな………………………… Ⅲ - 758
ぢいじ……………………………… Ⅲ - 758
ちいろかひ………………………… Ⅲ - 758
ちかい……………………………… Ⅲ - 758
ちがい……………………………… Ⅲ - 758
ちがひ……………………………… Ⅲ - 759
ちぐさかひ………………………… Ⅲ - 759
ちさがい…………………………… Ⅲ - 759
ちさがひ…………………………… Ⅲ - 759
ちじや……………………………… Ⅲ - 759
ちしやがい………………………… Ⅲ - 759
ちしやかひ………………………… Ⅲ - 759
ちしやかひ………………………… Ⅲ - 760
ちしやこ…………………………… Ⅲ - 760
ちしやご…………………………… Ⅲ - 760
ぢぢかひ…………………………… Ⅲ - 760

ちちみ……………………………… III - 760
ちちらかい………………………… III - 760
ちぢらかい………………………… III - 760
ちちらがひ………………………… III - 761
ちつま……………………………… III - 761
ちとりかひ………………………… III - 761
ちどりかひ………………………… III - 761
ぢな………………………………… III - 761
ちぶ………………………………… III - 761
ちやうじかひ……………………… III - 761
ちやうじやかひ…………………… III - 762
ちやうちかひ……………………… III - 762
ちやちよぼし……………………… III - 762
ちやわかひ………………………… III - 762
ちやわんかひ……………………… III - 762
ぢようらかひ……………………… III - 762
ぢようらかひ……………………… III - 763
ぢようらにな……………………… III - 763
ぢようらみな……………………… III - 763
ちらしかひ………………………… III - 763
ちをり……………………………… III - 763
ちんみ……………………………… III - 763
ちんみかい………………………… III - 763
ちんめ……………………………… III - 764
ぢんめ……………………………… III - 764
ちんめかい………………………… III - 764
ちんめかひ………………………… III - 764

つ

つきひかひ………………………… III - 765
つくしかい………………………… III - 765
つしのぼりかひ…………………… III - 765
つつのぼり………………………… III - 765
つづのぼり………………………… III - 765
つつらかい………………………… III - 765
つづらかい………………………… III - 765
つつらかひ………………………… III - 766
つづらかひ………………………… III - 766
つつりかい………………………… III - 766
つとかひ…………………………… III - 766
つのかひ…………………………… III - 766
つのなし…………………………… III - 766
つのにし…………………………… III - 767
つばきにな………………………… III - 767
つはくらかい……………………… III - 767
つぶ………………………………… III - 767
つふかひ…………………………… III - 767
つぶかひ…………………………… III - 767
つふり……………………………… III - 767
つべた……………………………… III - 768
づべた……………………………… III - 768
つべたかひ………………………… III - 768
つぼ………………………………… III - 768
つぼかたかひ……………………… III - 768
つぼかひ…………………………… III - 768
つほこ……………………………… III - 769
つぼつぼかひ……………………… III - 769
つほみ……………………………… III - 769
つぼみ……………………………… III - 769
つぼめ……………………………… III - 769
つほめかい………………………… III - 769
つぼめかい………………………… III - 769
つぼめかひ………………………… III - 770
つむのは…………………………… III - 770
つめた……………………………… III - 770
つめたかひ………………………… III - 770
つめぶたかひ……………………… III - 770

て

てうちかひ………………………… III - 771
てくらひかひ……………………… III - 771
てふかひ…………………………… III - 771
てんかひ…………………………… III - 771

と

とうかい…………………………… III - 772

とうひん…………………………… Ⅲ - 772
とうびん…………………………… Ⅲ - 772
どうひん…………………………… Ⅲ - 772
どうびん…………………………… Ⅲ - 772
とうぼし…………………………… Ⅲ - 772
とぎし……………………………… Ⅲ - 773
ときりかい………………………… Ⅲ - 773
とぎりかい………………………… Ⅲ - 773
とくさかひ………………………… Ⅲ - 773
とこなつ…………………………… Ⅲ - 773
とこふし…………………………… Ⅲ - 773
とこぶし…………………………… Ⅲ - 774
とこふち…………………………… Ⅲ - 774
とこほし…………………………… Ⅲ - 774
とこぼし…………………………… Ⅲ - 774
とたてにな………………………… Ⅲ - 774
とびのへそ………………………… Ⅲ - 775
どぶかひ…………………………… Ⅲ - 775
とりかい…………………………… Ⅲ - 775
とりがい…………………………… Ⅲ - 775
とりがひ…………………………… Ⅲ - 775
とりのあし………………………… Ⅲ - 775
どろかい…………………………… Ⅲ - 776
とわたりかひ……………………… Ⅲ - 776
とんきり…………………………… Ⅲ - 776

## な

なが………………………………… Ⅲ - 777
なかつぶ…………………………… Ⅲ - 777
ながつぶ…………………………… Ⅲ - 777
なかにし…………………………… Ⅲ - 777
ながにし…………………………… Ⅲ - 777
ながびな…………………………… Ⅲ - 777
ながらみ…………………………… Ⅲ - 778
なからめ…………………………… Ⅲ - 778
なかれかい………………………… Ⅲ - 778
なかれこ…………………………… Ⅲ - 778
ながれこ…………………………… Ⅲ - 778
なきご……………………………… Ⅲ - 778
なぎこ……………………………… Ⅲ - 778
なぎさかい………………………… Ⅲ - 779
なせす……………………………… Ⅲ - 779
なせず……………………………… Ⅲ - 779
なたかい…………………………… Ⅲ - 779
なたかひ…………………………… Ⅲ - 779
なでしこがい……………………… Ⅲ - 779
なてしこかひ……………………… Ⅲ - 779
なのりつふ………………………… Ⅲ - 780
なみあそひ………………………… Ⅲ - 780
なみあそび………………………… Ⅲ - 780
なみかひ…………………………… Ⅲ - 780
なみこ……………………………… Ⅲ - 780
なみのこ…………………………… Ⅲ - 780
なみのこかひ……………………… Ⅲ - 781
なみまかしはかひ………………… Ⅲ - 781
なむしやかかひ…………………… Ⅲ - 781
なめつぶ…………………………… Ⅲ - 781
なんどき…………………………… Ⅲ - 781

## に

にいな……………………………… Ⅲ - 782
にいない…………………………… Ⅲ - 782
にいなかひ………………………… Ⅲ - 782
にうな……………………………… Ⅲ - 782
にかにし…………………………… Ⅲ - 782
にげしりかひ……………………… Ⅲ - 782
にし………………………………… Ⅲ - 782
にし………………………………… Ⅲ - 783
にしかい…………………………… Ⅲ - 783
にしかひ…………………………… Ⅲ - 784
にしきかひ………………………… Ⅲ - 784
にしつふ…………………………… Ⅲ - 784
にしつぶ…………………………… Ⅲ - 784
にな………………………………… Ⅲ - 784
にひな……………………………… Ⅲ - 785
にひらかい………………………… Ⅲ - 785

にひらかひ……………………………Ⅲ - 785
にんから……………………………Ⅲ - 785

ぬ

ぬまかい……………………………Ⅲ - 786
ぬめり……………………………Ⅲ - 786
ぬやげ……………………………Ⅲ - 786
ぬれつふ……………………………Ⅲ - 786

ね

ねこ……………………………Ⅲ - 787
ねこがい……………………………Ⅲ - 787
ねこがひ……………………………Ⅲ - 787
ねこつふ……………………………Ⅲ - 787
ねこみやう……………………………Ⅲ - 787
ねねつぶ……………………………Ⅲ - 787
ねら……………………………Ⅲ - 788
ねれつふ……………………………Ⅲ - 788
ねれつぶ……………………………Ⅲ - 788

の

のきたおほはまぐり……………………………Ⅲ - 789
のきたはまぐり……………………………Ⅲ - 789

は

はい……………………………Ⅲ - 790
ばい……………………………Ⅲ - 790
はいかい……………………………Ⅲ - 790
ばいかい……………………………Ⅲ - 790
はいかひ……………………………Ⅲ - 790
ばいかひ……………………………Ⅲ - 790
はいふかひ……………………………Ⅲ - 791
はかい……………………………Ⅲ - 791
はがい……………………………Ⅲ - 791
はかかひ……………………………Ⅲ - 791
ばかかひ……………………………Ⅲ - 791
はがひ……………………………Ⅲ - 791
ばくち……………………………Ⅲ - 791
はくちょうかひ……………………………Ⅲ - 792
はさりかひ……………………………Ⅲ - 792
はじろ……………………………Ⅲ - 792
はすかい……………………………Ⅲ - 792
はすね……………………………Ⅲ - 792
はすねがい……………………………Ⅲ - 792
はせうだる……………………………Ⅲ - 793
はぜうだる……………………………Ⅲ - 793
ばせうだる……………………………Ⅲ - 793
はせかい……………………………Ⅲ - 793
はぜかい……………………………Ⅲ - 793
はせかひ……………………………Ⅲ - 793
はたみ……………………………Ⅲ - 793
はちい……………………………Ⅲ - 794
はちまん……………………………Ⅲ - 794
ばつか……………………………Ⅲ - 794
はつかい……………………………Ⅲ - 794
はつき……………………………Ⅲ - 794
はなくされ……………………………Ⅲ - 794
はなくされみな……………………………Ⅲ - 794
はなせ……………………………Ⅲ - 795
はなふせ……………………………Ⅲ - 795
はなふせかひ……………………………Ⅲ - 795
はねかひ……………………………Ⅲ - 795
ははかひ……………………………Ⅲ - 795
はばり……………………………Ⅲ - 795
はばれにし……………………………Ⅲ - 795
はひ……………………………Ⅲ - 796
ばひ……………………………Ⅲ - 796
はひろしうり……………………………Ⅲ - 796
はひろしをり……………………………Ⅲ - 796
ばふんがせ……………………………Ⅲ - 796
はまくり……………………………Ⅲ - 796
はまくり……………………………Ⅲ - 797
はまぐり……………………………Ⅲ - 797
はまぐり……………………………Ⅲ - 798
はまくりかい……………………………Ⅲ - 798
はまくりかひ……………………………Ⅲ - 798

はまぐりかひ…………………………Ⅲ - 798
はまこま……………………………Ⅲ - 799
はまつり……………………………Ⅲ - 799
はまめ………………………………Ⅲ - 799
ばんかい……………………………Ⅲ - 799
ばんしょうかひ……………………Ⅲ - 799
ばんとりかい………………………Ⅲ - 799
びんな………………………………Ⅲ - 804
ひんのうし…………………………Ⅲ - 804
びんのうじ…………………………Ⅲ - 804
ひんろうし…………………………Ⅲ - 804
ひんろうじ…………………………Ⅲ - 804
びんろうし…………………………Ⅲ - 804
びんろうじ…………………………Ⅲ - 805


## ひ


ひうちかい…………………………Ⅲ - 800
ひうろ………………………………Ⅲ - 800
ひしかひ……………………………Ⅲ - 800
ひしくり……………………………Ⅲ - 800
ひしこみな…………………………Ⅲ - 800
ひじめ………………………………Ⅲ - 800
ひだりまき…………………………Ⅲ - 800
ひといねかひ………………………Ⅲ - 801
ひとくいかひ………………………Ⅲ - 801
ひとくひかひ………………………Ⅲ - 801
ひとになひかひ……………………Ⅲ - 801
ひとりあそひ………………………Ⅲ - 801
ひとりあそび………………………Ⅲ - 801
びな…………………………………Ⅲ - 801
ひなかひ……………………………Ⅲ - 802
ひなたにし…………………………Ⅲ - 802
ひのしあはび………………………Ⅲ - 802
ひふきだけ…………………………Ⅲ - 802
びむろうし…………………………Ⅲ - 802
ひめかい……………………………Ⅲ - 802
ひめがさら…………………………Ⅲ - 802
ひめかひ……………………………Ⅲ - 803
ひめのさら…………………………Ⅲ - 803
ひやうなり…………………………Ⅲ - 803
ひらかい……………………………Ⅲ - 803
ひらかたかひ………………………Ⅲ - 803
ひらかひ……………………………Ⅲ - 803
ひらぎしや…………………………Ⅲ - 803
ひらぶ………………………………Ⅲ - 804


## ふ


ふかかき……………………………Ⅲ - 806
ふきかひ……………………………Ⅲ - 806
ふくため……………………………Ⅲ - 806
ふしかひ……………………………Ⅲ - 806
ふじかひ……………………………Ⅲ - 806
ふしこ………………………………Ⅲ - 806
ふじこ………………………………Ⅲ - 806
ぶしこ………………………………Ⅲ - 807
ふせ…………………………………Ⅲ - 807
ふたなし……………………………Ⅲ - 807
ふぢつかひ…………………………Ⅲ - 807
ぶどうかひ…………………………Ⅲ - 807
ふところかひ………………………Ⅲ - 807
ふなとうみな………………………Ⅲ - 807
ふなにし……………………………Ⅲ - 808
ふねかひ……………………………Ⅲ - 808
ふのりつぶ…………………………Ⅲ - 808
ふべ…………………………………Ⅲ - 808
ぶめ…………………………………Ⅲ - 808
ふゑかひ……………………………Ⅲ - 808


## へ


へすくりかひ………………………Ⅲ - 809
へそかはつふ………………………Ⅲ - 809
へそかわつふ………………………Ⅲ - 809
へそくりかひ………………………Ⅲ - 809
へないと……………………………Ⅲ - 809
べに…………………………………Ⅲ - 809
べにかい……………………………Ⅲ - 810

べにかひ…………………………… Ⅲ - 810
べにざら…………………………… Ⅲ - 810
べにざらかひ……………………… Ⅲ - 810
へびたまぐり……………………… Ⅲ - 810
べべ………………………………… Ⅲ - 810
へらぶ……………………………… Ⅲ - 810

## ほ

ほうさい…………………………… Ⅲ - 811
ほうざい…………………………… Ⅲ - 811
ほうさいにな……………………… Ⅲ - 811
ほうじやう………………………… Ⅲ - 811
ほかたかひ………………………… Ⅲ - 811
ほしのめ…………………………… Ⅲ - 811
ほそにな…………………………… Ⅲ - 811
ほたて……………………………… Ⅲ - 812
ほたてかい………………………… Ⅲ - 812
ほたてかひ………………………… Ⅲ - 812
ほたるかひ………………………… Ⅲ - 813
ほつかい…………………………… Ⅲ - 813
ほつき……………………………… Ⅲ - 813
ほつきかひ………………………… Ⅲ - 813
ほつちかせ………………………… Ⅲ - 813
ほとゑす…………………………… Ⅲ - 814
ほべ………………………………… Ⅲ - 814
ぼぼかい…………………………… Ⅲ - 814
ほや………………………………… Ⅲ - 814
ほら………………………………… Ⅲ - 814
ほらかい…………………………… Ⅲ - 814
ほらかひ…………………………… Ⅲ - 814
ほゑい……………………………… Ⅲ - 815

## ま

まあはび…………………………… Ⅲ - 816
まいげ……………………………… Ⅲ - 816
まいこ……………………………… Ⅲ - 816
まいたみな………………………… Ⅲ - 816
まかひ……………………………… Ⅲ - 816
まかり……………………………… Ⅲ - 816
まがり……………………………… Ⅲ - 816
まがり……………………………… Ⅲ - 817
まがりかい………………………… Ⅲ - 817
まがりがい………………………… Ⅲ - 817
まがりかひ………………………… Ⅲ - 817
まきかひ…………………………… Ⅲ - 817
まきふでかひ……………………… Ⅲ - 817
まくそかひ………………………… Ⅲ - 818
まくづま…………………………… Ⅲ - 818
まくらかひ………………………… Ⅲ - 818
まさみち…………………………… Ⅲ - 818
ますかい…………………………… Ⅲ - 818
ますかひ…………………………… Ⅲ - 818
ますをかひ………………………… Ⅲ - 819
またか……………………………… Ⅲ - 819
まつかい…………………………… Ⅲ - 819
まつかひ…………………………… Ⅲ - 819
まつふ……………………………… Ⅲ - 819
まつぶ……………………………… Ⅲ - 819
まつむしかひ……………………… Ⅲ - 819
まつをう…………………………… Ⅲ - 820
まつをかひ………………………… Ⅲ - 820
まつをを…………………………… Ⅲ - 820
まて………………………………… Ⅲ - 820
まてかい…………………………… Ⅲ - 820
まてがい…………………………… Ⅲ - 821
まてがひ…………………………… Ⅲ - 821
まにな……………………………… Ⅲ - 821
まひこにな………………………… Ⅲ - 821
まみな……………………………… Ⅲ - 821
まめかひ…………………………… Ⅲ - 821
まめた……………………………… Ⅲ - 821
まりこ……………………………… Ⅲ - 822
まるかひ…………………………… Ⅲ - 822
まるつふ…………………………… Ⅲ - 822
まるつぶ…………………………… Ⅲ - 822
まるにし…………………………… Ⅲ - 822

まるにな………………………… Ⅲ - 822
まるひな………………………… Ⅲ - 822
まんちうかい…………………… Ⅲ - 823

## み

みかい…………………………… Ⅲ - 824
みしみし………………………… Ⅲ - 824
みしみしかい…………………… Ⅲ - 824
みそかい………………………… Ⅲ - 824
みぞかい………………………… Ⅲ - 824
みそがひ………………………… Ⅲ - 824
みそがひ………………………… Ⅲ - 825
みぞろかい……………………… Ⅲ - 825
みとちかひ……………………… Ⅲ - 825
みな……………………………… Ⅲ - 825
みなしかひ……………………… Ⅲ - 826
みのかひ………………………… Ⅲ - 826
みやこかい……………………… Ⅲ - 826
みやこかひ……………………… Ⅲ - 826
みるくい………………………… Ⅲ - 826
みるくひ………………………… Ⅲ - 827
みろくかひ……………………… Ⅲ - 827
みろくがひ……………………… Ⅲ - 827

## む

むいかひ………………………… Ⅲ - 828
むしろかひ……………………… Ⅲ - 828
むまくさ………………………… Ⅲ - 828
むましりみな…………………… Ⅲ - 828
むまつめかひ…………………… Ⅲ - 828
むまのこ………………………… Ⅲ - 828
むまのつめ……………………… Ⅲ - 828
むまのつめかい………………… Ⅲ - 829
むまのつめかひ………………… Ⅲ - 829
むめのはなかひ………………… Ⅲ - 829
むらさきかい…………………… Ⅲ - 829
むらさきかひ…………………… Ⅲ - 829

## め

めかい…………………………… Ⅲ - 830
めがし…………………………… Ⅲ - 830
めがひ…………………………… Ⅲ - 830
めくさり………………………… Ⅲ - 830
めくはじや……………………… Ⅲ - 830
めくらつふ……………………… Ⅲ - 830
めくらつぶ……………………… Ⅲ - 830
めくらつぶ……………………… Ⅲ - 831
めくらにな……………………… Ⅲ - 831
めくわじや……………………… Ⅲ - 831
めひら…………………………… Ⅲ - 831
めひらきかひ…………………… Ⅲ - 831

## も

もがい…………………………… Ⅲ - 832
もかひ…………………………… Ⅲ - 832
もかみかい……………………… Ⅲ - 832
もちかい………………………… Ⅲ - 832
もちがい………………………… Ⅲ - 832
もちかひ………………………… Ⅲ - 832
もつふ…………………………… Ⅲ - 832
もつぶ…………………………… Ⅲ - 833
もはみ…………………………… Ⅲ - 833
もへ……………………………… Ⅲ - 833
もべい…………………………… Ⅲ - 833
もへかひ………………………… Ⅲ - 833
もべかひ………………………… Ⅲ - 833
もみたね………………………… Ⅲ - 833
もみだね………………………… Ⅲ - 834
もみぢかひ……………………… Ⅲ - 834
もみぢはり……………………… Ⅲ - 834
もやきあはび…………………… Ⅲ - 834

## や

やうらくかひ…………………… Ⅲ - 835
やこかひ………………………… Ⅲ - 835

やさら……………………………… Ⅲ - 835
やちかい…………………………… Ⅲ - 835
やぢかい…………………………… Ⅲ - 835
やつめ……………………………… Ⅲ - 835
やぶがうな………………………… Ⅲ - 836
やまうらつぶ……………………… Ⅲ - 836
やまどりかひ……………………… Ⅲ - 836
やまにな…………………………… Ⅲ - 836

ゆ

ゆかい……………………………… Ⅲ - 837
ゆがい……………………………… Ⅲ - 837
ゆひ………………………………… Ⅲ - 837
ゆび………………………………… Ⅲ - 837
ゆりかひ…………………………… Ⅲ - 837

よ

よこくち…………………………… Ⅲ - 838
よこたかい………………………… Ⅲ - 838
よこべ……………………………… Ⅲ - 838
よこめ……………………………… Ⅲ - 838
よなき…………………………… +Ⅲ - 838
よなきかひ………………………… Ⅲ - 839
よめがさら………………………… Ⅲ - 839
よめかひ…………………………… Ⅲ - 839
よめさら…………………………… Ⅲ - 839
よめのかさ………………………… Ⅲ - 840
よめのさら………………………… Ⅲ - 840
よろい……………………………… Ⅲ - 840

り

りやうくちかひ…………………… Ⅲ - 841

ろ

ろくかくかひ……………………… Ⅲ - 842

わ

わくひきがい……………………… Ⅲ - 843
わしのつめかひ…………………… Ⅲ - 843
わすれかひ………………………… Ⅲ - 843
わたり……………………………… Ⅲ - 843
わたりかひ………………………… Ⅲ - 843
わたりにし………………………… Ⅲ - 843
わたりにしかひ…………………… Ⅲ - 844
わりかた…………………………… Ⅲ - 844
われから…………………………… Ⅲ - 844

ゐ

ゐがい……………………………… Ⅲ - 845
ゐのししのしり…………………… Ⅲ - 845
ゐぼめかひ………………………… Ⅲ - 845

ゑ

ゑびすかひ………………………… Ⅲ - 846
ゑほしかい………………………… Ⅲ - 846
ゑほしかひ………………………… Ⅲ - 846
ゑぼしかひ………………………… Ⅲ - 846
ゑらこ……………………………… Ⅲ - 846

を

を…………………………………… Ⅲ - 847
をうのかい………………………… Ⅲ - 847
をかい……………………………… Ⅲ - 847
をきた……………………………… Ⅲ - 847
をきべべ…………………………… Ⅲ - 847
をにかひ…………………………… Ⅲ - 847
をふのかい………………………… Ⅲ - 847
ををかい…………………………… Ⅲ - 848
ををがい…………………………… Ⅲ - 848
ををのかい………………………… Ⅲ - 848
ををのかひ………………………… Ⅲ - 848

## 野生植物

### あ


あい……IV - 1
あいからむし……IV - 1
あいきやうさう……IV - 1
あいくさ……IV - 1
あいこ……IV - 1
あいさくさ……IV - 1
あいない……IV - 2
あいないさう……IV - 2
あいないそう……IV - 2
あいなへ……IV - 2
あいなべくさ……IV - 2
あいはな……IV - 2
あいもとき……IV - 3
あいもどき……IV - 3
あいよし……IV - 3
あうとうくさ……IV - 3
あうはい……IV - 3
あおき……IV - 3
あおひ……IV - 3
あおへ……IV - 4
あかあさみ……IV - 4
あかあざみ……IV - 4
あかあふひ……IV - 4
あかいな……IV - 4
あかいはくさ……IV - 4
あかうら……IV - 4
あかかいな……IV - 5
あかかしら……IV - 5
あかがしら……IV - 5
あかかつら……IV - 5
あかがんひ……IV - 5
あかぎ……IV - 6
あかきく……IV - 6
あかくさ……IV - 6
あかけいとう……IV - 6
あかこのくそ……IV - 6
あかごばな……IV - 7
あかさ……IV - 7
あかざ……IV - 7
あかしやうご……IV - 8
あかじやうこ……IV - 8
あかた……IV - 8
あかたも……IV - 8
あかたんじやう……IV - 8
あかちやうなぐさ……IV - 8
あかちり……IV - 8
あかちんこ……IV - 9
あかつしくさ……IV - 9
あかつた……IV - 9
あかつら……IV - 9
あかづら……IV - 9
あかづる……IV - 9
あかでうご……IV - 9
あかな……IV - 10
あかね……IV - 10
あかねくさ……IV - 10
あかはき……IV - 11
あかはぎく……IV - 11
あかはくさ……IV - 11
あかはた……IV - 11
あかはるも……IV - 11
あかひやう……IV - 11
あかひゆ……IV - 11
あかひゆ……IV - 12
あかふき……IV - 12
あかふし……IV - 12
あかふとう……IV - 12
あかべ……IV - 12
あかほたん……IV - 12
あかまた……IV - 12
あかまを……IV - 13
あかめ……IV - 13

あかめくさ……IV - 13
あかめら……IV - 13
あかも……IV - 13
あかもくら……IV - 14
あかもぐら……IV - 14
あかもんがく……IV - 14
あかゆり……IV - 14
あかよもき……IV - 14
あかわた……IV - 14
あかわた……IV - 15
あかをくさ……IV - 15
あかんぼう……IV - 15
あき……IV - 15
あきあさみ……IV - 15
あきうす……IV - 15
あききく……IV - 15
あききく……IV - 16
あきくさ……IV - 16
あきしらず……IV - 16
あきしろくさ……IV - 16
あきつみ……IV - 16
あきなし……IV - 17
あぎなし……IV - 17
あぎなしくさ……IV - 17
あきのたむらさう……IV - 17
あきはいくさ……IV - 17
あきひかつら……IV - 17
あきびかづら……IV - 17
あきふず……IV - 18
あきほこり……IV - 18
あきぼこり……IV - 19
あきほたん……IV - 19
あきぼとくり……IV - 20
あきぼところ……IV - 20
あきまさり……IV - 20
あきみやうが……IV - 20
あきむめ……IV - 20
あきも……IV - 20
あきんどかつら……IV - 20
あきんどかづら……IV - 21
あくま……IV - 21
あぐり……IV - 21
あけすかつら……IV - 21
あけひ……IV - 21
あけび……IV - 21
あけびかつら……IV - 22
あけびかづら……IV - 22
あけびかづら……IV - 23
あけびつる……IV - 23
あけびづる……IV - 23
あけびふぢ……IV - 23
あけぶかつら……IV - 23
あけぶかづら……IV - 23
あけべつる……IV - 23
あけぼたん……IV - 24
あけほの……IV - 24
あげり……IV - 24
あさ……IV - 24
あさいちこ……IV - 24
あさいと……IV - 25
あさかほ……IV - 25
あさかほ……IV - 26
あさがほ……IV - 26
あさがほ……IV - 27
あさから……IV - 27
あさかを……IV - 27
あさがを……IV - 27
あさきくさ……IV - 28
あさくさゆり……IV - 28
あさくし……IV - 28
あさくぢ……IV - 28
あささ……IV - 28
あさざ……IV - 28
あさしらけ……IV - 28
あさしらげ……IV - 29
あさたな……IV - 29

あさち……IV - 29
あさつき……IV - 29
あさな……IV - 29
あさなぐさ……IV - 29
あさなべ……IV - 30
あさのはくさ……IV - 30
あさはぎ……IV - 30
あさはな……IV - 30
あさまかつら……IV - 30
あさまきはな……IV - 30
あさみ……IV - 30
あさみ……IV - 31
あざみ……IV - 31
あざみ……IV - 32
あさみくさ……IV - 32
あさめ……IV - 32
あさもどき……IV - 32
あさわた……IV - 32
あさを……IV - 33
あし……IV - 33
あしあらいくさ……IV - 33
あしかき……IV - 33
あしがき……IV - 33
あしかくり……IV - 34
あしかも……IV - 34
あしかや……IV - 34
あしかろ……IV - 34
あしぐさ……IV - 34
あしくたしいちこ……IV - 34
あしくだしいちご……IV - 34
あしさい……IV - 35
あじさい……IV - 35
あしさげ……IV - 35
あしさげくさ……IV - 35
あしさひ……IV - 35
あした……IV - 35
あしたくさ……IV - 35
あしたな……IV - 36
あしたば……IV - 36
あしたれいちご……IV - 36
あしとう……IV - 36
あしな……IV - 36
あしなが……IV - 36
あしなくさ……IV - 36
あしなしもく……IV - 37
あしはらくさ……IV - 37
あしも……IV - 37
あじも……IV - 37
あじもにら……IV - 37
あじやり……IV - 37
あずきいちご……IV - 38
あせあい……IV - 38
あぜあい……IV - 38
あぜあひ……IV - 38
あせからみ……IV - 38
あぜききやう……IV - 38
あせこし……IV - 38
あぜこし……IV - 39
あせたほし……IV - 39
あぜねふり……IV - 39
あぜねむり……IV - 39
あぜはぎ……IV - 39
あせはり……IV - 39
あせばり……IV - 39
あぜばり……IV - 40
あせび……IV - 40
あせふせり……IV - 40
あぜふせり……IV - 40
あぜぼこり……IV - 40
あぜむらさき……IV - 40
あせも……IV - 40
あぜも……IV - 41
あたござ……IV - 41
あたまふりくさ……IV - 41
あたりさう……IV - 41
あちさい……IV - 41

あぢさい……………………………Ⅳ - 41
あじさゐくさ………………………Ⅳ - 42
あぢさい……………………………Ⅳ - 42
あぢさいくさ………………………Ⅳ - 42
あぢさひ……………………………Ⅳ - 42
あぢさゐ……………………………Ⅳ - 42
あちまめくさ………………………Ⅳ - 42
あちも………………………………Ⅳ - 42
あぢも………………………………Ⅳ - 43
あつきくさ…………………………Ⅳ - 43
あつきくさ…………………………Ⅳ - 43
あつきぐみ…………………………Ⅳ - 43
あつきこ……………………………Ⅳ - 43
あつきな……………………………Ⅳ - 43
あづきな……………………………Ⅳ - 43
あづきば……………………………Ⅳ - 44
あづさい……………………………Ⅳ - 44
あつまきく…………………………Ⅳ - 44
あづまぎく…………………………Ⅳ - 44
あつまふし…………………………Ⅳ - 44
あつもりさう………………………Ⅳ - 44
あなつぼ……………………………Ⅳ - 45
あなづりかづら……………………Ⅳ - 45
あなめ………………………………Ⅳ - 45
あにまめ……………………………Ⅳ - 45
あねな………………………………Ⅳ - 45
あはかゑり…………………………Ⅳ - 45
あはこめはな………………………Ⅳ - 45
あはさ………………………………Ⅳ - 46
あはさう……………………………Ⅳ - 46
あはのかわ…………………………Ⅳ - 46
あははな……………………………Ⅳ - 46
あはびのくち………………………Ⅳ - 46
あはぼ………………………………Ⅳ - 46
あはほくさ…………………………Ⅳ - 46
あはもとき…………………………Ⅳ - 47
あはもり……………………………Ⅳ - 47
あはらいき…………………………Ⅳ - 47
あばらくさ…………………………Ⅳ - 47
あひ…………………………………Ⅳ - 47
あひのはな…………………………Ⅳ - 47
あふい………………………………Ⅳ - 48
あぶかしら…………………………Ⅳ - 48
あふかめくさ………………………Ⅳ - 48
あふき………………………………Ⅳ - 48
あふぎ………………………………Ⅳ - 48
あふきかや…………………………Ⅳ - 48
あふきくさ…………………………Ⅳ - 48
あふぎぐさ…………………………Ⅳ - 49
あふぎな……………………………Ⅳ - 49
あふぎなはな………………………Ⅳ - 49
あふきほね…………………………Ⅳ - 49
あふきよし…………………………Ⅳ - 49
あふさ………………………………Ⅳ - 49
あふさか……………………………Ⅳ - 49
あぶし………………………………Ⅳ - 50
あふすちな…………………………Ⅳ - 50
あふのうべ…………………………Ⅳ - 50
あふのめ……………………………Ⅳ - 50
あぶのめ……………………………Ⅳ - 50
あふはこ……………………………Ⅳ - 50
あふひ………………………………Ⅳ - 51
あふへ………………………………Ⅳ - 51
あふよう……………………………Ⅳ - 51
あふらかや…………………………Ⅳ - 52
あふらがや…………………………Ⅳ - 52
あぶらかや…………………………Ⅳ - 52
あぶらきひこごま…………………Ⅳ - 52
あふらくさ…………………………Ⅳ - 52
あぶらくさ…………………………Ⅳ - 52
あぶらぐさ…………………………Ⅳ - 52
あぶらこごみ………………………Ⅳ - 53
あぶらこな…………………………Ⅳ - 53
あふらさう…………………………Ⅳ - 53
あふらすけ…………………………Ⅳ - 53
あぶらすけ…………………………Ⅳ - 53

あぶらすげ……………………………Ⅳ - 53
あふらすすき…………………………Ⅳ - 53
あぶらとり……………………………Ⅳ - 54
あぶらみ………………………………Ⅳ - 54
あぶらめ………………………………Ⅳ - 54
あぶらも………………………………Ⅳ - 54
あぶらゑ………………………………Ⅳ - 54
あほい…………………………………Ⅳ - 54
あほうくさ……………………………Ⅳ - 55
あまあかな……………………………Ⅳ - 55
あまかつら……………………………Ⅳ - 55
あまかづら……………………………Ⅳ - 55
あまくぎ………………………………Ⅳ - 55
あまこ…………………………………Ⅳ - 55
あまご…………………………………Ⅳ - 55
あまこけ………………………………Ⅳ - 56
あまじも………………………………Ⅳ - 56
あましをで……………………………Ⅳ - 56
あませり………………………………Ⅳ - 56
あまぢも………………………………Ⅳ - 56
あまちや………………………………Ⅳ - 56
あまちや………………………………Ⅳ - 57
あまちやかつら………………………Ⅳ - 57
あまちやかづら………………………Ⅳ - 57
あまちやくさ…………………………Ⅳ - 57
あまちやつる…………………………Ⅳ - 58
あまちやづる…………………………Ⅳ - 58
あまところ……………………………Ⅳ - 58
あまどころ……………………………Ⅳ - 58
あまな…………………………………Ⅳ - 58
あまな…………………………………Ⅳ - 59
あまにう………………………………Ⅳ - 59
あまね…………………………………Ⅳ - 59
あまのすてくさ………………………Ⅳ - 60
あまのり………………………………Ⅳ - 60
あまひへ………………………………Ⅳ - 60
あまひやう……………………………Ⅳ - 61
あまみ…………………………………Ⅳ - 61
あまめくさ……………………………Ⅳ - 61
あまも…………………………………Ⅳ - 61
あみがきぐさ…………………………Ⅳ - 61
あみかさくさ…………………………Ⅳ - 61
あみがさゆり…………………………Ⅳ - 61
あみくさ………………………………Ⅳ - 62
あみだくさ……………………………Ⅳ - 62
あみださう……………………………Ⅳ - 62
あみのて………………………………Ⅳ - 62
あみのめ………………………………Ⅳ - 62
あみも…………………………………Ⅳ - 62
あめつほり……………………………Ⅳ - 62
あめひゆ………………………………Ⅳ - 63
あめふらし……………………………Ⅳ - 63
あめふり………………………………Ⅳ - 63
あめふりくさ…………………………Ⅳ - 63
あめふりはな…………………………Ⅳ - 63
あめんとう……………………………Ⅳ - 64
あやすげ………………………………Ⅳ - 64
あやつりくさ…………………………Ⅳ - 64
あやめ…………………………………Ⅳ - 64
あやめ…………………………………Ⅳ - 65
あやめくさ……………………………Ⅳ - 66
あゆぐさ………………………………Ⅳ - 66
あらかちめ……………………………Ⅳ - 66
あらかや………………………………Ⅳ - 66
あらぎ…………………………………Ⅳ - 66
あらご…………………………………Ⅳ - 66
あらせいた……………………………Ⅳ - 67
あらせいとう…………………………Ⅳ - 67
あらぜいとう…………………………Ⅳ - 67
あらたいくさ…………………………Ⅳ - 67
あらほ…………………………………Ⅳ - 67
あらめ…………………………………Ⅳ - 68
あらも…………………………………Ⅳ - 68
あららき………………………………Ⅳ - 68
あららきくさ…………………………Ⅳ - 68
ありあけ………………………………Ⅳ - 68

ありげゆり……………………………Ⅳ - 69
ありこなすび…………………………Ⅳ - 69
ありしほで……………………………Ⅳ - 69
ありたさう……………………………Ⅳ - 69
ありね…………………………………Ⅳ - 69
ありのとう……………………………Ⅳ - 69
ありのとう……………………………Ⅳ - 70
ありのとうぐさ………………………Ⅳ - 70
ありのひふき…………………………Ⅳ - 70
ありのまつけ…………………………Ⅳ - 70
ありまかす……………………………Ⅳ - 70
ありまかつら…………………………Ⅳ - 70
ありまくさ……………………………Ⅳ - 70
あるうた………………………………Ⅳ - 71
あるうたくさ…………………………Ⅳ - 71
あるたそう……………………………Ⅳ - 71
あわいちこ……………………………Ⅳ - 71
あわこめ………………………………Ⅳ - 71
あわこめはな…………………………Ⅳ - 71
あわさう………………………………Ⅳ - 71
あわたち………………………………Ⅳ - 72
あわはな………………………………Ⅳ - 72
あわふやしくさ………………………Ⅳ - 72
あわぼ…………………………………Ⅳ - 72
あわめう………………………………Ⅳ - 72
あわもり………………………………Ⅳ - 72
あわもり………………………………Ⅳ - 73
あわゆき………………………………Ⅳ - 73
あわらいき……………………………Ⅳ - 73
あゐ……………………………………Ⅳ - 73
あゐきく………………………………Ⅳ - 74
あゐもとき……………………………Ⅳ - 74
あゐもどき……………………………Ⅳ - 74
あをあかざ……………………………Ⅳ - 74
あをい…………………………………Ⅳ - 74
あをいき………………………………Ⅳ - 75
あをいばら……………………………Ⅳ - 75
あをかたら……………………………Ⅳ - 75
あをかたり……………………………Ⅳ - 75
あをかつら……………………………Ⅳ - 75
あをかづら……………………………Ⅳ - 75
あをき…………………………………Ⅳ - 75
あをき…………………………………Ⅳ - 76
あをくさ………………………………Ⅳ - 76
あをこけ………………………………Ⅳ - 76
あをさ…………………………………Ⅳ - 76
あをさのり……………………………Ⅳ - 76
あをさも………………………………Ⅳ - 77
あをし…………………………………Ⅳ - 77
あをすげ………………………………Ⅳ - 77
あをそ…………………………………Ⅳ - 77
あをつた………………………………Ⅳ - 77
あをづた………………………………Ⅳ - 77
あをな…………………………………Ⅳ - 77
あをのり………………………………Ⅳ - 78
あをはな………………………………Ⅳ - 78
あをばな………………………………Ⅳ - 79
あをばなくさ…………………………Ⅳ - 79
あをはらいき…………………………Ⅳ - 79
あをばらいぎ…………………………Ⅳ - 79
あをひ…………………………………Ⅳ - 79
あをひ…………………………………Ⅳ - 80
あをひゆ………………………………Ⅳ - 80
あをへ…………………………………Ⅳ - 80
あをみとり……………………………Ⅳ - 80
あをみどり……………………………Ⅳ - 80
あをみばな……………………………Ⅳ - 80
あをも…………………………………Ⅳ - 81
あをもんがく…………………………Ⅳ - 81
あをわらひ……………………………Ⅳ - 81
あんこけ………………………………Ⅳ - 81
あんざ…………………………………Ⅳ - 81
あんさい………………………………Ⅳ - 81
あんざうさう…………………………Ⅳ - 81
あんじやへり…………………………Ⅳ - 82
あんじやへる…………………………Ⅳ - 82

あんじやべる……………………Ⅳ - 82
あんじやり………………………Ⅳ - 82
あんじやれ………………………Ⅳ - 82
あんじやれん……………………Ⅳ - 82
あんじゆれ………………………Ⅳ - 82

## い

い…………………………………Ⅳ - 83
いいくさ…………………………Ⅳ - 83
いいご……………………………Ⅳ - 83
いうくさ…………………………Ⅳ - 83
いおふつら………………………Ⅳ - 83
いがいくさ………………………Ⅳ - 83
いかいし…………………………Ⅳ - 83
いかくさ…………………………Ⅳ - 84
いかしき…………………………Ⅳ - 84
いがひくさ………………………Ⅳ - 84
いがべに…………………………Ⅳ - 84
いがも……………………………Ⅳ - 84
いかや……………………………Ⅳ - 84
いがや……………………………Ⅳ - 84
いかりくさ………………………Ⅳ - 85
いかりさう………………………Ⅳ - 85
いかゐ……………………………Ⅳ - 85
いきくさ…………………………Ⅳ - 85
いきす……………………………Ⅳ - 86
いぎす……………………………Ⅳ - 86
いきすも…………………………Ⅳ - 86
いぎな……………………………Ⅳ - 86
いきのしま………………………Ⅳ - 86
いくさ……………………………Ⅳ - 87
いぐさ……………………………Ⅳ - 87
いくな……………………………Ⅳ - 87
いぐま……………………………Ⅳ - 87
いげかつら………………………Ⅳ - 87
いけま……………………………Ⅳ - 87
いご………………………………Ⅳ - 87
いごから…………………………Ⅳ - 88
いこくさ…………………………Ⅳ - 88
いこすけ…………………………Ⅳ - 88
いごのみくさ……………………Ⅳ - 88
いごのり…………………………Ⅳ - 88
いこはな…………………………Ⅳ - 88
いさこ……………………………Ⅳ - 88
いさご……………………………Ⅳ - 89
いしかうら………………………Ⅳ - 89
いしかつら………………………Ⅳ - 89
いしかづら………………………Ⅳ - 89
いしきりすげ……………………Ⅳ - 89
いしくらしやうふ………………Ⅳ - 89
いしげ……………………………Ⅳ - 89
いしたず…………………………Ⅳ - 90
いしたたみ………………………Ⅳ - 90
いしつた…………………………Ⅳ - 90
いしづた…………………………Ⅳ - 90
いしつりくさ……………………Ⅳ - 90
いしのかは………………………Ⅳ - 90
いしのかわ………………………Ⅳ - 90
いしのまめ………………………Ⅳ - 91
いしのわた………………………Ⅳ - 91
いしばうふう……………………Ⅳ - 91
いしひやう………………………Ⅳ - 91
いしびやう………………………Ⅳ - 91
いしひゆ…………………………Ⅳ - 91
いしまめ…………………………Ⅳ - 91
いしみかは………………………Ⅳ - 92
いしみかわ………………………Ⅳ - 92
いしみがわ………………………Ⅳ - 92
いしみくさ………………………Ⅳ - 92
いしめなもみ……………………Ⅳ - 92
いしもち…………………………Ⅳ - 93
いしもづく………………………Ⅳ - 93
いしやとめ………………………Ⅳ - 93
いしわた…………………………Ⅳ - 93
いしゑこ…………………………Ⅳ - 93
いしゑんとう……………………Ⅳ - 93

いちもちくさ……………………………Ⅳ - 93
いしゑんどう……………………………Ⅳ - 94
いすい……………………………Ⅳ - 94
いずい……………………………Ⅳ - 94
いすげ……………………………Ⅳ - 94
いずひ……………………………Ⅳ - 94
いせきく……………………………Ⅳ - 94
いせぎく……………………………Ⅳ - 94
いせな……………………………Ⅳ - 95
いせゑんと……………………………Ⅳ - 95
いそかき……………………………Ⅳ - 95
いそきぎやう……………………………Ⅳ - 95
いそきく……………………………Ⅳ - 95
いそきな……………………………Ⅳ - 95
いそぎな……………………………Ⅳ - 95
いそこ……………………………Ⅳ - 96
いそこうげ……………………………Ⅳ - 96
いそこんにやく……………………………Ⅳ - 96
いそしゆろさう……………………………Ⅳ - 96
いそせ……………………………Ⅳ - 96
いそそうめん……………………………Ⅳ - 96
いそな……………………………Ⅳ - 96
いそなでしこ……………………………Ⅳ - 97
いそにら……………………………Ⅳ - 97
いそにんしん……………………………Ⅳ - 97
いそにんにく……………………………Ⅳ - 97
いそばうき……………………………Ⅳ - 97
いそはき……………………………Ⅳ - 97
いそひづる……………………………Ⅳ - 97
いそふき……………………………Ⅳ - 98
いそべせり……………………………Ⅳ - 98
いそまつ……………………………Ⅳ - 98
いそまめ……………………………Ⅳ - 98
いそまめかつら……………………………Ⅳ - 98
いそやた……………………………Ⅳ - 99
いそゆり……………………………Ⅳ - 99
いそろ……………………………Ⅳ - 99
いたちくさ……………………………Ⅳ - 99
いたちぐさ……………………………Ⅳ - 99
いたちささげ……………………………Ⅳ - 99
いたちのたちかへりくさ……………………………Ⅳ - 99
いたちのみみ……………………………Ⅳ - 100
いたちのを……………………………Ⅳ - 100
いたちはぜ……………………………Ⅳ - 100
いたつる……………………………Ⅳ - 100
いたとり……………………………Ⅳ - 100
いたとり……………………………Ⅳ - 101
いたどり……………………………Ⅳ - 101
いたび……………………………Ⅳ - 102
いたぶ……………………………Ⅳ - 102
いたふかつら……………………………Ⅳ - 102
いたぶかつら……………………………Ⅳ - 102
いたぶかづら……………………………Ⅳ - 102
いたやくさ……………………………Ⅳ - 102
いちくさ……………………………Ⅳ - 103
いちけくさ……………………………Ⅳ - 103
いちげくさ……………………………Ⅳ - 103
いちこ……………………………Ⅳ - 103
いちご……………………………Ⅳ - 103
いちこくさ……………………………Ⅳ - 103
いちごくさ……………………………Ⅳ - 104
いちこぐみ……………………………Ⅳ - 104
いちこつなき……………………………Ⅳ - 104
いちごつなぎ……………………………Ⅳ - 104
いちときさう……………………………Ⅳ - 104
いちね……………………………Ⅳ - 104
いちはし……………………………Ⅳ - 104
いちはす……………………………Ⅳ - 105
いちはつ……………………………Ⅳ - 105
いちはつ……………………………Ⅳ - 106
いちはつくさ……………………………Ⅳ - 106
いちひ……………………………Ⅳ - 106
いちび……………………………Ⅳ - 106
いちやういも……………………………Ⅳ - 106
いちやくさ……………………………Ⅳ - 107
いちやけんぎやう……………………………Ⅳ - 107

いちやこごみ……………………… Ⅳ - 107
いちやさう………………………… Ⅳ - 107
いちりんさう……………………… Ⅳ - 107
いちりんそう……………………… Ⅳ - 107
いつかいあかり…………………… Ⅳ - 107
いつけさう………………………… Ⅳ - 108
いつささう………………………… Ⅳ - 108
いづしゆくさ……………………… Ⅳ - 108
いつつは…………………………… Ⅳ - 108
いつつば…………………………… Ⅳ - 108
いつときくさ……………………… Ⅳ - 109
いつときはな……………………… Ⅳ - 109
いつときばな……………………… Ⅳ - 109
いつほんくさ……………………… Ⅳ - 109
いつまてくさ……………………… Ⅳ - 109
いつまてくさ……………………… Ⅳ - 110
いつまでくさ……………………… Ⅳ - 110
いつもくさ………………………… Ⅳ - 110
いてで……………………………… Ⅳ - 110
いでろん…………………………… Ⅳ - 110
いと………………………………… Ⅳ - 111
いとあをさ………………………… Ⅳ - 111
いとおもだか……………………… Ⅳ - 111
いとかけ…………………………… Ⅳ - 111
いとききやう……………………… Ⅳ - 111
いときりくさ……………………… Ⅳ - 111
いとくさ…………………………… Ⅳ - 111
いどくさ…………………………… Ⅳ - 112
いとくり…………………………… Ⅳ - 112
いとくるま………………………… Ⅳ - 112
いとこくさ………………………… Ⅳ - 112
いとしばり………………………… Ⅳ - 112
いとすすき………………………… Ⅳ - 112
いとすすき………………………… Ⅳ - 113
いとせきしやう…………………… Ⅳ - 113
いとそめくさ……………………… Ⅳ - 113
いどととみ………………………… Ⅳ - 114
いとはき…………………………… Ⅳ - 114
いとはぎ…………………………… Ⅳ - 114
いどはす…………………………… Ⅳ - 114
いどばす…………………………… Ⅳ - 114
いとひじき………………………… Ⅳ - 114
いとふかつら……………………… Ⅳ - 114
いとふし…………………………… Ⅳ - 115
いとも……………………………… Ⅳ - 115
いともくさ………………………… Ⅳ - 115
いとよもき………………………… Ⅳ - 115
いとりひ…………………………… Ⅳ - 115
いとろ……………………………… Ⅳ - 115
いとろべ…………………………… Ⅳ - 115
いとをさのり……………………… Ⅳ - 116
いなかいさう……………………… Ⅳ - 116
いなかいそう……………………… Ⅳ - 116
いながいそう……………………… Ⅳ - 116
いなこさし………………………… Ⅳ - 116
いぬあぶら………………………… Ⅳ - 116
いぬあわ…………………………… Ⅳ - 116
いぬいき…………………………… Ⅳ - 117
いぬいちこ………………………… Ⅳ - 117
いぬいちご………………………… Ⅳ - 117
いぬいも…………………………… Ⅳ - 117
いぬうど…………………………… Ⅳ - 117
いぬえひ…………………………… Ⅳ - 117
いぬえび…………………………… Ⅳ - 117
いぬおりだくさ…………………… Ⅳ - 118
いぬかうじ………………………… Ⅳ - 118
いぬかうじゆ……………………… Ⅳ - 118
いぬかたら………………………… Ⅳ - 118
いぬかみくさ……………………… Ⅳ - 118
いぬがみくさ……………………… Ⅳ - 118
いぬかや…………………………… Ⅳ - 119
いぬから…………………………… Ⅳ - 119
いぬがら…………………………… Ⅳ - 119
いぬがらび………………………… Ⅳ - 119
いぬからむし……………………… Ⅳ - 119
いぬかりやす……………………… Ⅳ - 119

いぬくさ…………………………… Ⅳ - 119
いぬけいとう……………………… Ⅳ - 120
いぬげし…………………………… Ⅳ - 120
いぬこ……………………………… Ⅳ - 120
いぬこうしゆ……………………… Ⅳ - 120
いぬこうじゆ……………………… Ⅳ - 120
いぬこけ…………………………… Ⅳ - 120
いぬごま…………………………… Ⅳ - 120
いぬころくさ……………………… Ⅳ - 121
いぬさんしち……………………… Ⅳ - 121
いぬさんせう……………………… Ⅳ - 121
いぬじ……………………………… Ⅳ - 121
いぬしそ…………………………… Ⅳ - 121
いぬした…………………………… Ⅳ - 121
いぬしだ…………………………… Ⅳ - 121
いぬしやうが……………………… Ⅳ - 122
いぬしりだし……………………… Ⅳ - 122
いぬしろからむし………………… Ⅳ - 122
いぬすげ…………………………… Ⅳ - 122
いぬせり…………………………… Ⅳ - 122
いぬぜり…………………………… Ⅳ - 122
いぬせんまい……………………… Ⅳ - 122
いぬぜんまい……………………… Ⅳ - 123
いぬそうはき……………………… Ⅳ - 123
いぬそてつ………………………… Ⅳ - 123
いぬそは…………………………… Ⅳ - 123
いぬそば…………………………… Ⅳ - 123
いぬたいわう……………………… Ⅳ - 123
いぬだいわう……………………… Ⅳ - 123
いぬたたらび……………………… Ⅳ - 124
いぬたて…………………………… Ⅳ - 124
いぬたで…………………………… Ⅳ - 124
いぬたで…………………………… Ⅳ - 125
いぬたひおふ……………………… Ⅳ - 125
いぬぢあわ………………………… Ⅳ - 125
いぬちさ…………………………… Ⅳ - 125
いぬつづら………………………… Ⅳ - 125
いぬとうつら……………………… Ⅳ - 126
いぬなすな………………………… Ⅳ - 126
いぬなずな………………………… Ⅳ - 126
いぬなつち………………………… Ⅳ - 126
いぬなるやまにんじん…………… Ⅳ - 126
いぬにら…………………………… Ⅳ - 126
いぬにんしん……………………… Ⅳ - 126
いぬにんじん……………………… Ⅳ - 127
いぬねぶ…………………………… Ⅳ - 127
いぬのあしかた…………………… Ⅳ - 127
いぬのくそあさみ………………… Ⅳ - 127
いぬのけ…………………………… Ⅳ - 127
いぬのげんご……………………… Ⅳ - 127
いぬのしじ………………………… Ⅳ - 128
いぬのした………………………… Ⅳ - 128
いぬのしりかけ…………………… Ⅳ - 128
いぬのしりさし…………………… Ⅳ - 128
いぬのしりさしくさ……………… Ⅳ - 128
いぬのしりだし…………………… Ⅳ - 128
いぬのしりぬくい………………… Ⅳ - 129
いぬのはな………………………… Ⅳ - 129
いぬのはなけ……………………… Ⅳ - 129
いぬのはなさし…………………… Ⅳ - 129
いぬのまちかき…………………… Ⅳ - 129
いぬのむちくさ…………………… Ⅳ - 129
いぬのやから……………………… Ⅳ - 130
いぬのを…………………………… Ⅳ - 130
いぬのをくさ……………………… Ⅳ - 130
いぬはぎ…………………………… Ⅳ - 130
いぬはこべ………………………… Ⅳ - 130
いぬはしくり……………………… Ⅳ - 130
いぬはす…………………………… Ⅳ - 131
いぬははきぎ……………………… Ⅳ - 131
いぬばり…………………………… Ⅳ - 131
いぬひへ…………………………… Ⅳ - 131
いぬひゑ…………………………… Ⅳ - 131
いぬふしかつら…………………… Ⅳ - 131
いぬふぢ…………………………… Ⅳ - 131
いぬぶつ…………………………… Ⅳ - 132

いぬふとう…………………………… Ⅳ - 132
いぬぶどう…………………………… Ⅳ - 132
いぬほうき…………………………… Ⅳ - 132
いぬほうすき………………………… Ⅳ - 132
いぬほうずき………………………… Ⅳ - 132
いぬほうつき………………………… Ⅳ - 132
いぬほうつき………………………… Ⅳ - 133
いぬほうづき………………………… Ⅳ - 133
いぬほうづき………………………… Ⅳ - 134
いぬほふづき………………………… Ⅳ - 134
いぬほほづき………………………… Ⅳ - 134
いぬほをづき………………………… Ⅳ - 134
いぬまを……………………………… Ⅳ - 134
いぬみつば…………………………… Ⅳ - 134
いぬみづひき………………………… Ⅳ - 134
いぬむかご…………………………… Ⅳ - 135
いぬむぎ……………………………… Ⅳ - 135
いぬむしを…………………………… Ⅳ - 135
いぬめじか…………………………… Ⅳ - 135
いぬも………………………………… Ⅳ - 135
いぬもくら…………………………… Ⅳ - 135
いぬやまかうじ……………………… Ⅳ - 135
いぬよもき…………………………… Ⅳ - 136
いぬゐ………………………………… Ⅳ - 136
いぬゑこ……………………………… Ⅳ - 136
いぬゑびかつら……………………… Ⅳ - 136
いぬゑびかづら……………………… Ⅳ - 136
いぬゑひこ…………………………… Ⅳ - 136
いぬゑんだう………………………… Ⅳ - 136
いぬゑんとう………………………… Ⅳ - 137
いのけ………………………………… Ⅳ - 137
いのこ………………………………… Ⅳ - 137
いのこかつら………………………… Ⅳ - 137
いのこくさ…………………………… Ⅳ - 137
いのこつき…………………………… Ⅳ - 137
いのこつち…………………………… Ⅳ - 137
いのこつち…………………………… Ⅳ - 138
いのこづち…………………………… Ⅳ - 138
いのこつつ…………………………… Ⅳ - 138
いのこづつ…………………………… Ⅳ - 139
いのこつつり………………………… Ⅳ - 139
いのこつり…………………………… Ⅳ - 139
いのじ………………………………… Ⅳ - 139
いのじあは…………………………… Ⅳ - 139
いのじくさ…………………………… Ⅳ - 139
いのしり……………………………… Ⅳ - 139
いのしりくさ………………………… Ⅳ - 140
いのちくさ…………………………… Ⅳ - 140
いのんと……………………………… Ⅳ - 140
いのんど……………………………… Ⅳ - 140
いば…………………………………… Ⅳ - 140
いはあやめ…………………………… Ⅳ - 140
いはいちこ…………………………… Ⅳ - 141
いはうるい…………………………… Ⅳ - 141
いはかしわ…………………………… Ⅳ - 141
いはかつら…………………………… Ⅳ - 141
いはかづら…………………………… Ⅳ - 141
いはかや……………………………… Ⅳ - 141
いはききやう………………………… Ⅳ - 141
いはきく……………………………… Ⅳ - 142
いはくさ……………………………… Ⅳ - 142
いばくさ……………………………… Ⅳ - 142
いはこけくさ………………………… Ⅳ - 142
いはここめ…………………………… Ⅳ - 142
いはさくら…………………………… Ⅳ - 142
いはざさ……………………………… Ⅳ - 142
いはしは……………………………… Ⅳ - 143
いはしば……………………………… Ⅳ - 143
いはしはり…………………………… Ⅳ - 143
いはしばり…………………………… Ⅳ - 143
いはすきな…………………………… Ⅳ - 143
いはすけ……………………………… Ⅳ - 143
いはすげ……………………………… Ⅳ - 143
いはすだ……………………………… Ⅳ - 144
いはすだれ…………………………… Ⅳ - 144
いはせきちく………………………… Ⅳ - 144

いはせり……………………………… Ⅳ - 144
いはぜり……………………………… Ⅳ - 144
いはたかな…………………………… Ⅳ - 144
いはだら……………………………… Ⅳ - 144
いはちさ……………………………… Ⅳ - 145
いはぢさ……………………………… Ⅳ - 145
いはつげ……………………………… Ⅳ - 145
いはつた……………………………… Ⅳ - 145
いはつつし…………………………… Ⅳ - 145
いはつはき…………………………… Ⅳ - 145
いはつばき…………………………… Ⅳ - 145
いはつは……………………………… Ⅳ - 146
いはな………………………………… Ⅳ - 146
いはなし……………………………… Ⅳ - 146
いはなてしこ………………………… Ⅳ - 146
いはにんしん………………………… Ⅳ - 146
いはにんじん………………………… Ⅳ - 146
いははぎ……………………………… Ⅳ - 146
いははげ……………………………… Ⅳ - 147
いはばせう…………………………… Ⅳ - 147
いはひぢき…………………………… Ⅳ - 147
いはひは……………………………… Ⅳ - 147
いはひば……………………………… Ⅳ - 147
いはひば……………………………… Ⅳ - 148
いはひも……………………………… Ⅳ - 148
いはびゆ……………………………… Ⅳ - 148
いはふぎ……………………………… Ⅳ - 148
いはふじ……………………………… Ⅳ - 148
いはふち……………………………… Ⅳ - 149
いはふぢ……………………………… Ⅳ - 149
いはふつる…………………………… Ⅳ - 149
いはへら……………………………… Ⅳ - 149
いはほうけ…………………………… Ⅳ - 149
いはまつ……………………………… Ⅳ - 149
いはまめ……………………………… Ⅳ - 149
いはまめかつら……………………… Ⅳ - 150
いはむり……………………………… Ⅳ - 150
いはやなぎ…………………………… Ⅳ - 150
いはゆり……………………………… Ⅳ - 150
いはら………………………………… Ⅳ - 150
いばら………………………………… Ⅳ - 150
いばら………………………………… Ⅳ - 151
いばらいげ…………………………… Ⅳ - 151
いばらいちご………………………… Ⅳ - 151
いばらかつら………………………… Ⅳ - 151
いばらしやうび……………………… Ⅳ - 151
いばらしやうびん…………………… Ⅳ - 151
いばらしやふび……………………… Ⅳ - 152
いばらせうび………………………… Ⅳ - 152
いはらのほへ………………………… Ⅳ - 152
いばらもみ…………………………… Ⅳ - 152
いはりかつら………………………… Ⅳ - 152
いはりかづら………………………… Ⅳ - 152
いはれんけ…………………………… Ⅳ - 152
いはれんけ…………………………… Ⅳ - 153
いはれんげ…………………………… Ⅳ - 153
いびついばら………………………… Ⅳ - 153
いびつかぐ…………………………… Ⅳ - 153
いひつつみ…………………………… Ⅳ - 154
いひのり……………………………… Ⅳ - 154
いびやくし…………………………… Ⅳ - 154
いびら………………………………… Ⅳ - 154
いほくさ……………………………… Ⅳ - 154
いぼくさ……………………………… Ⅳ - 154
いぼぐさ……………………………… Ⅳ - 155
いぼこふおり………………………… Ⅳ - 155
いぼこふをり………………………… Ⅳ - 155
いほはらひ…………………………… Ⅳ - 155
いまめ………………………………… Ⅳ - 155
いむちん……………………………… Ⅳ - 155
いも…………………………………… Ⅳ - 155
いもから……………………………… Ⅳ - 156
いもからくさ………………………… Ⅳ - 156
いもがらくさ………………………… Ⅳ - 156
いもくさ……………………………… Ⅳ - 156
いもしくさ…………………………… Ⅳ - 156

いもじくさ…………………………Ⅳ - 157
いもしなけ…………………………Ⅳ - 157
いもつら……………………………Ⅳ - 157
いもつるさう………………………Ⅳ - 157
いもなき……………………………Ⅳ - 157
いもなぎ……………………………Ⅳ - 157
いもは………………………………Ⅳ - 157
いもはくさ…………………………Ⅳ - 158
いもばくさ…………………………Ⅳ - 158
いもり………………………………Ⅳ - 158
いやくさ……………………………Ⅳ - 158
いやなき……………………………Ⅳ - 158
いら…………………………………Ⅳ - 158
いら…………………………………Ⅳ - 159
いらいら……………………………Ⅳ - 159
いらかや……………………………Ⅳ - 159
いらくさ……………………………Ⅳ - 159
いらぐさ……………………………Ⅳ - 159
いらさ………………………………Ⅳ - 160
いらしだ……………………………Ⅳ - 160
いらたか……………………………Ⅳ - 160
いらら………………………………Ⅳ - 160
いららせうひ………………………Ⅳ - 160
いららひ……………………………Ⅳ - 160
いらりこちさ………………………Ⅳ - 160
いろはきく…………………………Ⅳ - 161
いろへろ……………………………Ⅳ - 161
いわうせり…………………………Ⅳ - 161
いわうにんじん……………………Ⅳ - 161
いわうぼうき………………………Ⅳ - 161
いわうるし…………………………Ⅳ - 161
いわかき……………………………Ⅳ - 161
いわかくま…………………………Ⅳ - 162
いわかたき…………………………Ⅳ - 162
いわかたぎ…………………………Ⅳ - 162
いわからみ…………………………Ⅳ - 162
いわごほう…………………………Ⅳ - 162
いわしくさ…………………………Ⅳ - 162
いわしのふ…………………………Ⅳ - 162
いわしのぶ…………………………Ⅳ - 163
いわしのほね………………………Ⅳ - 163
いわしほね…………………………Ⅳ - 163
いわず………………………………Ⅳ - 163
いわすけ……………………………Ⅳ - 163
いわすげ……………………………Ⅳ - 163
いわたけ……………………………Ⅳ - 164
いわたら……………………………Ⅳ - 164
いわだら……………………………Ⅳ - 164
いわちしや…………………………Ⅳ - 164
いわぢしや…………………………Ⅳ - 164
いわちや……………………………Ⅳ - 164
いわつる……………………………Ⅳ - 164
いわな………………………………Ⅳ - 165
いわはせ……………………………Ⅳ - 165
いわひは……………………………Ⅳ - 165
いわひば……………………………Ⅳ - 165
いわひほ……………………………Ⅳ - 166
いわふき……………………………Ⅳ - 166
いわぶき……………………………Ⅳ - 166
いわふし……………………………Ⅳ - 166
いわふじ……………………………Ⅳ - 166
いわふぢ……………………………Ⅳ - 166
いわまつ……………………………Ⅳ - 167
いわまめ……………………………Ⅳ - 167
いわやなき…………………………Ⅳ - 167
いわらん……………………………Ⅳ - 167
いわれんけ…………………………Ⅳ - 167
いわれんけ…………………………Ⅳ - 168
いわれんげ…………………………Ⅳ - 168
いゐ…………………………………Ⅳ - 168
いをくさ……………………………Ⅳ - 168
いをぐさ……………………………Ⅳ - 168
いをづら……………………………Ⅳ - 169
いをつる……………………………Ⅳ - 169
いんこうじゆ………………………Ⅳ - 169
いんたで……………………………Ⅳ - 169

いんだら…………………………… Ⅳ - 169
いんちん…………………………… Ⅳ - 169
いんぢん…………………………… Ⅳ - 170
いんのしりさし…………………… Ⅳ - 170
いんばんくさ……………………… Ⅳ - 170
いんやうくわく…………………… Ⅳ - 170


## う


うあうさう………………………… Ⅳ - 171
ういきやう………………………… Ⅳ - 171
ういきよう………………………… Ⅳ - 171
ういけう…………………………… Ⅳ - 171
ういら……………………………… Ⅳ - 171
ううつ……………………………… Ⅳ - 172
うおかつら………………………… Ⅳ - 172
うかんぼ…………………………… Ⅳ - 172
うきいちご………………………… Ⅳ - 172
うききん…………………………… Ⅳ - 172
うきくさ…………………………… Ⅳ - 172
うきくさ…………………………… Ⅳ - 173
うきくさあい……………………… Ⅳ - 173
うきなくさ………………………… Ⅳ - 174
うきも……………………………… Ⅳ - 174
うきやうと………………………… Ⅳ - 174
うくいすくさ……………………… Ⅳ - 174
うぐさ……………………………… Ⅳ - 174
うくひす…………………………… Ⅳ - 174
うぐひすかくら…………………… Ⅳ - 175
うぐひすくさ……………………… Ⅳ - 175
うけうと…………………………… Ⅳ - 175
うけうど…………………………… Ⅳ - 175
うこぎ……………………………… Ⅳ - 175
うこきくさ………………………… Ⅳ - 175
うこしだ…………………………… Ⅳ - 175
うこん……………………………… Ⅳ - 176
うこんさう………………………… Ⅳ - 176
うこんはな………………………… Ⅳ - 176
うさう……………………………… Ⅳ - 176
うさきのみみ……………………… Ⅳ - 176
うさぎのみみ……………………… Ⅳ - 176
うさきみみ………………………… Ⅳ - 176
うしあさみ………………………… Ⅳ - 177
うしいちこ………………………… Ⅳ - 177
うしいちご………………………… Ⅳ - 177
うしうど…………………………… Ⅳ - 177
うしうるひ………………………… Ⅳ - 177
うしおふき………………………… Ⅳ - 177
うしかねかつら…………………… Ⅳ - 177
うしがねぶ………………………… Ⅳ - 178
うしかひわらひ…………………… Ⅳ - 178
うしかひわらび…………………… Ⅳ - 178
うしき……………………………… Ⅳ - 178
うしくご…………………………… Ⅳ - 178
うしくさ…………………………… Ⅳ - 178
うしぐさ…………………………… Ⅳ - 178
うじくさ…………………………… Ⅳ - 179
うしけ……………………………… Ⅳ - 179
うしげ……………………………… Ⅳ - 179
うしけくさ………………………… Ⅳ - 179
うしけしば………………………… Ⅳ - 179
うしごうり………………………… Ⅳ - 179
うしこくさ………………………… Ⅳ - 180
うしこけ…………………………… Ⅳ - 180
うしこごめ………………………… Ⅳ - 180
うしこのり………………………… Ⅳ - 180
うしこひき………………………… Ⅳ - 180
うしこひる………………………… Ⅳ - 180
うしこふき………………………… Ⅳ - 181
うしこほうづき…………………… Ⅳ - 181
うしごめ…………………………… Ⅳ - 181
うしころし………………………… Ⅳ - 181
うじころし………………………… Ⅳ - 181
うしざく…………………………… Ⅳ - 181
うしせり…………………………… Ⅳ - 181
うしせり…………………………… Ⅳ - 182
うしぜり…………………………… Ⅳ - 182

うしせんまい…………………… Ⅳ - 182
うしたかとう…………………… Ⅳ - 182
うしたはこ……………………… Ⅳ - 182
うしつなき……………………… Ⅳ - 182
うしつなき……………………… Ⅳ - 183
うしな…………………………… Ⅳ - 183
うしなもみ……………………… Ⅳ - 183
うしにら………………………… Ⅳ - 183
うしにんじん…………………… Ⅳ - 183
うしのけ………………………… Ⅳ - 183
うしのけ………………………… Ⅳ - 184
うしのげ………………………… Ⅳ - 184
うしのけくさ…………………… Ⅳ - 184
うしのけぐさ…………………… Ⅳ - 184
うしのこくさ…………………… Ⅳ - 184
うしのさうめん………………… Ⅳ - 184
うしのした……………………… Ⅳ - 185
うしのしたい…………………… Ⅳ - 185
うしのしたひ…………………… Ⅳ - 185
うしのそうめん………………… Ⅳ - 185
うしのそうめんとしし………… Ⅳ - 185
うしのそは……………………… Ⅳ - 186
うしのちち……………………… Ⅳ - 186
うしのつめ……………………… Ⅳ - 186
うしのにんにく………………… Ⅳ - 186
うしのはな……………………… Ⅳ - 186
うしのひけ……………………… Ⅳ - 186
うしのひざ……………………… Ⅳ - 186
うしのひたい…………………… Ⅳ - 187
うしのひたい…………………… Ⅳ - 188
うしのひたひ…………………… Ⅳ - 188
うしのひたひくさ……………… Ⅳ - 188
うしのひたへ…………………… Ⅳ - 188
うしのふたい…………………… Ⅳ - 189
うしのほうつき………………… Ⅳ - 189
うしのまめ……………………… Ⅳ - 189
うしはくざ……………………… Ⅳ - 189
うしはこべ……………………… Ⅳ - 189
うしひう………………………… Ⅳ - 189
うしひたい……………………… Ⅳ - 189
うしひたい……………………… Ⅳ - 190
うしひたひ……………………… Ⅳ - 190
うしびたひ……………………… Ⅳ - 190
うしひゆ………………………… Ⅳ - 190
うしひる………………………… Ⅳ - 190
うしびる………………………… Ⅳ - 190
うしぶどう……………………… Ⅳ - 190
うしべる………………………… Ⅳ - 191
うしほうつぎ…………………… Ⅳ - 191
うしほうづき…………………… Ⅳ - 191
うしほうふ……………………… Ⅳ - 191
うしほとくり…………………… Ⅳ - 191
うしほほづき…………………… Ⅳ - 191
うしまるこ……………………… Ⅳ - 191
うしみつば……………………… Ⅳ - 192
うしみやうが…………………… Ⅳ - 192
うしみる………………………… Ⅳ - 192
うしめぶか……………………… Ⅳ - 192
うしも…………………………… Ⅳ - 192
うしもめら……………………… Ⅳ - 192
うしやうろ……………………… Ⅳ - 193
うしゆり………………………… Ⅳ - 193
うしよもき……………………… Ⅳ - 193
うしわらひ……………………… Ⅳ - 193
うしわらわ……………………… Ⅳ - 193
うしをくさ……………………… Ⅳ - 193
うしをよもぎ…………………… Ⅳ - 193
うず……………………………… Ⅳ - 194
うすいな………………………… Ⅳ - 194
うすかたのり…………………… Ⅳ - 194
うすご…………………………… Ⅳ - 194
うすころも……………………… Ⅳ - 194
うすたけ………………………… Ⅳ - 194
うすへに………………………… Ⅳ - 194
うすようほたん………………… Ⅳ - 195
うせん…………………………… Ⅳ - 195

うそう……………………………… Ⅳ - 195
うたう……………………………… Ⅳ - 195
うたかくさ………………………… Ⅳ - 195
うたな……………………………… Ⅳ - 195
うぢくさ…………………………… Ⅳ - 195
うちの……………………………… Ⅳ - 196
うちほくさ………………………… Ⅳ - 196
うつ………………………………… Ⅳ - 196
うづ………………………………… Ⅳ - 196
うづきわかめ……………………… Ⅳ - 196
うつし……………………………… Ⅳ - 196
うつし……………………………… Ⅳ - 197
うつしのはな……………………… Ⅳ - 197
うつぼ……………………………… Ⅳ - 197
うつほくさ………………………… Ⅳ - 197
うつほぐさ………………………… Ⅳ - 198
うつぼくさ………………………… Ⅳ - 198
うつほな…………………………… Ⅳ - 199
うつらかくら……………………… Ⅳ - 199
うづらかくら……………………… Ⅳ - 199
うつらかへし……………………… Ⅳ - 199
うつらからし……………………… Ⅳ - 199
うつらくさ………………………… Ⅳ - 199
うつらくさ………………………… Ⅳ - 200
うづらくさ………………………… Ⅳ - 200
うつらこ…………………………… Ⅳ - 200
うつらさう………………………… Ⅳ - 200
うつらさんしやう………………… Ⅳ - 200
うづらのを………………………… Ⅳ - 200
うつらのをくさ…………………… Ⅳ - 200
うつらふすま……………………… Ⅳ - 201
うづらふすま……………………… Ⅳ - 201
うづらぶすま……………………… Ⅳ - 201
うつをくさ………………………… Ⅳ - 201
うで………………………………… Ⅳ - 201
うと………………………………… Ⅳ - 201
うど………………………………… Ⅳ - 201
うど………………………………… Ⅳ - 202
うどつきわかめ…………………… Ⅳ - 202
うとな……………………………… Ⅳ - 202
うどな……………………………… Ⅳ - 202
うとばかせ………………………… Ⅳ - 202
うとふざく………………………… Ⅳ - 202
うないこ…………………………… Ⅳ - 202
うなきくさ………………………… Ⅳ - 203
うなぎぐさ………………………… Ⅳ - 203
うなぎづる………………………… Ⅳ - 203
うなきも…………………………… Ⅳ - 203
うなきもく………………………… Ⅳ - 203
うなひ……………………………… Ⅳ - 203
うなのは…………………………… Ⅳ - 204
うねめ……………………………… Ⅳ - 204
うば………………………………… Ⅳ - 204
うはかしめ………………………… Ⅳ - 204
うはかじめ………………………… Ⅳ - 204
うばかじめ………………………… Ⅳ - 204
うはかち…………………………… Ⅳ - 204
うばがちち………………………… Ⅳ - 205
うばかね…………………………… Ⅳ - 205
うはぎ……………………………… Ⅳ - 205
うばき……………………………… Ⅳ - 205
うばく……………………………… Ⅳ - 205
うばくぐ…………………………… Ⅳ - 205
うばくさ…………………………… Ⅳ - 206
うばけ……………………………… Ⅳ - 206
うばげ……………………………… Ⅳ - 206
うはすけ…………………………… Ⅳ - 206
うばすげ…………………………… Ⅳ - 206
うばせり…………………………… Ⅳ - 206
うばぜり…………………………… Ⅳ - 206
うばちち…………………………… Ⅳ - 207
うばのこかい……………………… Ⅳ - 207
うはのこめかみ…………………… Ⅳ - 207
うはのち…………………………… Ⅳ - 207
うばのち…………………………… Ⅳ - 207
うばのちかつら…………………… Ⅳ - 207

うはのつほけ………………………… Ⅳ - 207
うばのは………………………… Ⅳ - 208
うはふき………………………… Ⅳ - 208
うはふじ………………………… Ⅳ - 208
うばめ………………………… Ⅳ - 208
うはゆり………………………… Ⅳ - 208
うばゆり………………………… Ⅳ - 208
うばゆり………………………… Ⅳ - 209
うひきやう………………………… Ⅳ - 209
うふせくさ………………………… Ⅳ - 209
うぶゆり………………………… Ⅳ - 209
うべ………………………… Ⅳ - 209
うへかつら………………………… Ⅳ - 209
うへかづら………………………… Ⅳ - 209
うべかつら………………………… Ⅳ - 210
うべかづら………………………… Ⅳ - 210
うへさまぶつ………………………… Ⅳ - 210
うまぜり………………………… Ⅳ - 210
うまばり………………………… Ⅳ - 210
うみいも………………………… Ⅳ - 210
うみうるしくさ………………………… Ⅳ - 210
うみかづら………………………… Ⅳ - 211
うみがま………………………… Ⅳ - 211
うみがや………………………… Ⅳ - 211
うみきくらげ………………………… Ⅳ - 211
うみくさ………………………… Ⅳ - 211
うみくり………………………… Ⅳ - 211
うみこんにやく………………………… Ⅳ - 211
うみさうめん………………………… Ⅳ - 212
うみすき………………………… Ⅳ - 212
うみすげ………………………… Ⅳ - 212
うみそうめん………………………… Ⅳ - 212
うみそうめん………………………… Ⅳ - 213
うみぞうめん………………………… Ⅳ - 213
うみそふめん………………………… Ⅳ - 213
うみたつのひけ………………………… Ⅳ - 213
うみのけ………………………… Ⅳ - 213
うみふぢ………………………… Ⅳ - 213
うみまつ………………………… Ⅳ - 214
うみむめ………………………… Ⅳ - 214
うみも………………………… Ⅳ - 214
うめづかづら………………………… Ⅳ - 214
うらしろ………………………… Ⅳ - 214
うらしろ………………………… Ⅳ - 215
うらじろ………………………… Ⅳ - 215
うらしろふし………………………… Ⅳ - 215
うらなし………………………… Ⅳ - 215
うらぼうさし………………………… Ⅳ - 215
うりかは………………………… Ⅳ - 216
うりかわ………………………… Ⅳ - 216
うりがわ………………………… Ⅳ - 216
うりかわさう………………………… Ⅳ - 216
うりのかはくさ………………………… Ⅳ - 217
うりのかはぐさ………………………… Ⅳ - 217
うりのかわ………………………… Ⅳ - 217
うるい………………………… Ⅳ - 217
うるいくさ………………………… Ⅳ - 217
うるいば………………………… Ⅳ - 218
うるかさう………………………… Ⅳ - 218
うるしかつら………………………… Ⅳ - 218
うるしくさ………………………… Ⅳ - 218
うるしつた………………………… Ⅳ - 218
うるしの………………………… Ⅳ - 218
うるね………………………… Ⅳ - 219
うるひ………………………… Ⅳ - 219
うれいし………………………… Ⅳ - 219
うれいち………………………… Ⅳ - 219
うわぎ………………………… Ⅳ - 219
うわきな………………………… Ⅳ - 219
うわふき………………………… Ⅳ - 219
うわぶき………………………… Ⅳ - 220
うわやけくさ………………………… Ⅳ - 220
うゐきやう………………………… Ⅳ - 220
うをつら………………………… Ⅳ - 220
うをつる………………………… Ⅳ - 220
うをのき………………………… Ⅳ - 220

うをのめ……………………… Ⅳ - 220
うんもさう……………………… Ⅳ - 221

## え

えこ……………………… Ⅳ - 222
えごま……………………… Ⅳ - 222
えつ……………………… Ⅳ - 222
えど……………………… Ⅳ - 222
えどあふひ……………………… Ⅳ - 222
えといちこ……………………… Ⅳ - 222
えどいちこ……………………… Ⅳ - 222
えどいちご……………………… Ⅳ - 223
えどけいとう……………………… Ⅳ - 223
えどははきぎ……………………… Ⅳ - 223
えのきくさ……………………… Ⅳ - 223
えのみくさ……………………… Ⅳ - 223
えばへくさ……………………… Ⅳ - 223
えびかつら……………………… Ⅳ - 224
えひつる……………………… Ⅳ - 224
えびづる……………………… Ⅳ - 224
えびね……………………… Ⅳ - 224
えびゆり……………………… Ⅳ - 224
えんごさく……………………… Ⅳ - 224
えんこのをひ……………………… Ⅳ - 224
えんこのをび……………………… Ⅳ - 225
えんひ……………………… Ⅳ - 225
えんめいさう……………………… Ⅳ - 225

## お

おいかた……………………… Ⅳ - 226
おいねかぶ……………………… Ⅳ - 226
おいわひ……………………… Ⅳ - 226
おいわゐ……………………… Ⅳ - 226
おうきな……………………… Ⅳ - 226
おうきやか……………………… Ⅳ - 226
おうこくさ……………………… Ⅳ - 227
おうごくさ……………………… Ⅳ - 227
おうすすき……………………… Ⅳ - 227
おうせひ……………………… Ⅳ - 227
おうそひへ……………………… Ⅳ - 227
おうとう……………………… Ⅳ - 227
おうとうくさ……………………… Ⅳ - 227
おうはこ……………………… Ⅳ - 228
おうばこ……………………… Ⅳ - 228
おうほうくさ……………………… Ⅳ - 228
おうれん……………………… Ⅳ - 228
おおい……………………… Ⅳ - 228
おおかたばみ……………………… Ⅳ - 228
おおかみだらし……………………… Ⅳ - 229
おおせい……………………… Ⅳ - 229
おおせり……………………… Ⅳ - 229
おおはこ……………………… Ⅳ - 229
おおばこ……………………… Ⅳ - 229
おかいご……………………… Ⅳ - 229
おかうるし……………………… Ⅳ - 229
おかかうほね……………………… Ⅳ - 230
おかせり……………………… Ⅳ - 230
おかたくさ……………………… Ⅳ - 230
おかだくさ……………………… Ⅳ - 230
おかみる……………………… Ⅳ - 230
おかめくさ……………………… Ⅳ - 230
おかよし……………………… Ⅳ - 231
おぎ……………………… Ⅳ - 231
おぎう……………………… Ⅳ - 231
おきなくさ……………………… Ⅳ - 231
おきなさう……………………… Ⅳ - 232
おく……………………… Ⅳ - 232
おくどうし……………………… Ⅳ - 232
おぐらせんのう……………………… Ⅳ - 232
おくりかんきり……………………… Ⅳ - 232
おくるま……………………… Ⅳ - 232
おくるま……………………… Ⅳ - 233
おぐるま……………………… Ⅳ - 233
おけたたき……………………… Ⅳ - 233
おけら……………………… Ⅳ - 234
おげら……………………… Ⅳ - 234

おけらくさ…………………………… Ⅳ - 234
おけらさう…………………………… Ⅳ - 234
おけらさうじゆつ…………………… Ⅳ - 234
おけらほう…………………………… Ⅳ - 234
おこ…………………………………… Ⅳ - 235
おご…………………………………… Ⅳ - 235
おことうし…………………………… Ⅳ - 235
おごな………………………………… Ⅳ - 235
おこのり……………………………… Ⅳ - 235
おごのり……………………………… Ⅳ - 235
おごも………………………………… Ⅳ - 236
おごらくさ…………………………… Ⅳ - 236
おこりさう…………………………… Ⅳ - 236
おこりはな…………………………… Ⅳ - 236
おこれさう…………………………… Ⅳ - 236
おころさう…………………………… Ⅳ - 236
おさくさ……………………………… Ⅳ - 237
おしばな……………………………… Ⅳ - 237
おしよご……………………………… Ⅳ - 237
おしろい……………………………… Ⅳ - 237
おしろいくさ………………………… Ⅳ - 237
おしろうはな………………………… Ⅳ - 238
おしろうばな………………………… Ⅳ - 238
おたがしやくし……………………… Ⅳ - 238
おたしば……………………………… Ⅳ - 238
おだまき……………………………… Ⅳ - 238
おち…………………………………… Ⅳ - 238
おちころし…………………………… Ⅳ - 238
おちばかづら………………………… Ⅳ - 239
おつかふろ…………………………… Ⅳ - 239
おつくり……………………………… Ⅳ - 239
おつち………………………………… Ⅳ - 239
おづちな……………………………… Ⅳ - 239
おつとくぐ…………………………… Ⅳ - 239
おつほくさ…………………………… Ⅳ - 239
おつぼくさ…………………………… Ⅳ - 240
おてきくさ…………………………… Ⅳ - 240
おてち………………………………… Ⅳ - 240
おとうくさ…………………………… Ⅳ - 240
おとがいさう………………………… Ⅳ - 240
おとかいなし………………………… Ⅳ - 240
おとがいなし………………………… Ⅳ - 240
おときり……………………………… Ⅳ - 241
おときりさう………………………… Ⅳ - 241
おときりさう………………………… Ⅳ - 242
おとぎりさう………………………… Ⅳ - 242
おときりす…………………………… Ⅳ - 242
おときりそう………………………… Ⅳ - 243
おとぎりそう………………………… Ⅳ - 243
おとこいね…………………………… Ⅳ - 243
おとこかつら………………………… Ⅳ - 243
おとこぜんまい……………………… Ⅳ - 243
おとこちとめ………………………… Ⅳ - 243
おとこなへし………………………… Ⅳ - 244
おとこなもみ………………………… Ⅳ - 244
おとこぶつ…………………………… Ⅳ - 244
おとこへし…………………………… Ⅳ - 244
おとこべし…………………………… Ⅳ - 244
おとこままさや……………………… Ⅳ - 244
おとこよもき………………………… Ⅳ - 244
おとこよもぎ………………………… Ⅳ - 245
おとないさう………………………… Ⅳ - 245
おとび………………………………… Ⅳ - 245
おとめそう…………………………… Ⅳ - 245
おとめはな…………………………… Ⅳ - 245
おとりくさ…………………………… Ⅳ - 245
おとりくさ…………………………… Ⅳ - 246
おどりくさ…………………………… Ⅳ - 246
おどりこさう………………………… Ⅳ - 246
おどろくさ…………………………… Ⅳ - 246
おなかくさ…………………………… Ⅳ - 246
おながくさ…………………………… Ⅳ - 246
おなこな……………………………… Ⅳ - 247
おなもみ……………………………… Ⅳ - 247
おなもめ……………………………… Ⅳ - 247
おにあさみ…………………………… Ⅳ - 247

おにあさみ……………………………Ⅳ - 248
おにあざみ……………………………Ⅳ - 248
おにあをさ……………………………Ⅳ - 248
おにいちこ……………………………Ⅳ - 248
おにいちご……………………………Ⅳ - 249
おにうらしろ…………………………Ⅳ - 249
おにかう………………………………Ⅳ - 249
おにかうけ……………………………Ⅳ - 249
おにかうほね…………………………Ⅳ - 249
おにがくゐ……………………………Ⅳ - 249
おにかしら……………………………Ⅳ - 249
おにかづら……………………………Ⅳ - 250
おにかぶ………………………………Ⅳ - 250
おにかべ………………………………Ⅳ - 250
おにかや………………………………Ⅳ - 250
おにくさ………………………………Ⅳ - 250
おにくわんさう………………………Ⅳ - 250
おにくわんざう………………………Ⅳ - 251
おにここみ……………………………Ⅳ - 251
おにころ………………………………Ⅳ - 251
おにしだ………………………………Ⅳ - 251
おにしは………………………………Ⅳ - 251
おにしば………………………………Ⅳ - 251
おにしばくさ…………………………Ⅳ - 251
おにしやが……………………………Ⅳ - 252
おにすすき……………………………Ⅳ - 252
おにすだ………………………………Ⅳ - 252
おにぜきしやう………………………Ⅳ - 252
おにせり………………………………Ⅳ - 252
おにぜんまい…………………………Ⅳ - 252
おにつべら……………………………Ⅳ - 253
おにところ……………………………Ⅳ - 253
おにどころ……………………………Ⅳ - 253
おにのしこくさ………………………Ⅳ - 253
おにのした……………………………Ⅳ - 253
おにのひけ……………………………Ⅳ - 253
おにのふつ……………………………Ⅳ - 254
おにのまゆはき………………………Ⅳ - 254
おにのやがら…………………………Ⅳ - 254
おにのやごろ…………………………Ⅳ - 254
おにはす………………………………Ⅳ - 254
おにひげ………………………………Ⅳ - 254
おにひし………………………………Ⅳ - 254
おにびし………………………………Ⅳ - 255
おにひへ………………………………Ⅳ - 255
おにひやくなみそう…………………Ⅳ - 255
おにひらくち…………………………Ⅳ - 255
おにふし………………………………Ⅳ - 255
おにへこ………………………………Ⅳ - 255
おにも…………………………………Ⅳ - 255
おにもめら……………………………Ⅳ - 256
おにゆり………………………………Ⅳ - 256
おにわらび……………………………Ⅳ - 256
おにわろふ……………………………Ⅳ - 257
おのこさう……………………………Ⅳ - 257
おのは…………………………………Ⅳ - 257
おば……………………………………Ⅳ - 257
おはくさ………………………………Ⅳ - 257
おはこ…………………………………Ⅳ - 257
おはこ…………………………………Ⅳ - 258
おばこ…………………………………Ⅳ - 258
おはこくさ……………………………Ⅳ - 258
おはたけ………………………………Ⅳ - 258
おばな…………………………………Ⅳ - 258
おふかみしつら………………………Ⅳ - 259
おふぎ…………………………………Ⅳ - 259
おふきくさ……………………………Ⅳ - 259
おぶくさう……………………………Ⅳ - 259
おふくるま……………………………Ⅳ - 259
おふさ…………………………………Ⅳ - 259
おふじ…………………………………Ⅳ - 259
おふした………………………………Ⅳ - 260
おふしやが……………………………Ⅳ - 260
おふすかぶ……………………………Ⅳ - 260
おふすけ………………………………Ⅳ - 260
おふたうくさ…………………………Ⅳ - 260

おふち…………………………… Ⅳ - 260
おふぢ…………………………… Ⅳ - 260
おふぢのひけ…………………… Ⅳ - 261
おふとうくさ…………………… Ⅳ - 261
おふとちな……………………… Ⅳ - 261
おふなもみ……………………… Ⅳ - 261
おふのふぶかづら……………… Ⅳ - 261
おふのふべかつら……………… Ⅳ - 261
おふのふべかづら……………… Ⅳ - 261
おふばく………………………… Ⅳ - 262
おふはこ………………………… Ⅳ - 262
おふばこ………………………… Ⅳ - 262
おふも…………………………… Ⅳ - 262
おふもちくさ…………………… Ⅳ - 262
おふら…………………………… Ⅳ - 262
おほあざみ……………………… Ⅳ - 262
おほあふひ……………………… Ⅳ - 263
おほいくさ……………………… Ⅳ - 263
おほういきやう………………… Ⅳ - 263
おほうるい……………………… Ⅳ - 263
おほおふ………………………… Ⅳ - 263
おほかつら……………………… Ⅳ - 263
おほかはいちご………………… Ⅳ - 263
おほかみいちこ………………… Ⅳ - 264
おほかみいちご………………… Ⅳ - 264
おほかみくさ…………………… Ⅳ - 264
おほかみをとし………………… Ⅳ - 264
おほかみをどし………………… Ⅳ - 264
おほきく………………………… Ⅳ - 264
おほぎな………………………… Ⅳ - 264
おほぎぼうし…………………… Ⅳ - 265
おほきりは……………………… Ⅳ - 265
おほけたで……………………… Ⅳ - 265
おほけんさき…………………… Ⅳ - 265
おほここみ……………………… Ⅳ - 265
おほこりな……………………… Ⅳ - 265
おほさかすげ…………………… Ⅳ - 265
おほざく………………………… Ⅳ - 266
おほさるめ……………………… Ⅳ - 266
おほしろきく…………………… Ⅳ - 266
おほすげ………………………… Ⅳ - 266
おほすけかつら………………… Ⅳ - 266
おほせきしやう………………… Ⅳ - 266
おほせり………………………… Ⅳ - 266
おほせり………………………… Ⅳ - 267
おほたうくさ…………………… Ⅳ - 267
おほたで………………………… Ⅳ - 267
おほぢはかま…………………… Ⅳ - 267
おほつち………………………… Ⅳ - 267
おほづち………………………… Ⅳ - 267
おほつつ………………………… Ⅳ - 268
おほづつ………………………… Ⅳ - 268
おほてち………………………… Ⅳ - 268
おほとう………………………… Ⅳ - 268
おほどうげ……………………… Ⅳ - 268
おほところ……………………… Ⅳ - 268
おほとちな……………………… Ⅳ - 268
おほとりのあし………………… Ⅳ - 269
おほなでしこ…………………… Ⅳ - 269
おほなもみ……………………… Ⅳ - 269
おほにがな……………………… Ⅳ - 269
おほにんしん…………………… Ⅳ - 269
おほのうべ……………………… Ⅳ - 269
おほのきく……………………… Ⅳ - 269
おほのふべかつら……………… Ⅳ - 270
おほのみかづら………………… Ⅳ - 270
おほば…………………………… Ⅳ - 270
おほはく………………………… Ⅳ - 270
おほはくり……………………… Ⅳ - 270
おほばこ………………………… Ⅳ - 270
おほばこ………………………… Ⅳ - 271
おほはち………………………… Ⅳ - 271
おほばふなわら………………… Ⅳ - 271
おほばら………………………… Ⅳ - 271
おほばらん……………………… Ⅳ - 271
おほひあふき…………………… Ⅳ - 271

おほひおうき…………………………Ⅳ - 271
おふぶくろはな………………………Ⅳ - 272
おほひふき……………………………Ⅳ - 272
おほぶとう……………………………Ⅳ - 272
おほへぶす……………………………Ⅳ - 272
おほほで………………………………Ⅳ - 272
おほぼて………………………………Ⅳ - 272
おほみちくさ…………………………Ⅳ - 272
おほみどり……………………………Ⅳ - 273
おほむらたち…………………………Ⅳ - 273
おほめもち……………………………Ⅳ - 273
おほも…………………………………Ⅳ - 273
おほもちくさ…………………………Ⅳ - 273
おほよし………………………………Ⅳ - 273
おぼろ…………………………………Ⅳ - 273
おほわく………………………………Ⅳ - 274
おほゐ…………………………………Ⅳ - 274
おほゑひつる…………………………Ⅳ - 274
おほゑんじゆ…………………………Ⅳ - 274
おほをくるま…………………………Ⅳ - 274
おまきくさ……………………………Ⅳ - 274
おみなへし……………………………Ⅳ - 274
おみなへし……………………………Ⅳ - 275
おみなべし……………………………Ⅳ - 275
おみなめし……………………………Ⅳ - 275
おみなめし……………………………Ⅳ - 276
おもたか………………………………Ⅳ - 276
おもだか………………………………Ⅳ - 277
おもたかくわい………………………Ⅳ - 277
おもたかさう…………………………Ⅳ - 277
おもづらぐさ…………………………Ⅳ - 278
おもと…………………………………Ⅳ - 278
おもと…………………………………Ⅳ - 279
おもひくさ……………………………Ⅳ - 279
おらんた………………………………Ⅳ - 279
おらんだ………………………………Ⅳ - 279
おらんたくさ…………………………Ⅳ - 279
おらんだげし…………………………Ⅳ - 279
おらんだしゆんふろう………………Ⅳ - 280
おらんだせきちく……………………Ⅳ - 280
おらんだぢさ…………………………Ⅳ - 280
おらんだびゆ…………………………Ⅳ - 280
おり……………………………………Ⅳ - 280
おりくさ………………………………Ⅳ - 280
おりたくさ……………………………Ⅳ - 280
おりだくさ……………………………Ⅳ - 281
おりんは………………………………Ⅳ - 281
おろ……………………………………Ⅳ - 281
おろう…………………………………Ⅳ - 281
おろく…………………………………Ⅳ - 281
おろろ…………………………………Ⅳ - 281
おろろくさ……………………………Ⅳ - 281
おろをくさ……………………………Ⅳ - 282
おろをぐさ……………………………Ⅳ - 282
おゐ……………………………………Ⅳ - 282
おんおふべ……………………………Ⅳ - 282
おんけはな……………………………Ⅳ - 282
おんじ…………………………………Ⅳ - 282
おんじくさ……………………………Ⅳ - 282
おんなかづら…………………………Ⅳ - 283
おんのび………………………………Ⅳ - 283
おんのれい……………………………Ⅳ - 283
おんはぐ………………………………Ⅳ - 283
おんばくもん…………………………Ⅳ - 283
おんはこ………………………………Ⅳ - 283
おんばこ………………………………Ⅳ - 284
おんばこさう…………………………Ⅳ - 284
おんれんろう…………………………Ⅳ - 284

## か

かあげ…………………………………Ⅳ - 285
かいがくび……………………………Ⅳ - 285
かいかこみ……………………………Ⅳ - 285
かいかつら……………………………Ⅳ - 285
がいかづら……………………………Ⅳ - 285
かいからくさ…………………………Ⅳ - 285

かいからくび…………………………Ⅳ - 285
かいからくみ…………………………Ⅳ - 286
かいからな……………………………Ⅳ - 286
かいかりさう…………………………Ⅳ - 286
かいきんさ……………………………Ⅳ - 286
かいきんしや…………………………Ⅳ - 286
かいくさ………………………………Ⅳ - 286
かいしき………………………………Ⅳ - 286
かいそ…………………………………Ⅳ - 287
かいそこも……………………………Ⅳ - 287
かいだうさう…………………………Ⅳ - 287
かいとうさう…………………………Ⅳ - 287
かいとうばな…………………………Ⅳ - 287
かいどうれ……………………………Ⅳ - 287
かいとはな……………………………Ⅳ - 288
かいな…………………………………Ⅳ - 288
かいなくさ……………………………Ⅳ - 288
かいなさう……………………………Ⅳ - 288
かいなつる……………………………Ⅳ - 289
かいねかつら…………………………Ⅳ - 289
かいねつる……………………………Ⅳ - 289
かいば…………………………………Ⅳ - 289
かいほ…………………………………Ⅳ - 289
かいらくさ……………………………Ⅳ - 289
かいるくさ……………………………Ⅳ - 289
かいるくさ……………………………Ⅳ - 290
かいるぐさ……………………………Ⅳ - 290
かいるつた……………………………Ⅳ - 290
かいるのきつけ………………………Ⅳ - 290
かいるのつらかき……………………Ⅳ - 290
かいるのつらがき……………………Ⅳ - 290
かいるのめ……………………………Ⅳ - 291
かいるば………………………………Ⅳ - 291
かいろう………………………………Ⅳ - 291
かいろうくさ…………………………Ⅳ - 291
かいろば………………………………Ⅳ - 291
かうおうさう…………………………Ⅳ - 291
かうがい………………………………Ⅳ - 291
かうかいぎさう………………………Ⅳ - 292
かうかいくさ…………………………Ⅳ - 292
かうがいくさ…………………………Ⅳ - 292
かうがいびへ…………………………Ⅳ - 292
かうかいも……………………………Ⅳ - 292
かうがいも……………………………Ⅳ - 293
かうかういちこ………………………Ⅳ - 293
かうかけ………………………………Ⅳ - 293
かうかそう……………………………Ⅳ - 293
かうがみ………………………………Ⅳ - 293
かうかめ………………………………Ⅳ - 293
かうがめ………………………………Ⅳ - 293
かうくわ………………………………Ⅳ - 294
かうけ…………………………………Ⅳ - 294
かうげ…………………………………Ⅳ - 294
がうけ…………………………………Ⅳ - 294
かうげさう……………………………Ⅳ - 294
かうげん………………………………Ⅳ - 294
かうさい………………………………Ⅳ - 294
かうざかな……………………………Ⅳ - 295
かうしからけ…………………………Ⅳ - 295
かうじからけ…………………………Ⅳ - 295
かうじからげ…………………………Ⅳ - 295
がうしからげ…………………………Ⅳ - 295
かうじくさ……………………………Ⅳ - 295
かうししば……………………………Ⅳ - 295
かうじのしたい………………………Ⅳ - 296
かうじばな……………………………Ⅳ - 296
かうしゆ………………………………Ⅳ - 296
かうじゆ………………………………Ⅳ - 296
かうじゆさん…………………………Ⅳ - 296
かうしんばら…………………………Ⅳ - 297
かうず…………………………………Ⅳ - 297
かうずくさ……………………………Ⅳ - 297
かうせん………………………………Ⅳ - 297
かうそ…………………………………Ⅳ - 297
かうぞ…………………………………Ⅳ - 297
かうぞな………………………………Ⅳ - 297

かうそり……………………………… Ⅳ - 298
かうぞり……………………………… Ⅳ - 298
かうぞりな…………………………… Ⅳ - 298
かうそゑこ…………………………… Ⅳ - 298
かうつ………………………………… Ⅳ - 298
かうづ………………………………… Ⅳ - 298
かうづけ……………………………… Ⅳ - 298
かうづり……………………………… Ⅳ - 299
かうつる……………………………… Ⅳ - 299
がうつる……………………………… Ⅳ - 299
がうづる……………………………… Ⅳ - 299
かうど………………………………… Ⅳ - 299
かうねくさ…………………………… Ⅳ - 299
かうのけ……………………………… Ⅳ - 300
かうのみ……………………………… Ⅳ - 300
かうのみかつら……………………… Ⅳ - 300
かうふし……………………………… Ⅳ - 300
かうふじ……………………………… Ⅳ - 301
かうぶし……………………………… Ⅳ - 301
かうぶし……………………………… Ⅳ - 302
かうほうくさ………………………… Ⅳ - 302
かうほね……………………………… Ⅳ - 302
かうほね……………………………… Ⅳ - 303
がうやうじ…………………………… Ⅳ - 303
かうやのめん………………………… Ⅳ - 303
かうやははき………………………… Ⅳ - 303
かうやまつ…………………………… Ⅳ - 303
がうら………………………………… Ⅳ - 303
かうらい……………………………… Ⅳ - 304
かうらいきく………………………… Ⅳ - 304
かうらいぎく………………………… Ⅳ - 304
かうらいぎぼうし…………………… Ⅳ - 304
かうらいぎぼうし…………………… Ⅳ - 305
かうらいしは………………………… Ⅳ - 305
かうらいしば………………………… Ⅳ - 305
かうらいしやくやく………………… Ⅳ - 305
かうらいせきしやう………………… Ⅳ - 305
かうらいせきしやう………………… Ⅳ - 306
かうらいせきせう…………………… Ⅳ - 306
かうらいせきちく…………………… Ⅳ - 306
かうらいぞろ………………………… Ⅳ - 306
かうらいなづな……………………… Ⅳ - 306
かうらいほたん……………………… Ⅳ - 306
かうらいゆり………………………… Ⅳ - 307
かうらぎ……………………………… Ⅳ - 307
がうり………………………………… Ⅳ - 307
かうれん……………………………… Ⅳ - 307
がうろ………………………………… Ⅳ - 307
かうわうさう………………………… Ⅳ - 307
かうゑ………………………………… Ⅳ - 308
かえんさう…………………………… Ⅳ - 308
かかいも……………………………… Ⅳ - 308
ががいも……………………………… Ⅳ - 308
かかまかつら………………………… Ⅳ - 308
かかみかつら………………………… Ⅳ - 309
かかみくさ…………………………… Ⅳ - 309
かがみくさ…………………………… Ⅳ - 309
かがみぐさ…………………………… Ⅳ - 310
かかみちしばり……………………… Ⅳ - 310
かかみつる…………………………… Ⅳ - 310
かかみも……………………………… Ⅳ - 310
かかみもく…………………………… Ⅳ - 310
かからはら…………………………… Ⅳ - 310
かからひ……………………………… Ⅳ - 311
かがらび……………………………… Ⅳ - 311
ががらひ……………………………… Ⅳ - 311
かかんほ……………………………… Ⅳ - 311
かかんぼ……………………………… Ⅳ - 311
ががんほう…………………………… Ⅳ - 311
かきかけ……………………………… Ⅳ - 311
かきからみ…………………………… Ⅳ - 312
かきくさ……………………………… Ⅳ - 312
かぎくさ……………………………… Ⅳ - 312
かきくるま…………………………… Ⅳ - 312
かきころし…………………………… Ⅳ - 312
かきそは……………………………… Ⅳ - 312

かきそば…………………………… Ⅳ - 312
かきそば…………………………… Ⅳ - 313
かきだのし………………………… Ⅳ - 313
かきつはき………………………… Ⅳ - 313
かきつはた………………………… Ⅳ - 313
かきつはた………………………… Ⅳ - 314
かきつばた………………………… Ⅳ - 314
かきつばた………………………… Ⅳ - 315
かきつはら………………………… Ⅳ - 315
かきつる…………………………… Ⅳ - 315
かきとう…………………………… Ⅳ - 315
かきとうさ………………………… Ⅳ - 316
かきとうし………………………… Ⅳ - 316
かきとうろ………………………… Ⅳ - 316
かきどうろ………………………… Ⅳ - 316
かきとうろう……………………… Ⅳ - 316
かきとうろくさ…………………… Ⅳ - 316
かきどうろくさ…………………… Ⅳ - 316
かきとうし………………………… Ⅳ - 317
かきとうじ………………………… Ⅳ - 317
かきどうし………………………… Ⅳ - 317
かきとおし………………………… Ⅳ - 317
かきとふし………………………… Ⅳ - 317
かきとほし………………………… Ⅳ - 317
かきとり…………………………… Ⅳ - 318
かきとりくさ……………………… Ⅳ - 318
かぎとりはな……………………… Ⅳ - 318
かきとをし………………………… Ⅳ - 318
かきどをし………………………… Ⅳ - 318
かきな……………………………… Ⅳ - 319
かきねかへし……………………… Ⅳ - 319
かきねすすき……………………… Ⅳ - 319
かきねどうし……………………… Ⅳ - 319
かきねのこけ……………………… Ⅳ - 319
かきねむぐら……………………… Ⅳ - 319
かきのてんほう…………………… Ⅳ - 320
かきのとんほ……………………… Ⅳ - 320
かきば……………………………… Ⅳ - 320
かきひき…………………………… Ⅳ - 320
かぎひき…………………………… Ⅳ - 320
かきひきくさ……………………… Ⅳ - 320
かぎひきはな……………………… Ⅳ - 320
かきふり…………………………… Ⅳ - 321
かきまめかつら…………………… Ⅳ - 321
かくいも…………………………… Ⅳ - 321
かぐさ……………………………… Ⅳ - 321
かくさう…………………………… Ⅳ - 321
がくさう…………………………… Ⅳ - 321
かくすけ…………………………… Ⅳ - 321
がくそう…………………………… Ⅳ - 322
かくそうつる……………………… Ⅳ - 322
かくちゆうさう…………………… Ⅳ - 322
かくどう…………………………… Ⅳ - 322
がくどう…………………………… Ⅳ - 322
かくひ……………………………… Ⅳ - 322
かくま……………………………… Ⅳ - 322
がくま……………………………… Ⅳ - 323
がくもん…………………………… Ⅳ - 323
がくもんさう……………………… Ⅳ - 323
かくもんし………………………… Ⅳ - 323
かくもんじ………………………… Ⅳ - 323
かぐやくさ………………………… Ⅳ - 323
かくら……………………………… Ⅳ - 323
かぐら……………………………… Ⅳ - 324
がくわんさう……………………… Ⅳ - 324
かけきく…………………………… Ⅳ - 324
かけくさ…………………………… Ⅳ - 324
かげくさ…………………………… Ⅳ - 324
かけせり…………………………… Ⅳ - 324
かけたうるい……………………… Ⅳ - 325
かけろうさう……………………… Ⅳ - 325
かこさう…………………………… Ⅳ - 325
かごさう…………………………… Ⅳ - 325
かこそう…………………………… Ⅳ - 325
けげろうさう……………………… Ⅳ - 325
かこそう…………………………… Ⅳ - 326

かごそう…… Ⅳ - 326
かこめ…… Ⅳ - 326
がさいち…… Ⅳ - 326
かざきりくさ…… Ⅳ - 326
かざくさ…… Ⅳ - 326
かさくるま…… Ⅳ - 326
かさくるま…… Ⅳ - 327
かさぐるま…… Ⅳ - 327
かざくるま…… Ⅳ - 327
かきすけ…… Ⅳ - 328
かざぐるま…… Ⅳ - 328
かさつる…… Ⅳ - 328
かさな…… Ⅳ - 328
かさなりくさ…… Ⅳ - 328
がざば…… Ⅳ - 328
かさむすひ…… Ⅳ - 329
かさむすび…… Ⅳ - 329
かさも…… Ⅳ - 329
かさゆり…… Ⅳ - 329
かしいも…… Ⅳ - 329
かしう…… Ⅳ - 329
かしかくさ…… Ⅳ - 330
かじかくさ…… Ⅳ - 330
かしかし…… Ⅳ - 330
がしがし…… Ⅳ - 330
かしかめ…… Ⅳ - 330
かしめ…… Ⅳ - 330
かじめ…… Ⅳ - 331
かじめのうばき…… Ⅳ - 331
かしも…… Ⅳ - 331
かしもんじ…… Ⅳ - 331
かしゆ…… Ⅳ - 331
かしゆう…… Ⅳ - 331
かしゆう…… Ⅳ - 332
がしゆつ…… Ⅳ - 332
がじゆつ…… Ⅳ - 332
かしらはけ…… Ⅳ - 332
かしらはげ…… Ⅳ - 332
かしろ…… Ⅳ - 332
がしろ…… Ⅳ - 332
かしわいちご…… Ⅳ - 333
かしわすすき…… Ⅳ - 333
かすおしみぐさ…… Ⅳ - 333
かすかも…… Ⅳ - 333
かすげうるい…… Ⅳ - 333
かすこ…… Ⅳ - 333
かすて…… Ⅳ - 333
かすな…… Ⅳ - 334
かすもち…… Ⅳ - 334
かせかま…… Ⅳ - 334
かせくさ…… Ⅳ - 334
かぜくさ…… Ⅳ - 334
かぜしりくさ…… Ⅳ - 334
かぜしりぐさ…… Ⅳ - 334
かたいかや…… Ⅳ - 335
かたいかり…… Ⅳ - 335
かたかい…… Ⅳ - 335
かたかご…… Ⅳ - 335
かだかこ…… Ⅳ - 335
かたかみ…… Ⅳ - 335
かだかみ…… Ⅳ - 335
かたきぬくさ…… Ⅳ - 336
かたきび…… Ⅳ - 336
かたくり…… Ⅳ - 336
かたこ…… Ⅳ - 336
かたこゆり…… Ⅳ - 336
かたこり…… Ⅳ - 336
かたしろ…… Ⅳ - 336
かたしろ…… Ⅳ - 337
かたじろ…… Ⅳ - 337
かたしろう…… Ⅳ - 337
かたしろくさ…… Ⅳ - 337
かたとり…… Ⅳ - 337
かたなくさ…… Ⅳ - 337
かたなはけ…… Ⅳ - 338
かたなもみ…… Ⅳ - 338

かたのり…………………………… Ⅳ - 338
かだのり…………………………… Ⅳ - 338
かたば……………………………… Ⅳ - 338
かたはな…………………………… Ⅳ - 338
かたはへぶす……………………… Ⅳ - 339
かたはみ…………………………… Ⅳ - 339
かたばみ…………………………… Ⅳ - 339
かたばみ…………………………… Ⅳ - 340
かたはみくさ……………………… Ⅳ - 340
かたばみくさ……………………… Ⅳ - 340
かたはゆり………………………… Ⅳ - 340
かたひば…………………………… Ⅳ - 341
かたびる…………………………… Ⅳ - 341
かたひろ…………………………… Ⅳ - 341
かたびろ…………………………… Ⅳ - 341
かたふき…………………………… Ⅳ - 341
かたほうじ………………………… Ⅳ - 341
かたほや…………………………… Ⅳ - 341
がたまた…………………………… Ⅳ - 342
かたらくい………………………… Ⅳ - 342
かたゐ……………………………… Ⅳ - 342
かたゐかや………………………… Ⅳ - 342
かちほく…………………………… Ⅳ - 342
かちめ……………………………… Ⅳ - 342
かぢわらさう……………………… Ⅳ - 342
かぢめ……………………………… Ⅳ - 343
かちもんし………………………… Ⅳ - 343
かちもんじ………………………… Ⅳ - 343
がちようさい……………………… Ⅳ - 343
かぢわかめ………………………… Ⅳ - 343
かつかうはな……………………… Ⅳ - 343
かつかうくさ……………………… Ⅳ - 344
かつかつも………………………… Ⅳ - 344
かつこ……………………………… Ⅳ - 344
かつこあさみ……………………… Ⅳ - 344
かつこう…………………………… Ⅳ - 344
かつこうはな……………………… Ⅳ - 344
かつこのふくり…………………… Ⅳ - 344
かつこはな………………………… Ⅳ - 345
かつこひしやく…………………… Ⅳ - 345
かつたいまくら…………………… Ⅳ - 345
かつていら………………………… Ⅳ - 345
かつてかうぶら…………………… Ⅳ - 345
かつとはい………………………… Ⅳ - 345
かつなくさ………………………… Ⅳ - 345
かつね……………………………… Ⅳ - 346
かづね……………………………… Ⅳ - 346
かつはくさ………………………… Ⅳ - 346
かつへらくさ……………………… Ⅳ - 346
かつへんさう……………………… Ⅳ - 346
かつほう…………………………… Ⅳ - 346
かつほうくさ……………………… Ⅳ - 346
かつほうし………………………… Ⅳ - 347
がつほうし………………………… Ⅳ - 347
がつほうじ………………………… Ⅳ - 347
かつほうすき……………………… Ⅳ - 347
かつほうつる……………………… Ⅳ - 347
がつほうづる……………………… Ⅳ - 347
かつほうはな……………………… Ⅳ - 347
かつほかづら……………………… Ⅳ - 348
かつほぎ…………………………… Ⅳ - 348
かつほくさ………………………… Ⅳ - 348
かつほばな………………………… Ⅳ - 348
かつほを…………………………… Ⅳ - 348
がつみ……………………………… Ⅳ - 348
かづも……………………………… Ⅳ - 349
かつら……………………………… Ⅳ - 349
かづら……………………………… Ⅳ - 349
かつらいちご……………………… Ⅳ - 349
かづらいちご……………………… Ⅳ - 349
かつらくさ………………………… Ⅳ - 349
かつらぐさ………………………… Ⅳ - 350
かづらくさ………………………… Ⅳ - 350
かづらぐさ………………………… Ⅳ - 350
かつらこ…………………………… Ⅳ - 350
かづらこ…………………………… Ⅳ - 350

かつらしやうふ…………………… IV - 350
かつらな…………………………… IV - 350
かつらにんしん…………………… IV - 351
かつらはぎ………………………… IV - 351
かつらひめ………………………… IV - 351
かづらひめ………………………… IV - 351
かつらふし………………………… IV - 351
かつらふじ………………………… IV - 351
かつらほうすき…………………… IV - 351
かつらほうつき…………………… IV - 352
かつらほうづき…………………… IV - 352
かつらみ…………………………… IV - 352
かづらみ…………………………… IV - 352
かつらむめもとき………………… IV - 352
かづらむめもどき………………… IV - 352
かつらめ…………………………… IV - 352
かづらめ…………………………… IV - 353
かつらも…………………………… IV - 353
かつらもそく……………………… IV - 353
かつれ……………………………… IV - 353
かつをぐさ………………………… IV - 353
かづをくさ………………………… IV - 353
かで………………………………… IV - 353
かとくさ…………………………… IV - 354
かとてくさ………………………… IV - 354
かとほ……………………………… IV - 354
かないちご………………………… IV - 354
かないばら………………………… IV - 354
かなうゑべす……………………… IV - 354
かなかつら………………………… IV - 354
かなかや…………………………… IV - 355
かながら…………………………… IV - 355
かなしは…………………………… IV - 355
かなしやくし……………………… IV - 355
かなじやくし……………………… IV - 355
かなぜんまい……………………… IV - 355
かなつる…………………………… IV - 355
かなひはし………………………… IV - 356
かなほう…………………………… IV - 356
かなむくら………………………… IV - 356
かなむぐら………………………… IV - 357
がなも……………………………… IV - 357
かなもくら………………………… IV - 357
かなもぐら………………………… IV - 358
かなもくろ………………………… IV - 358
かなももら………………………… IV - 358
かなやまくさ……………………… IV - 358
かなよし…………………………… IV - 359
かなよもき………………………… IV - 359
かなりつる………………………… IV - 359
かにあをも………………………… IV - 359
かにいはら………………………… IV - 359
かにがしら………………………… IV - 359
かにかつら………………………… IV - 359
かにかや…………………………… IV - 360
かにがや…………………………… IV - 360
かにからくさ……………………… IV - 360
かにくさ…………………………… IV - 360
かにぐさ…………………………… IV - 361
かにしだ…………………………… IV - 361
かにずり…………………………… IV - 361
かにつなき………………………… IV - 361
かにつなぎ………………………… IV - 361
かにづる…………………………… IV - 361
かにとりくさ……………………… IV - 361
かにとりくさ……………………… IV - 362
かにのかう………………………… IV - 362
かにのす…………………………… IV - 362
かにのめ…………………………… IV - 362
かにぶだう………………………… IV - 362
かにぶどう………………………… IV - 362
かにやむはら……………………… IV - 362
かねかつら………………………… IV - 363
かねかづら………………………… IV - 363
かねす……………………………… IV - 363
かねひばし………………………… IV - 363

がねぶかつら……………………… Ⅳ - 363
かねむくら………………………… Ⅳ - 363
かねり……………………………… Ⅳ - 363
かねりかつら……………………… Ⅳ - 364
かのか……………………………… Ⅳ - 364
かのこ……………………………… Ⅳ - 364
かのこくさ………………………… Ⅳ - 364
かのこゆり………………………… Ⅳ - 364
かのししくさ……………………… Ⅳ - 364
かば………………………………… Ⅳ - 365
がば………………………………… Ⅳ - 365
かばいちご………………………… Ⅳ - 365
かはいも…………………………… Ⅳ - 365
かはいもじ………………………… Ⅳ - 365
かはおばこ………………………… Ⅳ - 365
かはかずら………………………… Ⅳ - 365
かはからし………………………… Ⅳ - 366
かはぎ……………………………… Ⅳ - 366
かはきし…………………………… Ⅳ - 366
かはきり…………………………… Ⅳ - 366
かはけいとう……………………… Ⅳ - 366
かはこけ…………………………… Ⅳ - 366
かはこはな………………………… Ⅳ - 366
かはさきなでしこ………………… Ⅳ - 367
かはざく…………………………… Ⅳ - 367
かばしこいちご…………………… Ⅳ - 367
かばしな…………………………… Ⅳ - 367
かはしやうぶ……………………… Ⅳ - 367
かはしやくな……………………… Ⅳ - 367
かはすけ…………………………… Ⅳ - 368
かはすげ…………………………… Ⅳ - 368
かはすすき………………………… Ⅳ - 368
かはせうぶ………………………… Ⅳ - 368
かはぜり…………………………… Ⅳ - 368
かはぜんこ………………………… Ⅳ - 368
かはかたな………………………… Ⅳ - 369
かはそは…………………………… Ⅳ - 369
かはそば…………………………… Ⅳ - 369
かはたけ…………………………… Ⅳ - 369
かはたて…………………………… Ⅳ - 369
かはたで…………………………… Ⅳ - 369
かはちさ…………………………… Ⅳ - 369
かはちさ…………………………… Ⅳ - 370
かはぢさ…………………………… Ⅳ - 370
かはちしや………………………… Ⅳ - 370
かはと……………………………… Ⅳ - 370
かはとと…………………………… Ⅳ - 370
かはな……………………………… Ⅳ - 370
かはなぎ…………………………… Ⅳ - 370
かはにら…………………………… Ⅳ - 371
かはのり…………………………… Ⅳ - 371
かははぎ…………………………… Ⅳ - 371
かはばた…………………………… Ⅳ - 371
かははつる………………………… Ⅳ - 371
かはばのかかし…………………… Ⅳ - 371
かはんくさ………………………… Ⅳ - 371
かははり…………………………… Ⅳ - 372
かはほうづき……………………… Ⅳ - 372
かはほね…………………………… Ⅳ - 372
かはほほづき……………………… Ⅳ - 372
かはみつ…………………………… Ⅳ - 372
かはみどり………………………… Ⅳ - 372
かはみどり………………………… Ⅳ - 373
かはむらさき……………………… Ⅳ - 373
かはも……………………………… Ⅳ - 373
かはもく…………………………… Ⅳ - 373
かはもつく………………………… Ⅳ - 373
かはゆり…………………………… Ⅳ - 373
かはよし…………………………… Ⅳ - 373
かはらあざみ……………………… Ⅳ - 374
かはらあし………………………… Ⅳ - 374
かはらあづき……………………… Ⅳ - 374
かはらあふぎ……………………… Ⅳ - 374
かはらあわ………………………… Ⅳ - 374
かはらいくさ……………………… Ⅳ - 374
かはらいちこ……………………… Ⅳ - 374

かはらいちご…………………………Ⅳ - 375
かはらいばら…………………………Ⅳ - 375
かはらえんどう………………………Ⅳ - 375
かはらかぶ……………………………Ⅳ - 375
かはらくさ……………………………Ⅳ - 375
かはらけいとう………………………Ⅳ - 375
かはらけくさ…………………………Ⅳ - 375
かはらけな……………………………Ⅳ - 376
かはらごぼう…………………………Ⅳ - 376
かはらさいこ…………………………Ⅳ - 376
かはらざいこ…………………………Ⅳ - 377
かはらささけ…………………………Ⅳ - 377
かはらささげ…………………………Ⅳ - 377
かはらしこ……………………………Ⅳ - 377
かはらそてつ…………………………Ⅳ - 377
かはらだいこん………………………Ⅳ - 377
かはらたて……………………………Ⅳ - 377
かはらたで……………………………Ⅳ - 378
かはらちご……………………………Ⅳ - 378
かはらちちこ…………………………Ⅳ - 378
かはらとう……………………………Ⅳ - 378
かはらとくさ…………………………Ⅳ - 378
かはらとんご…………………………Ⅳ - 378
かはらなづな…………………………Ⅳ - 378
かはらなてしこ………………………Ⅳ - 379
かはらなでしこ………………………Ⅳ - 379
かはらにんじん………………………Ⅳ - 379
かはらはあこ…………………………Ⅳ - 379
かはらはぎ……………………………Ⅳ - 379
かはらはけ……………………………Ⅳ - 380
かはらはこ……………………………Ⅳ - 380
かはらはな……………………………Ⅳ - 380
かはらふぢ……………………………Ⅳ - 380
かはらふとう…………………………Ⅳ - 380
かはらぼうこ…………………………Ⅳ - 380
かはらまつば…………………………Ⅳ - 380
かはらまめ……………………………Ⅳ - 381
かはらよし……………………………Ⅳ - 381
かはらよもき…………………………Ⅳ - 381
かはらよもぎ…………………………Ⅳ - 381
かはらよもぎ…………………………Ⅳ - 382
かはらゑびこ…………………………Ⅳ - 382
かはらをぎ……………………………Ⅳ - 382
かひこ…………………………………Ⅳ - 382
がみ……………………………………Ⅳ - 382
がびづる………………………………Ⅳ - 383
かひな…………………………………Ⅳ - 383
かひなくさ……………………………Ⅳ - 383
かふくさ………………………………Ⅳ - 383
かふけ…………………………………Ⅳ - 383
かふげ…………………………………Ⅳ - 383
かふすべ………………………………Ⅳ - 383
かぶてこぶら…………………………Ⅳ - 384
かぶときく……………………………Ⅳ - 384
かふとくさ……………………………Ⅳ - 384
かぶとくさ……………………………Ⅳ - 384
かぶとそう……………………………Ⅳ - 384
かぶとのり……………………………Ⅳ - 384
かぶとはな……………………………Ⅳ - 385
かぶな…………………………………Ⅳ - 385
がふな…………………………………Ⅳ - 385
がぶな…………………………………Ⅳ - 385
かふふし………………………………Ⅳ - 385
かふぶし………………………………Ⅳ - 385
かふほね………………………………Ⅳ - 385
かふらいきく…………………………Ⅳ - 386
かふらぶす……………………………Ⅳ - 386
かふれな………………………………Ⅳ - 386
かふろ…………………………………Ⅳ - 386
かへ……………………………………Ⅳ - 386
かへうるし……………………………Ⅳ - 386
かべうるし……………………………Ⅳ - 386
かへかつら……………………………Ⅳ - 387
かべかづら……………………………Ⅳ - 387
かべくさ………………………………Ⅳ - 387
かへるくさ……………………………Ⅳ - 387

かへるこくさ……………………… Ⅳ - 387
かへるな………………………… Ⅳ - 387
かへるのつらつき……………………… Ⅳ - 387
かへるは………………………… Ⅳ - 388
かへるまた……………………… Ⅳ - 388
かぼちやきく……………………… Ⅳ - 388
かほよくさ……………………… Ⅳ - 388
かま………………………… Ⅳ - 388
がま………………………… Ⅳ - 388
がまかつら……………………… Ⅳ - 389
かまかめ………………………… Ⅳ - 389
かまきらい……………………… Ⅳ - 389
かまきりくさ……………………… Ⅳ - 389
かまくらいご……………………… Ⅳ - 389
かまくらさいこ……………………… Ⅳ - 390
かますへり……………………… Ⅳ - 390
かまつか………………………… Ⅳ - 390
かまとくさ……………………… Ⅳ - 390
かまどくさ……………………… Ⅳ - 390
かまな………………………… Ⅳ - 390
かまなふり……………………… Ⅳ - 391
かまはじき……………………… Ⅳ - 391
かまぶた………………………… Ⅳ - 391
がまほうづき……………………… Ⅳ - 391
かままかつら……………………… Ⅳ - 391
かまゑひ………………………… Ⅳ - 391
かまゑび………………………… Ⅳ - 392
がまんさう……………………… Ⅳ - 392
かみがたおらんだがらし………… Ⅳ - 392
かみき………………………… Ⅳ - 392
かみくさ………………………… Ⅳ - 392
かみどろ………………………… Ⅳ - 392
かみとろろ……………………… Ⅳ - 392
かみなりくさ……………………… Ⅳ - 393
かみのき………………………… Ⅳ - 393
かむき………………………… Ⅳ - 393
かむろ………………………… Ⅳ - 393
かむろくさ……………………… Ⅳ - 393
かむろくさ……………………… Ⅳ - 394
かめいはら……………………… Ⅳ - 394
かめいばら……………………… Ⅳ - 394
かめがう………………………… Ⅳ - 394
かめがら………………………… Ⅳ - 394
かめくさ………………………… Ⅳ - 394
がめくさ………………………… Ⅳ - 394
かめしぢ………………………… Ⅳ - 395
かめのかう……………………… Ⅳ - 395
かめのかうくさ……………………… Ⅳ - 395
かめは………………………… Ⅳ - 395
かめば………………………… Ⅳ - 395
かめばくさ……………………… Ⅳ - 395
がめはす………………………… Ⅳ - 396
かめほふづき……………………… Ⅳ - 396
かめむはら……………………… Ⅳ - 396
かも………………………… Ⅳ - 396
がも………………………… Ⅳ - 396
かもあふひ……………………… Ⅳ - 396
かもしそう……………………… Ⅳ - 396
かもいちこ……………………… Ⅳ - 397
がもう………………………… Ⅳ - 397
かもくさ………………………… Ⅳ - 397
かもし………………………… Ⅳ - 397
かもじくさ……………………… Ⅳ - 397
かもぜくさ……………………… Ⅳ - 398
かものあし……………………… Ⅳ - 398
かもふり………………………… Ⅳ - 398
かもめくさ……………………… Ⅳ - 398
かもめづる……………………… Ⅳ - 398
かもゆり………………………… Ⅳ - 398
かもゑひ………………………… Ⅳ - 399
かや………………………… Ⅳ - 399
かやかくび……………………… Ⅳ - 399
かやかくみ……………………… Ⅳ - 399
かやくさ………………………… Ⅳ - 399
かやすすき……………………… Ⅳ - 400
かやつり………………………… Ⅳ - 400

かやつりくさ…………………………Ⅳ - 400
かやつりくさ…………………………Ⅳ - 401
かやとり………………………………Ⅳ - 401
かやにんにく…………………………Ⅳ - 402
かやのこ………………………………Ⅳ - 402
かやのり………………………………Ⅳ - 402
かやも…………………………………Ⅳ - 402
かやもつれ……………………………Ⅳ - 402
から……………………………………Ⅳ - 402
からあふい……………………………Ⅳ - 402
からあふひ……………………………Ⅳ - 403
からあをい……………………………Ⅳ - 403
からいくさ……………………………Ⅳ - 403
からいとくさ…………………………Ⅳ - 403
からいも………………………………Ⅳ - 403
からかさくさ…………………………Ⅳ - 403
からかさくさ…………………………Ⅳ - 404
がらがらくさ…………………………Ⅳ - 404
からきく………………………………Ⅳ - 404
からくさ………………………………Ⅳ - 404
からくれない…………………………Ⅳ - 404
からくれなゐ…………………………Ⅳ - 404
からけいとう…………………………Ⅳ - 405
からこゆり……………………………Ⅳ - 405
からころじ……………………………Ⅳ - 405
からし…………………………………Ⅳ - 405
からしきび……………………………Ⅳ - 405
からしは………………………………Ⅳ - 405
からしば………………………………Ⅳ - 405
あらすあふき…………………………Ⅳ - 406
からしば………………………………Ⅳ - 406
からしやうぎ…………………………Ⅳ - 406
からしやうふ…………………………Ⅳ - 406
からしやうま…………………………Ⅳ - 406
からしゆ………………………………Ⅳ - 406
からすあかね…………………………Ⅳ - 406
あらすあふき…………………………Ⅳ - 407
からすあふぎ…………………………Ⅳ - 407
からすいいこ…………………………Ⅳ - 407
からすいね……………………………Ⅳ - 407
からすいも……………………………Ⅳ - 407
からすうり……………………………Ⅳ - 408
からすおうぎ…………………………Ⅳ - 408
からすおふき…………………………Ⅳ - 408
からすおふぎ…………………………Ⅳ - 408
からすがうり…………………………Ⅳ - 409
からすきび……………………………Ⅳ - 409
からすくさ……………………………Ⅳ - 409
からすぐさ……………………………Ⅳ - 409
からすぐはゐ…………………………Ⅳ - 409
からすこべ……………………………Ⅳ - 409
からすささけ…………………………Ⅳ - 409
からすじね……………………………Ⅳ - 410
からすなもみ…………………………Ⅳ - 410
からすなんばん………………………Ⅳ - 410
からすにら……………………………Ⅳ - 410
からすにんじん………………………Ⅳ - 410
からすねこくり………………………Ⅳ - 410
からすねふ……………………………Ⅳ - 411
からすのいも…………………………Ⅳ - 411
からすのうゑき………………………Ⅳ - 411
からすのかぎ…………………………Ⅳ - 411
からすのこいね………………………Ⅳ - 411
からすのごき…………………………Ⅳ - 411
からすのしやくし……………………Ⅳ - 412
からすのすねたくり…………………Ⅳ - 412
からすのそば…………………………Ⅳ - 412
からすのつきぎ………………………Ⅳ - 412
からすのはかま………………………Ⅳ - 412
からすのはせくさ……………………Ⅳ - 412
からすのひうち………………………Ⅳ - 413
からすのひるつと……………………Ⅳ - 413
からすのぶどう………………………Ⅳ - 413
からすのや……………………………Ⅳ - 413
からすのやまもも……………………Ⅳ - 413
からすのよもぎ………………………Ⅳ - 413

からすのゑんどう…………………… Ⅳ - 413
からすのゑんどお…………………… Ⅳ - 414
からすば……………………………… Ⅳ - 414
からすふくり………………………… Ⅳ - 414
からすふり…………………………… Ⅳ - 414
からすふり…………………………… Ⅳ - 415
からすふんくり……………………… Ⅳ - 415
からすほうつき……………………… Ⅳ - 415
からすほうづき……………………… Ⅳ - 415
からすまくら………………………… Ⅳ - 415
からすまた…………………………… Ⅳ - 415
からすむき…………………………… Ⅳ - 415
からすむき…………………………… Ⅳ - 416
からすむぎ…………………………… Ⅳ - 416
からすもち…………………………… Ⅳ - 416
からすもば…………………………… Ⅳ - 417
からすや……………………………… Ⅳ - 417
からすわうぎ………………………… Ⅳ - 417
からすをふき………………………… Ⅳ - 417
からせうき…………………………… Ⅳ - 417
からせきしやう……………………… Ⅳ - 417
からせきちく………………………… Ⅳ - 417
からたちはな………………………… Ⅳ - 418
からたちばな………………………… Ⅳ - 418
からちや……………………………… Ⅳ - 418
からな………………………………… Ⅳ - 418
からなてしこ………………………… Ⅳ - 418
からね………………………………… Ⅳ - 418
からはぎ……………………………… Ⅳ - 418
からひ………………………………… Ⅳ - 419
がらび………………………………… Ⅳ - 419
がらびかぢら………………………… Ⅳ - 419
がらびかつら………………………… Ⅳ - 419
からふじ……………………………… Ⅳ - 419
からへ………………………………… Ⅳ - 419
からぼこ……………………………… Ⅳ - 419
からほし……………………………… Ⅳ - 420
からまき……………………………… Ⅳ - 420
からまつ……………………………… Ⅳ - 420
からまつかづら……………………… Ⅳ - 420
からまつくさ………………………… Ⅳ - 420
からまつさう………………………… Ⅳ - 420
からまつさう………………………… Ⅳ - 421
からまつそう………………………… Ⅳ - 421
からまり……………………………… Ⅳ - 421
からみ………………………………… Ⅳ - 421
がらみ………………………………… Ⅳ - 421
からみかつら………………………… Ⅳ - 421
からみくさ…………………………… Ⅳ - 422
からむし……………………………… Ⅳ - 422
からめ………………………………… Ⅳ - 422
からめかつら………………………… Ⅳ - 423
からめくさ…………………………… Ⅳ - 423
からも………………………………… Ⅳ - 423
がらも………………………………… Ⅳ - 423
からもかづら………………………… Ⅳ - 423
からゆり……………………………… Ⅳ - 423
からよもき…………………………… Ⅳ - 423
からよもぎ…………………………… Ⅳ - 424
からゑ………………………………… Ⅳ - 424
からゑもき…………………………… Ⅳ - 424
からを………………………………… Ⅳ - 424
からんぼ……………………………… Ⅳ - 424
からんも……………………………… Ⅳ - 424
がらんも……………………………… Ⅳ - 424
かりあわせ…………………………… Ⅳ - 425
かりがねさう………………………… Ⅳ - 425
かりかや……………………………… Ⅳ - 425
がりかや……………………………… Ⅳ - 425
かりかりも…………………………… Ⅳ - 425
がりがりも…………………………… Ⅳ - 425
かりくさ……………………………… Ⅳ - 425
かりやす……………………………… Ⅳ - 426
かりやすかや………………………… Ⅳ - 426
かるかや……………………………… Ⅳ - 426
かるかや……………………………… Ⅳ - 427

かるかや…… Ⅳ - 428
かるくさ…… Ⅳ - 428
かるこかや…… Ⅳ - 428
かるこくさ…… Ⅳ - 428
かるも…… Ⅳ - 428
かるり…… Ⅳ - 428
かれほこ…… Ⅳ - 428
かろうぎ…… Ⅳ - 429
かろし…… Ⅳ - 429
かろり…… Ⅳ - 429
かわからし…… Ⅳ - 429
かわぎし…… Ⅳ - 429
かわきり…… Ⅳ - 429
かわげ…… Ⅳ - 429
かわけしば…… Ⅳ - 430
かわこはな…… Ⅳ - 430
かわすげ…… Ⅳ - 430
かわせうぶ…… Ⅳ - 430
かわぜんこ…… Ⅳ - 430
かわそば…… Ⅳ - 430
かわちくさ…… Ⅳ - 430
かわちさ…… Ⅳ - 431
かわぢさ…… Ⅳ - 431
かわと…… Ⅳ - 431
かわとう…… Ⅳ - 431
かわな…… Ⅳ - 431
かわはぎ…… Ⅳ - 431
かわばくさ…… Ⅳ - 431
かわはり…… Ⅳ - 432
かわほね…… Ⅳ - 432
かわまめ…… Ⅳ - 432
かわも…… Ⅳ - 432
がわゆり…… Ⅳ - 432
かわらかしはば…… Ⅳ - 432
かわらくみ…… Ⅳ - 433
かわらけくさ…… Ⅳ - 433
かわらけな…… Ⅳ - 433
かわらけはな…… Ⅳ - 433
かわらさいこ…… Ⅳ - 433
かわらさいご…… Ⅳ - 434
かわらすすき…… Ⅳ - 434
かわらちこ…… Ⅳ - 434
かわらちちこ…… Ⅳ - 434
かわらとくさ…… Ⅳ - 434
かわらなてしこ…… Ⅳ - 434
かわらにんしん…… Ⅳ - 434
かわらはき…… Ⅳ - 435
かわらはぎ…… Ⅳ - 435
かわらふつ…… Ⅳ - 435
かわらほう…… Ⅳ - 435
かわらまつ…… Ⅳ - 435
かわらむき…… Ⅳ - 435
かわらよし…… Ⅳ - 435
かわらよもき…… Ⅳ - 436
かわらよもぎ…… Ⅳ - 436
かわらゑんどう…… Ⅳ - 436
かをりかづら…… Ⅳ - 436
かん…… Ⅳ - 436
かんあふひ…… Ⅳ - 437
かんいちこ…… Ⅳ - 437
かんいちご…… Ⅳ - 437
かんかうじ…… Ⅳ - 437
かんからひ…… Ⅳ - 437
かんからひふし…… Ⅳ - 437
かんきく…… Ⅳ - 437
かんきく…… Ⅳ - 438
かんぎく…… Ⅳ - 438
かんさう…… Ⅳ - 438
かんざう…… Ⅳ - 438
がんざう…… Ⅳ - 438
かんさく…… Ⅳ - 439
かんざさう…… Ⅳ - 439
がんじつさう…… Ⅳ - 439
かんしやう…… Ⅳ - 439
かんしやうしやう…… Ⅳ - 439
かんしよう…… Ⅳ - 439

かんせう…………………………… Ⅳ - 440
がんぜきらん………………………… Ⅳ - 440
かんそ………………………………… Ⅳ - 440
かんそう……………………………… Ⅳ - 440
かんぞう……………………………… Ⅳ - 440
かんぞうな…………………………… Ⅳ - 440
かんそく……………………………… Ⅳ - 440
がんそく……………………………… Ⅳ - 441
がんぞく……………………………… Ⅳ - 441
かんだがまくら……………………… Ⅳ - 441
かんだちいはら……………………… Ⅳ - 441
かんたん……………………………… Ⅳ - 441
かんたんのまくら…………………… Ⅳ - 441
かんたんのまくら…………………… Ⅳ - 442
かんたんまくら……………………… Ⅳ - 442
がんつる……………………………… Ⅳ - 442
がんといばら………………………… Ⅳ - 442
がんどいはら………………………… Ⅳ - 442
かんとういはら……………………… Ⅳ - 442
かんぢじ……………………………… Ⅳ - 443
がんとういばら……………………… Ⅳ - 443
かんとうし…………………………… Ⅳ - 443
かんところ…………………………… Ⅳ - 443
かんどころ…………………………… Ⅳ - 443
がんところ…………………………… Ⅳ - 443
かんどし……………………………… Ⅳ - 443
がんのひるつと……………………… Ⅳ - 444
がんのひるづと……………………… Ⅳ - 444
かんのめ……………………………… Ⅳ - 444
がんのめくさ………………………… Ⅳ - 444
かんのり……………………………… Ⅳ - 444
かんは………………………………… Ⅳ - 444
かんば………………………………… Ⅳ - 444
かんばす……………………………… Ⅳ - 445
がんはす……………………………… Ⅳ - 445
がんばす……………………………… Ⅳ - 445
かんひ………………………………… Ⅳ - 445
がんひ………………………………… Ⅳ - 445
かんび………………………………… Ⅳ - 446
がんひ………………………………… Ⅳ - 446
がんび………………………………… Ⅳ - 446
がんぴ………………………………… Ⅳ - 446
かんほう……………………………… Ⅳ - 446
かんほうし…………………………… Ⅳ - 446
かんぼうし…………………………… Ⅳ - 447
がんぼうし…………………………… Ⅳ - 447
がんほうせう………………………… Ⅳ - 447
かんほし……………………………… Ⅳ - 447
かんもし……………………………… Ⅳ - 447
かんやいはら………………………… Ⅳ - 447
かんようゑべず……………………… Ⅳ - 447
がんらいこう………………………… Ⅳ - 448
かんらいさう………………………… Ⅳ - 448
がんらいさう………………………… Ⅳ - 448
かんれむさう………………………… Ⅳ - 448
かんれんそう………………………… Ⅳ - 448

## き

き……………………………………… Ⅳ - 449
きいちこ……………………………… Ⅳ - 449
きいちご……………………………… Ⅳ - 449
きうしくさ…………………………… Ⅳ - 449
きうめんさう………………………… Ⅳ - 449
ぎうめんさう………………………… Ⅳ - 449
きおんそう…………………………… Ⅳ - 450
きかぜぐさ…………………………… Ⅳ - 450
きかつら……………………………… Ⅳ - 450
きかづら……………………………… Ⅳ - 450
きかねはな…………………………… Ⅳ - 450
きからまつ…………………………… Ⅳ - 450
きりうさう…………………………… Ⅳ - 450
きかんさう…………………………… Ⅳ - 451
ききく………………………………… Ⅳ - 451
ききやう……………………………… Ⅳ - 451
ききやうからくさ…………………… Ⅳ - 452
きく…………………………………… Ⅳ - 452

きく…………………………… Ⅳ - 453
きくあさみ…………………… Ⅳ - 453
きくいとかけ………………… Ⅳ - 453
きくいばら…………………… Ⅳ - 453
きくちがわのり……………… Ⅳ - 453
きくな………………………… Ⅳ - 453
きくな………………………… Ⅳ - 454
きくのとをぐさ……………… Ⅳ - 454
きくふしやう………………… Ⅳ - 454
きけいとう…………………… Ⅳ - 454
きけう………………………… Ⅳ - 454
きけまん……………………… Ⅳ - 454
きげまん……………………… Ⅳ - 454
きこ…………………………… Ⅳ - 455
きざく………………………… Ⅳ - 455
きさんじこ…………………… Ⅳ - 455
きさんらん…………………… Ⅳ - 455
きし…………………………… Ⅳ - 455
きしかくし…………………… Ⅳ - 455
きじかくし…………………… Ⅳ - 455
きじかくし…………………… Ⅳ - 456
きしかくれ…………………… Ⅳ - 456
きじかくれ…………………… Ⅳ - 456
きじがくれ…………………… Ⅳ - 456
きしかくれくさ……………… Ⅳ - 456
きしきし……………………… Ⅳ - 457
きじきじ……………………… Ⅳ - 457
ぎしぎし……………………… Ⅳ - 457
きじくさ……………………… Ⅳ - 457
きしくびりかつら…………… Ⅳ - 457
きじくびりかつら…………… Ⅳ - 458
きしな………………………… Ⅳ - 458
きじな………………………… Ⅳ - 458
きじのお……………………… Ⅳ - 458
きじのすねかき……………… Ⅳ - 458
きじのめかくし……………… Ⅳ - 458
きしのを……………………… Ⅳ - 458
きじのを……………………… Ⅳ - 459
きしばり……………………… Ⅳ - 459
ぎじばり……………………… Ⅳ - 459
きしやな……………………… Ⅳ - 459
きしんさう…………………… Ⅳ - 459
きしんさう…………………… Ⅳ - 460
きじんさう…………………… Ⅳ - 460
きじんそう…………………… Ⅳ - 460
きすくさ……………………… Ⅳ - 461
きずくさ……………………… Ⅳ - 461
きすけ………………………… Ⅳ - 461
きすげ………………………… Ⅳ - 461
きそへ………………………… Ⅳ - 461
きぞへ………………………… Ⅳ - 462
きそへかつら………………… Ⅳ - 462
きぞへかつら………………… Ⅳ - 462
きそゑ………………………… Ⅳ - 462
きぞゑ………………………… Ⅳ - 462
きたけくさ…………………… Ⅳ - 462
きたすぎ……………………… Ⅳ - 462
きちかいそう………………… Ⅳ - 463
きちかくし…………………… Ⅳ - 463
きぢかくし…………………… Ⅳ - 463
きちきち……………………… Ⅳ - 463
ぎちぎち……………………… Ⅳ - 463
ぎぢぎぢ……………………… Ⅳ - 463
きちしやうさう……………… Ⅳ - 463
きちじやうさう……………… Ⅳ - 464
きちじやうそう……………… Ⅳ - 464
きちやきちや………………… Ⅳ - 464
きちんさう…………………… Ⅳ - 464
きぢんさう…………………… Ⅳ - 464
きぢんそう…………………… Ⅳ - 464
きつかう……………………… Ⅳ - 464
きつくさ……………………… Ⅳ - 465
きづくさ……………………… Ⅳ - 465
きつた………………………… Ⅳ - 465
きづた………………………… Ⅳ - 465
きつてうさう………………… Ⅳ - 465

きつねあさみ……………………… Ⅳ - 465
きつねあざみ……………………… Ⅳ - 465
きつねあづき……………………… Ⅳ - 466
きつねあふき……………………… Ⅳ - 466
きつねうすこ……………………… Ⅳ - 466
きつねうるい……………………… Ⅳ - 466
きつねおがせ……………………… Ⅳ - 466
きつねがや………………………… Ⅳ - 466
きつねきび………………………… Ⅳ - 466
きつねくさ………………………… Ⅳ - 467
きつねくわんざう………………… Ⅳ - 467
きつねこまさや…………………… Ⅳ - 467
きつねこむぎ……………………… Ⅳ - 467
きつねささ………………………… Ⅳ - 467
きつねささき……………………… Ⅳ - 467
きつねささけ……………………… Ⅳ - 468
きつねささげ……………………… Ⅳ - 468
きつねささら……………………… Ⅳ - 468
きつねさざら……………………… Ⅳ - 468
きつねすかな……………………… Ⅳ - 468
きつねたすき……………………… Ⅳ - 468
きつねたちこ……………………… Ⅳ - 468
きつねたはこ……………………… Ⅳ - 469
きつねたばこ……………………… Ⅳ - 469
きつねとうろ……………………… Ⅳ - 469
きつねにら………………………… Ⅳ - 469
きつねにんじん…………………… Ⅳ - 469
きつねのあづき…………………… Ⅳ - 469
きつねのあふら…………………… Ⅳ - 469
きつねのおかせ…………………… Ⅳ - 470
きつねのおがせ…………………… Ⅳ - 470
きつねのおび……………………… Ⅳ - 470
きつねのかき……………………… Ⅳ - 470
きつねのかみそり………………… Ⅳ - 470
きつねのからかさ………………… Ⅳ - 470
きつねのききやう………………… Ⅳ - 471
きつねのけさ……………………… Ⅳ - 471
きつねのこむき…………………… Ⅳ - 471
きつねのこめ……………………… Ⅳ - 471
きつねのささけ…………………… Ⅳ - 471
きつねのしり……………………… Ⅳ - 471
きつねのせいべん………………… Ⅳ - 471
きつねのたすき…………………… Ⅳ - 472
きつねのとうろ…………………… Ⅳ - 472
きつねのはいふき………………… Ⅳ - 472
きつねのははき…………………… Ⅳ - 472
きつねのはり……………………… Ⅳ - 472
きつねのひばし…………………… Ⅳ - 473
きつねのまくら…………………… Ⅳ - 473
きつねのまへかき………………… Ⅳ - 473
きつねのまへかけ………………… Ⅳ - 473
きつねのまへたれ………………… Ⅳ - 473
きつねのまへだれ………………… Ⅳ - 473
きつねのまへびら………………… Ⅳ - 473
きつねのまへびら………………… Ⅳ - 474
きつねのまゑかけ………………… Ⅳ - 474
きつねのまゑびら………………… Ⅳ - 474
きつねのを………………………… Ⅳ - 474
きつねのをかせ…………………… Ⅳ - 474
きつねのをがせ…………………… Ⅳ - 474
きつねのをび……………………… Ⅳ - 474
きつねはつくり…………………… Ⅳ - 475
きつねはな………………………… Ⅳ - 475
きつねばり………………………… Ⅳ - 475
きつねひる………………………… Ⅳ - 475
きつねふくらけさう……………… Ⅳ - 475
きつねむき………………………… Ⅳ - 475
きつねやなぎ……………………… Ⅳ - 475
きつねゑんとう…………………… Ⅳ - 476
きつねをさ………………………… Ⅳ - 476
きつらさう………………………… Ⅳ - 476
きづらさう………………………… Ⅳ - 476
きとうひる………………………… Ⅳ - 476
きところ…………………………… Ⅳ - 476
きどころ…………………………… Ⅳ - 476
きどそかづら……………………… Ⅳ - 477

きとろろ……………………………… Ⅳ - 477
きぬくさ……………………………… Ⅳ - 477
きねかつら…………………………… Ⅳ - 477
きのこさし…………………………… Ⅳ - 477
きのした……………………………… Ⅳ - 477
きのめ………………………………… Ⅳ - 477
きのれまた…………………………… Ⅳ - 478
ぎば…………………………………… Ⅳ - 478
きばうふう…………………………… Ⅳ - 478
きはぎ………………………………… Ⅳ - 478
ぎはくさ……………………………… Ⅳ - 478
ぎばくさ……………………………… Ⅳ - 478
ぎばさ………………………………… Ⅳ - 478
ぎばさう……………………………… Ⅳ - 479
きはさも……………………………… Ⅳ - 479
ぎばさも……………………………… Ⅳ - 479
きはさんらいさう…………………… Ⅳ - 479
ぎばさんらいさう…………………… Ⅳ - 479
きばさんれいそう…………………… Ⅳ - 479
きはすみさう………………………… Ⅳ - 479
きばそう……………………………… Ⅳ - 480
きはた………………………………… Ⅳ - 480
きはんさう…………………………… Ⅳ - 480
きび…………………………………… Ⅳ - 480
ぎひき………………………………… Ⅳ - 480
きびつかみ…………………………… Ⅳ - 480
きふくろ……………………………… Ⅳ - 480
きぶし………………………………… Ⅳ - 481
きぶねぎく…………………………… Ⅳ - 481
きぼ…………………………………… Ⅳ - 481
ぎぼ…………………………………… Ⅳ - 481
きほう………………………………… Ⅳ - 481
ぎほう………………………………… Ⅳ - 481
きほうし……………………………… Ⅳ - 481
きぼうし……………………………… Ⅳ - 482
ぎほうし……………………………… Ⅳ - 482
ぎぼうし……………………………… Ⅳ - 482
ぎぼうし……………………………… Ⅳ - 483
ぎぼうしゆ…………………………… Ⅳ - 483
きほし………………………………… Ⅳ - 483
ぎぼし………………………………… Ⅳ - 483
きまんぢう…………………………… Ⅳ - 483
きみがすず…………………………… Ⅳ - 483
きみる………………………………… Ⅳ - 484
きむくげ……………………………… Ⅳ - 484
きもと………………………………… Ⅳ - 484
きももくさ…………………………… Ⅳ - 484
きやう………………………………… Ⅳ - 484
きやうくわつ………………………… Ⅳ - 484
きやうこそで………………………… Ⅳ - 484
ぎやうじやにんにく………………… Ⅳ - 485
きやうなつな………………………… Ⅳ - 485
きやうなづな………………………… Ⅳ - 485
きやうのひほ………………………… Ⅳ - 485
きやうのひも………………………… Ⅳ - 485
きやうのひも………………………… Ⅳ - 486
きやうのむま………………………… Ⅳ - 486
きやうは……………………………… Ⅳ - 486
きやうぶ……………………………… Ⅳ - 486
ぎやうぶ……………………………… Ⅳ - 486
きやうふく…………………………… Ⅳ - 486
ぎやうぶな…………………………… Ⅳ - 487
きやうもつこう……………………… Ⅳ - 487
ぎやうよう…………………………… Ⅳ - 487
ぎやるさう…………………………… Ⅳ - 487
きやるた……………………………… Ⅳ - 487
きゆり………………………………… Ⅳ - 487
きようくわつ………………………… Ⅳ - 487
ぎよくし……………………………… Ⅳ - 488
ぎよくせんくは……………………… Ⅳ - 488
きよくせんくわ……………………… Ⅳ - 488
ぎらな………………………………… Ⅳ - 488
きらやう……………………………… Ⅳ - 488
きらん………………………………… Ⅳ - 488
きらんさう…………………………… Ⅳ - 488
きらんさう…………………………… Ⅳ - 489

ぎらんさう…………………………… Ⅳ - 489
きらんそう…………………………… Ⅳ - 489
きりきりさう………………………… Ⅳ - 489
きりしま……………………………… Ⅳ - 489
きりつぼ……………………………… Ⅳ - 489
きりのとをぐさ……………………… Ⅳ - 489
きりふかや…………………………… Ⅳ - 490
きりやす……………………………… Ⅳ - 490
きりんさう…………………………… Ⅳ - 490
きりんそう…………………………… Ⅳ - 490
ぎろぎろ……………………………… Ⅳ - 490
ぎろくさ……………………………… Ⅳ - 491
ぎろり………………………………… Ⅳ - 491
ぎわ…………………………………… Ⅳ - 491
きわすみさう………………………… Ⅳ - 491
きわた………………………………… Ⅳ - 491
きわた………………………………… Ⅳ - 492
きわたもとき………………………… Ⅳ - 492
きわたもどき………………………… Ⅳ - 492
きわんさう…………………………… Ⅳ - 492
ぎんあふひ…………………………… Ⅳ - 492
きんかいさう………………………… Ⅳ - 492
きんかうし…………………………… Ⅳ - 493
きんぎいす…………………………… Ⅳ - 493
きんきす……………………………… Ⅳ - 493
きんぎよも…………………………… Ⅳ - 493
きんぎんくわ………………………… Ⅳ - 493
きんきんさう………………………… Ⅳ - 493
きんぎんさう………………………… Ⅳ - 494
きんきんそう………………………… Ⅳ - 494
きんぎんなすび……………………… Ⅳ - 494
きんくい……………………………… Ⅳ - 494
きんくわ……………………………… Ⅳ - 494
きんげしやう………………………… Ⅳ - 494
きんげせう…………………………… Ⅳ - 494
きんさら……………………………… Ⅳ - 495
きんしだ……………………………… Ⅳ - 495
きんしばい…………………………… Ⅳ - 495
きんしれん…………………………… Ⅳ - 495
きんしん……………………………… Ⅳ - 495
きんすげ……………………………… Ⅳ - 495
きんせいさう………………………… Ⅳ - 495
きんせいそう………………………… Ⅳ - 496
きんせんぎんだい…………………… Ⅳ - 496
きんせんくさ………………………… Ⅳ - 496
きんせんくは………………………… Ⅳ - 496
きんせんくわ………………………… Ⅳ - 496
きんせんくわ………………………… Ⅳ - 497
ぎんせんくわ………………………… Ⅳ - 497
きんたい……………………………… Ⅳ - 497
ぎんだい……………………………… Ⅳ - 497
ぎんたるも…………………………… Ⅳ - 498
きんちやくさう……………………… Ⅳ - 498
きんちやくなす……………………… Ⅳ - 498
きんば………………………………… Ⅳ - 498
きんはいさう………………………… Ⅳ - 498
きんばいさう………………………… Ⅳ - 498
ぎんはいさう………………………… Ⅳ - 498
きんばく……………………………… Ⅳ - 499
きんばさ……………………………… Ⅳ - 499
きんはさう…………………………… Ⅳ - 499
きんばさう…………………………… Ⅳ - 499
きんはさうも………………………… Ⅳ - 499
ぎんばさな…………………………… Ⅳ - 499
きんばさまも………………………… Ⅳ - 499
ぎんばさまも………………………… Ⅳ - 500
きんばそも…………………………… Ⅳ - 500
きんふのり…………………………… Ⅳ - 500
きんぶんし…………………………… Ⅳ - 500
きんほう……………………………… Ⅳ - 500
きんほうけ…………………………… Ⅳ - 500
きんほうげ…………………………… Ⅳ - 501
きんぼうけ…………………………… Ⅳ - 501
きんまかづら………………………… Ⅳ - 501
ぎんまつば…………………………… Ⅳ - 501
きんみづひき………………………… Ⅳ - 501

きんらん……………………………… Ⅳ - 502
きんろさう…………………………… Ⅳ - 502

## く

くい…………………………………… Ⅳ - 503
くいす………………………………… Ⅳ - 503
ぐいす………………………………… Ⅳ - 503
くうつさう…………………………… Ⅳ - 503
くかいさう…………………………… Ⅳ - 503
くがいさう…………………………… Ⅳ - 503
くがいさう…………………………… Ⅳ - 504
くかいそう…………………………… Ⅳ - 504
くきくさ……………………………… Ⅳ - 504
くぎくさ……………………………… Ⅳ - 504
くぎぬきさう………………………… Ⅳ - 504
くきふき……………………………… Ⅳ - 504
くく…………………………………… Ⅳ - 504
くぐ…………………………………… Ⅳ - 505
くぐくさ……………………………… Ⅳ - 505
くくな………………………………… Ⅳ - 505
くくみ………………………………… Ⅳ - 505
くぐみ………………………………… Ⅳ - 505
くくめくさ…………………………… Ⅳ - 505
くくもとき…………………………… Ⅳ - 505
くぐもどき…………………………… Ⅳ - 506
くくら………………………………… Ⅳ - 506
くくりしば…………………………… Ⅳ - 506
くげぢよらう………………………… Ⅳ - 506
くこ…………………………………… Ⅳ - 506
くご…………………………………… Ⅳ - 506
くこくさ……………………………… Ⅳ - 507
くさあかね…………………………… Ⅳ - 507
くさあさみ…………………………… Ⅳ - 507
くさあぢさい………………………… Ⅳ - 507
くさあをい…………………………… Ⅳ - 507
くさいちこ…………………………… Ⅳ - 507
くさいちご…………………………… Ⅳ - 508
くさうど……………………………… Ⅳ - 508
くさうるし…………………………… Ⅳ - 508
くさおとめかつら…………………… Ⅳ - 508
くさからまつ………………………… Ⅳ - 508
くさき………………………………… Ⅳ - 508
くさき………………………………… Ⅳ - 509
くさぎ………………………………… Ⅳ - 509
くさききやう………………………… Ⅳ - 509
くさぎぐさ…………………………… Ⅳ - 509
くさきひ……………………………… Ⅳ - 509
くさきり……………………………… Ⅳ - 509
くさぎり……………………………… Ⅳ - 510
くさぐみ……………………………… Ⅳ - 510
くさごま……………………………… Ⅳ - 510
くさこまめ…………………………… Ⅳ - 510
くさしきび…………………………… Ⅳ - 510
くさしのぶ…………………………… Ⅳ - 510
くさしもつけ………………………… Ⅳ - 510
くさしもつけ………………………… Ⅳ - 511
くさしもづけ………………………… Ⅳ - 511
くさしやくやく……………………… Ⅳ - 511
くさしゆろ…………………………… Ⅳ - 511
くさじよろう………………………… Ⅳ - 511
くさすげ……………………………… Ⅳ - 511
くさすり……………………………… Ⅳ - 512
くさそてつ…………………………… Ⅳ - 512
くさたちはな………………………… Ⅳ - 512
くさたちばな………………………… Ⅳ - 512
くさたちばな………………………… Ⅳ - 513
くさたつ……………………………… Ⅳ - 513
くさたづ……………………………… Ⅳ - 513
くさたま……………………………… Ⅳ - 513
くさちや……………………………… Ⅳ - 513
くさぢや……………………………… Ⅳ - 513
くさちやうじ………………………… Ⅳ - 514
くさつけ……………………………… Ⅳ - 514
くさつげ……………………………… Ⅳ - 514
くさつた……………………………… Ⅳ - 514
くさつる……………………………… Ⅳ - 514

くさなんてん…………………… Ⅳ - 514
くさにんしん…………………… Ⅳ - 514
くさにんじん…………………… Ⅳ - 515
くさにんちん…………………… Ⅳ - 515
くさねぶ…………………… Ⅳ - 515
くさねれ…………………… Ⅳ - 515
くさのおう…………………… Ⅳ - 515
くさのおふ…………………… Ⅳ - 515
くさのはな…………………… Ⅳ - 515
くさのみ…………………… Ⅳ - 516
くさのれたま…………………… Ⅳ - 516
くさのわう…………………… Ⅳ - 516
くさのを…………………… Ⅳ - 516
くさのをう…………………… Ⅳ - 516
くさはき…………………… Ⅳ - 517
くさはぎ…………………… Ⅳ - 517
くさはせを…………………… Ⅳ - 517
くさひば…………………… Ⅳ - 517
くさひへ…………………… Ⅳ - 517
くさひやう…………………… Ⅳ - 517
くさびやう…………………… Ⅳ - 518
くさひゆ…………………… Ⅳ - 518
くさびよう…………………… Ⅳ - 518
くさふうろう…………………… Ⅳ - 518
くさふじ…………………… Ⅳ - 518
くさふち…………………… Ⅳ - 518
くさふとう…………………… Ⅳ - 519
くさふよう…………………… Ⅳ - 519
くさべう…………………… Ⅳ - 519
くさほくり…………………… Ⅳ - 519
くさぼけ…………………… Ⅳ - 519
くさほたん…………………… Ⅳ - 519
くさぼたん…………………… Ⅳ - 520
くさまめ…………………… Ⅳ - 520
くさまら…………………… Ⅳ - 520
くさまんさく…………………… Ⅳ - 520
くさむめもとき…………………… Ⅳ - 520
くさむらさき…………………… Ⅳ - 521
くさもくた…………………… Ⅳ - 521
くさもみち…………………… Ⅳ - 521
くさや…………………… Ⅳ - 521
くさやまふき…………………… Ⅳ - 521
くさやまぶき…………………… Ⅳ - 521
くさやまぶき…………………… Ⅳ - 522
くさゆり…………………… Ⅳ - 522
くさよし…………………… Ⅳ - 522
くさよもぎ…………………… Ⅳ - 522
くさらん…………………… Ⅳ - 522
くさりんだう…………………… Ⅳ - 522
くされいし…………………… Ⅳ - 523
くされだま…………………… Ⅳ - 523
くされんけ…………………… Ⅳ - 523
くさわう…………………… Ⅳ - 523
くさわた…………………… Ⅳ - 523
くさゑんとう…………………… Ⅳ - 523
くさゑんどう…………………… Ⅳ - 524
くさをとめかつら…………………… Ⅳ - 524
くさんつる…………………… Ⅳ - 524
くじ…………………… Ⅳ - 524
くじな…………………… Ⅳ - 524
くじやくさう…………………… Ⅳ - 524
くじやくのを…………………… Ⅳ - 525
くしら…………………… Ⅳ - 525
くしらさう…………………… Ⅳ - 525
くじらさう…………………… Ⅳ - 525
くじらも…………………… Ⅳ - 525
くしん…………………… Ⅳ - 525
くず…………………… Ⅳ - 526
くすかつら…………………… Ⅳ - 526
くずかつら…………………… Ⅳ - 526
くずかづら…………………… Ⅳ - 527
くすくさ…………………… Ⅳ - 527
くずごつる…………………… Ⅳ - 527
くすつる…………………… Ⅳ - 527
くずつる…………………… Ⅳ - 527
くすね…………………… Ⅳ - 527

くずね……Ⅳ - 528
くずは……Ⅳ - 528
くずば……Ⅳ - 528
くずばかつら……Ⅳ - 528
くすばづる……Ⅳ - 528
くすふじ……Ⅳ - 528
くずふじ……Ⅳ - 528
くすふぢ……Ⅳ - 529
くずふぢ……Ⅳ - 529
くずまき……Ⅳ - 529
くせあい……Ⅳ - 529
ぐそくへし……Ⅳ - 529
くそは……Ⅳ - 529
ぐぞば……Ⅳ - 529
くそふじ……Ⅳ - 530
くちかけ……Ⅳ - 530
くちくさ……Ⅳ - 530
くちさき……Ⅳ - 530
くちさけ……Ⅳ - 530
ぐぢな……Ⅳ - 530
くちないな……Ⅳ - 531
くちなはいちご……Ⅳ - 531
くちなはごさ……Ⅳ - 531
くちなはのまくら……Ⅳ - 531
くちなははな……Ⅳ - 531
くちなはぶえ……Ⅳ - 531
くちなはへひ……Ⅳ - 531
くちなわいちこ……Ⅳ - 532
くちなわいちご……Ⅳ - 532
くちなわのいちご……Ⅳ - 532
くちなわのまくら……Ⅳ - 532
くちなわはな……Ⅳ - 532
くちば……Ⅳ - 533
くちばさう……Ⅳ - 533
くづ……Ⅳ - 533
くつかつら……Ⅳ - 533
くつくさ……Ⅳ - 533
くつせくさ……Ⅳ - 533
くづづた……Ⅳ - 533
くづね……Ⅳ - 534
くづば……Ⅳ - 534
くつはつる……Ⅳ - 534
くつまき……Ⅳ - 534
くづまき……Ⅳ - 534
くつも……Ⅳ - 534
くつわからみ……Ⅳ - 534
くつわからみ……Ⅳ - 535
くつわくさ……Ⅳ - 535
くなり……Ⅳ - 535
くにくさ……Ⅳ - 535
くぬふじ……Ⅳ - 535
くねいも……Ⅳ - 535
くはい……Ⅳ - 535
くはいつるくさ……Ⅳ - 536
くはく……Ⅳ - 536
くはくかう……Ⅳ - 536
くはくさ……Ⅳ - 536
くはこな……Ⅳ - 536
くはつかう……Ⅳ - 536
くはのはくさ……Ⅳ - 536
くはまた……Ⅳ - 537
くはもとき……Ⅳ - 537
くはゐ……Ⅳ - 537
くはゑ……Ⅳ - 537
くはんおんさう……Ⅳ - 537
くはんぎさう……Ⅳ - 537
くはんぎそう……Ⅳ - 537
くはんさう……Ⅳ - 538
くはんすいちご……Ⅳ - 538
くはんそう……Ⅳ - 538
くはんをんさう……Ⅳ - 538
ぐびじんさう……Ⅳ - 538
くわんざう……Ⅳ - 538
くびれいも……Ⅳ - 539
くまいちこ……Ⅳ - 539
くまいちご……Ⅳ - 539

くまいばら…………………………… Ⅳ - 539
くまえび…………………………… Ⅳ - 539
くまがいさう…………………………… Ⅳ - 539
くさざさ…………………………… Ⅳ - 540
くまかつら…………………………… Ⅳ - 540
くまがへさう…………………………… Ⅳ - 540
くまこ…………………………… Ⅳ - 540
くまささ…………………………… Ⅳ - 540
くましだ…………………………… Ⅳ - 540
くまづつら…………………………… Ⅳ - 540
くまてなき…………………………… Ⅳ - 541
くまばら…………………………… Ⅳ - 541
くまひゆ…………………………… Ⅳ - 541
くまふじ…………………………… Ⅳ - 541
くまほういちこ…………………………… Ⅳ - 541
くまほうけ…………………………… Ⅳ - 541
くまやなき…………………………… Ⅳ - 541
くまやなぎ…………………………… Ⅳ - 542
くまゑひ…………………………… Ⅳ - 542
ぐみ…………………………… Ⅳ - 542
くもいちこ…………………………… Ⅳ - 542
くもさつとり…………………………… Ⅳ - 542
くもば…………………………… Ⅳ - 542
くや…………………………… Ⅳ - 542
くやうさう…………………………… Ⅳ - 543
くやくさ…………………………… Ⅳ - 543
ぐやくさ…………………………… Ⅳ - 543
くらし…………………………… Ⅳ - 543
くらしんのり…………………………… Ⅳ - 543
くらた…………………………… Ⅳ - 543
くらだ…………………………… Ⅳ - 543
くらもりひへ…………………………… Ⅳ - 544
くらら…………………………… Ⅳ - 544
くららさう…………………………… Ⅳ - 544
くりこ…………………………… Ⅳ - 544
くりもやし…………………………… Ⅳ - 545
くりんさう…………………………… Ⅳ - 545
くりんそう…………………………… Ⅳ - 545
くるまくさ…………………………… Ⅳ - 545
くるまさう…………………………… Ⅳ - 545
くるまさし…………………………… Ⅳ - 546
くるまそう…………………………… Ⅳ - 546
くるまゆり…………………………… Ⅳ - 546
くるみかつら…………………………… Ⅳ - 546
くれたけ…………………………… Ⅳ - 546
くれない…………………………… Ⅳ - 546
くれない…………………………… Ⅳ - 547
くれなゐ…………………………… Ⅳ - 547
くろかねかつら…………………………… Ⅳ - 547
くろかねかづら…………………………… Ⅳ - 547
くろがねかつら…………………………… Ⅳ - 547
くろがねかづら…………………………… Ⅳ - 548
くろかねも…………………………… Ⅳ - 548
くろかねもとし…………………………… Ⅳ - 548
くろきぬ…………………………… Ⅳ - 548
くろくち…………………………… Ⅳ - 548
くろくはい…………………………… Ⅳ - 548
くろぐはゐ…………………………… Ⅳ - 549
くろくわい…………………………… Ⅳ - 549
くろぐわい…………………………… Ⅳ - 549
くろくわへ…………………………… Ⅳ - 549
くろけん…………………………… Ⅳ - 549
くろせいしん…………………………… Ⅳ - 549
くろとう…………………………… Ⅳ - 549
くろな…………………………… Ⅳ - 550
くろのり…………………………… Ⅳ - 550
くろは…………………………… Ⅳ - 550
くろはき…………………………… Ⅳ - 550
くろはぎ…………………………… Ⅳ - 550
くろはちかうも…………………………… Ⅳ - 550
くろはつる…………………………… Ⅳ - 551
くろふし…………………………… Ⅳ - 551
くろふつ…………………………… Ⅳ - 551
くろぼふも…………………………… Ⅳ - 551
くろみ…………………………… Ⅳ - 551
くろめ…………………………… Ⅳ - 551

くろめふじ…………………………… Ⅳ - 551
くろも…………………………… Ⅳ - 552
くろもふ…………………………… Ⅳ - 552
くわ…………………………… Ⅳ - 552
ぐわ…………………………… Ⅳ - 552
くわい…………………………… Ⅳ - 552
くわいくさ…………………………… Ⅳ - 552
くわいちこ…………………………… Ⅳ - 553
くわいちご…………………………… Ⅳ - 553
くわいづら…………………………… Ⅳ - 553
ぐわいづる…………………………… Ⅳ - 553
くわうきん…………………………… Ⅳ - 553
くわうれん…………………………… Ⅳ - 553
くわから…………………………… Ⅳ - 553
くわからな…………………………… Ⅳ - 554
くわがらは…………………………… Ⅳ - 554
くわくかう…………………………… Ⅳ - 554
くわくさ…………………………… Ⅳ - 554
くわくつし…………………………… Ⅳ - 554
くわくらん…………………………… Ⅳ - 554
くわくわら…………………………… Ⅳ - 554
くわこくさ…………………………… Ⅳ - 555
くわごくさ…………………………… Ⅳ - 555
くわたい…………………………… Ⅳ - 555
くわつかう…………………………… Ⅳ - 555
くわつかふ…………………………… Ⅳ - 555
くわつしつ…………………………… Ⅳ - 555
くわな…………………………… Ⅳ - 556
くわひ…………………………… Ⅳ - 556
くわふろな…………………………… Ⅳ - 556
くわへ…………………………… Ⅳ - 556
くわへら…………………………… Ⅳ - 556
くわまた…………………………… Ⅳ - 556
くわろふ…………………………… Ⅳ - 556
くわゐ…………………………… Ⅳ - 557
くわんおんさう…………………………… Ⅳ - 557
くわんおんそう…………………………… Ⅳ - 557
くわんぎそう…………………………… Ⅳ - 557
くわんくわらさう…………………………… Ⅳ - 557
くわんさう…………………………… Ⅳ - 558
くわんざう…………………………… Ⅳ - 558
くわんそう…………………………… Ⅳ - 558
ぐわんじつさう…………………………… Ⅳ - 559
くわんすころけ…………………………… Ⅳ - 559
くわんぞう…………………………… Ⅳ - 559
くわんたいな…………………………… Ⅳ - 559
くわんちう…………………………… Ⅳ - 559
くわんどう…………………………… Ⅳ - 559
くわんのんさう…………………………… Ⅳ - 559
くわんのんさう…………………………… Ⅳ - 560
くわんをんさう…………………………… Ⅳ - 560
くゐな…………………………… Ⅳ - 560
ぐんだれぐさ…………………………… Ⅳ - 560
ぐんとつる…………………………… Ⅳ - 560
ぐんどつる…………………………… Ⅳ - 560
くんろく…………………………… Ⅳ - 560

## け

けい…………………………… Ⅳ - 561
けいがい…………………………… Ⅳ - 561
けいかくさう…………………………… Ⅳ - 561
けいがくさう…………………………… Ⅳ - 561
けいかん…………………………… Ⅳ - 561
けいがん…………………………… Ⅳ - 561
けいさう…………………………… Ⅳ - 561
けいこつさう…………………………… Ⅳ - 562
けいし…………………………… Ⅳ - 562
けいじ…………………………… Ⅳ - 562
けいせいさう…………………………… Ⅳ - 562
けいそく…………………………… Ⅳ - 562
けいそくさう…………………………… Ⅳ - 562
けいそくそう…………………………… Ⅳ - 562
けいてん…………………………… Ⅳ - 563
けいとう…………………………… Ⅳ - 563
けいとうくわ…………………………… Ⅳ - 564
けいとうけ…………………………… Ⅳ - 564

けいとうげ……………………… Ⅳ - 565
けいらん……………………… Ⅳ - 565
けうはさう……………………… Ⅳ - 565
げうよう……………………… Ⅳ - 565
けかし……………………… Ⅳ - 565
けがし……………………… Ⅳ - 565
けくさ……………………… Ⅳ - 566
けくわさう……………………… Ⅳ - 566
げくわさう……………………… Ⅳ - 566
げげな……………………… Ⅳ - 566
けげむま……………………… Ⅳ - 566
けこごみ……………………… Ⅳ - 566
けし……………………… Ⅳ - 566
けしあざみ……………………… Ⅳ - 567
けしくさ……………………… Ⅳ - 567
けしけし……………………… Ⅳ - 567
けしけしまないた……………………… Ⅳ - 567
けしなぐさ……………………… Ⅳ - 567
けしやうくさ……………………… Ⅳ - 567
けじろ……………………… Ⅳ - 567
けぜり……………………… Ⅳ - 568
けたうさう……………………… Ⅳ - 568
けたて……………………… Ⅳ - 568
けたで……………………… Ⅳ - 568
けだて……………………… Ⅳ - 568
けたらさう……………………… Ⅳ - 569
けつりはな……………………… Ⅳ - 569
けつりばな……………………… Ⅳ - 569
けづりはな……………………… Ⅳ - 569
けな……………………… Ⅳ - 569
けなし……………………… Ⅳ - 569
けにんぢん……………………… Ⅳ - 570
げば……………………… Ⅳ - 570
げばくさ……………………… Ⅳ - 570
けひとう……………………… Ⅳ - 570
けひとうくわ……………………… Ⅳ - 570
けひどうけ……………………… Ⅳ - 570
けふき……………………… Ⅳ - 570
けほ……………………… Ⅳ - 571
けぼ……………………… Ⅳ - 571
けまん……………………… Ⅳ - 571
げまん……………………… Ⅳ - 571
けまんぼたん……………………… Ⅳ - 571
けまんさう……………………… Ⅳ - 572
けむこ……………………… Ⅳ - 572
けんぎうし……………………… Ⅳ - 572
けんきよ……………………… Ⅳ - 572
けんけ……………………… Ⅳ - 572
けんげ……………………… Ⅳ - 572
げんけ……………………… Ⅳ - 573
げんげ……………………… Ⅳ - 573
げんげはな……………………… Ⅳ - 573
げんげん……………………… Ⅳ - 573
けんけんさう……………………… Ⅳ - 573
けんざう……………………… Ⅳ - 573
けんさき……………………… Ⅳ - 574
けんざき……………………… Ⅳ - 574
けんさきば……………………… Ⅳ - 574
げんじかのこ……………………… Ⅳ - 574
げんじん……………………… Ⅳ - 574
げんだくさ……………………… Ⅳ - 574
けんのしやうこ……………………… Ⅳ - 575
けんのしやうご……………………… Ⅳ - 575
けんのじやうこ……………………… Ⅳ - 575
げんのしやうこ……………………… Ⅳ - 575
げんのせうこ……………………… Ⅳ - 575
けんぶつ……………………… Ⅳ - 575
げんぺいはき……………………… Ⅳ - 575
けんほさう……………………… Ⅳ - 576

## こ

ごあい……………………… Ⅳ - 577
こあきひかつら……………………… Ⅳ - 577
こあさがほ……………………… Ⅳ - 577
こあふひ……………………… Ⅳ - 577
こあほひ……………………… Ⅳ - 577

こあみつる…………………………Ⅳ - 578
こあをい…………………………Ⅳ - 578
こいくさ…………………………Ⅳ - 578
こいね…………………………Ⅳ - 578
こいねくさ…………………………Ⅳ - 578
こいばらまた…………………………Ⅳ - 578
こいら…………………………Ⅳ - 578
こういきやう…………………………Ⅳ - 579
こうかいさう…………………………Ⅳ - 579
こうがいさう…………………………Ⅳ - 579
こうくは…………………………Ⅳ - 579
こうくわ…………………………Ⅳ - 579
こうけ…………………………Ⅳ - 579
こうげ…………………………Ⅳ - 579
こうけしば…………………………Ⅳ - 580
こうけん…………………………Ⅳ - 580
ごうごつつ…………………………Ⅳ - 580
こうじからけ…………………………Ⅳ - 580
こうじからげ…………………………Ⅳ - 580
こうじぐさ…………………………Ⅳ - 580
こうじのしたい…………………………Ⅳ - 580
こうじぶた…………………………Ⅳ - 581
ごうじやう…………………………Ⅳ - 581
こうしゆ…………………………Ⅳ - 581
こうじゆ…………………………Ⅳ - 581
こうせんかう…………………………Ⅳ - 581
こうせんくわ…………………………Ⅳ - 581
こうのみかつら…………………………Ⅳ - 581
こうばうむぎ…………………………Ⅳ - 582
こうはぎ…………………………Ⅳ - 582
こうはしな…………………………Ⅳ - 582
こうばしな…………………………Ⅳ - 582
こうぶし…………………………Ⅳ - 582
こうほね…………………………Ⅳ - 582
こうもうせきちく…………………………Ⅳ - 582
こうら…………………………Ⅳ - 583
こうらいきく…………………………Ⅳ - 583
こうらいぎく…………………………Ⅳ - 583
こうり…………………………Ⅳ - 583
ごうり…………………………Ⅳ - 583
ごうりかつら…………………………Ⅳ - 583
ごうりかづら…………………………Ⅳ - 583
こうりやう…………………………Ⅳ - 584
こうるい…………………………Ⅳ - 584
こうれん…………………………Ⅳ - 584
こうわうさう…………………………Ⅳ - 584
こうをうそう…………………………Ⅳ - 584
こえかづら…………………………Ⅳ - 584
こえんどう…………………………Ⅳ - 584
こえんとろ…………………………Ⅳ - 585
こおふれん…………………………Ⅳ - 585
こおろしくさ…………………………Ⅳ - 585
こかきつはた…………………………Ⅳ - 585
こかきつばた…………………………Ⅳ - 585
こかたはみ…………………………Ⅳ - 585
こかつら…………………………Ⅳ - 585
こがな…………………………Ⅳ - 586
こがねかや…………………………Ⅳ - 586
こかねくさ…………………………Ⅳ - 586
こかねぐさ…………………………Ⅳ - 586
こがねくさ…………………………Ⅳ - 586
こかねつる…………………………Ⅳ - 586
こがねづる…………………………Ⅳ - 587
こかねはな…………………………Ⅳ - 587
こかねめぬき…………………………Ⅳ - 587
こがねめぬき…………………………Ⅳ - 587
こがねやなぎ…………………………Ⅳ - 587
こがねわらび…………………………Ⅳ - 587
こがひさう…………………………Ⅳ - 588
こかみ…………………………Ⅳ - 588
こがみ…………………………Ⅳ - 588
こかや…………………………Ⅳ - 588
こがや…………………………Ⅳ - 588
ごから…………………………Ⅳ - 588
こかる…………………………Ⅳ - 588
こき…………………………Ⅳ - 589

こきく……………………………… Ⅳ - 589
こきな……………………………… Ⅳ - 589
こきのこ…………………………… Ⅳ - 589
こきほ……………………………… Ⅳ - 589
こぎぼ……………………………… Ⅳ - 589
こきほうし………………………… Ⅳ - 589
こぎほうし………………………… Ⅳ - 590
こきやう…………………………… Ⅳ - 590
ごきやう…………………………… Ⅳ - 590
ごぎやう…………………………… Ⅳ - 590
ごぎやうさう……………………… Ⅳ - 590
ごきやうふつ……………………… Ⅳ - 590
ごぎやうぶつ……………………… Ⅳ - 591
こくさ……………………………… Ⅳ - 591
こくさぎ…………………………… Ⅳ - 591
こくせいしん……………………… Ⅳ - 591
ごぐみ……………………………… Ⅳ - 591
こくろふのり……………………… Ⅳ - 591
こくろめ…………………………… Ⅳ - 592
こくわい…………………………… Ⅳ - 592
こくわさう………………………… Ⅳ - 592
こくわつら………………………… Ⅳ - 592
こけ………………………………… Ⅳ - 592
こけあさみ………………………… Ⅳ - 592
こけいちご………………………… Ⅳ - 592
ごげう……………………………… Ⅳ - 593
こけくさ…………………………… Ⅳ - 593
こげくさ…………………………… Ⅳ - 593
こけぢよらう……………………… Ⅳ - 593
こけぢよろ………………………… Ⅳ - 593
こけのみ…………………………… Ⅳ - 593
こけんさき………………………… Ⅳ - 593
こご………………………………… Ⅳ - 594
ごごそう…………………………… Ⅳ - 594
ここのへぐさ……………………… Ⅳ - 594
ここのへはな……………………… Ⅳ - 594
ここみ……………………………… Ⅳ - 594
こごみ……………………………… Ⅳ - 594
ここめ……………………………… Ⅳ - 594
こごめ……………………………… Ⅳ - 595
ここめくさ………………………… Ⅳ - 595
こごめくさ………………………… Ⅳ - 595
こごめぐさ………………………… Ⅳ - 595
ここめな…………………………… Ⅳ - 595
ここめはな………………………… Ⅳ - 596
ここめひつり……………………… Ⅳ - 596
ここめひづり……………………… Ⅳ - 596
こころてんくさ…………………… Ⅳ - 596
こころふと………………………… Ⅳ - 596
こころふとくさ…………………… Ⅳ - 596
ごさい……………………………… Ⅳ - 596
ござい……………………………… Ⅳ - 597
こさいしん………………………… Ⅳ - 597
ございば…………………………… Ⅳ - 597
こざく……………………………… Ⅳ - 597
こさむかぜ………………………… Ⅳ - 597
こさめな…………………………… Ⅳ - 597
こさるめ…………………………… Ⅳ - 597
ござゐ……………………………… Ⅳ - 598
こしき……………………………… Ⅳ - 598
こしきかづら……………………… Ⅳ - 598
こしきくさ………………………… Ⅳ - 598
ごしきくさ………………………… Ⅳ - 598
こしらかけ………………………… Ⅳ - 598
ごしきくさ………………………… Ⅳ - 599
こしきば…………………………… Ⅳ - 599
こしきはらくさ…………………… Ⅳ - 599
こしきわむし……………………… Ⅳ - 599
こしくさ…………………………… Ⅳ - 599
ごじくは…………………………… Ⅳ - 600
こじくわ…………………………… Ⅳ - 600
ごしくわ…………………………… Ⅳ - 600
ごじくわ…………………………… Ⅳ - 600
こした……………………………… Ⅳ - 600
こしだ……………………………… Ⅳ - 600
こしたか…………………………… Ⅳ - 601

こしつ…… Ⅳ - 601
ごしつ…… Ⅳ - 601
ごじつ…… Ⅳ - 601
こしな…… Ⅳ - 601
こしば…… Ⅳ - 602
こしはなくさ…… Ⅳ - 602
こしほそ…… Ⅳ - 602
こじまさう…… Ⅳ - 602
こしやが…… Ⅳ - 602
ごしよあをい…… Ⅳ - 602
ごしよぐるま…… Ⅳ - 602
こしらしろ…… Ⅳ - 603
こしわら…… Ⅳ - 603
こすくひ…… Ⅳ - 603
こすげ…… Ⅳ - 603
こすすき…… Ⅳ - 603
こぜう…… Ⅳ - 603
こぜうしやう…… Ⅳ - 603
こせいぶ…… Ⅳ - 604
こせきせう…… Ⅳ - 604
こせな…… Ⅳ - 604
ごぜな…… Ⅳ - 604
ごぜはき…… Ⅳ - 604
こせり…… Ⅳ - 604
こそしゆ…… Ⅳ - 604
こそでくさ…… Ⅳ - 605
こそり…… Ⅳ - 605
こぞり…… Ⅳ - 605
こたいし…… Ⅳ - 605
こたつはな…… Ⅳ - 605
こだまくさ…… Ⅳ - 605
ごぢうはな…… Ⅳ - 605
こちくさ…… Ⅳ - 606
こつくわうかつら…… Ⅳ - 606
こつさいほ…… Ⅳ - 606
こつち…… Ⅳ - 606
こつていころし…… Ⅳ - 606
こつていころしさう…… Ⅳ - 606
こつてころしさう…… Ⅳ - 606
こつてころしさう…… Ⅳ - 607
こつといころはし…… Ⅳ - 607
こつといころばし…… Ⅳ - 607
こつといつなき…… Ⅳ - 607
こつといつなぎ…… Ⅳ - 607
こつほう…… Ⅳ - 607
こつほうかつら…… Ⅳ - 607
こつほうかつら…… Ⅳ - 608
こつらふじ…… Ⅳ - 608
こつろさう…… Ⅳ - 608
こてち…… Ⅳ - 608
こてづつ…… Ⅳ - 608
こてふくわ…… Ⅳ - 608
こといかつら…… Ⅳ - 609
こといころし…… Ⅳ - 609
こといさう…… Ⅳ - 609
こといつなき…… Ⅳ - 609
ごどう…… Ⅳ - 609
ことうつる…… Ⅳ - 609
ごとうつる…… Ⅳ - 609
ことこやし…… Ⅳ - 610
ことしやく…… Ⅳ - 610
ことじやく…… Ⅳ - 610
ことちのり…… Ⅳ - 610
ことひこやし…… Ⅳ - 610
ことりな…… Ⅳ - 610
ことりなべ…… Ⅳ - 610
ことりあし…… Ⅳ - 611
こなす…… Ⅳ - 611
こなすひ…… Ⅳ - 611
こなすび…… Ⅳ - 611
こなもみ…… Ⅳ - 611
こにのくさ…… Ⅳ - 611
こにやく…… Ⅳ - 612
こにんじん…… Ⅳ - 612
このした…… Ⅳ - 612
このも…… Ⅳ - 612

こばい…………………………… Ⅳ - 612
ごはい…………………………… Ⅳ - 612
ごばいし………………………… Ⅳ - 612
ごはいつる……………………… Ⅳ - 613
こばかま………………………… Ⅳ - 613
こはき…………………………… Ⅳ - 613
こはす…………………………… Ⅳ - 613
こはせ…………………………… Ⅳ - 613
ごぼう…………………………… Ⅳ - 613
ごぼうし………………………… Ⅳ - 613
こはたをし……………………… Ⅳ - 614
こばつま………………………… Ⅳ - 614
こはつる………………………… Ⅳ - 614
ごはづる………………………… Ⅳ - 614
こはなそ………………………… Ⅳ - 614
こひあふき……………………… Ⅳ - 614
こひおうき……………………… Ⅳ - 614
こびくさ………………………… Ⅳ - 615
こひし…………………………… Ⅳ - 615
こひばしな……………………… Ⅳ - 615
こひふくろ……………………… Ⅳ - 615
こふえ…………………………… Ⅳ - 615
こふかひぎさう………………… Ⅳ - 615
こふき…………………………… Ⅳ - 615
こぶくろばな…………………… Ⅳ - 616
こふこ…………………………… Ⅳ - 616
こふし…………………………… Ⅳ - 616
こふじ…………………………… Ⅳ - 616
こぶし…………………………… Ⅳ - 616
こぶたくさ……………………… Ⅳ - 616
こふぢ…………………………… Ⅳ - 616
こふて…………………………… Ⅳ - 617
ごふで…………………………… Ⅳ - 617
こぶとう………………………… Ⅳ - 617
こぶな…………………………… Ⅳ - 617
こふなくさ……………………… Ⅳ - 617
こふのり………………………… Ⅳ - 617
こぶのり………………………… Ⅳ - 617
こぶのり………………………… Ⅳ - 618
こふぶし………………………… Ⅳ - 618
ごふりかつら…………………… Ⅳ - 618
こふろしさう…………………… Ⅳ - 618
こへなくさ……………………… Ⅳ - 618
こへぶす………………………… Ⅳ - 618
ごほう…………………………… Ⅳ - 619
ごぼう…………………………… Ⅳ - 619
こぼうくさ……………………… Ⅳ - 619
ごほうくさ……………………… Ⅳ - 619
ごぼうくさ……………………… Ⅳ - 619
こほうつき……………………… Ⅳ - 619
こほうなき……………………… Ⅳ - 619
こほうゆり……………………… Ⅳ - 620
ごぼうゆり……………………… Ⅳ - 620
こほぜのね……………………… Ⅳ - 620
こほで…………………………… Ⅳ - 620
こぽて…………………………… Ⅳ - 620
ごほんはり……………………… Ⅳ - 620
ごま……………………………… Ⅳ - 620
こまかつら……………………… Ⅳ - 621
こまがら………………………… Ⅳ - 621
こまからくさ…………………… Ⅳ - 621
こまがらくさ…………………… Ⅳ - 621
ごまからくさ…………………… Ⅳ - 621
こまくさ………………………… Ⅳ - 621
ごまくさ………………………… Ⅳ - 622
ごまぐさ………………………… Ⅳ - 622
こまくら………………………… Ⅳ - 622
こまくる………………………… Ⅳ - 622
こまこまさう…………………… Ⅳ - 622
こまこやし……………………… Ⅳ - 622
こまこやし……………………… Ⅳ - 623
こまさや………………………… Ⅳ - 623
こませきしやう………………… Ⅳ - 623
こませり………………………… Ⅳ - 623
こまちよ………………………… Ⅳ - 623
こまちろつら…………………… Ⅳ - 623

こまつなき…………………………… Ⅳ - 623
こまつなき…………………………… Ⅳ - 624
こまつなぎ…………………………… Ⅳ - 624
こまつなきくさ……………………… Ⅳ - 624
こまつなぎぐさ……………………… Ⅳ - 625
こまつる……………………………… Ⅳ - 625
こまな………………………………… Ⅳ - 625
ごまな………………………………… Ⅳ - 625
こまのあし…………………………… Ⅳ - 625
こまのかしら………………………… Ⅳ - 625
こまのくち…………………………… Ⅳ - 625
こまのくちくさ……………………… Ⅳ - 626
こまのつめ…………………………… Ⅳ - 626
ごまのはぐさ………………………… Ⅳ - 626
こまのひさ…………………………… Ⅳ - 626
こまのひざ…………………………… Ⅳ - 627
こまのを……………………………… Ⅳ - 627
こまひき……………………………… Ⅳ - 627
こまひきかつら……………………… Ⅳ - 627
こまひきくさ………………………… Ⅳ - 627
こまひきはな………………………… Ⅳ - 628
こまふく……………………………… Ⅳ - 628
こまふし……………………………… Ⅳ - 628
こまふじ……………………………… Ⅳ - 628
こまふぢ……………………………… Ⅳ - 628
こまめ………………………………… Ⅳ - 628
ごまめ………………………………… Ⅳ - 629
こまめつる…………………………… Ⅳ - 629
ごまめづる…………………………… Ⅳ - 629
ごまもどき…………………………… Ⅳ - 629
こまゆり……………………………… Ⅳ - 630
こまん………………………………… Ⅳ - 630
ごまんさい…………………………… Ⅳ - 630
ごまんさう…………………………… Ⅳ - 630
こまんぢよ…………………………… Ⅳ - 630
こまんどう…………………………… Ⅳ - 630
ごまんとう…………………………… Ⅳ - 630
ごみ…………………………………… Ⅳ - 631
こみぎちろ…………………………… Ⅳ - 631
こみし………………………………… Ⅳ - 631
ごみし………………………………… Ⅳ - 631
こみつる……………………………… Ⅳ - 631
こむらたち…………………………… Ⅳ - 631
こめいたび…………………………… Ⅳ - 631
こめいはら…………………………… Ⅳ - 632
こめいばら…………………………… Ⅳ - 632
こめかづら…………………………… Ⅳ - 632
こめかや……………………………… Ⅳ - 632
こめくさ……………………………… Ⅳ - 632
こめごな……………………………… Ⅳ - 632
こめごめ……………………………… Ⅳ - 633
こめぢしや…………………………… Ⅳ - 633
こめな………………………………… Ⅳ - 633
こめなくさ…………………………… Ⅳ - 633
こめのこはな………………………… Ⅳ - 633
こめはな……………………………… Ⅳ - 633
こめふつ……………………………… Ⅳ - 634
こめほかや…………………………… Ⅳ - 634
こめも………………………………… Ⅳ - 634
こも…………………………………… Ⅳ - 634
ごも…………………………………… Ⅳ - 634
こもぐさ……………………………… Ⅳ - 634
こもそうくさ………………………… Ⅳ - 634
こもぞうくさ………………………… Ⅳ - 635
こもちくさ…………………………… Ⅳ - 635
こもちな……………………………… Ⅳ - 635
こもつかうかつら…………………… Ⅳ - 635
こものり……………………………… Ⅳ - 635
こももは……………………………… Ⅳ - 635
こももば……………………………… Ⅳ - 636
こや…………………………………… Ⅳ - 636
ごやおぎ……………………………… Ⅳ - 636
こやし………………………………… Ⅳ - 636
こやすらん…………………………… Ⅳ - 636
こやち………………………………… Ⅳ - 636
こやのたらう………………………… Ⅳ - 636

こやまと…… Ⅳ - 637
ごやをき…… Ⅳ - 637
こよき…… Ⅳ - 637
こよぎ…… Ⅳ - 637
こよし…… Ⅳ - 637
ごらうしらうくさ…… Ⅳ - 637
こらん…… Ⅳ - 637
ごらんさう…… Ⅳ - 638
こらんそう…… Ⅳ - 638
こりつなき…… Ⅳ - 638
ごりつなき…… Ⅳ - 638
ごりつなぎ…… Ⅳ - 638
ごりんさう…… Ⅳ - 638
これい…… Ⅳ - 638
これんげ…… Ⅳ - 639
ころころさう…… Ⅳ - 639
ころもさう…… Ⅳ - 639
ころもな…… Ⅳ - 639
こわい…… Ⅳ - 639
ごわい…… Ⅳ - 639
こわいき…… Ⅳ - 639
こわいつる…… Ⅳ - 640
こわうれん…… Ⅳ - 640
こわつる…… Ⅳ - 640
こわひ…… Ⅳ - 640
ごわひ…… Ⅳ - 640
こわゐ…… Ⅳ - 640
こわゐさう…… Ⅳ - 641
こゑなくさ…… Ⅳ - 641
こゑんとろ…… Ⅳ - 641
こをもたか…… Ⅳ - 641
こをやのおかた…… Ⅳ - 641
こをん…… Ⅳ - 641
こんかきつはた…… Ⅳ - 641
こんかきつばた…… Ⅳ - 642
こんきく…… Ⅳ - 642
ごんぎりさう…… Ⅳ - 642
こんけ…… Ⅳ - 642
ごんげ…… Ⅳ - 642
ごんげんさう…… Ⅳ - 642
ごんげんさう…… Ⅳ - 643
ごんずい…… Ⅳ - 643
ごんだいろ…… Ⅳ - 643
ごんださう…… Ⅳ - 643
こんてれき…… Ⅳ - 643
こんどうかづら…… Ⅳ - 643
こんにやく…… Ⅳ - 643
こんにやくさう…… Ⅳ - 644
こんぶ…… Ⅳ - 644
ごんぼうくさ…… Ⅳ - 644
こんやのすかた…… Ⅳ - 644
こんやのめん…… Ⅳ - 644


## さ


さあらこ…… Ⅳ - 645
さあらご…… Ⅳ - 645
さいかう…… Ⅳ - 645
さいかしさう…… Ⅳ - 645
さいかち…… Ⅳ - 645
さいかちくさ…… Ⅳ - 645
さいかちは…… Ⅳ - 645
さいから…… Ⅳ - 646
さいき…… Ⅳ - 646
さいこ…… Ⅳ - 646
さいこき…… Ⅳ - 646
さいこくばら…… Ⅳ - 646
さいし…… Ⅳ - 647
さいしん…… Ⅳ - 647
さいじんかう…… Ⅳ - 647
さいたいさう…… Ⅳ - 647
さいたいし…… Ⅳ - 648
さいだいじ…… Ⅳ - 648
さいちこ…… Ⅳ - 648
さいのはし…… Ⅳ - 648
さいふじ…… Ⅳ - 648
さいめき…… Ⅳ - 648

さうかう……………………………… Ⅳ - 648
さうじゆつ…………………………… Ⅳ - 649
さうづ………………………………… Ⅳ - 649
さうてんかつら……………………… Ⅳ - 649
さうとめかつら……………………… Ⅳ - 649
さうな………………………………… Ⅳ - 649
さうはぎ……………………………… Ⅳ - 649
さうめんのり………………………… Ⅳ - 649
さかいのかうむり…………………… Ⅳ - 650
さかいり……………………………… Ⅳ - 650
さかさばら…………………………… Ⅳ - 650
さかたゆり…………………………… Ⅳ - 650
さかむくら…………………………… Ⅳ - 650
さかもくら…………………………… Ⅳ - 650
さかやいばら………………………… Ⅳ - 650
さがくさ……………………………… Ⅳ - 651
さがらめ……………………………… Ⅳ - 651
さかりいちこ………………………… Ⅳ - 651
さがりいちご………………………… Ⅳ - 651
さがりかつら………………………… Ⅳ - 651
さがりは……………………………… Ⅳ - 651
さきこいつ…………………………… Ⅳ - 651
さぎこいつ…………………………… Ⅳ - 652
さぎこけ……………………………… Ⅳ - 652
さきさう……………………………… Ⅳ - 652
さぎさう……………………………… Ⅳ - 652
さぎさう……………………………… Ⅳ - 653
さきしりさし………………………… Ⅳ - 653
さきそう……………………………… Ⅳ - 653
さぎそう……………………………… Ⅳ - 653
さぎな………………………………… Ⅳ - 654
さぎのあし…………………………… Ⅳ - 654
さぎのきつさし……………………… Ⅳ - 654
さぎのした…………………………… Ⅳ - 654
さぎのしり…………………………… Ⅳ - 654
さきのしりさし……………………… Ⅳ - 654
さきのしりさし……………………… Ⅳ - 655
さぎのしりさし……………………… Ⅳ - 655
さぎのしりさし……………………… Ⅳ - 656
さぎのしりさしくさ………………… Ⅳ - 656
さきのしりつき……………………… Ⅳ - 656
さぎのしりつつけ…………………… Ⅳ - 656
さぎのをさし………………………… Ⅳ - 656
さきわれかや………………………… Ⅳ - 656
さく…………………………………… Ⅳ - 657
ざく…………………………………… Ⅳ - 657
さくらあさ…………………………… Ⅳ - 657
さくらがは…………………………… Ⅳ - 657
さくらくさ…………………………… Ⅳ - 657
さくらこ……………………………… Ⅳ - 657
さくらさう…………………………… Ⅳ - 657
さくらさう…………………………… Ⅳ - 658
さくらそう…………………………… Ⅳ - 658
さくらのり…………………………… Ⅳ - 658
さくらひき…………………………… Ⅳ - 658
さこ…………………………………… Ⅳ - 658
さこくさ……………………………… Ⅳ - 659
さこけ………………………………… Ⅳ - 659
ささいな……………………………… Ⅳ - 659
ささいのくち………………………… Ⅳ - 659
さざいのくち………………………… Ⅳ - 659
ささかいな…………………………… Ⅳ - 659
ささかうら…………………………… Ⅳ - 659
ささがうら…………………………… Ⅳ - 660
ささから……………………………… Ⅳ - 660
ささくさ……………………………… Ⅳ - 660
ささぐさ……………………………… Ⅳ - 660
ささこ………………………………… Ⅳ - 660
ささご………………………………… Ⅳ - 661
ささごうら…………………………… Ⅳ - 661
ささごゆり…………………………… Ⅳ - 661
ささたけ……………………………… Ⅳ - 661
ささとうがい………………………… Ⅳ - 661
ささな………………………………… Ⅳ - 661
ささねかつら………………………… Ⅳ - 661
ささのはくさ………………………… Ⅳ - 662

ささはつくり…………………………Ⅳ - 662
ささはほくり…………………………Ⅳ - 662
ささひへ………………………………Ⅳ - 662
ささひやつこり………………………Ⅳ - 662
ささへたけ……………………………Ⅳ - 662
ささへだけ……………………………Ⅳ - 662
ささほうくり…………………………Ⅳ - 663
ささみがや……………………………Ⅳ - 663
ささむき………………………………Ⅳ - 663
ささむぎ………………………………Ⅳ - 663
ささめ…………………………………Ⅳ - 663
ささめくさ……………………………Ⅳ - 663
ささも…………………………………Ⅳ - 663
ささもどき……………………………Ⅳ - 664
ささものづき…………………………Ⅳ - 664
ささやきさう…………………………Ⅳ - 664
ささやけ………………………………Ⅳ - 664
ささゆき………………………………Ⅳ - 664
ささゆり………………………………Ⅳ - 664
ささゆり………………………………Ⅳ - 665
ささら…………………………………Ⅳ - 665
ざさら…………………………………Ⅳ - 665
ざざら…………………………………Ⅳ - 665
ささらくさ……………………………Ⅳ - 665
ささららん……………………………Ⅳ - 666
ささらん………………………………Ⅳ - 666
ささりんだう…………………………Ⅳ - 666
ささりんとう…………………………Ⅳ - 666
ささりんどう…………………………Ⅳ - 666
ささりんとお…………………………Ⅳ - 666
ささをくさ……………………………Ⅳ - 667
ささん…………………………………Ⅳ - 667
さざんくわ……………………………Ⅳ - 667
さし……………………………………Ⅳ - 667
さしおもたか…………………………Ⅳ - 667
さじおもだか…………………………Ⅳ - 667
さしくさ………………………………Ⅳ - 668
さしもくさ……………………………Ⅳ - 668
さしやきくさ…………………………Ⅳ - 668
さじろくさ……………………………Ⅳ - 668
さしをもたか…………………………Ⅳ - 668
さじをもだか…………………………Ⅳ - 668
ざす……………………………………Ⅳ - 669
さすとり………………………………Ⅳ - 669
さすめり………………………………Ⅳ - 669
させ……………………………………Ⅳ - 669
させんさう……………………………Ⅳ - 669
ざせんさう……………………………Ⅳ - 669
ざぜんさう……………………………Ⅳ - 669
さつかべ………………………………Ⅳ - 670
さつきいちこ…………………………Ⅳ - 670
さつきいちご…………………………Ⅳ - 670
さつきかやし…………………………Ⅳ - 670
さつきくさ……………………………Ⅳ - 670
さつきほうし…………………………Ⅳ - 670
さつまきく……………………………Ⅳ - 671
さつまにんじん………………………Ⅳ - 671
さつまふき……………………………Ⅳ - 671
さつまゆり……………………………Ⅳ - 671
さと……………………………………Ⅳ - 671
さといばら……………………………Ⅳ - 671
ざとうがしら…………………………Ⅳ - 671
さとうるね……………………………Ⅳ - 672
ざとく…………………………………Ⅳ - 672
さとこごみ……………………………Ⅳ - 672
さとにんじん…………………………Ⅳ - 672
さとむはら……………………………Ⅳ - 672
さとむらさき…………………………Ⅳ - 672
さとゆり………………………………Ⅳ - 672
さな……………………………………Ⅳ - 673
さなつら………………………………Ⅳ - 673
さねかつら……………………………Ⅳ - 673
さねかづら……………………………Ⅳ - 673
さねかづら……………………………Ⅳ - 674
さねもりさう…………………………Ⅳ - 674
さはあざみ……………………………Ⅳ - 674

さはうど…… Ⅳ-674
さはおもたか…… Ⅳ-674
さはかや…… Ⅳ-674
さはがや…… Ⅳ-675
さはききやう…… Ⅳ-675
さはぎきやう…… Ⅳ-675
さはきく…… Ⅳ-675
さはぎく…… Ⅳ-676
さはくくたち…… Ⅳ-676
さはくさ…… Ⅳ-676
さはぐみ…… Ⅳ-676
さはすげ…… Ⅳ-676
さはすみ…… Ⅳ-676
さはだいわう…… Ⅳ-676
さはちくさ…… Ⅳ-677
さはちさ…… Ⅳ-677
さはちしや…… Ⅳ-677
さはなすび…… Ⅳ-677
さはにら…… Ⅳ-677
さはのこさう…… Ⅳ-677
さはばた…… Ⅳ-677
さはばら…… Ⅳ-678
さはひよどり…… Ⅳ-678
さはふき…… Ⅳ-678
さはゆり…… Ⅳ-678
さはらん…… Ⅳ-678
さはりんどう…… Ⅳ-678
さはをぐるま…… Ⅳ-678
さぶらうた…… Ⅳ-679
さぶろうた…… Ⅳ-679
さぶろくさ…… Ⅳ-679
さふろた…… Ⅳ-679
さぶろた…… Ⅳ-679
さぼんでん…… Ⅳ-679
さめこけ…… Ⅳ-679
さめゆり…… Ⅳ-680
さゆり…… Ⅳ-680
さらくさ…… Ⅳ-680
さらさ…… Ⅳ-680
さらしなのつき…… Ⅳ-680
さらひへ…… Ⅳ-680
さらみ…… Ⅳ-681
さるあつき…… Ⅳ-681
さるあづき…… Ⅳ-681
さるいちこ…… Ⅳ-681
さるいちご…… Ⅳ-681
さるおがせ…… Ⅳ-681
さるかき…… Ⅳ-681
さるがき…… Ⅳ-682
さるかけ…… Ⅳ-682
さるかけいはら…… Ⅳ-682
さるかけいばら…… Ⅳ-682
さるかけかつら…… Ⅳ-682
さるかさ…… Ⅳ-682
さるかしら…… Ⅳ-682
さるかしら…… Ⅳ-683
さるがしら…… Ⅳ-683
さるかたら…… Ⅳ-683
さるきび…… Ⅳ-683
さるきひと…… Ⅳ-683
さるくさ…… Ⅳ-683
さるけ…… Ⅳ-683
さるげ…… Ⅳ-684
さるごけ…… Ⅳ-684
さるこのみ…… Ⅳ-684
さるごぼう…… Ⅳ-684
さるごま…… Ⅳ-684
さるためし…… Ⅳ-684
さるとり…… Ⅳ-684
さるとりいき…… Ⅳ-685
さるとりいぎ…… Ⅳ-685
さるとりいはら…… Ⅳ-685
さるとりいばら…… Ⅳ-686
さるとりくい…… Ⅳ-686
さるとりぐゐ…… Ⅳ-686
さるのからかさ…… Ⅳ-686

さるのつかり……………………… Ⅳ - 686
さるのつづみ……………………… Ⅳ - 686
さるのつづみ……………………… Ⅳ - 687
さるのはかま……………………… Ⅳ - 687
さるのはちまき…………………… Ⅳ - 687
さるのまめ………………………… Ⅳ - 687
さるのめ…………………………… Ⅳ - 687
さるのを…………………………… Ⅳ - 687
さるはかま………………………… Ⅳ - 687
さるはかま………………………… Ⅳ - 688
さるはな…………………………… Ⅳ - 688
さるふき…………………………… Ⅳ - 688
さるふし…………………………… Ⅳ - 688
さるふじ…………………………… Ⅳ - 688
さるふぢ…………………………… Ⅳ - 688
さるぼうまめ……………………… Ⅳ - 688
さるまめ…………………………… Ⅳ - 689
ざるも……………………………… Ⅳ - 689
さるわら…………………………… Ⅳ - 689
さるをがせ………………………… Ⅳ - 689
さわかや…………………………… Ⅳ - 689
さわがや…………………………… Ⅳ - 689
さわききやう……………………… Ⅳ - 690
さわきく…………………………… Ⅳ - 690
さわくるま………………………… Ⅳ - 690
さわすみ…………………………… Ⅳ - 690
さわちさ…………………………… Ⅳ - 690
さわちしや………………………… Ⅳ - 690
さわな……………………………… Ⅳ - 691
さわふき…………………………… Ⅳ - 691
さわふさぎ………………………… Ⅳ - 691
さわみつ…………………………… Ⅳ - 691
さわゆり…………………………… Ⅳ - 691
さわらこ…………………………… Ⅳ - 691
さわをくるま……………………… Ⅳ - 691
さをとめいちご…………………… Ⅳ - 692
さをとめさう……………………… Ⅳ - 692
さをとめはな……………………… Ⅳ - 692
さんがいさう……………………… Ⅳ - 692
さんがいしやくやく……………… Ⅳ - 692
さんかくかづら…………………… Ⅳ - 692
さんかくすけ……………………… Ⅳ - 692
さんかくばら……………………… Ⅳ - 693
さんきらい………………………… Ⅳ - 693
さんきらさう……………………… Ⅳ - 693
さんきらひ………………………… Ⅳ - 693
さんくわさう……………………… Ⅳ - 693
さんこくさう……………………… Ⅳ - 694
さんごくさう……………………… Ⅳ - 694
さんこじゆさう…………………… Ⅳ - 694
さんごめ…………………………… Ⅳ - 694
さんしきうやうさう……………… Ⅳ - 694
さんしこ…………………………… Ⅳ - 694
さんじこ…………………………… Ⅳ - 694
さんしごえふさう………………… Ⅳ - 695
さんししさう……………………… Ⅳ - 695
さんしち…………………………… Ⅳ - 695
さんしちさう……………………… Ⅳ - 695
さんしちそう……………………… Ⅳ - 696
さんじつ…………………………… Ⅳ - 696
さんしつさう……………………… Ⅳ - 696
さんしやく………………………… Ⅳ - 696
さんせいかつら…………………… Ⅳ - 696
さんせうさう……………………… Ⅳ - 696
さんぜさう………………………… Ⅳ - 697
さんだいかさ……………………… Ⅳ - 697
さんていさう……………………… Ⅳ - 697
さんねんいばら…………………… Ⅳ - 697
さんねんかづら…………………… Ⅳ - 697
さんねんさう……………………… Ⅳ - 697
さんねんちさ……………………… Ⅳ - 697
さんばいな………………………… Ⅳ - 698
さんぱくさう……………………… Ⅳ - 698
さんばさう………………………… Ⅳ - 698
さんはち…………………………… Ⅳ - 698
さんはちやうじ…………………… Ⅳ - 698

さんひち…… Ⅳ - 698
さんほうで…… Ⅳ - 699
さんぼんやり…… Ⅳ - 699
さんらいさう…… Ⅳ - 699
さんらん…… Ⅳ - 699
さんりやう…… Ⅳ - 699
さんりやうさう…… Ⅳ - 699
さんれんさう…… Ⅳ - 700


## し


しい…… Ⅳ - 701
しいざ…… Ⅳ - 701
しいのとう…… Ⅳ - 701
しいのは…… Ⅳ - 701
しう…… Ⅳ - 701
しうあくさう…… Ⅳ - 701
しうかい…… Ⅳ - 701
しうかいたう…… Ⅳ - 702
しうかいだう…… Ⅳ - 702
しうかいとう…… Ⅳ - 702
しうかいどう…… Ⅳ - 702
しうかいどう…… Ⅳ - 703
しうき…… Ⅳ - 703
しうきく…… Ⅳ - 703
しうきた…… Ⅳ - 703
しうけ…… Ⅳ - 703
しうげ…… Ⅳ - 703
しうで…… Ⅳ - 704
しうはいさう…… Ⅳ - 704
しうばいさう…… Ⅳ - 704
しうま…… Ⅳ - 704
しうめいきく…… Ⅳ - 704
しうもうふつ…… Ⅳ - 704
しうやく…… Ⅳ - 705
じうやく…… Ⅳ - 705
しおうくわ…… Ⅳ - 705
しおて…… Ⅳ - 705
しおに…… Ⅳ - 705
しおん…… Ⅳ - 705
しおん…… Ⅳ - 706
しか…… Ⅳ - 706
じかいも…… Ⅳ - 706
じがいも…… Ⅳ - 706
しかかくしゆり…… Ⅳ - 706
しかかくれ…… Ⅳ - 706
しかかくれゆり…… Ⅳ - 706
しかがくれゆり…… Ⅳ - 707
しかぎく…… Ⅳ - 707
しがきく…… Ⅳ - 707
しがく…… Ⅳ - 707
しかくさ…… Ⅳ - 707
しかとうろう…… Ⅳ - 707
しかとよもき…… Ⅳ - 707
しかな…… Ⅳ - 708
しかのすぢかづら…… Ⅳ - 708
しかのたち…… Ⅳ - 708
しかのはかま…… Ⅳ - 708
しかのはばき…… Ⅳ - 708
しなのかうじ…… Ⅳ - 708
じかのひげ…… Ⅳ - 709
しかのを…… Ⅳ - 709
しかみさう…… Ⅳ - 709
しかも…… Ⅳ - 709
しがらみ…… Ⅳ - 709
しかんど…… Ⅳ - 709
じき…… Ⅳ - 709
しきさき…… Ⅳ - 710
しきぶ…… Ⅳ - 710
しきんす…… Ⅳ - 710
しくてさう…… Ⅳ - 710
じくなか…… Ⅳ - 710
しぐはり…… Ⅳ - 710
じくはり…… Ⅳ - 710
しくはぢてう…… Ⅳ - 711
しくはんらん…… Ⅳ - 711
しくらしやうふ…… Ⅳ - 711

しくわさう…… Ⅳ - 711
しくわんらん…… Ⅳ - 711
しけい…… Ⅳ - 711
しけいさう…… Ⅳ - 711
しこくさう…… Ⅳ - 712
しごくさう…… Ⅳ - 712
じごくさう…… Ⅳ - 712
しごけ…… Ⅳ - 712
しこて…… Ⅳ - 712
しこで…… Ⅳ - 712
しこんきく…… Ⅳ - 712
しさい…… Ⅳ - 713
しざい…… Ⅳ - 713
しさう…… Ⅳ - 713
ししうど…… Ⅳ - 713
ししかいちこ…… Ⅳ - 713
ししかくれゆり…… Ⅳ - 713
ししかも…… Ⅳ - 713
ししきはな…… Ⅳ - 714
ししくさ…… Ⅳ - 714
しししやくやく…… Ⅳ - 714
ししのすぢ…… Ⅳ - 714
ししのはばき…… Ⅳ - 714
ししはかま…… Ⅳ - 714
ししばり…… Ⅳ - 715
じしはり…… Ⅳ - 715
じしばり…… Ⅳ - 715
ししひへ…… Ⅳ - 715
しじふから…… Ⅳ - 715
ししふきさう…… Ⅳ - 715
ししふくり…… Ⅳ - 715
ししふぐり…… Ⅳ - 716
しじふな…… Ⅳ - 716
しじふむく…… Ⅳ - 716
ししほたん…… Ⅳ - 716
ししみさう…… Ⅳ - 716
ししやうふ…… Ⅳ - 716
ししやきさう…… Ⅳ - 716
ししやすさう…… Ⅳ - 717
ししら…… Ⅳ - 717
ししらき…… Ⅳ - 717
ししらくさ…… Ⅳ - 717
しじらみ…… Ⅳ - 717
しすつきく…… Ⅳ - 717
しそ…… Ⅳ - 717
しそ…… Ⅳ - 718
しそう…… Ⅳ - 718
しそはくさ…… Ⅳ - 718
じぞふくさ…… Ⅳ - 718
した…… Ⅳ - 718
しだ…… Ⅳ - 718
しだ…… Ⅳ - 719
じた…… Ⅳ - 719
したおしみ…… Ⅳ - 719
したきりくさ…… Ⅳ - 719
したぎりくさ…… Ⅳ - 719
しだくさ…… Ⅳ - 719
したずみ…… Ⅳ - 720
したまかり…… Ⅳ - 720
したまがり…… Ⅳ - 720
したみ…… Ⅳ - 720
しだみ…… Ⅳ - 721
したみせ…… Ⅳ - 721
しだもどき…… Ⅳ - 721
しだらこ…… Ⅳ - 721
したらはぎ…… Ⅳ - 721
しだらはぎ…… Ⅳ - 721
しちかいさう…… Ⅳ - 721
しちじう…… Ⅳ - 722
しちじうさう…… Ⅳ - 722
しちしゆ…… Ⅳ - 722
しちじゆ…… Ⅳ - 722
しちせんえう…… Ⅳ - 722
しちたう…… Ⅳ - 722
しちたうさう…… Ⅳ - 722
しちだんくわ…… Ⅳ - 723

しちぢう……………………………… Ⅳ - 723
しちぢうさう………………………… Ⅳ - 723
しちとう……………………………… Ⅳ - 723
しちへんし…………………………… Ⅳ - 723
しちへんじ…………………………… Ⅳ - 723
しちりんさう………………………… Ⅳ - 723
しつくいな…………………………… Ⅳ - 724
しづくな……………………………… Ⅳ - 724
しづな………………………………… Ⅳ - 724
しつなき……………………………… Ⅳ - 724
してんぱ……………………………… Ⅳ - 724
しどうらべ…………………………… Ⅳ - 724
しとき………………………………… Ⅳ - 724
しどぎ………………………………… Ⅳ - 725
しとけ………………………………… Ⅳ - 725
しどけ………………………………… Ⅳ - 725
しとけくさ…………………………… Ⅳ - 725
しなから……………………………… Ⅳ - 725
しなてかつら………………………… Ⅳ - 725
しなのきく…………………………… Ⅳ - 725
しなひこ……………………………… Ⅳ - 726
じね…………………………………… Ⅳ - 726
じねい………………………………… Ⅳ - 726
しねこ………………………………… Ⅳ - 726
じねご………………………………… Ⅳ - 726
じねんがう…………………………… Ⅳ - 726
しねんこ……………………………… Ⅳ - 726
じねんご……………………………… Ⅳ - 727
じねんごう…………………………… Ⅳ - 727
しねんしやう………………………… Ⅳ - 727
しの…………………………………… Ⅳ - 727
しのかや……………………………… Ⅳ - 727
しのからみ…………………………… Ⅳ - 727
しのがらみ…………………………… Ⅳ - 727
しのき………………………………… Ⅳ - 728
しのぎ………………………………… Ⅳ - 728
しのきくさ…………………………… Ⅳ - 728
しのくさ……………………………… Ⅳ - 728
しのこき……………………………… Ⅳ - 728
しのね………………………………… Ⅳ - 728
しのね………………………………… Ⅳ - 729
しのねくさ…………………………… Ⅳ - 729
しのねだいわう……………………… Ⅳ - 729
しのは………………………………… Ⅳ - 729
しのはくり…………………………… Ⅳ - 729
しのはだいわう……………………… Ⅳ - 730
しのびくさ…………………………… Ⅳ - 730
しのふ………………………………… Ⅳ - 730
しのぶ………………………………… Ⅳ - 730
しのぶ………………………………… Ⅳ - 731
しのぶかづら………………………… Ⅳ - 731
しのふくさ…………………………… Ⅳ - 731
しのぶくさ…………………………… Ⅳ - 731
しのへも……………………………… Ⅳ - 731
しのまきかつら……………………… Ⅳ - 731
しのもつれ…………………………… Ⅳ - 731
しのもつれ…………………………… Ⅳ - 732
しのもつれくさ……………………… Ⅳ - 732
しは…………………………………… Ⅳ - 732
しば…………………………………… Ⅳ - 732
しはい………………………………… Ⅳ - 732
しばいさう…………………………… Ⅳ - 732
しばいそう…………………………… Ⅳ - 733
しはいてんき………………………… Ⅳ - 733
しばかや……………………………… Ⅳ - 733
しばきり……………………………… Ⅳ - 733
しはくさ……………………………… Ⅳ - 733
しばくさ……………………………… Ⅳ - 733
しはくれ……………………………… Ⅳ - 734
しはこれい…………………………… Ⅳ - 734
しはすけ……………………………… Ⅳ - 734
しばすけ……………………………… Ⅳ - 734
しばな………………………………… Ⅳ - 734
しはのめ……………………………… Ⅳ - 734
しばのめ……………………………… Ⅳ - 734
しばのり……………………………… Ⅳ - 735

しばむくり………………………… Ⅳ - 735
しはも……………………………… Ⅳ - 735
しばも……………………………… Ⅳ - 735
しばわらひ………………………… Ⅳ - 735
しひき……………………………… Ⅳ - 735
しひぢわ…………………………… Ⅳ - 736
しびとくさ………………………… Ⅳ - 736
しひとはな………………………… Ⅳ - 736
しびとはな………………………… Ⅳ - 736
しびとばな………………………… Ⅳ - 736
しひな……………………………… Ⅳ - 736
しびな……………………………… Ⅳ - 737
しびはな…………………………… Ⅳ - 737
しびら……………………………… Ⅳ - 737
しびりくさ………………………… Ⅳ - 737
しふき……………………………… Ⅳ - 737
じふごや…………………………… Ⅳ - 737
しぶとさう………………………… Ⅳ - 737
しぶとちな………………………… Ⅳ - 738
じふにひとへ……………………… Ⅳ - 738
しふのり…………………………… Ⅳ - 738
じふやく…………………………… Ⅳ - 738
じふわうくさ……………………… Ⅳ - 738
しほから…………………………… Ⅳ - 738
しほからさしくさ………………… Ⅳ - 738
しぼくさ…………………………… Ⅳ - 739
しぼちなかし……………………… Ⅳ - 739
しほて……………………………… Ⅳ - 739
しほで……………………………… Ⅳ - 739
しほでくさ………………………… Ⅳ - 739
しほも……………………………… Ⅳ - 739
しほり……………………………… Ⅳ - 740
しほりかつらな…………………… Ⅳ - 740
しまいとすすき…………………… Ⅳ - 740
しまいも…………………………… Ⅳ - 740
しまかや…………………………… Ⅳ - 740
しまかんすすき…………………… Ⅳ - 740
しまきく…………………………… Ⅳ - 740
しまくはんさう…………………… Ⅳ - 741
しまくわんざう…………………… Ⅳ - 741
しまくわんそう…………………… Ⅳ - 741
しますすき………………………… Ⅳ - 741
しまちくさ………………………… Ⅳ - 741
しまにんじん……………………… Ⅳ - 742
しまのり…………………………… Ⅳ - 742
しまふき…………………………… Ⅳ - 742
しもかづら………………………… Ⅳ - 742
しもくさ…………………………… Ⅳ - 742
しもつけ…………………………… Ⅳ - 742
しもつけ…………………………… Ⅳ - 743
しもつけくさ……………………… Ⅳ - 743
しもつけはぎ……………………… Ⅳ - 743
しもふり…………………………… Ⅳ - 743
しもふりかや……………………… Ⅳ - 744
しもふりくさ……………………… Ⅳ - 744
しもふりはな……………………… Ⅳ - 744
しもふりよもぎ…………………… Ⅳ - 744
しやいくさ………………………… Ⅳ - 744
しやうが…………………………… Ⅳ - 744
しやうがのひほ…………………… Ⅳ - 744
しやうかのひも…………………… Ⅳ - 745
しやうかひけ……………………… Ⅳ - 745
しやうがひげ……………………… Ⅳ - 745
じやうかひけ……………………… Ⅳ - 745
じやうかひげ……………………… Ⅳ - 745
じやうがひけ……………………… Ⅳ - 745
じやうがひげ……………………… Ⅳ - 745
じやうがひげ……………………… Ⅳ - 746
しやうかんぼ……………………… Ⅳ - 746
しやうくぐ………………………… Ⅳ - 746
じやうご…………………………… Ⅳ - 746
じやうしきも……………………… Ⅳ - 746
しやうしやう……………………… Ⅳ - 746
しやうじやう……………………… Ⅳ - 746
しやうしやうかしら……………… Ⅳ - 747
しやうじやうさう………………… Ⅳ - 747

しやうしやうはかま…………………… Ⅳ - 747
しやうしやうばかま…………………… Ⅳ - 747
しやうてつ………………………………… Ⅳ - 747
しやうなし………………………………… Ⅳ - 747
しやうひ…………………………………… Ⅳ - 747
しやうび…………………………………… Ⅳ - 748
しやうふ…………………………………… Ⅳ - 748
しやうぶ…………………………………… Ⅳ - 748
しやうぶ…………………………………… Ⅳ - 749
しやうぶくさ……………………………… Ⅳ - 749
しやうぶも………………………………… Ⅳ - 749
しやうほう………………………………… Ⅳ - 749
しやうま…………………………………… Ⅳ - 749
しやうも…………………………………… Ⅳ - 749
しやうもく………………………………… Ⅳ - 750
しやうもくかう…………………………… Ⅳ - 750
しやうもつかう…………………………… Ⅳ - 750
しやうもつこ……………………………… Ⅳ - 750
しやうもつこう…………………………… Ⅳ - 750
しやうもつこう…………………………… Ⅳ - 751
しやうらいはな…………………………… Ⅳ - 751
じやうらうはぎ…………………………… Ⅳ - 751
じやうろこむぎ…………………………… Ⅳ - 751
しやうろさう……………………………… Ⅳ - 751
しやうろぶつ……………………………… Ⅳ - 751
しやか……………………………………… Ⅳ - 751
しやか……………………………………… Ⅳ - 752
しやが……………………………………… Ⅳ - 752
しやかうさう……………………………… Ⅳ - 752
じやかうさう……………………………… Ⅳ - 752
しやかの…………………………………… Ⅳ - 753
しやかん…………………………………… Ⅳ - 753
しやく……………………………………… Ⅳ - 753
しやくくさ………………………………… Ⅳ - 753
しやくさ…………………………………… Ⅳ - 753
しやくさう………………………………… Ⅳ - 753
しやくしさう……………………………… Ⅳ - 753
しやぐしや………………………………… Ⅳ - 754
しやくじやうゆり………………………… Ⅳ - 754
しやくな…………………………………… Ⅳ - 754
しやくなんけ……………………………… Ⅳ - 754
じやくばいこく…………………………… Ⅳ - 754
しやくはん………………………………… Ⅳ - 754
じやくひこく……………………………… Ⅳ - 754
しやぐま…………………………………… Ⅳ - 755
しやくまくさ……………………………… Ⅳ - 755
しやぐまくさ……………………………… Ⅳ - 755
しやぐまざいこ…………………………… Ⅳ - 755
しやくまそう……………………………… Ⅳ - 755
しやくまて………………………………… Ⅳ - 755
しやぐまも………………………………… Ⅳ - 755
しやくやく………………………………… Ⅳ - 756
しやくれん………………………………… Ⅳ - 757
しやくわ…………………………………… Ⅳ - 757
しやぐわ…………………………………… Ⅳ - 757
しやくわん………………………………… Ⅳ - 757
しやけついはら…………………………… Ⅳ - 757
じやけついばら…………………………… Ⅳ - 757
しやこ……………………………………… Ⅳ - 758
しやこうさう……………………………… Ⅳ - 758
じやこうさう……………………………… Ⅳ - 758
しやさん…………………………………… Ⅳ - 758
しやしやうし……………………………… Ⅳ - 758
しやしん…………………………………… Ⅳ - 758
しやじん…………………………………… Ⅳ - 758
しやせん…………………………………… Ⅳ - 759
しやぜん…………………………………… Ⅳ - 759
しやぜんくさ……………………………… Ⅳ - 759
しやせんさう……………………………… Ⅳ - 759
しやぜんさう……………………………… Ⅳ - 759
しやぜんし………………………………… Ⅳ - 759
しやつかいさう…………………………… Ⅳ - 760
しやつけついばら………………………… Ⅳ - 760
しやのひけ………………………………… Ⅳ - 760
しやのひげ………………………………… Ⅳ - 760
じやのひけ………………………………… Ⅳ - 760

じやのひげ…………………………Ⅳ - 760
じやのひげ…………………………Ⅳ - 761
じやばみ……………………………Ⅳ - 761
じやばら……………………………Ⅳ - 761
じやひ………………………………Ⅳ - 761
しやひげ……………………………Ⅳ - 761
しやふべのいげ……………………Ⅳ - 761
しやみせんかつら…………………Ⅳ - 761
しやみせんくさ……………………Ⅳ - 762
しやみせんづる……………………Ⅳ - 762
しやむろだいこん…………………Ⅳ - 762
じやゆり……………………………Ⅳ - 762
しやり………………………………Ⅳ - 762
しやりんさう………………………Ⅳ - 762
しやんくわうば……………………Ⅳ - 762
しゆうで……………………………Ⅳ - 763
しゆがく……………………………Ⅳ - 763
しゆくしや…………………………Ⅳ - 763
じゆすご……………………………Ⅳ - 763
しゆすたま…………………………Ⅳ - 763
じゆすたま…………………………Ⅳ - 763
じゆずだま…………………………Ⅳ - 763
しゆすだま…………………………Ⅳ - 764
しゆずだま…………………………Ⅳ - 764
じゆすだま…………………………Ⅳ - 764
じゆずたま…………………………Ⅳ - 764
じゆずだま…………………………Ⅳ - 764
しゆづくさ…………………………Ⅳ - 764
しゆみせん…………………………Ⅳ - 765
しゆらん……………………………Ⅳ - 765
しゆろうくさ………………………Ⅳ - 765
しゆろさう…………………………Ⅳ - 765
しゆんきく…………………………Ⅳ - 765
しゆんくわうさう…………………Ⅳ - 766
じゆんご……………………………Ⅳ - 766
しゆんさい…………………………Ⅳ - 766
じゆんさい…………………………Ⅳ - 766
じゆんさい…………………………Ⅳ - 767
しゆんさいも………………………Ⅳ - 767
じゆんさへ…………………………Ⅳ - 767
しゆんふらう………………………Ⅳ - 767
しゆんらん…………………………Ⅳ - 767
じゆんれいさう……………………Ⅳ - 767
しよう………………………………Ⅳ - 768
しようういきやう…………………Ⅳ - 768
しようひ……………………………Ⅳ - 768
しようま……………………………Ⅳ - 768
じようろくさ………………………Ⅳ - 768
しよしやき…………………………Ⅳ - 768
しよふぶ……………………………Ⅳ - 769
しよりこ……………………………Ⅳ - 769
しよろうさい………………………Ⅳ - 769
しよろふき…………………………Ⅳ - 769
しよろよもき………………………Ⅳ - 769
じよをぐり…………………………Ⅳ - 769
しら…………………………………Ⅳ - 769
じら…………………………………Ⅳ - 770
しらあくさ…………………………Ⅳ - 770
しらいとさう………………………Ⅳ - 770
じらうたらう………………………Ⅳ - 770
じらうたらうはな…………………Ⅳ - 770
しらか………………………………Ⅳ - 770
しらが………………………………Ⅳ - 770
しらかいとう………………………Ⅳ - 771
しらかくさ…………………………Ⅳ - 771
しらがぐさ…………………………Ⅳ - 771
しらかつら…………………………Ⅳ - 771
しらがにんじん……………………Ⅳ - 771
しらかもく…………………………Ⅳ - 771
しらかや……………………………Ⅳ - 772
しらきく……………………………Ⅳ - 772
しらきはな…………………………Ⅳ - 772
しらくさ……………………………Ⅳ - 772
しらくち……………………………Ⅳ - 772
しらくちかつら……………………Ⅳ - 773
しらくちかづら……………………Ⅳ - 773

しらくちふし…… Ⅳ - 774
しらくちふぢ…… Ⅳ - 774
しらけはな…… Ⅳ - 774
しらこつら…… Ⅳ - 774
しらすぎ…… Ⅳ - 774
しらたち…… Ⅳ - 774
しらちぢこ…… Ⅳ - 774
しらね…… Ⅳ - 775
しらはぎ…… Ⅳ - 775
しらはり…… Ⅳ - 775
しらみくさ…… Ⅳ - 775
しらみころし…… Ⅳ - 775
しらも…… Ⅳ - 775
しらゆり…… Ⅳ - 776
しらを…… Ⅳ - 776
しらん…… Ⅳ - 776
しらん…… Ⅳ - 777
しりあいす…… Ⅳ - 777
しりやす…… Ⅳ - 777
しれい…… Ⅳ - 777
しれいくさ…… Ⅳ - 777
しろあさみ…… Ⅳ - 778
しろあざみ…… Ⅳ - 778
しろあふひ…… Ⅳ - 778
しろい…… Ⅳ - 778
しろいくさ…… Ⅳ - 778
しろいはな…… Ⅳ - 778
しろう…… Ⅳ - 778
しろおふき…… Ⅳ - 779
しろおみなへし…… Ⅳ - 779
しろかこさう…… Ⅳ - 779
しろかねはな…… Ⅳ - 779
しろかや…… Ⅳ - 779
しろからむし…… Ⅳ - 779
しろき…… Ⅳ - 779
しろききやう…… Ⅳ - 780
しろきぬ…… Ⅳ - 780
しろくさ…… Ⅳ - 780
しろくさやまぶき…… Ⅳ - 780
しろくち…… Ⅳ - 780
しろぐはゐ…… Ⅳ - 780
しろけいとう…… Ⅳ - 780
しちさんらん…… Ⅳ - 781
しろけん…… Ⅳ - 781
しろこあふひ…… Ⅳ - 781
しろごわい…… Ⅳ - 781
しろざとく…… Ⅳ - 781
しろしそ…… Ⅳ - 781
しろしやうぶ…… Ⅳ - 781
しろしやが…… Ⅳ - 782
しろしやくやく…… Ⅳ - 782
しろしゆつ…… Ⅳ - 782
しろしゆんきく…… Ⅳ - 782
しろすぎ…… Ⅳ - 782
しろぢつ…… Ⅳ - 782
しろちんこ…… Ⅳ - 783
しろどう…… Ⅳ - 783
しろね…… Ⅳ - 783
しろはき…… Ⅳ - 783
しろはくざ…… Ⅳ - 783
しろばら…… Ⅳ - 783
しろひ…… Ⅳ - 783
しろひけ…… Ⅳ - 784
しろふき…… Ⅳ - 784
しろふくしゆさう…… Ⅳ - 784
しろふし…… Ⅳ - 784
しろふじ…… Ⅳ - 784
しろふぢ…… Ⅳ - 784
しろぶつ…… Ⅳ - 784
しろぼ…… Ⅳ - 785
しろぼくさ…… Ⅳ - 785
しろほたん…… Ⅳ - 785
しろぼたん…… Ⅳ - 785
しろみやうか…… Ⅳ - 785
しろめうが…… Ⅳ - 785
しろめくさ…… Ⅳ - 785

しろも…………………………… Ⅳ - 786
しろもくた………………………… Ⅳ - 786
しろやつはし……………………… Ⅳ - 786
しろゆり…………………………… Ⅳ - 786
しろよもき………………………… Ⅳ - 786
しろよもぎ………………………… Ⅳ - 786
しろわた…………………………… Ⅳ - 786
しろゑこ…………………………… Ⅳ - 787
しろを……………………………… Ⅳ - 787
しろをくさ………………………… Ⅳ - 787
しろをもどき……………………… Ⅳ - 787
しわうくわ………………………… Ⅳ - 787
しわね……………………………… Ⅳ - 787
しをからそぶろ…………………… Ⅳ - 788
しをて……………………………… Ⅳ - 788
しをで……………………………… Ⅳ - 788
しをでかづら……………………… Ⅳ - 788
しをん……………………………… Ⅳ - 788
しをん……………………………… Ⅳ - 789
しんきく…………………………… Ⅳ - 789
しんくはさう……………………… Ⅳ - 789
しんこはな………………………… Ⅳ - 789
しんさい…………………………… Ⅳ - 789
しんざい…………………………… Ⅳ - 789
しんせんな………………………… Ⅳ - 789
じんた……………………………… Ⅳ - 790
しんたのたま……………………… Ⅳ - 790
じんとうさう……………………… Ⅳ - 790
しんのは…………………………… Ⅳ - 790
しんのはり………………………… Ⅳ - 790
しんはさう………………………… Ⅳ - 790
しんばさう………………………… Ⅳ - 790
じんばさう………………………… Ⅳ - 791
じんばさうも……………………… Ⅳ - 791
しんはそう………………………… Ⅳ - 791
しんばそう………………………… Ⅳ - 791
じんばそう………………………… Ⅳ - 791
じんばも…………………………… Ⅳ - 792
じんひさう………………………… Ⅳ - 792
しんふ……………………………… Ⅳ - 792
しんふいかつら…………………… Ⅳ - 792
しんぶいかづら…………………… Ⅳ - 792
しんふじ…………………………… Ⅳ - 792
しんまくり………………………… Ⅳ - 793

## す

すあまくさ………………………… Ⅳ - 794
すいかつら………………………… Ⅳ - 794
すいかづら………………………… Ⅳ - 794
すいかづら………………………… Ⅳ - 795
すいがん…………………………… Ⅳ - 795
すいき……………………………… Ⅳ - 795
すいくき…………………………… Ⅳ - 795
すいぐき…………………………… Ⅳ - 795
すいくさ…………………………… Ⅳ - 795
すいくら…………………………… Ⅳ - 796
すいこ……………………………… Ⅳ - 796
ずいこ……………………………… Ⅳ - 796
すいこき…………………………… Ⅳ - 796
すいこぎ…………………………… Ⅳ - 796
すいすいかづら…………………… Ⅳ - 796
すいすいくさ……………………… Ⅳ - 797
すいすいはな……………………… Ⅳ - 797
すいせうとう……………………… Ⅳ - 797
すいせん…………………………… Ⅳ - 797
すいせん…………………………… Ⅳ - 798
すいせんくわ……………………… Ⅳ - 798
すいぜんじくさ…………………… Ⅳ - 798
すいぜんじのり…………………… Ⅳ - 799
ずいづら…………………………… Ⅳ - 799
すいどうすべら…………………… Ⅳ - 799
すいな……………………………… Ⅳ - 799
すいは……………………………… Ⅳ - 799
すいば……………………………… Ⅳ - 799
すいはな…………………………… Ⅳ - 800
すいはなかづら…………………… Ⅳ - 800

すいばなかづら…………………… Ⅳ - 800
すいはなくさ…………………… Ⅳ - 800
すいはなつる…………………… Ⅳ - 800
すいひ…………………… Ⅳ - 800
すいび…………………… Ⅳ - 800
ずいべら…………………… Ⅳ - 801
すいもくさ…………………… Ⅳ - 801
すいもじ…………………… Ⅳ - 801
すいものくさ…………………… Ⅳ - 801
すいものくさ…………………… Ⅳ - 802
すいりん…………………… Ⅳ - 802
ずいりん…………………… Ⅳ - 802
すいれん…………………… Ⅳ - 802
すうき…………………… Ⅳ - 802
すかくさ…………………… Ⅳ - 802
すかこ…………………… Ⅳ - 802
すかしゆり…………………… Ⅳ - 803
すかすか…………………… Ⅳ - 803
すかた…………………… Ⅳ - 803
すかとり…………………… Ⅳ - 803
すかな…………………… Ⅳ - 803
すがな…………………… Ⅳ - 804
すかほ…………………… Ⅳ - 804
すかぼ…………………… Ⅳ - 804
すかも…………………… Ⅳ - 804
すがも…………………… Ⅳ - 804
すから…………………… Ⅳ - 804
すからし…………………… Ⅳ - 805
すかんほう…………………… Ⅳ - 805
すきおれくさ…………………… Ⅳ - 805
すぎかつら…………………… Ⅳ - 805
すぎかづら…………………… Ⅳ - 805
すきから…………………… Ⅳ - 805
すきくさ…………………… Ⅳ - 805
すぎくさ…………………… Ⅳ - 806
すぎこけ…………………… Ⅳ - 806
すぎちぢこ…………………… Ⅳ - 806
すきな…………………… Ⅳ - 806
すぎな…………………… Ⅳ - 807
すぎなくさ…………………… Ⅳ - 807
すきなほら…………………… Ⅳ - 807
すきのさき…………………… Ⅳ - 808
すきのり…………………… Ⅳ - 808
すぎのり…………………… Ⅳ - 808
すきも…………………… Ⅳ - 808
すぎも…………………… Ⅳ - 808
すぎもく…………………… Ⅳ - 808
すぎゆき…………………… Ⅳ - 808
すきれ…………………… Ⅳ - 809
すぐき…………………… Ⅳ - 809
すくさ…………………… Ⅳ - 809
すぐさ…………………… Ⅳ - 809
すくだま…………………… Ⅳ - 809
すくも…………………… Ⅳ - 809
すぐも…………………… Ⅳ - 809
すくもかつら…………………… Ⅳ - 810
すくもくさ…………………… Ⅳ - 810
すくらくさ…………………… Ⅳ - 810
すくろ…………………… Ⅳ - 810
すけ…………………… Ⅳ - 810
すけ…………………… Ⅳ - 811
すげ…………………… Ⅳ - 811
すけくさ…………………… Ⅳ - 811
すげくさ…………………… Ⅳ - 811
すけはつくり…………………… Ⅳ - 811
すげはほくり…………………… Ⅳ - 812
すけふくろ…………………… Ⅳ - 812
すげふくろ…………………… Ⅳ - 812
すけほうくり…………………… Ⅳ - 812
すけも…………………… Ⅳ - 812
すこな…………………… Ⅳ - 812
すごろほ…………………… Ⅳ - 812
すこんは…………………… Ⅳ - 813
すじくわんざう…………………… Ⅳ - 813
すじねこ…………………… Ⅳ - 813
すじはたし…………………… Ⅳ - 813

すず……………………………… Ⅳ - 813
すずいちご……………………… Ⅳ - 813
すずかけ………………………… Ⅳ - 813
すすき…………………………… Ⅳ - 814
すずくくり……………………… Ⅳ - 814
ずずくくり……………………… Ⅳ - 814
すすくさ………………………… Ⅳ - 815
すずくさ………………………… Ⅳ - 815
すすくりさう…………………… Ⅳ - 815
すすこ…………………………… Ⅳ - 815
すずこ…………………………… Ⅳ - 815
すずさいこ……………………… Ⅳ - 815
すずしろ………………………… Ⅳ - 815
すずたけ………………………… Ⅳ - 816
すすたま………………………… Ⅳ - 816
すすだま………………………… Ⅳ - 816
すずたま………………………… Ⅳ - 816
すすだま………………………… Ⅳ - 817
ずずだま………………………… Ⅳ - 817
すすてかつら…………………… Ⅳ - 817
すすな…………………………… Ⅳ - 817
すずな…………………………… Ⅳ - 817
すすふりくさ…………………… Ⅳ - 817
すずまめかづら………………… Ⅳ - 818
すずむぎ………………………… Ⅳ - 818
すずむしくさ…………………… Ⅳ - 818
すすめあわ……………………… Ⅳ - 818
すすめうり……………………… Ⅳ - 818
すずめうり……………………… Ⅳ - 818
すずめかたひらくさ…………… Ⅳ - 818
すずめかたら…………………… Ⅳ - 819
すすめかつら…………………… Ⅳ - 819
すすめくさ……………………… Ⅳ - 819
すずめくさ……………………… Ⅳ - 819
すすめくさ……………………… Ⅳ - 820
すすめくら……………………… Ⅳ - 820
すすめけし……………………… Ⅳ - 820
すすめざく……………………… Ⅳ - 820
すずめのあし…………………… Ⅳ - 820
すずめのあしからまき………… Ⅳ - 820
すずめのあしからみ…………… Ⅳ - 821
すずめのあつき………………… Ⅳ - 821
すずめのあわ…………………… Ⅳ - 821
すずめのいね…………………… Ⅳ - 821
すずめのうり…………………… Ⅳ - 821
すずめのかしら………………… Ⅳ - 821
すずめのきんちやく…………… Ⅳ - 822
すずめのきんちやく…………… Ⅳ - 822
すずめのくち…………………… Ⅳ - 822
すずめのごき…………………… Ⅳ - 822
すすめのこま…………………… Ⅳ - 822
すすめのこめ…………………… Ⅳ - 822
すすめのさら…………………… Ⅳ - 822
すずめのした…………………… Ⅳ - 823
すずめのつばな………………… Ⅳ - 823
すすめのなへ…………………… Ⅳ - 823
すすめのなべ…………………… Ⅳ - 823
すすめのはかま………………… Ⅳ - 823
すずめのはかま………………… Ⅳ - 823
すずめのはこべ………………… Ⅳ - 823
すずめのひえ…………………… Ⅳ - 824
すずめのひさ…………………… Ⅳ - 824
すずめのひざ…………………… Ⅳ - 824
すすめのほくさ………………… Ⅳ - 824
すすめのほとり………………… Ⅳ - 824
すずめのほとり………………… Ⅳ - 824
すずめのまくら………………… Ⅳ - 825
すずめのまくら………………… Ⅳ - 825
すずめのまり…………………… Ⅳ - 825
すすめのやり…………………… Ⅳ - 825
すずめのやり…………………… Ⅳ - 825
すすめはかま…………………… Ⅳ - 825
すすめはき……………………… Ⅳ - 825
すすめはぎ……………………… Ⅳ - 826
すずめはき……………………… Ⅳ - 826
すずめはぎ……………………… Ⅳ - 826

すすめはこべ……………………… Ⅳ - 826
すすめひへ………………………… Ⅳ - 826
すすめびへ………………………… Ⅳ - 826
すずめひへ………………………… Ⅳ - 826
すすめふり………………………… Ⅳ - 827
すずめふり………………………… Ⅳ - 827
すすめやり………………………… Ⅳ - 827
すすめりひやう…………………… Ⅳ - 827
すすも……………………………… Ⅳ - 827
すずも……………………………… Ⅳ - 827
すすもくさ………………………… Ⅳ - 827
すすらくさ………………………… Ⅳ - 828
すたつる…………………………… Ⅳ - 828
すぢかつら………………………… Ⅳ - 828
すぢかや…………………………… Ⅳ - 828
すぢぎぼうし……………………… Ⅳ - 828
すちくはんざう…………………… Ⅳ - 828
すつほんのかがみ………………… Ⅳ - 828
すづめはかま……………………… Ⅳ - 829
すてくさ…………………………… Ⅳ - 829
すてご……………………………… Ⅳ - 829
すてこはな………………………… Ⅳ - 829
すてごばな………………………… Ⅳ - 829
すなご……………………………… Ⅳ - 830
すにい……………………………… Ⅳ - 830
すぬい……………………………… Ⅳ - 830
ずね………………………………… Ⅳ - 830
ずねい……………………………… Ⅳ - 830
ずねいご…………………………… Ⅳ - 830
すねご……………………………… Ⅳ - 830
すねこすり………………………… Ⅳ - 831
すねすり…………………………… Ⅳ - 831
すのこうじ………………………… Ⅳ - 831
すのふた…………………………… Ⅳ - 831
すばきり…………………………… Ⅳ - 831
すひかつら………………………… Ⅳ - 831
すひかづら………………………… Ⅳ - 831
すひこき…………………………… Ⅳ - 832
ずびこき…………………………… Ⅳ - 832
すひとう…………………………… Ⅳ - 832
すひば……………………………… Ⅳ - 832
すひら……………………………… Ⅳ - 832
すふた……………………………… Ⅳ - 832
すぶた……………………………… Ⅳ - 832
すぶた……………………………… Ⅳ - 833
すふたくさ………………………… Ⅳ - 833
すへり……………………………… Ⅳ - 833
すべり……………………………… Ⅳ - 833
すべりくさ………………………… Ⅳ - 833
すへりひい………………………… Ⅳ - 833
すべりひいな……………………… Ⅳ - 834
すへりひう………………………… Ⅳ - 834
すべりひう………………………… Ⅳ - 834
すへりひやう……………………… Ⅳ - 834
すへりひやう……………………… Ⅳ - 835
すべりひやう……………………… Ⅳ - 835
すへりひやうな…………………… Ⅳ - 835
すへりひゆ………………………… Ⅳ - 836
すべりひゆ………………………… Ⅳ - 836
すべりひゆ………………………… Ⅳ - 837
すへりへう………………………… Ⅳ - 837
すべりへう………………………… Ⅳ - 837
すぼみ……………………………… Ⅳ - 837
すほんのかがみ…………………… Ⅳ - 837
すぽんのかかみ…………………… Ⅳ - 837
すまうとりくさ…………………… Ⅳ - 838
すまふくさ………………………… Ⅳ - 838
すまふとり………………………… Ⅳ - 838
すまふとりくさ…………………… Ⅳ - 838
すまふとりくさ…………………… Ⅳ - 839
すみ………………………………… Ⅳ - 839
すみとりくさ……………………… Ⅳ - 839
すみな……………………………… Ⅳ - 839
すみも……………………………… Ⅳ - 839
すみら……………………………… Ⅳ - 840
すみれ……………………………… Ⅳ - 840

すみれ…………………………… Ⅳ - 841
すみれぐさ………………………… Ⅳ - 841
すみれこ…………………………… Ⅳ - 841
すむら……………………………… Ⅳ - 841
すめひへ…………………………… Ⅳ - 841
すめひゑ…………………………… Ⅳ - 841
すめりくさ………………………… Ⅳ - 841
すめりひやう……………………… Ⅳ - 842
すもうとりくさ…………………… Ⅳ - 842
すもとり…………………………… Ⅳ - 842
すもとりくさ……………………… Ⅳ - 842
すもとりくさ……………………… Ⅳ - 843
すもとりはな……………………… Ⅳ - 843
すもふとりくさ…………………… Ⅳ - 843
すもみ……………………………… Ⅳ - 843
ずり………………………………… Ⅳ - 844
すりこきさう……………………… Ⅳ - 844
すりこぎさう……………………… Ⅳ - 844
すりも……………………………… Ⅳ - 844
するき……………………………… Ⅳ - 844
するぼ……………………………… Ⅳ - 844
ずるぼ……………………………… Ⅳ - 844
するも……………………………… Ⅳ - 845
ずるも……………………………… Ⅳ - 845
ずるり……………………………… Ⅳ - 845
ずるり……………………………… Ⅳ - 845
すわ………………………………… Ⅳ - 845
すわめ……………………………… Ⅳ - 845
すんふらん………………………… Ⅳ - 845
ずんぼ……………………………… Ⅳ - 846

## せ

せいかう…………………………… Ⅳ - 847
せいがう…………………………… Ⅳ - 847
せいき……………………………… Ⅳ - 847
せいすいきやう…………………… Ⅳ - 847
せいそうし………………………… Ⅳ - 847
せいねい…………………………… Ⅳ - 847
せいはく…………………………… Ⅳ - 848
せいらん…………………………… Ⅳ - 848
せうが……………………………… Ⅳ - 848
せうかく…………………………… Ⅳ - 848
せうかひげ………………………… Ⅳ - 848
ぜうがひけ………………………… Ⅳ - 848
ぜうがひげ………………………… Ⅳ - 848
せうかふし………………………… Ⅳ - 849
せうぜうばかま…………………… Ⅳ - 849
せうひ……………………………… Ⅳ - 849
せうび……………………………… Ⅳ - 849
せうびん…………………………… Ⅳ - 849
せうふ……………………………… Ⅳ - 849
せうぶ……………………………… Ⅳ - 850
せうま……………………………… Ⅳ - 850
せうもく…………………………… Ⅳ - 850
せうもくかう……………………… Ⅳ - 850
せうもつかう……………………… Ⅳ - 850
せうもつこ………………………… Ⅳ - 851
せうもつこう……………………… Ⅳ - 851
せうりく…………………………… Ⅳ - 851
せうろぎ…………………………… Ⅳ - 851
せうろへい………………………… Ⅳ - 851
せかいさう………………………… Ⅳ - 851
ぜがいさう………………………… Ⅳ - 852
せかいそう………………………… Ⅳ - 852
ぜかいそう………………………… Ⅳ - 852
ぜがいそう………………………… Ⅳ - 852
せきかうじつ……………………… Ⅳ - 852
せきこく…………………………… Ⅳ - 852
せきこく…………………………… Ⅳ - 853
せきさう…………………………… Ⅳ - 853
せきしやう………………………… Ⅳ - 853
せきしやう………………………… Ⅳ - 854
せきしやうふ……………………… Ⅳ - 854
せきしやうぶ……………………… Ⅳ - 854
せきしよおふ……………………… Ⅳ - 855
せきせう…………………………… Ⅳ - 855

せきせうぶ…………………… Ⅳ - 855
せきせつ…………………… Ⅳ - 855
せきせつさう…………………… Ⅳ - 855
せきそろ…………………… Ⅳ - 855
せきぞろ…………………… Ⅳ - 856
せきそろくさ…………………… Ⅳ - 856
せきださう…………………… Ⅳ - 856
せきたそう…………………… Ⅳ - 856
せきたつる…………………… Ⅳ - 856
せきだつる…………………… Ⅳ - 856
せきちく…………………… Ⅳ - 857
せきつい…………………… Ⅳ - 858
せきみづ…………………… Ⅳ - 858
せきむらさき…………………… Ⅳ - 858
せきらん…………………… Ⅳ - 858
せきりんさう…………………… Ⅳ - 858
せこくさ…………………… Ⅳ - 858
せたら…………………… Ⅳ - 858
せつかさう…………………… Ⅳ - 859
せつきそろ…………………… Ⅳ - 859
せつこく…………………… Ⅳ - 859
せつしやく…………………… Ⅳ - 859
ぜつた…………………… Ⅳ - 859
せとたばこ…………………… Ⅳ - 860
せとも…………………… Ⅳ - 860
ぜにあおひ…………………… Ⅳ - 860
せにあふい…………………… Ⅳ - 860
せにあふひ…………………… Ⅳ - 860
ぜにあふひ…………………… Ⅳ - 860
せにあをい…………………… Ⅳ - 861
せにあをひ…………………… Ⅳ - 861
ぜにあをひ…………………… Ⅳ - 861
せにかつら…………………… Ⅳ - 861
ぜにかつら…………………… Ⅳ - 861
せにくさ…………………… Ⅳ - 861
ぜにくさ…………………… Ⅳ - 861
ぜにくさ…………………… Ⅳ - 862
せにさらな…………………… Ⅳ - 862
ぜにつわ…………………… Ⅳ - 862
せにば…………………… Ⅳ - 862
ぜにばかつら…………………… Ⅳ - 862
ぜにはな…………………… Ⅳ - 862
せにひるも…………………… Ⅳ - 863
ぜにひるも…………………… Ⅳ - 863
ぜにも…………………… Ⅳ - 863
せむすい…………………… Ⅳ - 863
せり…………………… Ⅳ - 863
せりげ…………………… Ⅳ - 864
せりにんじん…………………… Ⅳ - 864
せりのおと…………………… Ⅳ - 864
せりもとき…………………… Ⅳ - 864
せりもどき…………………… Ⅳ - 864
せん…………………… Ⅳ - 864
せんおう…………………… Ⅳ - 864
せんおうくわ…………………… Ⅳ - 865
せんおうけ…………………… Ⅳ - 865
せんおふ…………………… Ⅳ - 865
せんおふけ…………………… Ⅳ - 865
せんかう…………………… Ⅳ - 865
ぜんかう…………………… Ⅳ - 866
せんぎ…………………… Ⅳ - 866
せんきう…………………… Ⅳ - 866
せんきく…………………… Ⅳ - 866
せんきゆう…………………… Ⅳ - 866
せんきんくわ…………………… Ⅳ - 867
せんくつし…………………… Ⅳ - 867
せんくづし…………………… Ⅳ - 867
せんぐはんさう…………………… Ⅳ - 867
せんげんさう…………………… Ⅳ - 867
せんこ…………………… Ⅳ - 867
ぜんこ…………………… Ⅳ - 867
せんご…………………… Ⅳ - 868
ぜんご…………………… Ⅳ - 868
せんこうしやくわ…………………… Ⅳ - 868
ぜんさい…………………… Ⅳ - 868
せんさいがうろ…………………… Ⅳ - 868

せんさいこうら…………………… Ⅳ - 868
せんせんがうろ…………………… Ⅳ - 868
ぜんぜんがうろ…………………… Ⅳ - 869
せんたいはき……………………… Ⅳ - 869
せんたいはぎ……………………… Ⅳ - 869
せんだいはき……………………… Ⅳ - 869
せんだいはぎ……………………… Ⅳ - 869
せんたつかしら…………………… Ⅳ - 870
ぜんていくわ……………………… Ⅳ - 870
せんないさう……………………… Ⅳ - 870
せんないそう……………………… Ⅳ - 870
せんにちかう……………………… Ⅳ - 870
せんにちこう……………………… Ⅳ - 870
せんにちさう……………………… Ⅳ - 871
せんにちそう……………………… Ⅳ - 871
せんにんさう……………………… Ⅳ - 871
せんにんじやう…………………… Ⅳ - 871
せんにんそう……………………… Ⅳ - 871
せんねんさう……………………… Ⅳ - 872
せんねんそう……………………… Ⅳ - 872
せんのう…………………………… Ⅳ - 872
せんのうかつら…………………… Ⅳ - 872
せんのうけ………………………… Ⅳ - 872
せんのふ…………………………… Ⅳ - 872
せんのふけ………………………… Ⅳ - 873
せんひき…………………………… Ⅳ - 873
せんふくさう……………………… Ⅳ - 873
せんふり…………………………… Ⅳ - 873
せんぶり…………………………… Ⅳ - 873
せんふりさう……………………… Ⅳ - 874
せんべんづる……………………… Ⅳ - 874
せんぼう…………………………… Ⅳ - 874
せんほうけ………………………… Ⅳ - 874
せんぼんさう……………………… Ⅳ - 874
せんぼんやり……………………… Ⅳ - 874
せんぼんゐがや…………………… Ⅳ - 874
せんまい…………………………… Ⅳ - 875
ぜんまい…………………………… Ⅳ - 875
ぜんまひ…………………………… Ⅳ - 875
ぜんもちくさ……………………… Ⅳ - 875
せんようしやくやく……………… Ⅳ - 875
せんりう…………………………… Ⅳ - 875
せんりうくわ……………………… Ⅳ - 876
せんりやう………………………… Ⅳ - 876
せんれう…………………………… Ⅳ - 876
せんをう…………………………… Ⅳ - 876
せんをうくわ……………………… Ⅳ - 876
せんをうけ………………………… Ⅳ - 877

## そ

そうか……………………………… Ⅳ - 878
そうけんさう……………………… Ⅳ - 878
そうしゆつ………………………… Ⅳ - 878
そうじゆつ………………………… Ⅳ - 878
そうた……………………………… Ⅳ - 878
そうたきしば……………………… Ⅳ - 878
そうたくさ………………………… Ⅳ - 879
そうちつ…………………………… Ⅳ - 879
そうとめかつら…………………… Ⅳ - 879
そうとめくさ……………………… Ⅳ - 879
そうとめはな……………………… Ⅳ - 879
そうな……………………………… Ⅳ - 879
そうばい…………………………… Ⅳ - 880
そうはき…………………………… Ⅳ - 880
そうはぎ…………………………… Ⅳ - 880
そうめくさ………………………… Ⅳ - 880
そうめんくさ……………………… Ⅳ - 880
そうめんのり……………………… Ⅳ - 880
そくす……………………………… Ⅳ - 881
そくず……………………………… Ⅳ - 881
そくすいし………………………… Ⅳ - 881
ぞくずいし………………………… Ⅳ - 881
そくぞく…………………………… Ⅳ - 881
そくだん…………………………… Ⅳ - 882
そくづ……………………………… Ⅳ - 882
そぐづ……………………………… Ⅳ - 882

そくや……Ⅳ-882
そこず……Ⅳ-882
そこづ……Ⅳ-883
そごつ……Ⅳ-883
そそ……Ⅳ-883
そぞ……Ⅳ-883
そぞのり……Ⅳ-883
そそや……Ⅳ-883
そそやき……Ⅳ-883
そそやけ……Ⅳ-884
そつかいり……Ⅳ-884
そつすひ……Ⅳ-884
そてつ……Ⅳ-884
そてつくさ……Ⅳ-884
そてつもとき……Ⅳ-884
そでふりくさ……Ⅳ-884
そでふりくさ……Ⅳ-885
そは……Ⅳ-885
そはな……Ⅳ-885
そばな……Ⅳ-885
そばのめくそ……Ⅳ-885
そばひで……Ⅳ-885
そばもどき……Ⅳ-885
そひくさ……Ⅳ-886
そびくさ……Ⅳ-886
そびそう……Ⅳ-886
そぶ……Ⅳ-886
そふはぎ……Ⅳ-886
そふろ……Ⅳ-886
そぶろ……Ⅳ-886
そぶろくさ……Ⅳ-887
そほな……Ⅳ-887
そよくさ……Ⅳ-887
そらし……Ⅳ-887
そらて……Ⅳ-887
それい……Ⅳ-887
そろい……Ⅳ-887
ぞろい……Ⅳ-888
そろいくさ……Ⅳ-888
そろぎ……Ⅳ-888
ぞろひ……Ⅳ-888
そろへ……Ⅳ-888
そろべ……Ⅳ-888
そろゐ……Ⅳ-889
そろゑ……Ⅳ-889
ぞろゑ……Ⅳ-889
そわくさ……Ⅳ-889
そをばき……Ⅳ-889


## た


たいおう……Ⅴ-891
だいおう……Ⅴ-891
たいおふ……Ⅴ-891
だいがさ……Ⅴ-891
たいがや……Ⅴ-891
たいげき……Ⅴ-891
たいこぐさ……Ⅴ-892
だいこん……Ⅴ-892
たいこんさう……Ⅴ-892
だいこんさう……Ⅴ-892
だいこんそう……Ⅴ-892
たいこんたはらも……Ⅴ-892
だいこんたはらも……Ⅴ-893
たいこんたわらも……Ⅴ-893
たいこんな……Ⅴ-893
だいこんな……Ⅴ-893
だいこんほう……Ⅴ-893
たいす……Ⅴ-893
たいすか……Ⅴ-894
だいたふさう……Ⅴ-894
だいたら……Ⅴ-894
だいとうころかし……Ⅴ-894
だいはく……Ⅴ-894
だいはち……Ⅴ-894
だいばち……Ⅴ-894
だいひろき……Ⅴ-895

たいほう…………………………… V - 895
たいめうかつら………………… V - 895
だいめうかつら………………… V - 895
たいも……………………………… V - 895
たいもから………………………… V - 895
たいわう…………………………… V - 895
たいわう…………………………… V - 896
だいわう…………………………… V - 896
だいわうしんさい……………… V - 896
だいわふ…………………………… V - 896
たいをう…………………………… V - 897
だいをう…………………………… V - 897
だいをり…………………………… V - 897
たう………………………………… V - 897
たうい……………………………… V - 897
たういちこ………………………… V - 897
たうおはこ………………………… V - 897
たうがいさう……………………… V - 898
たうからし………………………… V - 898
たうからしはくさ……………… V - 898
たうき……………………………… V - 898
たうきほうし……………………… V - 898
たうぎぼし………………………… V - 898
たうくさ…………………………… V - 899
だうくわんさう………………… V - 899
たうけいとう……………………… V - 899
たうこぎ…………………………… V - 899
たうこま…………………………… V - 899
たうごま…………………………… V - 899
たうごま…………………………… V - 900
たうしば…………………………… V - 900
たうじんかさ……………………… V - 900
たうせんそう……………………… V - 900
たうたいくさ……………………… V - 900
たうだいくさ……………………… V - 900
たうちくさ………………………… V - 900
たうつき…………………………… V - 901
たうつぎ…………………………… V - 901
だうつぎ…………………………… V - 901
たうつぎそう……………………… V - 901
たうつし…………………………… V - 901
たうはす…………………………… V - 902
たうはんげ………………………… V - 902
たうふき…………………………… V - 902
たうやく…………………………… V - 902
たうゆり…………………………… V - 902
たうよもき………………………… V - 902
たおはこ…………………………… V - 902
たおばこ…………………………… V - 903
たおひな…………………………… V - 903
たおゐな…………………………… V - 903
たか………………………………… V - 903
たかあさみ………………………… V - 903
たかうぶし………………………… V - 903
たかさき…………………………… V - 904
たかさごゆり……………………… V - 904
たかさぶらう……………………… V - 904
たかさぶろふ……………………… V - 904
たかさふろふくさ……………… V - 904
たかさむらい……………………… V - 904
たかしらう………………………… V - 904
たかしろう………………………… V - 905
たかせり…………………………… V - 905
たかそうも………………………… V - 905
たかたて…………………………… V - 905
たかたで…………………………… V - 905
たかたてかつら………………… V - 905
たかてこ…………………………… V - 906
たかど……………………………… V - 906
たかとう…………………………… V - 906
たかとうぐさ……………………… V - 906
たかとうだい……………………… V - 906
たかとくさ………………………… V - 906
たかとり…………………………… V - 906
たかなぎ…………………………… V - 907
たかのこくさ……………………… V - 907

たかのつめ…………………………… V - 907
たかのつめくさ………………………… V - 908
たかのは…………………………………… V - 908
たかのはすすき………………………… V - 908
たかのほねづき………………………… V - 908
たかのほねつきさう…………………… V - 908
たかのほねつぎさう…………………… V - 908
たかほ……………………………………… V - 909
たかも……………………………………… V - 909
たがや……………………………………… V - 909
たからかう……………………………… V - 909
たからくさ……………………………… V - 909
たからこ………………………………… V - 909
たがらこ………………………………… V - 910
たからこう……………………………… V - 910
たからし………………………………… V - 910
たがらし………………………………… V - 910
たがらし………………………………… V - 911
たからす………………………………… V - 911
たかんと………………………………… V - 911
たきかづら……………………………… V - 911
たきごけ………………………………… V - 911
たきしだ………………………………… V - 911
たきしば………………………………… V - 911
たぎしや………………………………… V - 912
たきちや………………………………… V - 912
たきな……………………………………… V - 912
たきゆり………………………………… V - 912
たくさ……………………………………… V - 912
だくさ……………………………………… V - 912
たくじな………………………………… V - 912
たくしや………………………………… V - 913
たぐちな………………………………… V - 913
たぐはな………………………………… V - 913
たくらん………………………………… V - 913
たぐわひ………………………………… V - 913
たけかつら……………………………… V - 913
たけかづら……………………………… V - 913
たけくさ………………………………… V - 914
たけしらす……………………………… V - 914
たけとり………………………………… V - 914
だけにんぢん…………………………… V - 914
たけのこくさ…………………………… V - 914
たけのはくさ…………………………… V - 914
たけのふし……………………………… V - 914
たけのふしぐさ………………………… V - 915
たけのふしにんしん………………… V - 915
たけびる………………………………… V - 915
たけひるくさ…………………………… V - 915
たけふし………………………………… V - 915
たけふしにんぢん…………………… V - 915
たけりくさ……………………………… V - 916
だごさう………………………………… V - 916
たこしな………………………………… V - 916
たこじな………………………………… V - 916
たごばう………………………………… V - 916
だごぼう………………………………… V - 916
たこめくさ……………………………… V - 916
たごめくさ……………………………… V - 917
たこゑんざ……………………………… V - 917
たこんぼ………………………………… V - 917
たさいかし……………………………… V - 917
たさき……………………………………… V - 917
たじな……………………………………… V - 917
たしば……………………………………… V - 917
たしやうふ……………………………… V - 918
たしやうぶ……………………………… V - 918
たすげ……………………………………… V - 918
たずな……………………………………… V - 918
たせり……………………………………… V - 918
たせりくさ……………………………… V - 918
たそかれくさ…………………………… V - 918
たそは……………………………………… V - 919
たそば……………………………………… V - 919
たそはくさ……………………………… V - 919
たそばくさ……………………………… V - 919

たたいこ…………………………… V - 919
ただいこん………………………… V - 919
たたき……………………………… V - 920
たたきまめ………………………… V - 920
たたて……………………………… V - 920
たたみくさ………………………… V - 920
たたも……………………………… V - 920
たたらひ…………………………… V - 920
たたらひ…………………………… V - 921
たたらび…………………………… V - 921
たたらへ…………………………… V - 921
たたらべ…………………………… V - 921
ただらみ…………………………… V - 921
たちあふひ………………………… V - 921
たちあをひ………………………… V - 922
たちいちこ………………………… V - 922
たちかねはな……………………… V - 922
たちかへりくさ…………………… V - 922
たちくさ…………………………… V - 922
たちさ……………………………… V - 922
たぢさ……………………………… V - 923
たちのくさ………………………… V - 923
たちはく…………………………… V - 923
たちばく…………………………… V - 923
たちはこ…………………………… V - 923
たちばこ…………………………… V - 923
たちはな…………………………… V - 923
たちばな…………………………… V - 924
たちはなくさ……………………… V - 924
たちみつは………………………… V - 924
たちをばこ………………………… V - 924
だつ………………………………… V - 924
たづかつら………………………… V - 924
たつてこ…………………………… V - 924
たつでこ…………………………… V - 925
だつと……………………………… V - 925
だつどう…………………………… V - 925
たつな……………………………… V - 925
たつなみさう……………………… V - 925
たつのひけ………………………… V - 925
たつのひけ………………………… V - 926
たつのひげ………………………… V - 926
たつば……………………………… V - 926
たつほくさ………………………… V - 926
たつま……………………………… V - 926
たて………………………………… V - 926
たで………………………………… V - 927
たであい…………………………… V - 927
たであゐ…………………………… V - 927
たてくさ…………………………… V - 927
たでくさ…………………………… V - 927
たてばこ…………………………… V - 927
たてほこ…………………………… V - 928
たでほこ…………………………… V - 928
たでもどき………………………… V - 928
たてを……………………………… V - 928
たてをきく………………………… V - 928
たとばつる………………………… V - 928
たとり……………………………… V - 928
たとりくさ………………………… V - 929
たどりくさ………………………… V - 929
たにあさ…………………………… V - 929
たにうつき………………………… V - 929
たにかつら………………………… V - 929
たにからし………………………… V - 929
たにがらし………………………… V - 929
たにくさ…………………………… V - 930
たにこさず………………………… V - 930
たにこさづ………………………… V - 930
たにそば…………………………… V - 930
たにぢょらう……………………… V - 930
たにはき…………………………… V - 930
たにはぎ…………………………… V - 930
たにふさぎ………………………… V - 931
たにわたし………………………… V - 931
たのした…………………………… V - 931

たのしは…………………………… V - 931
たのしば…………………………… V - 931
たのふ……………………………… V - 931
たのもばな………………………… V - 932
たはこ……………………………… V - 932
たばこ……………………………… V - 932
たばこ……………………………… V - 933
たはこくさ………………………… V - 933
たばこぐさ………………………… V - 933
たはこべ…………………………… V - 933
たはなから………………………… V - 933
たはながら………………………… V - 933
たはらも…………………………… V - 933
たひえ……………………………… V - 934
たびえ……………………………… V - 934
たひぢわ…………………………… V - 934
たびな……………………………… V - 934
たひへ……………………………… V - 934
たびへ……………………………… V - 934
たひへくさ………………………… V - 934
たびへくさ………………………… V - 935
たびらか…………………………… V - 935
たひらこ…………………………… V - 935
たびらこ…………………………… V - 935
たひゑ……………………………… V - 936
たふくさ…………………………… V - 936
たふじ……………………………… V - 936
たぶらこ…………………………… V - 936
たほうづき………………………… V - 936
たほと……………………………… V - 936
たまかづら………………………… V - 937
たまかんざし……………………… V - 937
たまこくさ………………………… V - 937
たまごくさ………………………… V - 937
たまこなすび……………………… V - 937
たまささ…………………………… V - 938
たまずさ…………………………… V - 938
たまたまさう……………………… V - 938
たまつさ…………………………… V - 938
たまづさ…………………………… V - 938
たまも……………………………… V - 939
たまようらく……………………… V - 939
たまりこ…………………………… V - 939
たまるこ…………………………… V - 939
たみの……………………………… V - 939
たむしくさ………………………… V - 939
たむらさう………………………… V - 939
たむらさう………………………… V - 940
たむらさき………………………… V - 940
たむらそう………………………… V - 940
ためともゆり……………………… V - 940
たも………………………………… V - 940
たもしは…………………………… V - 940
たもしば…………………………… V - 940
たもは……………………………… V - 941
たらうべゑくさ…………………… V - 941
たらこくさ………………………… V - 941
たらごま…………………………… V - 941
たらどう…………………………… V - 941
たらのは…………………………… V - 941
たらようさう……………………… V - 941
だるまぎく………………………… V - 942
たるまさう………………………… V - 942
だるまさう………………………… V - 942
たれゆへさう……………………… V - 942
たろくさ…………………………… V - 942
たろふし…………………………… V - 942
たわらくさ………………………… V - 942
たわらも…………………………… V - 943
たをくるま………………………… V - 943
たをぐるま………………………… V - 943
たをはこ…………………………… V - 943
たをばこ…………………………… V - 943
たをひな…………………………… V - 943
たんかさい………………………… V - 943
たんがら…………………………… V - 944

たんからし……………………… V - 944
たんきりまめ……………………… V - 944
たんくのは……………………… V - 944
だんくりいちご……………………… V - 944
たんご……………………… V - 944
たんござさ……………………… V - 944
たんこさし……………………… V - 945
たんごな……………………… V - 945
たんごほうつき……………………… V - 945
たんごんぼう……………………… V - 945
たんじり……………………… V - 945
だんしり……………………… V - 945
だんじり……………………… V - 945
たんそう……………………… V - 946
たんだらくさ……………………… V - 946
たんたんくさ……………………… V - 946
たんちく……………………… V - 946
だんちく……………………… V - 946
たんどく……………………… V - 946
だんとく……………………… V - 946
だんどく……………………… V - 947
だんとくくわ……………………… V - 947
たんどくせん……………………… V - 947
だんどくせん……………………… V - 947
たんはさう……………………… V - 947
たんぼこ……………………… V - 948
たんほさう……………………… V - 948
たんほほ……………………… V - 948
たんほほ……………………… V - 949
たんほほう……………………… V - 949
たんぼほうづき……………………… V - 949


## ち


ち……………………… V - 950
ちあふき……………………… V - 950
ちい……………………… V - 950
ちいかそめ……………………… V - 950
ちいがそめ……………………… V - 950
ちいそふ……………………… V - 950
ちいそぶ……………………… V - 950
ぢいそべ……………………… V - 951
ちうじやく……………………… V - 951
ちうな……………………… V - 951
ぢうな……………………… V - 951
ちうなくさ……………………… V - 951
ぢうやく……………………… V - 951
ぢうるし……………………… V - 951
ちかいさう……………………… V - 952
ちかいそ……………………… V - 952
ちかいそう……………………… V - 952
ちかな……………………… V - 952
ちかや……………………… V - 952
ちかや……………………… V - 953
ちがや……………………… V - 953
ちからくさ……………………… V - 953
ぢからげ……………………… V - 954
ちからみ……………………… V - 954
ぢがらみ……………………… V - 954
ちきりくさ……………………… V - 954
ちくうり……………………… V - 954
ちくくさ……………………… V - 954
ちくこ……………………… V - 954
ちくさ……………………… V - 955
ちぐさ……………………… V - 955
ちくせつ……………………… V - 955
ちくとうくさ……………………… V - 955
ちくも……………………… V - 955
ちくらん……………………… V - 955
ぢこう……………………… V - 955
ぢごくあざみ……………………… V - 956
ぢごくかんは……………………… V - 956
ちごくくさ……………………… V - 956
ぢこくくさ……………………… V - 956
ぢごくくさ……………………… V - 956
ちこくさ……………………… V - 956
ちごくさ……………………… V - 956

ちこくそば…………………………Ⅴ-957
ちごくそは…………………………Ⅴ-957
ちごくそば…………………………Ⅴ-957
ぢごくそば…………………………Ⅴ-957
ちごこう……………………………Ⅴ-957
ちこはな……………………………Ⅴ-957
ちごばな……………………………Ⅴ-957
ちごゆり……………………………Ⅴ-958
ちさ…………………………………Ⅴ-958
ぢざうかしら………………………Ⅴ-958
ぢざうつばな………………………Ⅴ-958
ぢざうのみみ………………………Ⅴ-958
ちさくさ……………………………Ⅴ-958
ぢさくら……………………………Ⅴ-958
ちさも………………………………Ⅴ-959
ぢしば………………………………Ⅴ-959
ちしはり……………………………Ⅴ-959
ちしばり……………………………Ⅴ-959
ぢしはり……………………………Ⅴ-959
ぢしばり……………………………Ⅴ-960
ぢしばりくさ………………………Ⅴ-960
ちしやくさ…………………………Ⅴ-960
ぢしらみ……………………………Ⅴ-961
ちそ…………………………………Ⅴ-961
ちそうくさ…………………………Ⅴ-961
ぢぞうくさ…………………………Ⅴ-961
ちたはこ……………………………Ⅴ-961
ちちかう……………………………Ⅴ-961
ちちくさ……………………………Ⅴ-961
ちちぐさ……………………………Ⅴ-962
ちちこ………………………………Ⅴ-962
ちちこくさ…………………………Ⅴ-962
ちちな………………………………Ⅴ-962
ちちはな……………………………Ⅴ-962
ちちび………………………………Ⅴ-962
ちぢみ………………………………Ⅴ-963
ちちみくさ…………………………Ⅴ-963
ちぢみくさ…………………………Ⅴ-963
ちちりくさ…………………………Ⅴ-963
ちとめ………………………………Ⅴ-963
ちとめくさ…………………………Ⅴ-963
ちとめくさ…………………………Ⅴ-964
ちどりくさ…………………………Ⅴ-964
ちな…………………………………Ⅴ-964
ちないくさ…………………………Ⅴ-964
ちなくさ……………………………Ⅴ-965
ぢねこ………………………………Ⅴ-965
ちねんご……………………………Ⅴ-965
ちのくさ……………………………Ⅴ-965
ちふうさう…………………………Ⅴ-965
ちぶき………………………………Ⅴ-965
ちへむはら…………………………Ⅴ-965
ちほい………………………………Ⅴ-966
ちぼい………………………………Ⅴ-966
ちほひ………………………………Ⅴ-966
ちほへ………………………………Ⅴ-966
ちほゑ………………………………Ⅴ-966
ちぼゑ………………………………Ⅴ-966
ちまきくさ…………………………Ⅴ-966
ちまきざさ…………………………Ⅴ-967
ちも…………………………………Ⅴ-967
ちもと………………………………Ⅴ-967
ちや…………………………………Ⅴ-967
ちやうじ……………………………Ⅴ-967
ちやうしきも………………………Ⅴ-967
ぢやうしきも………………………Ⅴ-967
ちやうしさう………………………Ⅴ-968
ちやうじさう………………………Ⅴ-968
ちやうしゆん………………………Ⅴ-968
ちやうしゆんいばら………………Ⅴ-968
ちやうしゆんくわ…………………Ⅴ-968
ちやうしゆんむはら………………Ⅴ-969
ちやうせんさう……………………Ⅴ-969
ちやうちやうかう…………………Ⅴ-969
ちやうちんくさ……………………Ⅴ-969
ちやうのり…………………………Ⅴ-969

ちやうびゑ……V - 969
ちやうめんさう……V - 969
ちやうりやうさう……V - 970
ちやうろ……V - 970
ちやうろうず……V - 970
ちやうろき……V - 970
ちやうろぎ……V - 970
ちやうろじ……V - 970
ぢやうかうさう……V - 971
ちやうどう……V - 971
ぢやうどう……V - 971
ちやせんくさ……V - 971
ちやせんそぶろ……V - 971
ちやせんはな……V - 971
ちやぬからさう……V - 972
ちやねんそふろ……V - 972
ぢやのひけ……V - 972
ぢやのひげ……V - 972
ちやのふくろ……V - 972
ちやひき……V - 972
ちやひきくさ……V - 972
ちやひきくさ……V - 973
ちやぼけいとう……V - 973
ちやぼげいとう……V - 973
ちやほしやくやく……V - 973
ちやぼらん……V - 973
ちやも……V - 973
ちやらん……V - 974
ちやわんばな……V - 974
ちやんぐわらか……V - 974
ぢやんぐわらか……V - 974
ちやんはきく……V - 974
ちやんばきく……V - 974
ちやんぱぎく……V - 974
ちやんふくろはな……V - 975
ぢゆ……V - 975
ちよくさ……V - 975
ちよこはな……V - 975
ぢよちやうけい……V - 975
ちよちよひげ……V - 975
ちよはな……V - 975
ちよま……V - 976
ぢよらうあさみ……V - 976
ぢよらうくさ……V - 976
ぢよらうすげ……V - 976
ぢよらうはな……V - 976
ちよりめき……V - 976
ちよろ……V - 977
ちよろき……V - 977
ちよろぎ……V - 977
ぢよろき……V - 977
ちよろふき……V - 977
ちよろり……V - 977
ちらな……V - 978
ちりちりくさ……V - 978
ちりめん……V - 978
ちりめんかじめ……V - 978
ちりめんしそ……V - 978
ちろり……V - 978
ぢわう……V - 979
ぢわた……V - 979
ちわみ……V - 979
ちわや……V - 979
ちわら……V - 979
ちゑおもたか……V - 979
ちゑむはら……V - 979
ぢをう……V - 980
ちんごう……V - 980
ちんた……V - 980
ぢんちやうけ……V - 980
ちんちんかつら……V - 980
ぢんてうけ……V - 980
ぢんどう……V - 981
ちんとりはな……V - 981
ちんはさう……V - 981
ぢんばそう……V - 981

ちんばそふも…………………… V - 981
ちんはらみ…………………… V - 981
ちんばらみ…………………… V - 981
ちんぴ…………………… V - 982

## つ

ついころひ…………………… V - 983
ついじがらみ…………………… V - 983
ついしね…………………… V - 983
ついしねくさ…………………… V - 983
ついつかみ…………………… V - 983
ついふかみ…………………… V - 983
つうそうかづら…………………… V - 983
つがねさう…………………… V - 984
つかみぐさ…………………… V - 984
つがめ…………………… V - 984
つきがねさう…………………… V - 984
つきたおし…………………… V - 984
つきも…………………… V - 984
つくし…………………… V - 984
つくし…………………… V - 985
つくつくし…………………… V - 985
つくづくし…………………… V - 985
つくつくしくさ…………………… V - 985
つくづくぼうし…………………… V - 985
つくねいも…………………… V - 986
つくはね…………………… V - 986
つくほうし…………………… V - 986
つくぼうし…………………… V - 986
つくほくさ…………………… V - 986
づくほし…………………… V - 986
つくめふぢ…………………… V - 986
つくも…………………… V - 987
つくもう…………………… V - 987
つくもくさ…………………… V - 987
つくりとろろ…………………… V - 987
つくりもくこう…………………… V - 987
つくろ…………………… V - 987
づぐろ…………………… V - 988
つくろとりのな…………………… V - 988
つくわる…………………… V - 988
つげ…………………… V - 988
つこも…………………… V - 988
つこもくさ…………………… V - 988
づしたま…………………… V - 988
つじむらさき…………………… V - 989
つた…………………… V - 989
つたうるし…………………… V - 989
つたかつら…………………… V - 990
つたかづら…………………… V - 990
つたからくさ…………………… V - 990
つたからまり…………………… V - 990
つたのは…………………… V - 990
つたふち…………………… V - 991
つたふり…………………… V - 991
つちあけひ…………………… V - 991
つちあけび…………………… V - 991
つちあげび…………………… V - 991
つちいちこ…………………… V - 991
つちいちご…………………… V - 991
つちおこし…………………… V - 992
つちがうり…………………… V - 992
つちかき…………………… V - 992
つちくちくさ…………………… V - 992
つちご…………………… V - 992
つちざんしやう…………………… V - 992
つちたちくさ…………………… V - 992
つちだうわう…………………… V - 993
つちたづ…………………… V - 993
つちな…………………… V - 993
つちのこ…………………… V - 993
つちのわた…………………… V - 993
つちひは…………………… V - 993
つちひば…………………… V - 994
つちほうつき…………………… V - 994
つちまさき…………………… V - 994

つちむらさき…………………………V - 994
つちも………………………………V - 994
つちもち……………………………V - 994
つちりやうほ………………………V - 994
つちひとがた………………………V - 995
つちをろし…………………………V - 995
つつくい……………………………V - 995
つつくれない………………………V - 995
つづたま……………………………V - 995
づづだま……………………………V - 995
つつみくさ…………………………V - 995
つつみはな…………………………V - 996
つつら………………………………V - 996
つづら………………………………V - 996
つつらかつら………………………V - 996
つつらかづら………………………V - 997
つづらかつら………………………V - 997
つつらくさ…………………………V - 997
つつらこ……………………………V - 997
つつらご……………………………V - 997
つづらこ……………………………V - 997
つつらひじき………………………V - 998
つづらひじき………………………V - 998
つつらふし…………………………V - 998
つつらふじ…………………………V - 998
つづらふし…………………………V - 998
つづらふじ…………………………V - 998
つつらふぢ…………………………V - 998
つづらふぢ…………………………V - 999
つつらぼ……………………………V - 999
つつらも……………………………V - 999
つづれくさ…………………………V - 999
つなるき……………………………V - 999
づねいご……………………………V - 999
づねこ………………………………V - 999
つねこくさ…………………………V - 1000
つのまきかつら……………………V - 1000
つのまた……………………………V - 1000
つのもどき…………………………V - 1000
つは…………………………………V - 1000
つはきあゐ…………………………V - 1001
つはきくさ…………………………V - 1001
つばきくさ…………………………V - 1001
つばきな……………………………V - 1001
つはきり……………………………V - 1001
つばきり……………………………V - 1001
つばくち……………………………V - 1001
つばくら……………………………V - 1002
つはくらくさ………………………V - 1002
つはな………………………………V - 1002
つばな………………………………V - 1002
つばな………………………………V - 1003
つばなくさ…………………………V - 1003
つはふき……………………………V - 1003
つぶづる……………………………V - 1003
つぼあをも…………………………V - 1003
つほうな……………………………V - 1003
つほくさ……………………………V - 1003
つぼくさ……………………………V - 1004
つぼつら……………………………V - 1004
つぼのり……………………………V - 1004
つぼみ………………………………V - 1004
つまくれ……………………………V - 1004
つまぐれ……………………………V - 1004
つまくれない………………………V - 1005
つまくろ……………………………V - 1005
つまつかみ…………………………V - 1005
つまへに……………………………V - 1005
つまへにくさ………………………V - 1006
つまれんげ…………………………V - 1006
つみきりさう………………………V - 1006
つみのり……………………………V - 1006
つもぶた……………………………V - 1006
つやかわ……………………………V - 1006
つゆくさ……………………………V - 1006
つゆくさ……………………………V - 1007

つゆしだ……………………………V - 1007
つゆもち……………………………V - 1007
つゆもり……………………………V - 1008
つらねぐさ…………………………V - 1008
つらふり……………………………V - 1008
つらぼうし…………………………V - 1008
つららふぢかつら…………………V - 1008
つらわる……………………………V - 1008
つらわれ……………………………V - 1008
つらわれくさ………………………V - 1009
つりおうれん………………………V - 1009
つりかね……………………………V - 1009
つりかねくさ………………………V - 1009
つりかねさう………………………V - 1009
つりがねさう………………………V - 1010
つりかねそう………………………V - 1010
つりかねにんしん…………………V - 1010
つりかねにんしん…………………V - 1011
つりかねにんじん…………………V - 1011
つりがねにんじん…………………V - 1011
つりかねはな………………………V - 1011
つりとりいはら……………………V - 1011
つりにんしん………………………V - 1011
つりひきも…………………………V - 1012
つりふじ……………………………V - 1012
つるあまちや………………………V - 1012
つるいちこ…………………………V - 1012
つるいちご…………………………V - 1012
つるいはら…………………………V - 1013
つるうるし…………………………V - 1013
つるかしは…………………………V - 1013
つるかしわ…………………………V - 1013
つるくさ……………………………V - 1013
つるけいし…………………………V - 1013
つるしやじん………………………V - 1013
つるしらみ…………………………V - 1014
つるそば……………………………V - 1014
つるな………………………………V - 1014
つるにんしん………………………V - 1014
つるにんじん………………………V - 1014
つるにんぢん………………………V - 1014
つるのすねこくり…………………V - 1015
つるのはし…………………………V - 1015
つるはこへ…………………………V - 1015
つるはこべ…………………………V - 1015
つるはこべ…………………………V - 1016
つるふじはかま……………………V - 1016
つるぶすま…………………………V - 1016
つるふぢばかま……………………V - 1016
つるべかづら………………………V - 1016
つるへくさ…………………………V - 1016
つるぼ………………………………V - 1016
つるほうつき………………………V - 1017
つるぼさん…………………………V - 1017
つるぼたん…………………………V - 1017
つるむめもとき……………………V - 1017
つるむめもどき……………………V - 1017
つるむらさき………………………V - 1017
つるも………………………………V - 1017
つるも………………………………V - 1018
つるもつかう………………………V - 1018
つるやとめ…………………………V - 1018
つるれいし…………………………V - 1018
つれさき……………………………V - 1018
つれつれくさ………………………V - 1018
つわ…………………………………V - 1019
つわふき……………………………V - 1019
つわぶき……………………………V - 1019
つゐくさ……………………………V - 1020
つんべ………………………………V - 1020

## て

ていかかつら………………………V - 1021
ていかかづら………………………V - 1021
ていくこさう………………………V - 1022
ていしくさ…………………………V - 1022

ていづは……………………………V - 1022
ていれき…………………………V - 1022
ていれんさう……………………V - 1022
てうあひたん……………………V - 1022
てうこけ…………………………V - 1023
てうごけ…………………………V - 1023
てうじ……………………………V - 1023
てうじさう………………………V - 1023
てうしゆん………………………V - 1023
てうしゆんいはら………………V - 1023
てうしゆんばら…………………V - 1023
てうせん…………………………V - 1024
てうせんあさかほ………………V - 1024
てうせんあんじやへり…………V - 1024
てうせんくわ……………………V - 1024
てうせんけいとう………………V - 1024
てうせんしそ……………………V - 1024
てうせんははきぎ………………V - 1024
てうせんひとつは………………V - 1025
てうせんむぎ……………………V - 1025
てうとう…………………………V - 1025
てうなくさ………………………V - 1025
てうひけ…………………………V - 1025
てきりがや………………………V - 1025
てきりくさ………………………V - 1025
てきりこ…………………………V - 1026
てきりこさう……………………V - 1026
てきりすげ………………………V - 1026
てくさればな……………………V - 1026
てぐすかづら……………………V - 1026
てぐろ……………………………V - 1026
でだま……………………………V - 1026
てついろせん……………………V - 1027
てつくさ…………………………V - 1027
てつせん…………………………V - 1027
てつせんかつら…………………V - 1027
てつせんくは……………………V - 1027
てつせんくは……………………V - 1028
てづつ……………………………V - 1028
てつつも…………………………V - 1028
てつひるあさかほ………………V - 1028
てつほうくさ……………………V - 1028
てつも……………………………V - 1028
ててつほ…………………………V - 1029
ててれんさう……………………V - 1029
てのうらかへし…………………V - 1029
てのひらかやし…………………V - 1029
てひか……………………………V - 1029
てひめう…………………………V - 1029
てひやうしくさ…………………V - 1029
てひやくくさ……………………V - 1030
てまり……………………………V - 1030
てまりあちさい…………………V - 1030
てまりきく………………………V - 1030
てまりくさ………………………V - 1030
てらぼくさ………………………V - 1030
てりくさ…………………………V - 1031
てれつくさ………………………V - 1031
てんかい…………………………V - 1031
てんかいさう……………………V - 1031
てんがいな………………………V - 1031
てんかいはな……………………V - 1031
てんがいはな……………………V - 1031
てんがいはな……………………V - 1032
てんくさ…………………………V - 1032
てんくわふん……………………V - 1032
でんじさう………………………V - 1032
てんじやうゆり…………………V - 1032
てんせいぢしろくさ……………V - 1032
てんた……………………………V - 1032
てんぢくくわ……………………V - 1033
てんぢくらん……………………V - 1033
てんちくれん……………………V - 1033
てんどうさう……………………V - 1033
てんないさう……………………V - 1033
てんなゐ…………………………V - 1033

てんなんさう……………………V - 1034
てんなんしやう…………………V - 1034
てんなんせい……………………V - 1034
てんなんせい……………………V - 1035
てんなんせう……………………V - 1035
てんなんそう……………………V - 1035
てんにんからくさ………………V - 1035
てんにんくわ……………………V - 1035
てんばくさ………………………V - 1035
てんびんかづら…………………V - 1036
てんま……………………………V - 1036
てんむめ…………………………V - 1036
てんめいせい……………………V - 1036
てんもくくわ……………………V - 1036
てんもんさう……………………V - 1036
てんもんそう……………………V - 1037
てんもんとう……………………V - 1037
てんもんどう……………………V - 1037

## と

とあみ……………………………V - 1038
どあみ……………………………V - 1038
とうい……………………………V - 1038
とういちご………………………V - 1038
とうおおはこ……………………V - 1038
とうおはこ………………………V - 1038
とうがい…………………………V - 1038
とうかいさう……………………V - 1039
どうがめばす……………………V - 1039
とうからし………………………V - 1039
とうき……………………………V - 1039
とうきち…………………………V - 1039
とうきほうし……………………V - 1039
どうぎやうぶつ…………………V - 1040
とうきわた………………………V - 1040
とうくさ…………………………V - 1040
とうこ……………………………V - 1040
とうご……………………………V - 1040
とうごばう………………………V - 1040
とうこはな………………………V - 1040
とうごほう………………………V - 1041
とうごぼう………………………V - 1041
とうこま…………………………V - 1041
とうごま…………………………V - 1041
とうじはな………………………V - 1041
とうじかつら……………………V - 1042
とうじかづら……………………V - 1042
とうじさん………………………V - 1042
とうしみくさ……………………V - 1042
とうしらうくさ…………………V - 1042
とうしん…………………………V - 1042
とうずみこわい…………………V - 1043
とうしんくさ……………………V - 1043
とうしんさう……………………V - 1043
とうすすき………………………V - 1043
とうすみ…………………………V - 1043
とうすみくさ……………………V - 1043
とうせ……………………………V - 1043
とうぜくさ………………………V - 1044
とうせん…………………………V - 1044
とうせんくさ……………………V - 1044
とうそは…………………………V - 1044
とうそば…………………………V - 1044
とうたい…………………………V - 1044
とうたいくさ……………………V - 1044
とうだいくさ……………………V - 1045
とうちさ…………………………V - 1045
どうづき…………………………V - 1045
とうつら…………………………V - 1045
とうづるふぢ……………………V - 1045
とうとうから……………………V - 1045
とうとうくさ……………………V - 1046
とうとくさ………………………V - 1046
とうな……………………………V - 1046
とうなう…………………………V - 1046
とうなもみ………………………V - 1046

とうのこさう……………………V - 1046
とうのごばう……………………V - 1046
とうのつち………………………V - 1047
とうはす…………………………V - 1047
とうはな…………………………V - 1047
とうひい…………………………V - 1047
とうびゅ…………………………V - 1047
どうびん…………………………V - 1047
とうひんさう……………………V - 1047
とうふうさい……………………V - 1048
とうふき…………………………V - 1048
とうへいし………………………V - 1048
とうへいじ………………………V - 1048
とうほそくあさがほ……………V - 1048
とうまさう………………………V - 1048
とうもくさ………………………V - 1048
とうやく…………………………V - 1049
とうよもき………………………V - 1049
とうらうはな……………………V - 1049
とうれん…………………………V - 1049
とうろうくさ……………………V - 1050
とうろうはな……………………V - 1050
とうろくさ………………………V - 1050
とうろし…………………………V - 1050
とうろはな………………………V - 1050
とうゐ……………………………V - 1050
とおたいぐさ……………………V - 1051
とが………………………………V - 1051
とかいくさ………………………V - 1051
とき………………………………V - 1051
ときしらす………………………V - 1051
ときなし…………………………V - 1051
ときはきく………………………V - 1051
ときはくさ………………………V - 1052
ときはすすき……………………V - 1052
ときはずすき……………………V - 1052
ときはそう………………………V - 1052
ときやくさ………………………V - 1052
ときわ……………………………V - 1052
ときわあけび……………………V - 1052
ときわいき………………………V - 1053
ときわかつら……………………V - 1053
ときわかや………………………V - 1053
ときわさう………………………V - 1053
ときわすすき……………………V - 1053
ときわつた………………………V - 1053
どくい……………………………V - 1053
とくいも…………………………V - 1054
どくかいさう……………………V - 1054
とくくわつ………………………V - 1054
とくけさう………………………V - 1054
とくさ……………………………V - 1054
とくさ……………………………V - 1055
どくたび…………………………V - 1055
とくたみ…………………………V - 1055
とくだみ…………………………V - 1055
どくたみ…………………………V - 1055
どくだみ…………………………V - 1055
どくだみ…………………………V - 1056
とくたみさう……………………V - 1056
とくため…………………………V - 1056
とくだめ…………………………V - 1056
とくだめ…………………………V - 1057
どくため…………………………V - 1057
どくだめ…………………………V - 1057
どくなぎ…………………………V - 1057
どくなべ…………………………V - 1057
どくまくり………………………V - 1057
どくもめら………………………V - 1058
とくわか…………………………V - 1058
どくわつかう……………………V - 1058
どくわつこう……………………V - 1058
とけいさう………………………V - 1058
とけいそう………………………V - 1058
とこたち…………………………V - 1059
とこなつ…………………………V - 1059

ところ……V - 1059
ところてん……V - 1060
ところてんくさ……V - 1060
ところてんぐさ……V - 1060
ところてんふさ……V - 1060
ところてんも……V - 1061
とこわかふぢ……V - 1061
とこわらび……V - 1061
どさいしん……V - 1061
とさか……V - 1061
とさかぐさ……V - 1061
とさかな……V - 1062
とさかのり……V - 1062
としみせ……V - 1062
どすのかさ……V - 1062
どぜうな……V - 1062
どたうぎ……V - 1062
とちかかみ……V - 1063
とちかくし……V - 1063
とちぎにんじん……V - 1063
とちくさ……V - 1063
とちたち……V - 1063
とちな……V - 1063
とちなくさ……V - 1064
とちにんしん……V - 1064
とちにんじん……V - 1064
とちのかかみ……V - 1064
とちのかがみ……V - 1064
とちのきにんしん……V - 1064
とちのきにんじん……V - 1065
とちば……V - 1065
とちばくさ……V - 1065
とちふた……V - 1065
とちぶた……V - 1065
とちも……V - 1065
とつかかり……V - 1066
とつくりくさ……V - 1066
とつさか……V - 1066
とつさかのり……V - 1066
とつとうもち……V - 1066
とつとき……V - 1066
とつひやうす……V - 1066
とづち……V - 1067
ととき……V - 1067
ととぎ……V - 1067
とどきな……V - 1067
とときにんしん……V - 1067
ととくさ……V - 1067
とどくさ……V - 1067
ととこくさ……V - 1068
どどろはな……V - 1068
ととんほうぐさ……V - 1068
どにんしん……V - 1068
とのさまくさ……V - 1068
とののむま……V - 1068
とののよもき……V - 1069
とのぶつ……V - 1069
とのむまさう……V - 1069
とば……V - 1069
とはば……V - 1069
とびいり……V - 1069
とびいろ……V - 1069
とびかつら……V - 1070
とびかづら……V - 1070
とびがらみかつら……V - 1070
とひからめかつら……V - 1070
とびくさ……V - 1070
とひしやこ……V - 1070
とひしやご……V - 1071
とびしやこ……V - 1071
とびすかり……V - 1071
とひつかみ……V - 1071
とびつかみ……V - 1071
とびつかめ……V - 1072
とびつかり……V - 1072
とびつき……V - 1072

とびのしりさし……………………V - 1072
とびのへそ…………………………V - 1072
とひのを……………………………V - 1072
とびのを……………………………V - 1072
とひやくしや………………………V - 1073
とぶくさ……………………………V - 1073
とふくみ……………………………V - 1073
とふごぼう…………………………V - 1073
とふじさん…………………………V - 1073
とふせん……………………………V - 1073
とふはな……………………………V - 1073
とふびん……………………………V - 1074
とふゆり……………………………V - 1074
とへら………………………………V - 1074
とほうから…………………………V - 1074
とほうしは…………………………V - 1074
とまかや……………………………V - 1074
とまがや……………………………V - 1074
とまくさ……………………………V - 1075
とまけ………………………………V - 1075
とまのけ……………………………V - 1075
とみつかみ…………………………V - 1075
どめ…………………………………V - 1075
とめも………………………………V - 1075
どようゆり…………………………V - 1075
とよき………………………………V - 1076
とらいさう…………………………V - 1076
とらかづら…………………………V - 1076
どらけ………………………………V - 1076
とらのお……………………………V - 1076
とらのは……………………………V - 1076
とらのを……………………………V - 1076
とらのを……………………………V - 1077
とらのをくさ………………………V - 1077
とらのをしだ………………………V - 1078
とらふかや…………………………V - 1078
とりあし……………………………V - 1078
とりあし……………………………V - 1079
とりあししようま…………………V - 1079
とりあしのり………………………V - 1079
とりいちこ…………………………V - 1079
とりうゐな…………………………V - 1079
とりかぎさう………………………V - 1079
とりかづら…………………………V - 1080
とりかふと…………………………V - 1080
とりかぶと…………………………V - 1080
とりけ………………………………V - 1081
とりげくさ…………………………V - 1081
とりここみ…………………………V - 1081
とりこせんまい……………………V - 1081
とりで………………………………V - 1081
とりとまらす………………………V - 1081
とりとまらすいはら………………V - 1081
とりとまらつむはら………………V - 1082
とりな………………………………V - 1082
とりのあし…………………………V - 1082
むはらとりとまらす………………V - 1082
とりのこめ…………………………V - 1083
とりのした…………………………V - 1083
とりのしたくさ……………………V - 1083
とりのすねたくり…………………V - 1083
とりのつくろ………………………V - 1084
とりのなへ…………………………V - 1084
とりのなべ…………………………V - 1084
とりのや……………………………V - 1084
とりもち……………………………V - 1084
とりよもき…………………………V - 1084
とりよもぎ…………………………V - 1084
とりゑほし…………………………V - 1085
とりを………………………………V - 1085
どろせうぶ…………………………V - 1085
どろなきも…………………………V - 1085
とろほうくさ………………………V - 1085
とろまきも…………………………V - 1085
とろみ………………………………V - 1085
とろも………………………………V - 1086

どろも……………………………V - 1086
どろよし…………………………V - 1086
とろり……………………………V - 1086
とろりかつら……………………V - 1086
どろりかつら……………………V - 1086
どろりかづら……………………V - 1086
とろりくさ………………………V - 1087
とろろ……………………………V - 1087
とろろあふひ……………………V - 1087
とろろかつら……………………V - 1087
とをあさがほ……………………V - 1087
とをいい…………………………V - 1087
とをぎく…………………………V - 1088
とをやく…………………………V - 1088
とをらいぐさ……………………V - 1088
とをわた…………………………V - 1088
とんこ……………………………V - 1088
とんご……………………………V - 1088
とんごう…………………………V - 1088
どんごろ…………………………V - 1089
とんこんさう……………………V - 1089
とんばうさう……………………V - 1089
とんほうくさ……………………V - 1089
とんぼうくさ……………………V - 1089
とんぼうとまり…………………V - 1089
とんほくさ………………………V - 1089
とんほくさ………………………V - 1090
とんぼくさ………………………V - 1090
とんほのちち……………………V - 1090
とんほやすみ……………………V - 1090
とんやのとろふし………………V - 1090

## な

な…………………………………V - 1091
なかあかぼたん…………………V - 1091
なかさき…………………………V - 1091
ながさき…………………………V - 1091
なかしはな………………………V - 1091
ながしはな………………………V - 1091
ながたのり………………………V - 1091
ながたはこ………………………V - 1092
なかて……………………………V - 1092
なかてあさ………………………V - 1092
なかなくさ………………………V - 1092
ながのり…………………………V - 1092
ながばすみれ……………………V - 1092
ながひじき………………………V - 1092
ながむしいちこ…………………V - 1093
なかも……………………………V - 1093
なからも…………………………V - 1093
ながれんぼ………………………V - 1093
なき………………………………V - 1093
なぎ………………………………V - 1093
なぎ………………………………V - 1094
なきくさ…………………………V - 1094
なぎぐさ…………………………V - 1094
なきなし…………………………V - 1094
なぎなたかうじゆ………………V - 1094
なきなたこうしゆ………………V - 1094
なきり……………………………V - 1095
なきりかや………………………V - 1095
なきりくさ………………………V - 1095
なきりさう………………………V - 1095
なきりそう………………………V - 1095
なけさや…………………………V - 1095
なこや……………………………V - 1095
なごや……………………………V - 1096
なごやな…………………………V - 1096
なこらん…………………………V - 1096
なごらん…………………………V - 1096
なざくら…………………………V - 1096
なじみくさ………………………V - 1096
なすから…………………………V - 1097
なすからくさ……………………V - 1097
なすな……………………………V - 1097
なずな……………………………V - 1097

なすび……………………………V - 1097
なすひくさ………………………V - 1097
なせんそう………………………V - 1098
なたくさ…………………………V - 1098
なたね……………………………V - 1098
なたまめ…………………………V - 1098
なつ………………………………V - 1098
なつかそら………………………V - 1098
なつかれくさ……………………V - 1099
なつかんとう……………………V - 1099
なつがんどう……………………V - 1099
なつきく…………………………V - 1099
なつきく…………………………V - 1100
なつくさ…………………………V - 1100
なつしらず………………………V - 1100
なつすいせん……………………V - 1100
なつずいせん……………………V - 1101
なつすかし………………………V - 1101
なつずかし………………………V - 1101
なつつた…………………………V - 1101
なつづた…………………………V - 1101
なつな……………………………V - 1101
なつな……………………………V - 1102
なづな……………………………V - 1102
なつふし…………………………V - 1102
なつふじ…………………………V - 1103
なつみやうが……………………V - 1103
なつも……………………………V - 1103
なつゆき…………………………V - 1103
なでし……………………………V - 1103
なてしこ…………………………V - 1103
なてしこ…………………………V - 1104
なでしこ…………………………V - 1104
なとめくさ………………………V - 1104
ななかいさう……………………V - 1104
ななとうかい……………………V - 1105
ななとうぐり……………………V - 1105
ななとうはな……………………V - 1105
ななふし…………………………V - 1105
ななふしさう……………………V - 1105
ななふしのほり…………………V - 1105
ななへ……………………………V - 1106
ななへくさ………………………V - 1106
ななへはな………………………V - 1106
なのかがれ………………………V - 1106
なのかどうろ……………………V - 1106
なのり……………………………V - 1106
なのりそ…………………………V - 1106
なのりそ…………………………V - 1107
なはしろここみ…………………V - 1107
なはな……………………………V - 1107
なへあさ…………………………V - 1107
なべかうし………………………V - 1107
なべからし………………………V - 1107
なべくさ…………………………V - 1107
なべころげ………………………V - 1108
なべしま…………………………V - 1108
なべとりくさ……………………V - 1108
なへもと…………………………V - 1108
なべわり…………………………V - 1108
なまずかや………………………V - 1108
なますはな………………………V - 1108
なまたらふ………………………V - 1109
なまづかや………………………V - 1109
なまつな…………………………V - 1109
なまづな…………………………V - 1109
なまづのひけ……………………V - 1109
なまづゆり………………………V - 1109
まなづくさ………………………V - 1109
なみはな…………………………V - 1110
なむき……………………………V - 1110
なむみ……………………………V - 1110
なめしかづら……………………V - 1110
なめしかふ………………………V - 1110
なめた……………………………V - 1110
なめとこ…………………………V - 1110

なめんたも……………………V - 1111
なめんだも……………………V - 1111
なもみ…………………………V - 1111
なもめ…………………………V - 1111
なもめ…………………………V - 1112
なもめくさ……………………V - 1112
なもんかう……………………V - 1112
なやすげ………………………V - 1112
ならたくさ……………………V - 1112
ならもば………………………V - 1112
なるこゆり……………………V - 1113
なわしろいちご………………V - 1113
なわすげ………………………V - 1113
なんきん………………………V - 1113
なんきんあさがほ……………V - 1113
なんてん………………………V - 1113
なんてんさう…………………V - 1114
なんばこ………………………V - 1114
なんばん………………………V - 1114
なんばんくはんぞう…………V - 1114
なんばんこくはんぞう………V - 1114
なんばんせり…………………V - 1114
なんばんははきぎ……………V - 1114
なんもく………………………V - 1115

## に

にう……………………………V - 1116
にうだうのはり………………V - 1116
にうだうふくろ………………V - 1116
にうとうさう…………………V - 1116
にうどうさう…………………V - 1116
にうとうふくろ………………V - 1116
にうどうふくろ………………V - 1116
にうどうもめら………………V - 1117
におい くさ……………………V - 1117
にがいちご……………………V - 1117
にがいばら……………………V - 1117
にがいも………………………V - 1117
にがかうら……………………V - 1117
にがかや………………………V - 1117
にかくさ………………………V - 1118
にがくさ………………………V - 1118
にがくら………………………V - 1118
にがごうりかづら……………V - 1118
にかこのくさ…………………V - 1118
にかこのくそ…………………V - 1118
にがこのくそ…………………V - 1118
にかこふん……………………V - 1119
にがさし………………………V - 1119
にがさしくさ…………………V - 1119
にかさしくそ…………………V - 1119
にがぜり………………………V - 1119
にかそぶろ……………………V - 1119
にかたくさ……………………V - 1119
にかな…………………………V - 1120
にがな…………………………V - 1120
にがな…………………………V - 1121
にかなくさ……………………V - 1121
にかふき………………………V - 1121
にがふき………………………V - 1121
にかふつ………………………V - 1121
にがふつ………………………V - 1121
にかぶつ………………………V - 1122
にがも…………………………V - 1122
にかゆり………………………V - 1122
にがゆり………………………V - 1122
にがゆりさう…………………V - 1122
にがよもぎ……………………V - 1122
にがら…………………………V - 1122
にがわらび……………………V - 1123
にきやう………………………V - 1123
にぐ……………………………V - 1123
にざく…………………………V - 1123
にしかくし……………………V - 1123
にしきくさ……………………V - 1123
にしきそう……………………V - 1124

にしきづた……………………………V - 1124
にしこり……………………………V - 1124
にしも………………………………V - 1124
にたしば……………………………V - 1124
にちたんさう………………………V - 1124
にちりんさう………………………V - 1124
にちりんさう………………………V - 1125
にちりんそう………………………V - 1125
につかうそげ………………………V - 1125
につくわうきすげ…………………V - 1125
につくわうらん……………………V - 1125
につしゆさう………………………V - 1125
にねんさう…………………………V - 1125
にのくみ……………………………V - 1126
にのこめくさ………………………V - 1126
にはからし…………………………V - 1126
にはくさ……………………………V - 1126
にはさくら…………………………V - 1126
にはすぎ……………………………V - 1126
にはとこ……………………………V - 1126
にはとりくさ………………………V - 1127
にはふぢ……………………………V - 1127
にはやなぎ…………………………V - 1127
にひまあぐさ………………………V - 1127
にべそう……………………………V - 1127
にへな………………………………V - 1127
にほいざく…………………………V - 1128
にまめかつら………………………V - 1128
によい………………………………V - 1128
によゐ………………………………V - 1128
にら…………………………………V - 1128
にらしば……………………………V - 1128
にらも………………………………V - 1129
にれかつら…………………………V - 1129
にれめ………………………………V - 1129
にれやなき…………………………V - 1129
にわこくさ…………………………V - 1129
にわしは……………………………V - 1129
にわすき……………………………V - 1129
にわとりくさ………………………V - 1130
にわやなき…………………………V - 1130
にわやなぎ…………………………V - 1130
にんじん……………………………V - 1130
にんしんさう………………………V - 1130
にんとう……………………………V - 1131
にんどう……………………………V - 1131
にんどう……………………………V - 1132
にんとうかづら……………………V - 1132
にんどうかつら……………………V - 1132
にんとうつる………………………V - 1132
にんどうはな………………………V - 1132
にんにく……………………………V - 1132


## ぬ


ぬかこにんしん……………………V - 1133
ぬかごにんじん……………………V - 1133
ぬけくさ……………………………V - 1133
ぬけだいこん………………………V - 1133
ぬすびとぐさ………………………V - 1133
ぬすびとさや………………………V - 1133
ぬすびとのあし……………………V - 1133
ぬすびとのあし……………………V - 1134
ぬすびとのかさ……………………V - 1134
ぬすびとのはり……………………V - 1134
ぬなわ………………………………V - 1134
ぬのこけ……………………………V - 1134
ぬのは………………………………V - 1134
ぬのば………………………………V - 1134
ぬべし………………………………V - 1135
ぬまかわと…………………………V - 1135
ぬまくさ……………………………V - 1135
ぬまごぼう…………………………V - 1135
ぬますけ……………………………V - 1135
ぬますげ……………………………V - 1135
ぬまよもき…………………………V - 1135
ぬめくり……………………………V - 1136

ぬめり……V - 1136
ぬめりひやう……V - 1136
ぬめりひゆ……V - 1136
ぬめりも……V - 1136
ぬれさき……V - 1136


## ね


ねあかくさ……V - 1137
ねいき……V - 1137
ねいきかつら……V - 1137
ねいきかづら……V - 1137
ねいは……V - 1137
ねいも……V - 1137
ねかた……V - 1137
ねかた……V - 1138
ねがた……V - 1138
ねかたくさ……V - 1138
ねぎひる……V - 1138
ねくさ……V - 1138
ねこあし……V - 1138
ねこあしくさ……V - 1139
ねこくさ……V - 1139
ねこげ……V - 1139
ねこげくさ……V - 1139
ねこしば……V - 1139
ねこたま……V - 1139
ねこだま……V - 1140
ねこつなきくさ……V - 1140
ねこつら……V - 1140
ねこのかいもち……V - 1140
ねこのけ……V - 1141
ねこのけくさ……V - 1141
ねこのさかづき……V - 1141
ねこのたま……V - 1141
ねこのちち……V - 1141
ねこのつはな……V - 1141
ねこのつばな……V - 1141
ねこのつめ……V - 1142
ねこのひたい……V - 1142
ねこのみみ……V - 1142
ねこのみみくさ……V - 1142
ねこのめ……V - 1143
ねこのを……V - 1143
ねこのをくさ……V - 1143
ねこはな……V - 1143
ねこばな……V - 1143
ねこぶき……V - 1143
ねこも……V - 1144
ねじ……V - 1144
ねじかねくさ……V - 1144
ねじきくさ……V - 1144
ねしきも……V - 1144
ねじのはな……V - 1144
ねしはな……V - 1144
ねじはな……V - 1145
ねじり……V - 1145
ねしれくさ……V - 1145
ねしろくさ……V - 1145
ねすけ……V - 1145
ねすころし……V - 1145
ねずみかたら……V - 1145
ねすみかや……V - 1146
ねすみがや……V - 1146
ねずみがや……V - 1146
ねずみくさ……V - 1146
ねずみけし……V - 1146
ねずみすかな……V - 1146
ねずみつる……V - 1146
ねすみのて……V - 1147
ねずみのはやし……V - 1147
ねすみのみみ……V - 1147
ねずみのみみ……V - 1147
ねすみのを……V - 1147
ねすみのを……V - 1148
ねずみのをくさ……V - 1148
ねずみふり……V - 1148

ねずみみつ……………………………V - 1148
ねすみも……………………………V - 1148
ねずみも……………………………V - 1148
ねずみよもぎ…………………………V - 1149
ねずみをくさ…………………………V - 1149
ねすも………………………………V - 1149
ねずも………………………………V - 1149
ねだし………………………………V - 1149
ねたみからすのぜに…………………V - 1149
ねぢあやめ……………………………V - 1149
なぢはな……………………………V - 1150
ねちのはな……………………………V - 1150
ねちはな……………………………V - 1150
ねぢばれん……………………………V - 1150
ねぢひあふき…………………………V - 1150
ねぢりはな……………………………V - 1150
ねちれはな……………………………V - 1150
ねぢれはな……………………………V - 1151
ねちれもつかう………………………V - 1151
ねつくさ……………………………V - 1151
ねづのみみ……………………………V - 1151
ねつはせり……………………………V - 1151
ねつみのを……………………………V - 1151
ねづみのを……………………………V - 1151
ねつみも……………………………V - 1152
ねつも………………………………V - 1152
ねとり………………………………V - 1152
ねとりくさ……………………………V - 1152
ねなし………………………………V - 1152
ねなしかつら…………………………V - 1152
ねなしかつら…………………………V - 1153
ねなしかづら…………………………V - 1153
ねなしかづら…………………………V - 1154
ねなしくさ……………………………V - 1154
ねなしそろへ…………………………V - 1154
ねなしつる……………………………V - 1155
ねねが………………………………V - 1155
ねねくさ……………………………V - 1155
ねのおば……………………………V - 1155
ねはいくさ……………………………V - 1155
ねばいくさ……………………………V - 1155
ねはかつら……………………………V - 1155
ねはりもち……………………………V - 1155
ねばくさ……………………………V - 1156
ねばさし……………………………V - 1156
ねばも………………………………V - 1156
ねばり………………………………V - 1156
ねばりくさ……………………………V - 1156
ねばりもち……………………………V - 1156
ねぶか………………………………V - 1157
ねふくさ……………………………V - 1157
ねぶくさ……………………………V - 1157
ねぶてふぢ……………………………V - 1157
ねぶり………………………………V - 1157
ねふりくさ……………………………V - 1157
ねぶりくさ……………………………V - 1157
ねほそ………………………………V - 1158
ねぼり………………………………V - 1158
ねまきくさ……………………………V - 1158
ねむくさ……………………………V - 1158
ねむり………………………………V - 1158
ねむりくさ……………………………V - 1158
ねり…………………………………V - 1158
ねれ…………………………………V - 1159
ねんだいつた…………………………V - 1159
ねんねんにぼせかつら………………V - 1159

## の

の……………………………………V - 1160
のあい………………………………V - 1160
のあさ………………………………V - 1160
のあさかほ……………………………V - 1160
のあさつき……………………………V - 1160
のあさつき……………………………V - 1161
のあさみ……………………………V - 1161
のあざみ……………………………V - 1161

のあつき……V - 1161
のあづき……V - 1161
のまめかつら……V - 1161
のあふき……V - 1162
のあゐ……V - 1162
のい……V - 1162
のいけ……V - 1162
のいげ……V - 1162
のいちひ……V - 1162
のいちび……V - 1162
のいはら……V - 1163
のいばら……V - 1163
のいもり……V - 1163
のうさき……V - 1163
のうせん……V - 1163
のうぜん……V - 1164
のうせんかつら……V - 1164
のうせんかづら……V - 1164
のうぜんかつら……V - 1164
のうぜんかづら……V - 1164
のうぜんかづら……V - 1165
のうとう……V - 1165
のうゆう……V - 1165
のうり……V - 1165
のうろ……V - 1165
のえん……V - 1165
のえんどう……V - 1165
のおぜんかつら……V - 1166
のかがみ……V - 1166
のかへり……V - 1166
のがへり……V - 1166
のからし……V - 1166
のからまつ……V - 1166
のがらまつ……V - 1167
のからむし……V - 1167
のかんぎく……V - 1167
のかんとう……V - 1167
のかんどう……V - 1167
のがんどう……V - 1168
のがんひ……V - 1168
のききやう……V - 1168
のきく……V - 1168
のきく……V - 1169
のぎく……V - 1169
のぎのり……V - 1170
のきんさう……V - 1170
のくさ……V - 1170
のぐるま……V - 1170
のくわつこう……V - 1170
のくわんす……V - 1170
のけいとう……V - 1170
のけいとう……V - 1171
のげいとう……V - 1171
のけし……V - 1171
のげし……V - 1171
のげしは……V - 1171
のこうし……V - 1171
のこうしもちくさ……V - 1172
のこきり……V - 1172
のこきりさう……V - 1172
のこぎりさう……V - 1172
のこぎりさう……V - 1173
のこきりしば……V - 1173
のこきりそう……V - 1173
のこきりば……V - 1173
のこぎりば……V - 1173
のこぎりはな……V - 1173
のごばう……V - 1174
のごぼう……V - 1174
のこま……V - 1174
のごま……V - 1174
のごまさう……V - 1174
のこまめ……V - 1174
のこめ……V - 1175
のごめ……V - 1175
のごやす……V - 1175

のこんにやく…………………………V - 1175
のさいこ……………………………V - 1175
のさく………………………………V - 1175
のさくら……………………………V - 1175
のさくらさう………………………V - 1176
のさとゆり…………………………V - 1176
のさんせう…………………………V - 1176
のじか………………………………V - 1176
のしけ………………………………V - 1176
のしそ………………………………V - 1176
のじね………………………………V - 1176
のしびら……………………………V - 1177
のじや………………………………V - 1177
のしやうび…………………………V - 1177
のしやくやく………………………V - 1177
のしをん……………………………V - 1177
のず…………………………………V - 1177
のすけ………………………………V - 1177
のすげ………………………………V - 1178
のせうひ……………………………V - 1178
のせきちく…………………………V - 1178
のせり………………………………V - 1178
のせり………………………………V - 1179
のぜり………………………………V - 1179
のそてつ……………………………V - 1179
のそはき……………………………V - 1179
のた…………………………………V - 1179
のだいこん…………………………V - 1179
のたかな……………………………V - 1179
のだけ………………………………V - 1180
のたで………………………………V - 1180
のたはこ……………………………V - 1180
のたも………………………………V - 1180
のぢうね……………………………V - 1180
のちさ………………………………V - 1180
のぢそ………………………………V - 1180
のちや………………………………V - 1181
のつち………………………………V - 1181
のづち………………………………V - 1181
のつつじ……………………………V - 1181
のつづら……………………………V - 1181
のでしこ……………………………V - 1181
のとうがらし………………………V - 1181
のなき………………………………V - 1182
のなてしこ…………………………V - 1182
のなでしこ…………………………V - 1182
のなんはん…………………………V - 1182
のにんしん…………………………V - 1182
のにんじん…………………………V - 1182
のにんじん…………………………V - 1183
ののくさ……………………………V - 1183
ののひる……………………………V - 1183
ののびる……………………………V - 1183
ののへり……………………………V - 1183
のばいいき…………………………V - 1183
のはいくさ…………………………V - 1184
のばいくさ…………………………V - 1184
のはいたな…………………………V - 1184
のばいたな…………………………V - 1184
のはぎ………………………………V - 1184
のははきぎ…………………………V - 1184
のはへくさ…………………………V - 1184
のはへばら…………………………V - 1185
のばら………………………………V - 1185
のびえ………………………………V - 1185
のひきやし…………………………V - 1185
のびきやし…………………………V - 1185
のびけし……………………………V - 1185
のびす………………………………V - 1185
のひすま……………………………V - 1186
のひへ………………………………V - 1186
のびへ………………………………V - 1186
のひへくさ…………………………V - 1186
のびへくさ…………………………V - 1186
のひる………………………………V - 1186
のひる………………………………V - 1187

のびる……………………………V - 1187
のひゑ……………………………V - 1187
のぶ………………………………V - 1187
のふき……………………………V - 1187
のふさき…………………………V - 1188
のふし……………………………V - 1188
のふじ……………………………V - 1188
のふぜん…………………………V - 1188
のふせんかつら…………………V - 1188
のふぜんかつら…………………V - 1188
のふぜんかづら…………………V - 1188
のふぜんがつら…………………V - 1189
のふとう…………………………V - 1189
のぶとう…………………………V - 1189
のぶどう…………………………V - 1189
のぶろ……………………………V - 1189
のへこ……………………………V - 1189
のほうづき………………………V - 1189
のほうづき………………………V - 1190
のぼしかや………………………V - 1190
のぼたち…………………………V - 1190
のほりきく………………………V - 1190
のほりはぎ………………………V - 1190
のほろ……………………………V - 1190
のまけ……………………………V - 1190
のまこも…………………………V - 1191
のまさら…………………………V - 1191
のまめ……………………………V - 1191
のまめかつら……………………V - 1191
のまよもき………………………V - 1191
のまを……………………………V - 1192
のみつはぜり……………………V - 1192
のみとりあさみ…………………V - 1192
のみとりはな……………………V - 1192
のみのこし………………………V - 1192
のみのつづれ……………………V - 1192
のみのてづら……………………V - 1193
のみのふすま……………………V - 1193
のみのふすま……………………V - 1194
のむき……………………………V - 1194
のむらさき………………………V - 1194
のもうせん………………………V - 1194
のものくるひ……………………V - 1194
のものくるひ……………………V - 1195
のやくもそう……………………V - 1195
のゆり……………………………V - 1195
のゆりさう………………………V - 1195
のよし……………………………V - 1196
のよもき…………………………V - 1196
のより……………………………V - 1196
のらしのぶ………………………V - 1196
のらひへ…………………………V - 1196
のらほうきぎ……………………V - 1196
のらゑんどう……………………V - 1196
のらん……………………………V - 1197
のり………………………………V - 1197
のりのはな………………………V - 1197
のわさび…………………………V - 1197
のゐ………………………………V - 1197
のゑ………………………………V - 1197
のゑこ……………………………V - 1197
のゑご……………………………V - 1198
のゑひ……………………………V - 1198
のゑんと…………………………V - 1198
のゑんとう………………………V - 1198
のゑんどう………………………V - 1198
のゑんどう………………………V - 1199
のんな……………………………V - 1199

## は

はあこ……………………………V - 1200
はあしかを………………………V - 1200
はあそふ…………………………V - 1200
はあそぶ…………………………V - 1200
はいいちご………………………V - 1200
はいいばら………………………V - 1200

はいうるし……………………………V - 1200
はいから……………………………V - 1201
はいき……………………………V - 1201
はいくさ……………………………V - 1201
ばいくわさう……………………………V - 1201
ばいけいさう……………………………V - 1201
ばいけいらん……………………………V - 1201
はいこり……………………………V - 1201
はいしば……………………………V - 1202
ばいたま……………………………V - 1202
はいつる……………………………V - 1202
はいづる……………………………V - 1202
はいとく……………………………V - 1202
はいどくさう……………………………V - 1202
はいとりくさ……………………………V - 1202
はいとりくさ……………………………V - 1203
はいのまる……………………………V - 1203
はいのまるいげかつら……………………………V - 1203
はいゐも……………………………V - 1203
はいを……………………………V - 1203
ばうい……………………………V - 1203
はうき……………………………V - 1203
はうきき……………………………V - 1204
はうきくさ……………………………V - 1204
はうこくさ……………………………V - 1204
はうざうばな……………………………V - 1204
はうづき……………………………V - 1204
はうづくさ……………………………V - 1204
はうふう……………………………V - 1205
ばうふう……………………………V - 1205
はうふら……………………………V - 1205
ばうふら……………………………V - 1205
はうるし……………………………V - 1205
はうれん……………………………V - 1205
はうれんさう……………………………V - 1206
はえとりくさ……………………………V - 1206
はおぎ……………………………V - 1206
はおちくさ……………………………V - 1206
はおりさう……………………………V - 1206
はか……………………………V - 1206
ばか……………………………V - 1206
ばかかう……………………………V - 1207
はかから……………………………V - 1207
ばかくさ……………………………V - 1207
はかこう……………………………V - 1207
ばかじめ……………………………V - 1207
はかたゆり……………………………V - 1207
はかたゆり……………………………V - 1208
はかづら……………………………V - 1208
はかび……………………………V - 1208
はかめ……………………………V - 1208
はかよもき……………………………V - 1208
はからまつ……………………………V - 1208
はがらまつ……………………………V - 1208
はかんざう……………………………V - 1209
はがんさう……………………………V - 1209
はき……………………………V - 1209
はぎ……………………………V - 1209
はぎ……………………………V - 1210
はきくさ……………………………V - 1210
はきなも……………………………V - 1210
はきのこ……………………………V - 1210
はきば……………………………V - 1210
はぐい……………………………V - 1210
はくえい……………………………V - 1210
はくか……………………………V - 1211
はくき……………………………V - 1211
ばくこく……………………………V - 1211
はくさ……………………………V - 1211
はぐさ……………………………V - 1211
はくざ……………………………V - 1212
はくさかずら……………………………V - 1212
はくさんふき……………………………V - 1212
はくさんらん……………………………V - 1212
はくし……………………………V - 1212
はくせん……………………………V - 1212

はくぜん……………………………V - 1212
はくたうさう………………………V - 1213
はくちやうけ………………………V - 1213
はくちんかづら……………………V - 1213
はくとうおう………………………V - 1213
はくとうをうさう…………………V - 1213
はくはい……………………………V - 1213
はぐま………………………………V - 1214
ばくもん……………………………V - 1214
はくもんとう………………………V - 1214
はくもんどう………………………V - 1214
ばくもんとう………………………V - 1214
ばくもんどう………………………V - 1214
ばくもんどう………………………V - 1215
はくらうくさ………………………V - 1215
ばくらうくさ………………………V - 1215
はくらん……………………………V - 1215
はくらんさう………………………V - 1215
はくり………………………………V - 1215
はくり………………………………V - 1216
はくれん……………………………V - 1216
ばくろうくさ………………………V - 1216
はけ…………………………………V - 1216
はげ…………………………………V - 1216
はけいたう…………………………V - 1216
はけいとう…………………………V - 1216
はけいとう…………………………V - 1217
はげいとう…………………………V - 1217
はけいとうくわ……………………V - 1217
はげき………………………………V - 1218
はげきてん…………………………V - 1218
はこさ………………………………V - 1218
はこざ………………………………V - 1218
ばこしは……………………………V - 1218
はこねぐさ…………………………V - 1218
はこへ………………………………V - 1219
はこべ………………………………V - 1219
はこべくさ…………………………V - 1219
はこへら……………………………V - 1220
はこほれ……………………………V - 1220
はこぼれ……………………………V - 1220
はころも……………………………V - 1220
はごろも……………………………V - 1220
はさつへ……………………………V - 1220
はさはさ……………………………V - 1221
ばさばさ……………………………V - 1221
はさひ………………………………V - 1221
はさみ………………………………V - 1221
はさみぐさ…………………………V - 1221
はしかん……………………………V - 1221
はしくり……………………………V - 1221
はしたかな…………………………V - 1222
はしどめ……………………………V - 1222
はしば………………………………V - 1222
はしばかつら………………………V - 1222
はしばかづら………………………V - 1222
はしひめ……………………………V - 1222
はしりな……………………………V - 1222
はす…………………………………V - 1223
はすべ………………………………V - 1223
はすも………………………………V - 1223
はぜ…………………………………V - 1223
はせう………………………………V - 1224
ばせう………………………………V - 1224
ばせうば……………………………V - 1224
はせくり……………………………V - 1224
はせこ………………………………V - 1224
はぜこ………………………………V - 1224
はせな………………………………V - 1225
はぜな………………………………V - 1225
ばせふ………………………………V - 1225
はせを………………………………V - 1225
はぜを………………………………V - 1225
ばせを………………………………V - 1225
ばせんかう…………………………V - 1226
はたうるし…………………………V - 1226

はたかくさ……………………………V - 1226
はたかり……………………………V - 1226
はたかりさう………………………V - 1226
はたけこま…………………………V - 1226
はたけふぐり………………………V - 1227
はたけほうづき……………………V - 1227
はたけやなぎ………………………V - 1227
はたけゆり…………………………V - 1227
はたころひ…………………………V - 1227
はたころび…………………………V - 1227
はたごわい…………………………V - 1227
はたごわひ…………………………V - 1228
はたしそ……………………………V - 1228
はたじろ……………………………V - 1228
はたちかづら………………………V - 1228
はたつる……………………………V - 1228
はたむくり…………………………V - 1228
はだらし……………………………V - 1228
はちかしら…………………………V - 1229
はちがしら…………………………V - 1229
はちこけ……………………………V - 1229
はちじやうさう……………………V - 1229
はちす………………………………V - 1229
はちはへぜんまい…………………V - 1229
はちぼく……………………………V - 1230
はちまんくさ………………………V - 1230
はちもんじ…………………………V - 1230
はつか………………………………V - 1230
はつか………………………………V - 1231
ばつかい……………………………V - 1231
はつかうり…………………………V - 1231
はつかくさ…………………………V - 1231
はつかけはな………………………V - 1231
はつかさう…………………………V - 1231
はつかそう…………………………V - 1231
はつくり……………………………V - 1232
はつこうり…………………………V - 1232
はつこり……………………………V - 1232
はつさくほたん……………………V - 1232
はつとむしろ………………………V - 1232
はつぶぼろむ………………………V - 1233
はつゆり……………………………V - 1233
はとかくし…………………………V - 1233
はとかみ……………………………V - 1233
はとくびり…………………………V - 1233
はとくひりかつら…………………V - 1233
はとくびりかつら…………………V - 1233
はとくびりかつら…………………V - 1234
はとむぎ……………………………V - 1234
はとむしろ…………………………V - 1234
ばとれいふぢ………………………V - 1234
はなあさ……………………………V - 1234
はなあふひ…………………………V - 1234
はなあやめ…………………………V - 1235
はなあをひ…………………………V - 1235
はないかた…………………………V - 1235
はないかだ…………………………V - 1235
はないくさ…………………………V - 1235
はなかう……………………………V - 1235
はなかつら…………………………V - 1236
はなから……………………………V - 1236
はながら……………………………V - 1237
はなからくさ………………………V - 1237
はながらくさ………………………V - 1237
はなかんな…………………………V - 1237
はなきり……………………………V - 1237
はなくさ……………………………V - 1238
はなくるま…………………………V - 1238
はなけさう…………………………V - 1238
はなげさう…………………………V - 1238
はなけし……………………………V - 1238
はなさき……………………………V - 1238
はなしのふ…………………………V - 1238
はなしのぶ…………………………V - 1239
はなしばり…………………………V - 1239
はなしやうふ………………………V - 1239

はなしやうぶ……V - 1239
はなじゆやう……V - 1240
はなしよふぶ……V - 1240
はなすげ……V - 1240
はなすりくさ……V - 1240
はなせうふ……V - 1240
はなせうぶ……V - 1240
はなせうぶ……V - 1241
はなぜんまい……V - 1241
はなそ……V - 1241
はなだ……V - 1241
はなたちばな……V - 1241
はなつる……V - 1241
はなねせくさ……V - 1242
はなのおばき……V - 1242
はなひきくさ……V - 1242
はなひくさ……V - 1242
はなびゆ……V - 1242
はなひりくさ……V - 1242
はなぶつ……V - 1243
はなも……V - 1243
はなもみぢ……V - 1243
はなわらび……V - 1243
はなをしろい……V - 1243
はなをもだか……V - 1243
はにし……V - 1243
はにら……V - 1244
はぬけ……V - 1244
はぬけかづら……V - 1244
はぬけけんぼ……V - 1244
はねくさ……V - 1244
はのせんのふ……V - 1244
はば……V - 1244
ばばいばら……V - 1245
ははきき……V - 1245
ははきぎ……V - 1245
ははききな……V - 1245
ははきくさ……V - 1245
ははきくさ……V - 1246
はばきくさ……V - 1246
ははきをほばこ……V - 1246
ははくり……V - 1246
ははこくさ……V - 1246
ははこぐさ……V - 1246
はばころび……V - 1246
はばのり……V - 1247
ははばこ……V - 1247
ははも……V - 1247
ははもんどう……V - 1247
はひじき……V - 1247
はひそかづら……V - 1247
はびろ……V - 1247
はひろくさ……V - 1248
はひろすすき……V - 1248
はひろも……V - 1248
はふくら……V - 1248
はふてこぶら……V - 1248
はぶてこぶら……V - 1248
はぶとくさ……V - 1249
はへいちこ……V - 1249
はへころし……V - 1249
はへとりこけ……V - 1249
はへふし……V - 1249
はへよし……V - 1249
はへんさん……V - 1249
ばへんさう……V - 1250
ばべんさう……V - 1250
はべんさん……V - 1250
はへんそう……V - 1250
はべんそう……V - 1251
ばべんそう……V - 1251
はほくり……V - 1251
はまあかさ……V - 1251
はまあかざ……V - 1251
はまあつき……V - 1252
はまあふき……V - 1252

はまあふぎ……………………………V - 1252
はまいちご……………………………V - 1252
はまいば………………………………V - 1252
はまいばら……………………………V - 1252
はまうるし……………………………V - 1252
はまえんどう…………………………V - 1253
はまおき………………………………V - 1253
はまおぎ………………………………V - 1253
はまおもと……………………………V - 1253
はまかき………………………………V - 1253
はまがき………………………………V - 1253
はまかふ………………………………V - 1253
はまかぶ………………………………V - 1254
はまかみ………………………………V - 1254
はまきく………………………………V - 1254
はまきけう……………………………V - 1254
はまくぐ………………………………V - 1254
はまくさ………………………………V - 1254
はまくれなゐ…………………………V - 1255
はまごう………………………………V - 1255
はまごばう……………………………V - 1255
はまこほう……………………………V - 1255
はまごぼう……………………………V - 1255
はまこまめ……………………………V - 1255
はまこむき……………………………V - 1256
はまこんにやく………………………V - 1256
はまざいこ……………………………V - 1256
はまさうはき…………………………V - 1256
はまさうはぎ…………………………V - 1256
はまささげ……………………………V - 1256
はますぎ………………………………V - 1256
はますけ………………………………V - 1257
はますげ………………………………V - 1257
はまぜり………………………………V - 1257
はまそうはき…………………………V - 1257
はまそうめん…………………………V - 1257
はまだいこん…………………………V - 1257
はまちさ………………………………V - 1258
はまぢさ………………………………V - 1258
はまちしや……………………………V - 1258
はまちちみ……………………………V - 1258
はまつた………………………………V - 1258
はまづた………………………………V - 1258
はまつばき……………………………V - 1259
はまつはな……………………………V - 1259
はまつぶ………………………………V - 1259
はまとうくさ…………………………V - 1259
はまとうだい…………………………V - 1259
はまな…………………………………V - 1259
はまなす………………………………V - 1260
はまなすひ……………………………V - 1260
はまなたね……………………………V - 1260
はまなてしこ…………………………V - 1260
はまなてしこ…………………………V - 1261
はまなでしこ…………………………V - 1261
はまにら………………………………V - 1261
はまにれ………………………………V - 1261
はまにんじん…………………………V - 1262
はまにんにく…………………………V - 1262
はまねふ………………………………V - 1262
はまばうふう…………………………V - 1262
はまはしり……………………………V - 1262
はまはせう……………………………V - 1262
はまぜせお……………………………V - 1263
はまばら………………………………V - 1263
はまひし………………………………V - 1263
はまびし………………………………V - 1263
はまひめむろ…………………………V - 1263
はまひらな……………………………V - 1263
はまひるかわ…………………………V - 1264
はまぶつ………………………………V - 1264
はまほう………………………………V - 1264
はまぼう………………………………V - 1264
はまほうつき…………………………V - 1264
はまほうふ……………………………V - 1264
はまほうふう…………………………V - 1264

はまぼうふう……………………V - 1265
はまぼおふう……………………V - 1265
はまぼふ…………………………V - 1265
はままつ…………………………V - 1265
はままつ…………………………V - 1266
はままつさう……………………V - 1266
はままつもどき…………………V - 1266
はままめ…………………………V - 1266
はままめかつら…………………V - 1266
はままるこ………………………V - 1266
はまむき…………………………V - 1266
はまむぎ…………………………V - 1267
はまむらさき……………………V - 1267
はまもち…………………………V - 1267
はまやごらう……………………V - 1267
はまやごろう……………………V - 1267
はまやなぎ………………………V - 1267
はまゆう…………………………V - 1267
はまゆう…………………………V - 1268
はまゆふ…………………………V - 1268
はまゆり…………………………V - 1268
はまよもき………………………V - 1268
はまよもぎ………………………V - 1268
はまれんけ………………………V - 1268
はまれんげ………………………V - 1268
はまわら…………………………V - 1269
はまゑんと………………………V - 1269
はまゑんど………………………V - 1269
はまゑんとう……………………V - 1269
はまゑんどう……………………V - 1269
はまをぎ…………………………V - 1270
はまをふき………………………V - 1270
はまをもと………………………V - 1270
はまんば…………………………V - 1270
はまんほう………………………V - 1270
はみすはなみす…………………V - 1270
はみすはなみつ…………………V - 1270
はむにやさう……………………V - 1271
はやふねくさ……………………V - 1271
はやゆり…………………………V - 1271
ばら………………………………V - 1271
ばらしをで………………………V - 1271
はらもく…………………………V - 1271
ばらん……………………………V - 1271
ばりう……………………………V - 1272
はりかたのり……………………V - 1272
はりかね…………………………V - 1272
はりかねさう……………………V - 1272
はりくさ…………………………V - 1272
はりこけ…………………………V - 1272
はりごけ…………………………V - 1272
はりさし…………………………V - 1273
はりそろい………………………V - 1273
はりたけ…………………………V - 1273
はりたさう………………………V - 1273
はりたまばら……………………V - 1273
はりのきくさ……………………V - 1273
ばりばり…………………………V - 1274
はりはりかつら…………………V - 1274
ばりばりかづら…………………V - 1274
はりやうきやう…………………V - 1274
ばりん……………………………V - 1274
はりんさう………………………V - 1274
ばるい……………………………V - 1275
はるきく…………………………V - 1275
はるこたい………………………V - 1275
はるごまさう……………………V - 1275
ばるさう…………………………V - 1275
はるすかし………………………V - 1275
はるだいこん……………………V - 1275
はるたま…………………………V - 1276
はるだま…………………………V - 1276
はるのたむらさう………………V - 1276
はるりんだう……………………V - 1276
はれもかう………………………V - 1276
ばれん……………………………V - 1276

はれんさう……V - 1277
ばれんさう……V - 1277
はわかね……V - 1277
はゐのまる……V - 1277
はをちくさ……V - 1277
はをりくさ……V - 1277
はんか……V - 1277
ばんかい……V - 1278
はんくはいさう……V - 1278
はんくわい……V - 1278
はんくわいさう……V - 1278
はんくわいそう……V - 1278
はんけ……V - 1279
はんげ……V - 1279
はんげ……V - 1280
はんけい……V - 1280
はんけさう……V - 1280
はんげさう……V - 1280
はんげそう……V - 1280
はんけしやう……V - 1281
はんごんさう……V - 1281
はんさう……V - 1281
ばんていし……V - 1281
ばんにやつる……V - 1281
はんのきさう……V - 1281
ばんふくろはな……V - 1281
はんぺんれん……V - 1282
はんまつる……V - 1282
はんや……V - 1282

## ひ

ひあふき……V - 1283
ひあふぎ……V - 1283
ひい……V - 1284
ひいちばい……V - 1284
ひいとうす……V - 1284
ひいな……V - 1284
ひいなくさ……V - 1284
ひいなくさ……V - 1285
ひいなのあぶら……V - 1285
ひいひいくさ……V - 1285
ひいらど……V - 1285
ひいるくさ……V - 1285
ひいるぐさ……V - 1285
ひいろくさ……V - 1285
ひう……V - 1286
ひうがあふひ……V - 1286
ひうがおふひ……V - 1286
ひうがおをい……V - 1286
ひうじ……V - 1286
ひうちくさ……V - 1286
ひうちなもみ……V - 1287
ひうな……V - 1287
ひうのうさう……V - 1287
ひえすび……V - 1287
ひおうき……V - 1287
ひおうぎ……V - 1287
ひおひくさ……V - 1287
ひおふき……V - 1288
ひおふぎ……V - 1288
ひかくれさう……V - 1288
ひかけかつら……V - 1288
ひかげかづら……V - 1288
ひかげぐさ……V - 1288
ひかげのかつら……V - 1288
きかりぐさ……V - 1289
ひかりきく……V - 1289
ひかんさう……V - 1289
ひがんさう……V - 1289
ひかんばな……V - 1289
ひがんはな……V - 1289
ひがんばな……V - 1289
ひきあいくさ……V - 1290
ひきおこし……V - 1290
ひきくさ……V - 1290
ひきてくさ……V - 1290

ひきのつらかき……V - 1290
ひきよもぎ……V - 1291
ひぎり……V - 1291
ひきをこし……V - 1291
ひくさつる……V - 1291
ひくにくさ……V - 1291
ひくらし……V - 1291
ひくらしくさ……V - 1292
ひくらしも……V - 1292
ひくるま……V - 1292
ひぐるま……V - 1292
ひけにんじん……V - 1292
ひげにんじん……V - 1293
ひご……V - 1293
ひこくさ……V - 1293
ひごくさ……V - 1293
ひごせきちく……V - 1293
ひこたで……V - 1293
ひこて……V - 1294
ひさくさ……V - 1294
ひし……V - 1294
ひしき……V - 1294
ひじき……V - 1295
ひじこ……V - 1295
ひしづるさう……V - 1295
ひしな……V - 1296
ひしも……V - 1296
ひしんさう……V - 1296
ひじんさう……V - 1296
びじんさう……V - 1296
びじんさう……V - 1297
ひじんしやう……V - 1297
ひしんそう……V - 1297
ひじんそう……V - 1297
びしんそう……V - 1297
びじんそう……V - 1297
ひずり……V - 1298
ひせう……V - 1298
ひたちはき……V - 1298
ひたなくさ……V - 1298
ひだりくさ……V - 1298
ひたりまき……V - 1298
ひだりまき……V - 1298
ひだりまき……V - 1299
ひたりまわり……V - 1299
ひちき……V - 1299
ひぢき……V - 1299
ひぢこ……V - 1299
ひぢたて……V - 1299
ひちはい……V - 1299
ひぢわ……V - 1300
ひついただき……V - 1300
ひつかねり……V - 1300
びつきやう……V - 1300
びつきよさう……V - 1300
ひつしくさ……V - 1300
ひつじぐさ……V - 1300
ひつち……V - 1301
ひづり……V - 1301
ひづる……V - 1301
ひてりこ……V - 1301
ひでりこ……V - 1301
ひでりこき……V - 1301
ひてりこけ……V - 1302
ひてりごけ……V - 1302
ひでりこけ……V - 1302
ひとあしくさ……V - 1302
ひところひ……V - 1302
ひとさしくさ……V - 1302
ひとつあし……V - 1302
ひとつしは……V - 1303
ひとつしば……V - 1303
ひとつね……V - 1303
ひとつは……V - 1303
ひとつば……V - 1303
ひとつば……V - 1304

ひとつばはくり……………………V - 1305
ひとつばはしくり…………………V - 1305
ひとつぼくろ………………………V - 1305
ひとつめかづら……………………V - 1305
ひとつも……………………………V - 1305
ひとて………………………………V - 1305
ひとで………………………………V - 1305
ひとはなくさ………………………V - 1306
ひとはめ……………………………V - 1306
ひとへくさ…………………………V - 1306
ひともし……………………………V - 1306
ひともじ……………………………V - 1306
ひともとすすき……………………V - 1306
ひとりけしやう……………………V - 1307
ひとりけせう………………………V - 1307
ひとりねくさ………………………V - 1307
ひなぎきやう………………………V - 1307
ひなくさ……………………………V - 1307
ひなぐさ……………………………V - 1307
ひなくり……………………………V - 1308
ひなげし……………………………V - 1308
ひなつら……………………………V - 1308
ひなつりきく………………………V - 1308
ひなのけし…………………………V - 1308
ひなのさかづき……………………V - 1308
ひなんかつら………………………V - 1308
ひなんかづら………………………V - 1309
びなんかづら………………………V - 1309
ひなんさう…………………………V - 1309
びなんさう…………………………V - 1309
びなんそう…………………………V - 1309
びなんさほ…………………………V - 1310
ひなんせき…………………………V - 1310
ひは…………………………………V - 1310
ひばごけ……………………………V - 1310
ひはぶき……………………………V - 1310
ひばりのすね………………………V - 1310
ひばりはし…………………………V - 1310
ひはりほし…………………………V - 1311
ひはりわせ…………………………V - 1311
ひばるくさ…………………………V - 1311
ひひくさ……………………………V - 1311
びびつか……………………………V - 1311
ひふかあをい………………………V - 1311
ひふき………………………………V - 1311
ひふきくさ…………………………V - 1312
ひへくさ……………………………V - 1312
ひへもり……………………………V - 1312
ひぼくさ……………………………V - 1312
ひま…………………………………V - 1312
ひまし………………………………V - 1312
ひまはり……………………………V - 1313
ひまはりはな………………………V - 1313
ひまひま……………………………V - 1313
ひまわり……………………………V - 1313
ひまわりきく………………………V - 1313
ひみづるくさ………………………V - 1313
ひめ…………………………………V - 1313
ひめあさみ…………………………V - 1314
ひめあざみ…………………………V - 1314
ひめうりかつら……………………V - 1314
ひめおもと…………………………V - 1314
ひめかつら…………………………V - 1314
ひめかづら…………………………V - 1314
ひめかや……………………………V - 1314
ひめがや……………………………V - 1315
ひめききやう………………………V - 1315
ひめぎぼし…………………………V - 1315
ひめくさ……………………………V - 1315
ひめくず……………………………V - 1315
ひめくはんざう……………………V - 1316
ひめくわんざう……………………V - 1316
ひめこちや…………………………V - 1316
ひめささくさ………………………V - 1316
ひめした……………………………V - 1316
ひめしづら…………………………V - 1317

ひめしやうぶ……………………V - 1317
ひめしやか……………………V - 1317
ひめしやが……………………V - 1317
ひめすすたま……………………V - 1317
ひめはぎ……………………V - 1317
ひめばな……………………V - 1318
ひめふき……………………V - 1318
ひめふじ……………………V - 1318
ひめふり……………………V - 1318
ひめゆり……………………V - 1318
ひめゆり……………………V - 1319
ひめゑんだう……………………V - 1319
ひもくさ……………………V - 1319
ひもせ……………………V - 1319
ひやう……………………V - 1320
びやう……………………V - 1320
ひやうげくさ……………………V - 1320
ひやうそかつら……………………V - 1320
ひやうたん……………………V - 1320
ひやうたんくさ……………………V - 1320
ひやうたんくさ……………………V - 1321
ひやうな……………………V - 1321
ひやうひやう……………………V - 1321
ひやうひやうくさ……………………V - 1321
びやうぶさう……………………V - 1321
ひやうめき……………………V - 1322
びやうやなぎ……………………V - 1322
ひやくかんさう……………………V - 1322
ひやくし……………………V - 1322
びやくし……………………V - 1322
ひやくじつ……………………V - 1322
びやくじつ……………………V - 1322
ひやくしゆつ……………………V - 1323
ひやくじゆつ……………………V - 1323
びやくじゆつ……………………V - 1323
ひやくしるし……………………V - 1323
ひやくなんさう……………………V - 1323
ひやくにちばな……………………V - 1323
ひやくねんさう……………………V - 1324
ひやくぶこん……………………V - 1324
ひやくみやくこん……………………V - 1324
ひやくもうさう……………………V - 1324
ひやくもくさう……………………V - 1324
ひやくもそう……………………V - 1324
びやくらつくわい……………………V - 1324
ひやけ……………………V - 1325
ひやけくさ……………………V - 1325
ひやけな……………………V - 1325
ひやけなよつ……………………V - 1325
ひやしな……………………V - 1325
ひやふぢ……………………V - 1325
ひゆ……………………V - 1325
ひゆ……………………V - 1326
ひゆあかさ……………………V - 1326
ひゆひゆさう……………………V - 1326
ひゆり……………………V - 1326
ひゆりさう……………………V - 1326
ひゆりを……………………V - 1326
ひよう……………………V - 1327
ひようひようさう……………………V - 1327
びようやなぎ……………………V - 1327
ひよこくさ……………………V - 1327
ひよごり……………………V - 1327
ひよとり……………………V - 1327
ひよどり……………………V - 1327
ひよどりかつら……………………V - 1328
ひよどりかづらおろし……………………V - 1328
ひよどりごへ……………………V - 1328
ひよとりしやうこ……………………V - 1328
ひよとりしやうご……………………V - 1328
ひよとりじやうご……………………V - 1328
ひよとりじやうご……………………V - 1329
ひよどりじやうご……………………V - 1329
ひよとりせうこ……………………V - 1329
ひよとりぜうこ……………………V - 1329
ひよとりちやうこ……………………V - 1330

ひよどりぢやうご……………………V - 1330
ひよひよ……………………………V - 1330
ひよひよくさ………………………V - 1330
ひよひよくさ………………………V - 1331
ひよひよここめくさ………………V - 1331
ひよろ………………………………V - 1331
ひよろぐさ…………………………V - 1331
ひらおこ……………………………V - 1331
ひらき………………………………V - 1331
ひらくさ……………………………V - 1331
ひらくさ……………………………V - 1332
ひらこくさ…………………………V - 1332
ひらさし……………………………V - 1332
ひらすげ……………………………V - 1332
ひらたぐさ…………………………V - 1332
ひらたぐさ…………………………V - 1333
ひらな………………………………V - 1333
ひらのり……………………………V - 1333
ひらひじき…………………………V - 1333
ひらひぢわ…………………………V - 1333
ひらむさう…………………………V - 1333
ひらめ………………………………V - 1333
ひらんさう…………………………V - 1334
びらんそう…………………………V - 1334
びりしろ……………………………V - 1334
ひる…………………………………V - 1334
ひるかほ……………………………V - 1334
ひるかほ……………………………V - 1335
ひるがほ……………………………V - 1335
ひるがほ……………………………V - 1336
ひるからす…………………………V - 1336
ひるかわ……………………………V - 1336
ひるかを……………………………V - 1336
ひるくさ……………………………V - 1336
ひるくち……………………………V - 1337
ひるござ……………………………V - 1337
ひるさし……………………………V - 1337
ひるな………………………………V - 1337
ひるのござ…………………………V - 1337
ひるのちとめ………………………V - 1337
ひるははくさ………………………V - 1338
ひるむしろ…………………………V - 1338
ひるめ………………………………V - 1338
ひるも………………………………V - 1339
びるも………………………………V - 1339
ひるもくさ…………………………V - 1339
ひるものくさ………………………V - 1339
ひれん………………………………V - 1340
びれんさう…………………………V - 1340
ひろうくさ…………………………V - 1340
ひろり………………………………V - 1340
ひわ…………………………………V - 1340
ひわた………………………………V - 1340
ひわだ………………………………V - 1340
ひわはな……………………………V - 1341
ひわぶき……………………………V - 1341
ひゐなくさ…………………………V - 1341
ひゑくさ……………………………V - 1341
ひゑも………………………………V - 1341
ひをうぎ……………………………V - 1341
ひをふき……………………………V - 1341
ひんかつら…………………………V - 1342
びんかつら…………………………V - 1342
びんかづら…………………………V - 1342
ひんささら…………………………V - 1342
びんざさら…………………………V - 1342
びんずり……………………………V - 1342
びんつけさう………………………V - 1343
びんとうさう………………………V - 1343
ひんなんそう………………………V - 1343
びんほうかつら……………………V - 1343
びんぼうかづら……………………V - 1343
びんぼうくさ………………………V - 1343
びんほうづる………………………V - 1344

## ふ

ふうちさう……V - 1345
ふうとう……V - 1345
ふうどう……V - 1345
ふうとうかつら……V - 1345
ふうとうかづら……V - 1345
ふうどうかつら……V - 1346
ふうらん……V - 1346
ふうらんさう……V - 1346
ふうりん……V - 1346
ふうりんさい……V - 1347
ふうりんさう……V - 1347
ふえふき……V - 1347
ふかぎ……V - 1347
ふかた……V - 1347
ふかたくさ……V - 1347
ふき……V - 1347
ふき……V - 1348
ふきあけ……V - 1348
ふきあげ……V - 1348
ふきくさ……V - 1348
ふきたま……V - 1348
ふぎだま……V - 1348
ふきだまくさ……V - 1348
ふきにら……V - 1349
ふきのとう……V - 1349
ぶきよ……V - 1349
ふくい……V - 1349
ふくいも……V - 1349
ふくくさ……V - 1349
ふくじゆさう……V - 1349
ふくじゆさう……V - 1350
ふくじゆそう……V - 1350
ふくた……V - 1350
ふくたな……V - 1350
ふくで……V - 1351
ふくふく……V - 1351
ふくへ……V - 1351
ふくべ……V - 1351
ふくへしは……V - 1351
ふくべな……V - 1351
ふくへら……V - 1351
ふくべら……V - 1352
ふくらくさ……V - 1352
ぶくりやう……V - 1352
ふくれぐさ……V - 1352
ふくれんば……V - 1352
ふくろいちこ……V - 1352
ふくろいちご……V - 1353
ふくろくさ……V - 1353
ふくろのり……V - 1353
ふくろはな……V - 1353
ふくわかめ……V - 1353
ふくゐ……V - 1353
ふけな……V - 1353
ふこくさ……V - 1354
ふごくさ……V - 1354
ふさまつ……V - 1354
ふさめ……V - 1354
ふし……V - 1354
ふじ……V - 1354
ふしおて……V - 1355
ふしかづら……V - 1355
ふじかづら……V - 1355
ふじき……V - 1355
ふじくさ……V - 1355
ふしくづれ……V - 1355
ふしくろ……V - 1355
ふしくろ……V - 1356
ふしぐろ……V - 1356
ふしくろせんのふ……V - 1356
ふしくろよし……V - 1356
ふしたか……V - 1356
ふしだか……V - 1356
ふしたかさう……V - 1357

ふしつる……V - 1357
ふしづるさう……V - 1357
ふじて……V - 1357
ふしな……V - 1357
ふしなてしこ……V - 1357
ふじなでしこ……V - 1357
ふしにんしん……V - 1358
ふじば……V - 1358
ふじはい……V - 1358
ふしはかま……V - 1358
ふじはかま……V - 1358
ふしばかま……V - 1359
ふじばかま……V - 1359
ふじほたん……V - 1359
ふしも……V - 1359
ぶす……V - 1359
ぶすこごみ……V - 1359
ぶすしどけ……V - 1360
ぶすふくべら……V - 1360
ふすへ……V - 1360
ふだうかづら……V - 1360
ふたおもて……V - 1360
ふたごほうづき……V - 1360
ふたばあさがほ……V - 1360
ふたね……V - 1361
ふたばさう……V - 1361
ふたへしは……V - 1361
ふたまたをほばこ……V - 1361
ふたりしつか……V - 1361
ふたりしづか……V - 1361
ふたをしみ……V - 1362
ふたんさう……V - 1362
ふだんさう……V - 1362
ふち……V - 1362
ふぢ……V - 1362
ふぢいろぼたん……V - 1362
ふぢかつら……V - 1363
ふぢかづら……V - 1363
ふちきく……V - 1363
ふぢくさ……V - 1363
ふちつる……V - 1363
ふぢなでしこ……V - 1363
ふちはかま……V - 1363
ふぢはかま……V - 1364
ふぢばかま……V - 1364
ふぢぼたん……V - 1364
ふぢもどき……V - 1364
ふつ……V - 1364
ぶつかうさう……V - 1364
ふつかねり……V - 1365
ふつきなき……V - 1365
ふつきなぎ……V - 1365
ふつくさ……V - 1365
ふづくさ……V - 1366
ぶつくさ……V - 1366
ふづくみ……V - 1366
ふつくり……V - 1366
ぶつくり……V - 1366
ぶつさうげ……V - 1366
ぶつぢやう……V - 1366
ぶつつけもち……V - 1367
ふてうさう……V - 1367
ふでぐさ……V - 1367
ふでばうふう……V - 1367
ふてはな……V - 1367
ふと……V - 1367
ふど……V - 1367
ふとい……V - 1368
ふどう……V - 1368
ぶとう……V - 1368
ふどうかづら……V - 1368
ぶとうつる……V - 1368
ふとかづら……V - 1368
ふとくさ……V - 1368
ぶとくさ……V - 1369
ふとも……V - 1369

ふとゐ……V - 1369
ふなくさ……V - 1369
ふなすな……V - 1369
ふなつな……V - 1369
ふなつな……V - 1370
ふなづな……V - 1370
ふなつら……V - 1370
ふななり……V - 1370
ふなはら……V - 1370
ふなばら……V - 1370
ふなばり……V - 1371
ふなわら……V - 1371
ふなわり……V - 1371
ふのり……V - 1371
ふのり……V - 1372
ふのりかつら……V - 1372
ふのりかづら……V - 1372
ふはらさいこ……V - 1372
ふへいちこ……V - 1372
ふへり……V - 1372
ふべいちこ……V - 1373
ふへくさ……V - 1373
ふめどう……V - 1373
ふめとうかつら……V - 1373
ふやう……V - 1373
ふゆあけび……V - 1373
ふゆあふひ……V - 1374
ふゆきく……V - 1374
ふゆつた……V - 1374
ふゆな……V - 1374
ふゆひちご……V - 1374
ふゆわらび……V - 1374
ふよう……V - 1374
ふよう……V - 1375
ふよふ……V - 1375
ふりかわ……V - 1375
ふりのかはくさ……V - 1375
ぶりふりくさ……V - 1375
ふるいくさ……V - 1375
ふるつるくさ……V - 1375
ふるだ……V - 1376
ふるむしろ……V - 1376
ふゑ……V - 1376
ぶゑ……V - 1376
ふゑくさ……V - 1376
ふゑふき……V - 1376
ふゑんさう……V - 1377
ぶゑんさう……V - 1377
ぶんご……V - 1377
ぶんごがや……V - 1377
ぶんざうさう……V - 1377
ぶんぶさう……V - 1377

## へ

へいすけ……V - 1378
へいちく……V - 1378
へいのからさき……V - 1378
へうそくさ……V - 1378
へかづら……V - 1378
へぎのり……V - 1378
へきれきそう……V - 1378
へくさ……V - 1379
へくさかつら……V - 1379
へくさつる……V - 1379
へくさづる……V - 1379
へくそかつら……V - 1379
へくそかづら……V - 1380
へくそつる……V - 1380
へくそづる……V - 1380
へくは……V - 1380
へご……V - 1380
へごかづら……V - 1381
へこくさ……V - 1381
へごくさ……V - 1381
へこつる……V - 1381
へこま……V - 1381

へさいちご……V - 1381
へすばかつら……V - 1381
へしべ……V - 1382
へすべかづら……V - 1382
へそかづら……V - 1382
へそくり……V - 1382
へそしかつら……V - 1382
へそへ……V - 1382
へそべくさ……V - 1382
へたて……V - 1383
へちくさ……V - 1383
へちま……V - 1383
へつくさつる……V - 1383
へつそべ……V - 1383
へに……V - 1383
べに……V - 1383
へにいちこ……V - 1384
べにかうほね……V - 1384
へにかく……V - 1384
べにがく……V - 1384
べにかつら……V - 1384
へにくさ……V - 1384
べにくさ……V - 1384
べにざさら……V - 1385
べにざら……V - 1385
べにさらさ……V - 1385
べにしやくやく……V - 1385
べにすげ……V - 1385
へにはな……V - 1385
へにはな……V - 1386
べにはな……V - 1386
べにばなくさ……V - 1386
べにぼたん……V - 1386
へねりくさ……V - 1386
へねれす……V - 1387
へねれんさう……V - 1387
へびあかさ……V - 1387
へびあさみ……V - 1387
へひいちご……V - 1387
へびいちこ……V - 1387
へびいちご……V - 1388
へびいちこくさ……V - 1388
へひくさ……V - 1388
へびくさ……V - 1388
へびくち……V - 1388
へびござ……V - 1388
へびころし……V - 1389
へびしどけ……V - 1389
へびじやくし……V - 1389
へびす……V - 1389
へひせんまい……V - 1389
へびせんまい……V - 1389
へびつきくさ……V - 1389
へびとろろ……V - 1390
へびにら……V - 1390
へひにんしん……V - 1390
へびにんしん……V - 1390
へびのいちこ……V - 1390
へびのおほはち……V - 1390
へびのござ……V - 1390
へびのさかつき……V - 1391
へびのした……V - 1391
へひのしやくし……V - 1391
へびのしやくし……V - 1391
へひのたいはち……V - 1391
へびのだいばち……V - 1391
へひのたいみち……V - 1391
へびのたいろう……V - 1392
へびはくざ……V - 1392
へびふぎ……V - 1392
へひぶどう……V - 1392
へひむぎ……V - 1392
へびむぎ……V - 1392
へひむしろ……V - 1392
へびむしろ……V - 1393
へびゆり……V - 1393

へぶす……V - 1393
へべらくさ……V - 1393
べぼ……V - 1393
へぼくさ……V - 1393
べぼざはら……V - 1394
べぼざわら……V - 1394
へら……V - 1394
へらあざみ……V - 1394
へりへり……V - 1394
へろさき……V - 1394
べろも……V - 1394
へゑ……V - 1395
べんけい……V - 1395
へんけいさう……V - 1395
べんけいさう……V - 1395
べんけいさう……V - 1396
べんけいさら……V - 1396
へんご……V - 1396
へんさらくさ……V - 1396
へんちく……V - 1396
へんつるかつら……V - 1396
へんねれす……V - 1397
へんひあふぎ……V - 1397
へんびゆり……V - 1397
へんべさう……V - 1397
へんへのいもくさ……V - 1397
へんべのつる……V - 1397
へんぼそ……V - 1398
べんほそ……V - 1398
へんるうだ……V - 1398

ほ

ほいとかさ……V - 1399
ほう……V - 1399
ぼうい……V - 1399
ほうおうさう……V - 1399
ほうおうそう……V - 1399
ほうか……V - 1399
ほうかつら……V - 1399
ほうからくさ……V - 1400
ほうがらくさ……V - 1400
ほうき……V - 1400
ほうきき……V - 1400
ほうきく……V - 1400
ほうきくさ……V - 1400
ほうきくさ……V - 1401
ほうきこ……V - 1401
ほうくり……V - 1401
ほうくろ……V - 1401
ほうぐろ……V - 1401
ほうけぎ……V - 1402
ほうこ……V - 1402
ほうこう……V - 1402
ほうごう……V - 1402
ほうこうくさ……V - 1402
ほうこくさ……V - 1402
ぼうこんさう……V - 1403
ほうしかふく……V - 1403
ほうしからけ……V - 1403
ぼうしからけ……V - 1403
ほうしからまき……V - 1403
ほうしくさ……V - 1403
ぼうしくさ……V - 1403
ほうしはな……V - 1404
ぼうしはな……V - 1404
ほうしやういばら……V - 1404
ほうしやうも……V - 1404
ほうしんくわ……V - 1404
ほうすき……V - 1404
ほうずき……V - 1405
ほうすくさ……V - 1405
ほうずくさ……V - 1405
ぼうずくさ……V - 1405
ほうすけくさ……V - 1405
ほうすこくさ……V - 1405
ほうすほくさ……V - 1405

ほうせんくは……………………V - 1406
ほうせんくわ……………………V - 1406
ほうせんくわ……………………V - 1407
ほうぞうくわ……………………V - 1407
ほうたかとう……………………V - 1407
ぼうだら……………………V - 1407
ほうつき……………………V - 1407
ほうつき……………………V - 1408
ほうづき……………………V - 1408
ほうつこくさ……………………V - 1409
ほうつる……………………V - 1409
ぼうてう……………………V - 1409
ほうてういき……………………V - 1409
ほうどうくわ……………………V - 1409
ほうどうけ……………………V - 1409
ほうどけ……………………V - 1409
ほうとり……………………V - 1410
ほうな……………………V - 1410
ぼうな……………………V - 1410
ほうのきかづら……………………V - 1410
ほうのみ……………………V - 1410
ほうふ……………………V - 1410
ぼうふ……………………V - 1410
ほうふう……………………V - 1411
ほうふしやう……………………V - 1411
ぼうふら……………………V - 1411
ほうほうくさ……………………V - 1411
ほうまんもぐさ……………………V - 1411
ほうもくた……………………V - 1411
ぼうらん……………………V - 1411
ほうりくさ……………………V - 1412
ほうれいさう……………………V - 1412
ほうれんさう……………………V - 1412
ほうろく……………………V - 1412
ほうろくいちご……………………V - 1412
ほうろくなき……………………V - 1412
ほうろくなぎ……………………V - 1413
ほうわうさう……………………V - 1413
ほか……………………V - 1413
ほが……………………V - 1413
ほかくさ……………………V - 1413
ほがくさ……………………V - 1413
ほかけくさ……………………V - 1414
ほかけぐさ……………………V - 1414
ほかけふね……………………V - 1414
ほがや……………………V - 1414
ぼくくさ……………………V - 1414
ほくちさう……………………V - 1414
ほくてかや……………………V - 1414
ほくでがや……………………V - 1415
ほくてくさ……………………V - 1415
ほくねくさ……………………V - 1415
ほくり……………………V - 1415
ほくろ……………………V - 1415
ほくわう……………………V - 1415
ぼけ……………………V - 1415
ほこ……………………V - 1416
ほこくさ……………………V - 1416
ほごくさ……………………V - 1416
ほしかつら……………………V - 1416
ほしくさ……………………V - 1416
ほしろかや……………………V - 1417
ほぜのね……………………V - 1417
ほぞかづら……………………V - 1417
ほそなぎ……………………V - 1417
ほそばふなはら……………………V - 1417
ほた……………………V - 1417
ほたて……………………V - 1417
ほたはら……………………V - 1418
ほだはら……………………V - 1418
ほたるくさ……………………V - 1418
ほたるそう……………………V - 1418
ほたるはな……………………V - 1418
ほたろくさ……………………V - 1418
ほたわら……………………V - 1419
ほだわら……………………V - 1419

ほたん……V - 1419
ぼたん……V - 1419
ぼたん……V - 1420
ぼたんいはら……V - 1420
ぼたんいばら……V - 1420
ぼたんくさ……V - 1420
ぼたんこけ……V - 1420
ぼたんのり……V - 1420
ぼたんばな……V - 1421
ぼつたりはな……V - 1421
ほで……V - 1421
ほていくさ……V - 1421
ほていさう……V - 1421
ぼてう……V - 1421
ほてういき……V - 1421
ほてういぎ……V - 1422
ほてうのくい……V - 1422
ぼてししさう……V - 1422
ほと……V - 1422
ほど……V - 1422
ぼどう……V - 1423
ほとかつら……V - 1423
ほどかづら……V - 1423
ほとくり……V - 1423
ほとけいかや……V - 1423
ほとけかふくさ……V - 1423
ほとけさう……V - 1424
ほとけたち……V - 1424
ほとけのさ……V - 1424
ほとけのざ……V - 1424
ほとけのざ……V - 1425
ほとけのつづら……V - 1425
ほとけのつづれ……V - 1425
ほとけのつれ……V - 1425
ほとけのはし……V - 1425
ほとけのひづり……V - 1425
ほとけのみみ……V - 1426
ほとけばら……V - 1426
ほとづる……V - 1426
ほどづる……V - 1426
ぼどと……V - 1426
ほとときす……V - 1427
ほとときず……V - 1427
ほとときすくさ……V - 1427
ほとときずくさ……V - 1427
ほとほと……V - 1427
ぼとぼと……V - 1427
ほどめきくさ……V - 1428
ほとろ……V - 1428
ほなか……V - 1428
ほなが……V - 1428
ほねつぎ……V - 1428
ほねつぎさう……V - 1428
ほねぬき……V - 1429
ほのり……V - 1429
ほびへな……V - 1429
ほふき……V - 1429
ほふくろう……V - 1429
ぼふしかけら……V - 1429
ほふせんくわ……V - 1429
ほふづき……V - 1430
ほふれんさう……V - 1430
ほほづき……V - 1430
ほぼな……V - 1430
ほぼろいちこ……V - 1430
ほもめくさ……V - 1431
ほや……V - 1431
ほやのり……V - 1431
ほやのりくさ……V - 1431
ほらきく……V - 1431
ほりくさ……V - 1432
ほろくさ……V - 1432
ぼろん……V - 1432
ほをこくさ……V - 1432
ほをせんくわ……V - 1432
ほをりさう……V - 1432

ほんあふひ……………………………V - 1432
ほんしやう……………………………V - 1433
ほんたはら……………………………V - 1433
ほんたわう……………………………V - 1433
ほんだわら……………………………V - 1433
ほんつた………………………………V - 1433
ほんはくさい…………………………V - 1433
ほんはな………………………………V - 1433
ほんはり………………………………V - 1434
ぼんめ…………………………………V - 1434
ぼんゆり………………………………V - 1434

ま

まいつる………………………………V - 1435
まいらさう……………………………V - 1435
まうしやう……………………………V - 1435
まかたくい……………………………V - 1435
まかたら………………………………V - 1435
まかつら………………………………V - 1435
まかや…………………………………V - 1435
まかや…………………………………V - 1436
まがや…………………………………V - 1436
まかやくさ……………………………V - 1436
まがり…………………………………V - 1436
まがりのり……………………………V - 1436
まきくさ………………………………V - 1436
まくさ…………………………………V - 1436
まくり…………………………………V - 1437
まご……………………………………V - 1437
まごのは………………………………V - 1437
まこまこ………………………………V - 1437
まこも…………………………………V - 1437
まこも…………………………………V - 1438
まこもぐさ……………………………V - 1438
まこものかまぼこ……………………V - 1438
まこやし………………………………V - 1438
まごやし………………………………V - 1438
まごやし………………………………V - 1439
まこよし………………………………V - 1439
まさき…………………………………V - 1439
まさきかつら…………………………V - 1439
まさきかづら…………………………V - 1439
まさきのかつら………………………V - 1439
まさきのかつら………………………V - 1440
まさきのかづら………………………V - 1440
ましは…………………………………V - 1440
ましば…………………………………V - 1440
ましやうま……………………………V - 1441
ますかけさう…………………………V - 1441
ますかた………………………………V - 1441
ますくさ………………………………V - 1441
ますけ…………………………………V - 1441
ますはりさう…………………………V - 1442
ますわり………………………………V - 1442
ませきく………………………………V - 1442
ませり…………………………………V - 1442
またたひ………………………………V - 1442
またたび………………………………V - 1442
またたび………………………………V - 1443
またたびかづら………………………V - 1443
まつかさ………………………………V - 1443
まつかさくさ…………………………V - 1443
まつかせ………………………………V - 1443
まつかぜ………………………………V - 1444
まつかつら……………………………V - 1444
まつかづら……………………………V - 1444
まつくさ………………………………V - 1444
まつとろろ……………………………V - 1444
まつな…………………………………V - 1445
まつなくさ……………………………V - 1445
まつなぐさ……………………………V - 1445
まつのきくさ…………………………V - 1445
まつのとう……………………………V - 1445
まつのり………………………………V - 1446
まつはくさ……………………………V - 1446
まつばぐさ……………………………V - 1446

まつばそう……V - 1446
まつばのり……V - 1446
まつばも……V - 1446
まつばらん……V - 1446
まつばわり……V - 1447
まつふき……V - 1447
まつぶくりやう……V - 1447
まつふさ……V - 1447
まつふさかつら……V - 1447
まつふさかづら……V - 1447
まつふじ……V - 1448
まつぶし……V - 1448
まつぶとう……V - 1448
まつふね……V - 1448
まつぶね……V - 1448
まつほりさう……V - 1448
まつまへ……V - 1448
まつまへふき……V - 1449
まつも……V - 1449
まつもとあきせんのう……V - 1449
まつもとさう……V - 1449
まつもとせん……V - 1449
まつもとせんのうけ……V - 1449
まつもとせんをうけ……V - 1450
まつもとせんをふ……V - 1450
まつもとそう……V - 1450
まつらぶとう……V - 1450
まてう……V - 1450
まところ……V - 1450
まなぐさ……V - 1450
まにんじん……V - 1451
まねきな……V - 1451
まのり……V - 1451
まはき……V - 1451
まばこり……V - 1451
まはだ……V - 1451
まばた……V - 1451
まはつぶ……V - 1452
まばり……V - 1452
まひいな……V - 1452
まひう……V - 1452
まひじき……V - 1452
まびす……V - 1452
まひずる……V - 1452
まひゆ……V - 1453
まふし……V - 1453
まふじ……V - 1453
まぶす……V - 1453
まふぢ……V - 1453
まへきしや……V - 1453
まへぎしや……V - 1453
ままこ……V - 1454
ままこくさ……V - 1454
ままこさう……V - 1454
ままこつる……V - 1454
ままこな……V - 1454
ままこなかし……V - 1455
ままこのしりぬくい……V - 1455
ままつなき……V - 1455
ままははくさ……V - 1455
ままやう……V - 1455
まみひしき……V - 1455
まむしくさ……V - 1455
まむしのあご……V - 1456
まむしのはから……V - 1456
まめかつほう……V - 1456
まめかつら……V - 1456
まめかづら……V - 1456
まめからさう……V - 1456
まめがらさう……V - 1456
まめくさ……V - 1457
まめごけ……V - 1457
まめたたき……V - 1457
まめづたかづら……V - 1457
まめつる……V - 1457
まめな……V - 1457

まめなすび……………………………V - 1458
まめひじき……………………………V - 1458
まめふじ………………………………V - 1458
まめほうつき…………………………V - 1458
まめほこり……………………………V - 1458
まも……………………………………V - 1458
まもば…………………………………V - 1458
まゆくさ………………………………V - 1459
まゆはきさう…………………………V - 1459
まゆみ…………………………………V - 1459
まゆみかつら…………………………V - 1459
まゆみかづら…………………………V - 1459
まよし…………………………………V - 1459
まよもき………………………………V - 1459
まよもぎ………………………………V - 1460
まらん…………………………………V - 1460
まりこ…………………………………V - 1460
まりこくさ……………………………V - 1460
まるうきくさ…………………………V - 1460
まるおご………………………………V - 1460
まるこ…………………………………V - 1460
まるこくさ……………………………V - 1461
まるこすけ……………………………V - 1461
まるすぎ………………………………V - 1461
まるすけ………………………………V - 1461
まるすげ………………………………V - 1461
まるすげ………………………………V - 1462
まるなすび……………………………V - 1462
まるは…………………………………V - 1462
まるば…………………………………V - 1463
まるばあい……………………………V - 1463
まるばあゐ……………………………V - 1463
まるばふうらん………………………V - 1463
まるばふなはら………………………V - 1463
まるゆうがほ…………………………V - 1463
まわう…………………………………V - 1463
まを……………………………………V - 1464
まをくさ………………………………V - 1464
まんけいし……………………………V - 1464
まんご…………………………………V - 1464
まんこう………………………………V - 1464
まんさいらく…………………………V - 1465
まんさひらく…………………………V - 1465
まんしゆ………………………………V - 1465
まんじゆさう…………………………V - 1465
まんしゆしやけ………………………V - 1465
まんしゆしやげ………………………V - 1465
まんじゆしやけ………………………V - 1466
まんせう………………………………V - 1466
まんたぶ………………………………V - 1466
まんたらけ……………………………V - 1466
まんだらけ……………………………V - 1466
まんぢうごけ…………………………V - 1467
まんちうしやけ………………………V - 1467
まんちや………………………………V - 1467
まんねんさう…………………………V - 1467
まんねんそう…………………………V - 1467
まんねんまつ…………………………V - 1468
まんほう………………………………V - 1468
まんやうしやくやく…………………V - 1468
まんりやう……………………………V - 1468

## み

みあさ…………………………………V - 1469
みかづきさしくさ……………………V - 1469
みかんくさ……………………………V - 1469
みくもさう……………………………V - 1469
みくもそう……………………………V - 1469
みこくさ………………………………V - 1469
みこしくさ……………………………V - 1469
みこながし……………………………V - 1470
みこのかしら…………………………V - 1470
みす……………………………………V - 1470
みず……………………………………V - 1470
みずき…………………………………V - 1470
みすこうけ……………………………V - 1470

みすひき……………………………V - 1471
みすめ………………………………V - 1471
みぞくさ……………………………V - 1471
みぞぐさ……………………………V - 1471
みそすけ……………………………V - 1471
みそそば……………………………V - 1471
みぞそば……………………………V - 1471
みぞつまくろ………………………V - 1472
みそはき……………………………V - 1472
みそはぎ……………………………V - 1472
みぞほくろ…………………………V - 1472
みそはぎ……………………………V - 1473
みぞはき……………………………V - 1474
みぞはぎ……………………………V - 1474
みそはけ……………………………V - 1474
みぞひへ……………………………V - 1474
みぞふき……………………………V - 1474
みぞむくら…………………………V - 1474
みそめわたし………………………V - 1475
みぞよもぎ…………………………V - 1475
みだれも……………………………V - 1475
みちいんど…………………………V - 1475
みちくさ……………………………V - 1475
みちした……………………………V - 1475
みちしは……………………………V - 1476
みちしば……………………………V - 1476
みちしば……………………………V - 1477
みちはこへ…………………………V - 1477
みちはこべ…………………………V - 1477
みちばつか…………………………V - 1477
みちひじき…………………………V - 1477
みつ…………………………………V - 1478
みづ…………………………………V - 1478
みづあおひ…………………………V - 1478
みづあふひ…………………………V - 1478
みづあをい…………………………V - 1479
みづいも……………………………V - 1479
みつおはこ…………………………V - 1479
みづおはこ…………………………V - 1479
みづおばこ…………………………V - 1479
みづおほはこ………………………V - 1479
みづおほばこ………………………V - 1480
みづかうぶし………………………V - 1480
みづかかみ…………………………V - 1480
みづかがみ…………………………V - 1480
みづかかみくさ……………………V - 1480
みづかがみくさ……………………V - 1480
みづかけくさ………………………V - 1480
みづがしわ…………………………V - 1481
みづかたはみ………………………V - 1481
みつかど……………………………V - 1481
みつかとくさ………………………V - 1481
みづかね……………………………V - 1481
みづかねかつら……………………V - 1481
みつかんくさ………………………V - 1482
みづき………………………………V - 1482
みづききやう………………………V - 1482
みづきく……………………………V - 1482
みづくぐり…………………………V - 1482
みつくさ……………………………V - 1482
みづくさ……………………………V - 1483
みづくらけ…………………………V - 1483
みづくるま…………………………V - 1483
みづぐるま…………………………V - 1483
みづくはんざう……………………V - 1484
みづぐるま…………………………V - 1484
みづこうけ…………………………V - 1484
みづこうり…………………………V - 1484
みづこけ……………………………V - 1484
みづしは……………………………V - 1484
みつしはな…………………………V - 1484
みづしやぐま………………………V - 1485
みづたて……………………………V - 1485
みづたばこ…………………………V - 1485
みづたま……………………………V - 1485
みづな………………………………V - 1485

みづなき……………………………V - 1485
みづなぎ……………………………V - 1485
みづなごり…………………………V - 1486
みづのり……………………………V - 1486
みつは………………………………V - 1486
みつば………………………………V - 1486
みつばいちご………………………V - 1486
みつばかつら………………………V - 1486
みつはき……………………………V - 1487
みつはぎ……………………………V - 1487
みづはぎ……………………………V - 1487
みつはくさ…………………………V - 1487
みつばくさ…………………………V - 1487
みづはこへ…………………………V - 1487
みづはこべ…………………………V - 1487
みつはせり…………………………V - 1488
みつばせり…………………………V - 1488
みつばぜり…………………………V - 1488
みづはせを…………………………V - 1488
みづばせを…………………………V - 1488
みづはなから………………………V - 1489
みづはなくさ………………………V - 1489
みづはるも…………………………V - 1489
みづひい……………………………V - 1489
みつひき……………………………V - 1489
みづひき……………………………V - 1489
みづひき……………………………V - 1490
みつひきくさ………………………V - 1490
みづひきくさ………………………V - 1490
みつひきさう………………………V - 1490
みづひきさう………………………V - 1490
みつひきしやうま…………………V - 1491
みつひじき…………………………V - 1491
みづひやし…………………………V - 1491
みづびやし…………………………V - 1491
みつふき……………………………V - 1491
みづふき……………………………V - 1491
みつぶき……………………………V - 1492
みづぶき……………………………V - 1492
みづふで……………………………V - 1492
みつぼいばら………………………V - 1492
みづぼうき…………………………V - 1492
みづぼうこ…………………………V - 1492
みづほうづき………………………V - 1492
みづほこり…………………………V - 1493
みづぼこり…………………………V - 1493
みづまるこ…………………………V - 1493
みつめ………………………………V - 1493
みづも………………………………V - 1493
みつもち……………………………V - 1493
みずやから…………………………V - 1494
みづもち……………………………V - 1494
みづもちくさ………………………V - 1494
みづもろむき………………………V - 1494
みづやなぎ…………………………V - 1494
みつよつばくさ……………………V - 1494
みづれんげ…………………………V - 1494
みづゑか……………………………V - 1495
みづをかこ…………………………V - 1495
みなしろくさ………………………V - 1495
みねうるい…………………………V - 1495
みのかや……………………………V - 1495
みのくさ……………………………V - 1495
みのけ………………………………V - 1496
みのげ………………………………V - 1496
みのこみ……………………………V - 1496
みのこめ……………………………V - 1496
みのごめ……………………………V - 1496
みののり……………………………V - 1496
みのはかや…………………………V - 1497
みみこけ……………………………V - 1497
みみだり……………………………V - 1497
みみたれ……………………………V - 1497
みみだれ……………………………V - 1497
みみたれくさ………………………V - 1497
みみだれくさ………………………V - 1497

みみつくいばら……………………V - 1498
みみづくいばら……………………V - 1498
みみつこいばら……………………V - 1498
みみつぶ……………………………V - 1498
みみな………………………………V - 1498
みみなくさ…………………………V - 1498
みみにかへくさ……………………V - 1499
みみやうな…………………………V - 1499
みやうか……………………………V - 1499
みやうが……………………………V - 1499
みやきの……………………………V - 1499
みやぎの……………………………V - 1499
みやきのはき………………………V - 1500
みやきのはぎ………………………V - 1500
みやこくさ…………………………V - 1500
みやこさう…………………………V - 1500
みやこはな…………………………V - 1500
みやこばな…………………………V - 1501
みやまくくたち……………………V - 1501
みやましきみ………………………V - 1501
みやまそてつ………………………V - 1501
みやまつ……………………………V - 1501
みやまはき…………………………V - 1501
みやまひとつば……………………V - 1501
みやまふき…………………………V - 1502
みよな………………………………V - 1502
みる…………………………………V - 1502
みるめ………………………………V - 1503
みるも………………………………V - 1503

## む

むかご………………………………V - 1504
むかたも……………………………V - 1504
むかてかたのり……………………V - 1504
むかでかたのり……………………V - 1504
むかてくさ…………………………V - 1504
むかでくさ…………………………V - 1504
むかでな……………………………V - 1505
むかてのり…………………………V - 1505
むかでのり…………………………V - 1505
むかてへこ…………………………V - 1505
むかても……………………………V - 1505
むかでも……………………………V - 1506
むぎいたび…………………………V - 1506
むぎいちご…………………………V - 1506
むぎうな……………………………V - 1506
むぎおりくさ………………………V - 1506
むきから……………………………V - 1506
むぎからくさ………………………V - 1506
むきからまき………………………V - 1507
むぎからも…………………………V - 1507
むきくさ……………………………V - 1507
むぎくさ……………………………V - 1507
むぎぜり……………………………V - 1507
むきな………………………………V - 1507
むきなくさ…………………………V - 1507
むぎはらくさ………………………V - 1508
むぎも………………………………V - 1508
むきよをな…………………………V - 1508
むぎよをな…………………………V - 1508
むぎわら……………………………V - 1508
むきわらくさ………………………V - 1508
むくみかつら………………………V - 1508
むくみかづら………………………V - 1509
むくら………………………………V - 1509
むぐら………………………………V - 1509
むくらくさ…………………………V - 1510
むぐらくさ…………………………V - 1510
むくれんさう………………………V - 1510
むくろうさう………………………V - 1510
むくろくさ…………………………V - 1510
むこき………………………………V - 1510
むこなかし…………………………V - 1510
むこなかし…………………………V - 1511
むこなかせ…………………………V - 1511
むこながせ…………………………V - 1511

むこにかし……………………………V - 1511
むこにがし……………………………V - 1511
むこにがしかや………………………V - 1511
むこにがしくさ………………………V - 1512
むさしあぶみ…………………………V - 1512
むしかり………………………………V - 1512
むしくさ………………………………V - 1512
むしこき………………………………V - 1512
むしつり………………………………V - 1512
むしづり………………………………V - 1512
むしつりくさ…………………………V - 1513
むしつりな……………………………V - 1513
むしとりくさ…………………………V - 1513
むしなりくさ…………………………V - 1513
むしのこくさ…………………………V - 1513
むしりな………………………………V - 1514
むしろくさ……………………………V - 1514
むしを…………………………………V - 1514
むしんさう……………………………V - 1514
むじんさう……………………………V - 1514
むしんそう……………………………V - 1514
むじんそう……………………………V - 1515
むすびくさ……………………………V - 1515
むずをれくさ…………………………V - 1515
むたあやめ……………………………V - 1515
むたくれない…………………………V - 1515
むたせり………………………………V - 1515
むたべに………………………………V - 1515
むためくり……………………………V - 1516
むちんさう……………………………V - 1516
むぢんさう……………………………V - 1516
むつば…………………………………V - 1516
むつをれくさ…………………………V - 1516
むはら…………………………………V - 1516
むばら…………………………………V - 1516
むはらしやうひ………………………V - 1517
むはらしやうふ………………………V - 1517
むはらしやうへん……………………V - 1517
むはらぼたん…………………………V - 1517
むはらも………………………………V - 1517
むべ……………………………………V - 1517
むへかつら……………………………V - 1518
むべかつら……………………………V - 1518
むまあさみ……………………………V - 1518
むまあざみ……………………………V - 1518
むまあふき……………………………V - 1518
むまうど………………………………V - 1518
むまかけさう…………………………V - 1518
むまかたら……………………………V - 1519
むまかたり……………………………V - 1519
むまくさ………………………………V - 1519
むまくはず……………………………V - 1519
むまぐみ………………………………V - 1519
むまぐんど……………………………V - 1519
むまげんげ……………………………V - 1519
むまごぼう……………………………V - 1520
むまこや………………………………V - 1520
むまこやし……………………………V - 1520
むまこやしくさ………………………V - 1520
むまさいき……………………………V - 1521
むまさし………………………………V - 1521
むましひな……………………………V - 1521
むますいこ……………………………V - 1521
むませり………………………………V - 1521
むませり………………………………V - 1522
むまぜり………………………………V - 1522
むまそうめん…………………………V - 1522
むまだいこん…………………………V - 1522
むまたで………………………………V - 1522
むまたてくさ…………………………V - 1522
むまつなぎ……………………………V - 1522
むまにんにく…………………………V - 1523
むまのあしかき………………………V - 1523
むまのあしがき………………………V - 1523
むまのあしかた………………………V - 1523
むまのくさ……………………………V - 1523

むまのすずくさ……………………V - 1523
むまのけんしやう…………………V - 1524
むまのちち……………………………V - 1524
むまのつめくさり…………………V - 1524
むまのとし……………………………V - 1524
むまのばんしやうかづら…………V - 1524
むまのほうがら……………………V - 1524
むまのもち……………………………V - 1524
むまのやきこめ……………………V - 1525
むまのりしをで……………………V - 1525
むまはぎ………………………………V - 1525
むまはこべ……………………………V - 1525
むまはます……………………………V - 1525
むまはり………………………………V - 1525
むまばり………………………………V - 1525
むまふとう……………………………V - 1526
むまふり………………………………V - 1526
むまほうつき………………………V - 1526
むまぼうふ……………………………V - 1526
むまみつば……………………………V - 1526
むまれんけ……………………………V - 1526
むみやうさう………………………V - 1526
むみやうな…………………………V - 1527
むめがえくさ………………………V - 1527
むめがへ………………………………V - 1527
むめしやうふ………………………V - 1527
むめしやうぶ………………………V - 1527
むめづる………………………………V - 1527
むめはち………………………………V - 1527
むめばち………………………………V - 1528
むめはちさう………………………V - 1528
むめばちさう………………………V - 1528
むめぼしこけ………………………V - 1528
むら……………………………………V - 1528
むらくさ………………………………V - 1528
むらくも………………………………V - 1528
むらさき………………………………V - 1529
むらさぎ………………………………V - 1529
むらさきあふひ……………………V - 1529
むらさきききやう…………………V - 1529
むらさききく………………………V - 1529
むらさきくさ………………………V - 1530
むらさきこめのこはな…………V - 1530
むらさきさう………………………V - 1530
むらさきのとらのを……………V - 1530
むらさきふぢ………………………V - 1530
むらさきわた………………………V - 1530
むらたかすけ………………………V - 1531
むらたち………………………………V - 1531
むらたぢ………………………………V - 1531
むらだち………………………………V - 1531
むらたで………………………………V - 1531
むらのうばき………………………V - 1531
むりよ…………………………………V - 1531

## め

め………………………………………V - 1532
めあき…………………………………V - 1532
めあざみ………………………………V - 1532
めいしんくさ………………………V - 1532
めいじんくさ………………………V - 1532
めうか…………………………………V - 1532
めうが…………………………………V - 1532
めうかさう……………………………V - 1533
めうがさう……………………………V - 1533
めうど…………………………………V - 1533
めかくさ………………………………V - 1533
めかくし………………………………V - 1533
めかぶ…………………………………V - 1533
めかや…………………………………V - 1534
めきく…………………………………V - 1534
めきりも………………………………V - 1534
めぎろくさ……………………………V - 1534
めくさ…………………………………V - 1534
めくさらかし………………………V - 1534
めくされな……………………………V - 1534

めくらしをで……V - 1535
めくらぜんまい……V - 1535
めくらつぶ……V - 1535
めくらぶとう……V - 1535
めくらぶどう……V - 1535
めぐるま……V - 1535
めくろいはら……V - 1535
めぐろいはら……V - 1536
めくろむはら……V - 1536
めさき……V - 1536
めしつくみ……V - 1536
めせり……V - 1536
めたい……V - 1536
めだい……V - 1536
めたひ……V - 1537
めだひ……V - 1537
めづちな……V - 1537
めつぶしかづら……V - 1537
めつぶれかづら……V - 1537
めてう……V - 1537
めど……V - 1537
めとき……V - 1538
めときりさう……V - 1538
めとはき……V - 1538
めとはぎ……V - 1538
めどはき……V - 1538
めどはぎ……V - 1538
めなしかつら……V - 1538
めなしかづら……V - 1539
めなしくさ……V - 1539
めなもみ……V - 1539
めなもみ……V - 1540
めなもめ……V - 1540
めのこ……V - 1540
めのそ……V - 1540
めのり……V - 1540
めはしき……V - 1540
めはじき……V - 1540
めはしきくさ……V - 1541
めはぢき……V - 1541
めははき……V - 1541
めばはき……V - 1541
めばり……V - 1541
めひる……V - 1541
めほうき……V - 1541
めぼうき……V - 1542
めぼそ……V - 1542
めぼそがや……V - 1542
めほそなぎ……V - 1542
めほそも……V - 1542
めほほをき……V - 1542
めまた……V - 1542
めめつほいはら……V - 1543
めもらいさう……V - 1543
めやりたて……V - 1543
めら……V - 1543
めんぞう……V - 1543
めんど……V - 1543
めんとう……V - 1543
めんどう……V - 1544
めんな……V - 1544
めんぼくさ……V - 1544

## も

も……V - 1545
もうごん……V - 1545
もうさき……V - 1545
もうさぎ……V - 1545
もうちくさ……V - 1545
もうぼいばら……V - 1545
もかりくさ……V - 1546
もがりくさ……V - 1546
もくかう……V - 1546
もくこく……V - 1546
もぐさ……V - 1546
もくしゆく……V - 1546

もくす……………………………V - 1546
もくた……………………………V - 1547
もくださう………………………V - 1547
もくつう…………………………V - 1547
もくぼうふう……………………V - 1547
もくほうふら……………………V - 1547
もくぼふふら……………………V - 1547
もくら……………………………V - 1548
もぐら……………………………V - 1548
もくらくさ………………………V - 1548
もぐらくさ………………………V - 1548
もくらん…………………………V - 1548
もくれんさう……………………V - 1548
もくれんじ………………………V - 1548
もざゑむな………………………V - 1549
もし………………………………V - 1549
もしすり…………………………V - 1549
もしずり…………………………V - 1549
もじすり…………………………V - 1549
もじずり…………………………V - 1549
もじつる…………………………V - 1550
もしほ……………………………V - 1550
もしほくさ………………………V - 1550
もじりさう………………………V - 1550
もしを……………………………V - 1550
もずく……………………………V - 1550
もそく……………………………V - 1550
もぞく……………………………V - 1551
もそもそ…………………………V - 1551
もだま……………………………V - 1551
もたもた…………………………V - 1551
もちかつら………………………V - 1551
もちかや…………………………V - 1551
もちくさ…………………………V - 1551
もちくさ…………………………V - 1552
もちぐさ…………………………V - 1552
もちした…………………………V - 1552
もちすり…………………………V - 1552
もちずり…………………………V - 1552
もぢすり…………………………V - 1552
もぢずり…………………………V - 1553
もぢつり…………………………V - 1553
もぢづり…………………………V - 1553
もちつる…………………………V - 1553
もちな……………………………V - 1553
もちのはぜ………………………V - 1553
もちのはせくさ…………………V - 1554
もちはぎ…………………………V - 1554
もちはこべ………………………V - 1554
もちへに…………………………V - 1554
もちほうくり……………………V - 1554
もつかう…………………………V - 1554
もつかうかづら…………………V - 1554
もつかうさう……………………V - 1555
もつく……………………………V - 1555
もづく……………………………V - 1555
もづく……………………………V - 1556
もつこ……………………………V - 1556
もつこう…………………………V - 1556
もとあか…………………………V - 1556
もとくさ…………………………V - 1556
もとどり…………………………V - 1556
もとどりさう……………………V - 1556
もとなし…………………………V - 1557
もとひゆかつら…………………V - 1557
もとひゆかづら…………………V - 1557
もとめ……………………………V - 1557
もとめくさ………………………V - 1557
ものぐるひ………………………V - 1557
ものぐるひくさ…………………V - 1557
ものつき…………………………V - 1558
ものづき…………………………V - 1558
ものつきくさ……………………V - 1558
ものづきくさ……………………V - 1558
ものり……………………………V - 1558
もは………………………………V - 1559

もば……V - 1559
もはくさ……V - 1559
もばぐさ……V - 1559
もふかふし……V - 1559
もふせい……V - 1559
もふもふくさ……V - 1559
もみくさ……V - 1560
もみちくさ……V - 1560
もみぢくさ……V - 1560
もみちのり……V - 1560
もみぢわた……V - 1560
もめろ……V - 1560
もめん……V - 1560
ももぐさ……V - 1561
もやしくさ……V - 1561
もら……V - 1561
もりこのかさ……V - 1561
もりもと……V - 1561
もろこしあい……V - 1561
もろは……V - 1561
もろば……V - 1562
もろむき……V - 1562
もろんど……V - 1562
もんかくばら……V - 1562
もんせい……V - 1562
もんどりさう……V - 1563


## や


やい……V - 1564
やいごめ……V - 1564
やいとかつら……V - 1564
やいとかづら……V - 1564
やいとくさ……V - 1564
やいとはな……V - 1564
やいとばな……V - 1564
やうかくさ……V - 1565
やうらく……V - 1565
やうらくそう……V - 1565
やうらさ……V - 1565
やうらさう……V - 1565
やうらさぶらう……V - 1565
やから……V - 1566
やがら……V - 1566
やかん……V - 1566
やかんはな……V - 1566
やきごめな……V - 1566
やくしくさ……V - 1566
やくしさう……V - 1566
やくしさう……V - 1567
やくしそう……V - 1567
やくな……V - 1567
やくびやうつる……V - 1567
やくま……V - 1568
やくも……V - 1568
やくもうそう……V - 1568
やくもさう……V - 1568
やくもさう……V - 1569
やくもそう……V - 1569
やくらさう……V - 1569
やぐらさう……V - 1569
やくるま……V - 1570
やぐるま……V - 1570
やくわ……V - 1570
やし……V - 1570
やしば……V - 1570
やしろ……V - 1570
やすりくさ……V - 1571
やせいさう……V - 1571
やそ……V - 1571
やちあさみ……V - 1571
やちあざみ……V - 1571
やちうるい……V - 1571
やちききやう……V - 1571
やちきく……V - 1572
やちきび……V - 1572
やちくく……V - 1572

やちくぐ……V - 1572
やちしばり……V - 1572
やちすげ……V - 1572
やちとどけ……V - 1572
やちはぎ……V - 1573
やちはす……V - 1573
やちはせう……V - 1573
やちばせう……V - 1573
やちはせを……V - 1573
やちばら……V - 1573
やちひし……V - 1573
やちふき……V - 1574
やちほうな……V - 1574
やちぼたん……V - 1574
やちみつば……V - 1574
やちむらさき……V - 1574
やちゆり……V - 1574
やつこはな……V - 1574
やつでくさ……V - 1575
やつとくさ……V - 1575
やつはし……V - 1575
やつはしくさ……V - 1575
やつはしけ……V - 1575
やつはしさう……V - 1575
やつばな……V - 1576
やつはり……V - 1576
やつまた……V - 1576
やつまたくさ……V - 1576
やつわり……V - 1576
やどめ……V - 1577
やどりき……V - 1577
やとりさう……V - 1577
やとをこ……V - 1577
やなきさう……V - 1577
やなぎさう……V - 1577
やなきそう……V - 1577
やなきたで……V - 1578
やなぎたで……V - 1578
やなぎな……V - 1578
やなきば……V - 1578
やなぎば……V - 1578
やなぎはあい……V - 1578
やなぎはしくり……V - 1578
やなぎばのふなはら……V - 1579
やなぎばふなわら……V - 1579
やなぎばよもき……V - 1579
やなきふなはら……V - 1579
やなきも……V - 1579
やなせ……V - 1579
やねくさ……V - 1579
やねのこけ……V - 1580
やねはうつき……V - 1580
やねばうつぎ……V - 1580
やねぶくしやう……V - 1580
やねみつば……V - 1580
やのへさう……V - 1580
やはいくさ……V - 1580
やはず……V - 1581
やはたくさ……V - 1581
やはつ……V - 1581
やはづ……V - 1581
やはつくさ……V - 1581
やはづくさ……V - 1581
やはづぐさ……V - 1582
やはつさう……V - 1582
やはつそう……V - 1582
やはづそう……V - 1582
やはら……V - 1582
やはらくさ……V - 1582
やぶあまちや……V - 1583
やふいちこ……V - 1583
やぶいちご……V - 1583
やぶいも……V - 1583
やぶうど……V - 1583
やふかうし……V - 1583
やふかうじ……V - 1583

やぶかうし……………………………V - 1584
やぶかうじ……………………………V - 1584
やふかしう……………………………V - 1584
かぶかふじ……………………………V - 1585
かぶからし……………………………V - 1585
かふからむし…………………………V - 1585
かふからめ……………………………V - 1585
かぶかんさう…………………………V - 1585
やぶかふし……………………………V - 1585
やふからめかつら……………………V - 1585
やぶくぐり……………………………V - 1586
やぶくさ………………………………V - 1586
やぶくさめ……………………………V - 1586
やぶくすね……………………………V - 1586
やふくわんさう………………………V - 1586
やぶくわんさう………………………V - 1586
やぶけまん……………………………V - 1586
やぶこうし……………………………V - 1587
やぶこうじ……………………………V - 1587
やぶこけ………………………………V - 1587
やぶごま………………………………V - 1587
やぶこんにやく………………………V - 1587
やぶさ…………………………………V - 1587
やふしだ………………………………V - 1588
やぶした………………………………V - 1588
やぶしやうぶ…………………………V - 1588
やふしらす……………………………V - 1588
やぶしらは……………………………V - 1588
やふしらみ……………………………V - 1588
やふじらみ……………………………V - 1589
やぶしらみ……………………………V - 1589
やぶじらみ……………………………V - 1589
やふす…………………………………V - 1589
やふせうふ……………………………V - 1589
やふせり………………………………V - 1589
やぶせり………………………………V - 1590
やぶそてつ……………………………V - 1590
やふそは………………………………V - 1590
やふそば………………………………V - 1590
やぶそば………………………………V - 1590
やふそま………………………………V - 1590
やぶぞま………………………………V - 1590
やぶたちばな…………………………V - 1591
やふたばこ……………………………V - 1591
やぶたはこ……………………………V - 1591
やぶたばこ……………………………V - 1591
やぶたま………………………………V - 1591
やぶちさ………………………………V - 1592
やぶな…………………………………V - 1592
やぶにらみ……………………………V - 1592
やぶにんしん…………………………V - 1592
やぶにんじん…………………………V - 1592
やぶにんじん…………………………V - 1593
やぶにんにく…………………………V - 1593
やぶぶどう……………………………V - 1593
やふほうつき…………………………V - 1593
やぶほうづき…………………………V - 1593
やぶまめ………………………………V - 1593
やぶまを………………………………V - 1593
やぶみやうが…………………………V - 1594
やぶむぎ………………………………V - 1594
やぶめうが……………………………V - 1594
やぶもつかう…………………………V - 1594
やぶゆり………………………………V - 1594
やぶらん………………………………V - 1594
やふれかさ……………………………V - 1595
やぶれがさ……………………………V - 1595
やふれすけがさ………………………V - 1595
やぶれすけかさ………………………V - 1595
やぶれすけがさ………………………V - 1595
やぶれすげがさ………………………V - 1595
やぶれもつかう………………………V - 1595
やへ……………………………………V - 1596
やへかつら……………………………V - 1596
やへぎく………………………………V - 1596
やへしだ………………………………V - 1596

やへしは……V - 1596
やへしば……V - 1596
やへしば……V - 1597
やへむくら……V - 1597
やへむぐら……V - 1597
やほそま……V - 1597
やぼぞま……V - 1597
やま……V - 1597
やまあさ……V - 1597
やまあちさい……V - 1598
やまあぢさい……V - 1598
やまあふひ……V - 1598
やまあゐ……V - 1598
やまいくさ……V - 1598
やまいちご……V - 1598
やまいてう……V - 1599
やまいね……V - 1599
やまいも……V - 1599
やまいもかづら……V - 1599
やまうと……V - 1599
やまうど……V - 1599
やまうばち……V - 1599
やまうり……V - 1600
やまうりかづら……V - 1600
やまうるい……V - 1600
やまうるね……V - 1600
やまえ……V - 1600
やまかいだう……V - 1600
やまかうそ……V - 1600
やまかうら……V - 1601
やまがうら……V - 1601
やまかき……V - 1601
やまがき……V - 1601
やまかしう……V - 1601
やまかづら……V - 1601
やまかふ……V - 1601
やまかぶ……V - 1602
やまかぶら……V - 1602
やまからし……V - 1602
やまからむし……V - 1602
やまがんひ……V - 1602
やまがんぼうじ……V - 1602
やまききやう……V - 1603
やまきく……V - 1603
やまきほうし……V - 1603
やまぎぼうし……V - 1603
やまくきたち……V - 1603
やまくさ……V - 1603
やまくたし……V - 1603
やまくは……V - 1604
やまぐみ……V - 1604
やまくわゐ……V - 1604
やまくわんさう……V - 1604
やまけいがい……V - 1604
やまけいとう……V - 1604
やまけさ……V - 1604
やまけし……V - 1605
やまこうら……V - 1605
やまこけ……V - 1605
やまごはう……V - 1605
やまごばう……V - 1605
やまこほう……V - 1606
やまこぼう……V - 1606
やまごほう……V - 1606
やまごぼう……V - 1606
やまこま……V - 1607
やまごま……V - 1607
やまこんにやく……V - 1607
やまごんにやく……V - 1607
やまごんにやくさう……V - 1607
やまさいかち……V - 1607
やましそ……V - 1608
やましで……V - 1608
やましのぶ……V - 1608
やましびら……V - 1608
やましやうか……V - 1608

やましやくしやう……………………V - 1608
やましやくじやう……………………V - 1608
やましやくじやう……………………V - 1609
やましやくしよう……………………V - 1609
やましやくちやう……………………V - 1609
やましやくやく………………………V - 1609
やますかこ……………………………V - 1609
やますきな……………………………V - 1609
やますけ………………………………V - 1610
やますげ………………………………V - 1610
やますすき……………………………V - 1610
やますだれ……………………………V - 1610
やますみれ……………………………V - 1610
やませうが……………………………V - 1610
やませきこく…………………………V - 1611
やませきちく…………………………V - 1611
やませり………………………………V - 1611
やまぜり………………………………V - 1611
やまそ…………………………………V - 1611
やまそてつ……………………………V - 1611
やまそは………………………………V - 1612
やまそば………………………………V - 1612
やまそばな……………………………V - 1612
やまだいこん…………………………V - 1612
やまたいす……………………………V - 1612
やまたうがらし………………………V - 1612
やまたうからしくさ…………………V - 1613
やまたから……………………………V - 1613
やまだきく……………………………V - 1613
やまたけ………………………………V - 1613
やまたちはな…………………………V - 1613
やまたちばな…………………………V - 1613
やまたで………………………………V - 1614
やまぢうね……………………………V - 1614
やまちさ………………………………V - 1614
やまぢさ………………………………V - 1614
やまちしや……………………………V - 1614
やまちや………………………………V - 1614
やまちよろき…………………………V - 1614
やまつた………………………………V - 1615
やまつつみ……………………………V - 1615
やまつりがねさう……………………V - 1615
やまつりくさ…………………………V - 1615
やまつわ………………………………V - 1615
やまでらほうず………………………V - 1615
やまでらほふし………………………V - 1615
やまと…………………………………V - 1616
やまとうがらし………………………V - 1616
やまとうからしくさ…………………V - 1616
やまとうき……………………………V - 1616
やまとうつら…………………………V - 1616
やまとこなつ…………………………V - 1616
やまととき……………………………V - 1616
やまとなでしこ………………………V - 1617
やまどりかくし………………………V - 1617
やまどりくさ…………………………V - 1617
やまどりしだ…………………………V - 1617
やまとろろ……………………………V - 1617
やまとわた……………………………V - 1617
やまな…………………………………V - 1618
やまなすび……………………………V - 1618
やまなたね……………………………V - 1618
やまなんばん…………………………V - 1618
やまにが………………………………V - 1618
やまにら………………………………V - 1618
やまにんじん…………………………V - 1618
やまにんじん…………………………V - 1619
やまにんぢん…………………………V - 1619
やまにんにく…………………………V - 1619
やまねつくさ…………………………V - 1619
やまのあい……………………………V - 1619
やまのいも……………………………V - 1619
やまはき………………………………V - 1620
やまはぎ………………………………V - 1620
やまはくい……………………………V - 1620
やまはくか……………………………V - 1620

やまはせな……………………V - 1620
やまはんげ……………………V - 1620
やまひげ………………………V - 1621
やまびせう……………………V - 1621
やまひちき……………………V - 1621
やまひる………………………V - 1621
やまふき………………………V - 1621
やまぶき………………………V - 1622
やまふじ………………………V - 1622
やまふしくさ…………………V - 1622
やまぶしくさ…………………V - 1622
やまふしのかしら……………V - 1623
やまふしも……………………V - 1623
やまふとう……………………V - 1623
やまぶとう……………………V - 1623
やまふのり……………………V - 1623
やまふり………………………V - 1623
やまぼうき……………………V - 1623
やまほうきき…………………V - 1624
やまほうつき…………………V - 1624
やまほうづき…………………V - 1624
やまほうどけ…………………V - 1624
やまほうふ……………………V - 1624
やまぼたん……………………V - 1624
やまほほづき…………………V - 1625
やままくり……………………V - 1625
やままつ………………………V - 1625
やままを………………………V - 1625
やまみかん……………………V - 1625
やまみつは……………………V - 1625
やまみつば……………………V - 1625
やまみやうが…………………V - 1626
やまみる………………………V - 1626
やまめうが……………………V - 1626
やまもちくさ…………………V - 1626
やまもつかう…………………V - 1626
やまもも………………………V - 1626
やまもものり…………………V - 1627
やまゆり………………………V - 1627
やまよし………………………V - 1627
やまよもき……………………V - 1627
やまらん………………………V - 1627
やまりんだう…………………V - 1628
やまりんとう…………………V - 1628
やまゑこ………………………V - 1628
やまゑんとう…………………V - 1628
やまをほばこ…………………V - 1628
やもり…………………………V - 1628
やらん…………………………V - 1628
やりかたげ……………………V - 1629
やりくさ………………………V - 1629
やりぐさ………………………V - 1629
やりたて………………………V - 1629
やりもち………………………V - 1629
やりもちさう…………………V - 1629
やろうくさ……………………V - 1629
やろうくさ……………………V - 1630
やわたくさ……………………V - 1630
やわふ…………………………V - 1630
やわら…………………………V - 1630
やわらうつぼくさ……………V - 1630
やわらき………………………V - 1630
やわらぎ………………………V - 1630
やわらきさう…………………V - 1631
やわらぎさう…………………V - 1631
やわらくさ……………………V - 1631
やわらご………………………V - 1631
やゑしば………………………V - 1631
やゑそかつら…………………V - 1631
やゑむぐら……………………V - 1632
やんべいぶるい………………V - 1632

## ゆ

ゆ………………………………V - 1633
ゆうがお………………………V - 1633
ゆうがほ………………………V - 1633

ゆうかを……………………………V - 1633
ゆうじよくさ………………………V - 1633
ゆうつづみ…………………………V - 1633
ゆうらん……………………………V - 1633
ゆかや………………………………V - 1634
ゆきいちこ…………………………V - 1634
ゆきいちご…………………………V - 1634
ゆきのした…………………………V - 1634
ゆきのした…………………………V - 1635
ゆきのしたのり……………………V - 1635
ゆきのしたまめ……………………V - 1635
ゆきのり……………………………V - 1636
ゆきふで……………………………V - 1636
ゆきもちさう………………………V - 1636
ゆきもよう…………………………V - 1636
ゆきわり……………………………V - 1636
ゆくさ………………………………V - 1636
ゆくら………………………………V - 1636
ゆくらかふ…………………………V - 1637
ゆさこ………………………………V - 1637
ゆじた………………………………V - 1637
ゆため………………………………V - 1637
ゆだめ………………………………V - 1637
ゆづりくさ…………………………V - 1637
ゆてまりさう………………………V - 1637
ゆな…………………………………V - 1638
ゆなし………………………………V - 1638
ゆばくさ……………………………V - 1638
ゆびかごかづら……………………V - 1638
ゆびふくろ…………………………V - 1638
ゆふかほ……………………………V - 1638
ゆふがほ……………………………V - 1638
ゆふがを……………………………V - 1639
ゆふたたみ…………………………V - 1639
ゆふだちさう………………………V - 1639
ゆみくさ……………………………V - 1639
ゆみとりさう………………………V - 1639
ゆみな………………………………V - 1639
ゆらら………………………………V - 1639
ゆり…………………………………V - 1640
ゆりくさ……………………………V - 1641
ゆる…………………………………V - 1641
ゆわくさ……………………………V - 1641

## よ

ようていさう………………………V - 1642
ようにん……………………………V - 1642
ようらく……………………………V - 1642
ようろう……………………………V - 1642
よがふまた…………………………V - 1642
よかまた……………………………V - 1642
よくいにん…………………………V - 1643
よこつちさう………………………V - 1643
よごとくさ…………………………V - 1643
よこひち……………………………V - 1643
よこひつ……………………………V - 1643
よこびつ……………………………V - 1643
よこふち……………………………V - 1644
よこぶち……………………………V - 1644
よし…………………………………V - 1644
よしかや……………………………V - 1644
よしくさ……………………………V - 1645
よしこ………………………………V - 1645
よしたけ……………………………V - 1645
よしな………………………………V - 1645
よせくさ……………………………V - 1645
よそそみ……………………………V - 1645
よたよもぎ…………………………V - 1645
とつくさ……………………………V - 1646
とつでくさ…………………………V - 1646
よちべ………………………………V - 1646
よつ…………………………………V - 1646
よつかど……………………………V - 1646
よつのひけ…………………………V - 1646
よつのひげ…………………………V - 1646
よつは………………………………V - 1647

よつば……V - 1647
よつばのうきくさ……V - 1647
よつまき……V - 1647
よつめうきくさ……V - 1647
よねかいと……V - 1647
よねがいと……V - 1647
よねも……V - 1648
よのこくさ……V - 1648
よのこぐさ……V - 1648
よばい……V - 1648
よはいくさ……V - 1648
よばいくさ……V - 1648
よはいすか……V - 1648
よはいする……V - 1649
よはいつる……V - 1649
よばいつる……V - 1649
よはひくさ……V - 1649
よはひつる……V - 1649
よばひつる……V - 1650
よばひづる……V - 1650
よはへくさ……V - 1650
よふたちさう……V - 1650
よふるまかり……V - 1650
よふろぎ……V - 1650
よへゑわた……V - 1651
よぼしな……V - 1651
よめいこぶくろ……V - 1651
よめがてぬぐひ……V - 1651
よめかはき……V - 1651
よめかはぎ……V - 1651
よめからす……V - 1651
よめがはぎ……V - 1652
よめがはげ……V - 1652
よめかふくろ……V - 1652
よめくさ……V - 1652
よめしはり……V - 1652
よめしばり……V - 1652
よめな……V - 1652
よめな……V - 1653
よめなくさ……V - 1653
よめのいと……V - 1653
よめのおくそ……V - 1653
よめのかたひら……V - 1653
よめのさら……V - 1653
よめのさら……V - 1654
よめのさんはいな……V - 1654
よめのたすき……V - 1654
よめのたて……V - 1654
よめのてぬぐい……V - 1654
よめのてぬぐいくさ……V - 1654
よめのてぬくひ……V - 1655
よめのてぬくひくさ……V - 1655
よめのてのこひ……V - 1655
よめのてはこ……V - 1655
よめのなみた……V - 1655
よめのはぎ……V - 1655
よめのはし……V - 1655
よめのはせ……V - 1656
よめのふき……V - 1656
よめのふて……V - 1656
よめのよりいと……V - 1656
よめはき……V - 1656
よめはぎ……V - 1656
よめよりいと……V - 1656
よもいらはな……V - 1657
よもき……V - 1657
よもぎ……V - 1657
よもぎ……V - 1658
よもぎくさ……V - 1658
よもきすけ……V - 1658
よもきはけ……V - 1658
よもぎはけ……V - 1659
よもぎはげ……V - 1659
よもりばな……V - 1659
よりいと……V - 1659
よりきく……V - 1659

よりくさ……………………………V - 1659
よりこはな…………………………V - 1659
よりも………………………………V - 1660
よろいくさ…………………………V - 1660
よろこ………………………………V - 1660
よろひくさ…………………………V - 1660
よわいくさ…………………………V - 1660
よわくさ……………………………V - 1660
よんめいこぶくろ…………………V - 1661

## ら

らうが………………………………V - 1662
らうけん……………………………V - 1662
らうは………………………………V - 1662
らかん………………………………V - 1662
らしやうもん………………………V - 1662
らせきさう…………………………V - 1662
らつこ………………………………V - 1662
らま…………………………………V - 1663
らも…………………………………V - 1663
らゑん………………………………V - 1663
らん…………………………………V - 1663
らんきく……………………………V - 1663
らんぎく……………………………V - 1663
らんけい……………………………V - 1664
らんま………………………………V - 1664

## り

りうがひげ…………………………V - 1665
りうきう……………………………V - 1665
りうきうゆり………………………V - 1665
りうきうらん………………………V - 1665
りうきんくはん……………………V - 1665
りうきんくわ………………………V - 1665
りうごくさ…………………………V - 1666
りうせんかつら……………………V - 1666
りうたさう…………………………V - 1666
りうださう…………………………V - 1666
りうたつさう………………………V - 1666
りうたん……………………………V - 1666
りうだん……………………………V - 1666
りうのうさう………………………V - 1667
りうのひけ…………………………V - 1667
りうのひげ…………………………V - 1667
りうのふはつか……………………V - 1667
りふのふくさ………………………V - 1667
りうひ………………………………V - 1668
りきういはら………………………V - 1668
りきういばら………………………V - 1668
りくおぎ……………………………V - 1668
りやうきやう………………………V - 1668
りやうくそう………………………V - 1668
りやうふ……………………………V - 1669
りやうぶ……………………………V - 1669
りやうぼう…………………………V - 1669
りやうめん…………………………V - 1669
りやうめんしそ……………………V - 1669
りゆうかひげ………………………V - 1669
りゆうじゆさう……………………V - 1669
りゆうのうはくか…………………V - 1670
りゆうのひけ………………………V - 1670
りゆうのひげ………………………V - 1670
りゆうひけ…………………………V - 1670
りろ…………………………………V - 1670
りんだう……………………………V - 1670
りんだう……………………………V - 1671
りんだうさう………………………V - 1671
りんとう……………………………V - 1671
りんどう……………………………V - 1671
りんどうさう………………………V - 1671
りんぼう……………………………V - 1671
りんぼうさう………………………V - 1672
りんよ………………………………V - 1672

## る

るいたさう…………………………V - 1673

るいださう……V - 1673
るいたそう……V - 1673
るいとう……V - 1673
るいらす……V - 1673
るいらず……V - 1673
るうた……V - 1673
るうか……V - 1674
るうだ……V - 1674
るうたさう……V - 1674
るうださう……V - 1674
るうだそう……V - 1674
るださう……V - 1674
るり……V - 1674
るりこんさう……V - 1675
るりさう……V - 1675

## れ

れいし……V - 1676
れいじんさう……V - 1676
れいと……V - 1676
れいろ……V - 1676
れたま……V - 1676
れつた……V - 1676
れんいげう……V - 1676
れんがくさ……V - 1677
れんきやう……V - 1677
れんぎやう……V - 1677
れんげ……V - 1677
れんけう……V - 1677
れんげう……V - 1677
れんけさう……V - 1677
れんげさう……V - 1678
れんけそう……V - 1678
れんげそう……V - 1678
れんげつつじ……V - 1678
れんけはな……V - 1678
れんけはな……V - 1679
れんげはな……V - 1679
れんげばな……V - 1679
れんご……V - 1679
れんぜんさう……V - 1679
れんた……V - 1679
れんだ……V - 1679
れんたま……V - 1680
れんどう……V - 1680
れんほくさ……V - 1680

## ろ

ろうげ……V - 1681
ろうげくさ……V - 1681
ろうこく……V - 1681
ろうぼくさ……V - 1681
ろうまぎく……V - 1681
ろうろうむまくさ……V - 1681
ろくかくさう……V - 1681
ろくかくすけ……V - 1682
ろくぐわつきく……V - 1682
ろくだいさう……V - 1682
ろくめいさう……V - 1682
ろくやた……V - 1682
ろぜん……V - 1682
ろつほうかや……V - 1682
ろつほうがや……V - 1683
ろんかんさう……V - 1683
ろんこくさ……V - 1683
ろんごくさ……V - 1683

## わ

わ……V - 1684
わうき……V - 1684
わうぎ……V - 1684
わうこん……V - 1684
わうごん……V - 1684
わうし……V - 1684
わうじ……V - 1685
わうすけ……V - 1685

わうせい……………………V - 1685
わうせいかう………………V - 1685
わうはい……………………V - 1685
わうばい……………………V - 1686
わうはく……………………V - 1686
わうはせう…………………V - 1686
わうれん……………………V - 1686
わかくさ……………………V - 1686
わかめ………………………V - 1687
わかめだい…………………V - 1688
わかめもく…………………V - 1688
わきは………………………V - 1688
わきんさう…………………V - 1688
わくつる……………………V - 1688
わくづる……………………V - 1688
わくのて……………………V - 1688
わくのて……………………V - 1689
わくはつかう………………V - 1689
わくわつこう………………V - 1689
わけぎ………………………V - 1689
わこくさ……………………V - 1689
わさび………………………V - 1689
わさんきらい………………V - 1690
わしくたし…………………V - 1690
わしはこ……………………V - 1690
わすれぐさ…………………V - 1690
わせ…………………………V - 1690
わた…………………………V - 1691
わたいおう…………………V - 1691
わだいわう…………………V - 1691
わたかけすけ………………V - 1691
わたかづら…………………V - 1691
わたこ………………………V - 1691
わたな………………………V - 1691
わたふき……………………V - 1692
わたふし……………………V - 1692
わたふじ……………………V - 1692
わたふぢ……………………V - 1692
わたらいゆり………………V - 1692
わたらゆり…………………V - 1692
わたりくさ…………………V - 1692
わつはきく…………………V - 1693
わにのおひ…………………V - 1693
わにんしん…………………V - 1693
わにんぢん…………………V - 1693
わもつかう…………………V - 1693
わもつから…………………V - 1693
わもつごう…………………V - 1693
わらたたき…………………V - 1694
わらひ………………………V - 1694
わらび………………………V - 1694
わらへかつら………………V - 1694
わらへかづら………………V - 1694
わらべかづら………………V - 1695
わらへなかせ………………V - 1695
わらべなかせ………………V - 1695
わらもと……………………V - 1695
わらんべたらし……………V - 1695
われもかう…………………V - 1695
われもかう…………………V - 1696
われもさう…………………V - 1696
われもつこ…………………V - 1696
われん………………………V - 1696
わわうごん…………………V - 1696
わをうごん…………………V - 1696
わんさう……………………V - 1697

## ゐ

ゐ……………………………V - 1698
ゐがや………………………V - 1698
ゐぐさ………………………V - 1698
ゐのけ………………………V - 1699
ゐのこづち…………………V - 1699
ゐのて………………………V - 1699
ゐんたで……………………V - 1699

## ゑ


ゑ……V - 1700
ゑうらくさう……V - 1700
ゑく……V - 1700
ゑぐ……V - 1700
ゑくさ……V - 1700
ゑぐさ……V - 1700
ゑくな……V - 1700
ゑぐな……V - 1701
ゑこ……V - 1701
ゑこくさ……V - 1701
ゑこしそ……V - 1701
ゑこつる……V - 1701
ゑこはし……V - 1701
ゑこま……V - 1701
ゑくさ……V - 1702
ゑごま……V - 1702
ゑこんさう……V - 1702
ゑさごくさ……V - 1702
ゑせびくさ……V - 1702
ゑそはぎ……V - 1702
ゑぞはぎ……V - 1702
ゑそひる……V - 1703
ゑぞゆり……V - 1703
ゑぞわら……V - 1703
ゑだ……V - 1703
ゑちこゆり……V - 1703
ゑちごゆり……V - 1703
ゑつ……V - 1703
ゑつこのがう……V - 1704
ゑつちうきく……V - 1704
ゑつつみ……V - 1704
ゑどははきき……V - 1704
ゑどひくらし……V - 1704
ゑのきくさ……V - 1704
ゑのきそう……V - 1705
ゑのこくさ……V - 1705
ゑのこつち……V - 1705
ゑのこのしし……V - 1705
ゑのこぼ……V - 1706
ゑのこほう……V - 1706
ゑのこぼう……V - 1706
ゑのごま……V - 1706
ゑのころ……V - 1706
ゑのころくさ……V - 1706
ゑのころづち……V - 1707
ゑのみくさ……V - 1707
ゑび……V - 1707
ゑひかつら……V - 1707
ゑひかづら……V - 1707
ゑびかつら……V - 1707
ゑびかづら……V - 1707
ゑびくさ……V - 1708
ゑひごつる……V - 1708
ゑびこつる……V - 1708
ゑびさし……V - 1708
ゑびしよかつら……V - 1708
ゑびしよかづら……V - 1708
ゑひすは……V - 1708
ゑひつむはら……V - 1709
ゑひつる……V - 1709
ゑひづる……V - 1709
ゑびつる……V - 1709
ゑびづる……V - 1710
ゑひなからび……V - 1710
ゑびなくさ……V - 1710
ゑびね……V - 1710
ゑひねくさ……V - 1710
ゑひのす……V - 1710
ゑびのす……V - 1711
ゑひも……V - 1711
ゑびも……V - 1711
ゑひもく……V - 1711
ゑぶ……V - 1711
ゑぶこ……V - 1711

ゑぶりこ……V - 1712
ゑほしぐさ……V - 1712
ゑぼしくさ……V - 1712
ゑぼしな……V - 1712
ゑほしはな……V - 1712
ゑぼしはな……V - 1712
ゑもぎ……V - 1712
ゑもとき……V - 1713
ゑもどき……V - 1713
ゑりくさ……V - 1713
ゑれさう……V - 1713
ゑれそくさ……V - 1713
ゑんこ……V - 1713
ゑんこのをび……V - 1713
ゑんざをしみ……V - 1714
ゑんと……V - 1714
ゑんど……V - 1714
ゑんとう……V - 1714
ゑんどう……V - 1714
ゑんどうふつ……V - 1714
ゑんな……V - 1714
ゑんみ……V - 1715
ゑんみさう……V - 1715
ゑんみのね……V - 1715
ゑんめいきく……V - 1715
ゑんめいさう……V - 1715
ゑんめさう……V - 1716

## を

をあさ……V - 1717
をうさか……V - 1717
をうせき……V - 1717
をうろ……V - 1717
をかかうほね……V - 1717
をかかはほね……V - 1717
をかひぢき……V - 1717
をき……V - 1718
をぎ……V - 1718
をきなくさ……V - 1718
をきれ……V - 1718
をぐさ……V - 1718
をくゆう……V - 1718
をくるま……V - 1718
をぐるま……V - 1719
をぐるまさう……V - 1719
をけら……V - 1719
をけらかう……V - 1720
をご……V - 1720
をごこぐさ……V - 1720
をこのり……V - 1720
をごのり……V - 1720
をこりくさ……V - 1720
をこりはな……V - 1720
をさくさ……V - 1721
をさぐさ……V - 1721
をしはな……V - 1721
をしろい……V - 1721
をたひくさ……V - 1721
をだまき……V - 1721
をづち……V - 1722
をとがいなし……V - 1722
をときりさう……V - 1722
をとぎりさう……V - 1722
をとぎりそう……V - 1722
をとこあかね……V - 1722
をとこあさ……V - 1723
をとこかたら……V - 1723
をとこかつら……V - 1723
をとこくさ……V - 1723
をとこな……V - 1723
をとこへくそかつら……V - 1723
をとこへくそかづら……V - 1723
をとこおときりさう……V - 1724
をとこへし……V - 1724
をとこむらさき……V - 1724
をとこよもき……V - 1724

をとこよもぎ…………V - 1724
をとこわうれん…………V - 1724
をとび…………V - 1724
をとりくさ…………V - 1725
をどりくさ…………V - 1725
をどろ…………V - 1725
をなこな…………V - 1725
をなごな…………V - 1725
をなつな…………V - 1725
をなづな…………V - 1725
をなばら…………V - 1726
をなもみ…………V - 1726
をにあさみ…………V - 1726
をにいばら…………V - 1726
をにかしら…………V - 1727
をにかや…………V - 1727
をにがや…………V - 1727
をにしだ…………V - 1727
をにしづら…………V - 1727
をにしば…………V - 1727
をにしろう…………V - 1727
をにすすまた…………V - 1728
をにぜり…………V - 1728
をにつこしだ…………V - 1728
をにとき…………V - 1728
をにところ…………V - 1728
をになつな…………V - 1728
をにのしこくな…………V - 1728
をにのまゆはき…………V - 1729
をにばす…………V - 1729
をにびし…………V - 1729
をにみる…………V - 1729
をにやがら…………V - 1729
をにゆり…………V - 1729
をにわらひ…………V - 1730
をにわらび…………V - 1730
をば…………V - 1730
をはこ…………V - 1730
をばこ…………V - 1730
をばこねり…………V - 1730
をばのり…………V - 1730
をひせ…………V - 1731
をひせくさ…………V - 1731
をふきば…………V - 1731
をふと…………V - 1731
をふとかづら…………V - 1731
をふばこ…………V - 1731
をほがや…………V - 1731
をほむき…………V - 1732
をまきくさ…………V - 1732
をみなへし…………V - 1732
をみなへし…………V - 1733
をみなめし…………V - 1733
をめめばな…………V - 1733
をもたか…………V - 1733
をもだか…………V - 1733
をもと…………V - 1734
をもひくさ…………V - 1734
をやのあし…………V - 1734
をやばなれかづら…………V - 1734
をらんだ…………V - 1735
をらんだけいとう…………V - 1735
をらんたちさ…………V - 1735
をらんたな…………V - 1735
をらんたをもと…………V - 1735
をりしば…………V - 1735
をりゆう…………V - 1735
をろ…………V - 1736
ををあざみ…………V - 1736
ををかみだらし…………V - 1736
ををさか…………V - 1736
ををちぶな…………V - 1736
ををとう…………V - 1736
ををとかつら…………V - 1736
ををとり…………V - 1737
ををとりなへ…………V - 1737

ををとりなべ……………………………V - 1737
ををのべ………………………………V - 1737
ををのみかづら………………………V - 1737
ををはこ………………………………V - 1737
ををはらん……………………………V - 1737
ををも…………………………………V - 1738
をんけばな……………………………V - 1738
をんし…………………………………V - 1738
をんしゆ………………………………V - 1738
をんなあふき…………………………V - 1738
をんないばら…………………………V - 1738
をんなかたち…………………………V - 1738
をんなかづら…………………………V - 1739
をんなぐさ……………………………V - 1739
をんなのて……………………………V - 1739
をんほうふくろ………………………V - 1739
をんぼうふくろ………………………V - 1739
をんほうゑひ…………………………V - 1739
をんほうゑび…………………………V - 1740
をんま…………………………………V - 1740

## 金・石・土・水類

### あ

あかいし……VI - 3
あかせきし……VI - 3
あかたま……VI - 3
あかつち……VI - 3
あかほろ……VI - 3
あかまがせきすずりいし……VI - 3
あかやけ……VI - 3
あさかわらけ……VI - 4
あさき……VI - 4
あさぎいし……VI - 4
あさぎつち……VI - 4
あまいし……VI - 4
あらしますな……VI - 4
あらてつ……VI - 4
あらと……VI - 5
あらといし……VI - 5
あわごいし……VI - 5
あわもと……VI - 5
あをいし……VI - 5
あをぐさ……VI - 6
あをくりいし……VI - 6
あをしほ……VI - 6
あをすな……VI - 6
あをつち……VI - 6
あをと……VI - 6
あをめいし……VI - 7

### い

いけ……VI - 7
いしうす……VI - 7
いしうすいし……VI - 7
いしかね……VI - 7
いしがひ……VI - 7
いしから……VI - 7
いしくひ……VI - 8
いししほ……VI - 8
いしすな……VI - 8
いしずみ……VI - 8
いしのかい……VI - 8
いしのわた……VI - 8
いしばいいし……VI - 8
いしはた……VI - 9
いしわた……VI - 9
いはいし……VI - 9
いはろくしやう……VI - 9
いろいし……VI - 9
いろこいし……VI - 9
いわう……VI - 9
いわう……VI - 10

### う

うきいし……VI - 10
うしのかは……VI - 10
うすしろすなつち……VI - 10
うちくもり……VI - 10
うとはまいし……VI - 10
うばいし……VI - 10
うばかねいし……VI - 11
うんも……VI - 11

### え

えんせう……VI - 11

### お

おほぎん……VI - 11
おほしろ……VI - 12
おんじやく……VI - 12

### か

かいしやう……VI - 13
かがみいし……VI - 13
かき……VI - 13

かくいし……………………………VI - 13
かくわいし…………………………VI - 13
かすげ………………………………VI - 13
かつせき……………………………VI - 13
かつぱつち…………………………VI - 14
かといし……………………………VI - 14
かなやま……………………………VI - 14
かはいし……………………………VI - 14
かはすな……………………………VI - 14
かはらつち…………………………VI - 14
かまといし…………………………VI - 14
かみけ………………………………VI - 15
かみげねば…………………………VI - 15
かみのけ……………………………VI - 15
かみやのね…………………………VI - 15
からしま……………………………VI - 15
からすみ……………………………VI - 15
かる…………………………………VI - 15
かるいし……………………………VI - 16
かるしろまさ………………………VI - 16
かわらけ……………………………VI - 16
かわらけしほめ……………………VI - 16
かわらつち…………………………VI - 16
かんすいいし………………………VI - 16
かんすいせき………………………VI - 17

## き

きいし………………………………VI - 17
きくないし…………………………VI - 17
きくめいいし………………………VI - 17
きくめいし…………………………VI - 17
きじのあたま………………………VI - 17
きしはますな………………………VI - 17
きつち………………………………VI - 18
きつちいし…………………………VI - 18
きつね………………………………VI - 18
きつねのまさかり…………………VI - 18
きら…………………………………VI - 18
ぎら…………………………………VI - 18
きらいし……………………………VI - 18
ぎらかすげ…………………………VI - 19
ぎらくろもの………………………VI - 19
ぎらすぢもの………………………VI - 19
きらつち……………………………VI - 19
きりいし……………………………VI - 19
きん…………………………………VI - 19
ぎん…………………………………VI - 19
きんかは……………………………VI - 20
きんかはねば………………………VI - 20
きんせき……………………………VI - 20
ぎんせき……………………………VI - 20
ぎんつき……………………………VI - 20
ぎんとほり…………………………VI - 20
きんとほりしろまさ………………VI - 20
きんとほりねば……………………VI - 21

## く

ぐさ…………………………………VI - 21
ぐさつき……………………………VI - 21
くずいし……………………………VI - 21
くすりいし…………………………VI - 21
くりいし……………………………VI - 21
くりいろつち………………………VI - 21
くるみいし…………………………VI - 22
くろ…………………………………VI - 22
くろいし……………………………VI - 22
くろすな……………………………VI - 22
くろせきし…………………………VI - 22
くろつち……………………………VI - 22
くろぼく……………………………VI - 22
くろぼこ……………………………VI - 23
くろめいし…………………………VI - 23
くろもの……………………………VI - 23
くわんおんたき……………………VI - 23

け

げとうかわらけ……VI - 23

こ

ごいし……VI - 23
こくじいし……VI - 23
こごめいし……VI - 24
このはいし……VI - 24
こはく……VI - 24
ごふりいし……VI - 24
こべりつき……VI - 24
こやすかひいし……VI - 24

さ

さかみ……VI - 25
さきん……VI - 25
さてつ……VI - 25
ざらざらいし……VI - 25
さるしろまさ……VI - 25
さるつら……VI - 25

し

じしやく……VI - 25
ししよくせき……VI - 26
しぜんどう……VI - 26
しほはま……VI - 26
しほみづ……VI - 26
しまいし……VI - 26
しみづ……VI - 26
しやうにうせき……VI - 26
じやうれんほう……VI - 27
じやがじき……VI - 27
しやがら……VI - 27
しやがらつち……VI - 27
じやこついし……VI - 27
じやたい……VI - 27
じやのくそ……VI - 27
じやり……VI - 28
しやりいし……VI - 28
しようにゆうせき……VI - 28
しりきれとたん……VI - 28
しろいし……VI - 28
しろかわらけ……VI - 28
しろすな……VI - 29
しろせきえい……VI - 29
しろつち……VI - 29
しろはいろ……VI - 29
しろはいろすぢもの……VI - 29
しろまさ……VI - 29
しろめ……VI - 29
しんしや……VI - 30

す

すいしやう……VI - 30
すいしやうせき……VI - 30
すいび……VI - 30
すごういし……VI - 30
すず……VI - 31
すずたま……VI - 31
すずり……VI - 31
すずりいし……VI - 31
すずりほそもの……VI - 31
すぢがはまいし……VI - 31
すないし……VI - 32
すなつち……VI - 32
すばい……VI - 32
すみいし……VI - 32
すれ……VI - 32

せ

せいぎよく……VI - 32
せうせき……VI - 32
せきえい……VI - 33
せきし……VI - 33
せきじやり……VI - 33

せきしょうにゅう……………………VI - 33
せきたん……………………………VI - 33
せきにう……………………………VI - 33
せつこう……………………………VI - 33
せつたのかは………………………VI - 34

そ

そねいし……………………………VI - 34
そばかすげ…………………………VI - 34
そばかわ……………………………VI - 34

た

たうのつち…………………………VI - 35
たかはらのきせき…………………VI - 35
たき…………………………………VI - 35
たきいし……………………………VI - 35
たきつち……………………………VI - 35
たまこいろつち……………………VI - 35
たんつち……………………………VI - 35
たんはん……………………………VI - 36

ち

ぢのこつち…………………………VI - 36
ちやのは……………………………VI - 36
ちやわんつち………………………VI - 36
ちやわんやくつち…………………VI - 36

つ

つけいし……………………………VI - 36
つけつけいし………………………VI - 36
つるぎしやり………………………VI - 37

て

てくひぎんせき……………………VI - 37
てつ…………………………………VI - 37
てつさ………………………………VI - 37
でみづ………………………………VI - 37
でゆ…………………………………VI - 37
てんぐいし…………………………VI - 37

と

といし………………………………VI - 38
どう…………………………………VI - 38
どうざん……………………………VI - 38
とうてんいし………………………VI - 38
どうはくせき………………………VI - 38
どきつち……………………………VI - 38
どくばく……………………………VI - 39
とこやき……………………………VI - 39
どしゅ………………………………VI - 39
とたん………………………………VI - 39
とたんしろまさ……………………VI - 39
とたんねば…………………………VI - 39
どたんやしや………………………VI - 39
ともしいし…………………………VI - 40
とらのこ……………………………VI - 40
とりのきも…………………………VI - 40

な

なきいし……………………………VI - 41
なまり………………………………VI - 41
ならのはいし………………………VI - 41
なわいけ……………………………VI - 41

に

にいし………………………………VI - 41
につち………………………………VI - 41

ぬ

ぬかいし……………………………VI - 41

ね

ねずみいろつち……………………VI - 42
ねば…………………………………VI - 42
ねんとうこう………………………VI - 42

## の

のぎすな……VI - 42
のび……VI - 42
のりきいし……VI - 42

## は

はいのふん……VI - 43
はうかいせき……VI - 43
はくどいし……VI - 43
はけめつち……VI - 43
はちのすいし……VI - 43
はなもんいし……VI - 43
はばかすげ……VI - 43
はらうたいし……VI - 44
はりがねひき……VI - 44

## ひ

ひつはり……VI - 44
びやうぶいは……VI - 44
ひらちいし……VI - 44
びろうど……VI - 44

## ふ

ふきわれいし……VI - 45
ふすま……VI - 45
ふすまくろもの……VI - 45
ふすましろまさ……VI - 45
ふるつけいし……VI - 45

## へ

へげいし……VI - 45

## ほ

ほう……VI - 45
ぼう……VI - 46
ぼうせう……VI - 46
ほうとうすな……VI - 46
ほそもの……VI - 46
ほとけいし……VI - 46
ぼろ……VI - 46

## ま

まさ……VI - 47
ますがたいし……VI - 47
まだらいし……VI - 47
まついし……VI - 47
まつかは……VI - 47
まつくらいし……VI - 47
まつち……VI - 47
まめこのいし……VI - 48
まるいし……VI - 48
まんぢゅういし……VI - 48

## み

みがきいし……VI - 48
みかきすな……VI - 48
みかげいし……VI - 48
みつだそう……VI - 48
みやうばん……VI - 49

## む

むしくそ……VI - 49
むまみゐど……VI - 49
むめいい……VI - 49
むらさきいし……VI - 49
むらさきせきえい……VI - 49
むらさきつち……VI - 50
むらさきといし……VI - 50

## め

めいしやう……VI - 50
めぎら……VI - 50
めなう……VI - 50

## も

もえいし……………………………VI - 50

## や

やきば……………………………VI - 51
やきものつち……………………………VI - 51
やけつち……………………………VI - 51
やしや……………………………VI - 51
やじりいし……………………………VI - 51
やのねいし……………………………VI - 51
やまいし……………………………VI - 51
やまざきいし……………………………VI - 52
やまどりまつち……………………………VI - 52
やまやきたつやき……………………………VI - 52

## よ

よごれ……………………………VI - 52

## ら

らいふ……………………………VI - 53
らいふせき……………………………VI - 53

## り

りゆうこつ……………………………VI - 53
りゆうまいし……………………………VI - 53

## ろ

ろうは……………………………VI - 53
ろかす……………………………VI - 53
ろかんせき……………………………VI - 53
ろがんせき……………………………VI - 54
ろくかくせき……………………………VI - 54
ろくしやう……………………………VI - 54
ろつほう……………………………VI - 54
ろつほうせき……………………………VI - 54

## わ

わだいし……………………………VI - 55

## を

をしめいし……………………………VI - 55
をのいし……………………………VI - 55
ををさかいし……………………………VI - 55
をんじやく……………………………VI - 55
をんしやくつち……………………………VI - 56
をんせん……………………………VI - 56

# 竹・笹類

## あ

あしたけ……………………………VI - 59
あまささ……………………………VI - 59

## い

いささ……………………………VI - 59
いぬころし……………………………VI - 59

## お

おさなたけ……………………………VI - 59
おなこたけ……………………………VI - 59
おほささ……………………………VI - 59
おほたけ……………………………VI - 60
おほばささ……………………………VI - 60

## か

かうささ……………………………VI - 61
かうたけ……………………………VI - 61
かうらいささ……………………………VI - 61
かはたけ……………………………VI - 61
かめささ……………………………VI - 61
かもささ……………………………VI - 61
からたけ……………………………VI - 61
からたけ……………………………VI - 62

かわかぶりたけ……VI - 62
かわたけ……VI - 62
かんちく……VI - 63

## き

きんちく……VI - 63
ぎんちく……VI - 64

## く

くまささ……VI - 64
くまざさ……VI - 64
くまさし……VI - 64
くましの……VI - 65
くれたけ……VI - 65
くろたけ……VI - 65
くわんおんちく……VI - 66
くわんのんささ……VI - 66
くわんのんじささ……VI - 66
くわんのんたけ……VI - 66

## こ

ごうごささ……VI - 66
こうらいざさ……VI - 66
こからたけ……VI - 66
こがらたけ……VI - 67
こくたけ……VI - 67
ごくだけ……VI - 67
こささ……VI - 67
こささたけ……VI - 67
こさんちく……VI - 67
こざんちく……VI - 68
ごさんちく……VI - 68
こたけ……VI - 68
こばしたけ……VI - 68
こひはじたけ……VI - 68
こひばしたけ……VI - 69
ごるたけ……VI - 69

## さ

ささ……VI - 70
ささたけ……VI - 70
さねもりちく……VI - 70
さはたけ……VI - 70

## し

しかささ……VI - 70
しかつしの……VI - 70
しちく……VI - 70
しちく……VI - 71
しちくたけ……VI - 71
しなのたけ……VI - 71
しのささ……VI - 72
しのたけ……VI - 72
しのぶたけ……VI - 72
しのべ……VI - 72
しのほろたけ……VI - 72
しのめ……VI - 73
しのめたけ……VI - 73
しまささ……VI - 73
しましの……VI - 73
しまたけ……VI - 73
しやうちく……VI - 73
しやこたんたけ……VI - 74
しゅろちく……VI - 74
じょらうたけ……VI - 74
しらがささ……VI - 74
しろたけ……VI - 74
じんめんたけ……VI - 75

## す

すじたけ……VI - 75
すず……VI - 75
すすたけ……VI - 75
すずたけ……VI - 75
すすのたけ……VI - 76

すぢたけ……………………………Ⅵ - 76

せ

せいちく……………………………Ⅵ - 76

た

だいみやうささ……………………Ⅵ - 77
たいみやうたけ……………………Ⅵ - 77
だいみやうたけ……………………Ⅵ - 77
たいめうだけ………………………Ⅵ - 77
だいめうだけ………………………Ⅵ - 77
だいみんたけ………………………Ⅵ - 78
たいもたけ…………………………Ⅵ - 78
たかふらたけ………………………Ⅵ - 78
たかむらたけ………………………Ⅵ - 78
たけのこ……………………………Ⅵ - 78
たけのみ……………………………Ⅵ - 78
だちく………………………………Ⅵ - 78
たんちく……………………………Ⅵ - 79
だんちく……………………………Ⅵ - 79

ち

ちごささ……………………………Ⅵ - 79
ちごしの……………………………Ⅵ - 79
ちこたけ……………………………Ⅵ - 79
ちたけ………………………………Ⅵ - 79
ぢたけ………………………………Ⅵ - 79
ちやうせんたけ……………………Ⅵ - 80
ちんちく……………………………Ⅵ - 80

つ

つちささ……………………………Ⅵ - 80
つりいとたけ………………………Ⅵ - 80

と

とうくさたけ………………………Ⅵ - 80
とうさくたけ………………………Ⅵ - 80
とうささ……………………………Ⅵ - 80
とうふたけ…………………………Ⅵ - 81
とうもうたけ………………………Ⅵ - 81
とうもふたけ………………………Ⅵ - 81
どようたけ…………………………Ⅵ - 81
とらふたけ…………………………Ⅵ - 81
とんきんちく………………………Ⅵ - 81

な

ないたけ……………………………Ⅵ - 82
なほたけ……………………………Ⅵ - 82
なよたけ……………………………Ⅵ - 82
なりひらたけ………………………Ⅵ - 82
なんきんちく………………………Ⅵ - 83
なんてんちく………………………Ⅵ - 83

に

にかこ………………………………Ⅵ - 83
にがこ………………………………Ⅵ - 83
にかこたけ…………………………Ⅵ - 83
にかたけ……………………………Ⅵ - 83
にがたけ……………………………Ⅵ - 84

ね

ねささ………………………………Ⅵ - 84
ねささ………………………………Ⅵ - 85
ねざさ………………………………Ⅵ - 85
ねしの………………………………Ⅵ - 85
ねまがり……………………………Ⅵ - 85

の

のささ………………………………Ⅵ - 85
のざさ………………………………Ⅵ - 85
のしの………………………………Ⅵ - 86
のたけ………………………………Ⅵ - 86
のだけ………………………………Ⅵ - 86

は

はちく………………………………Ⅵ - 87

はひろたけ……………………………VI - 87
はんちく……………………………VI - 87

ひ

ひやうぢく…………………………VI - 88

ふ

ふくろささ…………………………VI - 88
ふしくろたけ………………………VI - 88
ふしぐろたけ………………………VI - 88
ふしなしたけ………………………VI - 88
ふぢしの……………………………VI - 88
ぶんごちく…………………………VI - 88

へ

へいぢく……………………………VI - 89
へらたけ……………………………VI - 89
へりとりささ………………………VI - 89

ほ

ほうおうちく………………………VI - 89
ほうびちく…………………………VI - 89
ほうわうちく………………………VI - 89
ほそたけ……………………………VI - 89
ほらちく……………………………VI - 90

ま

まうそうたけ………………………VI - 91
まきささ……………………………VI - 91
まささ………………………………VI - 91
まじの………………………………VI - 91
まじのたけ…………………………VI - 91
またけ………………………………VI - 91
またけ………………………………VI - 92
まだけ………………………………VI - 92
まなささ……………………………VI - 92
まなたけ……………………………VI - 92
まのたけ……………………………VI - 93

み

みかまたけ…………………………VI - 93
みはねざさ…………………………VI - 93

め

めたけ………………………………VI - 93

も

もうそうちく………………………VI - 93
もうそふちく………………………VI - 94
もちささ……………………………VI - 94

や

やいばたけ…………………………VI - 95
やきばささ…………………………VI - 95
やじの………………………………VI - 95
やしやたけ…………………………VI - 95
やたけ………………………………VI - 95
やのたけ……………………………VI - 95
やのたけ……………………………VI - 96
やへはささ…………………………VI - 96
やへらたけ…………………………VI - 96
やまささ……………………………VI - 96
やまたけ……………………………VI - 96
やまと………………………………VI - 96
やまとたけ…………………………VI - 97

ゆ

ゆたけ………………………………VI - 97

よ

よよたけ……………………………VI - 97

ら

らうちく……………………………VI - 98
らんちく……………………………VI - 98

り

りうきうちく……VI - 98
りうささ……VI - 98

ゑ

ゑちござさ……VI - 99

を

をとこたけ……VI - 99
をなこたけ……VI - 99
をなごだけ……VI - 99
ををたけ……VI - 99

菌・茸類

あ

あいたけ……VI - 103
あか……VI - 103
あかきのこ……VI - 103
あかしめじ……VI - 103
あかしめぢ……VI - 103
あかたけ……VI - 103
あかなば……VI - 103
あかはち……VI - 104
あかはつたけ……VI - 104
あかもたし……VI - 104
あかもたち……VI - 104
あかもと……VI - 104
あさたもたし……VI - 104
あさきもたし……VI - 105
あしたか……VI - 105
あしたかたけ……VI - 105
あしたかなは……VI - 105
あしたけ……VI - 105
あしなが……VI - 105
あつきもたし……VI - 106
あはもちきのこ……VI - 106
あはもちもたし……VI - 106
あふぎたけ……VI - 106
あぶらぎたけ……VI - 106
あぶらしめじ……VI - 106
あまじ……VI - 107
あまふくら……VI - 107
あまほこり……VI - 107
あまぼこり……VI - 107
あめたけ……VI - 107
あめほこり……VI - 107
あゆたけ……VI - 107
あらくち……VI - 108
あわごたけ……VI - 108
あわたけ……VI - 108
あわもたし……VI - 108
あわもち……VI - 108
あを……VI - 108
あをきのこ……VI - 108
あをしめじ……VI - 109
あをしめぢ……VI - 109
あをそ……VI - 109
あをたけ……VI - 109
あをはち……VI - 109
あをはつ……VI - 109
あをまい……VI - 110
あをまいたけ……VI - 110
あをまゐ……VI - 110
あをれんし……VI - 110

い

いいもたせ……VI - 111
いかたけ……VI - 111
いがたけ……VI - 111
いくし……VI - 111
いくじ……VI - 111
いくち……VI - 111
いぐち……VI - 112
いくちたけ……VI - 112

いくちなば…………………………… Ⅵ - 112
いざをい……………………………… Ⅵ - 112
いしのわた…………………………… Ⅵ - 112
いたち………………………………… Ⅵ - 112
いたとりたけ………………………… Ⅵ - 113
いたやもたし………………………… Ⅵ - 113
いつほんしめじ……………………… Ⅵ - 113
いつほんしめぢ……………………… Ⅵ - 113
いぬがうたけ………………………… Ⅵ - 113
いぬかはたけ………………………… Ⅵ - 113
いぬかわたけ………………………… Ⅵ - 113
いぬしかう…………………………… Ⅵ - 114
いのはな……………………………… Ⅵ - 114
いのはなたけ………………………… Ⅵ - 114
いはたけ……………………………… Ⅵ - 114
いぼくぐり…………………………… Ⅵ - 114
いぼこごり…………………………… Ⅵ - 115
いわたけ……………………………… Ⅵ - 115
いんけなば…………………………… Ⅵ - 115

## う

ういこもたし………………………… Ⅵ - 116
うさきたけ…………………………… Ⅵ - 116
うさぎたけ…………………………… Ⅵ - 116
うしかわたけ………………………… Ⅵ - 116
うしこたけ…………………………… Ⅵ - 116
うしこもたし………………………… Ⅵ - 117
うしたけ……………………………… Ⅵ - 117
うしはくろう………………………… Ⅵ - 117
うすころも…………………………… Ⅵ - 117
うすたけ……………………………… Ⅵ - 117
うすたけ……………………………… Ⅵ - 118
うすひら……………………………… Ⅵ - 118
うつききのこ………………………… Ⅵ - 118
うづきもたし………………………… Ⅵ - 118
うづたけ……………………………… Ⅵ - 118
うるしたけ…………………………… Ⅵ - 118

## え

えぐちたけ…………………………… Ⅵ - 119
えのきたけ…………………………… Ⅵ - 119
えのきなば…………………………… Ⅵ - 119

## お

おかのすけ…………………………… Ⅵ - 120
おてんや……………………………… Ⅵ - 120
おとうたけ…………………………… Ⅵ - 120
おりめき……………………………… Ⅵ - 120
おりめぎ……………………………… Ⅵ - 120

## か

かうすりたけ………………………… Ⅵ - 121
かうぞたけ…………………………… Ⅵ - 121
かうそなは…………………………… Ⅵ - 121
かうぞなば…………………………… Ⅵ - 121
かうたけ……………………………… Ⅵ - 121
かうつもたせ………………………… Ⅵ - 121
かみそりたけ………………………… Ⅵ - 121
かうべたけ…………………………… Ⅵ - 122
かきしめじ…………………………… Ⅵ - 122
かきしめぢ…………………………… Ⅵ - 122
かきたけ……………………………… Ⅵ - 122
かきねもたし………………………… Ⅵ - 122
かきのききのこ……………………… Ⅵ - 122
かきのきたけ………………………… Ⅵ - 122
かきのきなは………………………… Ⅵ - 123
かきのきもたし……………………… Ⅵ - 123
かごたけ……………………………… Ⅵ - 123
かざふくろ…………………………… Ⅵ - 123
かしこけ……………………………… Ⅵ - 123
かしたけ……………………………… Ⅵ - 123
かしわきもたし……………………… Ⅵ - 124
かすはもたし………………………… Ⅵ - 124
かぜきのこ…………………………… Ⅵ - 124
かたはきのこ………………………… Ⅵ - 124

かたひらたけ…………………………… VI - 124
かたひらなば…………………………… VI - 124
かたへら……………………………… VI - 124
かぢたけ……………………………… VI - 125
かつぼたけ…………………………… VI - 125
かどでたけ…………………………… VI - 125
かなからたけ…………………………… VI - 125
かなへこ……………………………… VI - 125
かのかわ……………………………… VI - 125
かのこたけ…………………………… VI - 125
かのこなば…………………………… VI - 126
かのこもたし…………………………… VI - 126
かのふぐり…………………………… VI - 126
かのふんくり…………………………… VI - 126
かのふんぐり…………………………… VI - 126
かはたけ……………………………… VI - 126
かはたけ……………………………… VI - 127
かはむきなば…………………………… VI - 127
かびきのこ…………………………… VI - 127
かぶりしめぢ…………………………… VI - 127
かやしめじ…………………………… VI - 127
かやしめぢ…………………………… VI - 127
かやもたし…………………………… VI - 127
かやもたせ…………………………… VI - 128
からすきのこ…………………………… VI - 128
からすまひたけ………………………… VI - 128
からたけ……………………………… VI - 128
かわたけ……………………………… VI - 128
かわむき……………………………… VI - 129
かわむけ……………………………… VI - 129
かんたけ……………………………… VI - 129
がんたけ……………………………… VI - 129

き

きがみこけ…………………………… VI - 130
きくらけ……………………………… VI - 130
きくらげ……………………………… VI - 130
きくらげ……………………………… VI - 131
きじたけ……………………………… VI - 131
きしめし……………………………… VI - 131
きしめじ……………………………… VI - 131
きしめぢ……………………………… VI - 131
きたけ………………………………… VI - 132
きつねのかみそり……………………… VI - 132
きつねのからかさ……………………… VI - 132
きつねのちやふくろ…………………… VI - 132
きつねのひともし……………………… VI - 132
きつねひら…………………………… VI - 132
きつねふくろ…………………………… VI - 133
きつねへ……………………………… VI - 133
きつねほうくち………………………… VI - 133
きなたけ……………………………… VI - 133
きのみみ……………………………… VI - 133
きゆうしちもたせ……………………… VI - 133
きんたけ……………………………… VI - 133
きんたけ……………………………… VI - 134
ぎんたけ……………………………… VI - 134

く

くさりなは…………………………… VI - 135
くちう………………………………… VI - 135
くちなわなは…………………………… VI - 135
くつなわ……………………………… VI - 135
くてうたけ…………………………… VI - 135
ぐてうたけ…………………………… VI - 135
くにきたけ…………………………… VI - 135
くねもたし…………………………… VI - 136
くはきたけ…………………………… VI - 136
くはたけ……………………………… VI - 136
くはのきもたし………………………… VI - 136
くまくさひら…………………………… VI - 136
くまたけ……………………………… VI - 136
くまのたけ…………………………… VI - 137
くまひら……………………………… VI - 137
くりたけ……………………………… VI - 137
くりきもたせ…………………………… VI - 138

くりたけ…………………………VI - 138
くりのきもたし…………………VI - 138
くりのきもたせ…………………VI - 138
くりもちもたし…………………VI - 138
くるみたけ………………………VI - 139
くるみもたし……………………VI - 139
くるみもたせ……………………VI - 139
くろがう…………………………VI - 139
くろかうたけ……………………VI - 139
くろかわ…………………………VI - 139
くろきたけ………………………VI - 139
くろきのこ………………………VI - 140
くろこう…………………………VI - 140
くろしめし………………………VI - 140
くろしめじ………………………VI - 140
くろたけ…………………………VI - 140
くろまい…………………………VI - 140
くろまいこ………………………VI - 140
くろまいたけ……………………VI - 141
くろんぼう………………………VI - 141
くわたけ…………………………VI - 141
くわなば…………………………VI - 141
くわのきもたし…………………VI - 141
くわのたけ………………………VI - 141
くわゑんたけ……………………VI - 141
くわゑんたけ……………………VI - 142

け

けなば……………………………VI - 143
けむりたけ………………………VI - 143

こ

こうぞこけ………………………VI - 144
こうたけ…………………………VI - 144
こかやもたし……………………VI - 144
ごくたけ…………………………VI - 144
こけたけ…………………………VI - 144
こごりきのこ……………………VI - 144
こそんがん………………………VI - 144
こつはかつきなは………………VI - 145
このはかぶり……………………VI - 145
このはしめし……………………VI - 145
このはしめじ……………………VI - 145
このはしめぢ……………………VI - 145
このはもたし……………………VI - 145
このもと…………………………VI - 145
こぶたけ…………………………VI - 146
こへたけ…………………………VI - 146
こむぎたけ………………………VI - 146
ころもしめし……………………VI - 146
ごんとかむり……………………VI - 146

さ

さいかちきのこ…………………VI - 147
さいがちきのこ…………………VI - 147
さいわいたけ……………………VI - 147
さうめんたけ……………………VI - 147
さくこけ…………………………VI - 147
さくらもたせ……………………VI - 147
さひはひたけ……………………VI - 147
さきこけ…………………………VI - 148
さきごけ…………………………VI - 148
さきしめし………………………VI - 148
さきたけ…………………………VI - 148
さきなは…………………………VI - 149
さきなば…………………………VI - 149
さきもたせ………………………VI - 149
さざんほ…………………………VI - 149
さたけ……………………………VI - 149
ざとく……………………………VI - 149
さはつたけ………………………VI - 149
さはもたし………………………VI - 150
さまつたけ………………………VI - 150
さまつだけ………………………VI - 150
さるこしかけ……………………VI - 150
さるのこしかけ…………………VI - 150

さるのこしかけ………………………… VI - 151
さるのこしかけなは……………………VI - 151
さるのしりかけ…………………………VI - 151
さるまひ…………………………………VI - 152
さわもたし………………………………VI - 152
さんびやくめたけ………………………VI - 152

## し

しいたけ…………………………………VI - 153
じかうぼう………………………………VI - 153
しかしたたけ……………………………VI - 153
しかたけ…………………………………VI - 153
しかのこたけ……………………………VI - 153
しかのしたたけ…………………………VI - 154
しかのふくり……………………………VI - 154
しかのふぐり……………………………VI - 154
しかのまり………………………………VI - 154
しかふくり………………………………VI - 154
しから……………………………………VI - 154
しくち……………………………………VI - 154
じこう……………………………………VI - 155
ししたけ…………………………………VI - 155
ししのはな………………………………VI - 155
ししのへのこ……………………………VI - 155
ししへくり………………………………VI - 155
しすい……………………………………VI - 156
しすひ……………………………………VI - 156
しすゐ……………………………………VI - 156
しだたけ…………………………………VI - 156
しなたけ…………………………………VI - 156
しば………………………………………VI - 156
しばいなたき……………………………VI - 156
しばかつき………………………………VI - 157
しばかぶり………………………………VI - 157
しばすり…………………………………VI - 157
しばたけ…………………………………VI - 157
しはもたし………………………………VI - 157
しばもたせ………………………………VI - 158
しはもち…………………………………VI - 158
しばもち…………………………………VI - 158
しひたけ…………………………………VI - 158
しひまひたけ……………………………VI - 159
しほちもたし……………………………VI - 159
しまもたせ………………………………VI - 159
しめし……………………………………VI - 159
しめじ……………………………………VI - 159
しめじたけ………………………………VI - 160
しめぢ……………………………………VI - 160
しめちたけ………………………………VI - 160
しもかつき………………………………VI - 160
しもこし…………………………………VI - 160
しもこし…………………………………VI - 161
しもたけ…………………………………VI - 161
しもをこし………………………………VI - 161
しやうろ…………………………………VI - 161
じやくい…………………………………VI - 161
しようろ…………………………………VI - 162
しよじのふぐり…………………………VI - 162
しらたけ…………………………………VI - 162
しらはつたけ……………………………VI - 162
しろがう…………………………………VI - 162
しろきたけ………………………………VI - 163
しろきのこ………………………………VI - 163
しろこけ…………………………………VI - 163
しろごけ…………………………………VI - 163
しろじこう………………………………VI - 163
しろしめし………………………………VI - 163
しろしめじ………………………………VI - 163
しろしめぢ………………………………VI - 164
しろたけ…………………………………VI - 164
しろちかう………………………………VI - 164
しろつる…………………………………VI - 164
しろなは…………………………………VI - 164
しろはつたけ……………………………VI - 164
しろはつたけ……………………………VI - 165
しろまい…………………………………VI - 165

しろまいたけ…………………… VI - 165
しろまゐ…………………… VI - 165
しろもたち…………………… VI - 166
しゐたけ…………………… VI - 166
しんちうなは…………………… VI - 166
しんちうなば…………………… VI - 166

## す

すぎたけ…………………… VI - 167
すぎのききのこ…………………… VI - 167
すぎもたし…………………… VI - 167
すくほたけ…………………… VI - 167
すすきたけ…………………… VI - 167
すすきもたし…………………… VI - 167
すすきもたせ…………………… VI - 168
すとうし…………………… VI - 168
すどうし…………………… VI - 168
すとおし…………………… VI - 168
すどおし…………………… VI - 168
すとふし…………………… VI - 168
すとふじ…………………… VI - 168
すとをし…………………… VI - 169
すなもたし…………………… VI - 169
すばいたけ…………………… VI - 169

## せ

せうろ…………………… VI - 170
せんぼんしめじ…………………… VI - 170
せんぼんしめち…………………… VI - 170
せんぼんしめぢ…………………… VI - 170

## そ

そうな…………………… VI - 171
そな…………………… VI - 171
そなたけ…………………… VI - 171
そはきのこ…………………… VI - 171
そばきのこ…………………… VI - 171
そはたけ…………………… VI - 171
そばたけ…………………… VI - 172

## た

たけこけ…………………… VI - 173
たけごけ…………………… VI - 173
たけしめぢ…………………… VI - 173
たけなば…………………… VI - 173
たけのくさひら…………………… VI - 173
たけもたせ…………………… VI - 173
たつたけ…………………… VI - 173
たづのきなば…………………… VI - 174
たにたけ…………………… VI - 174
たにわたし…………………… VI - 174
たにわたしたけ…………………… VI - 174
たにわたり…………………… VI - 174
たのした…………………… VI - 174
たもきたけ…………………… VI - 174
だものきもたし…………………… VI - 175
たんこたけ…………………… VI - 175

## ち

ちかう…………………… VI - 176
ぢかうぼう…………………… VI - 176
ぢがき…………………… VI - 176
ぢかわごけ…………………… VI - 176
ぢくぐり…………………… VI - 176
ぢこう…………………… VI - 176
ぢざうしめち…………………… VI - 176
ちさもたし…………………… VI - 177
ちたけ…………………… VI - 177
ちやうじやたけ…………………… VI - 177

## つ

つかうほう…………………… VI - 178
つきあひ…………………… VI - 178
つきよたけ…………………… VI - 178
つきよもたし…………………… VI - 178
つちかき…………………… VI - 178

つちがき……………………………… VI - 179
つちかふり……………………………… VI - 179
つちかぶり……………………………… VI - 179
つちかむり……………………………… VI - 179
つちくり……………………………… VI - 179
つちしめぢ……………………………… VI - 180
つちむくり……………………………… VI - 180
つづきたけ……………………………… VI - 180
つつしたけ……………………………… VI - 180
つつじたけ……………………………… VI - 180
つなたけ……………………………… VI - 180
つのかしもたし……………………… VI - 181
つほたけ……………………………… VI - 181
つぼたけ……………………………… VI - 181
づらりほう……………………………… VI - 181
つるたけ……………………………… VI - 181
つるたけ……………………………… VI - 182

て

てんぐたけ……………………………… VI - 183
てんくはたけ……………………………… VI - 183

と

どうらんたけ……………………………… VI - 184
どくきのこ……………………………… VI - 184
とちたけ……………………………… VI - 184
とちのきもたし……………………… VI - 184
とひたけ……………………………… VI - 184
とびたけ……………………………… VI - 184
どようはつたけ……………………… VI - 184
どようしめぢ……………………………… VI - 185
とろのきもたし……………………… VI - 185
どろのきもたし……………………… VI - 185

な

なしのきもたし……………………… VI - 186
なすたけ……………………………… VI - 186
なつはつたけ……………………………… VI - 186
なのはもたし……………………………… VI - 186
なべかうしたけ……………………… VI - 186
なべたけ……………………………… VI - 186
なべなぐりたけ……………………… VI - 186
なめこ……………………………… VI - 187
なめすすき……………………………… VI - 187
なめたけ……………………………… VI - 187
なめり……………………………… VI - 187
なもたし……………………………… VI - 187
ならたけ……………………………… VI - 188
ならのきもたし……………………… VI - 188
ならのきもたせ……………………… VI - 188
ならもたし……………………………… VI - 188
ならもたせ……………………………… VI - 188

に

にがはくろう……………………………… VI - 189
にがばくろう……………………………… VI - 189
にきりこ……………………………… VI - 189
にぎりたけ……………………………… VI - 189
にふだうくられ……………………… VI - 189
にらふさ……………………………… VI - 189
にれたけ……………………………… VI - 189

ぬ

ぬいどう……………………………… VI - 190
ぬかたけ……………………………… VI - 190
ぬかもたし……………………………… VI - 190
ぬかもたせ……………………………… VI - 190
ぬのし……………………………… VI - 190
ぬのたけ……………………………… VI - 190
ぬのばい……………………………… VI - 190
ぬのはへ……………………………… VI - 191
ぬのばへ……………………………… VI - 191
ぬのばゑ……………………………… VI - 191
ぬのひき……………………………… VI - 191
ぬのびき……………………………… VI - 191
ぬのひきこけ……………………………… VI - 192

ぬのひきたけ…………………………VI - 192
ぬのひきもたせ………………………VI - 192
ぬのもたせ……………………………VI - 192
ぬめたけ………………………………VI - 192
ぬめり…………………………………VI - 192
ぬめりがう……………………………VI - 192
ぬめりみ………………………………VI - 193
ぬらりぼう……………………………VI - 193

## ね

ねこした………………………………VI - 194
ねすたけ………………………………VI - 194
ねずたけ………………………………VI - 194
ねずみしめし…………………………VI - 194
ねずみそなたけ………………………VI - 194
ねすみたけ……………………………VI - 194
ねすみたけ……………………………VI - 195
ねずみたけ……………………………VI - 195
ねずみのて……………………………VI - 196
ねつたけ………………………………VI - 196
ねづたけ………………………………VI - 196
ねつみきのこ…………………………VI - 196
ねつみたけ……………………………VI - 196
ねづみたけ……………………………VI - 196
ねつみもたせ…………………………VI - 197

## の

のきうち………………………………VI - 198
のきたけ………………………………VI - 198
のけうち………………………………VI - 198
ののひき………………………………VI - 198

## は

はいころし……………………………VI - 199
はいたけ………………………………VI - 199
はいどく………………………………VI - 199
はいとりたけ…………………………VI - 199
はいとりなは…………………………VI - 199
はいとりなば…………………………VI - 199
はいとりもたせ………………………VI - 200
はえたおし……………………………VI - 200
はぎたけ………………………………VI - 200
はきのこたけ…………………………VI - 200
はきのこなは…………………………VI - 200
はぎもたし……………………………VI - 200
はくてう………………………………VI - 200
ばくろうたけ…………………………VI - 201
はしめし………………………………VI - 201
はたけしめし…………………………VI - 201
はちこけ………………………………VI - 201
はちすたけ……………………………VI - 201
はちたけ………………………………VI - 201
はつたけ………………………………VI - 201
はつたけ………………………………VI - 202
はつだけ………………………………VI - 203
はともたせ……………………………VI - 203
はのきもたし…………………………VI - 203
ははきたけ……………………………VI - 203
ばふんなば……………………………VI - 203
はへとりこけ…………………………VI - 203
はまつ…………………………………VI - 203
はまつたけ……………………………VI - 204
はやまつたけ…………………………VI - 204
はりたけ………………………………VI - 204
はりたけ………………………………VI - 205
はりのきこけ…………………………VI - 205
はんざいむ……………………………VI - 205
ばんざいむ……………………………VI - 205
ばんざへむ……………………………VI - 205
ばんざゑもんもたし…………………VI - 205
はんどうごろう………………………VI - 206
はんのきもたし………………………VI - 206

## ひ

ひうちたけ……………………………VI - 207
ひがんたけ……………………………VI - 207

ひがんなば…………………………… VI - 207
ひつけたけ…………………………… VI - 207
ひのきたけ…………………………… VI - 207
ひもたけ……………………………… VI - 207
ひやくたけ…………………………… VI - 207
ひらたけ……………………………… VI - 208
ひるたけ……………………………… VI - 208
ひんぼうたけ………………………… VI - 208

ふ

ふきもたし…………………………… VI - 209
ふくたけ……………………………… VI - 209
ぶくりやう…………………………… VI - 209
ふじきのこ…………………………… VI - 209
ふしたけ……………………………… VI - 209
ぶすきのこ…………………………… VI - 209
ふちきのこ…………………………… VI - 209
ふなもたし…………………………… VI - 210
ぶなもたし…………………………… VI - 210
ふへたけ……………………………… VI - 210
ふんとうたけ………………………… VI - 210
ぶんどうたけ………………………… VI - 210
ふんとこ……………………………… VI - 210
ぶんとこ……………………………… VI - 210

へ

べにこたけ…………………………… VI - 211
べにしめじ…………………………… VI - 211
へにたけ……………………………… VI - 211
へにたけ……………………………… VI - 212
べにたけ……………………………… VI - 212
へびなば……………………………… VI - 213
へんたけ……………………………… VI - 213
べんたけ……………………………… VI - 213

ほ

ほうきたけ…………………………… VI - 214
ほうきもたし………………………… VI - 214
ほうきもたせ………………………… VI - 214
ほうきもたち………………………… VI - 214
ほうどうもたせ……………………… VI - 214
ほうほうたけ………………………… VI - 214
ほうまんたけ………………………… VI - 214
ほくちきのこ………………………… VI - 215
ほくちたけ…………………………… VI - 215
ほくり………………………………… VI - 215
ほこりたけ…………………………… VI - 215
ほそたけ……………………………… VI - 215
ほとうたけ…………………………… VI - 215
ぼどうたけ…………………………… VI - 215
ほとうなば…………………………… VI - 216
ぼどうなば…………………………… VI - 216
ぼりめき……………………………… VI - 216

ま

まいこ………………………………… VI - 217
まいこたけ…………………………… VI - 217
まいたけ……………………………… VI - 217
まきたけ……………………………… VI - 217
まくそたけ…………………………… VI - 218
まぐそたけ…………………………… VI - 218
まくそもたし………………………… VI - 218
ますたけ……………………………… VI - 218
まつきのこ…………………………… VI - 219
まつこけ……………………………… VI - 219
まつごけ……………………………… VI - 219
まつしめじ…………………………… VI - 219
まつしめぢ…………………………… VI - 219
まつたけ……………………………… VI - 219
まつたけ……………………………… VI - 220
まつだけ……………………………… VI - 220
まつどいしたけ……………………… VI - 220
まつなは……………………………… VI - 221
まつなば……………………………… VI - 221
まつばたけ…………………………… VI - 221
まつみみ……………………………… VI - 221

まひこたけ……VI - 221
まひたけ……VI - 221
まひたけ……VI - 222
まふたけ……VI - 222
ままたご……VI - 222
まめもたし……VI - 222
まんぢうたけ……VI - 222
まんねんたけ……VI - 222

み

みづたたき……VI - 223
みみたけ……VI - 223
みみつぶし……VI - 223
みみつふれ……VI - 223
みみつぶれ……VI - 223
みるたけ……VI - 223

む

むぎしょうろ……VI - 224
むきたけ……VI - 224
むぎたけ……VI - 224
むくげなば……VI - 224
むくだい……VI - 224
むくたけ……VI - 224
むくなば……VI - 225
むくろもたせ……VI - 225
むせたけ……VI - 225
むせつた……VI - 225
むまくそたけ……VI - 225
むまごいもたし……VI - 225
むまこもたし……VI - 225
むまのくそたけ……VI - 226
むまのくそなば……VI - 226
むまのくそもたし……VI - 226
むめたけ……VI - 226
むらさききのこ……VI - 226
むらさきしめし……VI - 226
むらさきしめじ……VI - 226
むらさきしめぢ……VI - 227
むらさきはつたけ……VI - 227
むらさきはつだけ……VI - 227

も

もくきんたけ……VI - 228
もたし……VI - 228
もたせ……VI - 228
もたせこけ……VI - 228
もたせなは……VI - 228
もだち……VI - 228
もちあせ……VI - 228
もちきのこ……VI - 229
もちしやうろ……VI - 229
もとあし……VI - 229
もとあわせ……VI - 229
もどき……VI - 229
もとぶと……VI - 229
もとよせしめじ……VI - 229
もふたけ……VI - 230
もめもたち……VI - 230

や

やちきのこ……VI - 231
やちもたし……VI - 231
やつかり……VI - 231
やなぎきのこ……VI - 231
やなぎしいたけ……VI - 231
やなきたけ……VI - 231
やなぎたけ……VI - 231
やなぎたけ……VI - 232
やなぎたけは……VI - 232
やなぎもたし……VI - 232
やねたけ……VI - 232
やぶこけ……VI - 232
やぶしめじ……VI - 233
やぶたけ……VI - 233
やふだま……VI - 233

やふもたし…… VI - 233
やまがき…… VI - 233
やましようろ…… VI - 233
やまたけ…… VI - 233
やまちやたけ…… VI - 234
やまとりいくち…… VI - 234
やまどりたけ…… VI - 234
やまどりもたし…… VI - 234

ゆ

ゆききのこ…… VI - 235
ゆきたけ…… VI - 235
ゆきのした…… VI - 235

ら

らいぐわんたけ…… VI - 236
らうしんたけ…… VI - 236
らうぢ…… VI - 236

れ

れいし…… VI - 237

ろ

ろうし…… VI - 238
ろうじ…… VI - 238
ろうぢ…… VI - 238
ろくしやうたけ…… VI - 238
ろくしやうなば…… VI - 238
ろくしやうはつたけ…… VI - 238

わ

わかい…… VI - 239
わかいたけ…… VI - 239
わしたけ…… VI - 239
わたり…… VI - 239
わらいきのこ…… VI - 239
わらいたけ…… VI - 239
わらいなば…… VI - 240
わらひたけ…… VI - 240

ゑ

ゑなたけ…… VI - 241
ゑなば…… VI - 241
ゑのきたけ…… VI - 241
ゑのきたけ…… VI - 242
ゑのきなば…… VI - 242
ゑのきのわうじ…… VI - 242
ゑんつうじ…… VI - 242

を

をかのすけ…… VI - 243
をぐらしめち…… VI - 243
をとう…… VI - 243
をとりなは…… VI - 243
をどりなば…… VI - 243

菜類

あ

あいいも…… VI - 247
あいこ…… VI - 247
あいたて…… VI - 247
あいたで…… VI - 247
あいばかま…… VI - 247
あかあかざ…… VI - 247
あかあさみ…… VI - 247
あかいも…… VI - 248
あかかぶ…… VI - 248
あかがら…… VI - 248
あかかふな…… VI - 249
あかかぶな…… VI - 249
あかから…… VI - 249
あかがらし…… VI - 249
あかき…… VI - 249
あかきく…… VI - 249
あかきふり…… VI - 249

あかくき…………………………… VI - 250
あかけし…………………………… VI - 250
あかごせう………………………… VI - 250
あかこま…………………………… VI - 250
あかごま…………………………… VI - 250
あかさ……………………………… VI - 250
あかさ……………………………… VI - 251
あかざ……………………………… VI - 251
あかささけ………………………… VI - 251
あかさひいな……………………… VI - 251
あかしそ…………………………… VI - 251
あかすいき………………………… VI - 252
あかだいこん……………………… VI - 252
あかたかな………………………… VI - 252
あかたて…………………………… VI - 253
あかたで…………………………… VI - 253
あかちさ…………………………… VI - 253
あかちしや………………………… VI - 253
あかつはら………………………… VI - 254
あかとう…………………………… VI - 254
あかどう…………………………… VI - 254
あかとうからし…………………… VI - 254
あかな……………………………… VI - 254
あかなす…………………………… VI - 254
あかなすひ………………………… VI - 255
あかにんしん……………………… VI - 255
あかにんじん……………………… VI - 255
あかにんちん……………………… VI - 255
あかはちまき……………………… VI - 255
あかひゆ…………………………… VI - 255
あかびゆ…………………………… VI - 256
あかふき…………………………… VI - 256
あかぶき…………………………… VI - 256
あかふり…………………………… VI - 256
あかほうひら……………………… VI - 256
あかほうふら……………………… VI - 256
あかぼうぶら……………………… VI - 257
あかみづ…………………………… VI - 257
あかゆり…………………………… VI - 257
あかりかふら……………………… VI - 257
あかりこ…………………………… VI - 257
あかりこたかな…………………… VI - 257
あかりだいこん…………………… VI - 258
あがりだいこん…………………… VI - 258
あきいも…………………………… VI - 258
あきかふ…………………………… VI - 258
あきごばう………………………… VI - 258
あきだいこん……………………… VI - 258
あきだいこん……………………… VI - 259
あきたゆり………………………… VI - 259
あきな……………………………… VI - 259
あきねふか………………………… VI - 259
あきみやうか……………………… VI - 260
あきめうか………………………… VI - 260
あきめうが………………………… VI - 260
あけびなへ………………………… VI - 260
あこたふり………………………… VI - 260
あさ………………………………… VI - 260
あさうり…………………………… VI - 260
あさきふり………………………… VI - 261
あさくら…………………………… VI - 261
あさくらさんせう………………… VI - 261
あさだいこん……………………… VI - 261
あさぢ……………………………… VI - 261
あさつき…………………………… VI - 261
あさつき…………………………… VI - 262
あさづき…………………………… VI - 262
あさとき…………………………… VI - 262
あさな……………………………… VI - 262
あさのみ…………………………… VI - 263
あさふり…………………………… VI - 263
あさみ……………………………… VI - 263
あざみ……………………………… VI - 263
あさみかぶ………………………… VI - 263
あざみごぼう……………………… VI - 263
あさみだいこん…………………… VI - 264

あさみな…………………………… VI - 264
あざみな…………………………… VI - 264
あさを……………………………… VI - 264
あしたな…………………………… VI - 264
あぢめ……………………………… VI - 264
あつきくさ………………………… VI - 265
あつきささけ……………………… VI - 265
あづきな…………………………… VI - 265
あつきなんはん…………………… VI - 265
あぬき……………………………… VI - 265
あふきいも………………………… VI - 265
あふぎいも………………………… VI - 265
あふきな…………………………… VI - 266
あふぎな…………………………… VI - 266
あふしうたて……………………… VI - 266
あふねだいこん…………………… VI - 266
あふひ……………………………… VI - 266
あふひふり………………………… VI - 266
あゆきゆり………………………… VI - 266
あふみかぶ………………………… VI - 267
あふみかふな……………………… VI - 267
あふみかふら……………………… VI - 267
あふみかぶら……………………… VI - 267
あふみだいこん…………………… VI - 267
あふみな…………………………… VI - 267
あふらきいも……………………… VI - 268
あぶらしそ………………………… VI - 268
あふらな…………………………… VI - 268
あぶらな…………………………… VI - 268
あふらゑ…………………………… VI - 268
あぶらゑ…………………………… VI - 268
あまちや…………………………… VI - 268
あまところ………………………… VI - 269
あまな……………………………… VI - 269
あみな……………………………… VI - 269
あめいろ…………………………… VI - 269
あらかは…………………………… VI - 269
あらぜいとう……………………… VI - 269
あわら……………………………… VI - 269
あをあかざ………………………… VI - 270
あをいも…………………………… VI - 270
あをかしら………………………… VI - 270
あをがしら………………………… VI - 270
あをがしらだいこん……………… VI - 270
あをかぶ…………………………… VI - 270
あをから…………………………… VI - 270
あをからとり……………………… VI - 271
あをきこ…………………………… VI - 271
あをきな…………………………… VI - 271
あをきふり………………………… VI - 271
あをくき…………………………… VI - 271
あをさきふり……………………… VI - 271
あをしそ…………………………… VI - 271
あをだいこん……………………… VI - 272
あをたかな………………………… VI - 272
あをたて…………………………… VI - 272
あをたで…………………………… VI - 272
あをちさ…………………………… VI - 272
あをな……………………………… VI - 272
あをなす…………………………… VI - 272
あをなすひ………………………… VI - 273
あをなすび………………………… VI - 273
あをびゆ…………………………… VI - 273
あをふり…………………………… VI - 273
あをぼうひら……………………… VI - 273
あをほうふら……………………… VI - 273
あをぼうふら……………………… VI - 273
あをぼうぶら……………………… VI - 274
あをゆふかほ……………………… VI - 274
あをわらひ………………………… VI - 274
あをを……………………………… VI - 274
あんみやうじ……………………… VI - 274
あんめいし………………………… VI - 274
あんめうじ………………………… VI - 274
あんめし…………………………… VI - 275
あんめじ…………………………… VI - 275

## い

いぎな……………………………… VI - 276
いこいも…………………………… VI - 276
いごいも…………………………… VI - 276
いさりちさ………………………… VI - 276
いしふき…………………………… VI - 276
いしり……………………………… VI - 276
いせささけ………………………… VI - 276
いせな……………………………… VI - 277
いそあさみ………………………… VI - 277
いそかき…………………………… VI - 277
いそがき…………………………… VI - 277
いそごほう………………………… VI - 277
いそな……………………………… VI - 277
いたとり…………………………… VI - 277
いたどり…………………………… VI - 278
いたゆり…………………………… VI - 278
いちきんな………………………… VI - 278
いちな……………………………… VI - 278
いちやういも……………………… VI - 278
いつかき…………………………… VI - 278
いてういも………………………… VI - 278
いてふいも………………………… VI - 279
いでふいも………………………… VI - 279
いぬせり…………………………… VI - 279
いぬたて…………………………… VI - 279
いぬたで…………………………… VI - 279
いぬしりさり……………………… VI - 280
いぬのきは………………………… VI - 280
いぬのきば………………………… VI - 280
いぬはこへ………………………… VI - 280
いぬひつり………………………… VI - 280
いぬひづり………………………… VI - 280
いぬひな…………………………… VI - 280
いぬふき…………………………… VI - 281
いぬほほづき……………………… VI - 281
いぬむかご………………………… VI - 281
いのて……………………………… VI - 281
いのみ……………………………… VI - 281
いはぜり…………………………… VI - 281
いはぜんまひ……………………… VI - 281
いはたかな………………………… VI - 282
いはたら…………………………… VI - 282
いはつきな………………………… VI - 282
いはゆり…………………………… VI - 282
いふかを…………………………… VI - 282
いぶきだいこん…………………… VI - 282
いぼな……………………………… VI - 282
いも………………………………… VI - 283
いもご……………………………… VI - 283
いもつくね………………………… VI - 283
いものこ…………………………… VI - 283
いよだいこん……………………… VI - 283
いらからし………………………… VI - 284
いらがらし………………………… VI - 284
いらさ……………………………… VI - 284
いらさがらし……………………… VI - 284
いらさな…………………………… VI - 284
いらちなす………………………… VI - 284
いらな……………………………… VI - 284
いらなす…………………………… VI - 285
いらなすび………………………… VI - 285
いらりこ…………………………… VI - 285
いらりこちさ……………………… VI - 285
いれこな…………………………… VI - 285
いろけし…………………………… VI - 285
いわうな…………………………… VI - 285
いわうぼうき……………………… VI - 286
いわだら…………………………… VI - 286
いわぢしや………………………… VI - 286
いわな……………………………… VI - 286
いわぶき…………………………… VI - 286
いわんたいら……………………… VI - 286
いんげん…………………………… VI - 286
いんけんささけ…………………… VI - 287

いんけんな…………………………… VI - 287
いんげんな…………………………… VI - 287
いんけんまめ………………………… VI - 287
いんげんまめ………………………… VI - 287

## う

ういろう…………………………… VI - 288
うきいちご………………………… VI - 288
うくいすな………………………… VI - 288
うぐいすな………………………… VI - 288
うぐひすかぶ……………………… VI - 288
うくひすな………………………… VI - 288
うぐひすな………………………… VI - 288
うぐひすな………………………… VI - 289
うくらもち………………………… VI - 289
うくろもちだいこん……………… VI - 289
うぐろもちだいこん……………… VI - 289
うこき……………………………… VI - 289
うこぎ……………………………… VI - 289
うこぎ……………………………… VI - 290
うこぎなへ………………………… VI - 290
うこんとうからし………………… VI - 290
うしのを…………………………… VI - 290
うしはこべ………………………… VI - 290
うしひゆ…………………………… VI - 290
うしひる…………………………… VI - 291
うしべる…………………………… VI - 291
うすいも…………………………… VI - 291
うすずみ…………………………… VI - 291
うずまき…………………………… VI - 291
うたうたいな……………………… VI - 291
うちいも…………………………… VI - 291
うぢいも…………………………… VI - 292
うづいも…………………………… VI - 292
うづだいこん……………………… VI - 292
うつほかぶ………………………… VI - 292
うつもりだいこん………………… VI - 292
うづら……………………………… VI - 292
うつらこふり……………………… VI - 292
うと………………………………… VI - 293
うど………………………………… VI - 293
うどめ……………………………… VI - 293
うなごうし………………………… VI - 293
うなだれ…………………………… VI - 294
うねこし…………………………… VI - 294
うねわたり………………………… VI - 294
うはかち…………………………… VI - 294
うはふり…………………………… VI - 294
うばゆり…………………………… VI - 294
うもれだいこん…………………… VI - 294
うらしろ…………………………… VI - 295
うるい……………………………… VI - 295

## え

えこしそ…………………………… VI - 296
えだしただいこん………………… VI - 296
えど………………………………… VI - 296
えどいも…………………………… VI - 296
えどうり…………………………… VI - 296
えどおほかふ……………………… VI - 296
えどおほかぶ……………………… VI - 296
えどかぶ…………………………… VI - 297
えどささけ………………………… VI - 297
えどささげ………………………… VI - 297
えどだいこん……………………… VI - 297
えどとうからし…………………… VI - 297
えどな……………………………… VI - 298
えどなんはん……………………… VI - 298
えどなんばん……………………… VI - 298
えどふき…………………………… VI - 298
えどふり…………………………… VI - 298
えどまめ…………………………… VI - 298
えどゆり…………………………… VI - 298
えのきしたうからし……………… VI - 299
えのきはだ………………………… VI - 299
えぼしたうからし………………… VI - 299

## お

おおねだいこん………… VI - 300
おかのり………… VI - 300
おかのりい………… VI - 300
おかのりな………… VI - 300
おかひしき………… VI - 300
おかひぢき………… VI - 300
おくあぶらえ………… VI - 300
おくだいこん………… VI - 301
おくな………… VI - 301
おくなすひ………… VI - 301
おくなすび………… VI - 301
おくめうか………… VI - 301
おくらもち………… VI - 301
おくれんけじ………… VI - 301
おこぎ………… VI - 302
おこげ………… VI - 302
おそかぶ………… VI - 302
おそな………… VI - 302
おそなが………… VI - 302
おどりかぶ………… VI - 302
おにあさみ………… VI - 302
おにあざみ………… VI - 303
おにいちこ………… VI - 303
おにしそ………… VI - 303
おにぜんまひ………… VI - 303
おにたて………… VI - 303
おにちぢみ………… VI - 303
おにひゆ………… VI - 303
おにゆり………… VI - 304
おねば………… VI - 304
おねはだいこん………… VI - 304
おねばだいこん………… VI - 304
おのみちだいこん………… VI - 304
おはこ………… VI - 304
おばこ………… VI - 304
おはりだいこん………… VI - 305
おふぎな………… VI - 305
おふねだいこん………… VI - 305
おふねつだいこん………… VI - 305
おふばく………… VI - 305
おふひつり………… VI - 305
おふみかぶ………… VI - 305
おふみかふな………… VI - 306
おほいも………… VI - 306
おほうるい………… VI - 306
おほかしら………… VI - 306
おほかたふり………… VI - 306
おほかぶ………… VI - 306
おほくろまめ………… VI - 306
おおしろふり………… VI - 307
おほさかだいこん………… VI - 307
おほさかゆふがほ………… VI - 307
おほすくり………… VI - 307
おほすみだいこん………… VI - 307
おほせり………… VI - 307
おほだいこん………… VI - 307
おほたうからし………… VI - 308
おほち………… VI - 308
おほちさ………… VI - 308
おほづちな………… VI - 308
おほとうからし………… VI - 308
おほところ………… VI - 308
おほとふがらし………… VI - 308
おほな………… VI - 309
おほなす………… VI - 309
おほにら………… VI - 309
おほにんにく………… VI - 309
おほねき………… VI - 309
おほねぎ………… VI - 309
おほねつだいこん………… VI - 309
おほば………… VI - 310
おほばがらし………… VI - 310
おほばくちさ………… VI - 310
おほばこ………… VI - 310

おほはこべ…………………………… Ⅵ - 310
おほばま…………………………… Ⅵ - 310
おほひる…………………………… Ⅵ - 310
おほふき…………………………… Ⅵ - 311
おほふくへ…………………………… Ⅵ - 311
おほふくべ…………………………… Ⅵ - 311
おほふとり…………………………… Ⅵ - 311
おほふり…………………………… Ⅵ - 311
おほむらさき…………………………… Ⅵ - 311
おほむらだいこん…………………………… Ⅵ - 311
おほれんげ…………………………… Ⅵ - 312
おもたか…………………………… Ⅵ - 312
おもだか…………………………… Ⅵ - 312
おやせつき…………………………… Ⅵ - 312
おやせめ…………………………… Ⅵ - 312
おらんだしやうが…………………………… Ⅵ - 312
おらんたちさ…………………………… Ⅵ - 313
おりかけ…………………………… Ⅵ - 313
おりかけなすひ…………………………… Ⅵ - 313
おりかけなすび…………………………… Ⅵ - 313
おりな…………………………… Ⅵ - 313
おわりかふ…………………………… Ⅵ - 313
おわりだいこん…………………………… Ⅵ - 313
おわりな…………………………… Ⅵ - 314
おんばく…………………………… Ⅵ - 314

## か

かうかういも…………………………… Ⅵ - 315
かうざかな…………………………… Ⅵ - 315
かうしな…………………………… Ⅵ - 315
かうは…………………………… Ⅵ - 315
かうほね…………………………… Ⅵ - 315
かうらいきく…………………………… Ⅵ - 316
かうらいこせう…………………………… Ⅵ - 316
かうらいたで…………………………… Ⅵ - 316
かうらいなす…………………………… Ⅵ - 316
かうらいなすび…………………………… Ⅵ - 316
かうらゐきく…………………………… Ⅵ - 316
かうわ…………………………… Ⅵ - 316
かえんさい…………………………… Ⅵ - 317
ががいも…………………………… Ⅵ - 317
かかしま…………………………… Ⅵ - 317
かがみしま…………………………… Ⅵ - 317
かき…………………………… Ⅵ - 317
かきからし…………………………… Ⅵ - 317
かきささけ…………………………… Ⅵ - 318
かきだいこん…………………………… Ⅵ - 318
かきたうからし…………………………… Ⅵ - 318
かきちしや…………………………… Ⅵ - 318
かきな…………………………… Ⅵ - 318
かきなんはん…………………………… Ⅵ - 318
かきば…………………………… Ⅵ - 319
かきふり…………………………… Ⅵ - 319
かくま…………………………… Ⅵ - 319
かけな…………………………… Ⅵ - 319
かさいな…………………………… Ⅵ - 319
かさまひだいこん…………………………… Ⅵ - 319
かしいも…………………………… Ⅵ - 320
かしう…………………………… Ⅵ - 320
かしのき…………………………… Ⅵ - 320
かしま…………………………… Ⅵ - 320
かしゆ…………………………… Ⅵ - 320
かしゆう…………………………… Ⅵ - 320
かしゆう…………………………… Ⅵ - 321
かしゆういも…………………………… Ⅵ - 321
かしら…………………………… Ⅵ - 321
かしらきふり…………………………… Ⅵ - 321
かしわかぶ…………………………… Ⅵ - 321
かしわな…………………………… Ⅵ - 321
かせいも…………………………… Ⅵ - 322
かせかま…………………………… Ⅵ - 322
かたこ…………………………… Ⅵ - 322
かたこのね…………………………… Ⅵ - 322
かたたご…………………………… Ⅵ - 322
かたはな…………………………… Ⅵ - 322
かたぶき…………………………… Ⅵ - 322

かたふり…………………………… VI - 323
かつらくさ………………………… VI - 323
かつらな…………………………… VI - 323
かないちご………………………… VI - 323
がないはら………………………… VI - 323
かなくそいも……………………… VI - 323
かなところ………………………… VI - 323
かなもくら………………………… VI - 324
かなももら………………………… VI - 324
かなをにひゆ……………………… VI - 324
かにのあし………………………… VI - 324
かねてこいも……………………… VI - 324
かねやまだいこん………………… VI - 324
かのこゆり………………………… VI - 324
かなげいとう……………………… VI - 325
かはごへふり……………………… VI - 325
かはしやくな……………………… VI - 325
かはたて…………………………… VI - 325
かはたで…………………………… VI - 325
かはちさ…………………………… VI - 325
かはちしや………………………… VI - 326
かはちな…………………………… VI - 326
かはのり…………………………… VI - 326
がはゆり…………………………… VI - 326
かはらたて………………………… VI - 326
かはらたで………………………… VI - 326
かはらにんじん…………………… VI - 326
かぶ………………………………… VI - 327
かふと……………………………… VI - 327
かふとだいこん…………………… VI - 327
かぶとだいこん…………………… VI - 327
かぶとたうからし………………… VI - 327
かふな……………………………… VI - 328
かぶな……………………………… VI - 328
かぶなりだいこん………………… VI - 328
かふら……………………………… VI - 329
かぶら……………………………… VI - 329
かふらだいこん…………………… VI - 329
かぶらだいこん…………………… VI - 329
かふらな…………………………… VI - 329
かぶらな…………………………… VI - 330
かほちや…………………………… VI - 330
かぼちや…………………………… VI - 330
かまきなす………………………… VI - 330
かまくらたて……………………… VI - 330
かまくらたで……………………… VI - 330
かまな……………………………… VI - 330
かもうり…………………………… VI - 331
かもふり…………………………… VI - 331
かもふりゆふがほ………………… VI - 331
かやにんにく……………………… VI - 331
から………………………………… VI - 331
からいも…………………………… VI - 331
からうり…………………………… VI - 332
からきふし………………………… VI - 332
からくろ…………………………… VI - 332
からくろいも……………………… VI - 332
からこしやう……………………… VI - 332
からし……………………………… VI - 332
からし……………………………… VI - 333
からしな…………………………… VI - 333
からしろ…………………………… VI - 334
からすいも………………………… VI - 334
からすうり………………………… VI - 334
からすふり………………………… VI - 334
からだいこん……………………… VI - 334
からたけ…………………………… VI - 334
からとり…………………………… VI - 334
からとりいも……………………… VI - 335
からな……………………………… VI - 335
からみ……………………………… VI - 335
からみだいこん…………………… VI - 335
かりき……………………………… VI - 335
かりぎ……………………………… VI - 336
かるり……………………………… VI - 336
かれぎ……………………………… VI - 336

かろり…… VI - 336
かわがらし…… VI - 336
かわこはし…… VI - 336
かわちさ…… VI - 336
かわぢさ…… VI - 337
かわらけな…… VI - 337
かわらたで…… VI - 337
かんさう…… VI - 337
かんざさう…… VI - 337
かんぞうな…… VI - 337
かんたで…… VI - 337
かんとなす…… VI - 338
かんのうだいこん…… VI - 338
かんひやう…… VI - 338
かんらん…… VI - 338

## き

き…… VI - 339
きいろにんじん…… VI - 339
きうまほうのは…… VI - 339
きうり…… VI - 339
きからし…… VI - 339
ききく…… VI - 339
ききやう…… VI - 339
きく…… VI - 340
きくな…… VI - 340
ぎしぎし…… VI - 340
きしな…… VI - 340
きじな…… VI - 340
きじのこふり…… VI - 340
きしのを…… VI - 340
きしのを…… VI - 341
きじのを…… VI - 341
きしのをちさ…… VI - 341
きじのをちさ…… VI - 341
きしのをちしや…… VI - 341
きじのをちしや…… VI - 342
きそ…… VI - 342
きそかぶら…… VI - 342
きそだいこん…… VI - 342
きそな…… VI - 342
きだいこん…… VI - 342
きたいふ…… VI - 342
きたうがらし…… VI - 343
きたのごばう…… VI - 343
きたゆふ…… VI - 343
きだゆふ…… VI - 343
きぢのを…… VI - 343
きとう…… VI - 343
きとうからし…… VI - 343
きとうからし…… VI - 344
きとうぢ…… VI - 344
きなへ…… VI - 344
きなんはん…… VI - 344
きなんばん…… VI - 344
きにんしん…… VI - 344
きにんじん…… VI - 344
きにんちん…… VI - 345
きは…… VI - 345
きばくさ…… VI - 345
きばささけ…… VI - 345
ぎはささけ…… VI - 345
きはひともし…… VI - 345
きびにんじん…… VI - 345
きふり…… VI - 346
きぼうし…… VI - 346
ぎぼうし…… VI - 346
きほうぶら…… VI - 346
きもと…… VI - 346
きやういも…… VI - 346
ぎやうじやにんにく…… VI - 347
ぎやうじやねぎ…… VI - 347
ぎやうじやひる…… VI - 347
きやうしらす…… VI - 347
きやうだいこん…… VI - 347
きやうぢやひる…… VI - 347

きやうな…………………………… VI - 348
ぎやうふ…………………………… VI - 348
きやうふき………………………… VI - 348
きゆり……………………………… VI - 348
ぎらな……………………………… VI - 348
きりいも…………………………… VI - 348
ぎりぎりな………………………… VI - 349
きりほし…………………………… VI - 349
ぎりめき…………………………… VI - 349
きわた……………………………… VI - 349
きゐ………………………………… VI - 349
きんぎんくわ……………………… VI - 349
きんぎんなす……………………… VI - 349
きんぎんなすひ…………………… VI - 350
きんくわ…………………………… VI - 350
きんすぢ…………………………… VI - 350
きんたうからし…………………… VI - 350
きんちやくなす…………………… VI - 350
きんちやくなすひ………………… VI - 350
きんちやくなすび………………… VI - 351
きんとき…………………………… VI - 351
きんなす…………………………… VI - 351
ぎんなす…………………………… VI - 351
きんなすひ………………………… VI - 351
きんふり…………………………… VI - 352
ぎんふり…………………………… VI - 352
きんほうなす……………………… VI - 352
きんほうなすび…………………… VI - 352

## く

くかた……………………………… VI - 353
くかだ……………………………… VI - 353
くきあか…………………………… VI - 353
くきあを…………………………… VI - 353
くきたち…………………………… VI - 353
くきたちな………………………… VI - 353
くきつけ…………………………… VI - 353
くぎたうからし…………………… VI - 354
くきぼそ…………………………… VI - 354
くくたち…………………………… VI - 354
くくだち…………………………… VI - 354
くくたちな………………………… VI - 354
くぐつ……………………………… VI - 354
くくみ……………………………… VI - 354
くくり……………………………… VI - 355
くぐり……………………………… VI - 355
くこ………………………………… VI - 355
くご………………………………… VI - 355
くこう……………………………… VI - 355
くこなへ…………………………… VI - 355
くさいちご………………………… VI - 356
くさき……………………………… VI - 356
くさぎ……………………………… VI - 356
くさぎのは………………………… VI - 356
くさたで…………………………… VI - 356
くさにんしん……………………… VI - 356
くさのはな………………………… VI - 356
くじな……………………………… VI - 357
くす………………………………… VI - 357
くず………………………………… VI - 357
くずいも…………………………… VI - 357
くすみいり………………………… VI - 357
くそなりふり……………………… VI - 357
くだりごせう……………………… VI - 357
くちかけ…………………………… VI - 358
ぐちぐちな………………………… VI - 358
くちほそ…………………………… VI - 358
くちほそだいこん………………… VI - 358
くづ………………………………… VI - 358
くつわつる………………………… VI - 358
くねいも…………………………… VI - 358
くのきはた………………………… VI - 359
くはい……………………………… VI - 359
くはな……………………………… VI - 359
くはひ……………………………… VI - 359
くはゐ……………………………… VI - 359

くはんご…………………………… VI - 359
くはんごいも……………………… VI - 359
くはんざう………………………… VI - 360
くほただいこん…………………… VI - 360
くまゆり…………………………… VI - 360
ぐみとうからし…………………… VI - 360
くむたいな………………………… VI - 360
くや………………………………… VI - 360
くらはし…………………………… VI - 360
くらはしだいこん………………… VI - 361
くりいも…………………………… VI - 361
くりやまごぼう…………………… VI - 361
くるまごま………………………… VI - 361
くるまゆり………………………… VI - 362
くれない…………………………… VI - 362
くれなゐ…………………………… VI - 362
くれなゑ…………………………… VI - 362
くろいも…………………………… VI - 362
くろがしら………………………… VI - 362
くろから…………………………… VI - 362
くろからし………………………… VI - 363
くろくはゐ………………………… VI - 363
くろくや…………………………… VI - 363
くろくわい………………………… VI - 363
くろぐわい………………………… VI - 363
くろくわへ………………………… VI - 364
くろくわゐ………………………… VI - 364
くろくわゑ………………………… VI - 364
くろけし…………………………… VI - 364
くろこま…………………………… VI - 364
くろごま…………………………… VI - 364
くろすいくわ……………………… VI - 365
くろすいて………………………… VI - 365
くろなす…………………………… VI - 365
くろなすひ………………………… VI - 365
くろなすび………………………… VI - 365
くろみゆふかほ…………………… VI - 365
くろゆふかほ……………………… VI - 365
くわい……………………………… VI - 366
くわうみやうな…………………… VI - 366
くわえんさい……………………… VI - 366
くわたいそう……………………… VI - 366
くわたいな………………………… VI - 366
くわだいな………………………… VI - 367
くわひ……………………………… VI - 367
くわへ……………………………… VI - 367
くわゐ……………………………… VI - 367
くわんさう………………………… VI - 367
くわんざう………………………… VI - 367
くわんそう………………………… VI - 368
くわんたいな……………………… VI - 368
くわんだいな……………………… VI - 368
くわんとう………………………… VI - 368
くわんどう………………………… VI - 368
くわんのんそう…………………… VI - 368
くわんのんだいこん……………… VI - 368

## け

けいたうくわ……………………… VI - 369
けいつぽん………………………… VI - 369
けいとう…………………………… VI - 369
けいとうくわ……………………… VI - 369
けいも……………………………… VI - 369
けうかふ…………………………… VI - 369
けかやしかぶ……………………… VI - 369
けこほう…………………………… VI - 370
けころはし………………………… VI - 370
けころび…………………………… VI - 370
けし………………………………… VI - 370
けし………………………………… VI - 371
けしあさみ………………………… VI - 371
けしあざみ………………………… VI - 371
けしな……………………………… VI - 371
けしなんば………………………… VI - 371
けたて……………………………… VI - 371
けたで……………………………… VI - 372

けな…………………………… VI - 372
けやかぶ…………………………… VI - 372
けらのを…………………………… VI - 372
けらのをだいこん…………………… VI - 372
けんさいな…………………………… VI - 372

## こ

こあさつき…………………………… VI - 373
こあんとろ…………………………… VI - 373
こいも…………………………… VI - 373
こうめいな…………………………… VI - 373
ごうら…………………………… VI - 373
こうり…………………………… VI - 373
こうるい…………………………… VI - 373
こうわ…………………………… VI - 374
こおほね…………………………… VI - 374
こかたふり…………………………… VI - 374
ごがつせんぼんぎ…………………… VI - 374
こかふ…………………………… VI - 374
こかぶ…………………………… VI - 374
ごかやまかふら…………………… VI - 374
こきかぶ…………………………… VI - 375
ごぎやう…………………………… VI - 375
こきりば…………………………… VI - 375
こくこ…………………………… VI - 375
ごぐわつだいこん…………………… VI - 375
ごけう…………………………… VI - 375
こごうね…………………………… VI - 375
ここみ…………………………… VI - 376
こごみ…………………………… VI - 376
ここめあさみ…………………………… VI - 376
こごめはな…………………………… VI - 376
こごめひつり…………………………… VI - 376
こさき…………………………… VI - 376
こさんせう…………………………… VI - 376
こしかき…………………………… VI - 377
ごじふなり…………………………… VI - 377
こじもと…………………………… VI - 377
こしやう…………………………… VI - 377
ごすなんはん…………………………… VI - 377
こせう…………………………… VI - 377
こせな…………………………… VI - 377
こぜな…………………………… VI - 378
こだいこん…………………………… VI - 378
ごたうばうふう…………………………… VI - 378
こたか…………………………… VI - 378
こたて…………………………… VI - 378
こちさ…………………………… VI - 378
こちな…………………………… VI - 378
こつふら…………………………… VI - 379
こつぶら…………………………… VI - 379
ことうからし…………………………… VI - 379
こどころ…………………………… VI - 379
こな…………………………… VI - 379
こなんはん…………………………… VI - 379
こなんばん…………………………… VI - 379
こぬいし…………………………… VI - 380
こねき…………………………… VI - 380
こねぎ…………………………… VI - 380
こばう…………………………… VI - 380
ごはう…………………………… VI - 380
ごばう…………………………… VI - 380
ごばう…………………………… VI - 381
こひび…………………………… VI - 381
こふき…………………………… VI - 381
こふくらなす…………………………… VI - 381
こぶくらなすび…………………………… VI - 381
ごぶなんはん…………………………… VI - 381
こふり…………………………… VI - 382
こほう…………………………… VI - 382
こぼう…………………………… VI - 382
ごほう…………………………… VI - 382
ごぼう…………………………… VI - 382
ごぼう…………………………… VI - 383
ごぼそう…………………………… VI - 383
こま…………………………… VI - 383

ごま…………………………………… Ⅵ - 383
こまきいも………………………… Ⅵ - 384
こまつなぎ………………………… Ⅵ - 384
こまな……………………………… Ⅵ - 384
こまのつめ………………………… Ⅵ - 384
こめこゆり………………………… Ⅵ - 384
こめゆり…………………………… Ⅵ - 384
こもち……………………………… Ⅵ - 384
こもちかぶ………………………… Ⅵ - 385
こもちかぶら……………………… Ⅵ - 385
こもちな…………………………… Ⅵ - 385
ごやじ……………………………… Ⅵ - 385
ころびいも………………………… Ⅵ - 385
ころびかぶ………………………… Ⅵ - 385
ころも……………………………… Ⅵ - 385
ごわひ……………………………… Ⅵ - 386
こゑんとう………………………… Ⅵ - 386
こゑんとろ………………………… Ⅵ - 386
こをほね…………………………… Ⅵ - 386
こをりかけ………………………… Ⅵ - 386
こんがうまる……………………… Ⅵ - 386
こんこじゆかぶ…………………… Ⅵ - 386
こんにやく………………………… Ⅵ - 387
こんにやくいも…………………… Ⅵ - 387
こんにやくたま…………………… Ⅵ - 387
こんにやくたま…………………… Ⅵ - 388
ごんぼ……………………………… Ⅵ - 388

## さ

さいかし…………………………… Ⅵ - 389
さいかち…………………………… Ⅵ - 389
さいかちささけ…………………… Ⅵ - 389
さいかわうり……………………… Ⅵ - 389
さいしな…………………………… Ⅵ - 389
さいそうろう……………………… Ⅵ - 389
ざいわり…………………………… Ⅵ - 389
ざいわりささけ…………………… Ⅵ - 390
さかいふき………………………… Ⅵ - 390
さかな……………………………… Ⅵ - 390
さかりは…………………………… Ⅵ - 390
さきのはし………………………… Ⅵ - 390
さきゆり…………………………… Ⅵ - 390
さくらこせう……………………… Ⅵ - 390
さくらたうからし………………… Ⅵ - 391
さくらたうがらし………………… Ⅵ - 391
ささいも…………………………… Ⅵ - 391
ささきなんはん…………………… Ⅵ - 391
ささけ……………………………… Ⅵ - 391
ささごうら………………………… Ⅵ - 391
ささゆり…………………………… Ⅵ - 391
さしあがり………………………… Ⅵ - 392
さしひる…………………………… Ⅵ - 392
さしびる…………………………… Ⅵ - 392
さつきな…………………………… Ⅵ - 392
さつま……………………………… Ⅵ - 392
さつまいも………………………… Ⅵ - 392
さつまかぶら……………………… Ⅵ - 393
さつまぎく………………………… Ⅵ - 393
さつまさんぐわつ………………… Ⅵ - 393
さつまだいこん…………………… Ⅵ - 393
さつまとうぐわ…………………… Ⅵ - 393
さつまな…………………………… Ⅵ - 393
さつまぼうふう…………………… Ⅵ - 393
さつまゆふかほ…………………… Ⅵ - 394
さつまゆり………………………… Ⅵ - 394
さど………………………………… Ⅵ - 394
さといも…………………………… Ⅵ - 394
さとごばう………………………… Ⅵ - 394
さとこほう………………………… Ⅵ - 395
さとこぼう………………………… Ⅵ - 395
さとな……………………………… Ⅵ - 395
さとにんちん……………………… Ⅵ - 395
さとふき…………………………… Ⅵ - 395
さとゆり…………………………… Ⅵ - 395
さはくくたち……………………… Ⅵ - 395
さはひる…………………………… Ⅵ - 396

さはふき…… VI - 396
さゆり…… VI - 396
さわあさみ…… VI - 396
さわふたぎ…… VI - 396
さんぐわつ…… VI - 396
さんぐわつかふ…… VI - 396
さんぐわつかぶ…… VI - 397
さんぐわつこ…… VI - 397
さんぐわつせんぼんぎ…… VI - 397
さんぐわつだいこん…… VI - 397
さんぐわつだいこん…… VI - 398
さんぐわつな…… VI - 398
さんこしゆ…… VI - 398
さんごじゆだいこん…… VI - 398
さんごしゆな…… VI - 398
さんごじゆな…… VI - 398
さんごじゆな…… VI - 399
さんごじゆなすび…… VI - 399
さんごな…… VI - 399
さんしやう…… VI - 399
さんしやうのめ…… VI - 399
さんせう…… VI - 399
さんせう…… VI - 400
さんせうのめ…… VI - 400
さんねん…… VI - 400
さんねんちさ…… VI - 400


## し


しうで…… VI - 401
しおて…… VI - 401
しか…… VI - 401
しかさはな…… VI - 401
しかな…… VI - 401
しかぶ…… VI - 401
しかわりささけ…… VI - 401
しがわりささけ…… VI - 402
しぐわつ…… VI - 402
しぐわつかう…… VI - 402
しぐわつかぶ…… VI - 402
しぐわつかぶら…… VI - 402
しぐわつからし…… VI - 402
しぐわつだいこん…… VI - 402
しぐわつな…… VI - 403
しけりは…… VI - 403
しこくだいこん…… VI - 403
しそ…… VI - 403
しそ…… VI - 404
しそう…… VI - 404
したとり…… VI - 404
したりだいこん…… VI - 404
しちく…… VI - 404
しちゑんば…… VI - 404
しづくな…… VI - 404
しづしづな…… VI - 405
しつてんは…… VI - 405
しづらさう…… VI - 405
してんば…… VI - 405
しどきな…… VI - 405
しなのかぶ…… VI - 405
しなのかふら…… VI - 405
しねんしやう…… VI - 406
じねんしやう…… VI - 406
じねんじやう…… VI - 406
しねんしよ…… VI - 406
しねんじよ…… VI - 406
じねんしよ…… VI - 406
じねんじよいも…… VI - 406
しねんじよよ…… VI - 407
しのたけ…… VI - 407
じばいささけ…… VI - 407
しばわらひ…… VI - 407
じふはちささけ…… VI - 407
じふろくささけ…… VI - 407
しほてん…… VI - 407
しぼりだいこん…… VI - 408
しまあさつき…… VI - 408

しまいも…………………………… VI - 408
しまひる…………………………… VI - 408
しまふり…………………………… VI - 408
しやうか…………………………… VI - 408
しやうが…………………………… VI - 409
しやうかいも……………………… VI - 409
しやうがいも……………………… VI - 409
しやうじやうなすび……………… VI - 409
しやうじんにんにく……………… VI - 410
しやうま…………………………… VI - 410
じやうらうふつ…………………… VI - 410
じやかう…………………………… VI - 410
しやくしな………………………… VI - 410
しやくじやうゆり………………… VI - 410
しやくちやうささけ……………… VI - 410
しやくちようささけ……………… VI - 411
しやくな…………………………… VI - 411
しやくびやうたん………………… VI - 411
しやくふくへ……………………… VI - 411
しやくゆふかほ…………………… VI - 412
しやむろだいこん………………… VI - 412
しゆんきく………………………… VI - 412
しゆんさい………………………… VI - 412
じゆんさい………………………… VI - 412
じゆんさい………………………… VI - 413
しゆんさいも……………………… VI - 413
しゆんふうらん…………………… VI - 413
しゆんふらう……………………… VI - 413
しゆんふらうな…………………… VI - 413
しゆんふらん……………………… VI - 413
しよかつな………………………… VI - 413
しよかつな………………………… VI - 414
じよらういも……………………… VI - 414
じよらうな………………………… VI - 414
しよろき…………………………… VI - 414
しよろふき………………………… VI - 414
しらちさ…………………………… VI - 414
しらゆり…………………………… VI - 414
しりひねり………………………… VI - 415
しりふと…………………………… VI - 415
しろあかざ………………………… VI - 415
しろあさみ………………………… VI - 415
しろい……………………………… VI - 415
しらがら…………………………… VI - 416
しろいも…………………………… VI - 416
しろうり…………………………… VI - 416
しろかたふり……………………… VI - 416
しろかふ…………………………… VI - 416
しろかぶ…………………………… VI - 416
しろかぶ…………………………… VI - 417
しろかぶら………………………… VI - 417
しろから…………………………… VI - 417
しろからし………………………… VI - 417
しろがらし………………………… VI - 417
しろきうり………………………… VI - 418
しろきく…………………………… VI - 418
しろきふり………………………… VI - 418
しろくき…………………………… VI - 418
しろくわい………………………… VI - 418
しろくわひ………………………… VI - 418
しろくわへ………………………… VI - 418
しろくわゐ………………………… VI - 419
しろけし…………………………… VI - 419
しろこのき………………………… VI - 419
しろこぼう………………………… VI - 419
しろこま…………………………… VI - 419
しろごま…………………………… VI - 419
しろごま…………………………… VI - 420
しろささけ………………………… VI - 420
しろしやう………………………… VI - 420
しろすいくわ……………………… VI - 420
しろだいこん……………………… VI - 420
しろたかな………………………… VI - 420
しろたて…………………………… VI - 420
しろたで…………………………… VI - 421
しろたんぽぽ……………………… VI - 421

しろちさ…… VI - 421
しろちや…… VI - 421
しろとう…… VI - 421
しろとうからし…… VI - 421
しろな…… VI - 421
しろなす…… VI - 422
しろなすひ…… VI - 422
しろなすび…… VI - 422
しろにんしん…… VI - 422
しろにんじん…… VI - 422
しろにんちん…… VI - 423
しろばしやう…… VI - 423
しろはせを…… VI - 423
しろはな…… VI - 423
しろひゆ…… VI - 423
しろふき…… VI - 423
しろふり…… VI - 423
しろほうてん…… VI - 424
しろぼうぶら…… VI - 424
しろぼんてん…… VI - 424
しろまつくは…… VI - 424
しろゆふかほ…… VI - 424
しろゆり…… VI - 424
しわはせり…… VI - 424
しんきく…… VI - 425
しんずい…… VI - 425

## す

すいくは…… VI - 426
すいくはん…… VI - 426
すいくわ…… VI - 426
すいくわんな…… VI - 426
ずいこ…… VI - 426
すいせんな…… VI - 426
すいたくわい…… VI - 427
すいばなかつら…… VI - 427
すいもくさ…… VI - 427
すかしゆり…… VI - 427
すかな…… VI - 427
すがりな…… VI - 427
すきな…… VI - 427
すきな…… VI - 428
すぎな…… VI - 428
すきなくさ…… VI - 428
すきやま…… VI - 428
すぎやま…… VI - 428
ずくね…… VI - 428
ずぐりかふ…… VI - 429
すずかね…… VI - 429
すすたけのこ…… VI - 429
すすな…… VI - 429
すずな…… VI - 429
すずなすび…… VI - 429
すずなんはん…… VI - 429
すずなんばん…… VI - 430
すすね…… VI - 430
すすひる…… VI - 430
すずふり…… VI - 430
すずめかぶ…… VI - 430
すすめふり…… VI - 430
すぢふり…… VI - 430
すねくされ…… VI - 431
すはうだいこん…… VI - 431
すはりかふ…… VI - 431
すはりかぶ…… VI - 431
すひくわ…… VI - 431
すべらこ…… VI - 431
すへりひいな…… VI - 431
すべりひいな…… VI - 432
すべりひやう…… VI - 432
すへりひゆ…… VI - 432
すべりひゆ…… VI - 432
すべりひゆ…… VI - 433
すべりびゆ…… VI - 433
すべりひゆな…… VI - 433
すべりべ…… VI - 433

すべる…………………………… Ⅵ - 433
すべるべ………………………… Ⅵ - 433
すみとりふくべ………………… Ⅵ - 434
すみら…………………………… Ⅵ - 434
すりからしな…………………… Ⅵ - 434
ずりこみだいこん……………… Ⅵ - 434
するかな………………………… Ⅵ - 434
すろつぽ………………………… Ⅵ - 434
すわりかふ……………………… Ⅵ - 434
すわりかぶ……………………… Ⅵ - 435
すわりかふら…………………… Ⅵ - 435
すんぶうらん…………………… Ⅵ - 435

## せ

せいくわ………………………… Ⅵ - 436
せうか…………………………… Ⅵ - 436
せうが…………………………… Ⅵ - 436
せうかいも……………………… Ⅵ - 436
せうがいも……………………… Ⅵ - 436
せうかく………………………… Ⅵ - 437
ぜつふ…………………………… Ⅵ - 437
せり……………………………… Ⅵ - 437
せりこめ………………………… Ⅵ - 437
せりば…………………………… Ⅵ - 438
せろつぼ………………………… Ⅵ - 438
せんかう………………………… Ⅵ - 438
ぜんかう………………………… Ⅵ - 438
ぜんくわうじな………………… Ⅵ - 438
せんこくちさ…………………… Ⅵ - 438
ぜんさい………………………… Ⅵ - 438
せんじう………………………… Ⅵ - 439
せんしくわ……………………… Ⅵ - 439
ぜんじの………………………… Ⅵ - 439
せんすぢ………………………… Ⅵ - 439
ぜんだうだいこん……………… Ⅵ - 439
せんなり………………………… Ⅵ - 439
せんなりたうからし…………… Ⅵ - 440
せんなりひやうたん…………… Ⅵ - 440
せんなりふくへ………………… Ⅵ - 440
せんなりふくべ………………… Ⅵ - 440
せんなりへうたん……………… Ⅵ - 440
せんなりゆふがほ……………… Ⅵ - 440
せんのやさき…………………… Ⅵ - 440
せんば…………………………… Ⅵ - 441
せんばちさ……………………… Ⅵ - 441
せんはちしや…………………… Ⅵ - 441
せんぶ…………………………… Ⅵ - 441
ぜんふ…………………………… Ⅵ - 441
せんぼん………………………… Ⅵ - 441
せんぼんき……………………… Ⅵ - 442
せんまい………………………… Ⅵ - 442
ぜんまい………………………… Ⅵ - 442
せんまいはり…………………… Ⅵ - 443
せんまいばり…………………… Ⅵ - 443
せんまひ………………………… Ⅵ - 443
ぜんまひ………………………… Ⅵ - 443
せんもと………………………… Ⅵ - 443
せんやたうからし……………… Ⅵ - 443
せんよ…………………………… Ⅵ - 444
せんよう………………………… Ⅵ - 444
せんをうき……………………… Ⅵ - 444

## そ

ぞかてな………………………… Ⅵ - 445
そこいり………………………… Ⅵ - 445
そこいりだいこん……………… Ⅵ - 445
そこいれ………………………… Ⅵ - 445
そはな…………………………… Ⅵ - 445
そばな…………………………… Ⅵ - 445
そふいも………………………… Ⅵ - 445
そらなり………………………… Ⅵ - 446
そらなんばん…………………… Ⅵ - 446
そらふきなんばん……………… Ⅵ - 446
そらまぶり……………………… Ⅵ - 446
そらむきなんはん……………… Ⅵ - 446
そらむきなんばん……………… Ⅵ - 446

そりあがり…… VI - 446

## た

たいかふな…… VI - 447
だいこん…… VI - 447
だいこんかぶ…… VI - 448
だいこんな…… VI - 448
たいさんし…… VI - 448
たいす…… VI - 448
だいづささけ…… VI - 448
たいも…… VI - 448
たういも…… VI - 448
たういも…… VI - 449
たうからし…… VI - 449
たうがらし…… VI - 449
たうがらし…… VI - 450
たうくこ…… VI - 450
たうごばう…… VI - 450
たうこほう…… VI - 450
たうじそ…… VI - 450
たうすいくわ…… VI - 450
たうだいこん…… VI - 450
たうたて…… VI - 451
たうたで…… VI - 451
たうちさ…… VI - 451
たうな…… VI - 451
たうなす…… VI - 451
たうのいも…… VI - 451
たうひゆ…… VI - 452
たうふき…… VI - 452
たうふり…… VI - 452
たうゆり…… VI - 452
たうゆりくさ…… VI - 452
たかさむらい…… VI - 452
たがどう…… VI - 452
たかな…… VI - 453
たかなからし…… VI - 453
たかのつめ…… VI - 453
たかのつめなんばん…… VI - 453
たからすこ…… VI - 454
たかをかおほすぢ…… VI - 454
たかをかふうとう…… VI - 454
たかをかほうこ…… VI - 454
たきゆり…… VI - 454
たけのこ…… VI - 454
たけのね…… VI - 455
たけひる…… VI - 455
たけびる…… VI - 455
たけふしたうからし…… VI - 455
たせり…… VI - 455
たちかけ…… VI - 455
たちはき…… VI - 455
たちふふり…… VI - 456
たつな…… VI - 456
たつま…… VI - 456
たて…… VI - 456
たで…… VI - 456
たで…… VI - 457
たなかふり…… VI - 457
たねからし…… VI - 457
たねがらし…… VI - 457
たねな…… VI - 457
たひらこ…… VI - 457
たひらこ…… VI - 458
たびらこ…… VI - 458
たふなすび…… VI - 458
たまごなす…… VI - 458
たまごなすび…… VI - 458
たまつき…… VI - 459
たまめ…… VI - 459
たらのは…… VI - 459
だらのめ…… VI - 459
だらりだいこん…… VI - 459
たわらなんばん…… VI - 459
たんばいも…… VI - 459
たんほ…… VI - 460

たんぽ……………………………… VI - 460
たんほほ…………………………… VI - 460
たんぽぽ…………………………… VI - 460

## ち

ち…………………………………… VI - 461
ちいも……………………………… VI - 461
ちかふ……………………………… VI - 461
ちかふら…………………………… VI - 461
ちからし…………………………… VI - 461
ちごばう…………………………… VI - 461
ちさ………………………………… VI - 461
ちさ………………………………… VI - 462
ぢざうのみみ……………………… VI - 462
ちさな……………………………… VI - 462
ちさんせう………………………… VI - 462
ちしや……………………………… VI - 462
ちしやな…………………………… VI - 463
ぢすいくわ………………………… VI - 463
ちそな……………………………… VI - 463
ちだいこん………………………… VI - 463
ぢちさ……………………………… VI - 463
ちちみ……………………………… VI - 464
ちちみしそ………………………… VI - 464
ちぢみしそ………………………… VI - 464
ちぢみちさ………………………… VI - 464
ぢな………………………………… VI - 464
ちはいささけ……………………… VI - 464
ちばいささけ……………………… VI - 464
ちふき……………………………… VI - 465
ぢほり……………………………… VI - 465
ちもと……………………………… VI - 465
ちやうかふ………………………… VI - 465
ちやうせんかぶ…………………… VI - 465
ちやうせんな……………………… VI - 465
ちやうせんふり…………………… VI - 465
ちやうせんほうふら……………… VI - 466
ちやうせんぼうぶら……………… VI - 466
ちやうせんぼぶら………………… VI - 466
ちやうふき………………………… VI - 466
ちやうろき………………………… VI - 466
ちやうろぎ………………………… VI - 466
ちよふろぎ………………………… VI - 466
ちよろき…………………………… VI - 467
ちよろぎ…………………………… VI - 467
ぢよろき…………………………… VI - 467
ちらしな…………………………… VI - 467
ちりめん…………………………… VI - 467
ちりめんくさ……………………… VI - 467
ちりめんしそ……………………… VI - 468
ちりめんじそ……………………… VI - 468
ちりめんちさ……………………… VI - 468
ちりめんちしや…………………… VI - 468
ちりめんな………………………… VI - 468
ちんぽうろうし…………………… VI - 468

## つ

つがるにんじん…………………… VI - 469
つきりかぶ………………………… VI - 469
つくいも…………………………… VI - 469
つくし……………………………… VI - 469
つくし……………………………… VI - 470
つくつくし………………………… VI - 470
つくづくし………………………… VI - 471
つくつくほうし…………………… VI - 471
つくね……………………………… VI - 471
つくねいも………………………… VI - 471
つくねいも………………………… VI - 472
つくばね…………………………… VI - 472
つくほうし………………………… VI - 472
づくほし…………………………… VI - 473
つぐみところ……………………… VI - 473
つぐらめ…………………………… VI - 473
つくりうど………………………… VI - 473
つけうり…………………………… VI - 473
つけふり…………………………… VI - 473

つけものうり…………………………Ⅵ - 473
つしまな…………………………Ⅵ - 474
つたふり…………………………Ⅵ - 474
つちいも…………………………Ⅵ - 474
つちかふり…………………………Ⅵ - 474
つちかぶり…………………………Ⅵ - 474
つちかふりだいこん…………………………Ⅵ - 474
つつたけ…………………………Ⅵ - 474
つつみくさ…………………………Ⅵ - 475
つづみくさ…………………………Ⅵ - 475
つは…………………………Ⅵ - 475
つばくらな…………………………Ⅵ - 475
つはぶき…………………………Ⅵ - 475
つばめくち…………………………Ⅵ - 475
つぶらめ…………………………Ⅵ - 475
つぼかふ…………………………Ⅵ - 476
つましろ…………………………Ⅵ - 476
つますへかふら…………………………Ⅵ - 476
つまみな…………………………Ⅵ - 476
つゆまきだいこん…………………………Ⅵ - 476
つらふり…………………………Ⅵ - 476
つるいも…………………………Ⅵ - 477
つるくび…………………………Ⅵ - 477
つるこいも…………………………Ⅵ - 477
つるな…………………………Ⅵ - 477
つるにんしん…………………………Ⅵ - 477
つるのこ…………………………Ⅵ - 477
つるのこ…………………………Ⅵ - 478
つるのこいも…………………………Ⅵ - 478
つるのはし…………………………Ⅵ - 478
つるぶすま…………………………Ⅵ - 478
つわ…………………………Ⅵ - 478
つわふき…………………………Ⅵ - 478
つんくりかふ…………………………Ⅵ - 479
づんくりかぶ…………………………Ⅵ - 479

## て

ていも…………………………Ⅵ - 480
ていらいも…………………………Ⅵ - 480
ていれき…………………………Ⅵ - 480
てうせん…………………………Ⅵ - 480
てうせんしそ…………………………Ⅵ - 480
てうせんすいくわ…………………………Ⅵ - 480
てうせんだいこん…………………………Ⅵ - 480
てうせんたで…………………………Ⅵ - 481
てうせんな…………………………Ⅵ - 481
てうろき…………………………Ⅵ - 481
てのひら…………………………Ⅵ - 481
てのひらいも…………………………Ⅵ - 481
てふせんかぶ…………………………Ⅵ - 481
てふり…………………………Ⅵ - 481
てんぐゆり…………………………Ⅵ - 482
でんげし…………………………Ⅵ - 482
てんこ…………………………Ⅵ - 482
てんこささけ…………………………Ⅵ - 482
てんこなんはん…………………………Ⅵ - 482
てんこなんばん…………………………Ⅵ - 482
てんしくまもり…………………………Ⅵ - 482
てんじやう…………………………Ⅵ - 483
てんじやうなり…………………………Ⅵ - 483
てんじやうまぶり…………………………Ⅵ - 483
てんた…………………………Ⅵ - 483
てんたうな…………………………Ⅵ - 483
てんぢく…………………………Ⅵ - 483
てんぢくいも…………………………Ⅵ - 483
てんぢくたうからし…………………………Ⅵ - 484
てんちくなんはん…………………………Ⅵ - 484
てんちくまふり…………………………Ⅵ - 484
てんちくまもり…………………………Ⅵ - 484
てんぢくまもり…………………………Ⅵ - 484
てんとう…………………………Ⅵ - 485
てんとうまぶり…………………………Ⅵ - 485
てんとうもり…………………………Ⅵ - 485
てんのうじかぶ…………………………Ⅵ - 485
てんのふじかぶ…………………………Ⅵ - 485
てんりうじかぶ…………………………Ⅵ - 485

てんわうじ………………………… VI - 485
てんわうじかふ…………………… VI - 486
てんわうじかぶ…………………… VI - 486
てんわうじかぶら………………… VI - 486
てんわうじな……………………… VI - 486

## と

といも……………………………… VI - 487
とう………………………………… VI - 487
とういも…………………………… VI - 487
とうかふ…………………………… VI - 487
とうからし………………………… VI - 487
とうがらし………………………… VI - 488
とうきやうかふら………………… VI - 488
とうくさ…………………………… VI - 488
とうぐは…………………………… VI - 488
とうくわ…………………………… VI - 488
とうごばう………………………… VI - 488
とうじうり………………………… VI - 489
とうすいき………………………… VI - 489
とうちさ…………………………… VI - 489
とうちしや………………………… VI - 489
とうな……………………………… VI - 489
とうなす…………………………… VI - 489
とうなすび………………………… VI - 490
とうのいも………………………… VI - 490
とうのごばう……………………… VI - 490
どうはりだいこん………………… VI - 490
とうひゆ…………………………… VI - 491
とうひん…………………………… VI - 491
とうびん…………………………… VI - 491
とうふき…………………………… VI - 491
とうまめ…………………………… VI - 491
とうやま…………………………… VI - 491
とがりは…………………………… VI - 492
ときり……………………………… VI - 492
とぎり……………………………… VI - 492
ときりは…………………………… VI - 492
ときわな…………………………… VI - 492
どくだみ…………………………… VI - 492
とくわか…………………………… VI - 492
とくわか…………………………… VI - 493
とくわかな………………………… VI - 493
とこちさ…………………………… VI - 493
とこな……………………………… VI - 493
ところ……………………………… VI - 493
ところ……………………………… VI - 494
ところいも………………………… VI - 494
とこわかだいこん………………… VI - 494
とささ……………………………… VI - 494
とさふき…………………………… VI - 494
としき……………………………… VI - 494
としよ……………………………… VI - 494
とじよなんば……………………… VI - 495
とせね……………………………… VI - 495
どぜん……………………………… VI - 495
どたいも…………………………… VI - 495
とちな……………………………… VI - 495
どつくは…………………………… VI - 495
ととき……………………………… VI - 495
ととき……………………………… VI - 496
とときにんじん…………………… VI - 496
ととら……………………………… VI - 496
とのいも…………………………… VI - 496
とのふづ…………………………… VI - 496
とひあかり………………………… VI - 496
とひあがり………………………… VI - 496
とびあかり………………………… VI - 497
とびあがり………………………… VI - 497
とびあかりだいこん……………… VI - 497
とびくち…………………………… VI - 497
とびな……………………………… VI - 497
とふからし………………………… VI - 497
とふがらし………………………… VI - 498
とふのいも………………………… VI - 498
とふろくふり……………………… VI - 498

とほたうみかぶな…………………… VI - 498
とめも…………………………………… VI - 498
どようだいこん……………………… VI - 498
とらのを……………………………… VI - 498
とらのをちさ………………………… VI - 499
とらのをなんばん…………………… VI - 499
とらふたけ…………………………… VI - 499
とりあし……………………………… VI - 499
どりうだいこん……………………… VI - 499
とりのあし…………………………… VI - 499
とりのした…………………………… VI - 499
とわたふき…………………………… VI - 500
とをのいも…………………………… VI - 500
とんきんぼうぶら…………………… VI - 500
どんぐは……………………………… VI - 500
どんたつ……………………………… VI - 500
どんだらいも………………………… VI - 500


## な


な………………………………………… VI - 501
なかあかりだいこん………………… VI - 501
なかいも……………………………… VI - 501
ながいも……………………………… VI - 501
なかかふ……………………………… VI - 502
ながかふ……………………………… VI - 502
ながかぶ……………………………… VI - 502
なかかふら…………………………… VI - 502
ながかぶら…………………………… VI - 502
なかささけ…………………………… VI - 502
ながささけ…………………………… VI - 502
ながだいこん………………………… VI - 503
なかたうからし……………………… VI - 503
ながたうがらし……………………… VI - 503
ながたて……………………………… VI - 503
ながちさ……………………………… VI - 503
なかてなすひ………………………… VI - 503
ながとうからし……………………… VI - 503
ながとうからし……………………… VI - 504
ながな………………………………… VI - 504
なかなす……………………………… VI - 504
ながなす……………………………… VI - 504
なかなすひ…………………………… VI - 504
ながなすひ…………………………… VI - 504
ながなすひ…………………………… VI - 505
ながなすび…………………………… VI - 505
なかなんはん………………………… VI - 505
なかなんばん………………………… VI - 505
ながなんはん………………………… VI - 506
ながなんばん………………………… VI - 506
ながねいも…………………………… VI - 506
ながはけ……………………………… VI - 506
なかびやうたん……………………… VI - 506
ながびよつた………………………… VI - 506
ながふくべ…………………………… VI - 506
なかふとり…………………………… VI - 507
ながも………………………………… VI - 507
ながゆうがほ………………………… VI - 507
なかゆふがほ………………………… VI - 507
ながゆふかほ………………………… VI - 507
なから………………………………… VI - 507
ながら………………………………… VI - 508
ながを………………………………… VI - 508
なこや………………………………… VI - 508
なごや………………………………… VI - 508
なこやふり…………………………… VI - 508
なじみくさ…………………………… VI - 508
なす…………………………………… VI - 509
なすな………………………………… VI - 509
なずな………………………………… VI - 509
なすひ………………………………… VI - 509
なすび………………………………… VI - 509
なすび………………………………… VI - 510
なぞな………………………………… VI - 510
なたささけ…………………………… VI - 510
なたまめ……………………………… VI - 511
なついも……………………………… VI - 511

なつかぶ…………………………… VI - 511
なつこほう………………………… VI - 511
なつだいこん……………………… VI - 511
なつだいこん……………………… VI - 512
なつちさ…………………………… VI - 512
なつな……………………………… VI - 512
なつな……………………………… VI - 513
なづな……………………………… VI - 513
なつねふか………………………… VI - 513
なつひともし……………………… VI - 514
なつみやうか……………………… VI - 514
なつめうか………………………… VI - 514
なつめうが………………………… VI - 514
ななつなり………………………… VI - 514
ななつなりなんはん……………… VI - 515
ななつはなんばん………………… VI - 515
なにうこき………………………… VI - 515
なはしろだいこん………………… VI - 515
なみさ……………………………… VI - 515
なもとこ…………………………… VI - 515
なるこふり………………………… VI - 515
なるはじかみ……………………… VI - 516
なれなれなすひ…………………… VI - 516
なれなれなすび…………………… VI - 516
なんきん…………………………… VI - 516
なんきんげいとう………………… VI - 516
なんきんささけ…………………… VI - 516
なんきんな………………………… VI - 516
なんきんな………………………… VI - 517
なんきんふり……………………… VI - 517
なんきんぼうぶら………………… VI - 517
なんきんまめ……………………… VI - 517
なんはん…………………………… VI - 517
なんばん…………………………… VI - 517
なんばんははきき………………… VI - 517

## に

にかたけ…………………………… VI - 518
にがところ………………………… VI - 518
にがな……………………………… VI - 518
にがはち…………………………… VI - 518
にがふき…………………………… VI - 518
にかゆり…………………………… VI - 518
にがゆり…………………………… VI - 519
にからし…………………………… VI - 519
にへな……………………………… VI - 519
にら………………………………… VI - 519
にんしん…………………………… VI - 519
にんしん…………………………… VI - 520
にんじん…………………………… VI - 520
にんじん…………………………… VI - 521
にんしんかふ……………………… VI - 521
にんじんかぶら…………………… VI - 521
にんじんだいこん………………… VI - 521
にんちん…………………………… VI - 521
にんぢん…………………………… VI - 522
にんにく…………………………… VI - 522

## ぬ

ぬかこ……………………………… VI - 523
ぬけあかり………………………… VI - 523
ぬけあかりだいこん……………… VI - 523
ぬけだいこん……………………… VI - 523
ぬのは……………………………… VI - 523

## ね

ねあがり…………………………… VI - 524
ねあかりだいこん………………… VI - 524
ねあがりだいこん………………… VI - 524
ねいり……………………………… VI - 524
ねいりだいこん…………………… VI - 524
ねかぶ……………………………… VI - 524
ねかぶら…………………………… VI - 524
ねき………………………………… VI - 525
ねぎ………………………………… VI - 525
ねくび……………………………… VI - 525

ねじま…… VI - 525
ねすのを…… VI - 526
ねずみしり…… VI - 526
ねすみだいこん…… VI - 526
ねずみだいこん…… VI - 526
ねずみのを…… VI - 526
ねずみのをだいこん…… VI - 527
ねずみふり…… VI - 527
ねずみまくわ…… VI - 527
ねすみを…… VI - 527
ねせり…… VI - 527
ねつみだいこん…… VI - 527
ねづみだいこん…… VI - 527
ねつみのみみ…… VI - 528
ねつみふり…… VI - 528
ねなかり…… VI - 528
ねにんしん…… VI - 528
ねにんじん…… VI - 528
ねにんちん…… VI - 528
ねひる…… VI - 528
ねふか…… VI - 529
ねぶか…… VI - 529
ねふかだいこん…… VI - 529
ねふりだいこん…… VI - 529
ねまがり…… VI - 530
ねりま…… VI - 530
ねりまだいこん…… VI - 530
ねれま…… VI - 530
ねれまだいこん…… VI - 530

## の

のあかざ…… VI - 531
のあさつき…… VI - 531
のいも…… VI - 531
のからし…… VI - 531
のきく…… VI - 531
のけいとう…… VI - 531
のげいとう…… VI - 531
のこぎりだいこん…… VI - 532
のごばう…… VI - 532
のしやくな…… VI - 532
のせり…… VI - 532
のだいこん…… VI - 532
のたけ…… VI - 533
のたて…… VI - 533
のたで…… VI - 533
のなづな…… VI - 533
のにんしん…… VI - 533
のにんじん…… VI - 533
のねき…… VI - 534
のねぎ…… VI - 534
ののひる…… VI - 534
のびあがりだいこん…… VI - 534
のひすはん…… VI - 534
のひゆ…… VI - 534
のひる…… VI - 534
のひる…… VI - 535
のびる…… VI - 535
のふき…… VI - 535
のぶき…… VI - 536
のぶくしう…… VI - 536
のふぐるま…… VI - 536
のぼりごせう…… VI - 536
のゆり…… VI - 536
のゆりさう…… VI - 536
のりあがり…… VI - 536
のりだし…… VI - 537
のわけぎ…… VI - 537
のわらび…… VI - 537
のゑんとば…… VI - 537

## は

はいいも…… VI - 538
はいも…… VI - 538
はいゐも…… VI - 538
はうきくさ…… VI - 538

はうざうくわ………………………… Ⅵ - 538
ばうふう……………………………… Ⅵ - 538
はうれん……………………………… Ⅵ - 539
はうれんさう………………………… Ⅵ - 539
はおり………………………………… Ⅵ - 539
はおれ………………………………… Ⅵ - 539
はかたいかり………………………… Ⅵ - 539
はかふ………………………………… Ⅵ - 540
はかぶら……………………………… Ⅵ - 540
はからし……………………………… Ⅵ - 540
ばかわらび…………………………… Ⅵ - 540
はきぎ………………………………… Ⅵ - 540
はぎしり……………………………… Ⅵ - 540
はぎな………………………………… Ⅵ - 540
はぎれだいこん……………………… Ⅵ - 541
はくそ………………………………… Ⅵ - 541
はくふり……………………………… Ⅵ - 541
はくまいひる………………………… Ⅵ - 541
はけ…………………………………… Ⅵ - 541
はけいとう…………………………… Ⅵ - 541
はごい………………………………… Ⅵ - 541
はこへ………………………………… Ⅵ - 542
はこべ………………………………… Ⅵ - 542
はごま………………………………… Ⅵ - 542
はさび………………………………… Ⅵ - 543
はしかみ……………………………… Ⅵ - 543
はじかみ……………………………… Ⅵ - 543
はしかみいも………………………… Ⅵ - 543
ばしやうな…………………………… Ⅵ - 543
はす…………………………………… Ⅵ - 544
はすいも……………………………… Ⅵ - 544
はすね………………………………… Ⅵ - 545
はすのね……………………………… Ⅵ - 545
ばせうだかな………………………… Ⅵ - 545
ばせうな……………………………… Ⅵ - 545
はぜな………………………………… Ⅵ - 545
はせをな……………………………… Ⅵ - 545
はだいこん…………………………… Ⅵ - 546
はたけいも…………………………… Ⅵ - 546
はたけな……………………………… Ⅵ - 546
はたけゆり…………………………… Ⅵ - 546
はたな………………………………… Ⅵ - 546
はたなだいこん……………………… Ⅵ - 546
はだなめり…………………………… Ⅵ - 546
はたの………………………………… Ⅵ - 547
はたのだいこん……………………… Ⅵ - 547
はちいも……………………………… Ⅵ - 547
はちえふだいこん…………………… Ⅵ - 547
はちかく……………………………… Ⅵ - 547
はちしやうまめ……………………… Ⅵ - 547
はちにんまくら……………………… Ⅵ - 547
はちのじたて………………………… Ⅵ - 548
はちふくべ…………………………… Ⅵ - 548
はちみたうからし…………………… Ⅵ - 548
はちゆふかほ………………………… Ⅵ - 548
ばつかい……………………………… Ⅵ - 548
はつかな……………………………… Ⅵ - 548
はとな………………………………… Ⅵ - 548
はないも……………………………… Ⅵ - 549
はなか………………………………… Ⅵ - 549
はなが………………………………… Ⅵ - 549
はなけし……………………………… Ⅵ - 549
はなさき……………………………… Ⅵ - 549
はなちさ……………………………… Ⅵ - 549
はなちしや…………………………… Ⅵ - 549
はなやへゆり………………………… Ⅵ - 550
はにんしん…………………………… Ⅵ - 550
はにんじん…………………………… Ⅵ - 550
はにんちん…………………………… Ⅵ - 550
はぬけけんば………………………… Ⅵ - 550
はばき………………………………… Ⅵ - 550
ははきき……………………………… Ⅵ - 550
ははきぎ……………………………… Ⅵ - 551
ははきくさ…………………………… Ⅵ - 551
ははこくさ…………………………… Ⅵ - 551
はひいも……………………………… Ⅵ - 551

はひゆ…………………………… VI - 551
はひろ…………………………… VI - 552
はびろ…………………………… VI - 552
はぶとだいこん………………… VI - 552
はべいも………………………… VI - 552
はまあかざ……………………… VI - 552
はまきり………………………… VI - 552
はまごぼう……………………… VI - 552
はまちさ………………………… VI - 553
はまちしや……………………… VI - 553
はまな…………………………… VI - 553
はまなす………………………… VI - 553
はまなすび……………………… VI - 553
はまにんじん…………………… VI - 553
はまのあかさ…………………… VI - 553
はまのを………………………… VI - 554
はまばうふ……………………… VI - 554
はまばうふう…………………… VI - 554
はまびし………………………… VI - 554
はまほうふう…………………… VI - 554
はまぼうふう…………………… VI - 554
はままつ………………………… VI - 555
はやいも………………………… VI - 555
はやかぶ………………………… VI - 555
はやからし……………………… VI - 555
はやなすび……………………… VI - 555
はらひはらひ…………………… VI - 555
はりうこき……………………… VI - 556
はりうこぎ……………………… VI - 556
はりたうからし………………… VI - 556
はりなしうこき………………… VI - 556
はりなしなすび………………… VI - 556
はりなすひ……………………… VI - 556
はりなすび……………………… VI - 556
はるだいこん…………………… VI - 557
はるだま………………………… VI - 557
はるな…………………………… VI - 557
はんげ…………………………… VI - 557
ばんしょ………………………… VI - 557
はんる…………………………… VI - 557

## ひ

ひいな…………………………… VI - 558
ひう……………………………… VI - 558
ひうが…………………………… VI - 558
ひうたん………………………… VI - 558
ひがんぼうず…………………… VI - 558
ひげにんじん…………………… VI - 558
ひこたで………………………… VI - 558
ひこさんたで…………………… VI - 559
ひごな…………………………… VI - 559
ひさこ…………………………… VI - 559
ひしやくばけ…………………… VI - 559
ひしやくゆふかほ……………… VI - 559
ひずり…………………………… VI - 559
ひつこみだいこん……………… VI - 559
ひつり…………………………… VI - 560
ひづり…………………………… VI - 560
ひつる…………………………… VI - 560
ひとつなり……………………… VI - 560
ひともし………………………… VI - 560
ひともじ………………………… VI - 561
ひな……………………………… VI - 561
ひなまち………………………… VI - 561
ひのかぶ………………………… VI - 561
ひのな…………………………… VI - 562
ひばりのすね…………………… VI - 562
ひひな…………………………… VI - 562
ひめあさみ……………………… VI - 562
ひめあざみ……………………… VI - 562
ひめいも………………………… VI - 562
ひめうり………………………… VI - 562
ひめかぶ………………………… VI - 563
ひめけし………………………… VI - 563
ひめな…………………………… VI - 563
ひめゆり………………………… VI - 563

ひやう……………………………… VI - 563
ひやうあかざ………………………… VI - 563
ひやうたん…………………………… VI - 563
ひやうたん…………………………… VI - 564
ひやうたんいも……………………… VI - 564
ひやうたんなす……………………… VI - 564
ひやうたんふくへ…………………… VI - 564
ひやうな……………………………… VI - 564
ひやうぶ……………………………… VI - 564
ひやくえふ…………………………… VI - 564
ひやくえふからし…………………… VI - 565
ひやくえふだいこん………………… VI - 565
ひやくな……………………………… VI - 565
ひやくなみさう……………………… VI - 565
ひやくなり…………………………… VI - 565
ひやくなりなすび…………………… VI - 565
ひやくなりなんばん………………… VI - 566
ひやくなりふくへ…………………… VI - 566
ひやくなりゆふかほ………………… VI - 566
ひやくにんまくら…………………… VI - 566
ひやくはかぶ………………………… VI - 566
ひゆ…………………………………… VI - 566
ひゆ…………………………………… VI - 567
ひゆな………………………………… VI - 567
ひゆり………………………………… VI - 567
ひようたん…………………………… VI - 567
ひよくさ……………………………… VI - 567
ひらいも……………………………… VI - 567
ひらかふら…………………………… VI - 568
ひらかぶら…………………………… VI - 568
ひらくき……………………………… VI - 568
ひらたかぶ…………………………… VI - 568
ひらたけいも………………………… VI - 568
ひらとだいこん……………………… VI - 568
ひらな………………………………… VI - 568
ひらのにんじん……………………… VI - 569
ひらゆふかほ………………………… VI - 569
ひる…………………………………… VI - 569
ひるがほ……………………………… VI - 569
ひるこ………………………………… VI - 569
ひるな………………………………… VI - 569
ひろしまふり………………………… VI - 570
ひゐな………………………………… VI - 570
ひゑな………………………………… VI - 570

## ふ

ふき…………………………………… VI - 571
ふきのしうとめ……………………… VI - 571
ふきのとう…………………………… VI - 571
ふくし………………………………… VI - 571
ふくしう……………………………… VI - 571
ふくたち……………………………… VI - 572
ふくへ………………………………… VI - 572
ふくべ………………………………… VI - 572
ふくべゆふかを……………………… VI - 572
ふくべら……………………………… VI - 572
ふさがしら…………………………… VI - 572
ふさなりごせう……………………… VI - 572
ふさなりなすび……………………… VI - 573
ふざん………………………………… VI - 573
ふじて………………………………… VI - 573
ふしなが……………………………… VI - 573
ふしなし……………………………… VI - 573
ふじのは……………………………… VI - 573
ふたんさう…………………………… VI - 573
ふたんさう…………………………… VI - 574
ふだんさう…………………………… VI - 574
ふたんそう…………………………… VI - 574
ふたんそう…………………………… VI - 575
ふだんそう…………………………… VI - 575
ふだんな……………………………… VI - 575
ふちゆうな…………………………… VI - 575
ふつ…………………………………… VI - 575
ぶつ…………………………………… VI - 575
ふつさくふり………………………… VI - 575
ふとう………………………………… VI - 576

ふとうからし…………………… VI - 576
ふとね…………………………… VI - 576
ふとみじか……………………… VI - 576
ふとり…………………………… VI - 576
ふな……………………………… VI - 576
ぶなな…………………………… VI - 576
ぶなはだ………………………… VI - 577
ふねばり………………………… VI - 577
ふやうは………………………… VI - 577
ふゆだいこん…………………… VI - 577
ふゆちさ………………………… VI - 577
ふゆな…………………………… VI - 577
ふゆな…………………………… VI - 578
ふゆねぎ………………………… VI - 578
ふゆひともし…………………… VI - 578
ふゆふり………………………… VI - 578
ふり……………………………… VI - 578
ふろう…………………………… VI - 578
ふろうささけ…………………… VI - 579

## へ

へうたん………………………… VI - 580
へくりだいこん………………… VI - 580
へぐりだいこん………………… VI - 580
へちま…………………………… VI - 580
へにかぶ………………………… VI - 580
べにかふ………………………… VI - 580
べにかぶ………………………… VI - 581
べにかぶら……………………… VI - 581
べにすかし……………………… VI - 581
べにな…………………………… VI - 581
へのまちふり…………………… VI - 581
へびゆり………………………… VI - 581
へらあさみ……………………… VI - 581
へらあざみ……………………… VI - 582
へらいも………………………… VI - 582
へらだいこん…………………… VI - 582
へらゆり………………………… VI - 582

## ほ

ほいれ…………………………… VI - 583
ほうき…………………………… VI - 583
ほうきぎ………………………… VI - 583
ほうきくさ……………………… VI - 583
ほうきは………………………… VI - 583
ほうこくさ……………………… VI - 583
ほうこはな……………………… VI - 583
ほうし…………………………… VI - 584
ほうじ…………………………… VI - 584
ほうしかづき…………………… VI - 584
ほうすきなんばん……………… VI - 584
ほうずきなんばん……………… VI - 584
ほうつき………………………… VI - 584
ほうづき………………………… VI - 584
ほうづきたうからし…………… VI - 585
ほうづきとうがらし…………… VI - 585
ほうづきなんば………………… VI - 585
ほうつきなんはん……………… VI - 585
ほうつきなんばん……………… VI - 585
ほうづきなんはん……………… VI - 585
ほうとう………………………… VI - 585
ぼうとう………………………… VI - 586
ぼうどう………………………… VI - 586
ほうな…………………………… VI - 586
ほうのはたかな………………… VI - 586
ほうふ…………………………… VI - 586
ほうふう………………………… VI - 586
ぼうふう………………………… VI - 586
ほうふら………………………… VI - 587
ぼうふら………………………… VI - 587
ぼうぶら………………………… VI - 587
ぼうふり………………………… VI - 587
ほうれんさう…………………… VI - 587
ほうれんさう…………………… VI - 588
ほうれんそう…………………… VI - 588
ほしな…………………………… VI - 588

ほそくち…………………………… VI - 588
ほそごほう………………………… VI - 588
ほそね……………………………… VI - 588
ほそねだいこん…………………… VI - 588
ほそなんはん……………………… VI - 589
ほそねだいこん…………………… VI - 589
ほそは……………………………… VI - 589
ほそり……………………………… VI - 589
ほたで……………………………… VI - 589
ぼたんにんじん…………………… VI - 589
ぼてう……………………………… VI - 590
ほてん……………………………… VI - 590
ぼでん……………………………… VI - 590
ほと………………………………… VI - 590
ほど………………………………… VI - 590
ほといも…………………………… VI - 590
ほどいも…………………………… VI - 590
ほとう……………………………… VI - 591
ぼどう……………………………… VI - 591
ほとけのざ………………………… VI - 591
ほとけのひづり…………………… VI - 591
ほとら……………………………… VI - 591
ほふつきなんばん………………… VI - 591
ほふな……………………………… VI - 592
ぼふふな…………………………… VI - 592
ほほつき…………………………… VI - 592
ほほづきたうからし……………… VI - 592
ほほづきなんばん………………… VI - 592
ほほな……………………………… VI - 592
ほらいも…………………………… VI - 592
ほりいり…………………………… VI - 593
ほりいりかふら…………………… VI - 593
ほりいりだいこん………………… VI - 593
ほりうへ…………………………… VI - 593
ほりこみだいこん………………… VI - 593
ほれいり…………………………… VI - 594
ほろいも…………………………… VI - 594
ぼろいも…………………………… VI - 594
ほんせり…………………………… VI - 594
ほんたて…………………………… VI - 594
ほんつき…………………………… VI - 594
ぼんでん…………………………… VI - 594
ぼんでんうり……………………… VI - 595
ほんな……………………………… VI - 595

## ま

まいあかり………………………… VI - 596
まいあがり………………………… VI - 596
まいも……………………………… VI - 596
まえの……………………………… VI - 596
まかふら…………………………… VI - 596
まかぶら…………………………… VI - 597
まからし…………………………… VI - 597
まくはふり………………………… VI - 597
まくわ……………………………… VI - 597
まくわい…………………………… VI - 597
まくわうり………………………… VI - 597
まくわふり………………………… VI - 597
ましば……………………………… VI - 598
ませり……………………………… VI - 598
まだいこん………………………… VI - 598
またくろ…………………………… VI - 598
またくろいも……………………… VI - 598
またす……………………………… VI - 598
またたひ…………………………… VI - 598
まただひ…………………………… VI - 599
またたび…………………………… VI - 599
またで……………………………… VI - 599
まだらふり………………………… VI - 599
まつち……………………………… VI - 599
まつちこほう……………………… VI - 600
まつちごほう……………………… VI - 600
まつな……………………………… VI - 600
まところ…………………………… VI - 600
まな………………………………… VI - 600
まなかふら………………………… VI - 600

まひあかりだいこん…………………… VI - 600
あへあかり…………………………… VI - 601
まひいな……………………………… VI - 601
まびいな……………………………… VI - 601
まびきな……………………………… VI - 601
まひゆ………………………………… VI - 601
まふき………………………………… VI - 601
まふり………………………………… VI - 601
まへたて……………………………… VI - 602
ままこな……………………………… VI - 602
まむしのを…………………………… VI - 602
まむしを……………………………… VI - 602
まめあかりだいこん…………………… VI - 602
まめささけ…………………………… VI - 602
まゆみ………………………………… VI - 602
まゆみのは…………………………… VI - 603
まゆみは……………………………… VI - 603
まよこ………………………………… VI - 603
まよみ………………………………… VI - 603
まる…………………………………… VI - 603
まるおほふくへ……………………… VI - 603
まるかぶ……………………………… VI - 603
まるかふら…………………………… VI - 604
まるごせう…………………………… VI - 604
まるたうからし……………………… VI - 604
まるちさ……………………………… VI - 604
まるちしや…………………………… VI - 604
まるとうからし……………………… VI - 604
まるな………………………………… VI - 604
まるなす……………………………… VI - 605
まるなすひ…………………………… VI - 605
まるなすび…………………………… VI - 605
まるなんば…………………………… VI - 605
まるなんはん………………………… VI - 606
まるは………………………………… VI - 606
まるば………………………………… VI - 606
まるはちさ…………………………… VI - 606
まるびやうたん……………………… VI - 606
まるびよつた………………………… VI - 606
まるふくへ…………………………… VI - 606
まるふくべ…………………………… VI - 607
まるゆうがほ………………………… VI - 607
まるゆふかほ………………………… VI - 607
まるゆふこ…………………………… VI - 607
まろ…………………………………… VI - 607
まんば………………………………… VI - 607

## み

みがらし……………………………… VI - 608
みきくろいも………………………… VI - 608
みちかささけ………………………… VI - 608
みぢん………………………………… VI - 608
みづいも……………………………… VI - 608
みづかぶ……………………………… VI - 608
みづせり……………………………… VI - 608
みづだいこん………………………… VI - 609
みつな………………………………… VI - 609
みづな………………………………… VI - 609
みつば………………………………… VI - 610
みつはせり…………………………… VI - 610
みつばせり…………………………… VI - 611
みつばせり…………………………… VI - 612
みつばぜり…………………………… VI - 612
みつばだいこん……………………… VI - 612
みづふき……………………………… VI - 612
みづぶき……………………………… VI - 612
みつふり……………………………… VI - 612
みづふり……………………………… VI - 612
みづぼうき…………………………… VI - 613
みとりな……………………………… VI - 613
みのおほね…………………………… VI - 613
みのかや……………………………… VI - 613
みのだいこん………………………… VI - 613
みみずたうからし…………………… VI - 613
みみだいこん………………………… VI - 613
みやうか……………………………… VI - 614

みやうが…………………………… VI - 614
みやうがたけ……………………… VI - 614
みやこいも………………………… VI - 614
みやしけ…………………………… VI - 614
みやしげ…………………………… VI - 614
みやしげ…………………………… VI - 615
みやしげだいこん………………… VI - 615
みやしろ…………………………… VI - 615
みやつだいこん…………………… VI - 615
みやのまへ………………………… VI - 615
みやのまへだいこん……………… VI - 615
みやのわき………………………… VI - 615
みやまへだいこん………………… VI - 616
みるま……………………………… VI - 616

## む

むかご……………………………… VI - 617
むくな……………………………… VI - 617
むぐろしり………………………… VI - 617
むこなかせ………………………… VI - 617
むじんさう………………………… VI - 617
むじんそう………………………… VI - 617
むましやくな……………………… VI - 618
むませり…………………………… VI - 618
むまのつめ………………………… VI - 618
むまのふち………………………… VI - 618
むまひすり………………………… VI - 618
むまひつり………………………… VI - 618
むまひづり………………………… VI - 618
むまひゆ…………………………… VI - 619
むらさき…………………………… VI - 619
むらさきいも……………………… VI - 619
むらさきかふ……………………… VI - 619
むらさきかぶ……………………… VI - 619
むらさきかぶら…………………… VI - 619
むらさきからとり………………… VI - 619
むらさききく……………………… VI - 620
むらさきしそ……………………… VI - 620
むらさきだいこん………………… VI - 620
むらさきたかな…………………… VI - 620
むらさきたで……………………… VI - 620
むらさきちさ……………………… VI - 620
むらさきちしや…………………… VI - 621
むらさきな………………………… VI - 621
むらさきなす……………………… VI - 621
むらさきにんしん………………… VI - 621
むらさきにんじん………………… VI - 621
むらさきはこへ…………………… VI - 621
むらさきばなのにら……………… VI - 622
むらさきはなはこへ……………… VI - 622
むらさきひゆ……………………… VI - 622
むらさきびゆ……………………… VI - 622

## め

めあさみ…………………………… VI - 623
めあざみ…………………………… VI - 623
めうか……………………………… VI - 623
めうが……………………………… VI - 623
めうが……………………………… VI - 624
めうすあん………………………… VI - 624
めうど……………………………… VI - 624
めかねささけ……………………… VI - 624
めなもみ…………………………… VI - 624
めんたい…………………………… VI - 624

## も

もぐらだいこん…………………… VI - 625
もざゑむな………………………… VI - 625
もしらな…………………………… VI - 625
もちぐさ…………………………… VI - 625
もちだいこん……………………… VI - 625
もちな……………………………… VI - 625
もちよもき………………………… VI - 625
もとよしだいこん………………… VI - 626
ものくるい………………………… VI - 626

## や

やぐらねぎ……………………… VI - 627
やけつらな……………………… VI - 627
やしほ…………………………… VI - 627
やすもと………………………… VI - 627
やちな…………………………… VI - 627
やちふき………………………… VI - 627
やちゆり………………………… VI - 627
やつかし………………………… VI - 628
やつかしら……………………… VI - 628
やつがしら……………………… VI - 628
やつがしらいも………………… VI - 628
やつがしらかぶ………………… VI - 628
やつがしらかぶら……………… VI - 629
やつがしらな…………………… VI - 629
やつくち………………………… VI - 629
やつなり………………………… VI - 629
やつなりたうからし…………… VI - 629
やつなりなすび………………… VI - 629
やつなりなんはん……………… VI - 630
やつなんばん…………………… VI - 630
やつふさなんはん……………… VI - 630
やつめ…………………………… VI - 630
やなぎたで……………………… VI - 630
やなぎば………………………… VI - 630
やふそば………………………… VI - 630
やぶぞま………………………… VI - 631
やふにんしん…………………… VI - 631
やぶにんしん…………………… VI - 631
やへ……………………………… VI - 631
やへけし………………………… VI - 631
やへさとゆり…………………… VI - 631
やへなり………………………… VI - 631
やぼぞま………………………… VI - 632
やまあさつき…………………… VI - 632
やまいも………………………… VI - 632
やまうと………………………… VI - 633
やまうるし……………………… VI - 633
やまかぶ………………………… VI - 633
やまかぶら……………………… VI - 633
やまくきたち…………………… VI - 633
やまごうら……………………… VI - 633
やまごばう……………………… VI - 633
やまこぼう……………………… VI - 634
やまごぼう……………………… VI - 634
やましこ………………………… VI - 634
やませり………………………… VI - 634
やまそば………………………… VI - 634
やまだいこん…………………… VI - 634
やまだいごん…………………… VI - 634
やまたけ………………………… VI - 635
やまたて………………………… VI - 635
やまといも……………………… VI - 635
やまととき……………………… VI - 635
やまとふき……………………… VI - 635
やまにら………………………… VI - 635
やまにんじん…………………… VI - 636
やまのいも……………………… VI - 636
やまのふき……………………… VI - 636
やまはじかみ…………………… VI - 636
やまふき………………………… VI - 637
やまぶき………………………… VI - 637
やまもち………………………… VI - 637
やまゆり………………………… VI - 637
やわたいも……………………… VI - 637
やゑゆり………………………… VI - 637

## ゆ

ゆいきりびよつた……………… VI - 638
ゆうかほ………………………… VI - 638
ゆうがほ………………………… VI - 638
ゆうかを………………………… VI - 638
ゆきかふ………………………… VI - 638
ゆきかぶ………………………… VI - 638
ゆきな…………………………… VI - 638

ゆふかほ……………………………… VI - 639
ゆふがほ……………………………… VI - 639
ゆふかを……………………………… VI - 639
ゆふこ………………………………… VI - 640
ゆふご………………………………… VI - 640
ゆり…………………………………… VI - 640
ゆわくかふら………………………… VI - 640
ゆわくかぶら………………………… VI - 640

よ

よこいも……………………………… VI - 641
よごらういも………………………… VI - 641
よしだかぶ…………………………… VI - 641
よしな………………………………… VI - 641
よつがしらたうからし……………… VI - 641
よのきふり…………………………… VI - 641
よぼしな……………………………… VI - 641
よむぎくさ…………………………… VI - 642
よめかはき…………………………… VI - 642
よめかはぎ…………………………… VI - 642
よめがはき…………………………… VI - 642
よめがはぎ…………………………… VI - 642
よめかはげ…………………………… VI - 643
よめな………………………………… VI - 643
よめのさら…………………………… VI - 643
よめのさんばいな…………………… VI - 643
よめのはき…………………………… VI - 644
よめのばぜ…………………………… VI - 644
よめはき……………………………… VI - 644
よもぎ………………………………… VI - 644
よもはる……………………………… VI - 644

ら

らつきやう…………………………… VI - 645
らつきよ……………………………… VI - 645
らんきやう…………………………… VI - 645

り

りうきういも………………………… VI - 646
りきみ………………………………… VI - 646
りやうすじ…………………………… VI - 646
りやうめんしそ……………………… VI - 646
りゆうきゆういも…………………… VI - 647
りよふほう…………………………… VI - 647

る

るすん………………………………… VI - 648
るりなすび…………………………… VI - 648

れ

れいし………………………………… VI - 649
れうふ………………………………… VI - 649
れんけ………………………………… VI - 649
れんげ………………………………… VI - 649
れんけさう…………………………… VI - 649
れんけし……………………………… VI - 649
れんけじ……………………………… VI - 650
れんげし……………………………… VI - 650
れんげじ……………………………… VI - 650
れんげはな…………………………… VI - 650
れんこん……………………………… VI - 650
れんた………………………………… VI - 650

ろ

ろうま………………………………… VI - 651
ろくかく……………………………… VI - 651
ろくかくわせ………………………… VI - 651

わ

わかさな……………………………… VI - 652
わかな………………………………… VI - 652
わきくろ……………………………… VI - 652
わくのて……………………………… VI - 652
わけき………………………………… VI - 652

わけぎ……………………………… VI - 652
わけぎ……………………………… VI - 653
わけきひともじ…………………… VI - 653
わさ………………………………… VI - 653
わさひ……………………………… VI - 653
わさび……………………………… VI - 653
わさび……………………………… VI - 654
わすいくわ………………………… VI - 654
わすれくさ………………………… VI - 654
わせいも…………………………… VI - 654
わせたかな………………………… VI - 654
わせたで…………………………… VI - 654
わせなす…………………………… VI - 655
わせなすび………………………… VI - 655
わせをな…………………………… VI - 655
わたふき…………………………… VI - 655
わなす……………………………… VI - 655
わらひ……………………………… VI - 655
わらび……………………………… VI - 656
わらびな…………………………… VI - 656

## ゐ

ゐのけ……………………………… VI - 657
ゐのて……………………………… VI - 657
ゐんけんまめ……………………… VI - 657

## ゑ

ゑ…………………………………… VI - 658
ゑくいも…………………………… VI - 658
ゑぐいも…………………………… VI - 658
ゑくり……………………………… VI - 658
ゑぐり……………………………… VI - 658
ゑくりいも………………………… VI - 658
ゑぐりいも………………………… VI - 658
ゑご………………………………… VI - 659
ゑこいも…………………………… VI - 659
ゑごいも…………………………… VI - 659
ゑごな……………………………… VI - 659
ゑこのみ…………………………… VI - 659
ゑごりいも………………………… VI - 659
ゑしそ……………………………… VI - 660
ゑそゆり…………………………… VI - 660
ゑちこいも………………………… VI - 660
ゑちぜん…………………………… VI - 660
ゑちせんささけ…………………… VI - 660
ゑぢそ……………………………… VI - 660
ゑといも…………………………… VI - 660
ゑぼしな…………………………… VI - 661
ゑんとう…………………………… VI - 661
ゑんどう…………………………… VI - 661

## を

をうばこ…………………………… VI - 662
をかのりい………………………… VI - 662
をかひぢき………………………… VI - 662
をくなす…………………………… VI - 662
をこりたいこん…………………… VI - 662
をそかぶ…………………………… VI - 662
をそからし………………………… VI - 662
をそな……………………………… VI - 663
をとこはこべ……………………… VI - 663
をなもみ…………………………… VI - 663
をにあさみ………………………… VI - 663
をにのこふし……………………… VI - 663
をにびゆ…………………………… VI - 663
をねし……………………………… VI - 663
をにゆり…………………………… VI - 664
をはこ……………………………… VI - 664
をばこ……………………………… VI - 664
をはり……………………………… VI - 664
をはりかぶ………………………… VI - 664
をはりだいこん…………………… VI - 664
をはりだいこん…………………… VI - 665
をらんたちさ……………………… VI - 665
をらんだぢさ……………………… VI - 665
をらんたな………………………… VI - 665

をらんだな…………………………… VI - 665
をりかけ…………………………… VI - 665
をりかけなす……………………… VI - 666
をりな……………………………… VI - 666
ををあざみ………………………… VI - 666
ををせい…………………………… VI - 666
ををたて…………………………… VI - 666
ををな……………………………… VI - 666
ををはこへ………………………… VI - 666
ををはま…………………………… VI - 667
をんはこ…………………………… VI - 667

## 果類

### あ

あうしゅくばい…………………… VI - 671
あうせい…………………………… VI - 671
あかいちこ………………………… VI - 671
あかいちご………………………… VI - 671
あかかうらい……………………… VI - 671
あかかき…………………………… VI - 671
あかすもも………………………… VI - 671
あかなし…………………………… VI - 672
あかもも…………………………… VI - 672
あからしがき……………………… VI - 672
あきぐみ…………………………… VI - 672
あきただ…………………………… VI - 673
あきなし…………………………… VI - 673
あきむめ…………………………… VI - 673
あきもも…………………………… VI - 673
あげいしかき……………………… VI - 673
あけび……………………………… VI - 674
あこ………………………………… VI - 674
あさかやま………………………… VI - 674
あさくら…………………………… VI - 674
あさくらさんしやう……………… VI - 674
あさくらさんせう………………… VI - 674
あさとり…………………………… VI - 675
あさひてり………………………… VI - 675
あしくたし………………………… VI - 675
あしくだし………………………… VI - 675
あしくたしいちこ………………… VI - 675
あしくだしいちご………………… VI - 675
あしたくるみ……………………… VI - 675
あすきいちご……………………… VI - 676
あたまくさり……………………… VI - 676
あちうり…………………………… VI - 676
あちまさかき……………………… VI - 676
あつかは…………………………… VI - 676
あつき……………………………… VI - 676
あづきもも………………………… VI - 677
あづまぼたん……………………… VI - 677
あつめなし………………………… VI - 677
あづめなし………………………… VI - 677
あはいちご………………………… VI - 677
あぶらくり………………………… VI - 677
あぶらぐり………………………… VI - 677
あぶらしめかき…………………… VI - 678
あふらつほ………………………… VI - 678
あぶらつぼ………………………… VI - 678
あふりかき………………………… VI - 678
あぶりかき………………………… VI - 678
あまこなし………………………… VI - 678
あまざくら………………………… VI - 678
あまなし…………………………… VI - 679
あまのかき………………………… VI - 679
あまみかん………………………… VI - 679
あめかき…………………………… VI - 679
あめとう…………………………… VI - 679
あめんだう………………………… VI - 679
あめんだうす……………………… VI - 680
あめんどう………………………… VI - 680
あらかは…………………………… VI - 680
あり………………………………… VI - 680
ありとほし………………………… VI - 680
ありのみ…………………………… VI - 680

あわいちこ…………………………… VI - 680
あをい…………………………………… VI - 681
あをかうらい………………………… VI - 681
あをかき……………………………… VI - 681
あをこうらい………………………… VI - 681
あをさ………………………………… VI - 681
あをさき……………………………… VI - 681
あをすもも…………………………… VI - 681
あをそ………………………………… VI - 682
あをそかき…………………………… VI - 682
あをた………………………………… VI - 682
あをつらかき………………………… VI - 682
あをなし……………………………… VI - 682
あをなし……………………………… VI - 683
あをもも……………………………… VI - 683
あんす………………………………… VI - 683
あんず………………………………… VI - 683
あんず………………………………… VI - 684
あんめんたう………………………… VI - 684
あんめんとう………………………… VI - 684
あんらくわ…………………………… VI - 684

## い

いいなし……………………………… VI - 685
いかき………………………………… VI - 685
いかたまかき………………………… VI - 685
いがどのなし………………………… VI - 685
いくり………………………………… VI - 685
いしあけび…………………………… VI - 685
いしなし……………………………… VI - 685
いしなし……………………………… VI - 686
いしむめ……………………………… VI - 686
いすら………………………………… VI - 686
いたくらさんしやう………………… VI - 686
いちい………………………………… VI - 686
いちきんなし………………………… VI - 686
いちこ………………………………… VI - 686
いちご………………………………… VI - 687
いちさいもも………………………… VI - 687
いちじく……………………………… VI - 687
いちちく……………………………… VI - 687
いちぢく……………………………… VI - 687
いちぢく……………………………… VI - 688
いちどくり…………………………… VI - 688
いちのつほ…………………………… VI - 688
いちへかき…………………………… VI - 688
いちべゑかき………………………… VI - 688
いちや………………………………… VI - 688
いちさくあめんだうす……………… VI - 689
いちやう……………………………… VI - 689
いつさいもも………………………… VI - 689
いつさき……………………………… VI - 689
いてう………………………………… VI - 689
いてうのき…………………………… VI - 689
いつさくもも………………………… VI - 690
いつもなし…………………………… VI - 690
いづもなし…………………………… VI - 690
いとむめ……………………………… VI - 690
いなばこうばい……………………… VI - 690
いなばなし…………………………… VI - 690
いぬがや……………………………… VI - 690
いぬころし…………………………… VI - 691
いぬさんしやう……………………… VI - 691
いぬさんしよふ……………………… VI - 691
いぬさんせう………………………… VI - 691
いぬびは……………………………… VI - 691
いのすかき…………………………… VI - 691
いはなし……………………………… VI - 692
いひぐみ……………………………… VI - 692
いまさか……………………………… VI - 692
いれこかき…………………………… VI - 692
いわなし……………………………… VI - 692
いわはせ……………………………… VI - 692
いんさんしやう……………………… VI - 692

## う


うかわくり…………………………VI - 693
うぐひす…………………………VI - 693
うしいちご…………………………VI - 693
うしのした…………………………VI - 693
うじゆきつ…………………………VI - 693
うすかは…………………………VI - 694
うすこうばり…………………………VI - 694
うすずみ…………………………VI - 694
うすすみがき…………………………VI - 694
うすのき…………………………VI - 694
うすべに…………………………VI - 694
うすやう…………………………VI - 694
うたかき…………………………VI - 695
うたくら…………………………VI - 695


## え


えどいちご…………………………VI - 696
えどすもも…………………………VI - 696
えどもも…………………………VI - 696


## お


おかかき…………………………VI - 697
おかわすみ…………………………VI - 697
おくくり…………………………VI - 697
おくるみ…………………………VI - 697
おけすへ…………………………VI - 697
おしまかき…………………………VI - 697
おてら…………………………VI - 698
おに…………………………VI - 698
おにいちご…………………………VI - 698
おにくるみ…………………………VI - 698
おにぐるみ…………………………VI - 698
おにこぶし…………………………VI - 699
おにのこふし…………………………VI - 699
おのわれ…………………………VI - 699
おばた…………………………VI - 699
おふみなし…………………………VI - 699
おふもも…………………………VI - 699
おほいちべゑかき…………………………VI - 700
おほかうじ…………………………VI - 700
おほかき…………………………VI - 700
おほかはいちこ…………………………VI - 700
おほかまなし…………………………VI - 700
おほがまなし…………………………VI - 700
おほかみいちご…………………………VI - 700
おほかめ…………………………VI - 701
おほかや…………………………VI - 701
おほくほもも…………………………VI - 701
おほくぼもも…………………………VI - 701
おほくり…………………………VI - 701
おほぐり…………………………VI - 701
おほさいしやう…………………………VI - 702
おほしい…………………………VI - 702
おほしふかき…………………………VI - 702
おほしろ…………………………VI - 702
おほたんば…………………………VI - 702
おほなし…………………………VI - 702
おほなら…………………………VI - 702
おほのかき…………………………VI - 703
おほばなし…………………………VI - 703
おほふとう…………………………VI - 703
おほぶどう…………………………VI - 703
おほむめ…………………………VI - 703
おほゆ…………………………VI - 703


## か


かいそうあんなし…………………………VI - 704
かいとう…………………………VI - 704
かうかういちご…………………………VI - 704
かうくるみ…………………………VI - 704
かうし…………………………VI - 704
かうじ…………………………VI - 704
がうしう…………………………VI - 704
かうしうまる…………………………VI - 705

かうしゅうむめ……………………… VI - 705
かうなん………………………………… VI - 705
かうなんしょむ……………………… VI - 705
かうはいもも………………………… VI - 705
かうばこなし………………………… VI - 705
かうむめ……………………………… VI - 705
かうばなし…………………………… VI - 706
かうぼうかき………………………… VI - 706
かうらい……………………………… VI - 706
かうらいくるみ……………………… VI - 706
かうりん……………………………… VI - 706
かうりんかき………………………… VI - 706
かがしま……………………………… VI - 707
かかむめ……………………………… VI - 707
かがんだうなし……………………… VI - 707
ががんとう…………………………… VI - 707
かき…………………………………… VI - 707
かきうり……………………………… VI - 708
かきぐみ……………………………… VI - 708
がくしま……………………………… VI - 708
かくなし……………………………… VI - 708
かぐらかき…………………………… VI - 708
かこいちこ…………………………… VI - 708
かごなし……………………………… VI - 708
かさみかん…………………………… VI - 709
かしひ………………………………… VI - 709
かしわ………………………………… VI - 709
かたいしもも………………………… VI - 709
かたなし……………………………… VI - 709
かたらいちこ………………………… VI - 709
かつほう……………………………… VI - 710
かづらいちこ………………………… VI - 710
かつらはがくし……………………… VI - 710
かないちこ…………………………… VI - 710
かにわもも…………………………… VI - 710
かねさだかき………………………… VI - 710
かねなし……………………………… VI - 710
かねふさなし………………………… VI - 711
かはぐみ……………………………… VI - 711
かはぐるみ…………………………… VI - 711
かはさくら…………………………… VI - 711
かはさくらのみ……………………… VI - 711
かはらくみ…………………………… VI - 711
かはらぐみ…………………………… VI - 711
かはらまつ…………………………… VI - 712
かはらむめ…………………………… VI - 712
かふしうかき………………………… VI - 712
かふしうまる………………………… VI - 712
かふしうむめ………………………… VI - 712
かふす………………………………… VI - 712
かぶす………………………………… VI - 712
かぶす………………………………… VI - 713
かぶち………………………………… VI - 713
かぶつ………………………………… VI - 713
かふはいへいじ……………………… VI - 713
かへいちご…………………………… VI - 713
かべいちこ…………………………… VI - 713
かへなし……………………………… VI - 713
かべなし……………………………… VI - 714
かまかき……………………………… VI - 714
かますはしはみ……………………… VI - 714
がまずみ……………………………… VI - 714
かまつかくみ………………………… VI - 714
かめいなし…………………………… VI - 714
かめなし……………………………… VI - 714
かめなし……………………………… VI - 715
かや…………………………………… VI - 715
かやのみ……………………………… VI - 715
からかき……………………………… VI - 715
からくるみ…………………………… VI - 716
からすぐみ…………………………… VI - 716
からすみ……………………………… VI - 716
からすむめ…………………………… VI - 716
からたち……………………………… VI - 716
からなし……………………………… VI - 716
がらび………………………………… VI - 716

からみかん……………………… VI - 717
からみつかん……………………… VI - 717
からむめ……………………… VI - 717
からもも……………………… VI - 717
かるむめ……………………… VI - 717
かろむめ……………………… VI - 717
かわらいちこ……………………… VI - 717
かわらいちご……………………… VI - 718
かわらくみ……………………… VI - 718
かわらぶどう……………………… VI - 718
かんこうばい……………………… VI - 718
かんとう……………………… VI - 718
かんのふかき……………………… VI - 718
かんろ……………………… VI - 718

き

きあまちや……………………… VI - 719
きいちこ……………………… VI - 719
きいちご……………………… VI - 719
きうか……………………… VI - 719
きうねんぽ……………………… VI - 719
ぎおんばう……………………… VI - 720
きおんほう……………………… VI - 720
きくち……………………… VI - 720
きくちなし……………………… VI - 720
きこく……………………… VI - 720
きさはし……………………… VI - 720
きざはし……………………… VI - 721
きさはしかき……………………… VI - 721
きさわし……………………… VI - 721
きざわし……………………… VI - 721
きつねころし……………………… VI - 721
きつねさんしやう……………………… VI - 721
きなし……………………… VI - 721
ぎなん……………………… VI - 722
きねが……………………… VI - 722
きねり……………………… VI - 722
きねりかき……………………… VI - 722
きのくに……………………… VI - 722
きのくにみかん……………………… VI - 723
きびかき……………………… VI - 723
きめん……………………… VI - 723
ぎやうがうむめ……………………… VI - 723
きやうはなれ……………………… VI - 723
きやうぶ……………………… VI - 723
きやうもも……………………… VI - 723
きやうもも……………………… VI - 724
きやらかき……………………… VI - 724
きやらもつこう……………………… VI - 724
きよし……………………… VI - 724
きりか……………………… VI - 724
きわた……………………… VI - 724
ぎをんばう……………………… VI - 724
きんあん……………………… VI - 725
ぎんあん……………………… VI - 725
きんかん……………………… VI - 725
きんかん……………………… VI - 726
きんとき……………………… VI - 726
きんなん……………………… VI - 726
ぎんなん……………………… VI - 726
きんまくわ……………………… VI - 726

く

ぐいび……………………… VI - 727
ぐいめ……………………… VI - 727
くくりかや……………………… VI - 727
くさいちこ……………………… VI - 727
くさいちご……………………… VI - 727
くさいちご……………………… VI - 728
ぐそくとほし……………………… VI - 728
ぐそくとをし……………………… VI - 728
くちないなし……………………… VI - 728
くちなはいちご……………………… VI - 728
くちなわいちこ……………………… VI - 728
くちぼそ……………………… VI - 729
くつごなし……………………… VI - 729

くぬぎ…… VI - 729
くねつぽ…… VI - 729
くねぼ…… VI - 729
くねんほ…… VI - 729
くねんぼ…… VI - 730
くは…… VI - 730
くはいちご…… VI - 730
くはかつがゆ…… VI - 730
くはくはつがゆ…… VI - 731
くはくらん…… VI - 731
くはすみ…… VI - 731
くはずみ…… VI - 731
くはのみ…… VI - 731
くはりん…… VI - 731
くはんすいちご…… VI - 731
くまいちこ…… VI - 732
くまいちご…… VI - 732
くまご…… VI - 732
くまのがらび…… VI - 732
くまもも…… VI - 732
くまゑひ…… VI - 733
くみ…… VI - 733
ぐみ…… VI - 733
くらみつかき…… VI - 733
くり…… VI - 733
くり…… VI - 734
くりいちこ…… VI - 734
くりだんご…… VI - 734
くりのゑ…… VI - 734
くるまなし…… VI - 734
くるみ…… VI - 734
くるみ…… VI - 735
くろおになし…… VI - 735
くろがき…… VI - 735
くろじく…… VI - 735
くろせかき…… VI - 736
くろぶとう…… VI - 736
くろもも…… VI - 736
くわいちこ…… VI - 736
くわくわつかゆ…… VI - 736
くわずみ…… VI - 736
くわのきのみ…… VI - 736
くわのみ…… VI - 737
くわりん…… VI - 737
くわんおんし…… VI - 737
くわんおんじなし…… VI - 737
ぐわんざんかき…… VI - 737
くわんすいちこ…… VI - 738
くわんとう…… VI - 738
くわんとうなし…… VI - 738
くんせんし…… VI - 738


## け


げすくわす…… VI - 739
げすしらず…… VI - 739
けもも…… VI - 739
けんにうぼう…… VI - 739
げんぺいとう…… VI - 739
けんふなし…… VI - 740
げんへいとう…… VI - 740
げんぺいもも…… VI - 740
けんほうなし…… VI - 740
けんほがなし…… VI - 740
けんほなし…… VI - 741
けんほのなし…… VI - 741
けんほのなし…… VI - 742


## こ


こあしろなし…… VI - 743
こいちべゑなし…… VI - 743
こうくるみ…… VI - 743
こうしうまる…… VI - 743
こうなんむしょ…… VI - 743
こうばり…… VI - 743
こうはこなし…… VI - 744
こうべん…… VI - 744

こうめ…………………………… VI - 744
こうりん………………………… VI - 744
こか……………………………… VI - 744
ごが……………………………… VI - 744
こかき…………………………… VI - 744
こがき…………………………… VI - 745
こかなし………………………… VI - 745
こがなし………………………… VI - 745
こがねばみかん………………… VI - 746
こかや…………………………… VI - 746
こきねり………………………… VI - 746
こぎのこ………………………… VI - 746
こくたいじかき………………… VI - 746
こくぼ…………………………… VI - 746
こくり…………………………… VI - 746
こぐり…………………………… VI - 747
こくわ…………………………… VI - 747
こけいちご……………………… VI - 747
こごしょ………………………… VI - 747
ここめいちこ…………………… VI - 747
こさいじよう…………………… VI - 747
こざと…………………………… VI - 747
こさとかき……………………… VI - 748
こしひ…………………………… VI - 748
こしぶ…………………………… VI - 748
こしふかき……………………… VI - 748
こしぶかき……………………… VI - 748
こしよ…………………………… VI - 748
ごしよ…………………………… VI - 748
ごしよ…………………………… VI - 749
ごしよがうりん………………… VI - 749
こしよかき……………………… VI - 749
ごしよかき……………………… VI - 749
ごしよかき……………………… VI - 750
ごしよがき……………………… VI - 750
こせう…………………………… VI - 750
こつぼう………………………… VI - 750
こで……………………………… VI - 750
こなし…………………………… VI - 750
こなし…………………………… VI - 751
こなつめ………………………… VI - 751
こなら…………………………… VI - 751
こなりかき……………………… VI - 751
こねり…………………………… VI - 751
こねりかき……………………… VI - 751
こねりかき……………………… VI - 752
こねりがき……………………… VI - 752
このみ…………………………… VI - 752
こはちけ………………………… VI - 752
こびは…………………………… VI - 752
こひら…………………………… VI - 752
こひわたし……………………… VI - 752
こぶとう………………………… VI - 753
こぶどう………………………… VI - 753
こほりなし……………………… VI - 753
こほりなん……………………… VI - 753
こむめ…………………………… VI - 753
こめこめ………………………… VI - 754
こめしい………………………… VI - 754
こめしゐ………………………… VI - 754
こめんなし……………………… VI - 754
ごめんなし……………………… VI - 754
こもも…………………………… VI - 754
こゆず…………………………… VI - 754
ごよみ…………………………… VI - 755
ごりやうかき…………………… VI - 755
ころかき………………………… VI - 755
こをばり………………………… VI - 755
ごんじ…………………………… VI - 755
こんたてかき…………………… VI - 755
こんにやくなし………………… VI - 755


## さ


さいしやう……………………… VI - 756
さいじやうかき………………… VI - 756
さいしやうきねり……………… VI - 756

さいちこ……………………………… VI - 756
さいでう……………………………… VI - 756
さいでうかき………………………… VI - 756
さいでうきねり……………………… VI - 757
ざいろ………………………………… VI - 757
さうり………………………………… VI - 757
さかき………………………………… VI - 757
ざかき………………………………… VI - 757
さかもとなし………………………… VI - 757
さかりいちこ………………………… VI - 757
さかりいちご………………………… VI - 758
さがりいちご………………………… VI - 758
さかりぐみ…………………………… VI - 758
ざきねり……………………………… VI - 758
さきわけむめ………………………… VI - 758
さきわけもも………………………… VI - 758
さくみ………………………………… VI - 758
さくみやうたん……………………… VI - 759
さくめうたん………………………… VI - 759
さくら………………………………… VI - 759
さくらいちご………………………… VI - 759
さくらかは…………………………… VI - 759
さくらこ……………………………… VI - 759
さくろ………………………………… VI - 759
さくろ………………………………… VI - 760
ざくろ………………………………… VI - 760
さくわり……………………………… VI - 760
ざこくなし…………………………… VI - 760
ざこくなし…………………………… VI - 761
ささ…………………………………… VI - 761
ささくり……………………………… VI - 761
ささぐり……………………………… VI - 761
さぜんぼう…………………………… VI - 761
さたうかき…………………………… VI - 761
さたけなし…………………………… VI - 762
ざぢんぼう…………………………… VI - 762
さつきいちこ………………………… VI - 762
さつきいちご………………………… VI - 762
さつきもも…………………………… VI - 762
さとうかき…………………………… VI - 762
さとくり……………………………… VI - 762
さとなし……………………………… VI - 763
さなつら……………………………… VI - 763
さなづら……………………………… VI - 763
さなむめ……………………………… VI - 763
さねかうはい………………………… VI - 763
さねかうばい………………………… VI - 763
さねなし……………………………… VI - 763
さはぐみ……………………………… VI - 764
さばぐみ……………………………… VI - 764
さふり………………………………… VI - 764
さぶり………………………………… VI - 764
さふりかき…………………………… VI - 764
さふりかぎ…………………………… VI - 764
さぼん………………………………… VI - 764
ざぼん………………………………… VI - 765
ざみみかん…………………………… VI - 765
ざめうたん…………………………… VI - 765
さもも………………………………… VI - 765
さやま………………………………… VI - 765
さよひめ……………………………… VI - 765
さらさむめ…………………………… VI - 765
さらなし……………………………… VI - 766
ざる…………………………………… VI - 766
さるかき……………………………… VI - 766
さるすべり…………………………… VI - 766
さるなし……………………………… VI - 766
ざるむめ……………………………… VI - 766
さろん………………………………… VI - 766
ざろん………………………………… VI - 767
さろんがき…………………………… VI - 767
ざろんむめ…………………………… VI - 767
さわ…………………………………… VI - 767
さわくるみ…………………………… VI - 767
さわし………………………………… VI - 767
さわむめ……………………………… VI - 767

さをとめいちご…………………… VI - 768
さんかくなし…………………… VI - 768
さんしやう…………………… VI - 768
さんしよふ…………………… VI - 768
さんす…………………… VI - 768
さんせう…………………… VI - 768
さんせう…………………… VI - 769
ざんふつなし…………………… VI - 769
ざんぶつなし…………………… VI - 769

## し

しい…………………… VI - 770
しいのみ…………………… VI - 770
じうやかき…………………… VI - 770
しかいちご…………………… VI - 770
しかのつめ…………………… VI - 770
しこのへい…………………… VI - 770
しこみかん…………………… VI - 770
したずみ…………………… VI - 771
したなし…………………… VI - 771
しだなし…………………… VI - 771
しだみ…………………… VI - 771
したりもも…………………… VI - 771
しだりもも…………………… VI - 771
したれもも…………………… VI - 772
しだれもも…………………… VI - 772
しちぐわつもも…………………… VI - 772
しつこのへ…………………… VI - 772
しどめ…………………… VI - 772
しなの…………………… VI - 772
しなのあんず…………………… VI - 773
しなのかき…………………… VI - 773
しなのがき…………………… VI - 773
しなのむめ…………………… VI - 773
しなのむめ…………………… VI - 774
しはくり…………………… VI - 774
しばくり…………………… VI - 774
しはら…………………… VI - 775
しひ…………………… VI - 775
しひのみ…………………… VI - 775
しふ…………………… VI - 775
しぶ…………………… VI - 775
しぶおほかき…………………… VI - 775
しふかき…………………… VI - 775
しふかき…………………… VI - 776
しぶかき…………………… VI - 776
しぶかち…………………… VI - 776
じふごや…………………… VI - 776
しぶなし…………………… VI - 777
じふやかき…………………… VI - 777
じふわうじ…………………… VI - 777
しふわうじかき…………………… VI - 777
しほたらかき…………………… VI - 777
しみづかき…………………… VI - 777
しめうたん…………………… VI - 777
しもかき…………………… VI - 778
しもかつき…………………… VI - 778
しもきねり…………………… VI - 778
しもくり…………………… VI - 778
しもごしょ…………………… VI - 778
しもさう…………………… VI - 778
しもなし…………………… VI - 778
しもなし…………………… VI - 779
しもねり…………………… VI - 779
しもふり…………………… VI - 779
しもふりかき…………………… VI - 779
しやうけん…………………… VI - 779
しやうじやう…………………… VI - 779
じやうせういん…………………… VI - 780
しやうたい…………………… VI - 780
しやうたいなし…………………… VI - 780
しやうだいなし…………………… VI - 780
しやうへいちなし…………………… VI - 780
しやうへいなし…………………… VI - 780
しやうふ…………………… VI - 781
しやうゆ…………………… VI - 781

しやうり…………………………… VI - 781
しやかたらみかん………………… VI - 781
しやがたらみかん………………… VI - 781
じやがたらみかん………………… VI - 781
しやがたらみつかん……………… VI - 781
しやくみ…………………………… VI - 782
しやくろ…………………………… VI - 782
じやくろ…………………………… VI - 782
しやなり…………………………… VI - 782
じやぼあん………………………… VI - 782
しやぼん…………………………… VI - 782
じゆうわうじかき………………… VI - 782
しゆきつ…………………………… VI - 783
しゆらん…………………………… VI - 783
しらくち…………………………… VI - 783
しらくちのみ……………………… VI - 783
しりだし…………………………… VI - 783
しろかうし………………………… VI - 783
しろこめがや……………………… VI - 784
しろすいくわ……………………… VI - 784
しろすもも………………………… VI - 784
しろせんよう……………………… VI - 784
しろぶどう………………………… VI - 784
しろべい…………………………… VI - 784
しろもも…………………………… VI - 784
しろもも…………………………… VI - 785
しろやまもも……………………… VI - 785
しわすいちこ……………………… VI - 785
しゐ………………………………… VI - 785
しゐばち…………………………… VI - 785
じんうゑもんなし………………… VI - 785
じんぐうじかき…………………… VI - 785
しんせうじ………………………… VI - 786
しんなし…………………………… VI - 786
しんべゑなし……………………… VI - 786
じんぼう…………………………… VI - 786
しんみやうたん…………………… VI - 786
しんめうたん……………………… VI - 786

## す

すいくわ…………………………… VI - 787
すいざくろ………………………… VI - 787
すいび……………………………… VI - 787
すいもも…………………………… VI - 787
すかた……………………………… VI - 787
すかなし…………………………… VI - 787
すかぶち…………………………… VI - 787
すくぼなし………………………… VI - 788
すくも……………………………… VI - 788
すくもなし………………………… VI - 788
すくり……………………………… VI - 788
すざくろ…………………………… VI - 788
すずいちこ………………………… VI - 788
すなし……………………………… VI - 788
すななし…………………………… VI - 789
ずばい……………………………… VI - 789
すはいもも………………………… VI - 789
すばいもも………………………… VI - 789
ずはいもも………………………… VI - 790
ずばいもも………………………… VI - 790
すまるこねり……………………… VI - 790
ずみ………………………………… VI - 790
ずみのみ…………………………… VI - 790
ずむはい…………………………… VI - 790
すむめ……………………………… VI - 790
すむめ……………………………… VI - 791
すもも……………………………… VI - 791
ずんきなし………………………… VI - 791
すんはい…………………………… VI - 791
すんばい…………………………… VI - 791
ずんばい…………………………… VI - 792
すんばいもも……………………… VI - 792
ずんはいもも……………………… VI - 792
ずんばいもも……………………… VI - 792

## せ


せいおう…………………………… Ⅵ - 793
せいおうぼ………………………… Ⅵ - 793
せいくわんし……………………… Ⅵ - 793
せいぐわんじ……………………… Ⅵ - 793
せいじ……………………………… Ⅵ - 793
せいのき…………………………… Ⅵ - 793
せいわう…………………………… Ⅵ - 793
せいわうぼ………………………… Ⅵ - 794
せいわうほう……………………… Ⅵ - 794
せうたいなし……………………… Ⅵ - 794
せうへんじ………………………… Ⅵ - 794
せきとりなし……………………… Ⅵ - 794
せりがき…………………………… Ⅵ - 794
ぜにもちかき……………………… Ⅵ - 795
せひわう…………………………… Ⅵ - 795
せんくわうし……………………… Ⅵ - 795
せんこ……………………………… Ⅵ - 795
せんし……………………………… Ⅵ - 795
せんだい…………………………… Ⅵ - 795
せんとくかき……………………… Ⅵ - 795
せんぼんがき……………………… Ⅵ - 796


## そ


ぞうみのきのみ…………………… Ⅵ - 797
そたみ……………………………… Ⅵ - 797
そだめ……………………………… Ⅵ - 797
そとおりひめ……………………… Ⅵ - 797
そとをりひめ……………………… Ⅵ - 797
そばくり…………………………… Ⅵ - 797
ぞみのき…………………………… Ⅵ - 797


## た


だいかうし………………………… Ⅵ - 798
たいしやうじかき………………… Ⅵ - 798
たいしやくむめ…………………… Ⅵ - 798
たいしろ…………………………… Ⅵ - 798
たいたい…………………………… Ⅵ - 798
だいだい…………………………… Ⅵ - 798
だいだい…………………………… Ⅵ - 799
たいたうしい……………………… Ⅵ - 799
だいぶかき………………………… Ⅵ - 799
たういちこ………………………… Ⅵ - 799
たうえぐみ………………………… Ⅵ - 799
たうかき…………………………… Ⅵ - 799
たうがき…………………………… Ⅵ - 800
たうくねんぼ……………………… Ⅵ - 800
たうほうし………………………… Ⅵ - 800
たうみかん………………………… Ⅵ - 800
たうむめ…………………………… Ⅵ - 800
たかたろう………………………… Ⅵ - 800
たかたろうかき…………………… Ⅵ - 800
たかたろかき……………………… Ⅵ - 801
たかもも…………………………… Ⅵ - 801
たかりぐみ………………………… Ⅵ - 801
たぐひ……………………………… Ⅵ - 801
たくら……………………………… Ⅵ - 801
たけたろかき……………………… Ⅵ - 801
たちいちこ………………………… Ⅵ - 801
たちはな…………………………… Ⅵ - 802
たちばな…………………………… Ⅵ - 802
たちぼ……………………………… Ⅵ - 802
たつそべなし……………………… Ⅵ - 802
たてかき…………………………… Ⅵ - 803
たねなしかき……………………… Ⅵ - 803
たねなしみかん…………………… Ⅵ - 803
たねなしみつかん………………… Ⅵ - 803
たはらしひ………………………… Ⅵ - 803
たはらはしはみ…………………… Ⅵ - 803
だひだひ…………………………… Ⅵ - 803
たびまくら………………………… Ⅵ - 804
たまごかき………………………… Ⅵ - 804
たまごがき………………………… Ⅵ - 804
たまこなし………………………… Ⅵ - 804
たまごなし………………………… Ⅵ - 804

たむし……………………………… VI - 804
たわらあけび……………………… VI - 804
たらり……………………………… VI - 805
たるかき…………………………… VI - 805
たわらくみ………………………… VI - 805
たわらはしばし…………………… VI - 805
たんご……………………………… VI - 805
たんぼ……………………………… VI - 805
たんぼかき………………………… VI - 805
たんはくり………………………… VI - 806
たんばくり………………………… VI - 806
たんばぐり………………………… VI - 806

## ち

ぢいちこ…………………………… VI - 807
ちうれきかき……………………… VI - 807
ちきてらかき……………………… VI - 807
ぢくなが…………………………… VI - 807
ちけいじ…………………………… VI - 807
ちけいしかき……………………… VI - 807
ぢざゑもん………………………… VI - 807
ぢすいくわ………………………… VI - 808
ちちかん…………………………… VI - 808
ちちやう…………………………… VI - 808
ぢなし……………………………… VI - 808
ちや………………………………… VI - 808
ちやうせんまつのみ……………… VI - 808
ちゆうたんば……………………… VI - 808
ぢんほう…………………………… VI - 809
ぢんぼう…………………………… VI - 809
ちんめう…………………………… VI - 809

## つ

つがなし…………………………… VI - 810
つきかげ…………………………… VI - 810
つくしまなし……………………… VI - 810
つくはね…………………………… VI - 810
つくばね…………………………… VI - 810
つちあけび………………………… VI - 810
つちいちこ………………………… VI - 810
つちいちご………………………… VI - 811
つぢとぎり………………………… VI - 811
つのかき…………………………… VI - 811
つのしひ…………………………… VI - 811
つのはしはみ……………………… VI - 811
づばいもも………………………… VI - 811
つばきもも………………………… VI - 811
つばみ……………………………… VI - 812
つばめくり………………………… VI - 812
つほなし…………………………… VI - 812
つりかねかき……………………… VI - 812
つりがねかき……………………… VI - 812
つりかねなし……………………… VI - 812
つるいちこ………………………… VI - 812
つるいちこ………………………… VI - 813
つるいちご………………………… VI - 813
つるくみ…………………………… VI - 813
つるし……………………………… VI - 813
つるしかき………………………… VI - 813
つるしがき………………………… VI - 814
つるなし…………………………… VI - 814
つるにかき………………………… VI - 814
つるのこ…………………………… VI - 814
つるのこかき……………………… VI - 814
つるばいもも……………………… VI - 814
つるれいし………………………… VI - 814
づんばい…………………………… VI - 815

## て

てうせんかき……………………… VI - 816
てうせんなつめ…………………… VI - 816
てうせんまつのみ………………… VI - 816
てうちくるみ……………………… VI - 816
ててうちくり……………………… VI - 816
てらもとかき……………………… VI - 816
でんぢ……………………………… VI - 816

てんのみ…………………………… VI - 817
てんふんなし……………………… VI - 817
てんほがなし……………………… VI - 817
てんぼがなし……………………… VI - 817
てんほなし………………………… VI - 817
てんぼなし………………………… VI - 817
てんもく…………………………… VI - 817
てんりうぼう……………………… VI - 818

## と

とうかき…………………………… VI - 819
とうくるみ………………………… VI - 819
とうけんじ………………………… VI - 819
とうげんしかき…………………… VI - 819
どうしう…………………………… VI - 819
とうしない………………………… VI - 819
とうしないなし…………………… VI - 819
とうじむめ………………………… VI - 820
とうしやう………………………… VI - 820
どうしやう………………………… VI - 820
とうぢやう………………………… VI - 820
どうつき…………………………… VI - 820
とうつら…………………………… VI - 820
とうほうかき……………………… VI - 820
とうぼけ…………………………… VI - 821
とがりかき………………………… VI - 821
ときしらず………………………… VI - 821
ときしらすいちこ………………… VI - 821
ときしらずいちご………………… VI - 821
ときむめ…………………………… VI - 821
ときりかき………………………… VI - 822
とぎりきねり……………………… VI - 822
ときんかき………………………… VI - 822
とくりなし………………………… VI - 822
とくをうじ………………………… VI - 822
とこなし…………………………… VI - 822
とち………………………………… VI - 822
とち………………………………… VI - 823
とちのき…………………………… VI - 823
とちのみ…………………………… VI - 823
とつくりなし……………………… VI - 823
とづらのみ………………………… VI - 823
とねり……………………………… VI - 823
とのもかき………………………… VI - 823
とぶがき…………………………… VI - 824
とほやまなし……………………… VI - 824
とめこかし………………………… VI - 824
とやま……………………………… VI - 824
どようきねり……………………… VI - 824
どようもも………………………… VI - 824
とらぐみ…………………………… VI - 824
とりいちご………………………… VI - 825
とりのこ…………………………… VI - 825
とんかうかき……………………… VI - 825
とんがうかき……………………… VI - 825
とんからかき……………………… VI - 825
どんくり…………………………… VI - 825

## な

ないゑぼし………………………… VI - 826
なかうめ…………………………… VI - 826
ながかき…………………………… VI - 826
ながきん…………………………… VI - 826
ながきんかん……………………… VI - 826
ながぐみ…………………………… VI - 826
なかくり…………………………… VI - 826
なかこうばい……………………… VI - 827
ながしい…………………………… VI - 827
なかしま…………………………… VI - 827
ながしゐ…………………………… VI - 827
なかたろかき……………………… VI - 827
なかむしいちこ…………………… VI - 827
なかむめ…………………………… VI - 827
ながれかき………………………… VI - 828
なし………………………………… VI - 828
なつあり…………………………… VI - 828

なつかんとう…………………………… VI - 828
なつきねり…………………………… VI - 829
なつぐみ…………………………… VI - 829
なつなし…………………………… VI - 829
なつはせ…………………………… VI - 829
なつみかん…………………………… VI - 830
なつみつかん…………………………… VI - 830
なつむめ…………………………… VI - 830
なつめ…………………………… VI - 830
なつめ…………………………… VI - 831
なつめかき…………………………… VI - 831
なつもも…………………………… VI - 831
ななへもん…………………………… VI - 831
なには…………………………… VI - 831
なにわ…………………………… VI - 832
なはしろくみ…………………………… VI - 832
なはしろぐみ…………………………… VI - 832
なら…………………………… VI - 832
ならまき…………………………… VI - 832
なわしろくみ…………………………… VI - 832
なわしろぐみ…………………………… VI - 832
なわしろぐみ…………………………… VI - 833
なんきん…………………………… VI - 833
なんきんさくろ…………………………… VI - 833
なんきんざくろ…………………………… VI - 833
なんきんもも…………………………… VI - 833
なんばんかき…………………………… VI - 833

## に

におひなし…………………………… VI - 834
にが…………………………… VI - 834
にかいちこ…………………………… VI - 834
にかいちご…………………………… VI - 834
にがいちこ…………………………… VI - 834
にかき…………………………… VI - 834
にがふり…………………………… VI - 834
にかむめ…………………………… VI - 835
にがむめ…………………………… VI - 835
にかもも…………………………… VI - 835
にがもも…………………………… VI - 835
にがもも…………………………… VI - 836
にしこり…………………………… VI - 836
にしこりかき…………………………… VI - 836
にしのおか…………………………… VI - 836
にたり…………………………… VI - 836
にたりごしよ…………………………… VI - 837
にちげつもも…………………………… VI - 837
につぼんざんかき…………………………… VI - 837
にならしゐ…………………………… VI - 837
にはさくら…………………………… VI - 837
にはむめ…………………………… VI - 837
にはむめ…………………………… VI - 838
にわさくら…………………………… VI - 838
にわざくら…………………………… VI - 838
にわむめ…………………………… VI - 838
にをいなし…………………………… VI - 838

## ぬ

ぬか…………………………… VI - 839
ぬかかや…………………………… VI - 839
ぬかむめ…………………………… VI - 839
ぬまひし…………………………… VI - 839

## ね

ねずみすもも…………………………… VI - 840
ねぢかや…………………………… VI - 840

## の

のいちこ…………………………… VI - 841
のきば…………………………… VI - 841
のくわ…………………………… VI - 841
のとかや…………………………… VI - 841
のなし…………………………… VI - 841
のふしろぐみ…………………………… VI - 841
のふてつ…………………………… VI - 842
のぶとう…………………………… VI - 842

のむめ…… VI - 842
のむらかき…… VI - 842

## は

はいいちご…… VI - 843
はいけくり…… VI - 843
ばうかき…… VI - 843
はうせんじなし…… VI - 843
はかき…… VI - 843
はかくし…… VI - 843
はがくし…… VI - 844
はかたあを…… VI - 844
はかたもも…… VI - 844
はくかき…… VI - 844
はくたう…… VI - 844
はくとう…… VI - 844
はくばい…… VI - 845
はくりんかうじ…… VI - 845
はこかき…… VI - 845
はしはみ…… VI - 845
はしばみ…… VI - 845
はしばみ…… VI - 846
はしまめ…… VI - 846
はすのみ…… VI - 846
はぜ…… VI - 846
はせなし…… VI - 846
はちおうし…… VI - 846
はちかくかき…… VI - 846
はちくひ…… VI - 847
はちくま…… VI - 847
はちさくむめ…… VI - 847
はちさゑもんかき…… VI - 847
はちまんかき…… VI - 847
はちや…… VI - 847
はちやう…… VI - 847
はちやかき…… VI - 848
はちやがき…… VI - 848
はちわうし…… VI - 848
はちわうじ…… VI - 848
はちわうしかき…… VI - 848
はちわうじかき…… VI - 848
はちをうし…… VI - 849
はつきり…… VI - 849
はつさくむめ…… VI - 849
はつぱうかき…… VI - 849
はつやかき…… VI - 849
はなあんず…… VI - 849
はなかみ…… VI - 850
はなかや…… VI - 850
はなくりむめ…… VI - 850
はなさくろ…… VI - 850
はなざくろ…… VI - 850
はなさんしやう…… VI - 850
はなたちばな…… VI - 851
はななし…… VI - 851
はなもも…… VI - 851
はなゆ…… VI - 851
はなゆず…… VI - 852
はね…… VI - 852
はねたかき…… VI - 852
はねのき…… VI - 852
はのした…… VI - 852
はまなす…… VI - 852
はやかき…… VI - 852
はやぐみ…… VI - 853
はやざき…… VI - 853
はやさきしらむめ…… VI - 853
はやすもも…… VI - 853
はやもも…… VI - 853
はらくは…… VI - 853
はらや…… VI - 854
はんつき…… VI - 854

## ひ

ひたりまき…… VI - 855
ひだりまき…… VI - 855

ひたりまきかや…………………… VI - 855
ひたりまきちや…………………… VI - 855
ひとう……………………………… VI - 855
ひとはかき………………………… VI - 855
ひとへむめ………………………… VI - 855
ひとへもも………………………… VI - 856
ひのみこ…………………………… VI - 856
ひのみこなし……………………… VI - 856
ひは………………………………… VI - 856
びは………………………………… VI - 856
ひはたし…………………………… VI - 856
ひび………………………………… VI - 857
びびつか…………………………… VI - 857
ひびなし…………………………… VI - 857
ひめ………………………………… VI - 857
ひめくるみ………………………… VI - 857
ひめぐるみ………………………… VI - 857
ひやうたんなし…………………… VI - 858
ひやうひかや……………………… VI - 858
ひやうふかや……………………… VI - 858
ひよぐり…………………………… VI - 858
ひら………………………………… VI - 858
ひらかき…………………………… VI - 858
ひらきねり………………………… VI - 859
ひらぎねり………………………… VI - 859
ひらたかき………………………… VI - 859
ひらためうたん…………………… VI - 859
ひらまつかき……………………… VI - 859
ひらめうたん……………………… VI - 859
ひろしま…………………………… VI - 859
ひわ………………………………… VI - 860
びわ………………………………… VI - 860
ひわたし…………………………… VI - 860
びんぼ……………………………… VI - 860
ひんほう…………………………… VI - 860
びんぼうかき……………………… VI - 860

## ふ

ふかひら…………………………… VI - 861
ふくしまむめ……………………… VI - 861
ふくゆ……………………………… VI - 861
ふこいちこ………………………… VI - 861
ふごいちご………………………… VI - 861
ふごかき…………………………… VI - 861
ふごしゐ…………………………… VI - 861
ふじさん…………………………… VI - 862
ぶしゆかん………………………… VI - 862
ぶす………………………………… VI - 862
ぶだう……………………………… VI - 862
ぶだう……………………………… VI - 863
ふたをしみ………………………… VI - 863
ふでかき…………………………… VI - 863
ふでがき…………………………… VI - 863
ふとう……………………………… VI - 863
ふどう……………………………… VI - 863
ぶとう……………………………… VI - 863
ふだふ……………………………… VI - 864
ぶどう……………………………… VI - 864
ぶな………………………………… VI - 864
ぶなくり…………………………… VI - 864
ぶなくるみ………………………… VI - 864
ぶなぐるみ………………………… VI - 864
ふなへし…………………………… VI - 864
ふゆいちこ………………………… VI - 865
ふゆいちご………………………… VI - 865
ふゆきねり………………………… VI - 865
ふゆさんせう……………………… VI - 865
ふゆとをし………………………… VI - 865
ふゆなし…………………………… VI - 865
ふゆもも…………………………… VI - 866
ぶりかき…………………………… VI - 866
ふんこ……………………………… VI - 866
ふんご……………………………… VI - 866
ぶんこ……………………………… VI - 866

ぶんご…………………………… VI - 866
ふんこむめ………………………… VI - 867
ふんごむめ………………………… VI - 867
ぶんこむめ………………………… VI - 867
ぶんごむめ………………………… VI - 867
ぶんごむめ………………………… VI - 868
ぶんなくるみ……………………… VI - 868

## へ

へいしなし………………………… VI - 869
へいじなし………………………… VI - 869
へいしやう………………………… VI - 869
へうたんなし……………………… VI - 869
へうへうくり……………………… VI - 869
へたかき…………………………… VI - 869
べつとうかき……………………… VI - 869
へにいちこ………………………… VI - 870
べにみかん………………………… VI - 870
べにもも…………………………… VI - 870
へひいちこ………………………… VI - 870
へびいちご………………………… VI - 870
へべ………………………………… VI - 870
へぼかや…………………………… VI - 870
へみいちこ………………………… VI - 871

## ほ

ほうのき…………………………… VI - 872
ほうろく…………………………… VI - 872
ほうろくいちこ…………………… VI - 872
ほうろくいちご…………………… VI - 872
ぼけ………………………………… VI - 872
ほごかき…………………………… VI - 872
ほぜぐい…………………………… VI - 872
ほうかいちこ……………………… VI - 873
ほうきもも………………………… VI - 873
ほうしやうし……………………… VI - 873
ほうせんし………………………… VI - 873
ほうせんじ………………………… VI - 873
ほうせんしなし…………………… VI - 873
ほうせんじなし…………………… VI - 873
ほそくちなし……………………… VI - 874
ほそなし…………………………… VI - 874
ほそむめ…………………………… VI - 874
ほてい……………………………… VI - 874
ほどい……………………………… VI - 874
ほぼろいちご……………………… VI - 874
ほんかき…………………………… VI - 874
ぼんきねり………………………… VI - 875
ほんじやうむめ…………………… VI - 875
ほんゆ……………………………… VI - 875

## ま

まいちこ…………………………… VI - 876
まくわ……………………………… VI - 876
ますくら…………………………… VI - 876
またたひ…………………………… VI - 876
またたび…………………………… VI - 876
まつ………………………………… VI - 876
まつうなし………………………… VI - 876
まつうらむめ……………………… VI - 877
まつふさのみ……………………… VI - 877
まつぶとう………………………… VI - 877
まつほ……………………………… VI - 877
まつむめ…………………………… VI - 877
まつらみつなし…………………… VI - 877
まつゑび…………………………… VI - 877
まつを……………………………… VI - 878
まつをなし………………………… VI - 878
まて………………………………… VI - 878
まていちこ………………………… VI - 878
まていちご………………………… VI - 878
まてき……………………………… VI - 878
まてんかき………………………… VI - 878
まめかき…………………………… VI - 879
まめくみ…………………………… VI - 879
まめくり…………………………… VI - 879

まめしひ…… VI - 879
まめなし…… VI - 879
まやあんず…… VI - 879
まやこうばい…… VI - 880
まやこふばい…… VI - 880
まゆ…… VI - 880
まるかき…… VI - 880
まるかや…… VI - 880
まるがや…… VI - 880
まるぐみ…… VI - 880
まるしゐ…… VI - 881
まるめり…… VI - 881
まるめる…… VI - 881
まるめろ…… VI - 881
まるめろ…… VI - 881
まるめろ…… VI - 882
まるめろう…… VI - 882
まんか…… VI - 882
まんかめうたん…… VI - 882

み

みいてら…… VI - 883
みかいかう…… VI - 883
みかいこう…… VI - 883
みかん…… VI - 883
みかんかうし…… VI - 883
みかんかき…… VI - 884
みかんなし…… VI - 884
みこうたう…… VI - 884
みざくろ…… VI - 884
みさんしやう…… VI - 884
みさんせう…… VI - 884
みしらす…… VI - 885
みしらず…… VI - 885
みそ…… VI - 885
みぞかき…… VI - 885
みそかりかき…… VI - 885
みづ…… VI - 885
みつかき…… VI - 885
みづかき…… VI - 886
みつかん…… VI - 886
みつき…… VI - 886
みつなし…… VI - 886
みづなし…… VI - 886
みづなし…… VI - 887
みつめかや…… VI - 887
みづもも…… VI - 887
みのかき…… VI - 887
みのがき…… VI - 887
みのこねり…… VI - 888
みのさらし…… VI - 888
みのはぜ…… VI - 888
みやうたん…… VI - 888
みやうたんかき…… VI - 888
みやうたんび…… VI - 888
みやうりんかき…… VI - 889
みようたん…… VI - 889

む

むぎいちご…… VI - 890
むきがき…… VI - 890
むく…… VI - 890
むくのみ…… VI - 890
むしやうかき…… VI - 890
むしん…… VI - 890
むへ…… VI - 890
むめ…… VI - 891
むめはちむめ…… VI - 891
むらさきあけび…… VI - 891
むらさきすもも…… VI - 891
むらさきもも…… VI - 891

め

めいさ…… VI - 892
めうこ…… VI - 892
めうじんなし…… VI - 892

めうたん…… VI - 892
めうたんかき…… VI - 892
めくり…… VI - 892
めくるみ…… VI - 892
めされ…… VI - 893
めめかき…… VI - 893

## も

もがみかき…… VI - 894
もち…… VI - 894
もちいちご…… VI - 894
もちかき…… VI - 894
もちぐみ…… VI - 894
もちなし…… VI - 894
もちむめ…… VI - 895
もちゆ…… VI - 895
もつこう…… VI - 895
もも…… VI - 895
もも…… VI - 896
もろなし…… VI - 896

## や

やうきひ…… VI - 897
やうゑもんかき…… VI - 897
やけかき…… VI - 897
やしま…… VI - 897
やしろ…… VI - 897
やしを…… VI - 897
やながはかき…… VI - 897
やばい…… VI - 898
やぶいちこ…… VI - 898
やぶこうしのみ…… VI - 898
やぶざくろ…… VI - 898
やぶたたき…… VI - 898
やぶなし…… VI - 898
やぶむめ…… VI - 898
やへしらむめ…… VI - 899
やへむめ…… VI - 899
やへもも…… VI - 899
やまあり…… VI - 899
やまうるし…… VI - 899
やまかいとう…… VI - 899
やまかき…… VI - 899
やまかき…… VI - 900
やまがき…… VI - 900
やまかはなし…… VI - 900
やまかや…… VI - 900
やまくみ…… VI - 900
やまぐみ…… VI - 900
やまくり…… VI - 900
やまくわ…… VI - 901
やまぐわ…… VI - 901
やまさんせう…… VI - 901
やましぶ…… VI - 901
やましぶかき…… VI - 901
やまたちはな…… VI - 901
やまてらし…… VI - 901
やまと…… VI - 902
やまとかき…… VI - 902
やまとがき…… VI - 902
やまとりすもも…… VI - 902
やまとりもも…… VI - 903
やまなし…… VI - 903
やまぶどう…… VI - 903
やまむめ…… VI - 904
やまもも…… VI - 904
やまゑび…… VI - 904

## ゆ

ゆ…… VI - 905
ゆかう…… VI - 905
ゆき…… VI - 905
ゆきいちご…… VI - 905
ゆきなし…… VI - 905
ゆさんせう…… VI - 905
ゆす…… VI - 906

ゆず……………………………… VI - 906
ゆすら……………………………… VI - 906
ゆすら……………………………… VI - 907
ゆつ……………………………… VI - 907

## よ

よしだかき……………………………… VI - 908
よしのかや……………………………… VI - 908
よしをかもも……………………………… VI - 908
よつみそ……………………………… VI - 908
よどふね……………………………… VI - 908
よねざは……………………………… VI - 908
よねながかき……………………………… VI - 908
よろいとうし……………………………… VI - 909
よろいどうし……………………………… VI - 909
よろいとほし……………………………… VI - 909
よろひとほし……………………………… VI - 909
よろひとをし……………………………… VI - 909
よんすんかき……………………………… VI - 909

## ら

らかん……………………………… VI - 910

## り

りつしん……………………………… VI - 911
りょくがくばい……………………………… VI - 911
りよくたう……………………………… VI - 911
りんき……………………………… VI - 911
りんきん……………………………… VI - 911
りんこ……………………………… VI - 911
りんご……………………………… VI - 911
りんご……………………………… VI - 912
りんごすもも……………………………… VI - 912
りんこなし……………………………… VI - 912
りんごなし……………………………… VI - 912
りんごもも……………………………… VI - 912
りんし……………………………… VI - 912
りんしかき……………………………… VI - 913
りんしばい……………………………… VI - 913
りんしむめ……………………………… VI - 913
りんすむめ……………………………… VI - 913

## れ

れいし……………………………… VI - 914
れんくわ……………………………… VI - 914
れんけ……………………………… VI - 914
れんけかき……………………………… VI - 914
れんげかき……………………………… VI - 914
れんぢ……………………………… VI - 914
れんぢかき……………………………… VI - 915
れんちむめ……………………………… VI - 915

## ろ

ろうかき……………………………… VI - 916
ろくかくかき……………………………… VI - 916
ろくぐわつもも……………………………… VI - 916
ろくだいあんず……………………………… VI - 916
ろくだいこうばい……………………………… VI - 916
ろり……………………………… VI - 916

## わ

わうじかき……………………………… VI - 917
わうじなし……………………………… VI - 917
わかばら……………………………… VI - 917
わきのやまかき……………………………… VI - 917
わさぐみ……………………………… VI - 917
わさなし……………………………… VI - 917
わせ……………………………… VI - 917
わせいちご……………………………… VI - 918
わせくり……………………………… VI - 918
わせなし……………………………… VI - 918
わせもも……………………………… VI - 918
わたなべ……………………………… VI - 918
わたもも……………………………… VI - 918

## ゐ


ゐがき…………………………… Ⅵ - 919
ゐかなし………………………… Ⅵ - 919
ゐちぜんかき…………………… Ⅵ - 919
ゐちぜんまつほ………………… Ⅵ - 919
ゐながなし……………………… Ⅵ - 919
ゐのみ…………………………… Ⅵ - 919
ゐび……………………………… Ⅵ - 919
ゐびかづら……………………… Ⅵ - 920
ゐぶくろ………………………… Ⅵ - 920
ゐぼし…………………………… Ⅵ - 920
ゐほしかき……………………… Ⅵ - 920
ゐぼしかき……………………… Ⅵ - 920
ゐほしきねり…………………… Ⅵ - 921
ゐぼしきねり…………………… Ⅵ - 921
ゐぼしめうたん………………… Ⅵ - 921
ゐみちかなし…………………… Ⅵ - 921
ゐんざ…………………………… Ⅵ - 921
ゐんさかき……………………… Ⅵ - 921
ゐんざかき……………………… Ⅵ - 921
ゐんざがき……………………… Ⅵ - 922
ゐんざもち……………………… Ⅵ - 922
ゐんざをしみ…………………… Ⅵ - 922
ゐんま…………………………… Ⅵ - 922


## を


をたにかき……………………… Ⅵ - 923
をとこくるみ…………………… Ⅵ - 923
をにくるみ……………………… Ⅵ - 923
をにぐるみ……………………… Ⅵ - 923
をふへき………………………… Ⅵ - 923
をらんだくねんぼ……………… Ⅵ - 923

# 樹木類

## あ

あい……Ⅶ-3
あいしば……Ⅶ-3
あいだのまつ……Ⅶ-3
あいのき……Ⅶ-3
あうしゅくばい……Ⅶ-3
あうたう……Ⅶ-3
あおき……Ⅶ-3
あおのき……Ⅶ-4
あか……Ⅶ-4
あかいせ……Ⅶ-4
あかいのき……Ⅶ-4
あかうつき……Ⅶ-4
あかかし……Ⅶ-4
あかかし……Ⅶ-5
あかかしわ……Ⅶ-5
あかから……Ⅶ-5
あかき……Ⅶ-5
あかきのめ……Ⅶ-5
あかくきやなぎ……Ⅶ-5
あかこが……Ⅶ-6
あかざき……Ⅶ-6
あかさくら……Ⅶ-6
あかさつき……Ⅶ-6
あかじやうこ……Ⅶ-6
あかじやうご……Ⅶ-6
あかすぎ……Ⅶ-6
あかすね……Ⅶ-7
あかずね……Ⅶ-7
あかぜうご……Ⅶ-7
あかたふ……Ⅶ-7
あかちさ……Ⅶ-7
あかぢしや……Ⅶ-7
あかつさ……Ⅶ-7
あかつつじ……Ⅶ-8
あかつつち……Ⅶ-8
あかつて……Ⅶ-8
あかつばき……Ⅶ-8
あかつら……Ⅶ-8
あかづら……Ⅶ-8
あかとちのき……Ⅶ-8
あかとろのき……Ⅶ-9
あかなし……Ⅶ-9
あかなしのき……Ⅶ-9
あかねち……Ⅶ-9
あかのき……Ⅶ-9
あかはら……Ⅶ-9
あかばら……Ⅶ-9
あかはり……Ⅶ-10
あかばり……Ⅶ-10
あかひのき……Ⅶ-10
あかふばら……Ⅶ-10
あかまつ……Ⅶ-10
あかまんふき……Ⅶ-11
あかみのき……Ⅶ-11
あかむくげ……Ⅶ-11
あかめ……Ⅶ-11
あかめかし……Ⅶ-11
あかめがしは……Ⅶ-11
あかめかしわ……Ⅶ-12
あかめがしわ……Ⅶ-12
あかめかわし……Ⅶ-12
あかめぎり……Ⅶ-12
あかめのき……Ⅶ-12
あかもも……Ⅶ-13
あかやなき……Ⅶ-13
あから……Ⅶ-13
あからひ……Ⅶ-13
あからび……Ⅶ-13
あかわむ……Ⅶ-13
あきくみ……Ⅶ-13
あきぐみ……Ⅶ-14
あきこしき……Ⅶ-14

あきは……Ⅶ - 14
あきまんどう……Ⅶ - 14
あきゆぼく……Ⅶ - 14
あくちのき……Ⅶ - 14
あくら……Ⅶ - 15
あぐらのき……Ⅶ - 15
あけざくら……Ⅶ - 15
あこ……Ⅶ - 15
あこき……Ⅶ - 15
あさかい……Ⅶ - 15
あさかへ……Ⅶ - 15
あさかや……Ⅶ - 16
あさかやま……Ⅶ - 16
あさから……Ⅶ - 16
あさがら……Ⅶ - 16
あさからいたや……Ⅶ - 16
あさがらのき……Ⅶ - 16
あさぎさくら……Ⅶ - 16
あさぎさくら……Ⅶ - 17
あさくら……Ⅶ - 17
あさくらさんせう……Ⅶ - 17
あさた……Ⅶ - 17
あさだ……Ⅶ - 17
あさたのき……Ⅶ - 17
あさだのき……Ⅶ - 17
あさたやなぎ……Ⅶ - 18
あさつゆ……Ⅶ - 18
あさとり……Ⅶ - 18
あさどり……Ⅶ - 18
あさとりき……Ⅶ - 18
あさなし……Ⅶ - 18
あさひ……Ⅶ - 18
あさもみぢ……Ⅶ - 19
あじさい……Ⅶ - 19
あしび……Ⅶ - 19
あすかひのき……Ⅶ - 19
あすかへ……Ⅶ - 19
あすならふ……Ⅶ - 19
あすなろう……Ⅶ - 20
あすひ……Ⅶ - 20
あせひ……Ⅶ - 20
あせび……Ⅶ - 20
あせびのき……Ⅶ - 20
あせほ……Ⅶ - 20
あせぼ……Ⅶ - 21
あせほのき……Ⅶ - 21
あせぼのき……Ⅶ - 21
あせみ……Ⅶ - 21
あせめ……Ⅶ - 21
あせも……Ⅶ - 22
あせんぼ……Ⅶ - 22
あたこ……Ⅶ - 22
あたこつつじ……Ⅶ - 22
あだはしけ……Ⅶ - 22
あちさい……Ⅶ - 22
あぢさい……Ⅶ - 22
あぢさい……Ⅶ - 23
あつかは……Ⅶ - 23
あづき……Ⅶ - 23
あつきはまた……Ⅶ - 23
あづさ……Ⅶ - 23
あつさい……Ⅶ - 23
あつさき……Ⅶ - 24
あつさのき……Ⅶ - 24
あつさへ……Ⅶ - 24
あつち……Ⅶ - 24
あつつ……Ⅶ - 24
あつのき……Ⅶ - 24
あつはた……Ⅶ - 24
あづまかうばい……Ⅶ - 25
あつまんとう……Ⅶ - 25
あつまんどう……Ⅶ - 25
あつわた……Ⅶ - 25
あて……Ⅶ - 25
あてのき……Ⅶ - 25
あなうつき……Ⅶ - 26

あはからのき……VII - 26
あはき……VII - 26
あはだんこ……VII - 26
あははだ……VII - 26
あはらだこ……VII - 26
あふき……VII - 27
あふきば……VII - 27
あふち……VII - 27
あふらき……VII - 27
あぶらき……VII - 27
あふらぎり……VII - 28
あぶらきり……VII - 28
あぶらぎり……VII - 28
あふらしで……VII - 28
あぶらしで……VII - 28
あぶらしふ……VII - 28
あぶらせん……VII - 29
あぶらのき……VII - 29
あぶらまつ……VII - 29
あぶらみ……VII - 29
あぶらもも……VII - 29
あへ……VII - 29
あべのき……VII - 29
あへまき……VII - 30
あべまき……VII - 30
あほぎ……VII - 30
あまがうり……VII - 30
あまがおり……VII - 30
あまかし……VII - 30
あまかせ……VII - 30
あまき……VII - 31
あまくい……VII - 31
あまぐき……VII - 31
あまざくろ……VII - 31
あまさけ……VII - 31
あまち……VII - 31
あまちや……VII - 31
あまなし……VII - 32
あまね……VII - 32
あみたこ……VII - 32
あめがしたつばき……VII - 32
あめかしは……VII - 32
あめふり……VII - 32
あやかし……VII - 32
あやすぎ……VII - 33
あやのき……VII - 33
あらまつこ……VII - 33
あららき……VII - 33
ありあけ……VII - 33
ありじやうご……VII - 34
ありのみ……VII - 34
あわかう……VII - 34
あわからのき……VII - 34
あわだんこ……VII - 34
あわねり……VII - 34
あわふき……VII - 34
あわふく……VII - 35
あゐたしのき……VII - 35
あをかき……VII - 35
あをかごのき……VII - 35
あをかし……VII - 35
あをかしは……VII - 35
あをかせ……VII - 35
あをから……VII - 36
あをがら……VII - 36
あをからみもち……VII - 36
あをき……VII - 36
あをき……VII - 37
あをきは……VII - 37
あをきば……VII - 37
あをきり……VII - 37
あをきり……VII - 38
あをくい……VII - 38
あをくみ……VII - 38
あをじく……VII - 38
あをしやのき……VII - 38

あをせき……Ⅶ - 38
あをだこ……Ⅶ - 38
あをたぶ……Ⅶ - 39
あをたま……Ⅶ - 39
あをたも……Ⅶ - 39
あをたものき……Ⅶ - 39
あをだら……Ⅶ - 39
あをとろのき……Ⅶ - 39
あをなし……Ⅶ - 39
あをによろり……Ⅶ - 40
あをのき……Ⅶ - 40
あをはせ……Ⅶ - 40
あをはた……Ⅶ - 40
あをはだ……Ⅶ - 40
あをはたのき……Ⅶ - 40
あをばたのき……Ⅶ - 40
あをはら……Ⅶ - 41
あをほう……Ⅶ - 41
あをほうのき……Ⅶ - 41
あをほうやなぎ……Ⅶ - 41
あをまんふき……Ⅶ - 41
あをむろ……Ⅶ - 41
あをもみ……Ⅶ - 41
あをおぎ……Ⅶ - 42
あをもみぢ……Ⅶ - 42
あをんど……Ⅶ - 42
あんき……Ⅶ - 42
あんさ……Ⅶ - 42
あんさい……Ⅶ - 42
あんず……Ⅶ - 42
あんずのき……Ⅶ - 43
あんつのき……Ⅶ - 43
あんめんもも……Ⅶ - 43

い

いいきり……Ⅶ - 44
いいづく……Ⅶ - 44
いいなし……Ⅶ - 44
いかむろ……Ⅶ - 44
いがむろ……Ⅶ - 44
いぎな……Ⅶ - 44
いきり……Ⅶ - 44
いさはい……Ⅶ - 45
いしぐみ……Ⅶ - 45
いしけやき……Ⅶ - 45
いしけやけ……Ⅶ - 45
いしさき……Ⅶ - 45
いしつき……Ⅶ - 45
いしづく……Ⅶ - 46
いしつた……Ⅶ - 46
いしなら……Ⅶ - 46
いしふ……Ⅶ - 46
いしむめ……Ⅶ - 46
いしやしやき……Ⅶ - 46
いしややき……Ⅶ - 46
いすのき……Ⅶ - 47
いすらのき……Ⅶ - 47
いすりき……Ⅶ - 47
いせくわ……Ⅶ - 47
いせひ……Ⅶ - 47
いせぶ……Ⅶ - 47
いそうばめ……Ⅶ - 47
いそうみざくろ……Ⅶ - 48
いそくろ……Ⅶ - 48
いそくろき……Ⅶ - 48
いそさくら……Ⅶ - 48
いそしは……Ⅶ - 48
いそしば……Ⅶ - 48
いそつけ……Ⅶ - 48
いそつげ……Ⅶ - 49
いそつはき……Ⅶ - 49
いそひは……Ⅶ - 49
いそひわ……Ⅶ - 49
いそまつ……Ⅶ - 49
いそまひ……Ⅶ - 49
いそまめのき……Ⅶ - 49

いそまめのき……Ⅶ-50
いそゆつりは……Ⅶ-50
いそゆづりは……Ⅶ-50
いた……Ⅶ-50
いたき……Ⅶ-50
いたきかいて……Ⅶ-50
いたくらさんせう……Ⅶ-50
いたとり……Ⅶ-51
いたひ……Ⅶ-51
いたぶかづら……Ⅶ-51
いたや……Ⅶ-51
いたやき……Ⅶ-51
いたやのき……Ⅶ-51
いちい……Ⅶ-52
いちきんなし……Ⅶ-52
いちこ……Ⅶ-52
いちご……Ⅶ-52
いちごます……Ⅶ-52
いちぢく……Ⅶ-52
いちどさきからやぶ……Ⅶ-52
いちのき……Ⅶ-53
いちひ……Ⅶ-53
いちやう……Ⅶ-53
いちやうのき……Ⅶ-53
いちゐ……Ⅶ-53
いつかた……Ⅶ-53
いつき……Ⅶ-54
いつさき……Ⅶ-54
いつしうさつき……Ⅶ-54
いづち……Ⅶ-54
いつちや……Ⅶ-54
いつつてかしは……Ⅶ-54
いつつば……Ⅶ-54
いつてんつつじ……Ⅶ-55
いづのき……Ⅶ-55
いづもかうばい……Ⅶ-55
いてう……Ⅶ-55
いてうのき……Ⅶ-55
いてふ……Ⅶ-56
いてふのき……Ⅶ-56
いとくくりさくら……Ⅶ-56
いとさくら……Ⅶ-56
いとち……Ⅶ-57
いとまきさくら……Ⅶ-57
いとやなき……Ⅶ-57
いとやなぎ……Ⅶ-57
いぬいちやう……Ⅶ-57
いぬおほくら……Ⅶ-57
いぬかしは……Ⅶ-58
いぬかつら……Ⅶ-58
いぬかば……Ⅶ-58
いぬかや……Ⅶ-58
いぬからず……Ⅶ-58
いぬからぶし……Ⅶ-58
いぬきず……Ⅶ-59
いぬきり……Ⅶ-59
いぬぎりのき……Ⅶ-59
いぬくす……Ⅶ-59
いぬけやき……Ⅶ-59
いぬげやけ……Ⅶ-60
いぬこが……Ⅶ-60
いぬごせう……Ⅶ-60
いぬころし……Ⅶ-60
いぬさいかしのき……Ⅶ-60
いぬさかき……Ⅶ-60
いぬさくら……Ⅶ-60
いぬさくら……Ⅶ-61
いぬさんしやう……Ⅶ-61
いぬさんしやうのき……Ⅶ-61
いぬさんせう……Ⅶ-61
いぬさんせう……Ⅶ-62
いぬざんせう……Ⅶ-62
いぬしぎ……Ⅶ-62
いぬしきみ……Ⅶ-62
いぬしで……Ⅶ-62
いぬじゆろ……Ⅶ-62

いぬすき……Ⅶ - 62
いぬすぎ……Ⅶ - 63
いぬせんだん……Ⅶ - 63
いぬたて……Ⅶ - 63
いぬたら……Ⅶ - 63
いぬだら……Ⅶ - 63
いぬだらのき……Ⅶ - 64
いぬづき……Ⅶ - 64
いぬつけ……Ⅶ - 64
いぬつげ……Ⅶ - 64
いぬつげ……Ⅶ - 65
いぬつげのき……Ⅶ - 65
いぬつつじ……Ⅶ - 65
いぬつつち……Ⅶ - 65
いぬつはき……Ⅶ - 65
いぬとが……Ⅶ - 65
いぬとりもち……Ⅶ - 66
いぬはぎ……Ⅶ - 66
いぬはぜ……Ⅶ - 66
いぬはらき……Ⅶ - 66
いぬはんのき……Ⅶ - 66
いぬひば……Ⅶ - 66
いぬひむろ……Ⅶ - 66
いぬびわ……Ⅶ - 67
いぬびんか……Ⅶ - 67
いぬほう……Ⅶ - 67
いぬほうし……Ⅶ - 67
いぬほうのき……Ⅶ - 67
いぬまき……Ⅶ - 67
いぬまき……Ⅶ - 68
いぬまゆみ……Ⅶ - 68
いぬむくろし……Ⅶ - 68
いぬもち……Ⅶ - 68
いぬもみぢ……Ⅶ - 68
いぬやなぎ……Ⅶ - 69
いぬやまもも……Ⅶ - 69
いぬゆつりは……Ⅶ - 69
いぬゆづりは……Ⅶ - 69
いぬゑのき……Ⅶ - 69
いねび……Ⅶ - 70
いのこしば……Ⅶ - 70
いはうつき……Ⅶ - 70
いはさくら……Ⅶ - 70
いはしあぶら……Ⅶ - 70
いはしば……Ⅶ - 70
いはしばり……Ⅶ - 70
いはしやかず……Ⅶ - 71
いはつつし……Ⅶ - 71
いはつつじ……Ⅶ - 71
いはつつち……Ⅶ - 71
いはつばき……Ⅶ - 71
いはなし……Ⅶ - 72
いはは……Ⅶ - 72
いはばせ……Ⅶ - 72
いはふな……Ⅶ - 72
いはやちは……Ⅶ - 72
いはやとめ……Ⅶ - 72
いはやなぎ……Ⅶ - 72
いはら……Ⅶ - 73
いばら……Ⅶ - 73
いはらくひ……Ⅶ - 73
いはらすき……Ⅶ - 73
いばらすぎ……Ⅶ - 73
いばらのはな……Ⅶ - 73
いふき……Ⅶ - 73
いぶき……Ⅶ - 74
いふきすき……Ⅶ - 74
いぶきびやくしん……Ⅶ - 74
いぶし……Ⅶ - 74
いぶのき……Ⅶ - 75
いほし……Ⅶ - 75
いぼた……Ⅶ - 75
いほたのき……Ⅶ - 75
いぼたのき……Ⅶ - 75
いほのき……Ⅶ - 76
いぼのき……Ⅶ - 76

いほやなき……………………………Ⅶ - 76
いぼやなぎ……………………………Ⅶ - 76
いまめ…………………………………Ⅶ - 76
いみしき………………………………Ⅶ - 76
いみのき………………………………Ⅶ - 76
いむしらふ……………………………Ⅶ - 77
いもき…………………………………Ⅶ - 77
いもぎ…………………………………Ⅶ - 77
いもくすのき…………………………Ⅶ - 77
いものき………………………………Ⅶ - 77
いやき…………………………………Ⅶ - 77
いやなき………………………………Ⅶ - 77
いやなぎ………………………………Ⅶ - 78
いよく…………………………………Ⅶ - 78
いよめ…………………………………Ⅶ - 78
いらくは………………………………Ⅶ - 78
いらすぎ………………………………Ⅶ - 78
いらまつ………………………………Ⅶ - 78
いろよし………………………………Ⅶ - 78
いわうつつじ…………………………Ⅶ - 79
いわかたぎ……………………………Ⅶ - 79
いわしあぶら…………………………Ⅶ - 79
いわしやかす…………………………Ⅶ - 79
いわしやかず…………………………Ⅶ - 79
いわすき………………………………Ⅶ - 79
いわつげ………………………………Ⅶ - 79
いわつつし……………………………Ⅶ - 80
いわつつじ……………………………Ⅶ - 80
いわでもみ……………………………Ⅶ - 80
いわとり………………………………Ⅶ - 80
いわば…………………………………Ⅶ - 80
いわはぜ………………………………Ⅶ - 80
いわみづ………………………………Ⅶ - 81
いわやちば……………………………Ⅶ - 81
いわやどめ……………………………Ⅶ - 81
いんきり………………………………Ⅶ - 81
いんざくらのき………………………Ⅶ - 81
いんさんせう…………………………Ⅶ - 81
いんたら………………………………Ⅶ - 81
いんだら………………………………Ⅶ - 82
いんつげ………………………………Ⅶ - 82

## う

うかつのき……………………………Ⅶ - 83
うかんば………………………………Ⅶ - 83
うきうぼく……………………………Ⅶ - 83
うくひすいたや………………………Ⅶ - 83
うくひすかくら………………………Ⅶ - 83
うぐひすかぐら………………………Ⅶ - 83
うくひすかくれ………………………Ⅶ - 83
うぐひすかくれ………………………Ⅶ - 84
うこ……………………………………Ⅶ - 84
うこき…………………………………Ⅶ - 84
うこぎ…………………………………Ⅶ - 84
うこんはな……………………………Ⅶ - 84
うさぎかくし…………………………Ⅶ - 85
うさぎのめはり………………………Ⅶ - 85
うしいたや……………………………Ⅶ - 85
うしかいば……………………………Ⅶ - 85
うしくすべ……………………………Ⅶ - 85
うしこめ………………………………Ⅶ - 85
うしこやなぎ…………………………Ⅶ - 85
うしころし……………………………Ⅶ - 86
うじころし……………………………Ⅶ - 86
うしつなき……………………………Ⅶ - 86
うしのした……………………………Ⅶ - 86
うしのしたあぎ………………………Ⅶ - 86
うしのひたい…………………………Ⅶ - 87
うしのひたひ…………………………Ⅶ - 87
うしのひたゐ…………………………Ⅶ - 87
うしはのきり…………………………Ⅶ - 87
うしほ…………………………………Ⅶ - 88
うしやなぎ……………………………Ⅶ - 88
うしやまふき…………………………Ⅶ - 88
うじゆきつ……………………………Ⅶ - 88
うすいろここめつつじ………………Ⅶ - 88

うすかは……………………………Ⅶ - 88
うすご……………………………Ⅶ - 88
うすこのき……………………………Ⅶ - 89
うすごみ……………………………Ⅶ - 89
うすとこ……………………………Ⅶ - 89
うすどこ……………………………Ⅶ - 89
うすのき……………………………Ⅶ - 89
うすふし……………………………Ⅶ - 89
うすやう……………………………Ⅶ - 89
うすをしみ……………………………Ⅶ - 90
うそき……………………………Ⅶ - 90
うそぎ……………………………Ⅶ - 90
うぞめ……………………………Ⅶ - 90
うだい……………………………Ⅶ - 90
うだひ……………………………Ⅶ - 90
うづい……………………………Ⅶ - 90
うつき……………………………Ⅶ - 91
うつぎ……………………………Ⅶ - 91
うつぎ……………………………Ⅶ - 92
うつぎのき……………………………Ⅶ - 92
うづな……………………………Ⅶ - 92
うつまめん……………………………Ⅶ - 92
うつみ……………………………Ⅶ - 92
うづら……………………………Ⅶ - 92
うてほ……………………………Ⅶ - 93
うてもき……………………………Ⅶ - 93
うのき……………………………Ⅶ - 93
うのはな……………………………Ⅶ - 93
うは……………………………Ⅶ - 93
うばおれ……………………………Ⅶ - 93
うばかつつら……………………………Ⅶ - 94
うばき……………………………Ⅶ - 94
うばころし……………………………Ⅶ - 94
うはさうろし……………………………Ⅶ - 94
うはさくら……………………………Ⅶ - 94
うばさくら……………………………Ⅶ - 94
うばしば……………………………Ⅶ - 95
うばそふろし……………………………Ⅶ - 95
うはたらし……………………………Ⅶ - 95
うばたんのき……………………………Ⅶ - 95
うばつつじ……………………………Ⅶ - 95
うばなかせ……………………………Ⅶ - 95
うばのき……………………………Ⅶ - 96
うばのちちかつら……………………………Ⅶ - 96
うはのてやき……………………………Ⅶ - 96
うばのてやき……………………………Ⅶ - 96
うはふじ……………………………Ⅶ - 96
うばふり……………………………Ⅶ - 97
うはみつのき……………………………Ⅶ - 97
うばめ……………………………Ⅶ - 97
うはやなぎ……………………………Ⅶ - 97
うぼのき……………………………Ⅶ - 97
うみさくら……………………………Ⅶ - 97
うみざくろ……………………………Ⅶ - 97
うみてらし……………………………Ⅶ - 98
うむせん……………………………Ⅶ - 98
うめもとき……………………………Ⅶ - 98
うめもどき……………………………Ⅶ - 98
うらしろ……………………………Ⅶ - 98
うらじろ……………………………Ⅶ - 98
うらしろのき……………………………Ⅶ - 99
うり……………………………Ⅶ - 99
うりかわ……………………………Ⅶ - 99
うりき……………………………Ⅶ - 99
うりな……………………………Ⅶ - 99
うりなのき……………………………Ⅶ - 99
うりのき……………………………Ⅶ - 99
うりのき……………………………Ⅶ - 100
うるし……………………………Ⅶ - 100
うるしのき……………………………Ⅶ - 100
うるしのき……………………………Ⅶ - 101
うるなのき……………………………Ⅶ - 101
うるのき……………………………Ⅶ - 101
うるひかわ……………………………Ⅶ - 101
うわみつ……………………………Ⅶ - 101
うわみづ……………………………Ⅶ - 101

うをのめ……………………………… Ⅶ - 102
うんせん……………………………… Ⅶ - 102

## え

えしやくて………………………… Ⅶ - 103
えど………………………………… Ⅶ - 103
えどうつき………………………… Ⅶ - 103
えどさくら………………………… Ⅶ - 103
えどむらさき……………………… Ⅶ - 103
えどむらさきつつち……………… Ⅶ - 103
えのき……………………………… Ⅶ - 103
えのき……………………………… Ⅶ - 104
えほぢ……………………………… Ⅶ - 104
えんじゅ…………………………… Ⅶ - 104
えんほう…………………………… Ⅶ - 104

## お

おいこき…………………………… Ⅶ - 105
おうき……………………………… Ⅶ - 105
おうとりもち……………………… Ⅶ - 105
おうねつくり……………………… Ⅶ - 105
おうのき…………………………… Ⅶ - 105
おうばい…………………………… Ⅶ - 105
おうひやうたも…………………… Ⅶ - 105
おおかき…………………………… Ⅶ - 106
おおぶし…………………………… Ⅶ - 106
おかし……………………………… Ⅶ - 106
おからいたや……………………… Ⅶ - 106
おきなさくさ……………………… Ⅶ - 106
おくしも…………………………… Ⅶ - 106
おけつつじ………………………… Ⅶ - 106
おしみのき………………………… Ⅶ - 107
おしやく…………………………… Ⅶ - 107
おすぎ……………………………… Ⅶ - 107
おそぼう…………………………… Ⅶ - 107
おそらくつつち…………………… Ⅶ - 107
おだも……………………………… Ⅶ - 107
おつこ……………………………… Ⅶ - 107
おつこう…………………………… Ⅶ - 108
おつこのき………………………… Ⅶ - 108
おつこふ…………………………… Ⅶ - 108
おとこまつ………………………… Ⅶ - 108
おとこまゆみ……………………… Ⅶ - 108
おにうこぎ………………………… Ⅶ - 108
おにうつき………………………… Ⅶ - 108
おにかいて………………………… Ⅶ - 109
おにくるみ………………………… Ⅶ - 109
おにさんしやう…………………… Ⅶ - 109
おにさんせう……………………… Ⅶ - 109
おにすぎ…………………………… Ⅶ - 109
おにつつじ………………………… Ⅶ - 109
おにのめつき……………………… Ⅶ - 110
おにひいらき……………………… Ⅶ - 110
おにまつ…………………………… Ⅶ - 110
おにもみ…………………………… Ⅶ - 110
おのれ……………………………… Ⅶ - 110
おばめ……………………………… Ⅶ - 110
おばめかし………………………… Ⅶ - 110
おびくるま………………………… Ⅶ - 111
おふかいじ………………………… Ⅶ - 111
おふかいで………………………… Ⅶ - 111
おふき……………………………… Ⅶ - 111
おふやなき………………………… Ⅶ - 111
おほうるな………………………… Ⅶ - 111
おほかいて………………………… Ⅶ - 111
おほかうのき……………………… Ⅶ - 112
おほかき…………………………… Ⅶ - 112
おほかたそめ……………………… Ⅶ - 112
おほかは…………………………… Ⅶ - 112
おほかへで………………………… Ⅶ - 112
おほかゑて………………………… Ⅶ - 112
おほきは…………………………… Ⅶ - 112
おほきりしま……………………… Ⅶ - 113
おほくり…………………………… Ⅶ - 113
おほした…………………………… Ⅶ - 113
おほしだ…………………………… Ⅶ - 113

おほしひ…………………………… Ⅶ - 113
おほぞうみ………………………… Ⅶ - 113
おほだら…………………………… Ⅶ - 114
おほちやうちん…………………… Ⅶ - 114
おほちやうちんさくら…………… Ⅶ - 114
おほてまり………………………… Ⅶ - 114
おほなら…………………………… Ⅶ - 114
おほならまき……………………… Ⅶ - 114
おほのみき………………………… Ⅶ - 114
おほばいたや……………………… Ⅶ - 115
おほばかいて……………………… Ⅶ - 115
おほばかいで……………………… Ⅶ - 115
おほばちさ………………………… Ⅶ - 115
おほばのき………………………… Ⅶ - 115
おほばもみじ……………………… Ⅶ - 115
おほばやなぎ……………………… Ⅶ - 115
おほばやなぎ……………………… Ⅶ - 116
おほはら…………………………… Ⅶ - 116
おほまたのき……………………… Ⅶ - 116
おほむめ…………………………… Ⅶ - 116
おほむらさきつつち……………… Ⅶ - 116
おほもち…………………………… Ⅶ - 116
おほもみぢ………………………… Ⅶ - 116
おほやなぎ………………………… Ⅶ - 117
おほやまもも……………………… Ⅶ - 117
おほゆつりは……………………… Ⅶ - 117
おほよし…………………………… Ⅶ - 117
おまつ……………………………… Ⅶ - 117
おまゆみ…………………………… Ⅶ - 117
おまゆみ…………………………… Ⅶ - 118
おものき…………………………… Ⅶ - 118
おものぎのき……………………… Ⅶ - 118
おもひば…………………………… Ⅶ - 118
おやなぎ…………………………… Ⅶ - 118
おらんだばんていし……………… Ⅶ - 119
おらんたもみち…………………… Ⅶ - 119
おろのき…………………………… Ⅶ - 119
おんたら…………………………… Ⅶ - 119
おんのき…………………………… Ⅶ - 119
おんのふれ………………………… Ⅶ - 119
おんのれい………………………… Ⅶ - 120
おんのれき………………………… Ⅶ - 120

## か

かいたう…………………………… Ⅶ - 121
かいだう…………………………… Ⅶ - 121
かいぢ……………………………… Ⅶ - 121
かいて……………………………… Ⅶ - 121
かいで……………………………… Ⅶ - 121
かいてのき………………………… Ⅶ - 121
かいてもみち……………………… Ⅶ - 122
かいとう…………………………… Ⅶ - 122
かいどう…………………………… Ⅶ - 122
かいどうくは……………………… Ⅶ - 122
かいな……………………………… Ⅶ - 122
かいねたも………………………… Ⅶ - 122
かいは……………………………… Ⅶ - 122
かいば……………………………… Ⅶ - 123
かいばのき………………………… Ⅶ - 123
かうか……………………………… Ⅶ - 123
かうかい…………………………… Ⅶ - 123
かうかいのき……………………… Ⅶ - 123
かうかのき………………………… Ⅶ - 124
かうかんぼう……………………… Ⅶ - 124
かうくはん………………………… Ⅶ - 124
かうくるみ………………………… Ⅶ - 124
かうし……………………………… Ⅶ - 124
かうじ……………………………… Ⅶ - 124
がうしんかう……………………… Ⅶ - 124
かうす……………………………… Ⅶ - 125
かうず……………………………… Ⅶ - 125
かうぜつ…………………………… Ⅶ - 125
かうそ……………………………… Ⅶ - 125
かうぞ……………………………… Ⅶ - 125
かうぞのき………………………… Ⅶ - 125
かうちん…………………………… Ⅶ - 126

かうづ…………………………… Ⅶ - 126
かうづのき…………………………… Ⅶ - 126
かうづる…………………………… Ⅶ - 126
かうてこぶら…………………………… Ⅶ - 126
かうとのき…………………………… Ⅶ - 126
かうのき…………………………… Ⅶ - 126
かうのき…………………………… Ⅶ - 127
がうのみき…………………………… Ⅶ - 127
かうのみのき…………………………… Ⅶ - 127
かうばい…………………………… Ⅶ - 127
かうはち…………………………… Ⅶ - 127
かうばち…………………………… Ⅶ - 127
かうはちのき…………………………… Ⅶ - 127
かうはり…………………………… Ⅶ - 128
かうぼく…………………………… Ⅶ - 128
かうや…………………………… Ⅶ - 128
かうやつげ…………………………… Ⅶ - 128
かうやつつし…………………………… Ⅶ - 128
かうやつつじ…………………………… Ⅶ - 128
かうやまき…………………………… Ⅶ - 128
かうやまき…………………………… Ⅶ - 129
かうらい…………………………… Ⅶ - 129
かうらいくるみ…………………………… Ⅶ - 129
かえて…………………………… Ⅶ - 129
かがしま…………………………… Ⅶ - 129
かがぼたん…………………………… Ⅶ - 129
かがんす…………………………… Ⅶ - 130
ががんす…………………………… Ⅶ - 130
ががんず…………………………… Ⅶ - 130
かき…………………………… Ⅶ - 130
かきいばら…………………………… Ⅶ - 130
かぎき…………………………… Ⅶ - 130
かきつか…………………………… Ⅶ - 130
かきのき…………………………… Ⅶ - 131
がくさう…………………………… Ⅶ - 131
かご…………………………… Ⅶ - 131
かこつつち…………………………… Ⅶ - 131
かごのき…………………………… Ⅶ - 131
かごぶち…………………………… Ⅶ - 131
がざ…………………………… Ⅶ - 132
かさき…………………………… Ⅶ - 132
かさとり…………………………… Ⅶ - 132
かさな…………………………… Ⅶ - 132
かし…………………………… Ⅶ - 132
かしうつき…………………………… Ⅶ - 133
かしおしき…………………………… Ⅶ - 133
かしおしぎ…………………………… Ⅶ - 133
かしおしみ…………………………… Ⅶ - 133
かしおしめ…………………………… Ⅶ - 133
かじかはのき…………………………… Ⅶ - 133
かしたも…………………………… Ⅶ - 134
かしたものき…………………………… Ⅶ - 134
かしのき…………………………… Ⅶ - 134
かしは…………………………… Ⅶ - 134
かしはき…………………………… Ⅶ - 134
かしはまき…………………………… Ⅶ - 135
かしひ…………………………… Ⅶ - 135
かしほうすのき…………………………… Ⅶ - 135
かしぼし…………………………… Ⅶ - 135
かしほせ…………………………… Ⅶ - 135
かしままつ…………………………… Ⅶ - 135
かしやうしき…………………………… Ⅶ - 135
かじやうしのき…………………………… Ⅶ - 136
かしやは…………………………… Ⅶ - 136
かしやほうば…………………………… Ⅶ - 136
かしやまき…………………………… Ⅶ - 136
かしらこ…………………………… Ⅶ - 136
かしらはげ…………………………… Ⅶ - 136
かしわ…………………………… Ⅶ - 137
かしわき…………………………… Ⅶ - 137
かしわのき…………………………… Ⅶ - 137
かしわまき…………………………… Ⅶ - 137
かしゐ…………………………… Ⅶ - 137
かしをしき…………………………… Ⅶ - 138
かしをしみ…………………………… Ⅶ - 138
かずうずみ…………………………… Ⅶ - 138

かすおし…………………………… Ⅶ - 138
かすおしみ………………………… Ⅶ - 138
かすき……………………………… Ⅶ - 138
かすしほり………………………… Ⅶ - 139
かすしぼり………………………… Ⅶ - 139
かすすみ…………………………… Ⅶ - 139
かすだのき………………………… Ⅶ - 139
かすなり…………………………… Ⅶ - 139
かすば……………………………… Ⅶ - 139
かすはい…………………………… Ⅶ - 140
かすほうす………………………… Ⅶ - 140
かすぼし…………………………… Ⅶ - 140
かすら……………………………… Ⅶ - 140
かすをしみ………………………… Ⅶ - 140
かすをせき………………………… Ⅶ - 140
かせうしき………………………… Ⅶ - 140
かせうしぎ………………………… Ⅶ - 141
かせうしのき……………………… Ⅶ - 141
かぞ………………………………… Ⅶ - 141
かそうおしみ……………………… Ⅶ - 141
かそうし…………………………… Ⅶ - 141
かそふし…………………………… Ⅶ - 141
かたいしもも……………………… Ⅶ - 141
かたうつぎ………………………… Ⅶ - 142
かたかせのき……………………… Ⅶ - 142
かたぎ……………………………… Ⅶ - 142
かたきり…………………………… Ⅶ - 142
かたきろ…………………………… Ⅶ - 142
かたしぶ…………………………… Ⅶ - 142
かたすき…………………………… Ⅶ - 143
かたすみ…………………………… Ⅶ - 143
かたすみのき……………………… Ⅶ - 143
かたそげ…………………………… Ⅶ - 143
かたそべ…………………………… Ⅶ - 143
かたそめ…………………………… Ⅶ - 143
かたつばき………………………… Ⅶ - 144
かたなし…………………………… Ⅶ - 144
かたねび…………………………… Ⅶ - 144
かたはしか………………………… Ⅶ - 144
かたびらき………………………… Ⅶ - 144
がたぼう…………………………… Ⅶ - 145
かぢ………………………………… Ⅶ - 145
かぢかうぞ………………………… Ⅶ - 145
かちかわのき……………………… Ⅶ - 145
かちき……………………………… Ⅶ - 145
かちのき…………………………… Ⅶ - 145
かぢのき…………………………… Ⅶ - 145
かぢやたかね……………………… Ⅶ - 146
かつおし…………………………… Ⅶ - 146
かつき……………………………… Ⅶ - 146
かつこう…………………………… Ⅶ - 146
かつこき…………………………… Ⅶ - 146
かつち……………………………… Ⅶ - 146
かつてこふら……………………… Ⅶ - 147
かつとり…………………………… Ⅶ - 147
かつのき…………………………… Ⅶ - 147
かつふし…………………………… Ⅶ - 147
かつふじ…………………………… Ⅶ - 147
かつほうし………………………… Ⅶ - 147
がつほうし………………………… Ⅶ - 148
かつほし…………………………… Ⅶ - 148
かつら……………………………… Ⅶ - 148
かづらくみ………………………… Ⅶ - 148
かづらなのき……………………… Ⅶ - 148
かつらのき………………………… Ⅶ - 149
かつらふじ………………………… Ⅶ - 149
かなうつぎ………………………… Ⅶ - 149
かなかしや………………………… Ⅶ - 149
かなき……………………………… Ⅶ - 149
かなくそ…………………………… Ⅶ - 149
かなくだし………………………… Ⅶ - 149
かなくなき………………………… Ⅶ - 150
かなくぬぎ………………………… Ⅶ - 150
かなこなき………………………… Ⅶ - 150
かなつちまき……………………… Ⅶ - 150
かなつる…………………………… Ⅶ - 150

かなはじき…………………………Ⅶ - 150
かなひはし…………………………Ⅶ - 151
かなめ………………………………Ⅶ - 151
かなめのき…………………………Ⅶ - 151
かなもどき…………………………Ⅶ - 151
かにおとし…………………………Ⅶ - 151
かにさし……………………………Ⅶ - 152
かにむろ……………………………Ⅶ - 152
かねかふり…………………………Ⅶ - 152
かねもち……………………………Ⅶ - 152
かば…………………………………Ⅶ - 152
かはうつき…………………………Ⅶ - 152
かはきり……………………………Ⅶ - 152
かはくるみ…………………………Ⅶ - 153
かはさうろし………………………Ⅶ - 153
かはざくら…………………………Ⅶ - 153
かばさくら…………………………Ⅶ - 153
かはそふろし………………………Ⅶ - 153
かはちしやのき……………………Ⅶ - 154
かはつばき…………………………Ⅶ - 154
かはのき……………………………Ⅶ - 154
かはむくげ…………………………Ⅶ - 154
かはやなき…………………………Ⅶ - 154
かはやなぎ…………………………Ⅶ - 154
かはやなぎ…………………………Ⅶ - 155
かはらうつき………………………Ⅶ - 155
かはらうつぎ………………………Ⅶ - 155
かはらかし…………………………Ⅶ - 155
かはらかしは………………………Ⅶ - 155
かはらかしわ………………………Ⅶ - 155
かはらかしわ………………………Ⅶ - 156
かはらきり…………………………Ⅶ - 156
かはらくみ…………………………Ⅶ - 156
かはらささき………………………Ⅶ - 156
かはらささけ………………………Ⅶ - 156
かはらささげ………………………Ⅶ - 156
かはらひさき………………………Ⅶ - 157
かはらひさぎ………………………Ⅶ - 157
かはらひさけ………………………Ⅶ - 157
かはらひじき………………………Ⅶ - 157
かはらまつ…………………………Ⅶ - 157
かはらやなぎ………………………Ⅶ - 157
かび…………………………………Ⅶ - 157
かひき………………………………Ⅶ - 158
かふかん……………………………Ⅶ - 158
かふしうむめ………………………Ⅶ - 158
かふすのき…………………………Ⅶ - 158
かふづのき…………………………Ⅶ - 158
かふてこふらのき…………………Ⅶ - 158
かぶとさき…………………………Ⅶ - 158
かふのき……………………………Ⅶ - 159
かぶら………………………………Ⅶ - 159
かぶらき……………………………Ⅶ - 159
かふれのき…………………………Ⅶ - 159
かへしてのき………………………Ⅶ - 159
かへしでのき………………………Ⅶ - 159
かへで………………………………Ⅶ - 159
かへで………………………………Ⅶ - 160
かへのき……………………………Ⅶ - 160
かべのき……………………………Ⅶ - 160
かまくらいふき……………………Ⅶ - 160
かまくらかいだう…………………Ⅶ - 160
かますはしはみ……………………Ⅶ - 160
がまずみ……………………………Ⅶ - 161
かまつか……………………………Ⅶ - 161
かまつが……………………………Ⅶ - 161
かまづか……………………………Ⅶ - 161
かまつかくみ………………………Ⅶ - 161
かまつぶし…………………………Ⅶ - 161
かまつる……………………………Ⅶ - 161
かまど………………………………Ⅶ - 162
かまのき……………………………Ⅶ - 162
かまはしき…………………………Ⅶ - 162
かまはしり…………………………Ⅶ - 162
かまはぢき…………………………Ⅶ - 162
かみかぞ……………………………Ⅶ - 162

かみき…………………………… Ⅶ - 162
かみすぎ…………………………… Ⅶ - 163
かみそりき…………………………… Ⅶ - 163
かみそりのき…………………………… Ⅶ - 163
がみな…………………………… Ⅶ - 163
かみなりささけ…………………………… Ⅶ - 163
かみなりささげのき…………………………… Ⅶ - 163
かみのき…………………………… Ⅶ - 163
かみび…………………………… Ⅶ - 164
かめから…………………………… Ⅶ - 164
かめたら…………………………… Ⅶ - 164
かめつつち…………………………… Ⅶ - 164
かめのき…………………………… Ⅶ - 164
かもおとし…………………………… Ⅶ - 164
かもめづる…………………………… Ⅶ - 164
かもゑひ…………………………… Ⅶ - 165
かや…………………………… Ⅶ - 165
かやのき…………………………… Ⅶ - 165
からうつき…………………………… Ⅶ - 165
からかき…………………………… Ⅶ - 165
からきうり…………………………… Ⅶ - 166
からきふり…………………………… Ⅶ - 166
からくちなし…………………………… Ⅶ - 166
からくは…………………………… Ⅶ - 166
からこ…………………………… Ⅶ - 166
からこき…………………………… Ⅶ - 166
からこごめ…………………………… Ⅶ - 166
からしきび…………………………… Ⅶ - 167
からしきみ…………………………… Ⅶ - 167
からす…………………………… Ⅶ - 167
からすぎ…………………………… Ⅶ - 167
からすさくら…………………………… Ⅶ - 167
からすさんせう…………………………… Ⅶ - 167
からすねそ…………………………… Ⅶ - 167
からすのうへき…………………………… Ⅶ - 168
からすのうゑき…………………………… Ⅶ - 168
からすのき…………………………… Ⅶ - 168
からすのさんしやう…………………………… Ⅶ - 168
からすのすね…………………………… Ⅶ - 168
からすまわり…………………………… Ⅶ - 168
からすむめ…………………………… Ⅶ - 169
からすもちき…………………………… Ⅶ - 169
からせつつじ…………………………… Ⅶ - 169
からせんだん…………………………… Ⅶ - 169
からたち…………………………… Ⅶ - 169
からたちばな…………………………… Ⅶ - 170
からなし…………………………… Ⅶ - 170
からのこしは…………………………… Ⅶ - 170
からはくてう…………………………… Ⅶ - 170
からひば…………………………… Ⅶ - 170
からぼけ…………………………… Ⅶ - 170
からほし…………………………… Ⅶ - 170
からまつ…………………………… Ⅶ - 171
からみ…………………………… Ⅶ - 171
がらみ…………………………… Ⅶ - 171
からみかん…………………………… Ⅶ - 171
からみつき…………………………… Ⅶ - 171
からみのき…………………………… Ⅶ - 171
からむめ…………………………… Ⅶ - 172
からやぶ…………………………… Ⅶ - 172
からやまき…………………………… Ⅶ - 172
からゑのき…………………………… Ⅶ - 172
かるむめ…………………………… Ⅶ - 172
かるめんどう…………………………… Ⅶ - 172
かわうつき…………………………… Ⅶ - 172
かわぎり…………………………… Ⅶ - 173
かわぐるみ…………………………… Ⅶ - 173
かわささけ…………………………… Ⅶ - 173
かわささのき…………………………… Ⅶ - 173
かわそうろし…………………………… Ⅶ - 173
かわやなき…………………………… Ⅶ - 173
かわやなぎ…………………………… Ⅶ - 173
かわやなぎ…………………………… Ⅶ - 174
かわらかしはし…………………………… Ⅶ - 174
かわらかしわ…………………………… Ⅶ - 174
かわらがしわ…………………………… Ⅶ - 174

かわらぐみ…… Ⅶ - 174
かわらささけ…… Ⅶ - 174
かわらささげ…… Ⅶ - 174
かわらささき…… Ⅶ - 175
かわらしわ…… Ⅶ - 175
かわらつばき…… Ⅶ - 175
かわらひさき…… Ⅶ - 175
かわらまゆみ…… Ⅶ - 175
かわらやなぎ…… Ⅶ - 175
かゑて…… Ⅶ - 175
かんかうばい…… Ⅶ - 176
かんかへり…… Ⅶ - 176
かんこう…… Ⅶ - 176
かんざのき…… Ⅶ - 176
がんたち…… Ⅶ - 176
かんちん…… Ⅶ - 176
かんつばき…… Ⅶ - 176
がんどいはら…… Ⅶ - 177
かんば…… Ⅶ - 177
かんひ…… Ⅶ - 177
がんひ…… Ⅶ - 177
がんぴ…… Ⅶ - 177
かんひこうそ…… Ⅶ - 177
かんひのき…… Ⅶ - 177
かんべ…… Ⅶ - 178
かんぼく…… Ⅶ - 178
かんぼこ…… Ⅶ - 178

## き

きあまちや…… Ⅶ - 179
きいちご…… Ⅶ - 179
きくいす…… Ⅶ - 179
きくいづ…… Ⅶ - 179
きくはうつき…… Ⅶ - 179
きこく…… Ⅶ - 179
きこく…… Ⅶ - 180
きささげ…… Ⅶ - 180
きさつき…… Ⅶ - 180
きしやかけ…… Ⅶ - 180
きしやかけのき…… Ⅶ - 180
きしやく…… Ⅶ - 180
きす…… Ⅶ - 180
きず…… Ⅶ - 181
きすのき…… Ⅶ - 181
きずのき…… Ⅶ - 181
きずをかす…… Ⅶ - 181
きせい…… Ⅶ - 181
きそくず…… Ⅶ - 181
きぞへ…… Ⅶ - 181
きたいつ…… Ⅶ - 182
きたいづ…… Ⅶ - 182
きだす…… Ⅶ - 182
きたすぎ…… Ⅶ - 182
きたて…… Ⅶ - 182
きつた…… Ⅶ - 182
きつつじ…… Ⅶ - 182
きつつち…… Ⅶ - 183
きつねのかき…… Ⅶ - 183
きつねのきす…… Ⅶ - 183
きつねのきず…… Ⅶ - 183
きつねのこしかけ…… Ⅶ - 183
きつねのまくら…… Ⅶ - 183
きねり…… Ⅶ - 184
きのくにつけ…… Ⅶ - 184
きのくにつげ…… Ⅶ - 184
きのみのき…… Ⅶ - 184
きばす…… Ⅶ - 184
きはた…… Ⅶ - 184
きはだ…… Ⅶ - 184
きはだ…… Ⅶ - 185
きばち…… Ⅶ - 185
きはちす…… Ⅶ - 185
きばちす…… Ⅶ - 185
きへき…… Ⅶ - 185
きほたん…… Ⅶ - 185
きぼたん…… Ⅶ - 185

きまんぢう……………………… Ⅶ - 186
きめう……………………………… Ⅶ - 186
きやうくぬぎ……………………… Ⅶ - 186
きやうこそでつつち……………… Ⅶ - 186
きやうたつま……………………… Ⅶ - 186
きやうちん………………………… Ⅶ - 186
きやうのき………………………… Ⅶ - 186
きやうふ…………………………… Ⅶ - 187
きやうぶのき……………………… Ⅶ - 187
きやしほ…………………………… Ⅶ - 187
きやしを…………………………… Ⅶ - 187
きやなぎ…………………………… Ⅶ - 187
きやらぼく………………………… Ⅶ - 187
きやらもく………………………… Ⅶ - 188
きやらやなぎ……………………… Ⅶ - 188
きよし……………………………… Ⅶ - 188
きよび……………………………… Ⅶ - 188
きり………………………………… Ⅶ - 188
きりあふち………………………… Ⅶ - 189
きりあぶらのき…………………… Ⅶ - 189
きりがやつ………………………… Ⅶ - 189
きりしま…………………………… Ⅶ - 189
きりしま…………………………… Ⅶ - 190
きりしまつつし…………………… Ⅶ - 190
きりのき…………………………… Ⅶ - 190
きりほうは………………………… Ⅶ - 190
きれんぎやう……………………… Ⅶ - 190
きれんげ…………………………… Ⅶ - 190
きわた……………………………… Ⅶ - 191
きわだ……………………………… Ⅶ - 191
きんかん…………………………… Ⅶ - 191
きんぎんくは……………………… Ⅶ - 191
きんぎんもも……………………… Ⅶ - 191
きんこつら………………………… Ⅶ - 191
きんしさう………………………… Ⅶ - 191
きんしばい………………………… Ⅶ - 192
きんなんのき……………………… Ⅶ - 192
ぎんなんのき……………………… Ⅶ - 192

## く

くい………………………………… Ⅶ - 193
ぐいび……………………………… Ⅶ - 193
くいめ……………………………… Ⅶ - 193
くぎのき…………………………… Ⅶ - 193
くこ………………………………… Ⅶ - 193
くさいさくら……………………… Ⅶ - 193
くさかば…………………………… Ⅶ - 194
くさき……………………………… Ⅶ - 194
くさぎ……………………………… Ⅶ - 194
くさぎ……………………………… Ⅶ - 195
くさぎのき………………………… Ⅶ - 195
くさきのは………………………… Ⅶ - 195
くささくら………………………… Ⅶ - 195
くさたちはな……………………… Ⅶ - 195
くさたちばな……………………… Ⅶ - 195
くさたまのき……………………… Ⅶ - 196
くさだみ…………………………… Ⅶ - 196
くさたも…………………………… Ⅶ - 196
くさつけ…………………………… Ⅶ - 196
くさつげ…………………………… Ⅶ - 196
くさのき…………………………… Ⅶ - 196
くさふう…………………………… Ⅶ - 196
くさぼう…………………………… Ⅶ - 197
くさほたん………………………… Ⅶ - 197
くさまき…………………………… Ⅶ - 197
くさみす…………………………… Ⅶ - 197
くさみつのき……………………… Ⅶ - 197
くさむめ…………………………… Ⅶ - 197
くす………………………………… Ⅶ - 198
くすたぶ…………………………… Ⅶ - 198
くすのいき………………………… Ⅶ - 198
くすのいぎ………………………… Ⅶ - 198
くすのき…………………………… Ⅶ - 198
くすのき…………………………… Ⅶ - 199
くすんど…………………………… Ⅶ - 199
くそいき…………………………… Ⅶ - 199

くそとのき…………………………Ⅶ - 199
くそどのき…………………………Ⅶ - 199
くそのくい…………………………Ⅶ - 199
くそまゆみ…………………………Ⅶ - 199
くちくろ……………………………Ⅶ - 200
くちくろき…………………………Ⅶ - 200
くちなし……………………………Ⅶ - 200
くちなし……………………………Ⅶ - 201
くちべに……………………………Ⅶ - 201
くちべにかいで……………………Ⅶ - 201
くにぎ………………………………Ⅶ - 201
くにみかしわ………………………Ⅶ - 201
くぬき………………………………Ⅶ - 202
くぬぎ………………………………Ⅶ - 202
くぬぎのき…………………………Ⅶ - 202
くぬぎまき…………………………Ⅶ - 202
くねくさぎ…………………………Ⅶ - 202
くねんぼ……………………………Ⅶ - 203
くのき………………………………Ⅶ - 203
くのぎ………………………………Ⅶ - 203
くは…………………………………Ⅶ - 203
くはこやなぎ………………………Ⅶ - 203
くはずみ……………………………Ⅶ - 204
くはのき……………………………Ⅶ - 204
くはりん……………………………Ⅶ - 204
くびのき……………………………Ⅶ - 204
ぐひび………………………………Ⅶ - 204
くぶし………………………………Ⅶ - 204
くふしのき…………………………Ⅶ - 204
くまかいさくら……………………Ⅶ - 205
くまがいさくら……………………Ⅶ - 205
くまかへ……………………………Ⅶ - 205
くまかへさくら……………………Ⅶ - 205
くまさんせう………………………Ⅶ - 205
くまだら……………………………Ⅶ - 205
くまねなき…………………………Ⅶ - 206
くまねり……………………………Ⅶ - 206
くまのかし…………………………Ⅶ - 206
くまのり……………………………Ⅶ - 206
くまはじかみ………………………Ⅶ - 206
くまふじ……………………………Ⅶ - 206
くまぶし……………………………Ⅶ - 206
くまやなき…………………………Ⅶ - 207
くまゑひ……………………………Ⅶ - 207
くまんばちき………………………Ⅶ - 207
ぐみ…………………………………Ⅶ - 207
くみき………………………………Ⅶ - 207
ぐみのき……………………………Ⅶ - 207
ぐみのき……………………………Ⅶ - 208
くもかつき…………………………Ⅶ - 208
くり…………………………………Ⅶ - 208
くりかしは…………………………Ⅶ - 208
くりだんごき………………………Ⅶ - 208
くりのき……………………………Ⅶ - 208
くりのき……………………………Ⅶ - 209
くりもとき…………………………Ⅶ - 209
くるまがへし………………………Ⅶ - 209
くるまみつき………………………Ⅶ - 209
くるまみづき………………………Ⅶ - 209
くるみ………………………………Ⅶ - 209
くるみ………………………………Ⅶ - 210
ぐるみがう…………………………Ⅶ - 210
くるみのき…………………………Ⅶ - 210
くろあずさ…………………………Ⅶ - 210
くろうつき…………………………Ⅶ - 210
くろかき……………………………Ⅶ - 211
くろがき……………………………Ⅶ - 211
くろかこのき………………………Ⅶ - 211
くろかごのき………………………Ⅶ - 211
くろかし……………………………Ⅶ - 211
くろかねかふり……………………Ⅶ - 211
くろがねもち………………………Ⅶ - 212
くろかねもとき……………………Ⅶ - 212
くろかば……………………………Ⅶ - 212
くろぎ………………………………Ⅶ - 212
くろこが……………………………Ⅶ - 212

くろこがのき……………………… Ⅶ - 212
くろさうらし……………………… Ⅶ - 213
くろしうり………………………… Ⅶ - 213
くろそいご………………………… Ⅶ - 213
くろそよき………………………… Ⅶ - 213
くろたふ…………………………… Ⅶ - 213
くろたぶ…………………………… Ⅶ - 213
くろちさ…………………………… Ⅶ - 213
くろぢしや………………………… Ⅶ - 214
くろつつ…………………………… Ⅶ - 214
くろつつじ………………………… Ⅶ - 214
くろつばら………………………… Ⅶ - 214
くろはいのき……………………… Ⅶ - 214
くろひのき………………………… Ⅶ - 214
くろひよ…………………………… Ⅶ - 214
くろふじ…………………………… Ⅶ - 215
くろへ……………………………… Ⅶ - 215
くろまつ…………………………… Ⅶ - 215
くろまめのき……………………… Ⅶ - 215
くろみつき………………………… Ⅶ - 215
くろもし…………………………… Ⅶ - 215
くろもし…………………………… Ⅶ - 216
くろもじ…………………………… Ⅶ - 216
くろもち…………………………… Ⅶ - 216
くろもんじ………………………… Ⅶ - 216
くろもんしや……………………… Ⅶ - 217
くわ………………………………… Ⅶ - 217
くわのき…………………………… Ⅶ - 217
くわのみ…………………………… Ⅶ - 217
くわふき…………………………… Ⅶ - 217
くわんおんし……………………… Ⅶ - 217
くわんおんじなし………………… Ⅶ - 217
くわんとうまつ…………………… Ⅶ - 218

## け

けいし……………………………… Ⅶ - 219
けいしたぶ………………………… Ⅶ - 219
けいしん…………………………… Ⅶ - 219
けしつばき………………………… Ⅶ - 219
げす………………………………… Ⅶ - 219
げず………………………………… Ⅶ - 219
げすのき…………………………… Ⅶ - 219
けずのき…………………………… Ⅶ - 220
げずのき…………………………… Ⅶ - 220
げづ………………………………… Ⅶ - 220
げづのき…………………………… Ⅶ - 220
けつら……………………………… Ⅶ - 220
けづら……………………………… Ⅶ - 220
けづらず…………………………… Ⅶ - 220
けもも……………………………… Ⅶ - 221
けや………………………………… Ⅶ - 221
けやき……………………………… Ⅶ - 221
けやけ……………………………… Ⅶ - 222
けやのき…………………………… Ⅶ - 222
けらのき…………………………… Ⅶ - 222
けろ………………………………… Ⅶ - 222
げろ………………………………… Ⅶ - 222
げろう……………………………… Ⅶ - 222
けんさいむめ……………………… Ⅶ - 222
げんじつつち……………………… Ⅶ - 223
けんのき…………………………… Ⅶ - 223
けんのみのき……………………… Ⅶ - 223
げんへいもも……………………… Ⅶ - 223
げんべいもも……………………… Ⅶ - 223
けんほかなし……………………… Ⅶ - 223
けんほなし………………………… Ⅶ - 223
けんほのき………………………… Ⅶ - 224
けんほのなし……………………… Ⅶ - 224

## こ

こあいのき………………………… Ⅶ - 225
こあみつる………………………… Ⅶ - 225
こうかのき………………………… Ⅶ - 225
こうこ……………………………… Ⅶ - 225
こうこのき………………………… Ⅶ - 225
こうぞき…………………………… Ⅶ - 225

こうつのき…………………………… Ⅶ - 225
こうとく…………………………… Ⅶ - 226
ごうとはら…………………………… Ⅶ - 226
こうのき…………………………… Ⅶ - 226
ごうのみ…………………………… Ⅶ - 226
こうのみき…………………………… Ⅶ - 226
こうばい…………………………… Ⅶ - 226
こうはり…………………………… Ⅶ - 226
こうめ…………………………… Ⅶ - 227
こうやまき…………………………… Ⅶ - 227
こうるな…………………………… Ⅶ - 227
ごえふ…………………………… Ⅶ - 227
ごえふのまつ…………………………… Ⅶ - 227
ごえふまつ…………………………… Ⅶ - 227
こが…………………………… Ⅶ - 228
こかいて…………………………… Ⅶ - 228
こかう…………………………… Ⅶ - 228
こかき…………………………… Ⅶ - 228
こがきのき…………………………… Ⅶ - 228
こかたそめ…………………………… Ⅶ - 228
こがだも…………………………… Ⅶ - 228
こがなし…………………………… Ⅶ - 229
こかねもんじや…………………………… Ⅶ - 229
こかのき…………………………… Ⅶ - 229
こがのき…………………………… Ⅶ - 229
こかゑて…………………………… Ⅶ - 229
こきな…………………………… Ⅶ - 229
こきはだ…………………………… Ⅶ - 229
こきりしま…………………………… Ⅶ - 230
こくさき…………………………… Ⅶ - 230
こくさぎ…………………………… Ⅶ - 230
こくさのき…………………………… Ⅶ - 230
こくそのき…………………………… Ⅶ - 230
こくちなし…………………………… Ⅶ - 230
こくちなし…………………………… Ⅶ - 231
こくほうふぢ…………………………… Ⅶ - 231
こくわ…………………………… Ⅶ - 231
こけさ…………………………… Ⅶ - 231
こごせ…………………………… Ⅶ - 231
ここのへかいて…………………………… Ⅶ - 231
ここめくさ…………………………… Ⅶ - 231
ここめさくら…………………………… Ⅶ - 232
こごめさくら…………………………… Ⅶ - 232
こごめつつじ…………………………… Ⅶ - 232
こごめのき…………………………… Ⅶ - 232
ここめはな…………………………… Ⅶ - 232
こごめはな…………………………… Ⅶ - 233
こごめやなぎ…………………………… Ⅶ - 233
こごろしはな…………………………… Ⅶ - 233
ごさいは…………………………… Ⅶ - 233
こさくら…………………………… Ⅶ - 233
ごさば…………………………… Ⅶ - 233
こさふな…………………………… Ⅶ - 234
こしあふら…………………………… Ⅶ - 234
こしあぶら…………………………… Ⅶ - 234
こしき…………………………… Ⅶ - 234
こしきぶ…………………………… Ⅶ - 234
こしひ…………………………… Ⅶ - 234
こしみのきりしま…………………………… Ⅶ - 234
こしやう…………………………… Ⅶ - 235
こしやぶら…………………………… Ⅶ - 235
ごしゆゆ…………………………… Ⅶ - 235
ごしよかき…………………………… Ⅶ - 235
こじゐ…………………………… Ⅶ - 235
こすのき…………………………… Ⅶ - 235
こせあぶら…………………………… Ⅶ - 235
こせあぶらのき…………………………… Ⅶ - 236
こせう…………………………… Ⅶ - 236
こせうのき…………………………… Ⅶ - 236
こせき…………………………… Ⅶ - 236
ごぜんしば…………………………… Ⅶ - 236
こぞ…………………………… Ⅶ - 236
こぞうみ…………………………… Ⅶ - 236
こぞのき…………………………… Ⅶ - 237
ごたうつつじ…………………………… Ⅶ - 237
こつき…………………………… Ⅶ - 237

こつきのき…………………………… Ⅶ - 237
こつさぶな…………………………… Ⅶ - 237
こつほうのき………………………… Ⅶ - 237
こつらふぢ…………………………… Ⅶ - 237
こで…………………………………… Ⅶ - 238
こてのき……………………………… Ⅶ - 238
こでのき……………………………… Ⅶ - 238
こてまり……………………………… Ⅶ - 238
こでまり……………………………… Ⅶ - 238
こでまる……………………………… Ⅶ - 239
こてまるはな………………………… Ⅶ - 239
ことう………………………………… Ⅶ - 239
ごとう………………………………… Ⅶ - 239
ごどう………………………………… Ⅶ - 239
ごとうきり…………………………… Ⅶ - 239
ごとうつる…………………………… Ⅶ - 239
ごとごとまき………………………… Ⅶ - 240
ことつき……………………………… Ⅶ - 240
ことりとまらず……………………… Ⅶ - 240
ことりもち…………………………… Ⅶ - 240
こなし………………………………… Ⅶ - 240
こなしのき…………………………… Ⅶ - 240
こなう………………………………… Ⅶ - 241
こならぎ……………………………… Ⅶ - 241
こならのき…………………………… Ⅶ - 241
こならまき…………………………… Ⅶ - 241
こね…………………………………… Ⅶ - 241
こねすみもち………………………… Ⅶ - 241
こねずみもち………………………… Ⅶ - 242
こねのき……………………………… Ⅶ - 242
こねり………………………………… Ⅶ - 242
このかしわ…………………………… Ⅶ - 242
このき………………………………… Ⅶ - 242
このてかしは………………………… Ⅶ - 242
このてかしは………………………… Ⅶ - 243
このてがしは………………………… Ⅶ - 243
このてかしわ………………………… Ⅶ - 243
このてがしわ………………………… Ⅶ - 243
このみのき…………………………… Ⅶ - 244
こば…………………………………… Ⅶ - 244
こはいつけ…………………………… Ⅶ - 244
こはせ………………………………… Ⅶ - 244
こはぜ………………………………… Ⅶ - 244
こはちけ……………………………… Ⅶ - 244
ごはづる……………………………… Ⅶ - 244
こはのき……………………………… Ⅶ - 245
こばまのき…………………………… Ⅶ - 245
こはやなぎ…………………………… Ⅶ - 245
こぶし………………………………… Ⅶ - 245
こふしのき…………………………… Ⅶ - 245
こふしのき…………………………… Ⅶ - 246
こぶしのき…………………………… Ⅶ - 246
こふぢ………………………………… Ⅶ - 246
こぶのき……………………………… Ⅶ - 246
こふやなき…………………………… Ⅶ - 246
こぶやなぎ…………………………… Ⅶ - 246
こほしのき…………………………… Ⅶ - 247
こまいり……………………………… Ⅶ - 247
ごまいり……………………………… Ⅶ - 247
ごまがう……………………………… Ⅶ - 247
こまき………………………………… Ⅶ - 247
ごまき………………………………… Ⅶ - 247
ごまぎ………………………………… Ⅶ - 247
こましで……………………………… Ⅶ - 248
こまたのき…………………………… Ⅶ - 248
こまつ………………………………… Ⅶ - 248
こまつなきのき……………………… Ⅶ - 248
こまつなぎのき……………………… Ⅶ - 248
こまのかしら………………………… Ⅶ - 248
こまのき……………………………… Ⅶ - 248
こまのき……………………………… Ⅶ - 249
ごまのき……………………………… Ⅶ - 249
こまはじき…………………………… Ⅶ - 249
こまゆみ……………………………… Ⅶ - 249
ごまをぎ……………………………… Ⅶ - 249
こまんたのき………………………… Ⅶ - 249

こむめ…………………………… Ⅶ - 250
こめいばら………………………… Ⅶ - 250
こめぎ…………………………… Ⅶ - 250
こめご…………………………… Ⅶ - 250
こめこのき………………………… Ⅶ - 250
こめこみ………………………… Ⅶ - 251
こめこめ………………………… Ⅶ - 251
こめごめ………………………… Ⅶ - 251
こめこめのき……………………… Ⅶ - 251
こめごめのき……………………… Ⅶ - 251
ごめごめのき……………………… Ⅶ - 251
こめさくら………………………… Ⅶ - 252
こめぢしや………………………… Ⅶ - 252
こめのき………………………… Ⅶ - 252
ごめのき………………………… Ⅶ - 252
こめのこいたや…………………… Ⅶ - 252
こめのこやなぎ…………………… Ⅶ - 252
こめまき………………………… Ⅶ - 252
こもうつき………………………… Ⅶ - 253
こもうつぎ………………………… Ⅶ - 253
こもちくゐ………………………… Ⅶ - 253
こもみぢ………………………… Ⅶ - 253
こもりば………………………… Ⅶ - 253
こやうのまつ……………………… Ⅶ - 253
こやうまつ………………………… Ⅶ - 253
こやす…………………………… Ⅶ - 254
こやすのき………………………… Ⅶ - 254
こやなぎ………………………… Ⅶ - 254
こよまつ………………………… Ⅶ - 254
ごようのまつ……………………… Ⅶ - 255
こようまつ………………………… Ⅶ - 255
ごようまつ………………………… Ⅶ - 255
こよみ…………………………… Ⅶ - 255
ごよみ…………………………… Ⅶ - 255
こらふのき………………………… Ⅶ - 255
こりうき………………………… Ⅶ - 255
ごりふまつ………………………… Ⅶ - 256
こりんくは………………………… Ⅶ - 256
こりんくわ………………………… Ⅶ - 256
ころり…………………………… Ⅶ - 256
こわた…………………………… Ⅶ - 256
こゑうまつ………………………… Ⅶ - 256
こんがう………………………… Ⅶ - 256
こんがうさくら…………………… Ⅶ - 257
こんがふさくら…………………… Ⅶ - 257
こんこうさくら…………………… Ⅶ - 257
こんごうのき……………………… Ⅶ - 257
こんすい………………………… Ⅶ - 257
ごんずい………………………… Ⅶ - 257
こんすいのき……………………… Ⅶ - 257
こんずいのき……………………… Ⅶ - 258
こんせつ………………………… Ⅶ - 258
こんぜつ………………………… Ⅶ - 258
こんせつのき……………………… Ⅶ - 258
ごんたらまき……………………… Ⅶ - 258
こんてつ………………………… Ⅶ - 258
こんでつ………………………… Ⅶ - 258
こんばい………………………… Ⅶ - 259

## さ

さいかい………………………… Ⅶ - 261
さいかいし………………………… Ⅶ - 261
さいかし………………………… Ⅶ - 261
さいかち………………………… Ⅶ - 261
さいかちき………………………… Ⅶ - 261
さいかちのき……………………… Ⅶ - 262
さいしは………………………… Ⅶ - 262
さいそうろう……………………… Ⅶ - 262
さいたら………………………… Ⅶ - 262
さいだら………………………… Ⅶ - 262
さいだらのき……………………… Ⅶ - 262
さいでうかき……………………… Ⅶ - 262
ざいふり………………………… Ⅶ - 263
さいめのき………………………… Ⅶ - 263
さうり…………………………… Ⅶ - 263
さうろし………………………… Ⅶ - 263

さえまのき…………………………Ⅶ - 263
さおとめうつき……………………Ⅶ - 263
さかき………………………………Ⅶ - 263
さかき………………………………Ⅶ - 264
さかさはら…………………………Ⅶ - 264
さかむこのき………………………Ⅶ - 264
さかやのむすめ……………………Ⅶ - 264
さかよめ……………………………Ⅶ - 264
さがりくみ…………………………Ⅶ - 265
さきわけ……………………………Ⅶ - 265
さくだら……………………………Ⅶ - 265
さくみ………………………………Ⅶ - 265
さくら………………………………Ⅶ - 265
さくら………………………………Ⅶ - 266
さくらき……………………………Ⅶ - 266
さくらのき…………………………Ⅶ - 266
さくらのみ…………………………Ⅶ - 266
さくらもとき………………………Ⅶ - 266
さくろ………………………………Ⅶ - 266
さくろ………………………………Ⅶ - 267
ざくろ………………………………Ⅶ - 267
ざくろき……………………………Ⅶ - 267
ざくろのき…………………………Ⅶ - 267
さころも……………………………Ⅶ - 267
ささなみ……………………………Ⅶ - 268
ささなみつつち……………………Ⅶ - 268
ささむくり…………………………Ⅶ - 268
ささやなき…………………………Ⅶ - 268
ささやまあをき……………………Ⅶ - 268
ささら………………………………Ⅶ - 268
ささんくは…………………………Ⅶ - 268
さざんくは…………………………Ⅶ - 269
ささんくわ…………………………Ⅶ - 269
さざんくわ…………………………Ⅶ - 270
さざんくわつはき…………………Ⅶ - 270
さしか………………………………Ⅶ - 270
さしかのき…………………………Ⅶ - 270
さしびのき…………………………Ⅶ - 270
さしぶのき…………………………Ⅶ - 270
さしま………………………………Ⅶ - 270
さじも………………………………Ⅶ - 271
さすぼ………………………………Ⅶ - 271
させひ………………………………Ⅶ - 271
させびのき…………………………Ⅶ - 271
させふ………………………………Ⅶ - 271
させほ………………………………Ⅶ - 271
させぼ………………………………Ⅶ - 271
させんぼ……………………………Ⅶ - 272
さだめし……………………………Ⅶ - 272
さちら………………………………Ⅶ - 272
さつき………………………………Ⅶ - 272
さつきくみ…………………………Ⅶ - 273
さつきつつし………………………Ⅶ - 273
さつきつつじ………………………Ⅶ - 273
さつきはな…………………………Ⅶ - 273
さつまくれない……………………Ⅶ - 273
さど…………………………………Ⅶ - 273
さとうつぎ…………………………Ⅶ - 274
さとうるし…………………………Ⅶ - 274
さねもり……………………………Ⅶ - 274
さはうつぎ…………………………Ⅶ - 274
さはくさ……………………………Ⅶ - 274
さはくは……………………………Ⅶ - 274
さはくり……………………………Ⅶ - 274
さはくりのき………………………Ⅶ - 275
さはくるみ…………………………Ⅶ - 275
さはこめ……………………………Ⅶ - 275
さはしば……………………………Ⅶ - 275
さはつばき…………………………Ⅶ - 275
さはなし……………………………Ⅶ - 275
さはならのき………………………Ⅶ - 275
さはばら……………………………Ⅶ - 276
さはふさき…………………………Ⅶ - 276
さはふた……………………………Ⅶ - 276
さはぶた……………………………Ⅶ - 276
さはふたぎ…………………………Ⅶ - 276

さはまき……………………………… Ⅶ - 276
さはみずき…………………………… Ⅶ - 276
さはやなぎ…………………………… Ⅶ - 277
さはら………………………………… Ⅶ - 277
さはらき……………………………… Ⅶ - 277
さひた………………………………… Ⅶ - 277
さふた………………………………… Ⅶ - 277
さぶた………………………………… Ⅶ - 277
さへだらのき………………………… Ⅶ - 277
さほとめうつき……………………… Ⅶ - 278
さもも………………………………… Ⅶ - 278
さもものき…………………………… Ⅶ - 278
さやき………………………………… Ⅶ - 278
さやきのき…………………………… Ⅶ - 278
さらほ………………………………… Ⅶ - 278
さるかきのはな……………………… Ⅶ - 278
さるかきむはらのたう……………… Ⅶ - 279
さるしきび…………………………… Ⅶ - 279
さるすへり…………………………… Ⅶ - 279
さるすべり…………………………… Ⅶ - 279
さるすべり…………………………… Ⅶ - 280
さるすべりのき……………………… Ⅶ - 280
さるた………………………………… Ⅶ - 280
さるだ………………………………… Ⅶ - 280
さるためし…………………………… Ⅶ - 280
さるとり……………………………… Ⅶ - 281
さるとりくゐ………………………… Ⅶ - 281
さるなめし…………………………… Ⅶ - 281
さるぬめり…………………………… Ⅶ - 281
さるのめ……………………………… Ⅶ - 281
さるのめのき………………………… Ⅶ - 281
さるまめり…………………………… Ⅶ - 282
さるみかん…………………………… Ⅶ - 282
ざろん………………………………… Ⅶ - 282
ざろんばい…………………………… Ⅶ - 282
ざろんむめ…………………………… Ⅶ - 282
さわくり……………………………… Ⅶ - 282
さわなし……………………………… Ⅶ - 282
さわなめし…………………………… Ⅶ - 283
さわふさき…………………………… Ⅶ - 283
さわふさぎ…………………………… Ⅶ - 283
さわふた……………………………… Ⅶ - 283
さわみつき…………………………… Ⅶ - 283
さわみづき…………………………… Ⅶ - 283
さわら………………………………… Ⅶ - 283
さわらぎ……………………………… Ⅶ - 284
さわらすぎ…………………………… Ⅶ - 284
さわらひのき………………………… Ⅶ - 284
さをとめ……………………………… Ⅶ - 284
さんえふまつ………………………… Ⅶ - 284
さんきらい…………………………… Ⅶ - 284
さんこいたや………………………… Ⅶ - 284
さんごしゆ…………………………… Ⅶ - 285
さんごじゆ…………………………… Ⅶ - 285
さんごめ……………………………… Ⅶ - 285
さんさうにん………………………… Ⅶ - 285
さんしやう…………………………… Ⅶ - 285
さんしやうのき……………………… Ⅶ - 285
さんしよぼ…………………………… Ⅶ - 285
さんしよほのき……………………… Ⅶ - 286
さんしよぼのき……………………… Ⅶ - 286
さんす………………………………… Ⅶ - 286
さんせう……………………………… Ⅶ - 286
さんせうのき………………………… Ⅶ - 286
さんせうのき………………………… Ⅶ - 287
さんせうばら………………………… Ⅶ - 287
さんだんくわ………………………… Ⅶ - 287
さんちん……………………………… Ⅶ - 287
さんなめ……………………………… Ⅶ - 287
さんなめり…………………………… Ⅶ - 287
さんねんぎり………………………… Ⅶ - 288
さんのみ……………………………… Ⅶ - 288

## し

しい…………………………………… Ⅶ - 289
しいかたぎ…………………………… Ⅶ - 289

しいのき…………………………… Ⅶ - 289
しうかいだう………………………… Ⅶ - 289
しおうし……………………………… Ⅶ - 289
しおうじ……………………………… Ⅶ - 289
しおし………………………………… Ⅶ - 289
しおじ………………………………… Ⅶ - 290
しおりき……………………………… Ⅶ - 290
しかのき……………………………… Ⅶ - 290
しかみ………………………………… Ⅶ - 290
しき…………………………………… Ⅶ - 290
しきさきからやぶ…………………… Ⅶ - 290
しきつつし…………………………… Ⅶ - 290
しきひ………………………………… Ⅶ - 291
しきび………………………………… Ⅶ - 291
しきみ………………………………… Ⅶ - 291
しきむらさきつつち………………… Ⅶ - 292
しこのへ……………………………… Ⅶ - 292
しころ………………………………… Ⅶ - 292
しさいかい…………………………… Ⅶ - 292
しし…………………………………… Ⅶ - 292
しじみ………………………………… Ⅶ - 292
じしや………………………………… Ⅶ - 292
ししゆうり…………………………… Ⅶ - 293
しせほき……………………………… Ⅶ - 293
したしいのき………………………… Ⅶ - 293
したなし……………………………… Ⅶ - 293
しだのき……………………………… Ⅶ - 293
しだみ………………………………… Ⅶ - 293
したみのき…………………………… Ⅶ - 293
しだりかへて………………………… Ⅶ - 294
しだりさくら………………………… Ⅶ - 294
したりやなぎ………………………… Ⅶ - 294
しだりやなぎ………………………… Ⅶ - 294
したれ………………………………… Ⅶ - 294
したれかいで………………………… Ⅶ - 294
したれさくら………………………… Ⅶ - 295
しだれさくら………………………… Ⅶ - 295
したれしい…………………………… Ⅶ - 295
しだれもも…………………………… Ⅶ - 295
したれやなぎ………………………… Ⅶ - 295
しだれやなぎ………………………… Ⅶ - 296
したん………………………………… Ⅶ - 296
しつき………………………………… Ⅶ - 296
しつこのへ…………………………… Ⅶ - 296
して…………………………………… Ⅶ - 296
しで…………………………………… Ⅶ - 296
しでこぶし…………………………… Ⅶ - 297
してこぼし…………………………… Ⅶ - 297
してのき……………………………… Ⅶ - 297
しでのき……………………………… Ⅶ - 297
しどこ………………………………… Ⅶ - 297
しどのき……………………………… Ⅶ - 297
しどみ………………………………… Ⅶ - 297
しどみのき…………………………… Ⅶ - 298
しな…………………………………… Ⅶ - 298
しなつき……………………………… Ⅶ - 298
しなのき……………………………… Ⅶ - 298
しなのむめ…………………………… Ⅶ - 298
しのせき……………………………… Ⅶ - 298
しのはいたや………………………… Ⅶ - 298
しばくす……………………………… Ⅶ - 299
しばくすのき………………………… Ⅶ - 299
しばぐすのき………………………… Ⅶ - 299
しばくろき…………………………… Ⅶ - 299
しはさくら…………………………… Ⅶ - 299
しはたのき…………………………… Ⅶ - 299
しばたのき…………………………… Ⅶ - 299
しばつげ……………………………… Ⅶ - 300
しばとりごみ………………………… Ⅶ - 300
しはをり……………………………… Ⅶ - 300
しひ…………………………………… Ⅶ - 300
しひのき……………………………… Ⅶ - 300
しびれのき…………………………… Ⅶ - 300
しふかき……………………………… Ⅶ - 301
しぶかき……………………………… Ⅶ - 301
しぶき………………………………… Ⅶ - 301

しふくのき…………………………… Ⅶ - 301
じふごや…………………………… Ⅶ - 301
じふにひとへもみち………………… Ⅶ - 301
しぶね……………………………… Ⅶ - 301
しふれのき………………………… Ⅶ - 302
しほかま…………………………… Ⅶ - 302
しほがま…………………………… Ⅶ - 302
しほかまさくら…………………… Ⅶ - 302
しほがまさくら…………………… Ⅶ - 302
しぼく……………………………… Ⅶ - 303
しほじ……………………………… Ⅶ - 303
しほたん…………………………… Ⅶ - 303
しぼたん…………………………… Ⅶ - 303
しほつ……………………………… Ⅶ - 303
しぼつ……………………………… Ⅶ - 303
しほづう…………………………… Ⅶ - 303
しほづつ…………………………… Ⅶ - 304
しほねぶ…………………………… Ⅶ - 304
しほほう…………………………… Ⅶ - 304
しまぎり…………………………… Ⅶ - 304
しまぐみ…………………………… Ⅶ - 304
しまこ……………………………… Ⅶ - 304
しましふ…………………………… Ⅶ - 304
しまたら…………………………… Ⅶ - 305
しまつつじ………………………… Ⅶ - 305
しままつ…………………………… Ⅶ - 305
しもうつき………………………… Ⅶ - 305
しもかき…………………………… Ⅶ - 305
しもくみ…………………………… Ⅶ - 305
しもけ……………………………… Ⅶ - 305
しもざう…………………………… Ⅶ - 306
しもそう…………………………… Ⅶ - 306
しもぞう…………………………… Ⅶ - 306
しもぞうのき……………………… Ⅶ - 306
しもぞふのき……………………… Ⅶ - 306
しもつか…………………………… Ⅶ - 306
しもつけ…………………………… Ⅶ - 306
しもつけ…………………………… Ⅶ - 307
しもなし…………………………… Ⅶ - 307
しもふりまつ……………………… Ⅶ - 307
しやうしやう……………………… Ⅶ - 307
しやうじやうかしら……………… Ⅶ - 307
しやうせう………………………… Ⅶ - 307
しやうち…………………………… Ⅶ - 308
しやうどうぼう…………………… Ⅶ - 308
じやうばう………………………… Ⅶ - 308
しやうび…………………………… Ⅶ - 308
しやうびん………………………… Ⅶ - 308
しやうぶ…………………………… Ⅶ - 308
しやうへん………………………… Ⅶ - 308
しやうべんのはな………………… Ⅶ - 309
じやうぼう………………………… Ⅶ - 309
しやうほうのき…………………… Ⅶ - 309
じやうぼうのき…………………… Ⅶ - 309
じやうぼふのき…………………… Ⅶ - 309
しやうもつかう…………………… Ⅶ - 309
しやうゆ…………………………… Ⅶ - 309
じやうろうつぎ…………………… Ⅶ - 310
しやかけ…………………………… Ⅶ - 310
しやくしき………………………… Ⅶ - 310
しやくしこのき…………………… Ⅶ - 310
しやくじこん……………………… Ⅶ - 310
しやくないき……………………… Ⅶ - 310
しやくなき………………………… Ⅶ - 310
しやくなぎ………………………… Ⅶ - 311
しやくなげ………………………… Ⅶ - 311
しやくなん………………………… Ⅶ - 311
しやくなんき……………………… Ⅶ - 311
しやくなんくは…………………… Ⅶ - 311
しやくなんけ……………………… Ⅶ - 311
しやくなんけ……………………… Ⅶ - 312
しやくなんげ……………………… Ⅶ - 312
しやくはちのき…………………… Ⅶ - 312
しやくふしば……………………… Ⅶ - 313
しやくほ…………………………… Ⅶ - 313
しやくぼ…………………………… Ⅶ - 313

しやぐみのき……………………… Ⅶ - 313
しやさけ…………………………… Ⅶ - 313
しやしまつ………………………… Ⅶ - 313
しやしやき………………………… Ⅶ - 313
しやしやきしば…………………… Ⅶ - 314
しやしやぶしば…………………… Ⅶ - 314
しやせぶ…………………………… Ⅶ - 314
しやせほのき……………………… Ⅶ - 314
しやせぼのき……………………… Ⅶ - 314
しやぢも…………………………… Ⅶ - 314
しやつちん………………………… Ⅶ - 314
じやばらのき……………………… Ⅶ - 315
じやぼあん………………………… Ⅶ - 315
じやぼうのき……………………… Ⅶ - 315
しややへ…………………………… Ⅶ - 315
しややべ…………………………… Ⅶ - 315
しややんほう……………………… Ⅶ - 315
しやらさうしゆ…………………… Ⅶ - 315
しやかんほう……………………… Ⅶ - 316
しやらじゆ………………………… Ⅶ - 316
しやらそうじゆ…………………… Ⅶ - 316
しゆち……………………………… Ⅶ - 316
しゆぼく…………………………… Ⅶ - 316
しゆり……………………………… Ⅶ - 316
しゆろ……………………………… Ⅶ - 316
しゆろ……………………………… Ⅶ - 317
しゆろう…………………………… Ⅶ - 317
しゆろちく………………………… Ⅶ - 318
しゆろのき………………………… Ⅶ - 318
しようぐんぼく…………………… Ⅶ - 318
しようやう………………………… Ⅶ - 318
しよちのき………………………… Ⅶ - 318
じよろくそのくい………………… Ⅶ - 318
しよろのき………………………… Ⅶ - 318
しよろわこ………………………… Ⅶ - 319
しらかけ…………………………… Ⅶ - 319
しらかし…………………………… Ⅶ - 319
しらかば…………………………… Ⅶ - 319
しらかんば………………………… Ⅶ - 319
しらき……………………………… Ⅶ - 319
しらくす…………………………… Ⅶ - 320
しらくち…………………………… Ⅶ - 320
しらさき…………………………… Ⅶ - 320
しらしやけ………………………… Ⅶ - 320
しらたま…………………………… Ⅶ - 320
しらたろのき……………………… Ⅶ - 320
しらはぎ…………………………… Ⅶ - 320
しらはた…………………………… Ⅶ - 321
しらはな…………………………… Ⅶ - 321
しらはひ…………………………… Ⅶ - 321
しらはり…………………………… Ⅶ - 321
しらび……………………………… Ⅶ - 321
しらまき…………………………… Ⅶ - 321
しりぶか…………………………… Ⅶ - 321
しりたしのき……………………… Ⅶ - 322
しろいせ…………………………… Ⅶ - 322
しろいたき………………………… Ⅶ - 322
しろいたや………………………… Ⅶ - 322
しろうつぎ………………………… Ⅶ - 322
しろかうぞのき…………………… Ⅶ - 322
しろかし…………………………… Ⅶ - 323
しろかちかは……………………… Ⅶ - 323
しろかば…………………………… Ⅶ - 323
しろかび…………………………… Ⅶ - 323
しろぎ……………………………… Ⅶ - 323
しろしや…………………………… Ⅶ - 323
しろきり…………………………… Ⅶ - 324
しろくち…………………………… Ⅶ - 324
しろこごめつつじ………………… Ⅶ - 324
しろこのき………………………… Ⅶ - 324
しろさうらし……………………… Ⅶ - 324
しろさくら………………………… Ⅶ - 324
しろさつき………………………… Ⅶ - 324
しろししや………………………… Ⅶ - 325
しろしとみ………………………… Ⅶ - 325
しろすぎ…………………………… Ⅶ - 325

しろそふろしのき……………………… Ⅶ - 325
しろだいりん…………………………… Ⅶ - 325
しろだこ………………………………… Ⅶ - 325
しろたぶ………………………………… Ⅶ - 325
しろたぶのき…………………………… Ⅶ - 326
しろたも………………………………… Ⅶ - 326
しろたものき…………………………… Ⅶ - 326
しろぢしや……………………………… Ⅶ - 326
しろつつし……………………………… Ⅶ - 326
しろつつじ……………………………… Ⅶ - 326
しろつつじはな………………………… Ⅶ - 327
しろつばき……………………………… Ⅶ - 327
しろつばら……………………………… Ⅶ - 327
しろとちのき…………………………… Ⅶ - 327
しろとろのき…………………………… Ⅶ - 327
しろなま………………………………… Ⅶ - 327
しろなんてん…………………………… Ⅶ - 327
しろねそ………………………………… Ⅶ - 328
しろねぶ………………………………… Ⅶ - 328
しろのき………………………………… Ⅶ - 328
しろはき………………………………… Ⅶ - 328
しろはせ………………………………… Ⅶ - 328
しろひのき……………………………… Ⅶ - 328
しろひよ………………………………… Ⅶ - 328
しろほう………………………………… Ⅶ - 329
しろほうのき…………………………… Ⅶ - 329
しろまき………………………………… Ⅶ - 329
しろむくけ……………………………… Ⅶ - 329
しろむくげ……………………………… Ⅶ - 329
しろむら………………………………… Ⅶ - 329
しろもし………………………………… Ⅶ - 329
しろもじ………………………………… Ⅶ - 330
しろもも………………………………… Ⅶ - 330
しろもんしや…………………………… Ⅶ - 330
しろやなぎ……………………………… Ⅶ - 330
しろやまふき…………………………… Ⅶ - 330
しろやまぶき…………………………… Ⅶ - 330
しわうし………………………………… Ⅶ - 330
しわき…………………………………… Ⅶ - 331
しわぎ…………………………………… Ⅶ - 331
しゐ……………………………………… Ⅶ - 331
しゐのき………………………………… Ⅶ - 331
しをかま………………………………… Ⅶ - 331
しをがま………………………………… Ⅶ - 331
しをかまさくら………………………… Ⅶ - 331
しをじ…………………………………… Ⅶ - 332
しをず…………………………………… Ⅶ - 332
しをち…………………………………… Ⅶ - 332
しんきり………………………………… Ⅶ - 332
じんきり………………………………… Ⅶ - 332
しんしょうぼく………………………… Ⅶ - 332
じんだ…………………………………… Ⅶ - 332
じんてうき……………………………… Ⅶ - 333
しんてうけ……………………………… Ⅶ - 333
しんねそ………………………………… Ⅶ - 333

## す

すいかづら……………………………… Ⅶ - 334
ずいきしば……………………………… Ⅶ - 334
すいご…………………………………… Ⅶ - 334
すいざくろ……………………………… Ⅶ - 334
ずいな…………………………………… Ⅶ - 334
すいのき………………………………… Ⅶ - 334
ずいのき………………………………… Ⅶ - 334
すいばのき……………………………… Ⅶ - 335
すいびのき……………………………… Ⅶ - 335
すうつき………………………………… Ⅶ - 335
すおふ…………………………………… Ⅶ - 335
すかし…………………………………… Ⅶ - 335
すかしかいで…………………………… Ⅶ - 335
すかた…………………………………… Ⅶ - 335
すかちさ………………………………… Ⅶ - 336
すかなし………………………………… Ⅶ - 336
すき……………………………………… Ⅶ - 336
すぎ……………………………………… Ⅶ - 336
すぎき…………………………………… Ⅶ - 337

すぎのき…………………………… Ⅶ - 337
すきやまき………………………… Ⅶ - 337
ずく………………………………… Ⅶ - 337
すくのき…………………………… Ⅶ - 337
すくり……………………………… Ⅶ - 337
すくりのき………………………… Ⅶ - 337
すぐわ……………………………… Ⅶ - 338
すごのき…………………………… Ⅶ - 338
ずさ………………………………… Ⅶ - 338
ずさから…………………………… Ⅶ - 338
ずさのき…………………………… Ⅶ - 338
すしば……………………………… Ⅶ - 338
すじわたし………………………… Ⅶ - 338
すすかけ…………………………… Ⅶ - 339
すずかけ…………………………… Ⅶ - 339
すずめうつき……………………… Ⅶ - 339
すすめおりのき…………………… Ⅶ - 339
すずめをどろ……………………… Ⅶ - 339
すすわい…………………………… Ⅶ - 340
すだ………………………………… Ⅶ - 340
すだれ……………………………… Ⅶ - 340
すつくめ…………………………… Ⅶ - 340
すなし……………………………… Ⅶ - 340
すのき……………………………… Ⅶ - 340
ずばいもも………………………… Ⅶ - 340
すはうぎ…………………………… Ⅶ - 341
すべら……………………………… Ⅶ - 341
すほうき…………………………… Ⅶ - 341
すほうのき………………………… Ⅶ - 341
すみ………………………………… Ⅶ - 341
ずみ………………………………… Ⅶ - 341
すみくは…………………………… Ⅶ - 341
すみたら…………………………… Ⅶ - 342
すみのき…………………………… Ⅶ - 342
ずみのき…………………………… Ⅶ - 342
すむめ……………………………… Ⅶ - 342
すむめのき………………………… Ⅶ - 342
すもみ……………………………… Ⅶ - 342
すもも……………………………… Ⅶ - 342
すもも……………………………… Ⅶ - 343
すももき…………………………… Ⅶ - 343
すわう……………………………… Ⅶ - 343
すわうき…………………………… Ⅶ - 343
すわうぎ…………………………… Ⅶ - 343
すわうのき………………………… Ⅶ - 343
すわうばい………………………… Ⅶ - 343
すをう……………………………… Ⅶ - 344
ずんばいもも……………………… Ⅶ - 344

## せ

せい………………………………… Ⅶ - 345
せいかい…………………………… Ⅶ - 345
せいがい…………………………… Ⅶ - 345
せいりやうちや…………………… Ⅶ - 345
せういたどり……………………… Ⅶ - 345
せうがくばら……………………… Ⅶ - 345
せうとうほう……………………… Ⅶ - 345
せうねば…………………………… Ⅶ - 346
せきでらつつち…………………… Ⅶ - 346
せのき……………………………… Ⅶ - 346
せひかい…………………………… Ⅶ - 346
せりくわ…………………………… Ⅶ - 346
せん………………………………… Ⅶ - 346
せんかう…………………………… Ⅶ - 346
せんかう…………………………… Ⅶ - 347
せんかうのき……………………… Ⅶ - 347
せんしやうとか…………………… Ⅶ - 347
ぜんじやうとが…………………… Ⅶ - 347
せんじゆ…………………………… Ⅶ - 347
せんだ……………………………… Ⅶ - 347
せんたいもみ……………………… Ⅶ - 347
せんたくらいき…………………… Ⅶ - 348
せんたん…………………………… Ⅶ - 348
せんだん…………………………… Ⅶ - 348
せんだん…………………………… Ⅶ - 349
せんだんのき……………………… Ⅶ - 349

せんのき……………… Ⅶ - 349
せんばのき……………… Ⅶ - 349
せんぼんぎ……………… Ⅶ - 349
せんやうつつち……………… Ⅶ - 350
せんりかう……………… Ⅶ - 350
せんりやう……………… Ⅶ - 350
せんゑつはき……………… Ⅶ - 350

## そ

そうおろしのき……………… Ⅶ - 351
ぞうかみ……………… Ⅶ - 351
そうとめうつき……………… Ⅶ - 351
そうのき……………… Ⅶ - 351
ぞうみ……………… Ⅶ - 351
そうめんきりのき……………… Ⅶ - 351
そうめんば……………… Ⅶ - 351
そうらし……………… Ⅶ - 352
そうろし……………… Ⅶ - 352
そうろしのき……………… Ⅶ - 352
そくはく……………… Ⅶ - 352
そくばく……………… Ⅶ - 352
そそみ……………… Ⅶ - 352
そた……………… Ⅶ - 352
そたくり……………… Ⅶ - 353
そたみまき……………… Ⅶ - 353
そため……………… Ⅶ - 353
そだめ……………… Ⅶ - 353
そためのき……………… Ⅶ - 353
そためまき……………… Ⅶ - 353
そてつ……………… Ⅶ - 354
そとめはな……………… Ⅶ - 354
そなのき……………… Ⅶ - 354
そなれまつ……………… Ⅶ - 354
そね……………… Ⅶ - 355
そねのき……………… Ⅶ - 355
そのいげ……………… Ⅶ - 355
そので……………… Ⅶ - 355
そののき……………… Ⅶ - 355
そばこな……………… Ⅶ - 355
そばのき……………… Ⅶ - 356
そふろしのき……………… Ⅶ - 356
そへご……………… Ⅶ - 356
そまのき……………… Ⅶ - 356
そめぞめ……………… Ⅶ - 356
そめそめのき……………… Ⅶ - 356
そめぞめのき……………… Ⅶ - 356
そめはいたや……………… Ⅶ - 357
そや……………… Ⅶ - 357
そよき……………… Ⅶ - 357
そよぎ……………… Ⅶ - 357
そよこ……………… Ⅶ - 357
そよご……………… Ⅶ - 357
そろ……………… Ⅶ - 358
そろつき……………… Ⅶ - 358
そろのき……………… Ⅶ - 358
そろのくいぎ……………… Ⅶ - 358

## た

だいぎ……………… Ⅶ - 359
だいぐわん……………… Ⅶ - 359
だいごさくら……………… Ⅶ - 359
たいさんぶく……………… Ⅶ - 359
たいざんふくん……………… Ⅶ - 359
たいさんぼく……………… Ⅶ - 359
たいさんぼく……………… Ⅶ - 360
たいしかう……………… Ⅶ - 360
たいたい……………… Ⅶ - 360
だいだい……………… Ⅶ - 360
たいのき……………… Ⅶ - 360
だいのき……………… Ⅶ - 360
たいのみのき……………… Ⅶ - 360
たいはち……………… Ⅶ - 361
たいはら……………… Ⅶ - 361
たいはらのき……………… Ⅶ - 361
だいほううつき……………… Ⅶ - 361
たいほうのき……………… Ⅶ - 361

たういちご…………………… Ⅶ - 361
たうえぐみ…………………… Ⅶ - 361
たうかいたう………………… Ⅶ - 362
たうきり……………………… Ⅶ - 362
たうぎり……………………… Ⅶ - 362
たうくこ……………………… Ⅶ - 362
たうぐす……………………… Ⅶ - 362
たうくちなし………………… Ⅶ - 362
そうてい……………………… Ⅶ - 363
たうくねんぼ………………… Ⅶ - 363
たうしゅろ…………………… Ⅶ - 363
たうせんたん………………… Ⅶ - 363
たうせんだん………………… Ⅶ - 363
たうたら……………………… Ⅶ - 363
たうちさくら………………… Ⅶ - 363
たうつけ……………………… Ⅶ - 363
たうつばき…………………… Ⅶ - 364
たうつれ……………………… Ⅶ - 364
たうねり……………………… Ⅶ - 364
たうはじ……………………… Ⅶ - 364
たうはせ……………………… Ⅶ - 364
たうひのき…………………… Ⅶ - 364
たうぼけ……………………… Ⅶ - 364
たうみづき…………………… Ⅶ - 365
たがしは……………………… Ⅶ - 365
たかつい……………………… Ⅶ - 365
たかついのき………………… Ⅶ - 365
たかつへ……………………… Ⅶ - 365
たかつやのき………………… Ⅶ - 365
たかつゆ……………………… Ⅶ - 365
たかのほねつぎ……………… Ⅶ - 366
たかやなぎ…………………… Ⅶ - 366
たかやま……………………… Ⅶ - 366
たかりぐみ…………………… Ⅶ - 366
たかを………………………… Ⅶ - 366
たきかし……………………… Ⅶ - 366
たきかづら…………………… Ⅶ - 366
たきしば……………………… Ⅶ - 367
たけじかき…………………… Ⅶ - 367
だけすぎ……………………… Ⅶ - 367
だけつつじ…………………… Ⅶ - 367
だけまつ……………………… Ⅶ - 367
だけむめ……………………… Ⅶ - 367
たこのき……………………… Ⅶ - 367
たごのき……………………… Ⅶ - 368
だこのき……………………… Ⅶ - 368
だごのき……………………… Ⅶ - 368
だこふ………………………… Ⅶ - 368
たず…………………………… Ⅶ - 368
たすのき……………………… Ⅶ - 368
たたしゆ……………………… Ⅶ - 368
たちから……………………… Ⅶ - 369
たちつつち…………………… Ⅶ - 369
たちのき……………………… Ⅶ - 369
たちはな……………………… Ⅶ - 369
たちばな……………………… Ⅶ - 369
たちびやくし………………… Ⅶ - 369
たちひやくしん……………… Ⅶ - 369
たちびやくしん……………… Ⅶ - 370
たつ…………………………… Ⅶ - 370
たづ…………………………… Ⅶ - 370
たつかし……………………… Ⅶ - 370
たづかつら…………………… Ⅶ - 370
たつちらかば………………… Ⅶ - 370
たつのき……………………… Ⅶ - 371
たづのき……………………… Ⅶ - 371
たつは………………………… Ⅶ - 371
たつま………………………… Ⅶ - 371
たで…………………………… Ⅶ - 371
たでのき……………………… Ⅶ - 372
たてをつつじ………………… Ⅶ - 372
たなこのき…………………… Ⅶ - 372
たなごのき…………………… Ⅶ - 372
たなちしや…………………… Ⅶ - 372
たなぶ………………………… Ⅶ - 372
たにあさ……………………… Ⅶ - 372

たにあさき…………………………Ⅶ - 373
たにあさのき………………………Ⅶ - 373
たにあやら…………………………Ⅶ - 373
たにいそき…………………………Ⅶ - 373
たにいそぎ…………………………Ⅶ - 373
たにうつき…………………………Ⅶ - 373
たにうつぎ…………………………Ⅶ - 373
たちはき……………………………Ⅶ - 374
たにがし……………………………Ⅶ - 374
たにくは……………………………Ⅶ - 374
たにささけ…………………………Ⅶ - 374
たにさらのき………………………Ⅶ - 374
たにぞうち…………………………Ⅶ - 374
たにふさき…………………………Ⅶ - 374
たにほうき…………………………Ⅶ - 375
たにまもり…………………………Ⅶ - 375
たにやす……………………………Ⅶ - 375
たにやつ……………………………Ⅶ - 375
たにわたし…………………………Ⅶ - 375
たにわたり…………………………Ⅶ - 375
たねあさ……………………………Ⅶ - 375
たねまきさくら……………………Ⅶ - 376
たのしば……………………………Ⅶ - 376
たひ…………………………………Ⅶ - 376
たひたひ……………………………Ⅶ - 376
たひのき……………………………Ⅶ - 376
たふ…………………………………Ⅶ - 376
たぶ…………………………………Ⅶ - 376
たふのき……………………………Ⅶ - 377
たぶのき……………………………Ⅶ - 377
たま…………………………………Ⅶ - 377
だま…………………………………Ⅶ - 377
たまいふき…………………………Ⅶ - 377
たまう………………………………Ⅶ - 377
たまくす……………………………Ⅶ - 378
たまくすのき………………………Ⅶ - 378
たましまつばき……………………Ⅶ - 378
たまつはき…………………………Ⅶ - 378
たまつばき…………………………Ⅶ - 378
たまつばき…………………………Ⅶ - 379
たまのき……………………………Ⅶ - 379
たまはき……………………………Ⅶ - 379
たまむらさき………………………Ⅶ - 380
たまもつこく………………………Ⅶ - 380
たまやむらさきつつち……………Ⅶ - 380
たむけやま…………………………Ⅶ - 380
たむしば……………………………Ⅶ - 380
ためがら……………………………Ⅶ - 380
ためやつつち………………………Ⅶ - 381
たも…………………………………Ⅶ - 381
だも…………………………………Ⅶ - 381
たもかし……………………………Ⅶ - 381
たもぎ………………………………Ⅶ - 381
たもしば……………………………Ⅶ - 381
たものき……………………………Ⅶ - 381
たら…………………………………Ⅶ - 382
だら…………………………………Ⅶ - 382
たらいふ……………………………Ⅶ - 382
たらえふ……………………………Ⅶ - 382
たらし………………………………Ⅶ - 382
たらしゆ……………………………Ⅶ - 383
たらのき……………………………Ⅶ - 383
だらのき……………………………Ⅶ - 383
たらほう……………………………Ⅶ - 384
たらやう……………………………Ⅶ - 384
たらよう……………………………Ⅶ - 384
たらよふ……………………………Ⅶ - 384
たらゑう……………………………Ⅶ - 384
たろうし……………………………Ⅶ - 384
たわらくみ…………………………Ⅶ - 385
たんから……………………………Ⅶ - 385
だんご………………………………Ⅶ - 385
だんごならのき……………………Ⅶ - 385
たんとく……………………………Ⅶ - 385
だんどく……………………………Ⅶ - 385
たんのき……………………………Ⅶ - 385

たんば……………………………… Ⅶ - 386
たんばくり………………………… Ⅶ - 386
たんはしは………………………… Ⅶ - 386
たんばしば………………………… Ⅶ - 386
たんばのき………………………… Ⅶ - 386
たんへい…………………………… Ⅶ - 386
たんべいさう……………………… Ⅶ - 386
たんへいじ………………………… Ⅶ - 387
たんへいそふ……………………… Ⅶ - 387
だんぼく…………………………… Ⅶ - 387

## ち

ちからしば………………………… Ⅶ - 388
ちかんかう………………………… Ⅶ - 388
ちきろうばち……………………… Ⅶ - 388
ぢきろうばち……………………… Ⅶ - 388
ぢくなし…………………………… Ⅶ - 388
ちごくはな………………………… Ⅶ - 388
ちごさくら………………………… Ⅶ - 389
ちござくら………………………… Ⅶ - 389
ちさ………………………………… Ⅶ - 389
ちざうかしら……………………… Ⅶ - 389
ちさかき…………………………… Ⅶ - 389
ちさから…………………………… Ⅶ - 389
ちさき……………………………… Ⅶ - 389
ちさのき…………………………… Ⅶ - 390
ちしばり…………………………… Ⅶ - 390
ちしや……………………………… Ⅶ - 390
ぢしや……………………………… Ⅶ - 390
ちしやうのき……………………… Ⅶ - 390
ちしやかけ………………………… Ⅶ - 390
ちしやき…………………………… Ⅶ - 391
ちしやのき………………………… Ⅶ - 391
ぢしやのき………………………… Ⅶ - 391
ちすぎ……………………………… Ⅶ - 391
ちそうかしら……………………… Ⅶ - 391
ぢそうかしら……………………… Ⅶ - 392
ぢぞうがしら……………………… Ⅶ - 392
ちちかん…………………………… Ⅶ - 392
ちない……………………………… Ⅶ - 392
ちないのき………………………… Ⅶ - 392
ちなし……………………………… Ⅶ - 392
ちなひ……………………………… Ⅶ - 392
ちなへ……………………………… Ⅶ - 393
ちのき……………………………… Ⅶ - 393
ちぶり……………………………… Ⅶ - 393
ちまきしば………………………… Ⅶ - 393
ちもと……………………………… Ⅶ - 393
ちもとさくら……………………… Ⅶ - 393
ちや………………………………… Ⅶ - 394
ちやうしき………………………… Ⅶ - 394
ちやうしゆん……………………… Ⅶ - 394
ちやうちんさくら………………… Ⅶ - 394
ちやうつき………………………… Ⅶ - 395
ちやせんほ………………………… Ⅶ - 395
ちやせんぼ………………………… Ⅶ - 395
ちやたて…………………………… Ⅶ - 395
ちやなのき………………………… Ⅶ - 395
ちやのき…………………………… Ⅶ - 395
ちやのき…………………………… Ⅶ - 396
ちやんちゆん……………………… Ⅶ - 396
ちやんちん………………………… Ⅶ - 396
ちやんつん………………………… Ⅶ - 396
ちよこうみざくろ………………… Ⅶ - 396
ちよをせんざくろ………………… Ⅶ - 397
ちりみかわ………………………… Ⅶ - 397
ちん………………………………… Ⅶ - 397
ちんちやう………………………… Ⅶ - 397
ぢんちやう………………………… Ⅶ - 397
ぢんちやうき……………………… Ⅶ - 397
ちんちやうけ……………………… Ⅶ - 397
ぢんちやうげ……………………… Ⅶ - 398
ぢんてう…………………………… Ⅶ - 398
ぢんでう…………………………… Ⅶ - 398
ちんてうけ………………………… Ⅶ - 398
ぢんてうけ………………………… Ⅶ - 398

ぢんてうげ……………………………Ⅶ - 399

## つ

づいきしば……………………………Ⅶ - 400
ついつい………………………………Ⅶ - 400
ついでのき……………………………Ⅶ - 400
つうきんくは…………………………Ⅶ - 400
つが……………………………………Ⅶ - 400
つがもみ………………………………Ⅶ - 400
つき……………………………………Ⅶ - 400
つき……………………………………Ⅶ - 401
つきけやき……………………………Ⅶ - 401
つきつき………………………………Ⅶ - 401
つきて…………………………………Ⅶ - 401
つきでのき……………………………Ⅶ - 401
つきのき………………………………Ⅶ - 401
づぎんばら……………………………Ⅶ - 401
づくなし………………………………Ⅶ - 402
づくのき………………………………Ⅶ - 402
つくはね………………………………Ⅶ - 402
つくはねのき…………………………Ⅶ - 402
つくほのき……………………………Ⅶ - 402
つくぼのき……………………………Ⅶ - 402
つくらべ………………………………Ⅶ - 402
つけ……………………………………Ⅶ - 403
つげ……………………………………Ⅶ - 403
つけのき………………………………Ⅶ - 403
つげのき………………………………Ⅶ - 404
つけはな………………………………Ⅶ - 404
つさのき………………………………Ⅶ - 404
つさぼう………………………………Ⅶ - 404
づさほう………………………………Ⅶ - 404
つしば…………………………………Ⅶ - 404
つた……………………………………Ⅶ - 404
つたうるし……………………………Ⅶ - 405
つたから………………………………Ⅶ - 405
つちのき………………………………Ⅶ - 405
つちむろ………………………………Ⅶ - 405
つつ……………………………………Ⅶ - 405
つつし…………………………………Ⅶ - 405
つつし…………………………………Ⅶ - 406
つつじ…………………………………Ⅶ - 406
つつち…………………………………Ⅶ - 406
つつちき………………………………Ⅶ - 407
つつのき………………………………Ⅶ - 407
つつみのき……………………………Ⅶ - 407
つつらふじ……………………………Ⅶ - 407
つつりき………………………………Ⅶ - 407
つづりき………………………………Ⅶ - 407
つつれたも……………………………Ⅶ - 407
つづろ…………………………………Ⅶ - 408
つづろぎ………………………………Ⅶ - 408
つつんぢよ……………………………Ⅶ - 408
づばいもも……………………………Ⅶ - 408
つはき…………………………………Ⅶ - 408
つばき…………………………………Ⅶ - 409
つばきのき……………………………Ⅶ - 409
つはた…………………………………Ⅶ - 410
つばめくり……………………………Ⅶ - 410
つまし…………………………………Ⅶ - 411
つまへに………………………………Ⅶ - 411
つまべに………………………………Ⅶ - 411
つみくそのき…………………………Ⅶ - 411
つみくは………………………………Ⅶ - 411
つみのき………………………………Ⅶ - 411
づみのき………………………………Ⅶ - 411
つやのき………………………………Ⅶ - 412
つりかねさくら………………………Ⅶ - 412
つるあづさ……………………………Ⅶ - 412
つるいちこ……………………………Ⅶ - 412
つるさんせう…………………………Ⅶ - 412
つるしば………………………………Ⅶ - 412
つるのき………………………………Ⅶ - 412
つるのこ………………………………Ⅶ - 413
つるまき………………………………Ⅶ - 413
つるむめもとき………………………Ⅶ - 413

つるれんきやう…………………… Ⅶ - 413
つわのき…………………………… Ⅶ - 413
つゑ………………………………… Ⅶ - 413

て

ていかかづら……………………… Ⅶ - 414
ていくわのき……………………… Ⅶ - 414
ていわく…………………………… Ⅶ - 414
てうせんまつ……………………… Ⅶ - 414
てうちくるみ……………………… Ⅶ - 414
てうちん…………………………… Ⅶ - 414
てうちんさくら…………………… Ⅶ - 414
てうびん…………………………… Ⅶ - 415
てうぶ……………………………… Ⅶ - 415
てうぼ……………………………… Ⅶ - 415
でうぼ……………………………… Ⅶ - 415
てうほのき………………………… Ⅶ - 415
てかしは…………………………… Ⅶ - 415
てかしわ…………………………… Ⅶ - 415
てかしわ…………………………… Ⅶ - 416
てきがまつ………………………… Ⅶ - 416
てくろ……………………………… Ⅶ - 416
てしほ……………………………… Ⅶ - 416
てつち……………………………… Ⅶ - 416
てづち……………………………… Ⅶ - 416
てつつ……………………………… Ⅶ - 416
てづつ……………………………… Ⅶ - 417
てつぱうき………………………… Ⅶ - 417
てつら……………………………… Ⅶ - 417
ててばり…………………………… Ⅶ - 417
てはじき…………………………… Ⅶ - 417
てはのき…………………………… Ⅶ - 417
でほ………………………………… Ⅶ - 417
でほなし…………………………… Ⅶ - 418
てほのき…………………………… Ⅶ - 418
てぼのき…………………………… Ⅶ - 418
てまり……………………………… Ⅶ - 418
てまりくは………………………… Ⅶ - 419
てまりくわ………………………… Ⅶ - 419
てまりさくら……………………… Ⅶ - 419
てまりのき………………………… Ⅶ - 419
てまりはな………………………… Ⅶ - 419
てまる……………………………… Ⅶ - 419
てまるのき………………………… Ⅶ - 419
てまるはな………………………… Ⅶ - 420
てやきしは………………………… Ⅶ - 420
てらかしわ………………………… Ⅶ - 420
てらつばき………………………… Ⅶ - 420
てるは……………………………… Ⅶ - 420
てんくわ…………………………… Ⅶ - 420
てんくわぼう……………………… Ⅶ - 420
てんのみのき……………………… Ⅶ - 421
てんほかなし……………………… Ⅶ - 421
てんぼこなし……………………… Ⅶ - 421
てんもくくは……………………… Ⅶ - 421
てんもんどう……………………… Ⅶ - 421

と

どあいつつじ……………………… Ⅶ - 422
とううるし………………………… Ⅶ - 422
とうがき…………………………… Ⅶ - 422
とうきり…………………………… Ⅶ - 422
とうぎり…………………………… Ⅶ - 422
とうくるみ………………………… Ⅶ - 422
とうじむめ………………………… Ⅶ - 422
とうすぎ…………………………… Ⅶ - 423
とうせんだん……………………… Ⅶ - 423
どうた……………………………… Ⅶ - 423
とうたかし………………………… Ⅶ - 423
どうだがし………………………… Ⅶ - 423
どうだのき………………………… Ⅶ - 423
とうつけ…………………………… Ⅶ - 423
とうとうやなき…………………… Ⅶ - 424
どうとく…………………………… Ⅶ - 424
とうなす…………………………… Ⅶ - 424
とうのき…………………………… Ⅶ - 424

とうのこしは…………………………Ⅶ - 424
とうのは……………………………Ⅶ - 424
とうはい……………………………Ⅶ - 425
とうはせ……………………………Ⅶ - 425
とうび………………………………Ⅶ - 425
とうひば……………………………Ⅶ - 425
とうみみやなぎ……………………Ⅶ - 425
とうめうのき………………………Ⅶ - 425
とうもつ……………………………Ⅶ - 425
とうゑんじ…………………………Ⅶ - 426
とが…………………………………Ⅶ - 426
とかすのき…………………………Ⅶ - 426
とがのき……………………………Ⅶ - 426
とかまつ……………………………Ⅶ - 426
とがもみ……………………………Ⅶ - 426
ときしらす…………………………Ⅶ - 427
ときしらず…………………………Ⅶ - 427
ときわ………………………………Ⅶ - 427
ときわかづら………………………Ⅶ - 427
とくあみ……………………………Ⅶ - 427
どくき………………………………Ⅶ - 427
とくけし……………………………Ⅶ - 427
どくしば……………………………Ⅶ - 428
どくゆう……………………………Ⅶ - 428
とくわか……………………………Ⅶ - 428
どくゑ………………………………Ⅶ - 428
とこなつ……………………………Ⅶ - 428
とこなつのき………………………Ⅶ - 428
とこなつのき………………………Ⅶ - 429
とこゆるき…………………………Ⅶ - 429
ところくす…………………………Ⅶ - 429
としば………………………………Ⅶ - 429
としまめのき………………………Ⅶ - 429
とすべり……………………………Ⅶ - 429
とち…………………………………Ⅶ - 430
とちかし……………………………Ⅶ - 430
とちかば……………………………Ⅶ - 430
とちくろ……………………………Ⅶ - 430
とちしば……………………………Ⅶ - 430
とちのき……………………………Ⅶ - 430
とちのき……………………………Ⅶ - 431
とちみ………………………………Ⅶ - 431
とつはか……………………………Ⅶ - 431
とつら………………………………Ⅶ - 431
どてかぶり…………………………Ⅶ - 431
とでなし……………………………Ⅶ - 431
とと…………………………………Ⅶ - 431
ととろつふ…………………………Ⅶ - 432
とどろつふ…………………………Ⅶ - 432
とねのき……………………………Ⅶ - 432
とねり………………………………Ⅶ - 432
とねりかうのき……………………Ⅶ - 432
とねりこ……………………………Ⅶ - 432
とねりこ……………………………Ⅶ - 433
とびき………………………………Ⅶ - 433
とびのき……………………………Ⅶ - 433
とびのしりさし……………………Ⅶ - 433
どふだがし…………………………Ⅶ - 433
とふのき……………………………Ⅶ - 433
とへら………………………………Ⅶ - 433
とべら………………………………Ⅶ - 434
とへらき……………………………Ⅶ - 434
とへらのき…………………………Ⅶ - 434
とべらのき…………………………Ⅶ - 434
とべらのき…………………………Ⅶ - 435
とらのき……………………………Ⅶ - 435
とらのを……………………………Ⅶ - 435
とらのをさくら……………………Ⅶ - 435
とらのをもみ………………………Ⅶ - 435
とらやふ……………………………Ⅶ - 435
とりあし……………………………Ⅶ - 436
とりいちご…………………………Ⅶ - 436
とりかし……………………………Ⅶ - 436
とりき………………………………Ⅶ - 436
とりきしば…………………………Ⅶ - 436
とりでのき…………………………Ⅶ - 436

とりとまらす…………………… Ⅶ - 436
とりとまらす…………………… Ⅶ - 437
とりとまらず…………………… Ⅶ - 437
とりのあし……………………… Ⅶ - 437
とりのあしき…………………… Ⅶ - 438
とりのき………………………… Ⅶ - 438
とりのつぎき…………………… Ⅶ - 438
とりのつめ……………………… Ⅶ - 438
とりもち………………………… Ⅶ - 438
とりもちのき…………………… Ⅶ - 438
とろ……………………………… Ⅶ - 438
どろ……………………………… Ⅶ - 439
とろのき………………………… Ⅶ - 439
どろのき………………………… Ⅶ - 439
とろぶ…………………………… Ⅶ - 439
どろぶ…………………………… Ⅶ - 439
どろぼ…………………………… Ⅶ - 439
どろぼう………………………… Ⅶ - 439
とろやなぎ……………………… Ⅶ - 440
とろろ…………………………… Ⅶ - 440
とろろき………………………… Ⅶ - 440
とんくり………………………… Ⅶ - 440
どんぐり………………………… Ⅶ - 440
とんけ…………………………… Ⅶ - 440
どんぶりまき…………………… Ⅶ - 440
とんほうのくち………………… Ⅶ - 441

## な

ないしやうぐみ………………… Ⅶ - 442
なうたら………………………… Ⅶ - 442
なうほうそ……………………… Ⅶ - 442
なかこうばり…………………… Ⅶ - 442
ながつら………………………… Ⅶ - 442
ながば…………………………… Ⅶ - 442
ながばやなぎ…………………… Ⅶ - 442
なき……………………………… Ⅶ - 443
なぎ……………………………… Ⅶ - 443
なきのき………………………… Ⅶ - 443
なぎのき………………………… Ⅶ - 443
なきのは………………………… Ⅶ - 443
なし……………………………… Ⅶ - 444
なしのき………………………… Ⅶ - 444
なしほうそ……………………… Ⅶ - 444
なじら…………………………… Ⅶ - 444
なたきらひ……………………… Ⅶ - 444
なたくま………………………… Ⅶ - 445
なだみま………………………… Ⅶ - 445
なつあをき……………………… Ⅶ - 445
なつくるみ……………………… Ⅶ - 445
なつくろぎ……………………… Ⅶ - 445
なつさくら……………………… Ⅶ - 445
なつつばき……………………… Ⅶ - 445
なつて…………………………… Ⅶ - 446
なつはせ………………………… Ⅶ - 446
なつはぜ………………………… Ⅶ - 446
なつふじ………………………… Ⅶ - 446
なつめ…………………………… Ⅶ - 447
なつめのき……………………… Ⅶ - 447
なつもじ………………………… Ⅶ - 447
なつもも………………………… Ⅶ - 447
なてんさくら…………………… Ⅶ - 447
なでんさくら…………………… Ⅶ - 447
なてんのさくら………………… Ⅶ - 448
ななかま………………………… Ⅶ - 448
ななかまて……………………… Ⅶ - 448
ななかまと……………………… Ⅶ - 448
ななかまど……………………… Ⅶ - 448
ななかまど……………………… Ⅶ - 449
ななかまとのき………………… Ⅶ - 449
ななくだし……………………… Ⅶ - 449
ななころび……………………… Ⅶ - 449
ななしのき……………………… Ⅶ - 449
ななしゆのき…………………… Ⅶ - 450
ななまど………………………… Ⅶ - 450
ななみ…………………………… Ⅶ - 450
ななみのき……………………… Ⅶ - 450

ななめ…………………………… Ⅶ - 450
なはしろくみ…………………………… Ⅶ - 450
なはしろぐみ…………………………… Ⅶ - 450
なはしろつつし…………………………… Ⅶ - 451
なへたをし…………………………… Ⅶ - 451
なべとうし…………………………… Ⅶ - 451
なべはりき…………………………… Ⅶ - 451
なべやこ…………………………… Ⅶ - 451
なへわか…………………………… Ⅶ - 451
なまい…………………………… Ⅶ - 451
なまかぶら…………………………… Ⅶ - 452
なまたうふ…………………………… Ⅶ - 452
なまとうふ…………………………… Ⅶ - 452
なまへ…………………………… Ⅶ - 452
なむてん…………………………… Ⅶ - 452
なもめ…………………………… Ⅶ - 452
なよせさくら…………………………… Ⅶ - 453
なら…………………………… Ⅶ - 453
ならかしは…………………………… Ⅶ - 453
ならぎ…………………………… Ⅶ - 453
ならぎき…………………………… Ⅶ - 453
ならとこ…………………………… Ⅶ - 453
ならのき…………………………… Ⅶ - 454
ならほうき…………………………… Ⅶ - 454
ならほうす…………………………… Ⅶ - 454
ならほうは…………………………… Ⅶ - 454
ならまき…………………………… Ⅶ - 454
ならまつこ…………………………… Ⅶ - 454
なるて…………………………… Ⅶ - 455
なるてん…………………………… Ⅶ - 455
なると…………………………… Ⅶ - 455
なわしろくみ…………………………… Ⅶ - 455
なわしろぐみ…………………………… Ⅶ - 455
なんきんかいだう…………………………… Ⅶ - 455
なんきんざくろ…………………………… Ⅶ - 455
なんきんつつじ…………………………… Ⅶ - 456
なんきんむめ…………………………… Ⅶ - 456
なんてん…………………………… Ⅶ - 456
なんてん…………………………… Ⅶ - 457
なんまいのき…………………………… Ⅶ - 457

## に

にかいさくら…………………………… Ⅶ - 458
にかき…………………………… Ⅶ - 458
にがき…………………………… Ⅶ - 458
にがとこ…………………………… Ⅶ - 458
にがぶた…………………………… Ⅶ - 458
にがめのき…………………………… Ⅶ - 459
にがもも…………………………… Ⅶ - 459
にき…………………………… Ⅶ - 459
にきさきからやぶ…………………………… Ⅶ - 459
にくけい…………………………… Ⅶ - 459
にしかり…………………………… Ⅶ - 459
にしき…………………………… Ⅶ - 459
にしきき…………………………… Ⅶ - 460
にしきぎ…………………………… Ⅶ - 460
にしきのき…………………………… Ⅶ - 460
にしこぎ…………………………… Ⅶ - 461
にしこり…………………………… Ⅶ - 461
にしごり…………………………… Ⅶ - 461
にしのきき…………………………… Ⅶ - 461
にたり…………………………… Ⅶ - 461
にちげつもも…………………………… Ⅶ - 461
につくわうまつ…………………………… Ⅶ - 462
につけい…………………………… Ⅶ - 462
につけいたも…………………………… Ⅶ - 462
には…………………………… Ⅶ - 462
にはさくら…………………………… Ⅶ - 462
にはさくら…………………………… Ⅶ - 463
にはちや…………………………… Ⅶ - 463
にはとこ…………………………… Ⅶ - 463
にはとこ…………………………… Ⅶ - 464
にはむめ…………………………… Ⅶ - 464
にはやなぎ…………………………… Ⅶ - 464
にべ…………………………… Ⅶ - 464
にべき…………………………… Ⅶ - 464

にへのき…………………………… Ⅶ - 464
にべのき…………………………… Ⅶ - 465
にまめ……………………………… Ⅶ - 465
にまめさくら……………………… Ⅶ - 465
にまめのき………………………… Ⅶ - 465
にらまつ…………………………… Ⅶ - 465
にれ………………………………… Ⅶ - 465
にれぎ……………………………… Ⅶ - 466
にれのき…………………………… Ⅶ - 466
にわさくら………………………… Ⅶ - 466
にわつけ…………………………… Ⅶ - 466
にわつつち………………………… Ⅶ - 467
にわとこ…………………………… Ⅶ - 467
にわとこしば……………………… Ⅶ - 467
にわとこのき……………………… Ⅶ - 467
にわとんご………………………… Ⅶ - 467

## ぬ

ぬくい……………………………… Ⅶ - 468
ぬすとのて………………………… Ⅶ - 468
ぬすどのて………………………… Ⅶ - 468
ぬすひとのて……………………… Ⅶ - 468
ぬて………………………………… Ⅶ - 468
ぬで………………………………… Ⅶ - 468
ぬてうるし………………………… Ⅶ - 468
ぬてのき…………………………… Ⅶ - 469
ぬまはり…………………………… Ⅶ - 469
ぬりて……………………………… Ⅶ - 469
ぬりで……………………………… Ⅶ - 469
ぬりでのき………………………… Ⅶ - 469
ぬるから…………………………… Ⅶ - 469
ぬわくり…………………………… Ⅶ - 469
ぬるて……………………………… Ⅶ - 470
ぬるで……………………………… Ⅶ - 470
ぬるてのき………………………… Ⅶ - 470
ぬるてのき………………………… Ⅶ - 471
ぬるでのき………………………… Ⅶ - 471

## ね

ねぎ………………………………… Ⅶ - 472
ねきばら…………………………… Ⅶ - 472
ねこなめり………………………… Ⅶ - 472
ねこのめ…………………………… Ⅶ - 472
ねこやなぎ………………………… Ⅶ - 472
ねしろまき………………………… Ⅶ - 472
ねす………………………………… Ⅶ - 472
ねず………………………………… Ⅶ - 473
ねすさし…………………………… Ⅶ - 473
ねずさし…………………………… Ⅶ - 473
ねすてふ…………………………… Ⅶ - 473
ねすのき…………………………… Ⅶ - 473
ねずのき…………………………… Ⅶ - 473
ねずみ……………………………… Ⅶ - 473
ねずみいばら……………………… Ⅶ - 474
ねずみうるし……………………… Ⅶ - 474
ねすみき…………………………… Ⅶ - 474
ねずみき…………………………… Ⅶ - 474
ねずみこ…………………………… Ⅶ - 474
ねすみさし………………………… Ⅶ - 474
ねずみさし………………………… Ⅶ - 475
ねずみしば………………………… Ⅶ - 475
ねすみすぎ………………………… Ⅶ - 475
ねずみすぎ………………………… Ⅶ - 475
ねずみつき………………………… Ⅶ - 475
ねずみてう………………………… Ⅶ - 476
ねすみてふ………………………… Ⅶ - 476
ねずみのき………………………… Ⅶ - 476
ねすみもち………………………… Ⅶ - 476
ねずみもち………………………… Ⅶ - 476
ねずみもち………………………… Ⅶ - 477
ねずみもちのき…………………… Ⅶ - 477
ねすもち…………………………… Ⅶ - 477
ねずもち…………………………… Ⅶ - 477
ねすらのき………………………… Ⅶ - 477
ねそ………………………………… Ⅶ - 477

ねそしは…………………………… Ⅶ - 477
ねそしはのき………………………… Ⅶ - 478
ねそのき…………………………… Ⅶ - 478
ねそむら…………………………… Ⅶ - 478
ねぢころし………………………… Ⅶ - 478
ねちもち…………………………… Ⅶ - 478
ねづ………………………………… Ⅶ - 478
ねつきむはら……………………… Ⅶ - 478
ねつくるい………………………… Ⅶ - 479
ねづさし…………………………… Ⅶ - 479
ねづみき…………………………… Ⅶ - 479
ねつみさし………………………… Ⅶ - 479
ねづみさし………………………… Ⅶ - 479
ねつみちや………………………… Ⅶ - 479
ねつみつつき……………………… Ⅶ - 480
ねづみつつき……………………… Ⅶ - 480
ねづみのき………………………… Ⅶ - 480
ねづみのふん……………………… Ⅶ - 480
ねつみもち………………………… Ⅶ - 480
ねづみもち………………………… Ⅶ - 480
ねづみもちのき…………………… Ⅶ - 480
ねづみもちのき…………………… Ⅶ - 481
ねつもち…………………………… Ⅶ - 481
ねづもち…………………………… Ⅶ - 481
ねつら……………………………… Ⅶ - 481
ねばつつじ………………………… Ⅶ - 481
ねばのき…………………………… Ⅶ - 481
ねふ………………………………… Ⅶ - 481
ねぶ………………………………… Ⅶ - 482
ねふた……………………………… Ⅶ - 482
ねふのき…………………………… Ⅶ - 482
ねぶのき…………………………… Ⅶ - 482
ねぶり……………………………… Ⅶ - 483
ねふりのき………………………… Ⅶ - 483
ねぶりのき………………………… Ⅶ - 483
ねふりまつ………………………… Ⅶ - 483
ねむ………………………………… Ⅶ - 483
ねむのき…………………………… Ⅶ - 483
ねむのき…………………………… Ⅶ - 484
ねむり……………………………… Ⅶ - 484
ねむりき…………………………… Ⅶ - 484
ねむりのき………………………… Ⅶ - 484
ねりうつき………………………… Ⅶ - 484
ねりうつぎ………………………… Ⅶ - 485
ねりき……………………………… Ⅶ - 485
ねりさくら………………………… Ⅶ - 485
ねりそのき………………………… Ⅶ - 485
ねれ………………………………… Ⅶ - 485
ねれのき…………………………… Ⅶ - 485
ねんど……………………………… Ⅶ - 485
ねんさし…………………………… Ⅶ - 486
ねんとう…………………………… Ⅶ - 486
ねんどう…………………………… Ⅶ - 486
ねんひのき………………………… Ⅶ - 486

## の

のいはら…………………………… Ⅶ - 487
のいばら…………………………… Ⅶ - 487
のうるし…………………………… Ⅶ - 487
のかや……………………………… Ⅶ - 487
のきり……………………………… Ⅶ - 487
のくるみ…………………………… Ⅶ - 487
のくるみき………………………… Ⅶ - 487
のけずいら………………………… Ⅶ - 488
のこきり…………………………… Ⅶ - 488
のこしは…………………………… Ⅶ - 488
のこしば…………………………… Ⅶ - 488
のさくら…………………………… Ⅶ - 488
のさんしやう……………………… Ⅶ - 489
のしいのき………………………… Ⅶ - 489
のしせ……………………………… Ⅶ - 489
のして……………………………… Ⅶ - 489
のしで……………………………… Ⅶ - 489
のしてのき………………………… Ⅶ - 489
のしひ……………………………… Ⅶ - 489
のせんたん………………………… Ⅶ - 490

のせんだん…………………… Ⅶ - 490
のせんだんのき……………… Ⅶ - 490
のそ………………………… Ⅶ - 490
のちやうじ…………………… Ⅶ - 490
のつけ……………………… Ⅶ - 490
のつつし……………………… Ⅶ - 491
のつつじ……………………… Ⅶ - 491
のつばき……………………… Ⅶ - 491
のつるのき…………………… Ⅶ - 491
のて………………………… Ⅶ - 491
ので………………………… Ⅶ - 491
のてうるし…………………… Ⅶ - 491
のでうるし…………………… Ⅶ - 492
のてつほう…………………… Ⅶ - 492
のてまり……………………… Ⅶ - 492
のてまりくわ………………… Ⅶ - 492
のとりもち…………………… Ⅶ - 492
のなし……………………… Ⅶ - 492
のなんてん…………………… Ⅶ - 492
ののののき…………………… Ⅶ - 493
のばら……………………… Ⅶ - 493
のはる……………………… Ⅶ - 493
のひのう……………………… Ⅶ - 493
のぶ………………………… Ⅶ - 493
のぶき……………………… Ⅶ - 493
のふさくら…………………… Ⅶ - 493
のふし……………………… Ⅶ - 494
のふぜんかつら……………… Ⅶ - 494
のふのき……………………… Ⅶ - 494
のぶのき……………………… Ⅶ - 494
のぼり……………………… Ⅶ - 494
のましば……………………… Ⅶ - 494
のまはり……………………… Ⅶ - 494
のまゆみ……………………… Ⅶ - 495
のむめ……………………… Ⅶ - 495
のむら……………………… Ⅶ - 495
のむらあさもみぢ…………… Ⅶ - 495
のやなぎ……………………… Ⅶ - 495
のりかわ……………………… Ⅶ - 495
のりのき……………………… Ⅶ - 496

## は

はあかのき…………………… Ⅶ - 497
はいいぶき…………………… Ⅶ - 497
はいから……………………… Ⅶ - 497
はいがら……………………… Ⅶ - 497
はいすぎ……………………… Ⅶ - 497
はいた……………………… Ⅶ - 497
はいたはら…………………… Ⅶ - 497
はいたろう…………………… Ⅶ - 498
はいのき……………………… Ⅶ - 498
ばいのき……………………… Ⅶ - 498
はいはくじ…………………… Ⅶ - 498
はいひやくし………………… Ⅶ - 498
はいびやくし………………… Ⅶ - 498
はいびやくしん……………… Ⅶ - 499
はいひやくすき……………… Ⅶ - 499
はいまつ……………………… Ⅶ - 499
はいむろ……………………… Ⅶ - 499
はいやなぎ…………………… Ⅶ - 499
はうさ……………………… Ⅶ - 499
はうちは……………………… Ⅶ - 499
はうのき……………………… Ⅶ - 500
はかたもも…………………… Ⅶ - 500
はかんぞ……………………… Ⅶ - 500
はき………………………… Ⅶ - 500
はぎ………………………… Ⅶ - 500
はぎしば……………………… Ⅶ - 500
はぎのき……………………… Ⅶ - 500
はぎはな……………………… Ⅶ - 501
ばくかい……………………… Ⅶ - 501
はくさんぶき………………… Ⅶ - 501
はくじゅ……………………… Ⅶ - 501
はくすのき…………………… Ⅶ - 501
はくそ……………………… Ⅶ - 501
はくたう……………………… Ⅶ - 501

はぐち……………………………… Ⅶ - 502
はくちやう……………………………… Ⅶ - 502
はくちやうき……………………………… Ⅶ - 502
はくちやうけ……………………………… Ⅶ - 502
はくちやうげ……………………………… Ⅶ - 502
はくちん……………………………… Ⅶ - 502
はくちんかづら……………………………… Ⅶ - 502
はくてう……………………………… Ⅶ - 503
はくてうき……………………………… Ⅶ - 503
はくてうけ……………………………… Ⅶ - 503
はくてうげ……………………………… Ⅶ - 503
はくてうぼく……………………………… Ⅶ - 503
はくてふけ……………………………… Ⅶ - 504
はくばい……………………………… Ⅶ - 504
はくもくれん……………………………… Ⅶ - 504
はげ……………………………… Ⅶ - 504
はけつ……………………………… Ⅶ - 504
ばけつ……………………………… Ⅶ - 504
はけのき……………………………… Ⅶ - 504
はげのき……………………………… Ⅶ - 505
はごしこ……………………………… Ⅶ - 505
はこねうつぎ……………………………… Ⅶ - 505
はこや……………………………… Ⅶ - 505
はこやす……………………………… Ⅶ - 505
はこやなき……………………………… Ⅶ - 506
はこやなぎ……………………………… Ⅶ - 506
はさこ……………………………… Ⅶ - 506
はさみ……………………………… Ⅶ - 506
はじ……………………………… Ⅶ - 506
はしか……………………………… Ⅶ - 506
はじか……………………………… Ⅶ - 507
はしかき……………………………… Ⅶ - 507
はしかのき……………………………… Ⅶ - 507
はしき……………………………… Ⅶ - 507
はしのき……………………………… Ⅶ - 507
はじのき……………………………… Ⅶ - 507
はしばみ……………………………… Ⅶ - 508
はしはみのき……………………………… Ⅶ - 508
はしはめのき……………………………… Ⅶ - 508
ばしやう……………………………… Ⅶ - 508
はしりき……………………………… Ⅶ - 508
はしりすぎ……………………………… Ⅶ - 508
はせ……………………………… Ⅶ - 508
はぜ……………………………… Ⅶ - 509
はせう……………………………… Ⅶ - 509
ばせう……………………………… Ⅶ - 509
はぜうるし……………………………… Ⅶ - 509
はぜちやうじやのくわし……………………………… Ⅶ - 509
はせのき……………………………… Ⅶ - 509
はせのき……………………………… Ⅶ - 510
はぜのき……………………………… Ⅶ - 510
はぜはな……………………………… Ⅶ - 510
はせをばのき……………………………… Ⅶ - 510
はたかぼう……………………………… Ⅶ - 510
ばたこ……………………………… Ⅶ - 510
はたさくら……………………………… Ⅶ - 510
はだつまり……………………………… Ⅶ - 511
はたはた……………………………… Ⅶ - 511
ばたばた……………………………… Ⅶ - 511
ばち……………………………… Ⅶ - 511
はちす……………………………… Ⅶ - 511
はちや……………………………… Ⅶ - 511
ばちりん……………………………… Ⅶ - 511
はつかし……………………………… Ⅶ - 512
はづかし……………………………… Ⅶ - 512
はつけ……………………………… Ⅶ - 512
はつげ……………………………… Ⅶ - 512
はづさ……………………………… Ⅶ - 512
はつさくむめ……………………………… Ⅶ - 512
はてのき……………………………… Ⅶ - 512
ばどうのき……………………………… Ⅶ - 513
はとがしら……………………………… Ⅶ - 513
はな……………………………… Ⅶ - 513
はないたや……………………………… Ⅶ - 513
はなうつぎ……………………………… Ⅶ - 513
はなうるし……………………………… Ⅶ - 513

はなうるしのき…………………… Ⅶ - 513
はながい…………………………… Ⅶ - 514
はなかいで………………………… Ⅶ - 514
はなかご…………………………… Ⅶ - 514
はながこはまつ…………………… Ⅶ - 514
はなかのき………………………… Ⅶ - 514
はなかへ…………………………… Ⅶ - 514
はなかへで………………………… Ⅶ - 514
はながまつ………………………… Ⅶ - 515
はなから…………………………… Ⅶ - 515
はなかゑて………………………… Ⅶ - 515
はなき……………………………… Ⅶ - 515
はなくちなし……………………… Ⅶ - 515
はなごのき………………………… Ⅶ - 515
はなさいかし……………………… Ⅶ - 516
はなさくろ………………………… Ⅶ - 516
はなざくろ………………………… Ⅶ - 516
はなしば…………………………… Ⅶ - 516
はなしもき………………………… Ⅶ - 516
はなすおう………………………… Ⅶ - 516
はなすおう………………………… Ⅶ - 517
はなすおふ………………………… Ⅶ - 517
はなすおふのき…………………… Ⅶ - 517
はなすはう………………………… Ⅶ - 517
はなすほう………………………… Ⅶ - 517
はなすほふ………………………… Ⅶ - 517
はなすわう………………………… Ⅶ - 517
はなすわう………………………… Ⅶ - 518
はなたちばな……………………… Ⅶ - 518
はなたも…………………………… Ⅶ - 518
はなだら…………………………… Ⅶ - 518
はななし…………………………… Ⅶ - 518
はなのき…………………………… Ⅶ - 518
はなのき…………………………… Ⅶ - 519
はなふすべ………………………… Ⅶ - 519
はなもくこく……………………… Ⅶ - 519
はなもつこく……………………… Ⅶ - 519
はなもとき………………………… Ⅶ - 519
はなもみち………………………… Ⅶ - 519
はなゆ……………………………… Ⅶ - 519
はごのき…………………………… Ⅶ - 520
はのき……………………………… Ⅶ - 520
ははそ……………………………… Ⅶ - 520
ははそき…………………………… Ⅶ - 520
ばばたらし………………………… Ⅶ - 520
はばら……………………………… Ⅶ - 520
はひいぶき………………………… Ⅶ - 521
はひひやくし……………………… Ⅶ - 521
はひびやくしん…………………… Ⅶ - 521
はびら……………………………… Ⅶ - 521
はひろ……………………………… Ⅶ - 521
はびろ……………………………… Ⅶ - 521
はびろやなき……………………… Ⅶ - 521
はふてこぶら……………………… Ⅶ - 522
はぶてこぶら……………………… Ⅶ - 522
はふとのき………………………… Ⅶ - 522
ばべ………………………………… Ⅶ - 522
ばへのき…………………………… Ⅶ - 522
はへばら…………………………… Ⅶ - 522
はほそ……………………………… Ⅶ - 522
はほそしい………………………… Ⅶ - 523
はぼろし…………………………… Ⅶ - 523
はますぎ…………………………… Ⅶ - 523
はまつた…………………………… Ⅶ - 523
はまつばき………………………… Ⅶ - 523
はまなし…………………………… Ⅶ - 523
はまなす…………………………… Ⅶ - 524
はまばう…………………………… Ⅶ - 524
はまはぶ…………………………… Ⅶ - 524
はまほう…………………………… Ⅶ - 524
はまぼう…………………………… Ⅶ - 524
はまぼうのき……………………… Ⅶ - 524
はまもくこく……………………… Ⅶ - 525
はまもくれん……………………… Ⅶ - 525
はまもつこく……………………… Ⅶ - 525
はまやなぎ………………………… Ⅶ - 525

はまんほう…………………………Ⅶ - 525
はもり…………………………Ⅶ - 525
はやさき…………………………Ⅶ - 525
ばら…………………………Ⅶ - 526
はらいかたのき…………………………Ⅶ - 526
はらき…………………………Ⅶ - 526
はりき…………………………Ⅶ - 526
はりぎり…………………………Ⅶ - 526
はりのき…………………………Ⅶ - 526
はりのき…………………………Ⅶ - 527
はりはり…………………………Ⅶ - 527
ばりばり…………………………Ⅶ - 527
はりはりのき…………………………Ⅶ - 527
はりぼく…………………………Ⅶ - 528
はりめかし…………………………Ⅶ - 528
はるかし…………………………Ⅶ - 528
はるき…………………………Ⅶ - 528
はるのき…………………………Ⅶ - 528
はるゆぼく…………………………Ⅶ - 528
はんさ…………………………Ⅶ - 528
はんざ…………………………Ⅶ - 529
はんしや…………………………Ⅶ - 529
はんそう…………………………Ⅶ - 529
ばんていし…………………………Ⅶ - 529
はんのき…………………………Ⅶ - 529
ばんのき…………………………Ⅶ - 529

## ひ

ひいらき…………………………Ⅶ - 530
ひいらぎ…………………………Ⅶ - 530
ひいらげ…………………………Ⅶ - 530
ひいらのき…………………………Ⅶ - 531
ひいろさつき…………………………Ⅶ - 531
ひうちくろ…………………………Ⅶ - 531
ひかは…………………………Ⅶ - 531
ひかば…………………………Ⅶ - 531
ひかん…………………………Ⅶ - 531
ひかんさくら…………………………Ⅶ - 531
ひかんさくら…………………………Ⅶ - 532
ひがんさくら…………………………Ⅶ - 532
ひがんざくら…………………………Ⅶ - 532
ひきさくら…………………………Ⅶ - 532
ひきだら…………………………Ⅶ - 533
ひきたらき…………………………Ⅶ - 533
ひきり…………………………Ⅶ - 533
ひぎり…………………………Ⅶ - 533
ひく…………………………Ⅶ - 533
ひくみ…………………………Ⅶ - 533
ひくらし…………………………Ⅶ - 533
ひごむめ…………………………Ⅶ - 534
ひさいで…………………………Ⅶ - 534
ひさかき…………………………Ⅶ - 534
ひさかきき…………………………Ⅶ - 534
ひさき…………………………Ⅶ - 534
ひさくら…………………………Ⅶ - 534
ひざくら…………………………Ⅶ - 535
ひささき…………………………Ⅶ - 535
ひささけ…………………………Ⅶ - 535
ひじき…………………………Ⅶ - 535
ひじきのき…………………………Ⅶ - 535
ひしのき…………………………Ⅶ - 535
ひしやかき…………………………Ⅶ - 535
びしやかき…………………………Ⅶ - 536
ひしやかきのき…………………………Ⅶ - 536
ひしやき…………………………Ⅶ - 536
ひしやきのき…………………………Ⅶ - 536
ひしやく…………………………Ⅶ - 536
ひしやこ…………………………Ⅶ - 536
びしやこ…………………………Ⅶ - 536
ひしやしやき…………………………Ⅶ - 537
びしやしやき…………………………Ⅶ - 537
ひしやしやけ…………………………Ⅶ - 537
びしやのき…………………………Ⅶ - 537
ひしややき…………………………Ⅶ - 537
ひしややけ…………………………Ⅶ - 537
ひたう…………………………Ⅶ - 538

ひぢき……Ⅶ - 538
ひちのき……Ⅶ - 538
ひつき……Ⅶ - 538
ひつんぜう……Ⅶ - 538
ひとう……Ⅶ - 538
ひところび……Ⅶ - 538
ひとつは……Ⅶ - 539
ひとつば……Ⅶ - 539
ひとつばき……Ⅶ - 539
ひとてかし……Ⅶ - 539
ひとはのまつ……Ⅶ - 539
ひとへ……Ⅶ - 540
ひとへさくら……Ⅶ - 540
ひとへつばき……Ⅶ - 540
ひとへやまぶき……Ⅶ - 540
ひのき……Ⅶ - 540
ひのき……Ⅶ - 541
ひのきかしは……Ⅶ - 541
ひのきもち……Ⅶ - 541
ひのはかまつつち……Ⅶ - 541
ひば……Ⅶ - 541
びは……Ⅶ - 541
ひばいのき……Ⅶ - 542
ひばしのき……Ⅶ - 542
びはのき……Ⅶ - 542
ひひ……Ⅶ - 542
ひび……Ⅶ - 542
びびのき……Ⅶ - 542
ひひらき……Ⅶ - 542
ひひらき……Ⅶ - 543
ひふいのき……Ⅶ - 543
ひふき……Ⅶ - 543
ひふきやなぎ……Ⅶ - 543
ひへだんごき……Ⅶ - 543
ひほけ……Ⅶ - 543
ひぼけ……Ⅶ - 544
ひむら……Ⅶ - 544
ひむろ……Ⅶ - 544
ひむろすき……Ⅶ - 544
ひめうこき……Ⅶ - 544
ひめくるみ……Ⅶ - 545
ひめこ……Ⅶ - 545
ひめこまつ……Ⅶ - 545
ひめさくら……Ⅶ - 545
ひめすき……Ⅶ - 545
ひめすき……Ⅶ - 546
ひめすぎ……Ⅶ - 546
ひめちやう……Ⅶ - 546
ひめつけ……Ⅶ - 546
ひめつげ……Ⅶ - 546
ひめつばき……Ⅶ - 546
ひめづる……Ⅶ - 547
ひめまつ……Ⅶ - 547
ひめむろ……Ⅶ - 547
ひめむろき……Ⅶ - 547
ひめもち……Ⅶ - 547
ひもみ……Ⅶ - 547
ひもみのき……Ⅶ - 547
ひもろ……Ⅶ - 548
ひもろすき……Ⅶ - 548
ひやうき……Ⅶ - 548
ひやうたんぐみ……Ⅶ - 548
びやうのやなぎ……Ⅶ - 548
ひやうひ……Ⅶ - 548
ひやうぶ……Ⅶ - 548
びやうぶ……Ⅶ - 549
ひやうぶき……Ⅶ - 549
ひやうふのき……Ⅶ - 549
びやうやなぎ……Ⅶ - 549
びやく……Ⅶ - 549
ひやくし……Ⅶ - 550
びやくし……Ⅶ - 550
ひやくしつかう……Ⅶ - 550
ひやくじつかう……Ⅶ - 550
ひやくじつこ……Ⅶ - 550
ひやくじつこう……Ⅶ - 551

ひやくしん…………………………… Ⅶ - 551
びやくしん…………………………… Ⅶ - 551
びやくしん…………………………… Ⅶ - 552
ひやくすき…………………………… Ⅶ - 552
ひやくすぎ…………………………… Ⅶ - 552
びやくすき…………………………… Ⅶ - 552
びやくすぎ…………………………… Ⅶ - 552
ひやくたん…………………………… Ⅶ - 552
ひやくだん…………………………… Ⅶ - 553
びやくだん…………………………… Ⅶ - 553
ひやくぢつこう……………………… Ⅶ - 553
ひやくなんさう……………………… Ⅶ - 553
ひやくなんそう……………………… Ⅶ - 553
ひやくにちかう……………………… Ⅶ - 553
ひやくにちかう……………………… Ⅶ - 554
ひやんちん…………………………… Ⅶ - 554
ひよい………………………………… Ⅶ - 554
ひようぶ……………………………… Ⅶ - 554
ひようやなぎ………………………… Ⅶ - 554
ひよくり……………………………… Ⅶ - 555
ひよたんのき………………………… Ⅶ - 555
ひよどみ……………………………… Ⅶ - 555
ひよとりいちこ……………………… Ⅶ - 555
ひよとりしやうこ…………………… Ⅶ - 555
ひよひ………………………………… Ⅶ - 555
ひよび………………………………… Ⅶ - 555
ひよふのき…………………………… Ⅶ - 556
ひよん………………………………… Ⅶ - 556
ひよんのき…………………………… Ⅶ - 556
びらか………………………………… Ⅶ - 556
ひらぎ………………………………… Ⅶ - 556
びらき………………………………… Ⅶ - 556
ひらど………………………………… Ⅶ - 557
ひるかるる…………………………… Ⅶ - 557
びろ…………………………………… Ⅶ - 557
びわ…………………………………… Ⅶ - 557
びわづへ……………………………… Ⅶ - 557
ひわのき……………………………… Ⅶ - 557
びわのき……………………………… Ⅶ - 557
ひゑび………………………………… Ⅶ - 558
ひんか………………………………… Ⅶ - 558
びんか………………………………… Ⅶ - 558
びんかかず…………………………… Ⅶ - 558
ひんかかり…………………………… Ⅶ - 558
びんかがり…………………………… Ⅶ - 558
びんかき……………………………… Ⅶ - 558
ひんがん……………………………… Ⅶ - 559
ひんのき……………………………… Ⅶ - 559
ひんほうのき………………………… Ⅶ - 559
びんぼうのき………………………… Ⅶ - 559

## ふ

ぶいか………………………………… Ⅶ - 560
ふうのき……………………………… Ⅶ - 560
ふかのき……………………………… Ⅶ - 560
ふくちしば…………………………… Ⅶ - 560
ふくべじゅ…………………………… Ⅶ - 560
ふくへのき…………………………… Ⅶ - 560
ふくべのき…………………………… Ⅶ - 560
ふくゆ………………………………… Ⅶ - 561
ふくら………………………………… Ⅶ - 561
ふくらき……………………………… Ⅶ - 561
ふくらし……………………………… Ⅶ - 561
ふくらしは…………………………… Ⅶ - 561
ふくらしば…………………………… Ⅶ - 561
ふくらしば…………………………… Ⅶ - 562
ふくらしばのき……………………… Ⅶ - 562
ふくらしふ…………………………… Ⅶ - 562
ふくらじよ…………………………… Ⅶ - 562
ふくらそ……………………………… Ⅶ - 562
ふくらそう…………………………… Ⅶ - 563
ふくらだ……………………………… Ⅶ - 563
ふくらぢよ…………………………… Ⅶ - 563
ふくらと……………………………… Ⅶ - 563
ふくらど……………………………… Ⅶ - 563
ふくらひば…………………………… Ⅶ - 563

ふくらんじやう…………………… Ⅶ - 563
ふくらんじよ…………………… Ⅶ - 564
ふくらんどう…………………… Ⅶ - 564
ふくりやう…………………… Ⅶ - 564
ふくれしば…………………… Ⅶ - 564
ふげんそう…………………… Ⅶ - 564
ふし…………………… Ⅶ - 564
ふじ…………………… Ⅶ - 565
ふしき…………………… Ⅶ - 565
ふじき…………………… Ⅶ - 565
ふしくろ…………………… Ⅶ - 565
ふしぐろ…………………… Ⅶ - 565
ふしぐろのき…………………… Ⅶ - 565
ふししばまき…………………… Ⅶ - 565
ふしつき…………………… Ⅶ - 566
ふじて…………………… Ⅶ - 566
ふしのき…………………… Ⅶ - 566
ふじのはな…………………… Ⅶ - 566
ふしはかま…………………… Ⅶ - 566
ふりつり…………………… Ⅶ - 566
ふじまつ…………………… Ⅶ - 567
ふじみさいぎやうつつち…………………… Ⅶ - 567
ぶしゆかん…………………… Ⅶ - 567
ふす…………………… Ⅶ - 567
ぶすつつち…………………… Ⅶ - 567
ふすまのき…………………… Ⅶ - 567
ぶだう…………………… Ⅶ - 567
ふたうら…………………… Ⅶ - 568
ふたおもて…………………… Ⅶ - 568
ふたこしは…………………… Ⅶ - 568
ふたこしば…………………… Ⅶ - 568
ふたつば…………………… Ⅶ - 568
ふたばまつ…………………… Ⅶ - 569
ふたへきりしまつつち…………………… Ⅶ - 569
ふたへまりしま…………………… Ⅶ - 569
ふぢ…………………… Ⅶ - 569
ふぢき…………………… Ⅶ - 569
ふぢのめ…………………… Ⅶ - 569
ふぢまつ…………………… Ⅶ - 569
ふちゆき…………………… Ⅶ - 570
ぶつさうげ…………………… Ⅶ - 570
ぶつほう…………………… Ⅶ - 570
ふつぼふ…………………… Ⅶ - 570
ふとう…………………… Ⅶ - 570
ふな…………………… Ⅶ - 570
ぶな…………………… Ⅶ - 570
ぶな…………………… Ⅶ - 571
ふなのき…………………… Ⅶ - 571
ぶなのき…………………… Ⅶ - 571
ふゆあをき…………………… Ⅶ - 571
ふゆき…………………… Ⅶ - 571
ふゆさんしやう…………………… Ⅶ - 571
ふやう…………………… Ⅶ - 572
ふゆさんせう…………………… Ⅶ - 572
ふゆもも…………………… Ⅶ - 572
ふよう…………………… Ⅶ - 572
ふよふ…………………… Ⅶ - 572
ふり…………………… Ⅶ - 573
ふりのき…………………… Ⅶ - 573
ぶりのき…………………… Ⅶ - 573
ふるとり…………………… Ⅶ - 573
ふるゑほし…………………… Ⅶ - 573
ふわのき…………………… Ⅶ - 573
ぶんこ…………………… Ⅶ - 573
ぶんご…………………… Ⅶ - 574
ふんこむめ…………………… Ⅶ - 574
ぶんこむめ…………………… Ⅶ - 574
ぶんごむめ…………………… Ⅶ - 574
ぶんしじゆ…………………… Ⅶ - 574

## へ

へいけ…………………… Ⅶ - 575
へいしなし…………………… Ⅶ - 575
へいびのき…………………… Ⅶ - 575
へいりよ…………………… Ⅶ - 575
へうへうくり…………………… Ⅶ - 575

へこはち…………………………… Ⅶ - 575
へだま………………………………… Ⅶ - 575
へだまのき…………………………… Ⅶ - 576
へつたまのき………………………… Ⅶ - 576
へな…………………………………… Ⅶ - 576
べにつつし…………………………… Ⅶ - 576
べにつばき…………………………… Ⅶ - 576
べにもも……………………………… Ⅶ - 576
へにやき……………………………… Ⅶ - 576
へはる………………………………… Ⅶ - 577
へへ…………………………………… Ⅶ - 577
へべ…………………………………… Ⅶ - 577
べべ…………………………………… Ⅶ - 577
べべかや……………………………… Ⅶ - 577
へほ…………………………………… Ⅶ - 577
へぼ…………………………………… Ⅶ - 577
べほ…………………………………… Ⅶ - 578
べぼ…………………………………… Ⅶ - 578
べぼう………………………………… Ⅶ - 578
へぼがや……………………………… Ⅶ - 578
べぼざわら…………………………… Ⅶ - 578
へほのき……………………………… Ⅶ - 578
へぼのき……………………………… Ⅶ - 578
へぼのき……………………………… Ⅶ - 579
へら…………………………………… Ⅶ - 579
へらかき……………………………… Ⅶ - 579
へらき………………………………… Ⅶ - 579
へらのき……………………………… Ⅶ - 579
へりとりせうぜう…………………… Ⅶ - 579
へんだ………………………………… Ⅶ - 580
べんのき……………………………… Ⅶ - 580

## ほ

ほう…………………………………… Ⅶ - 581
ほうかのき…………………………… Ⅶ - 581
ほうきさくら………………………… Ⅶ - 581
ほうご………………………………… Ⅶ - 581
ほうごうさくら……………………… Ⅶ - 581
ほうさ………………………………… Ⅶ - 581
ほうさのき…………………………… Ⅶ - 581
ほうじゆさくら……………………… Ⅶ - 582
ほうす………………………………… Ⅶ - 582
ぼうずくさい………………………… Ⅶ - 582
ほうすのき…………………………… Ⅶ - 582
ほうすまき…………………………… Ⅶ - 582
ほうせのき…………………………… Ⅶ - 582
ほうそ………………………………… Ⅶ - 582
ほうそのき…………………………… Ⅶ - 583
ほうそまき…………………………… Ⅶ - 583
ぼうたら……………………………… Ⅶ - 583
ぼうだら……………………………… Ⅶ - 583
ほうたらのき………………………… Ⅶ - 583
ほうたろ……………………………… Ⅶ - 583
ほうにんほ…………………………… Ⅶ - 583
ほうにんぼ…………………………… Ⅶ - 584
ほうのき……………………………… Ⅶ - 584
ぼうれん……………………………… Ⅶ - 584
ほくいじゆ…………………………… Ⅶ - 584
ほけ…………………………………… Ⅶ - 585
ぼけ…………………………………… Ⅶ - 585
ほけのき……………………………… Ⅶ - 585
ぼけはな……………………………… Ⅶ - 585
ほしのき……………………………… Ⅶ - 585
ほぜぐい……………………………… Ⅶ - 586
ほそ…………………………………… Ⅶ - 586
ほそき………………………………… Ⅶ - 586
ほそくび……………………………… Ⅶ - 586
ほそくみ……………………………… Ⅶ - 586
ぼたいし……………………………… Ⅶ - 586
ほたいしゆ…………………………… Ⅶ - 587
ぼたいしゆ…………………………… Ⅶ - 587
ぼたいじゆ…………………………… Ⅶ - 587
ぼだいじゆ…………………………… Ⅶ - 587
ぼだしゆ……………………………… Ⅶ - 587
ぼだいじゆ…………………………… Ⅶ - 588
ほたるき……………………………… Ⅶ - 588

ほたん…………………………… Ⅶ - 588
ぼたん…………………………… Ⅶ - 588
ぼつたりまき…………………… Ⅶ - 588
ほつちらいたや………………… Ⅶ - 589
ほてうさんせう………………… Ⅶ - 589
ほてんはな……………………… Ⅶ - 589
ほとけたらし…………………… Ⅶ - 589
ほとけのつつら………………… Ⅶ - 589
ほとはちりき…………………… Ⅶ - 589
ほのき…………………………… Ⅶ - 589
ほばのき………………………… Ⅶ - 590
ほふのき………………………… Ⅶ - 590
ほほ……………………………… Ⅶ - 590
ほほのき………………………… Ⅶ - 590
ほるとがる……………………… Ⅶ - 590
ほろめかし……………………… Ⅶ - 590
ほんかたぎ……………………… Ⅶ - 591
ほんくわ………………………… Ⅶ - 591
ほんつけ………………………… Ⅶ - 591
ほんつげ………………………… Ⅶ - 591
ぼんてんはな…………………… Ⅶ - 591
ほんまき………………………… Ⅶ - 591


## ま


まいび…………………………… Ⅶ - 592
まいまいき……………………… Ⅶ - 592
まいまいのき…………………… Ⅶ - 592
まいみ…………………………… Ⅶ - 592
まかし…………………………… Ⅶ - 592
まかせ…………………………… Ⅶ - 592
まき……………………………… Ⅶ - 592
まき……………………………… Ⅶ - 593
まくわ…………………………… Ⅶ - 593
まさかき………………………… Ⅶ - 593
まさき…………………………… Ⅶ - 593
まさきのかづら………………… Ⅶ - 594
まさやなぎ……………………… Ⅶ - 594
ましば…………………………… Ⅶ - 594
ますのき………………………… Ⅶ - 594
またくは………………………… Ⅶ - 594
まただび………………………… Ⅶ - 594
まだのき………………………… Ⅶ - 595
まだみ…………………………… Ⅶ - 595
またやなぎ……………………… Ⅶ - 595
またら…………………………… Ⅶ - 595
まだらこがのき………………… Ⅶ - 595
まつ……………………………… Ⅶ - 595
まつ……………………………… Ⅶ - 596
まつうらむめ…………………… Ⅶ - 596
まつかさ………………………… Ⅶ - 596
まつかし………………………… Ⅶ - 596
まつぐいめ……………………… Ⅶ - 596
まつしま………………………… Ⅶ - 596
まつしまつつじ………………… Ⅶ - 596
まつはだ………………………… Ⅶ - 597
まつふさ………………………… Ⅶ - 597
まつふじ………………………… Ⅶ - 597
まつほど………………………… Ⅶ - 597
まつほや………………………… Ⅶ - 597
まつるのき……………………… Ⅶ - 597
まづるのき……………………… Ⅶ - 597
まて……………………………… Ⅶ - 598
まてき…………………………… Ⅶ - 598
まてじゐ………………………… Ⅶ - 598
まてのき………………………… Ⅶ - 598
まてばしゐ……………………… Ⅶ - 598
まてんかき……………………… Ⅶ - 598
まねは…………………………… Ⅶ - 598
まねば…………………………… Ⅶ - 599
まび……………………………… Ⅶ - 599
まひやくしん…………………… Ⅶ - 599
ままこ…………………………… Ⅶ - 599
ままこき………………………… Ⅶ - 599
ままこなのき…………………… Ⅶ - 599
ままこのて……………………… Ⅶ - 599
ままこぼや……………………… Ⅶ - 600

ままちねり…………………………… Ⅶ - 600
ままつ………………………………… Ⅶ - 600
ままのき……………………………… Ⅶ - 600
まめいりしは………………………… Ⅶ - 600
まめがら……………………………… Ⅶ - 600
まめかゑて…………………………… Ⅶ - 600
まめさくら…………………………… Ⅶ - 601
まめたうのき………………………… Ⅶ - 601
まめとうのき………………………… Ⅶ - 601
まめなし……………………………… Ⅶ - 601
まめなしのき………………………… Ⅶ - 601
まめなのき…………………………… Ⅶ - 601
まめのき……………………………… Ⅶ - 602
まめふき……………………………… Ⅶ - 602
まめふし……………………………… Ⅶ - 602
まめふじ……………………………… Ⅶ - 602
まめぶし……………………………… Ⅶ - 602
まめぶし……………………………… Ⅶ - 603
まめふしのき………………………… Ⅶ - 603
まめぶしのき………………………… Ⅶ - 603
まめぼうし…………………………… Ⅶ - 603
まめぼし……………………………… Ⅶ - 603
まめやなぎ…………………………… Ⅶ - 603
まやこうばい………………………… Ⅶ - 603
まやこむめ…………………………… Ⅶ - 604
まやみ………………………………… Ⅶ - 604
まゆみ………………………………… Ⅶ - 604
まゆみのき…………………………… Ⅶ - 604
まよみ………………………………… Ⅶ - 605
まるくは……………………………… Ⅶ - 605
まるば………………………………… Ⅶ - 605
まるばすき…………………………… Ⅶ - 605
まるはやなき………………………… Ⅶ - 605
まるばやなぎ………………………… Ⅶ - 605
まるぶし……………………………… Ⅶ - 606
まるめら……………………………… Ⅶ - 606
まるめる……………………………… Ⅶ - 606
まるめろ……………………………… Ⅶ - 606
まるめろうのき……………………… Ⅶ - 606
まるやなぎ…………………………… Ⅶ - 606
まをのき……………………………… Ⅶ - 606
まんけいし…………………………… Ⅶ - 607
まんさく……………………………… Ⅶ - 607
まんさくのき………………………… Ⅶ - 607
まんしやく…………………………… Ⅶ - 607
まんたら……………………………… Ⅶ - 607
まんていし…………………………… Ⅶ - 607
まんぶし……………………………… Ⅶ - 607
まんねんゑだ………………………… Ⅶ - 608

## み

みあか………………………………… Ⅶ - 609
みいみ………………………………… Ⅶ - 609
みささき……………………………… Ⅶ - 609
みじしのき…………………………… Ⅶ - 609
みじのき……………………………… Ⅶ - 609
みす…………………………………… Ⅶ - 609
みすき………………………………… Ⅶ - 609
みずくさ……………………………… Ⅶ - 610
みすだれを…………………………… Ⅶ - 610
みすめ………………………………… Ⅶ - 610
みずゆすのき………………………… Ⅶ - 610
みそうしない………………………… Ⅶ - 610
みそうしなひ………………………… Ⅶ - 610
みそおしみ…………………………… Ⅶ - 610
みそのき……………………………… Ⅶ - 611
みぞもり……………………………… Ⅶ - 611
みたまのき…………………………… Ⅶ - 611
みだれしやうしやうもみち……… Ⅶ - 611
みちや………………………………… Ⅶ - 611
みづかき……………………………… Ⅶ - 611
みづかし……………………………… Ⅶ - 611
みづがしは…………………………… Ⅶ - 612
みつかん……………………………… Ⅶ - 612
みつかんのき………………………… Ⅶ - 612
みつき………………………………… Ⅶ - 612

みづき…………………………… Ⅶ - 612
みづくさ…………………………… Ⅶ - 612
みづくさ…………………………… Ⅶ - 613
みづくさのき…………………………… Ⅶ - 613
みづくちなし…………………………… Ⅶ - 613
みづし…………………………… Ⅶ - 613
みづしのき…………………………… Ⅶ - 613
みつせ…………………………… Ⅶ - 613
みづたま…………………………… Ⅶ - 613
みづたもき…………………………… Ⅶ - 614
みづなし…………………………… Ⅶ - 614
みづなら…………………………… Ⅶ - 614
みづならのき…………………………… Ⅶ - 614
みつね…………………………… Ⅶ - 614
みづね…………………………… Ⅶ - 614
みづのき…………………………… Ⅶ - 615
みつば…………………………… Ⅶ - 615
みつばがしわ…………………………… Ⅶ - 615
みづはしか…………………………… Ⅶ - 615
みづばしか…………………………… Ⅶ - 615
みつばつつじ…………………………… Ⅶ - 615
みつばもち…………………………… Ⅶ - 616
みづふぐりのき…………………………… Ⅶ - 616
みつぶくろ…………………………… Ⅶ - 616
みつふさ…………………………… Ⅶ - 616
みづふさ…………………………… Ⅶ - 616
みづぶさ…………………………… Ⅶ - 616
みつまき…………………………… Ⅶ - 616
みづまき…………………………… Ⅶ - 617
みつまた…………………………… Ⅶ - 617
みつまたのき…………………………… Ⅶ - 617
みつめ…………………………… Ⅶ - 617
みづめ…………………………… Ⅶ - 617
みづめさくら…………………………… Ⅶ - 617
みづもくせい…………………………… Ⅶ - 617
みづもじ…………………………… Ⅶ - 618
みづもも…………………………… Ⅶ - 618
みづやまふき…………………………… Ⅶ - 618
みづゆす…………………………… Ⅶ - 618
みづゆすのき…………………………… Ⅶ - 618
みづら…………………………… Ⅶ - 618
みねすおうのき…………………………… Ⅶ - 619
みねずわう…………………………… Ⅶ - 619
みねはり…………………………… Ⅶ - 619
みねばり…………………………… Ⅶ - 619
みのはせ…………………………… Ⅶ - 619
みみづまくら…………………………… Ⅶ - 619
みみつもり…………………………… Ⅶ - 619
みみづもり…………………………… Ⅶ - 620
みむらさき…………………………… Ⅶ - 620
みやこわすれ…………………………… Ⅶ - 620
みやこわすれさくら…………………………… Ⅶ - 620
みやなき…………………………… Ⅶ - 620
みやまうつぎ…………………………… Ⅶ - 621
みやまさくら…………………………… Ⅶ - 621
みやましきぶ…………………………… Ⅶ - 621
みやましきみ…………………………… Ⅶ - 621
みやましきみ…………………………… Ⅶ - 622
みやまそへご…………………………… Ⅶ - 622
みやまつつし…………………………… Ⅶ - 622
みやまつつじ…………………………… Ⅶ - 622
みやまはぎ…………………………… Ⅶ - 622
みやまはげ…………………………… Ⅶ - 623
みやまやどめ…………………………… Ⅶ - 623
みよどろ…………………………… Ⅶ - 623

## む

むいから…………………………… Ⅶ - 624
むぎかい…………………………… Ⅶ - 624
むく…………………………… Ⅶ - 624
むくぎ…………………………… Ⅶ - 624
むくきのき…………………………… Ⅶ - 624
むくけ…………………………… Ⅶ - 625
むくげ…………………………… Ⅶ - 625
むくげのき…………………………… Ⅶ - 625
むくで…………………………… Ⅶ - 625

むくのき…………………………… Ⅶ - 626
むくろう…………………………… Ⅶ - 626
むくろうじ………………………… Ⅶ - 626
むくろし…………………………… Ⅶ - 626
むくろじ…………………………… Ⅶ - 626
むくろじ…………………………… Ⅶ - 627
むくろじのき……………………… Ⅶ - 627
むくろじゆ………………………… Ⅶ - 627
むくろぢ…………………………… Ⅶ - 627
むくろのき………………………… Ⅶ - 627
むけむけ…………………………… Ⅶ - 628
むこぎ……………………………… Ⅶ - 628
むしかへり………………………… Ⅶ - 628
むしかり…………………………… Ⅶ - 628
むしかれ…………………………… Ⅶ - 628
むしがれ…………………………… Ⅶ - 628
むしかれい………………………… Ⅶ - 629
むしかれのき……………………… Ⅶ - 629
むしだて…………………………… Ⅶ - 629
むしやしやき……………………… Ⅶ - 629
むすびやなぎ……………………… Ⅶ - 629
むたはのき………………………… Ⅶ - 629
むちのき…………………………… Ⅶ - 629
むねばり…………………………… Ⅶ - 630
むねもしり………………………… Ⅶ - 630
むねもじり………………………… Ⅶ - 630
むねやどめ………………………… Ⅶ - 630
むばめ……………………………… Ⅶ - 630
むはら……………………………… Ⅶ - 630
むはらのたう……………………… Ⅶ - 630
むまいしき………………………… Ⅶ - 631
むまおとろかし…………………… Ⅶ - 631
むまぐみ…………………………… Ⅶ - 631
むまぢこ…………………………… Ⅶ - 631
むまとじ…………………………… Ⅶ - 631
むまどし…………………………… Ⅶ - 631
むまとまり………………………… Ⅶ - 631
むまのふす………………………… Ⅶ - 632
むまのぶす………………………… Ⅶ - 632
むまのほね………………………… Ⅶ - 632
むまのほねき……………………… Ⅶ - 632
むまひびき………………………… Ⅶ - 632
むまほね…………………………… Ⅶ - 632
むまぼね…………………………… Ⅶ - 632
むめ………………………………… Ⅶ - 633
むめつる…………………………… Ⅶ - 633
むめづる…………………………… Ⅶ - 633
むめのき…………………………… Ⅶ - 633
むめのはな………………………… Ⅶ - 633
むめもとき………………………… Ⅶ - 634
むめもどき………………………… Ⅶ - 634
むらさき…………………………… Ⅶ - 635
むらさききりしま………………… Ⅶ - 635
むらさきくすのき………………… Ⅶ - 635
むらさきくわのき………………… Ⅶ - 635
むらさきさつき…………………… Ⅶ - 635
むらさきしきび…………………… Ⅶ - 635
むらさきしきみ…………………… Ⅶ - 635
むらさきしきみ…………………… Ⅶ - 636
むらさきつつじ…………………… Ⅶ - 636
むらさきつつち…………………… Ⅶ - 636
むらさきふぢ……………………… Ⅶ - 636
むらさきまき……………………… Ⅶ - 636
むらさきもとき…………………… Ⅶ - 636
むらたち…………………………… Ⅶ - 636
むらだち…………………………… Ⅶ - 637
むるい……………………………… Ⅶ - 637
むろき……………………………… Ⅶ - 637
むろすき…………………………… Ⅶ - 637
むろのき…………………………… Ⅶ - 637
むろのは…………………………… Ⅶ - 637
むろまつ…………………………… Ⅶ - 637
むろんど…………………………… Ⅶ - 638
むわだ……………………………… Ⅶ - 638

め


めいきむはら…………………… Ⅶ - 639
めいどのき…………………… Ⅶ - 639
めうさのき…………………… Ⅶ - 639
めうたん…………………… Ⅶ - 639
めうつぎのき…………………… Ⅶ - 639
めかし…………………… Ⅶ - 639
めき…………………… Ⅶ - 639
めぎ…………………… Ⅶ - 640
めきのき…………………… Ⅶ - 640
めくされ…………………… Ⅶ - 640
めくらこめのき…………………… Ⅶ - 640
めさくら…………………… Ⅶ - 640
めすき…………………… Ⅶ - 640
めずら…………………… Ⅶ - 640
めだも…………………… Ⅶ - 641
めつら…………………… Ⅶ - 641
めづら…………………… Ⅶ - 641
めづらのき…………………… Ⅶ - 641
めてのき…………………… Ⅶ - 641
めどはぎ…………………… Ⅶ - 641
めなうつき…………………… Ⅶ - 641
めなき…………………… Ⅶ - 642
めはじき…………………… Ⅶ - 642
めぶし…………………… Ⅶ - 642
めほそ…………………… Ⅶ - 642
めほそのき…………………… Ⅶ - 642
めまつ…………………… Ⅶ - 642
めまつ…………………… Ⅶ - 643
めまゆみ…………………… Ⅶ - 643
めんき…………………… Ⅶ - 643
めんと…………………… Ⅶ - 643
めんど…………………… Ⅶ - 643


も


もあだ…………………… Ⅶ - 644
もいふと…………………… Ⅶ - 644
もうせんしやうしやう…………………… Ⅶ - 644
もかきはら…………………… Ⅶ - 644
もくきん…………………… Ⅶ - 644
もくけ…………………… Ⅶ - 644
もくげんし…………………… Ⅶ - 644
もくこく…………………… Ⅶ - 645
もくせい…………………… Ⅶ - 645
もくふやう…………………… Ⅶ - 645
もくふよふ…………………… Ⅶ - 645
もくれん…………………… Ⅶ - 645
もくれん…………………… Ⅶ - 646
もくれんきやう…………………… Ⅶ - 646
もくれんけ…………………… Ⅶ - 646
もくれんげ…………………… Ⅶ - 646
もくれんじ…………………… Ⅶ - 647
もくれんじゆ…………………… Ⅶ - 647
もち…………………… Ⅶ - 647
もちき…………………… Ⅶ - 647
もちしば…………………… Ⅶ - 647
もちたも…………………… Ⅶ - 647
もちつつし…………………… Ⅶ - 647
もちさくら…………………… Ⅶ - 648
もちつつじ…………………… Ⅶ - 648
もちのき…………………… Ⅶ - 648
もちゐのき…………………… Ⅶ - 648
もつき…………………… Ⅶ - 649
もつきん…………………… Ⅶ - 649
もつこく…………………… Ⅶ - 649
もつこくのき…………………… Ⅶ - 649
もとき…………………… Ⅶ - 650
もとせ…………………… Ⅶ - 650
ものくるい…………………… Ⅶ - 650
ものくるひ…………………… Ⅶ - 650
もふがし…………………… Ⅶ - 650
もふせん…………………… Ⅶ - 650
もへから…………………… Ⅶ - 650
もへがら…………………… Ⅶ - 651
もへがれ…………………… Ⅶ - 651

もみ……………………………… Ⅶ - 651
もみじ…………………………… Ⅶ - 651
もみそさくら…………………… Ⅶ - 651
もみち…………………………… Ⅶ - 652
もみぢ…………………………… Ⅶ - 652
もみちいたや…………………… Ⅶ - 652
もみぢさくら…………………… Ⅶ - 652
もみのき………………………… Ⅶ - 653
もも……………………………… Ⅶ - 653
ももさくら……………………… Ⅶ - 653
ももだいりん…………………… Ⅶ - 653
ももなしのき…………………… Ⅶ - 653
もものき………………………… Ⅶ - 653
もものはな……………………… Ⅶ - 654
もやき…………………………… Ⅶ - 654
もろ……………………………… Ⅶ - 654
もろぢよ………………………… Ⅶ - 654
もろど…………………………… Ⅶ - 654
もろのき………………………… Ⅶ - 654
もろば…………………………… Ⅶ - 654
もろび…………………………… Ⅶ - 655
もろむき………………………… Ⅶ - 655
もろめき………………………… Ⅶ - 655
もろんと………………………… Ⅶ - 655
もろんど………………………… Ⅶ - 655
もわた…………………………… Ⅶ - 655
もわたき………………………… Ⅶ - 655
もんじはら……………………… Ⅶ - 656
もんしや………………………… Ⅶ - 656
もんじや………………………… Ⅶ - 656
もんじやのき…………………… Ⅶ - 656

## や

やうきひ………………………… Ⅶ - 657
やうきひさくら………………… Ⅶ - 657
やうけなし……………………… Ⅶ - 657
やうじやなぎ…………………… Ⅶ - 657
やうそめ………………………… Ⅶ - 657
やうぞめのき…………………… Ⅶ - 657
やうらうむめ…………………… Ⅶ - 658
やうらくつつし………………… Ⅶ - 658
やくたら………………………… Ⅶ - 658
やくふき………………………… Ⅶ - 658
やさひさく……………………… Ⅶ - 658
やしほ…………………………… Ⅶ - 658
やしほひさく…………………… Ⅶ - 658
やしや…………………………… Ⅶ - 659
やしやひしやく………………… Ⅶ - 659
やしやびしやく………………… Ⅶ - 659
やしやぶし……………………… Ⅶ - 659
やしを…………………………… Ⅶ - 659
やすのき………………………… Ⅶ - 659
やすもとやなぎ………………… Ⅶ - 660
やせうのき……………………… Ⅶ - 660
やたび…………………………… Ⅶ - 660
やちいたや……………………… Ⅶ - 660
やちくりのき…………………… Ⅶ - 660
やちくわのき…………………… Ⅶ - 660
やちしをじ……………………… Ⅶ - 660
やちすもも……………………… Ⅶ - 661
やちたものき…………………… Ⅶ - 661
やちつけ………………………… Ⅶ - 661
やちなし………………………… Ⅶ - 661
やちなしのき…………………… Ⅶ - 661
やちば…………………………… Ⅶ - 661
やちはのき……………………… Ⅶ - 661
やちはみ………………………… Ⅶ - 662
やちほうのき…………………… Ⅶ - 662
やちほく………………………… Ⅶ - 662
やつかしら……………………… Ⅶ - 662
やつがしら……………………… Ⅶ - 662
やつこは………………………… Ⅶ - 662
やつて…………………………… Ⅶ - 662
やつで…………………………… Ⅶ - 663
やつでのき……………………… Ⅶ - 663
やつでのは……………………… Ⅶ - 663

やつるき……………………………… Ⅶ - 663
やつわり……………………………… Ⅶ - 663
やとめ………………………………… Ⅶ - 664
やどめ………………………………… Ⅶ - 664
やとめくわ…………………………… Ⅶ - 664
やとりき……………………………… Ⅶ - 664
やどりぎ……………………………… Ⅶ - 664
やなき………………………………… Ⅶ - 665
やなぎ………………………………… Ⅶ - 665
やなぎのき…………………………… Ⅶ - 665
やなし………………………………… Ⅶ - 666
やはづ………………………………… Ⅶ - 666
やはら………………………………… Ⅶ - 666
やふいたたき………………………… Ⅶ - 666
やぶいただき………………………… Ⅶ - 666
やぶうつき…………………………… Ⅶ - 666
やぶかうし…………………………… Ⅶ - 666
やぶかうじ…………………………… Ⅶ - 667
やぶからげ…………………………… Ⅶ - 667
やぶくす……………………………… Ⅶ - 667
やぶこうし…………………………… Ⅶ - 667
やぶしきみ…………………………… Ⅶ - 667
やふそめ……………………………… Ⅶ - 667
やぶたちはな………………………… Ⅶ - 667
やふたまこ…………………………… Ⅶ - 668
やぶつはき…………………………… Ⅶ - 668
やぶつばき…………………………… Ⅶ - 668
やふてまり…………………………… Ⅶ - 668
やぶてまり…………………………… Ⅶ - 668
やぶてまりくは……………………… Ⅶ - 668
やふもち……………………………… Ⅶ - 668
やへ…………………………………… Ⅶ - 669
やへくちなし………………………… Ⅶ - 669
やへさくら…………………………… Ⅶ - 669
やへしたれやなぎ…………………… Ⅶ - 669
やへつばき…………………………… Ⅶ - 669
やへひとへ…………………………… Ⅶ - 670
やへむめ……………………………… Ⅶ - 670
やへもも……………………………… Ⅶ - 670
やへやまふき………………………… Ⅶ - 670
やまあちさい………………………… Ⅶ - 670
やまあへ……………………………… Ⅶ - 670
やまあへのき………………………… Ⅶ - 670
やまあり……………………………… Ⅶ - 671
やまいてう…………………………… Ⅶ - 671
やまうつき…………………………… Ⅶ - 671
やまうつぎ…………………………… Ⅶ - 671
やまうるし…………………………… Ⅶ - 671
やまうるし…………………………… Ⅶ - 672
やまうるしのき……………………… Ⅶ - 672
やまえのき…………………………… Ⅶ - 672
やまおとこ…………………………… Ⅶ - 672
やまかいだう………………………… Ⅶ - 672
やまかいて…………………………… Ⅶ - 672
やまかいとう………………………… Ⅶ - 673
やまかいどう………………………… Ⅶ - 673
やまかいは…………………………… Ⅶ - 673
やまかいば…………………………… Ⅶ - 673
やまかうず…………………………… Ⅶ - 673
やまかうそ…………………………… Ⅶ - 673
やまかうぞ…………………………… Ⅶ - 673
やまかき……………………………… Ⅶ - 674
やまかこ……………………………… Ⅶ - 674
やまかしのき………………………… Ⅶ - 674
やまがしのき………………………… Ⅶ - 674
やまかぞ……………………………… Ⅶ - 674
やまかぶら…………………………… Ⅶ - 674
やまかへで…………………………… Ⅶ - 674
やまかや……………………………… Ⅶ - 675
やまきり……………………………… Ⅶ - 675
やまくは……………………………… Ⅶ - 675
やまぐみ……………………………… Ⅶ - 675
やまくみのき………………………… Ⅶ - 675
やまくるみ…………………………… Ⅶ - 675
やまくわ……………………………… Ⅶ - 675
やまこぶし…………………………… Ⅶ - 676

やまこめのき…………………………… Ⅶ - 676
やまさいから…………………………… Ⅶ - 676
やまさくら……………………………… Ⅶ - 676
やまさんせう…………………………… Ⅶ - 676
やましきび……………………………… Ⅶ - 677
やましきみ……………………………… Ⅶ - 677
やましは………………………………… Ⅶ - 677
やましば………………………………… Ⅶ - 677
やましびのき…………………………… Ⅶ - 677
やましぶ………………………………… Ⅶ - 677
やますいは……………………………… Ⅶ - 677
やまずみ………………………………… Ⅶ - 678
やますみら……………………………… Ⅶ - 678
やまぜ…………………………………… Ⅶ - 678
やまぜうぶのき………………………… Ⅶ - 678
やませんたん…………………………… Ⅶ - 678
やまだうふ……………………………… Ⅶ - 678
やまたけ………………………………… Ⅶ - 678
やまだけ………………………………… Ⅶ - 679
やまたちはな…………………………… Ⅶ - 679
やまたで………………………………… Ⅶ - 679
やまたてのき…………………………… Ⅶ - 679
やまちさ………………………………… Ⅶ - 679
やまちしや……………………………… Ⅶ - 679
やまちや………………………………… Ⅶ - 680
やまちやのき…………………………… Ⅶ - 680
やまつけ………………………………… Ⅶ - 680
やまつげ………………………………… Ⅶ - 680
やまつた………………………………… Ⅶ - 680
やまつつし……………………………… Ⅶ - 680
やまつつじ……………………………… Ⅶ - 681
やまつつち……………………………… Ⅶ - 681
やまつはき……………………………… Ⅶ - 681
やまつばき……………………………… Ⅶ - 681
やまてまり……………………………… Ⅶ - 681
やまてらし……………………………… Ⅶ - 681
やまどうしみ…………………………… Ⅶ - 682
やまとうしん…………………………… Ⅶ - 682
やまどりを……………………………… Ⅶ - 682
やまとろろ……………………………… Ⅶ - 682
やまなし………………………………… Ⅶ - 682
やまなし………………………………… Ⅶ - 683
やまなしのき…………………………… Ⅶ - 683
やまなすび……………………………… Ⅶ - 683
やまならし……………………………… Ⅶ - 683
やまねつみのき………………………… Ⅶ - 683
やまねつみもち………………………… Ⅶ - 683
やまねのき……………………………… Ⅶ - 683
やまのかみたんこ……………………… Ⅶ - 684
やまばい………………………………… Ⅶ - 684
やまはき………………………………… Ⅶ - 684
やまはげ………………………………… Ⅶ - 684
やまはしばみ…………………………… Ⅶ - 684
やまはぜ………………………………… Ⅶ - 684
やまはのき……………………………… Ⅶ - 684
やまはり………………………………… Ⅶ - 685
やまはりのき…………………………… Ⅶ - 685
やまはんのき…………………………… Ⅶ - 685
やまびは………………………………… Ⅶ - 685
やまひむろ……………………………… Ⅶ - 685
やまびやくたん………………………… Ⅶ - 685
やまふき………………………………… Ⅶ - 685
やまふき………………………………… Ⅶ - 686
やまぶき………………………………… Ⅶ - 686
やまぶき………………………………… Ⅶ - 687
やまふしき……………………………… Ⅶ - 687
やまふやし……………………………… Ⅶ - 687
やまぼうし……………………………… Ⅶ - 687
やままかせ……………………………… Ⅶ - 687
やままき………………………………… Ⅶ - 687
やままめ………………………………… Ⅶ - 687
やまもち………………………………… Ⅶ - 688
やまもも………………………………… Ⅶ - 688
やまもものき…………………………… Ⅶ - 688
やまやとめのき………………………… Ⅶ - 688
やまやなぎ……………………………… Ⅶ - 688

やまわら……………………………… Ⅶ - 688
やまゑのき………………………… Ⅶ - 689
やまをとこ………………………… Ⅶ - 689
やもものき………………………… Ⅶ - 689

ゆ

ゆうそめ…………………………… Ⅶ - 690
ゆかう……………………………… Ⅶ - 690
ゆきかけ…………………………… Ⅶ - 690
ゆきのき…………………………… Ⅶ - 690
ゆきやうやなぎ…………………… Ⅶ - 690
ゆきやなぎ………………………… Ⅶ - 690
ゆすかたぎ………………………… Ⅶ - 690
ゆすのき…………………………… Ⅶ - 691
ゆすら……………………………… Ⅶ - 691
ゆすらはな………………………… Ⅶ - 691
ゆすりは…………………………… Ⅶ - 691
ゆずりは…………………………… Ⅶ - 691
ゆずりはのき……………………… Ⅶ - 691
ゆつりは…………………………… Ⅶ - 692
ゆづりは…………………………… Ⅶ - 692
ゆづりは…………………………… Ⅶ - 693
ゆつりはのき……………………… Ⅶ - 693
ゆのき……………………………… Ⅶ - 693
ゆみき……………………………… Ⅶ - 693
ゆみのき…………………………… Ⅶ - 693
ゆむめ……………………………… Ⅶ - 693
ゆやなき…………………………… Ⅶ - 693
ゆやなぎ…………………………… Ⅶ - 694
ゆわしはな………………………… Ⅶ - 694

よ

ようきひ…………………………… Ⅶ - 695
ようきひさくら…………………… Ⅶ - 695
ようそめ…………………………… Ⅶ - 695
ようづみ…………………………… Ⅶ - 695
ようほう…………………………… Ⅶ - 695
ようらく…………………………… Ⅶ - 695
ようらくのき……………………… Ⅶ - 695
よきとき…………………………… Ⅶ - 696
よこくも…………………………… Ⅶ - 696
よした……………………………… Ⅶ - 696
よしのさくら……………………… Ⅶ - 696
よしび……………………………… Ⅶ - 696
よしみしば………………………… Ⅶ - 696
よそぞめ…………………………… Ⅶ - 697
よつつづみ………………………… Ⅶ - 697
よつつのみ………………………… Ⅶ - 697
よつととめ………………………… Ⅶ - 697
よどかは…………………………… Ⅶ - 697
よどがわつつじ…………………… Ⅶ - 697
よとかわつつち…………………… Ⅶ - 697
よねしば…………………………… Ⅶ - 698
よのみのき………………………… Ⅶ - 698
よふそめ…………………………… Ⅶ - 698
よめかさら………………………… Ⅶ - 698
よめのき…………………………… Ⅶ - 698
よめふくろ………………………… Ⅶ - 698
よめふり…………………………… Ⅶ - 698
よめふり…………………………… Ⅶ - 699
よめふりのき……………………… Ⅶ - 699
よめりこし………………………… Ⅶ - 699
よもぎ……………………………… Ⅶ - 699
よもきくは………………………… Ⅶ - 699
よもぎくは………………………… Ⅶ - 699
よらぶ……………………………… Ⅶ - 699

ら

らいくわん………………………… Ⅶ - 700
らいぐわん………………………… Ⅶ - 700
らいじんき………………………… Ⅶ - 700
らうはい…………………………… Ⅶ - 700
らうばい…………………………… Ⅶ - 700
らかん……………………………… Ⅶ - 700
らかんじ…………………………… Ⅶ - 700
らかんしゆ………………………… Ⅶ - 701

らかんじゆ…………………………Ⅶ - 701
らかんまき…………………………Ⅶ - 701

## り

りうきうきりしま…………………Ⅶ - 702
りうきうそてつ……………………Ⅶ - 702
りうきうつつじ……………………Ⅶ - 702
りうきうはくてう…………………Ⅶ - 702
りうきうはぜ………………………Ⅶ - 702
りうきり……………………………Ⅶ - 702
りうぼく……………………………Ⅶ - 702
りきうむくげ………………………Ⅶ - 703
りやうふ……………………………Ⅶ - 703
りやうぶ……………………………Ⅶ - 703
りやうふのき………………………Ⅶ - 703
りやうぼ……………………………Ⅶ - 703
りやうほう…………………………Ⅶ - 703
りやうぼう…………………………Ⅶ - 704
りやうほうのき……………………Ⅶ - 704
りんかいとう………………………Ⅶ - 704
りんき………………………………Ⅶ - 704
りんきん……………………………Ⅶ - 704
りんしむめ…………………………Ⅶ - 704
りんちやう…………………………Ⅶ - 705
りんてう……………………………Ⅶ - 705

## る

るす…………………………………Ⅶ - 706
るすんきりしま……………………Ⅶ - 706
るすんつつち………………………Ⅶ - 706

## れ

れうしば……………………………Ⅶ - 707
れうぶ………………………………Ⅶ - 707
れうぼ………………………………Ⅶ - 707
れだま………………………………Ⅶ - 707
れふふ………………………………Ⅶ - 707
れんきやう…………………………Ⅶ - 707
れんぎやう…………………………Ⅶ - 707
れんきよ……………………………Ⅶ - 708
れんげ………………………………Ⅶ - 708
れんけう……………………………Ⅶ - 708
れんげう……………………………Ⅶ - 708
れんけつつし………………………Ⅶ - 708
れんけつつじ………………………Ⅶ - 708
れんげつつじ………………………Ⅶ - 709
れんけつつち………………………Ⅶ - 709
れんぢ………………………………Ⅶ - 709

## ろ

ろうしやう…………………………Ⅶ - 710
ろうぼう……………………………Ⅶ - 710
ろかし………………………………Ⅶ - 710
ろほ…………………………………Ⅶ - 710
ろんほ………………………………Ⅶ - 710
ろんほうつつち……………………Ⅶ - 710

## わ

わうどうのき………………………Ⅶ - 711
わうはい……………………………Ⅶ - 711
わうばい……………………………Ⅶ - 711
わうはく……………………………Ⅶ - 711
わうへき……………………………Ⅶ - 711
わくら………………………………Ⅶ - 711
わくらのき…………………………Ⅶ - 712
わくらわ……………………………Ⅶ - 712
わしのを……………………………Ⅶ - 712
わせんだん…………………………Ⅶ - 712
わたさくら…………………………Ⅶ - 712
わたふじ……………………………Ⅶ - 712
わたやなぎ…………………………Ⅶ - 712
わにつけい…………………………Ⅶ - 713
わにぶちじ…………………………Ⅶ - 713
わらうゑなかせ……………………Ⅶ - 713
わらんへなかせ……………………Ⅶ - 713
わりうがし…………………………Ⅶ - 713

わろうへなかせ……………………… Ⅶ - 713
わろうべなかせ……………………… Ⅶ - 713

ゐ

ゐやなぎ…………………………… Ⅶ - 714

ゑ

ゑご……………………………… Ⅶ - 715
ゑすのき…………………………… Ⅶ - 715
ゑぞまつ…………………………… Ⅶ - 715
ゑとさくら………………………… Ⅶ - 715
ゑなばのき………………………… Ⅶ - 715
ゑのき……………………………… Ⅶ - 715
ゑのき……………………………… Ⅶ - 716
ゑのこやなき……………………… Ⅶ - 716
ゑのころやなき…………………… Ⅶ - 716
ゑんぎ……………………………… Ⅶ - 716
ゑんしゆ…………………………… Ⅶ - 716
ゑんじゆ…………………………… Ⅶ - 717
ゑんしゆのき……………………… Ⅶ - 717
ゑんぞ……………………………… Ⅶ - 717
ゑんつつし………………………… Ⅶ - 717
ゑんぢよ…………………………… Ⅶ - 718
ゑんまき…………………………… Ⅶ - 718

を

をうとりもち……………………… Ⅶ - 719
をうばい…………………………… Ⅶ - 719
をかうぞ…………………………… Ⅶ - 719
をがし……………………………… Ⅶ - 719
をかず……………………………… Ⅶ - 719
をがびやうし……………………… Ⅶ - 719
をかほうのき……………………… Ⅶ - 719
をかやなぎ………………………… Ⅶ - 720
をけすへ…………………………… Ⅶ - 720
をでまり…………………………… Ⅶ - 720
をとこさくら……………………… Ⅶ - 720
をとこまつ………………………… Ⅶ - 720
をひょう…………………………… Ⅶ - 720
をぶし……………………………… Ⅶ - 720
をほきば…………………………… Ⅶ - 721
をまつ……………………………… Ⅶ - 721
をものき…………………………… Ⅶ - 721
ををち……………………………… Ⅶ - 721
ををとりもち……………………… Ⅶ - 721
ををなのき………………………… Ⅶ - 721
をんぜん…………………………… Ⅶ - 721
をんなさくら……………………… Ⅶ - 722
をんのをれ………………………… Ⅶ - 722

## 救荒動植物類

あ

あいのは…………………………… Ⅶ - 725
あかかいる………………………… Ⅶ - 725
あかかへる………………………… Ⅶ - 725
あかざ……………………………… Ⅶ - 725
あかざのは………………………… Ⅶ - 725
あかざのみは……………………… Ⅶ - 725
あかづら…………………………… Ⅶ - 726
あかね……………………………… Ⅶ - 726
あかはき…………………………… Ⅶ - 726
あかはら…………………………… Ⅶ - 726
あかひき…………………………… Ⅶ - 726
あかひゆのは……………………… Ⅶ - 726
あかふき…………………………… Ⅶ - 727
あきあざみ………………………… Ⅶ - 727
あきあさみのは…………………… Ⅶ - 727
あくびからす……………………… Ⅶ - 727
あけび……………………………… Ⅶ - 727
あけびつら………………………… Ⅶ - 727
あけびのは………………………… Ⅶ - 728
あけびのみ………………………… Ⅶ - 728
あさこのね………………………… Ⅶ - 728
あさしらぎのは…………………… Ⅶ - 728
あさしらけのくきは……………… Ⅶ - 728

あさつき …………………………… Ⅶ - 728
あさとり…………………………… Ⅶ - 728
あさのむし………………………… Ⅶ - 729
あさみ……………………………… Ⅶ - 729
あざみ……………………………… Ⅶ - 729
あさみな…………………………… Ⅶ - 729
あさみねは………………………… Ⅶ - 729
あさみのはくき…………………… Ⅶ - 729
あしたば…………………………… Ⅶ - 730
あぜこし…………………………… Ⅶ - 730
あせひ……………………………… Ⅶ - 730
あちまめ…………………………… Ⅶ - 730
あぢも……………………………… Ⅶ - 730
あづきな…………………………… Ⅶ - 730
あづきなのは……………………… Ⅶ - 730
あつきのは………………………… Ⅶ - 731
あづきのは………………………… Ⅶ - 731
あつきは…………………………… Ⅶ - 731
あづきば…………………………… Ⅶ - 731
あはのつきぬか…………………… Ⅶ - 731
あふしのね………………………… Ⅶ - 732
あふすちな………………………… Ⅶ - 732
あふつち…………………………… Ⅶ - 732
あぶらこきのは…………………… Ⅶ - 732
あまご……………………………… Ⅶ - 732
あまちやのは……………………… Ⅶ - 732
あまところ………………………… Ⅶ - 732
あまな……………………………… Ⅶ - 733
あまなのくきは…………………… Ⅶ - 733
あみのめ…………………………… Ⅶ - 733
あめふり…………………………… Ⅶ - 733
あらめ……………………………… Ⅶ - 733
あわぬか…………………………… Ⅶ - 733
あわもり…………………………… Ⅶ - 734
あをき……………………………… Ⅶ - 734
あをきのは………………………… Ⅶ - 734
あをきば…………………………… Ⅶ - 734
あをきばのは……………………… Ⅶ - 734
あをさ……………………………… Ⅶ - 734
あをさぎ…………………………… Ⅶ - 734
あをぢ……………………………… Ⅶ - 735
あんさいのは……………………… Ⅶ - 735

## い

いしくらしやうふ………………… Ⅶ - 736
いしこぶ…………………………… Ⅶ - 736
いしづくのは……………………… Ⅶ - 736
いそつくめ………………………… Ⅶ - 736
いそな……………………………… Ⅶ - 736
いそふき…………………………… Ⅶ - 736
いたち……………………………… Ⅶ - 736
いたとり…………………………… Ⅶ - 737
いたどり…………………………… Ⅶ - 737
いたどりのくき…………………… Ⅶ - 737
いたとりのは……………………… Ⅶ - 737
いたどりのは……………………… Ⅶ - 738
いたとりのはくき………………… Ⅶ - 738
いちいのみ………………………… Ⅶ - 738
いちご……………………………… Ⅶ - 738
いちぢくのは……………………… Ⅶ - 738
いつきのみ………………………… Ⅶ - 738
いつつば…………………………… Ⅶ - 738
いなご……………………………… Ⅶ - 739
いぬたて…………………………… Ⅶ - 739
いぬたでのみ……………………… Ⅶ - 739
いのこつち………………………… Ⅶ - 739
いのしし…………………………… Ⅶ - 739
いはうつきのは…………………… Ⅶ - 739
いはらのは………………………… Ⅶ - 740
いはらのほへ……………………… Ⅶ - 740
いばらのめ………………………… Ⅶ - 740
いびら……………………………… Ⅶ - 740
いほしのは………………………… Ⅶ - 740
いぼしのみ………………………… Ⅶ - 740
いもがら…………………………… Ⅶ - 740
いもからのは……………………… Ⅶ - 741

いもき…………………………… Ⅶ - 741
いもぎのは…………………………… Ⅶ - 741
いものは…………………………… Ⅶ - 741
いら…………………………… Ⅶ - 741
いらのくき…………………………… Ⅶ - 741
いらのくきは…………………………… Ⅶ - 742
いわしやかすのは…………………………… Ⅶ - 742
いわたら…………………………… Ⅶ - 742
いわな…………………………… Ⅶ - 742
いわはせのみ…………………………… Ⅶ - 742
いわふき…………………………… Ⅶ - 742
いんけんまめ…………………………… Ⅶ - 742
いんだら…………………………… Ⅶ - 743

う

うぐひす…………………………… Ⅶ - 744
うくろもち…………………………… Ⅶ - 744
うこ…………………………… Ⅶ - 744
うこぎ…………………………… Ⅶ - 744
うこきのは…………………………… Ⅶ - 744
うこぎのめ…………………………… Ⅶ - 744
うさぎ…………………………… Ⅶ - 744
うさきのみみ…………………………… Ⅶ - 745
うさきのみみくさ…………………………… Ⅶ - 745
うし…………………………… Ⅶ - 745
うしこやなぎ…………………………… Ⅶ - 745
うしころしのは…………………………… Ⅶ - 745
うしな…………………………… Ⅶ - 745
うしのひたい…………………………… Ⅶ - 745
うしやなぎ…………………………… Ⅶ - 746
うすいな…………………………… Ⅶ - 746
うつきのは…………………………… Ⅶ - 746
うど…………………………… Ⅶ - 746
うばかね…………………………… Ⅶ - 746
うばのち…………………………… Ⅶ - 746
うばゆり…………………………… Ⅶ - 747
うばゆりのねは…………………………… Ⅶ - 747
うへ…………………………… Ⅶ - 747
うみくちなは…………………………… Ⅶ - 747
うらしろのは…………………………… Ⅶ - 747
うりね…………………………… Ⅶ - 747
うるい…………………………… Ⅶ - 747
うるしのめ…………………………… Ⅶ - 748
うるひ…………………………… Ⅶ - 748
うれし…………………………… Ⅶ - 748
うわぎ…………………………… Ⅶ - 748
うんきう…………………………… Ⅶ - 748

え

えこのは…………………………… Ⅶ - 749
えのきのは…………………………… Ⅶ - 749
えのきば…………………………… Ⅶ - 749

お

おうすかな…………………………… Ⅶ - 750
おうせひ…………………………… Ⅶ - 750
おうばこ…………………………… Ⅶ - 750
おかたくさ…………………………… Ⅶ - 750
おくらもち…………………………… Ⅶ - 750
おけら…………………………… Ⅶ - 750
おこ…………………………… Ⅶ - 750
おしめ…………………………… Ⅶ - 751
おしよごのみ…………………………… Ⅶ - 751
おづちのは…………………………… Ⅶ - 751
おなごな…………………………… Ⅶ - 751
おば…………………………… Ⅶ - 751
おばこ…………………………… Ⅶ - 751
おはこくさ…………………………… Ⅶ - 751
おばこのは…………………………… Ⅶ - 752
おはこのはくき…………………………… Ⅶ - 752
おばこば…………………………… Ⅶ - 752
おふきはのは…………………………… Ⅶ - 752
おふつつのは…………………………… Ⅶ - 752
おほせり…………………………… Ⅶ - 752
おほづち…………………………… Ⅶ - 752
おほつつ…………………………… Ⅶ - 753

おほつつのは…………………… Ⅶ - 753
おほてち…………………… Ⅶ - 753
おほでち…………………… Ⅶ - 753
おほところ…………………… Ⅶ - 753
おほとちな…………………… Ⅶ - 753
おほふち…………………… Ⅶ - 753
おみなへし…………………… Ⅶ - 754
おんばく…………………… Ⅶ - 754

## か

かいば…………………… Ⅶ - 755
かいらくび…………………… Ⅶ - 755
かいるば…………………… Ⅶ - 755
かいるばのみ…………………… Ⅶ - 755
かうぞのは…………………… Ⅶ - 755
かうぞり…………………… Ⅶ - 755
かうぞりな…………………… Ⅶ - 755
かうづるね…………………… Ⅶ - 756
かうほねのね…………………… Ⅶ - 756
かうやまめのは…………………… Ⅶ - 756
かうらいなづな…………………… Ⅶ - 756
がうり…………………… Ⅶ - 756
がうりのね…………………… Ⅶ - 756
ががいも…………………… Ⅶ - 756
かかいものは…………………… Ⅶ - 757
かきな…………………… Ⅶ - 757
かきのは…………………… Ⅶ - 757
かくまは…………………… Ⅶ - 758
がざ…………………… Ⅶ - 758
かさな…………………… Ⅶ - 758
かさなのくきは…………………… Ⅶ - 758
かさなのは…………………… Ⅶ - 758
がさのは…………………… Ⅶ - 758
かしのきのみ…………………… Ⅶ - 759
かしのみ…………………… Ⅶ - 759
かしはぎのは…………………… Ⅶ - 759
かじめ…………………… Ⅶ - 759
かしゆう…………………… Ⅶ - 759
かしはのみ…………………… Ⅶ - 760
かすしめは…………………… Ⅶ - 760
かすは…………………… Ⅶ - 760
かたぎし…………………… Ⅶ - 760
かたきのみ…………………… Ⅶ - 760
かたぎのみ…………………… Ⅶ - 760
かたきみ…………………… Ⅶ - 760
かたくり…………………… Ⅶ - 761
かたこ…………………… Ⅶ - 761
かたはのくき…………………… Ⅶ - 761
かたはみ…………………… Ⅶ - 761
かぢめ…………………… Ⅶ - 761
かつきのみ…………………… Ⅶ - 761
かつこ…………………… Ⅶ - 761
かつね…………………… Ⅶ - 762
かづね…………………… Ⅶ - 762
がつほうし…………………… Ⅶ - 762
かつらな…………………… Ⅶ - 762
かづらな…………………… Ⅶ - 762
かなづつ…………………… Ⅶ - 762
かなむくら…………………… Ⅶ - 762
かなむぐら…………………… Ⅶ - 763
かなむくらのね…………………… Ⅶ - 763
かに…………………… Ⅶ - 763
かにさしのみ…………………… Ⅶ - 763
かにのす…………………… Ⅶ - 763
かにのは…………………… Ⅶ - 763
かねたたき…………………… Ⅶ - 763
かのしし…………………… Ⅶ - 764
かはいもじ…………………… Ⅶ - 764
かはいもじのは…………………… Ⅶ - 764
かはうそ…………………… Ⅶ - 764
かはおそ…………………… Ⅶ - 764
かはかに…………………… Ⅶ - 764
かはがらし…………………… Ⅶ - 764
かばのは…………………… Ⅶ - 765
かはらちちこ…………………… Ⅶ - 765
かぶし…………………… Ⅶ - 765

かふせんきのは………………………… Ⅶ - 765
かぶな……………………………… Ⅶ - 765
かぶなくさ…………………………… Ⅶ - 765
かぶらのは…………………………… Ⅶ - 765
かふれな……………………………… Ⅶ - 766
かへるば……………………………… Ⅶ - 766
かまつか……………………………… Ⅶ - 766
かまつぶしのは……………………… Ⅶ - 766
かまつるのは………………………… Ⅶ - 766
かまな………………………………… Ⅶ - 766
かまのは……………………………… Ⅶ - 766
かもめ………………………………… Ⅶ - 767
かやのね……………………………… Ⅶ - 767
かやみやうが………………………… Ⅶ - 767
からかめのは………………………… Ⅶ - 767
からすのはせくさのは……………… Ⅶ - 767
からすのはぜくさのは……………… Ⅶ - 767
からすのはぜな……………………… Ⅶ - 767
からすふり…………………………… Ⅶ - 768
からすむぎ…………………………… Ⅶ - 768
がらみ………………………………… Ⅶ - 768
からみのみ…………………………… Ⅶ - 768
からむしのね………………………… Ⅶ - 768
からむしのは………………………… Ⅶ - 768
からむしまるね……………………… Ⅶ - 769
かりまめのは………………………… Ⅶ - 769
かるも………………………………… Ⅶ - 769
かわおそ……………………………… Ⅶ - 769
かわらちちこ………………………… Ⅶ - 769
かんことり…………………………… Ⅶ - 769
かんざ………………………………… Ⅶ - 769
かんば………………………………… Ⅶ - 770
かんほうし…………………………… Ⅶ - 770
かんぼうし…………………………… Ⅶ - 770
がんぼうし…………………………… Ⅶ - 770

## き

ききやう……………………………… Ⅶ - 771
ききやうのね………………………… Ⅶ - 771
きくな………………………………… Ⅶ - 771
ぎしぎし……………………………… Ⅶ - 771
ぎしぎしは…………………………… Ⅶ - 771
きじなのは…………………………… Ⅶ - 771
きじのを……………………………… Ⅶ - 771
きつね………………………………… Ⅶ - 772
きどころ……………………………… Ⅶ - 772
きぬりのは…………………………… Ⅶ - 772
きのしたのくきは…………………… Ⅶ - 772
きのひやう…………………………… Ⅶ - 772
きのひよう…………………………… Ⅶ - 772
きのめ………………………………… Ⅶ - 772
きばくさのは………………………… Ⅶ - 773
きびきのくきは……………………… Ⅶ - 773
きぶき………………………………… Ⅶ - 773
きほうしのくきは…………………… Ⅶ - 773
きぼうしのくきは…………………… Ⅶ - 773
ぎぼうしのくきは…………………… Ⅶ - 773
きぼうしのくさは…………………… Ⅶ - 773
ぎぼうしのはなは…………………… Ⅶ - 774
ぎほうしは…………………………… Ⅶ - 774
きほし………………………………… Ⅶ - 774
きやうぶ……………………………… Ⅶ - 774
ぎやうぶくのは……………………… Ⅶ - 774
ぎやうぶな…………………………… Ⅶ - 774
きりのは……………………………… Ⅶ - 774
きりぼし……………………………… Ⅶ - 775
きりほしな…………………………… Ⅶ - 775
きわたのみ…………………………… Ⅶ - 775

## く

くくみのくきは……………………… Ⅶ - 776
くぐみのくきは……………………… Ⅶ - 776
くこ…………………………………… Ⅶ - 776
くこのは……………………………… Ⅶ - 776
くさき………………………………… Ⅶ - 776
くさぎ………………………………… Ⅶ - 776

くさきな……………………………… Ⅶ - 776
くさきのは………………………… Ⅶ - 777
くさぎのは………………………… Ⅶ - 777
くさぎのむし……………………… Ⅶ - 777
くさぎは…………………………… Ⅶ - 778
くさきむし………………………… Ⅶ - 778
くさぎむし………………………… Ⅶ - 778
くさひゆ…………………………… Ⅶ - 778
くさひゆのは……………………… Ⅶ - 778
くさびゆのは……………………… Ⅶ - 778
くずね……………………………… Ⅶ - 778
くすねのは………………………… Ⅶ - 779
くすのこ…………………………… Ⅶ - 779
くずのこ…………………………… Ⅶ - 779
くずのね…………………………… Ⅶ - 779
くずのねは………………………… Ⅶ - 779
くすのは…………………………… Ⅶ - 779
くずのは…………………………… Ⅶ - 780
くずは……………………………… Ⅶ - 780
くぞうは…………………………… Ⅶ - 780
くそのねのはな…………………… Ⅶ - 780
くぞのは…………………………… Ⅶ - 780
くそまき…………………………… Ⅶ - 780
くそまきのね……………………… Ⅶ - 781
くそやのみ………………………… Ⅶ - 781
くちなしのは……………………… Ⅶ - 781
くづね……………………………… Ⅶ - 781
くつのね…………………………… Ⅶ - 781
くづのね…………………………… Ⅶ - 781
くつはからみ……………………… Ⅶ - 781
くづふじ…………………………… Ⅶ - 782
くつわからみ……………………… Ⅶ - 782
くにぎのみ………………………… Ⅶ - 782
くねぎのみ………………………… Ⅶ - 782
くはのは…………………………… Ⅶ - 782
くはのみ…………………………… Ⅶ - 782
くはんざう………………………… Ⅶ - 783
くま………………………………… Ⅶ - 783
くまいちこ………………………… Ⅶ - 783
くまいちごは……………………… Ⅶ - 783
くまやなき………………………… Ⅶ - 783
くまやなぎのは…………………… Ⅶ - 783
ぐみ………………………………… Ⅶ - 783
くみのは…………………………… Ⅶ - 784
ぐみのみ…………………………… Ⅶ - 784
くらしし…………………………… Ⅶ - 784
くりのは…………………………… Ⅶ - 784
くるみのはな……………………… Ⅶ - 784
くれない…………………………… Ⅶ - 784
くろかねもどしのみ……………… Ⅶ - 784
くろきのは………………………… Ⅶ - 785
くわからな………………………… Ⅶ - 785
くわがらは………………………… Ⅶ - 785
くわだいな………………………… Ⅶ - 785
くわのは…………………………… Ⅶ - 785
くわのみ…………………………… Ⅶ - 785
くわんおんさう…………………… Ⅶ - 785
くわんざう………………………… Ⅶ - 786
くわんそう………………………… Ⅶ - 786
くわんぞうのは…………………… Ⅶ - 786
くわんたいな……………………… Ⅶ - 786
くんとのみ………………………… Ⅶ - 786

## け

けいとうげのは…………………… Ⅶ - 787
けいとうは………………………… Ⅶ - 787
けやきのは………………………… Ⅶ - 787
げんげ……………………………… Ⅶ - 787
げんだつら………………………… Ⅶ - 787

## こ

こあざみ…………………………… Ⅶ - 788
ごいさぎ…………………………… Ⅶ - 788
こいばしまたのは………………… Ⅶ - 788
こうくはのは……………………… Ⅶ - 788
こうじのしたい…………………… Ⅶ - 788

こうぞな…………………………… Ⅶ - 788
こうりのね………………………… Ⅶ - 788
ごうろのね………………………… Ⅶ - 789
こかたはみ………………………… Ⅶ - 789
こかみ……………………………… Ⅶ - 789
こがみ……………………………… Ⅶ - 789
こがら……………………………… Ⅶ - 789
こきのこ…………………………… Ⅶ - 789
ごぎやう…………………………… Ⅶ - 789
こくわのみ………………………… Ⅶ - 790
ごげう……………………………… Ⅶ - 790
こけぢようらう…………………… Ⅶ - 790
ここみ……………………………… Ⅶ - 790
こごみ……………………………… Ⅶ - 790
ここめくさ………………………… Ⅶ - 790
こごめくさのは…………………… Ⅶ - 790
ここめな…………………………… Ⅶ - 791
こさ………………………………… Ⅶ - 791
こさのね…………………………… Ⅶ - 791
ごしきさう………………………… Ⅶ - 791
こせなのは………………………… Ⅶ - 791
ごぜなのは………………………… Ⅶ - 791
こぞりな…………………………… Ⅶ - 791
こつち……………………………… Ⅶ - 792
こでち……………………………… Ⅶ - 792
こところ…………………………… Ⅶ - 792
こなしのは………………………… Ⅶ - 792
ごはづる…………………………… Ⅶ - 792
こばのは…………………………… Ⅶ - 792
こひばしな………………………… Ⅶ - 792
こほう……………………………… Ⅶ - 793
ごほう……………………………… Ⅶ - 793
ごぼうゆりのね…………………… Ⅶ - 793
こまこやし………………………… Ⅶ - 793
こまちろつら……………………… Ⅶ - 793
こまなのは………………………… Ⅶ - 793
こまのつめ………………………… Ⅶ - 793
こまのつめのは…………………… Ⅶ - 794
ごまは……………………………… Ⅶ - 794
ごまんさい………………………… Ⅶ - 794
こむめのみ………………………… Ⅶ - 794
こめぢしやのは…………………… Ⅶ - 794
こめのきは………………………… Ⅶ - 794
こめゆり…………………………… Ⅶ - 795
これい……………………………… Ⅶ - 795
ごろち……………………………… Ⅶ - 795
ころもな…………………………… Ⅶ - 795
ごわづる…………………………… Ⅶ - 795
こわゐくさ………………………… Ⅶ - 795
ごんずい…………………………… Ⅶ - 795
こんすいのは……………………… Ⅶ - 796
ごんずいのは……………………… Ⅶ - 796
こんぜつのは……………………… Ⅶ - 796

## さ

さいかしのは……………………… Ⅶ - 797
さいかしのめ……………………… Ⅶ - 797
さいかち…………………………… Ⅶ - 797
さいかちのは……………………… Ⅶ - 797
さいかちのめ……………………… Ⅶ - 797
さいがちのめ……………………… Ⅶ - 797
さいかちは………………………… Ⅶ - 798
さいごくばら……………………… Ⅶ - 798
さいじんかう……………………… Ⅶ - 798
さいらいさうのは………………… Ⅶ - 798
さかよめのは……………………… Ⅶ - 798
さぎ………………………………… Ⅶ - 798
さぎのはし………………………… Ⅶ - 798
さざいな…………………………… Ⅶ - 799
ささがうらのね…………………… Ⅶ - 799
ささぎのは………………………… Ⅶ - 799
ささぎは…………………………… Ⅶ - 799
ささけのは………………………… Ⅶ - 799
ささげのは………………………… Ⅶ - 799
ささげのは………………………… Ⅶ - 800
ささけば…………………………… Ⅶ - 800

ささげば…………………………… Ⅶ - 800
ささのしねんこ…………………… Ⅶ - 800
ささのじねんこ…………………… Ⅶ - 800
ささのみ…………………………… Ⅶ - 801
ささゆりのね……………………… Ⅶ - 801
さしかのみ………………………… Ⅶ - 801
さすとり…………………………… Ⅶ - 801
さつまいも………………………… Ⅶ - 801
さど………………………………… Ⅶ - 801
さといものは……………………… Ⅶ - 802
さはいたち………………………… Ⅶ - 802
さはかに…………………………… Ⅶ - 802
さはくは…………………………… Ⅶ - 802
さはちさ…………………………… Ⅶ - 802
さはふさき………………………… Ⅶ - 802
さはふさぎのは…………………… Ⅶ - 802
さはまめば………………………… Ⅶ - 803
さふろた…………………………… Ⅶ - 803
さぶろた…………………………… Ⅶ - 803
さゆり……………………………… Ⅶ - 803
さる………………………………… Ⅶ - 803
さるかけのみ……………………… Ⅶ - 803
さるすべりは……………………… Ⅶ - 803
さるためし………………………… Ⅶ - 804
さるためしきのは………………… Ⅶ - 804
さるなめしのは…………………… Ⅶ - 804
さるはかま………………………… Ⅶ - 804
さるはかまのね…………………… Ⅶ - 804
さるをがせ………………………… Ⅶ - 804
さわかに…………………………… Ⅶ - 805
さわちさのは……………………… Ⅶ - 805
さわな……………………………… Ⅶ - 805
さんことり………………………… Ⅶ - 805
さんせう…………………………… Ⅶ - 805
さんぜさう………………………… Ⅶ - 805
さんらいさう……………………… Ⅶ - 805

## し

しいのきのは……………………… Ⅶ - 806
しいは……………………………… Ⅶ - 806
しいば……………………………… Ⅶ - 806
しうで……………………………… Ⅶ - 806
じうやくのね……………………… Ⅶ - 806
しおて……………………………… Ⅶ - 806
しおのみ…………………………… Ⅶ - 806
しか………………………………… Ⅶ - 807
しかを……………………………… Ⅶ - 807
じきのは…………………………… Ⅶ - 807
しじふから………………………… Ⅶ - 807
しじらかい………………………… Ⅶ - 807
しだみ……………………………… Ⅶ - 807
しつこのへ………………………… Ⅶ - 807
しつこのへい……………………… Ⅶ - 808
しとけ……………………………… Ⅶ - 808
しどみ……………………………… Ⅶ - 808
しなびこ…………………………… Ⅶ - 808
しねんごうのみ…………………… Ⅶ - 808
しのたけのみ……………………… Ⅶ - 808
しのね……………………………… Ⅶ - 808
しのは……………………………… Ⅶ - 809
しのめ……………………………… Ⅶ - 809
しばくさのみ……………………… Ⅶ - 809
しばすげのみ……………………… Ⅶ - 809
しばのは…………………………… Ⅶ - 809
しばのみ…………………………… Ⅶ - 809
しひのみ…………………………… Ⅶ - 809
じふやくのね……………………… Ⅶ - 810
しもうつぎのは…………………… Ⅶ - 810
しやうびのみ……………………… Ⅶ - 810
しやうほう………………………… Ⅶ - 810
じやうぼうのは…………………… Ⅶ - 810
じやうぼふのは…………………… Ⅶ - 810
しやぐさのは……………………… Ⅶ - 811
しやくしやのは…………………… Ⅶ - 811

しやせほのみ………………………… Ⅶ - 811
しらくち………………………… Ⅶ - 811
しらさぎ………………………… Ⅶ - 811
しらやなしのめ………………………… Ⅶ - 811
しらゆり………………………… Ⅶ - 811
しらおのね………………………… Ⅶ - 812
しれい………………………… Ⅶ - 812
しろあさみ………………………… Ⅶ - 812
しろい………………………… Ⅶ - 812
じろい………………………… Ⅶ - 812
しろいけのは………………………… Ⅶ - 812
しろうつきのは………………………… Ⅶ - 812
しろうのね………………………… Ⅶ - 813
しろね………………………… Ⅶ - 813
しろふつ………………………… Ⅶ - 813
しろやなしのめ………………………… Ⅶ - 813
しろをのね………………………… Ⅶ - 813
しゐのは………………………… Ⅶ - 813
しをて………………………… Ⅶ - 813
しんさい………………………… Ⅶ - 814
じんねこ………………………… Ⅶ - 814

## す

すいかつら………………………… Ⅶ - 815
すいき………………………… Ⅶ - 815
すいこのくき………………………… Ⅶ - 815
すいこのは………………………… Ⅶ - 815
すいこのはくき………………………… Ⅶ - 815
すいこのみは………………………… Ⅶ - 815
ずいづら………………………… Ⅶ - 815
すいば………………………… Ⅶ - 816
すかすか………………………… Ⅶ - 816
すかた………………………… Ⅶ - 816
すかとり………………………… Ⅶ - 816
すかな………………………… Ⅶ - 816
すがな………………………… Ⅶ - 816
すかほ………………………… Ⅶ - 816
すきな………………………… Ⅶ - 817
すぎな………………………… Ⅶ - 817
すぐり………………………… Ⅶ - 817
すげのね………………………… Ⅶ - 817
すげのみ………………………… Ⅶ - 817
すずしろ………………………… Ⅶ - 817
すずな………………………… Ⅶ - 818
すずのみ………………………… Ⅶ - 818
すずめ………………………… Ⅶ - 818
すすめあはのみ………………………… Ⅶ - 818
すすめあわ………………………… Ⅶ - 818
すずめなのみ………………………… Ⅶ - 818
すずめのあしからみ………………………… Ⅶ - 818
すずめのあわ………………………… Ⅶ - 819
すずめのこめのみ………………………… Ⅶ - 819
すずめのひざくさ………………………… Ⅶ - 819
すずめのほ………………………… Ⅶ - 819
すだのみ………………………… Ⅶ - 819
すのこうじ………………………… Ⅶ - 819
すひかつら………………………… Ⅶ - 819
すひらのね………………………… Ⅶ - 820
すへりひう………………………… Ⅶ - 820
すべりひやう………………………… Ⅶ - 820
すへりひやうな………………………… Ⅶ - 820
すべりひゆ………………………… Ⅶ - 820
すへりひゆのは………………………… Ⅶ - 820
すへりひゆのはくき………………………… Ⅶ - 820
すへりひゆのはくき………………………… Ⅶ - 821
すぼん………………………… Ⅶ - 821
すみら………………………… Ⅶ - 821
すみれ………………………… Ⅶ - 821
すむら………………………… Ⅶ - 821
すもふとりさう………………………… Ⅶ - 821
すもみ………………………… Ⅶ - 821

## せ

せきれい………………………… Ⅶ - 822
せとものつら………………………… Ⅶ - 822
せには………………………… Ⅶ - 822

せり……VII - 822
せんのふのくきは……VII - 822
ぜんまい……VII - 822

## そ

そだのみ……VII - 823
そだみ……VII - 823
そため……VII - 823
そばな……VII - 823
そばぬか……VII - 823
そばのかは……VII - 823
そばのは……VII - 823
そばのは……VII - 824
そばのはな……VII - 824
そばのめくそ……VII - 824
そばひで……VII - 824
そぶ……VII - 824
そらまめのは……VII - 824

## た

だいこんな……VII - 825
だいこんのは……VII - 825
だいこんば……VII - 825
たいすか……VII - 825
たいのきのめ……VII - 825
たうおばこのは……VII - 825
たうつきくきは……VII - 825
たくじな……VII - 826
たくぢな……VII - 826
たくわひ……VII - 826
たけのこ……VII - 826
たけのじねんご……VII - 826
たけのみ……VII - 826
たけびる……VII - 826
たこしな……VII - 827
たこじな……VII - 827
たそば……VII - 827
たたらべ……VII - 827
たちいちこ……VII - 827
たちばらのはなめ……VII - 827
たつかしのみ……VII - 827
たつまのは……VII - 828
たでぐさのみ……VII - 828
たなこ……VII - 828
たにあさ……VII - 828
たにし……VII - 828
たにはへ……VII - 828
たぬか……VII - 829
たぬき……VII - 829
たびえ……VII - 829
たひへのみ……VII - 829
たびらこ……VII - 829
たびらこのは……VII - 830
たひゑのみ……VII - 830
たふのきかはは……VII - 830
たぶのきは……VII - 830
たふのは……VII - 830
たふのはかは……VII - 830
たぶらこのは……VII - 830
たみののみ……VII - 831
たむしのは……VII - 831
たもしば……VII - 831
たら……VII - 831
たらいのは……VII - 831
だらぐいのめ……VII - 831
たらのきのくき……VII - 831
たらのきのくさ……VII - 832
たらのきのは……VII - 832
たらのきのめ……VII - 832
たらのきのわかば……VII - 832
たらのは……VII - 832
たらのみ……VII - 832
だらのみどり……VII - 833
たらのめ……VII - 833
たをひな……VII - 833
たんからしのは……VII - 833

たんごな……………………………… Ⅶ - 833
だんしり……………………………… Ⅶ - 833
たんはさう…………………………… Ⅶ - 834
たんばのは…………………………… Ⅶ - 834
たんほほ……………………………… Ⅶ - 834
たんほほのくきは…………………… Ⅶ - 834
たんほほのは………………………… Ⅶ - 834
たんほほのはくき…………………… Ⅶ - 834

## ち

ちいがそめ…………………………… Ⅶ - 835
ちいそぶ……………………………… Ⅶ - 835
ちうやくのね………………………… Ⅶ - 835
ちかやのね…………………………… Ⅶ - 835
ちくなし……………………………… Ⅶ - 835
ちぐなし……………………………… Ⅶ - 835
ちさ…………………………………… Ⅶ - 835
ぢざうかしら………………………… Ⅶ - 836
ぢしはり……………………………… Ⅶ - 836
ぢたけのこ…………………………… Ⅶ - 836
ちちこのくきは……………………… Ⅶ - 836
ちちこのねは………………………… Ⅶ - 836
ちちこのは…………………………… Ⅶ - 836
ちな…………………………………… Ⅶ - 836
ちふきのは…………………………… Ⅶ - 837
ちもとこねは………………………… Ⅶ - 837
ちもとのはね………………………… Ⅶ - 837
ぢやうぼのは………………………… Ⅶ - 837
ちやかす……………………………… Ⅶ - 837
ちよろき……………………………… Ⅶ - 837

## つ

つがに………………………………… Ⅶ - 838
つきでのは…………………………… Ⅶ - 838
つくつくし…………………………… Ⅶ - 838
つくはね……………………………… Ⅶ - 838
つぐみ………………………………… Ⅶ - 838
つくめ………………………………… Ⅶ - 838
つちいちご…………………………… Ⅶ - 838
つちな………………………………… Ⅶ - 839
つつしのは…………………………… Ⅶ - 839
つつら………………………………… Ⅶ - 839
つづろくさ…………………………… Ⅶ - 839
つは…………………………………… Ⅶ - 839
つばな………………………………… Ⅶ - 839
つはふき……………………………… Ⅶ - 839
つはめ………………………………… Ⅶ - 840
つぼつら……………………………… Ⅶ - 840
つゆぐさ……………………………… Ⅶ - 840
つわ…………………………………… Ⅶ - 840
つんべ………………………………… Ⅶ - 840

## て

でうぼのは…………………………… Ⅶ - 841
てぐろ………………………………… Ⅶ - 841
でしのは……………………………… Ⅶ - 841
てつつ………………………………… Ⅶ - 841

## と

とうあしのは………………………… Ⅶ - 842
とういものは………………………… Ⅶ - 842
どうかめ……………………………… Ⅶ - 842
とうくさ……………………………… Ⅶ - 842
とうこ………………………………… Ⅶ - 842
とうごばう…………………………… Ⅶ - 842
とうそば……………………………… Ⅶ - 842
とうだかしのみ……………………… Ⅶ - 843
とうな………………………………… Ⅶ - 843
とうねり……………………………… Ⅶ - 843
とうのき……………………………… Ⅶ - 843
とうのきのは………………………… Ⅶ - 843
とうのきのむし……………………… Ⅶ - 843
とうはいきのは……………………… Ⅶ - 843
とうまめは…………………………… Ⅶ - 844
どがめ………………………………… Ⅶ - 844
どくだみ……………………………… Ⅶ - 844

とくだめ…………………………… Ⅶ - 844
どくだめ…………………………… Ⅶ - 844
どくなべのは……………………… Ⅶ - 844
とくゐ……………………………… Ⅶ - 844
ところ……………………………… Ⅶ - 845
ところね…………………………… Ⅶ - 845
どぜうな…………………………… Ⅶ - 845
どたま……………………………… Ⅶ - 845
とち………………………………… Ⅶ - 845
とちたち…………………………… Ⅶ - 845
とちな……………………………… Ⅶ - 845
とちのみ…………………………… Ⅶ - 846
とつらのみ………………………… Ⅶ - 846
ととき……………………………… Ⅶ - 846
とときつら………………………… Ⅶ - 846
ととろき…………………………… Ⅶ - 846
とほうしは………………………… Ⅶ - 846
とまのけ…………………………… Ⅶ - 846
どやじのは………………………… Ⅶ - 847
とよき……………………………… Ⅶ - 847
とらせくき………………………… Ⅶ - 847
とりあし…………………………… Ⅶ - 847
とりのした………………………… Ⅶ - 847
とろみ……………………………… Ⅶ - 847
とわこふき………………………… Ⅶ - 847
どんくり…………………………… Ⅶ - 848
とんご……………………………… Ⅶ - 848
とんぼ……………………………… Ⅶ - 848
とんぼくさのは…………………… Ⅶ - 848

## な

なしのき…………………………… Ⅶ - 849
なすなのは………………………… Ⅶ - 849
なつくさ…………………………… Ⅶ - 849
なつな……………………………… Ⅶ - 849
なづな……………………………… Ⅶ - 849
なつなのは………………………… Ⅶ - 849
なつはぜのみ……………………… Ⅶ - 849
なでしのは………………………… Ⅶ - 850
なのは……………………………… Ⅶ - 850
なら………………………………… Ⅶ - 850
ならのは…………………………… Ⅶ - 850
ならのみ…………………………… Ⅶ - 850

## に

にう………………………………… Ⅶ - 851
にがな……………………………… Ⅶ - 851
にく………………………………… Ⅶ - 851
にぐ………………………………… Ⅶ - 851
にしこぎ…………………………… Ⅶ - 851
にしこり…………………………… Ⅶ - 851
にしこりのは……………………… Ⅶ - 851
にな………………………………… Ⅶ - 852
にはたたき………………………… Ⅶ - 852
にはやなぎ………………………… Ⅶ - 852
にら………………………………… Ⅶ - 852
にれのきは………………………… Ⅶ - 852
にれのは…………………………… Ⅶ - 852
にわとこのは……………………… Ⅶ - 852
にわやなぎ………………………… Ⅶ - 853
にんとうのは……………………… Ⅶ - 853
にんどうのはな…………………… Ⅶ - 853

## ぬ

ぬすびとのあし…………………… Ⅶ - 854
ぬのは……………………………… Ⅶ - 854
ぬるてのは………………………… Ⅶ - 854

## ね

ねこのみみ………………………… Ⅶ - 855
ねこも……………………………… Ⅶ - 855
ねずみ……………………………… Ⅶ - 855
ねのみ……………………………… Ⅶ - 855
ねれのは…………………………… Ⅶ - 855

## の

のあさつき…………………………Ⅶ - 856
のいのみ…………………………Ⅶ - 856
のきく…………………………Ⅶ - 856
のこきりは…………………………Ⅶ - 857
のすけ…………………………Ⅶ - 857
のすげのみ…………………………Ⅶ - 857
のにんじん…………………………Ⅶ - 857
のねぎ…………………………Ⅶ - 857
のねずみ…………………………Ⅶ - 857
ののひる…………………………Ⅶ - 858
ののへり…………………………Ⅶ - 858
のびへのみ…………………………Ⅶ - 858
のひる…………………………Ⅶ - 858
のびる…………………………Ⅶ - 858
のぶき…………………………Ⅶ - 859
のふろく…………………………Ⅶ - 859
のまめ…………………………Ⅶ - 859
のまよもぎのくきは…………………………Ⅶ - 859
のみのふすま…………………………Ⅶ - 859
のゆり…………………………Ⅶ - 859
のらゑんどう…………………………Ⅶ - 859
のゑんどう…………………………Ⅶ - 860
のんな…………………………Ⅶ - 860

## は

はあそぶ…………………………Ⅶ - 861
はいたな…………………………Ⅶ - 861
はうききのは…………………………Ⅶ - 861
はうくりのね…………………………Ⅶ - 861
はうこくさ…………………………Ⅶ - 861
はぎな…………………………Ⅶ - 861
はくは…………………………Ⅶ - 861
はくり…………………………Ⅶ - 862
はこべ…………………………Ⅶ - 862
はしきのめ…………………………Ⅶ - 862
はしばみのは…………………………Ⅶ - 862
はすのは…………………………Ⅶ - 862
はぜ…………………………Ⅶ - 862
はぜな…………………………Ⅶ - 863
はせなのは…………………………Ⅶ - 863
はたかほうのは…………………………Ⅶ - 863
はちのこ…………………………Ⅶ - 863
ばつかい…………………………Ⅶ - 863
はつかし…………………………Ⅶ - 863
はつくり…………………………Ⅶ - 863
はなから…………………………Ⅶ - 864
はながら…………………………Ⅶ - 864
はなからくさ…………………………Ⅶ - 864
はなくさ…………………………Ⅶ - 864
はなもとのはくき…………………………Ⅶ - 864
はにら…………………………Ⅶ - 864
ははきき…………………………Ⅶ - 864
ははきぎな…………………………Ⅶ - 865
ははきくさのは…………………………Ⅶ - 865
ははこくさ…………………………Ⅶ - 865
ははそのみ…………………………Ⅶ - 865
はひろのは…………………………Ⅶ - 865
ばべのみ…………………………Ⅶ - 865
はまあかざ…………………………Ⅶ - 865
はまえんどう…………………………Ⅶ - 866
はまごぼう…………………………Ⅶ - 866
はまちさ…………………………Ⅶ - 866
はまなすのは…………………………Ⅶ - 866
はまなすひのみ…………………………Ⅶ - 866
はまひらな…………………………Ⅶ - 866
はままつ…………………………Ⅶ - 866
はまゑんどう…………………………Ⅶ - 867
ばらのは…………………………Ⅶ - 867
ばんざいむ…………………………Ⅶ - 867

## ひ

ひいらだ…………………………Ⅶ - 868
ひうな…………………………Ⅶ - 868
ひがんばな…………………………Ⅶ - 868

ひし………………………………… Ⅶ - 868
ひじき………………………………… Ⅶ - 868
ひしのは………………………………… Ⅶ - 868
ひしのみ………………………………… Ⅶ - 868
ひちき………………………………… Ⅶ - 869
ひばり………………………………… Ⅶ - 869
ひび………………………………… Ⅶ - 869
ひへぐさのみ………………………………… Ⅶ - 869
ひへのぬか………………………………… Ⅶ - 869
ひやう………………………………… Ⅶ - 869
ひやうあかざ………………………………… Ⅶ - 869
ひやうな………………………………… Ⅶ - 870
ひやうひやうのみ………………………………… Ⅶ - 870
びやうぶのは………………………………… Ⅶ - 870
ひやひやくさのみは………………………………… Ⅶ - 870
ひゆ………………………………… Ⅶ - 870
ひゆあかさ………………………………… Ⅶ - 870
ひゆな………………………………… Ⅶ - 870
ひよぐり………………………………… Ⅶ - 871
ひよとり………………………………… Ⅶ - 871
ひよとりしやうこ………………………………… Ⅶ - 871
ひよひよくさのくきは………………………………… Ⅶ - 871
ひよひよにこめくさ………………………………… Ⅶ - 871
ひよひよのみ………………………………… Ⅶ - 871
ひよろくさのみ………………………………… Ⅶ - 871
ひらかはむし………………………………… Ⅶ - 872
ひらくさのみ………………………………… Ⅶ - 872
ひる………………………………… Ⅶ - 872
ひるかほのね………………………………… Ⅶ - 872
ひるな………………………………… Ⅶ - 872

## ふ

ふき………………………………… Ⅶ - 873
ふきくさ………………………………… Ⅶ - 873
ふきのとう………………………………… Ⅶ - 873
ふきのは………………………………… Ⅶ - 873
ふしくろ………………………………… Ⅶ - 873
ふしくろのは………………………………… Ⅶ - 873
ふして………………………………… Ⅶ - 874
ふしなのくきは………………………………… Ⅶ - 874
ふじのきのは………………………………… Ⅶ - 874
ふしのは………………………………… Ⅶ - 874
ふじのは………………………………… Ⅶ - 874
ふじのみ………………………………… Ⅶ - 874
ふしのわかば………………………………… Ⅶ - 875
ふすまのきのは………………………………… Ⅶ - 875
ふぢのは………………………………… Ⅶ - 875
ふと………………………………… Ⅶ - 875
ぶとうのは………………………………… Ⅶ - 875
ふどのね………………………………… Ⅶ - 876
ふゆあけび………………………………… Ⅶ - 876
ふろうのは………………………………… Ⅶ - 876
ふゑんさうのほ………………………………… Ⅶ - 876

## へ

べにばなのは………………………………… Ⅶ - 877
へぼくさ………………………………… Ⅶ - 877
へんへのいもくさ………………………………… Ⅶ - 877
べんほそ………………………………… Ⅶ - 877

## ほ

ほうきぎのは………………………………… Ⅶ - 878
ほうきぎのみは………………………………… Ⅶ - 878
ほうきくさ………………………………… Ⅶ - 878
ほうきくさは………………………………… Ⅶ - 878
ほうきのは………………………………… Ⅶ - 878
ほうけきのは………………………………… Ⅶ - 878
ほうこ………………………………… Ⅶ - 878
ほうごう………………………………… Ⅶ - 879
ほうこくさ………………………………… Ⅶ - 879
ほうこのくきは………………………………… Ⅶ - 879
ほうこのは………………………………… Ⅶ - 879
ほうさのみ………………………………… Ⅶ - 879
ほうじ………………………………… Ⅶ - 879
ほうじろ………………………………… Ⅶ - 879
ほうすのみ………………………………… Ⅶ - 880

ほうぞうはな……………………… Ⅶ - 880
ぼうだらのは……………………… Ⅶ - 880
ほうづき…………………………… Ⅶ - 880
ほうづきのみ……………………… Ⅶ - 880
ぼうな……………………………… Ⅶ - 880
ぼけのは…………………………… Ⅶ - 880
ほしな……………………………… Ⅶ - 881
ほた………………………………… Ⅶ - 881
ほど………………………………… Ⅶ - 881
ほとけのざ………………………… Ⅶ - 881
ほとけのみみ……………………… Ⅶ - 881
ほとけのみみのはくき…………… Ⅶ - 881
ほとろ……………………………… Ⅶ - 882
ほほき……………………………… Ⅶ - 882
ほや………………………………… Ⅶ - 882

## ま

まいひのめ………………………… Ⅶ - 883
まいみのは………………………… Ⅶ - 883
まかしのみ………………………… Ⅶ - 883
まきのは…………………………… Ⅶ - 883
まこやし…………………………… Ⅶ - 883
またたび…………………………… Ⅶ - 883
またたびのは……………………… Ⅶ - 884
まちくさ…………………………… Ⅶ - 884
まつかわ…………………………… Ⅶ - 884
まつぐいめ………………………… Ⅶ - 884
まつな……………………………… Ⅶ - 884
まつのきのかわ…………………… Ⅶ - 884
まつふき…………………………… Ⅶ - 884
まつふさ…………………………… Ⅶ - 885
まひう……………………………… Ⅶ - 885
ままこ……………………………… Ⅶ - 885
ままこなのは……………………… Ⅶ - 885
ままだご…………………………… Ⅶ - 885
まむし……………………………… Ⅶ - 885
まむしへひ………………………… Ⅶ - 886
まめがらさう……………………… Ⅶ - 886
まめな……………………………… Ⅶ - 886
まめのは…………………………… Ⅶ - 886
まめば……………………………… Ⅶ - 886
まめば……………………………… Ⅶ - 887
まめふしのは……………………… Ⅶ - 887
まめふじのは……………………… Ⅶ - 887
まめぶしのは……………………… Ⅶ - 887
まゆみ……………………………… Ⅶ - 887
まゆみのは………………………… Ⅶ - 887
まりこ……………………………… Ⅶ - 888
まりこのね………………………… Ⅶ - 888
まを………………………………… Ⅶ - 888
まんたぶ…………………………… Ⅶ - 888

## み

みずのくきは……………………… Ⅶ - 889
みそさざい………………………… Ⅶ - 889
みちしば…………………………… Ⅶ - 889
みちはこへ………………………… Ⅶ - 889
みづ………………………………… Ⅶ - 889
みづきのあぶら…………………… Ⅶ - 889
みづきのは………………………… Ⅶ - 889
みづくさきのは…………………… Ⅶ - 890
みづくさのは……………………… Ⅶ - 890
みづぐるま………………………… Ⅶ - 890
みつのね…………………………… Ⅶ - 890
みつのは…………………………… Ⅶ - 890
みつは……………………………… Ⅶ - 890
みづふき…………………………… Ⅶ - 890
みのくさのみ……………………… Ⅶ - 891
みみな……………………………… Ⅶ - 891

## む

むかて……………………………… Ⅶ - 892
むぎぬか…………………………… Ⅶ - 892
むくぎのは………………………… Ⅶ - 892
むくけのは………………………… Ⅶ - 892
むくげのは………………………… Ⅶ - 892

むくどり……………………………… Ⅶ - 892
むくのは……………………………… Ⅶ - 893
むくのみ……………………………… Ⅶ - 893
むぐら………………………………… Ⅶ - 893
むくらもち…………………………… Ⅶ - 893
むこき………………………………… Ⅶ - 893
むこなかしのは……………………… Ⅶ - 893
むこなかせ…………………………… Ⅶ - 893
むしかり……………………………… Ⅶ - 894
むしつり……………………………… Ⅶ - 894
むじな………………………………… Ⅶ - 894
むしをのは…………………………… Ⅶ - 894
むま…………………………………… Ⅶ - 894
むまこやし…………………………… Ⅶ - 894
むまのほうからくさ………………… Ⅶ - 894
むまのほうからのは………………… Ⅶ - 895
むら…………………………………… Ⅶ - 895
むらのうばき………………………… Ⅶ - 895

め

め……………………………………… Ⅶ - 896
めじろ………………………………… Ⅶ - 896
めのこ………………………………… Ⅶ - 896
めまた………………………………… Ⅶ - 896
めらのね……………………………… Ⅶ - 896

も

もぎりな……………………………… Ⅶ - 897
もくげのは…………………………… Ⅶ - 897
もくた………………………………… Ⅶ - 897
もぐら………………………………… Ⅶ - 897
もちしばのは………………………… Ⅶ - 897
もちのはぜ…………………………… Ⅶ - 897
もづ…………………………………… Ⅶ - 897
もみぬか……………………………… Ⅶ - 898
もめら………………………………… Ⅶ - 898

や

やしば………………………………… Ⅶ - 899
やちふき……………………………… Ⅶ - 899
やちやなき…………………………… Ⅶ - 899
やつるきは…………………………… Ⅶ - 899
やなぎむし…………………………… Ⅶ - 899
やなしのは…………………………… Ⅶ - 899
やふかぶらのは……………………… Ⅶ - 899
やふせり……………………………… Ⅶ - 900
やぶそば……………………………… Ⅶ - 900
やぶな………………………………… Ⅶ - 900
やまうつき…………………………… Ⅶ - 900
やまうつぎは………………………… Ⅶ - 900
やまうどのは………………………… Ⅶ - 900
やまうるしきのは…………………… Ⅶ - 900
やまうるしのは……………………… Ⅶ - 901
やまうるわ…………………………… Ⅶ - 901
やまがら……………………………… Ⅶ - 901
やまくわのは………………………… Ⅶ - 901
やまくわのみ………………………… Ⅶ - 901
やまけし……………………………… Ⅶ - 901
やまごばう…………………………… Ⅶ - 901
やまこほう…………………………… Ⅶ - 902
やまごほう…………………………… Ⅶ - 902
やまごぼう…………………………… Ⅶ - 902
やまごぼうのは……………………… Ⅶ - 902
やましやくやく……………………… Ⅶ - 902
やまそのね…………………………… Ⅶ - 902
やまそばな…………………………… Ⅶ - 902
やまだいこん………………………… Ⅶ - 903
やまたいす…………………………… Ⅶ - 903
やまだいず…………………………… Ⅶ - 903
やまなのは…………………………… Ⅶ - 903
やまにんじん………………………… Ⅶ - 903
やまのいも…………………………… Ⅶ - 903
やまのふき…………………………… Ⅶ - 903
やまびこ……………………………… Ⅶ - 904

やまふき……………………………… Ⅶ - 904
やまぶき……………………………… Ⅶ - 904
やまふきのは………………………… Ⅶ - 904
やまぶきのは………………………… Ⅶ - 904
やまぶとう…………………………… Ⅶ - 904
やまほうづきのみ…………………… Ⅶ - 904
やままい……………………………… Ⅶ - 905
やままめ……………………………… Ⅶ - 905
やまみつは…………………………… Ⅶ - 905
やまゆり……………………………… Ⅶ - 905
やまをのね…………………………… Ⅶ - 905

ゆ

ゆきのした…………………………… Ⅶ - 906
ゆみな………………………………… Ⅶ - 906
ゆらら………………………………… Ⅶ - 906
ゆり…………………………………… Ⅶ - 906
ゆりくさのね………………………… Ⅶ - 906
ゆりね………………………………… Ⅶ - 906
ゆりのね……………………………… Ⅶ - 906
ゆりのね……………………………… Ⅶ - 907
ゆわな………………………………… Ⅶ - 907

よ

よがまた……………………………… Ⅶ - 908
よしなのくきは……………………… Ⅶ - 908
よつつつみのは……………………… Ⅶ - 908
よめな………………………………… Ⅶ - 908
よめのさら…………………………… Ⅶ - 908
よめのさんはいな…………………… Ⅶ - 908
よめのたて…………………………… Ⅶ - 908
よめのはぎ…………………………… Ⅶ - 909
よもき………………………………… Ⅶ - 909
よもぎ………………………………… Ⅶ - 909
よりいと……………………………… Ⅶ - 909

ら

らうは………………………………… Ⅶ - 910
らうほのは…………………………… Ⅶ - 910

り

りやうふ……………………………… Ⅶ - 911
りやうぶ……………………………… Ⅶ - 911
りやうふのは………………………… Ⅶ - 911
りやうほう…………………………… Ⅶ - 911
りやうぼう…………………………… Ⅶ - 911
りやうぼうのは……………………… Ⅶ - 911
りやうぼうのは……………………… Ⅶ - 912
りやうぼのは………………………… Ⅶ - 912
りりん………………………………… Ⅶ - 912

る

るりのね……………………………… Ⅶ - 913

れ

れうふのは…………………………… Ⅶ - 914
れうぼう……………………………… Ⅶ - 914
れんげ………………………………… Ⅶ - 914
れんげそうのは……………………… Ⅶ - 914
れんげな……………………………… Ⅶ - 914

ろ

ろんほのは…………………………… Ⅶ - 915

わ

わうせい……………………………… Ⅶ - 916
わうはく……………………………… Ⅶ - 916
わうれん……………………………… Ⅶ - 916
わかめ………………………………… Ⅶ - 916
わくのて……………………………… Ⅶ - 916
わさび………………………………… Ⅶ - 916
わらび………………………………… Ⅶ - 916
わらびね……………………………… Ⅶ - 917
わらびのね…………………………… Ⅶ - 917
わらひのねのはな…………………… Ⅶ - 917
わんほう……………………………… Ⅶ - 917

## ゐ

ゐ…………………………………… Ⅶ - 918

## ゑ

ゑぞはぎ………………………………… Ⅶ - 919
ゑのきのは……………………………… Ⅶ - 919
ゑのきのめ……………………………… Ⅶ - 919
ゑのきは………………………………… Ⅶ - 919
ゑのこくさのみ………………………… Ⅶ - 920
ゑのは…………………………………… Ⅶ - 920
ゑのみ…………………………………… Ⅶ - 920
ゑんどうな……………………………… Ⅶ - 920
ゑんどうは……………………………… Ⅶ - 920
ゑんみ…………………………………… Ⅶ - 920
ゑんみのね……………………………… Ⅶ - 920

## を

をづち…………………………………… Ⅶ - 921
をにくわんそうのは…………………… Ⅶ - 921
をばこ…………………………………… Ⅶ - 921
をふぎば………………………………… Ⅶ - 921
をふばこ………………………………… Ⅶ - 921
をへら…………………………………… Ⅶ - 921
ををはこ………………………………… Ⅶ - 921
をほはこ………………………………… Ⅶ - 922
ををきのは……………………………… Ⅶ - 922
をんなくさ……………………………… Ⅶ - 922

近世産物語彙解読辞典 VIII
〔**植物・動物・鉱物名彙 - 索引篇・第二分冊 分類別索引**〕
Complete Deciphered Dictionary of Plants', Animals' and Minerals' in Yedo Era
{The Second Fascicule in Eighth Volume: Index according to the Classification}
2015 年 2 月 20 日　初版第 1 刷
編　者　近世歴史資料研究会
発　行　株式会社 科学書院
〒 174-0056 東京都板橋区志村 1-35-2-902　TEL. 03-3966-8600　FAX 03-3966-8638
発行者　加藤　敏雄
発売元　霞ケ関出版株式会社
〒 174-0056 東京都板橋区志村 1-35-2-902　TEL. 03-3966-8575　FAX 03-3966-8638
定価（本体 38,000 円+税）
ISBN978-4-7603-0292-5 C3545 ¥38000E

**＊『近世産物語彙解読辞典』［植物・動物・鉱物名彙］（全八巻）**

Complete Deciphered Dictionary of Plants', Animals' and Minerals' Names in Yedo Era

近世歴史資料研究会　編

B5 版・各巻　平均 750 ページ・上製・布装・函入・全 8 巻

○近世の古文書に見いだされる、日本産の植物・動物・鉱物の名称を検索できる語彙解読辞典。第 1 巻として、穀物の名称合計四千五百種類につき解読。五十音順に配列。

**各巻本体価格**　38,000 円

**［本書の特色と活用法］**

(1) 世界で唯一の植物・動物・鉱物語彙の完璧な解読辞典----近世の古文書に見いだされる、日本産の植物・動物・鉱物の名称を検索できる語彙解読辞典。第 1 巻（あ～し）・第 2 巻（す～を）として、穀物の名称合計約九千種類につき解読。五十音順に配列。従来は用字辞典がほとんどであったが、植物・動物・鉱物語彙の解読辞典として、世界で最初に刊行。日本に産する植物・動物・鉱物の語彙を完璧に網羅。

(2) 学問研究のための基本資料----植物・動物・鉱物語彙から検索が可能で、近世に作成された古文書を容易に解読することが可能。

(3) 詳細なデータ---植物・動物・鉱物語彙が、文字の画数順に配列されていて、豊富な用語例が、より一層の研究の進展を可能にする。

(4) 丁寧な編集方式----閲覧及び解読が容易にできるように、植物・動物・鉱物語彙名称を見出しとして附す。

(5) 参考文献としてあらゆる分野で活用が可能----人文科学、自然科学、社会科学など、あらゆる学問分野で活用できる参考資料。

**［全 8 巻の構成］**

(01) 第 I 巻［穀物篇 I］〈2002 ／平成 14 年 6 月刊行〉
［ISBN4-7603-0281-6 C3545 ¥38000E］

(02) 第 II 巻［穀物篇 II］〈2002 ／平成 14 年 6 月刊行〉
［ISBN4-7603-0282-4 C3545 ¥38000E］

(03) 第 III 巻［魚類、貝類篇］〈2004 ／平成 16 年 3 月刊行〉
［ISBN4-7603-0283-2 C3545 ¥38000E］

(04) 第 IV 巻［野生植物篇 I］〈2003 ／平成 16 年 8 月刊行〉
［ISBN4-7603-0288-3 C3545 ¥38000E］

(05) 第 V 巻［野生植物篇 II］［ISBN4-7603-0289-1 C3545 ¥38000E］〈2003 ／平成 16 年 8 月刊行〉

(06) 第 VI 巻［金・石・土・水類、竹・笹類、菌・茸類、菜類、果類篇］〈2014 ／平成 26 年 8 月刊行〉［ISBN978-4-906291-0290-1 C3545 ¥38000E］

(07) 第 VII 巻［樹木類、救荒動植物類篇］〈2014 ／平成 26 年 9 月刊行〉
［ISBN978-4-906291-0291-8 C3545 ¥38000E］

(08) 第 VIII 巻［総索引／動物・植物・鉱物名称辞典］
〈2014 ／平成 26 年 10 月刊行〉［ISBN978-4-906291-0292-5 C3545 ¥38000E］

**各巻本体価格**　38,000 円

**揃本体価格**　304,000 円